재료역학

MECHANICS OF MATERIALS

공저 | 김귀섭, 고병갑

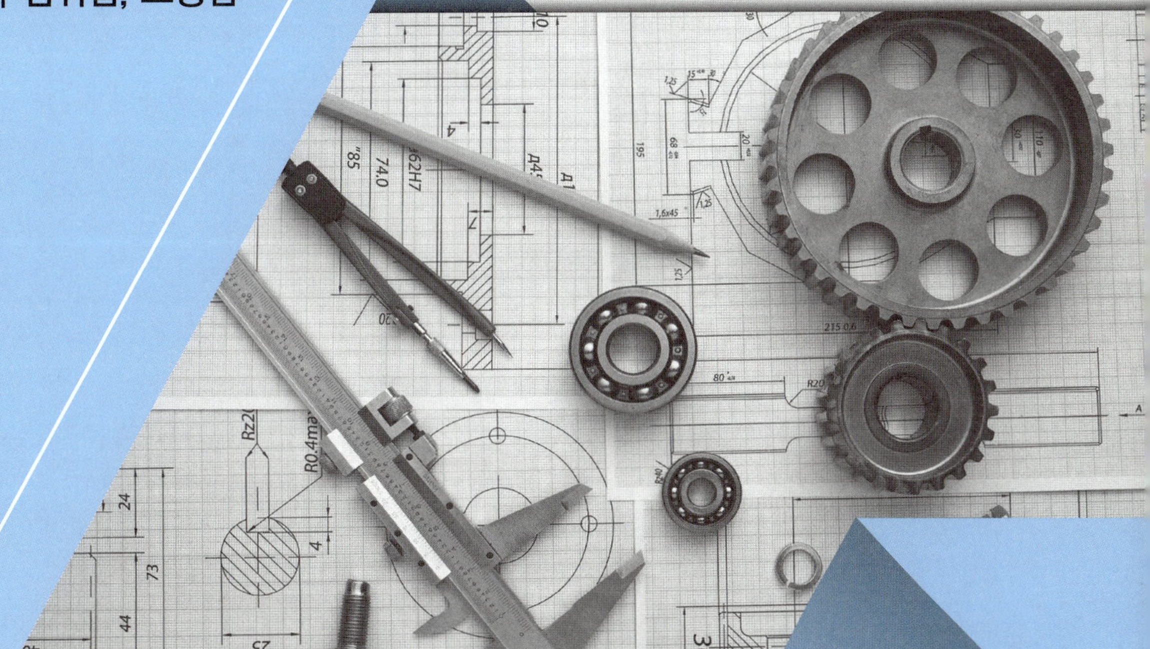

大英社

Preface 머리말

재료역학은 공학에 있어 많은 분야의 중요한 기초과학일 뿐 아니라, 이 지식은 설계와 밀접히 관련되어 있어 산업현장의 활용도가 매우 많은 기초 역학이다. 그 중에서도 재료역학은 모든 구조계통을 해석하고 평가할 수 있는 능력을 배양하는 학문분야로써, 기계공학, 항공공학, 토목공학, 건축공학, 전기공학 및 화학공학계통은 물론 모든 공학의 기초가 되는 주요학문이다. 그리하여 이 책은 재료역학의 기초적인 개념들을 쉽고 완전하게 이해할 수 있도록 돕기 위해 충분한 예제를 들어 알기 쉬운 해설로 소개하려고 노력하였으며, 기본문제, 종합정리 및 종합정리 해설집을 수록하여 스스로 문제 해결 능력을 배양할 수 있도록 하고자 노력하였다.

오랫동안 대학의 재료역학 강의를 담당함에 있어서 제한된 시간에 교과내용을 충분히 다룰 수 없어서 고민하던 중 분량이 조금 많아지더라도 기본적인 문제부터 응용문제까지 해석할 수 있는 방법을 제시할 수 있다면 학생들이 스스로 재료역학의 기본 개념 및 응용 능력을 습득할 수 있을 것으로 확신하게 되었다. 그리하여 이 책은 재료역학을 입문하고자 하는 학생이 다루어져야 할 최소한의 단원만을 엄선하여 다루었으며, 이 책의 범주를 넘는 주요사항은 참고사항으로 하여 별도로 설명하여 놓았다. 그러므로 재료역학을 처음 배우는 입문학생은 이 참고사항에 관심을 둘 필요는 없다는 것을 말해둔다.

제1장에서는 재료역학을 공부하는데 있어 알아두어야 할 물리학의 기본개념을 정리하여 학습에 도움을 주고자 하였다. 제2장에서는 재료역학을 이해하는데 가장 기본이 되는 개념으로서 1축 응력과 변형률의 기본개념을 이해할 수 있도록 설명하였다.

제3장에서는 단축부재를 예로 들어 수직응력과 전단응력, 수직변형률과 전단변형률을 정의하고, 많은 문제를 통하여 응력 및 변형률의 기본개념을 이해할 수 있도록 설명하였다. 특히 좌표축과 응력의 관계를 규명하고, 평면응력의 문제를 자세히 다루고, Mohr의 응력 및 변형율원을 소개하였다. 특히 평면응력과 주응력에 관하여 논의하고, 평면변형률 상태의 응용에 관해 예제를 통해 자세히 설명하였다.

제4장에서는 단면도형의 기하학에 대한 도심, 관성모멘트, 극관성모멘트를 정의하고, 기본개념을 이해할 수 있도록 설명하였다. 제5장에서는 비틀림에 의해 발생되는 전단응력 해석과 전동축의 설계에 어떻게 응용되는 지를 예제를 통해 설명하였다.

제6장에서는 보 속의 굽힘응력과 전단응력의 문제를 다루었다. 특히 보에 대한 많은 예제를 통해 보의 응력해석 문제를 쉽게 이해할 수 있도록 노력하였다.

제7장에서는 보의 처짐을 계산하는 방법을 설명하였다. 이 장에는 보의 지배방정식을 적분하는 방법이 포함되어 있다. 제8장에서는 기둥의 이론을 다루고 있는데, 여기에서는 기둥 설계 시 사용되는 실험식에 대한 응용력을 배양시키는데 노력하였다.

저자들은 이 책을 펴냄에 있어 학습자들이 이해하기 어려운 개념에 특히 유의하여 예제를 통해 상세히 설명함으로서 기본개념의 정확한 이해를 돕도록 최선의 노력을 다하였다. 그리고 공학도들이 재료역학의 기본지식과 개념들이 실제 공학에서 응용될 수 있도록 하였고, 학습자들이 자율적으로 학습할 수 있도록 기초문제에서 응용문제에까지 상세히 설명하고자 노력하였다. 저자들은 이 책이 대학에서 재료역학의 학습 지도서로서 사용될 때 학습의 효율성이 크게 제고될 것으로 확신하는 바이며, 이 책의 체계나 내용에 있어 오식이나 미흡한 점이 없지 않으리라 사료된다. 이러한 점은 앞으로 계속 수정 보완해 나갈 것이다.

끝으로 이 책이 공학도들의 지침서가 되어주길 바라며 여러 가지 어려운 여건 하에서도 이 책을 펴내주신 도서출판 대영사 여러분들께 감사드리는 바이다.

2020년 1월
저자 씀

Contents 차 례

제 5 장 ▸ 비틀림 189

제 6 장 ▸ 보의 굽힘과 응력 223

제 7 장 ▸ 굽힘에 의한 보의 처짐 297

제 1 장 기본개념과 정의

이 장에서는 앞으로 재료역학을 공부하는데 있어 필히 알아두어야 할 물리학의 기본개념을 정리하여 학습에 도움을 주고자 한다. 만일 일반물리학을 충분히 공부한 학생들이라면 이 장의 학습을 생략하여도 무방하다.

1.1 재료역학의 학습목적

우리들 주위에는 풍부한 생활을 영위하기 위한 많은 인공구조물(人工構造物)들이 건조되어 있다. 각종 기계류를 위시하여 자동차, 차륜, 항공기, 플랜트, 교량, 댐과 수문, 고층 빌딩을 위시한 각종 건축물들이 이것들이다. 이들 인공구조물들은 각각의 사용목적에 대응하는 기능을 발휘하여야 한다. 또한 이들이 우리 생활 속에서 이용되려면 사용상의 간편성, 안가성(安價性)을 비롯하여 고도의 안정성이 요구되며, 최근에 이르러서는 환경적합성(적정한 리사이클을 위한 최적설계)이 무엇보다도 요구된다. 이와 같이 구조물이나 기계류에 기능성, 경제성, 안정성, 환경적합성이 확보되기 위해서는 강도설계기법, 즉, 재료역학의 지식이 무엇보다도 요구된다. 그러므로 재료역학은 기계공학을 위시하여, 토목공학, 건축공학, 항공공학, 화학공학, 전기공학 등, 공학의 여러 분야에서 기초가 되는 학문분야이다.

지금까지 다루어 온 물리학이나 공업역학에서는 물체를 질점(質點)이나 강체(剛體 : rigid body)로 생각하고, 이의 운동을 고찰하였으나, 구조물이나 기계류의 기능이나 안정성을 평가하는 경우에는 질점이나 강체로 다루는 것은 적절치 않고, 작용하는 외력에 대응해서 각 부재내에 발생하는 내력과 변형 그리고 강도를 정확히 예측하는 것이 필요하다. 재료역학은 이에 대한 해답을 준다.

이로서 우리가 재료역학을 학습하는 목적을 다음과 같이 요약할 수 있다.

재료역학 학습 목적

재료역학은 부재에 힘이 가해졌을 때, 야기되는 부재의 거동을 정량적으로 평가하는 학문분야로서 다음과 같은 학습목표를 둔다.

1. 구조물, 기계류에 대한 기능성, 경제성, 안정성, 환경적합성의 확보를 위한 강도설계기법의 습득.
2. 여러 가지 부재형상, 하중형태에 대하여 부재내에 발생하는 내력과 변형 및 강도를 정확히 예측할 수 있는 능력의 배양.

1.2 재료역학 해석의 표준화

우리는 자연현상을 예측하려면 우선 수학적 기술을 통한 정량적 해석을 바탕으로 이해하는 것을 원칙으로 한다. 따라서 재료의 거동도 하나의 자연에 존재하는 역학적 현상이므로 자연현상의 일반 해석과정을 따라 정량적으로 다루어져야 한다. 이를 위해서는 일반적으로 다음 과정을 밟아 해석한다.

1. 계의 고립화 : 해석의 대상이 되는 물질(質 : matter)을 계(系 : system)라 정의한다. 우선 흥미의 대상이 되는 물질을 고립화시켜 계로 선정한다. Lagrange적으로 기술할 때에는 계라 말하나, Euler적으로 기술할 때에는 이 계를 포함하는 임의 공간을 검사체적(檢査體積 : control volume), 검사체적에 포함되는 물질을 검사질량(檢査質量 : control mass)이라 말한다.
2. 계의 모형화 : 모형화란 역학적 현상을 정량적으로 다룰 목적에서 적절한 가정을 도입하여, 복잡한 실제 계에 자연법칙을 적용할 수 있도록 이상화 또는 단순화시키는 전 과정을 말한다. 이 모형화 과정은 적절한 스케치나 자유물체도(自由物體圖 : free body diagram)를 그리어 표현하면 편리하다.
3. 해석 : 이상화된 역학적 모형에 자연법칙을 적용하여 얻어진 수학적모형을 풀어 미지의 인자를 정량적으로 밝혀내는 전 과정을 말한다.

해석과정에는 해석해를 구하는 방법과 수치해를 구하는 방법, 두 가지가 사용된다. 간단한 방정식으로 주어지는 문제는 해적적인 해석이 가능하나, 복잡한 계의 해석은 불가능하다. 최근에는 계산기의 발달로 수치해석 기법이 많이 개발되어 있다.

4. 평가 : 얻어진 해로부터 예측되는 결과와 실제 계의 거동을 비교한다. 이것은 시험과 실험을 통하여 해결된다.
5. 검토 : 만족할 만한 결과를 얻지 못했을 때에는 위의 단계를 재검토하여야 한다. 역학적 모형을 다시 가정하여 이상화모형을 수정함으로써 보다 더 진전된 결과를 얻는 경우가

많이 있다.

모형화 과정에서 현상을 단순화시키기 위하여 가정을 많이 도입할수록 수학적 모형이 단순화되어 해석은 용이해지지만 경우에 따라서는 해석결과가 실제현상과 멀어질 수 있음을 명시해야 한다. 그러므로 모형화 과정에서 가정의 도입은 많은 경험과 면밀한 검토를 근거로 하여 세심한 배려가 있어야 한다.

이 일반화된 해석법을 이 책에서 다루는 여러 문제에 적용할 것이다. 그러나 이 책은 입문서이므로 상기한 해석과정 중 1. 2. 3 단계를 주로 다루게 될 것이다.

1.3 힘과 모멘트

힘

힘의 단위 1N (Newton)

1 kg 의 질량체에 힘을 가하여 1 m/s^2 의 가속도를 얻는데 요하는 힘

무게

1 kg 의 질량체를 지구가 잡아 다니는 힘(무게)은 9.806 N

힘(force)이란 물체 사이에 존재하는 상호작용을 정량적으로 나타내기 위하여 정의한 직관적 개념이다. 그러므로 힘은 물체의 속도와 방향을 바꾸는 정도를 가지고 그 세기를 표시한다. 여러분들은 일반물리학에서 Newton의 운동법칙

$$\mathrm{F} = m\mathrm{a} \tag{1.3.1}$$

을 잘 알고 있을 것으로 믿는다. 여기서 F 는 계에 작용한 힘, m 은 계의 질량, a 는 계의 가속도이다.

힘의 세기는 Newton의 운동법칙 식(1.3.1)로부터 정의한다. S I 단위계에서는 1 kg 의 질량체에 힘을 가하여 1 m/s^2 의 가속도를 얻는데 요하는 힘을, 힘의 단위량으로 정하고 1Newton이라 부른다. Newton을 표기할 때에는 그대로 N 으로 쓴다.

1 kg 의 질량체를 지구가 잡아다니는 힘, 즉 무게는 지구의 중력가속도가 $g = 9.806$ m/s^2 이므로 9.806 N 이다.

계에 작용하는 힘은 계(혹은 검사체적)의 표면에 접촉해서 작용하는 힘과 자기력, 중력, 원심력과 같이 접촉 없이 계의 물질에 직접 작용하는 힘으로 구분된다. 전자의 힘을 표면력(表面力 : surface force), 후자의 힘을 체력(體力 : body force)이라 말한다.

힘은 방향성을 내포한 상호작용이다. 다시 말해서 벡터적 상호작용이다. 예를 들면 그림 1.1(a)는 비행기와 지구 사이에 발생하는 상호작용으로서 한 쌍의 벡터 F_1 과 F_2 로

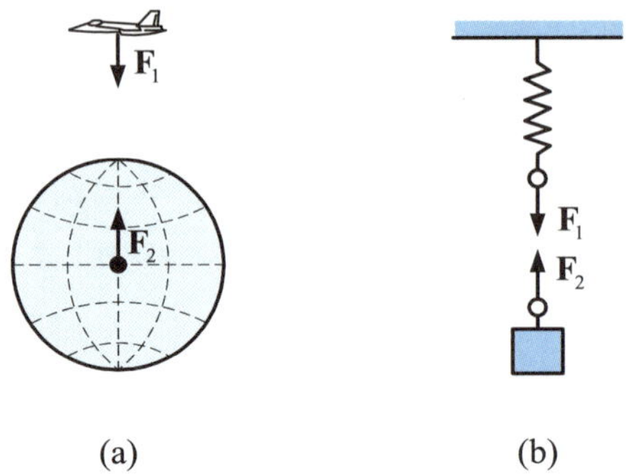

그림 1.1 상호작용 (a) 유리계의 상호작용 (b) 연결계의 상호작용

표시한 인력이 작용하고 있다. 또 그림 1.1(b)는 한 쌍의 벡터 $\mathbf{F}_1$과 $\mathbf{F}_2$로 표시한 두 힘이 스프링과 질량체 사이에 작용하고 있다. Newton은 그의 제3법칙에서 상호작용을 갖는 두 물체 사이에 작용되는 상호작용은 크기가 같고 작용하는 방향(方向)이 반대인 효과를 갖는 작용반작용의 법칙을 공리(公理)로 제창하였다. 그러므로 그림 1.1에서 두 힘 $\mathbf{F}_1$과 $\mathbf{F}_2$는 같은 작용선(作用線 : line of action) 상에 있는, 크기가 같고 작용하는 방향이 반대인 두 벡터이다. 그리고 비행기와 지구가 작용하는 힘은 체력, 스프링과 질량체 사이에 작용하는 힘은 표면력이다.

위에서 기술한 한 쌍의 벡터 $\mathbf{F}_1$, $\mathbf{F}_2$를 구별 없이 관습상 힘이라는 용어로 사용하여 왔다. 그림 1.1(a)에서 비행기를 관심의 대상으로 고립시켜 계로 선정할 경우에는 계에 작용하는 힘(체력)은 $\mathbf{F}_1$이 되고, 이것이 외계로부터 계에 작용하는 힘이 된다. 그림 (b)에서 질량체를 고립시켜 계로 선정할 경우에도 스프링이 질량체에 작용하는 힘 $\mathbf{F}_2$가 외계로부터 계에 작용하는 힘이 된다. 반대로 스프링을 고립시켜 스프링을 계로 택하면 질량체가 스프링에 작용하는 힘 $\mathbf{F}_1$이 계에 작용하는 힘이 된다.

모멘트(Moment)

물체의 회전운동을 변화시키는 상호작용을 모멘트(moment of force)라 말한다. 그림 1.2에서 한 물체의 임의 점 A에 힘 $\mathbf{F}$를 가할 때, 점 O를 중심으로 하여 이 물체를 회전시키려는 상호작용은 OA의 거리 r와, 힘 $\mathbf{F}$의 r에 수직한 성분 F_n의 상승곱과 같다. 그러므로 모멘트를 M로 표기할 때, 힘 $\mathbf{F}$가 O를 중심으로 하여 물체를 회전시키려는 모멘트는

$$M = r\,F_n = r\,F\sin\theta \tag{1.3.2}$$

와 같이 표시된다. 여기서 F는 힘(벡터) $\mathbf{F}$의 크기, θ는 r와 $\mathbf{F}$가 만드는 각도이다. 힘을 가하여 물체를 회전시킬 경우 힘의 작용하는 방향에 따라 회전방향이 달라진다. 그러

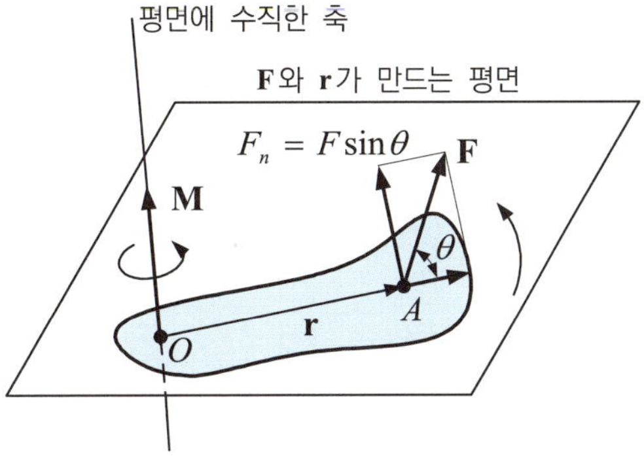

그림 1.2 점 O에 관한 힘 F의 모멘트

므로 모멘트는 방향성을 갖는 벡터량이다. 때문에 모멘트의 방향을 정의해 둘 필요가 있다. 모멘트의 방향은 r와 F 가 만드는 평면에 수직한 방향이고, 작용하는 방향은 물체의 회전 방향으로 나사(우수 좌표계에서 오른손 나사)를 회전시켰을 때 나사가 진행하는 방향으로 정한다.

모멘트의 세기는 각운동량원리(角運動量原理 : principle of angular momentum)

$$\mathrm{M} = J\alpha \tag{1.3.3}$$

로부터 얻는다. 여기서 M 은 모멘트, J는 질량에 관한 질량관성모멘트(質量慣性모멘트 : moment of inertia, $J = \int r^2 dm$), α는 각가속도이다. 그러므로 질량관성모멘트 $1\,\mathrm{kg\,m^2}$의 물체를 $1\,\mathrm{rad/s^2}$의 각가속도를 발생케 하는 모멘트를 $1\,\mathrm{kg\,m^2/s^2} = 1\,\mathrm{m\,N}$라 정의하고, 이것을 모멘트의 단위량으로 정한다. 이 단위량은 회전중심으로부터 $1\,\mathrm{m}$ 떨어진 지점에 암에 수직하게 $1\,\mathrm{N}$을 가할 때 발생하는 모멘트이다.

모멘트의 계산

크기 : 모멘트의 중심 O에서 힘의 작용점까지의 거리 r와 힘 F 가 이루는 평행사변형의 면적

$$M = r\,F_n = r\,F\sin\theta \tag{1.3.2}$$

방향 : 모멘트의 방향은 r와 F 가 만드는 평면에 수직하고, 모멘트의 중심 O를 중심으로 하여 힘 F 로 물체를 회전시킬 때 나사가 진행하는 방향.

예제 1.1 **모멘트의 크기와 방향**

한 변의 길이가 0.3 m 인 90° 레버의 끝에 x축에 평행하게 75 N 의 힘을 가할 때, 다른 쪽 끝 O에 관한 모멘트의 크기와 방향을 말하여라.

[풀이]

주어진 조건:

레버의 기하학 ; 변의 길이 0.3 m

작용하는 힘 ; x 방향으로 75 N

탐구사항:

O에 관한 모멘트의 크기와 방향

탐구내용:

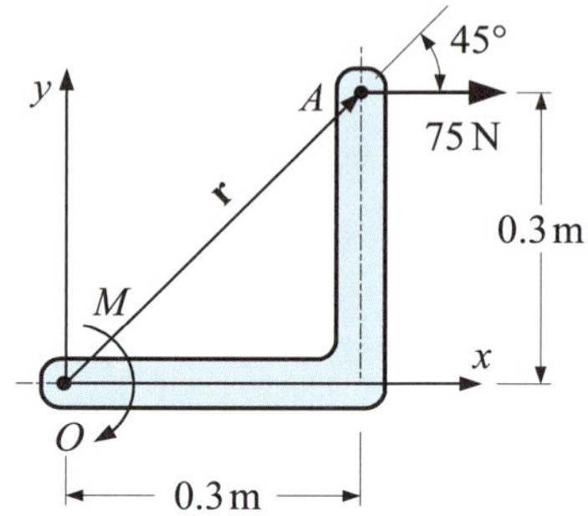

그림 E1.1

$$r = \sqrt{(0.3\ \text{m})^2 + (0.3\ \text{m})^2} = \sqrt{2} \times 0.3\ \text{m}$$

힘 F 의 r 에 수직한 성분

$$F_n = F \sin 45^\circ = (75\ \text{N}) \sin 45^\circ = \frac{75}{\sqrt{2}}\ \text{N}$$

O에 관한 모멘트의 크기

$$M = r \times F_n = (0.3\sqrt{2}\ \text{m}) \times \left(\frac{75}{\sqrt{2}}\ \text{N}\right) = 22.5\ \text{N m}$$

이 모멘트는 y축으로부터 x축 방향으로 회전하는 모멘트이므로 나사가 진행하는 방향은 음의 z축 방향이다. 그러므로 모멘트의 방향은 음의 z축 방향이다.

별해)

힘과 거리가 이루는 평형사변형의 면적이 모멘트의 크기이므로

$$M = 0.3 \times 75 = 22.5\ Nm$$

1.4 차원과 단위

물리적 현상이라 함은 공간 내에 존재하는 물체가 시간의 경과에 따라 변위(變位)하는 현상을 말한다. 그러므로 물리적 현상을 다루려면 어느 양의 물질이 주어진 시간에 얼마만큼의 변위를 하는가? 그리고 어떤 경로를 밟아 현재 어떠한 상태에 있는가를 기술하여야 한다. 이와 같이 물리적 현상을 나타내기 위하여는 물질의 양이라든가 변위라든가 시간 이외에도 특징을 규정하는 많은 물리량(物理量)들이 필요하다. 이러한 물리량을 차원(次元 : dimension)이라 말한다. 차원 중에는 물리현상을 기술하는데 기본이 되는 서로 독립된 차

원이 있고, 이 기본이 되는 독립된 차원을 조립하여 얻어지는 차원이 있다. 전자를 기본차원(基本次元 : primary dimensions), 후자를 유도차원(誘導次元 : secondary or dependent dimensions) 또는 조립차원(組立次元)이라 한다. 기본차원으로부터 유도되지도 않고 또 유도차원의 기본이 되지도 않는 제3의 독립차원이 있다. 이 차원을 보조차원(補助次元 : auxiliary dimension)이라 말하고, 위치를 기술하는데 필요한 각도(입체각 포함)가 이 차원에 속한다.

기본차원을 간추리면 다음과 같다.

역학적 량: 길이 L, 질량 M, 시간 t

열적 량 : 온도 T

전기적 량: 전류 I

화학적 량: 몰 질량 R

광학적 량: 광도 O

이상과 같이 기본차원은 총 7개 있으나, 재료역학에서는 재료의 역학적 현상을 다루는 학문이므로 역학적 기본량인 질량(質量 : mass), 길이(length), 시간(時間 : time)을 하나의 독립된 기본차원으로 취급하고, 다른 모든 물리량들은 이 기본차원으로부터 유도한다. 그러므로 이 책에서도 기본차원으로서 질량(M), 길이(L), 시간(t)을 택하기로 한다.

물리량을 정량적으로 표현하기 위하여 차원에 여러 가지 단위를 사용한다. 기본차원에 대응하는 단위를 기본단위, 유도차원에 대응하는 단위를 유도단위라 한다.

1.4.1 힘과 질량단위

질량단위

앞 절에서 힘을 정의하였다. 여기서는 중복되는 감은 있으나, 단위를 중심으로 다시 설명하기로 한다.

한 물체에 힘을 가할 때 그 물체는 반드시 운동량을 변화시킨다. 이 때, 관성법칙에 의하여, 이 물체는 운동량을 변화하지 않으려는 저항(관성)이 발생한다. 이 저항의 정도를 관성질량이라 정의하고, 4℃ 1cm^3의 순수한 물이 갖는 질량을 $1\,\text{g}$(gram), $10^3\text{cm}^3 (= 1\,\text{L})$의 질량을 1kg로 정하여 공학 실용단위의 기본으로 택하고 있다.

힘의 단위

힘과 질량을 관련시켜 주는 법칙이 Newton의 운동법칙

$$F = ma \tag{1.4.1}$$

이다. 여기서 m은 질량, a는 가속도, F는 질량체에 가한 힘이다. 그러므로 힘의 단위는 하나의 유도단위로서 식 (1.4.1)로부터 다음과 같이 정의한다.

힘의 단위 Newton

1kg 의 질량체에 힘을 가하여 1m/s^2 의 가속도를 얻게끔 하는 힘을 1Newton 이라 정의하고, 1N 로 표기한다.

무게

지구가 잡아당기는 힘을 무게라 말하고, 지구의 중력가속도를 g로 표기하면 지구상에 놓인 m kg 의 질량체를 지구가 잡아당기는 힘은

$$W = mg \tag{1.4.2}$$

이다. 그러므로 지구중력가속도로서 $g = 9.806\,\mathrm{m/s^2}$을 택하면 지구 표면에 놓인 질량 1 kg 의 질량체를 지구가 잡아당기는 힘 즉 무게는

$$W = (1\ \mathrm{kg})(9.806\,\mathrm{m/s^2}) = 9.806\,\mathrm{kg\,m/s^2} = 9.806\,\mathrm{N}$$

이 된다.

예제 1.2 질량과 무게

한 위성의 중력가속도가 4.63m/s^{2}이라 한다. 10 kg 의 질량체의 무게를 이 위성에서 측정하였다. 이 위성에서 질량과, 무게는 몇 kg, 몇 Newton인가?

[풀이]

주어진 조건:

위성 중력가속도 $g = 4.63\mathrm{m/s^2}$

탐구사항:

위성에서의 질량과 무게의 계산

탐구내용:

질량

질량은 물질의 고유물성이므로 위성에서도 그대로 10 kg 이다.

무게

$$W = (10\,\mathrm{kg})(4.63\mathrm{m/s^2}) = 46.3\mathrm{kgm/s^2} = 46.3\mathrm{N}$$

1.4.2 단위계

단위는 각 나라의 관습에 의하여 제정된 고유 문화의 소산이나, 국제교류의 확대로 단위를 통일할 필요성이 대두되기 시작하였다. 그러나 오랜 세월 전래되어 온 관습을 일시에 바꿀 수가 없어, 그간 강대국을 중심으로 그 나라의 표준으로 제정하여 사용하여 왔다. 그간 국제적으로 통용된 단위계로서는 영국 절대단위계, 미터 절대단위계, 영국 공학단위계, 미터 공학단위계가 있다.

그러나 나라마다 사용단위가 다름으로 해서 표준에 차이가 발생하고, 또 같은 나라에서도 계통에 따라 서로 다른 단위를 사용하므로 해서(우리나라에서 기계공학 계열에서는 미터 공학단위계를, 전기공학 계열에서는 미터 절대단위계를 사용하였다) 오는 폐단이 매우 컸다. 그리하여 모든 나라 모든 분야에서 공통된 단위를 사용해야 할 필요성이 강력하게 대두되어, 1960년 국제도량형율총회(國際度量衡律總會)에서 국제단위계(國際單位系 : International System of Units)를 제정하고, 앞으로 모든 나라가 이 단위계를 사용할 것을 선언하였다. 그리하여 이 책에서도 국제단위계(약해서 SI 단위계)를 채택하여 사용하기로 한다.

단위도 7개의 기본차원에 대응해서 각각 단위를 정의하고, 이 단위를 기본으로 하여 유도단위를 정의하여 사용한다. 각 단위의 정의는 전문서적을 참고하기로 하고 여기서는 기본단위, 보조단위, 재료역학에서 사용되는 주요 유도단위를 표로 소개하는 것으로 하겠다. 아울러 표 1.4에 단위표시에 사용되는 접두어와 기호를 소개한다.

1. 기본단위

기본단위에서 한가지 설명을 요하는 단위는 온도단위이다. 실용단위로서 미터단위계는 섭씨온도(攝氏溫度 : Celsius degree; ℃로 표시)를, 영국단위계는 화씨온도(華氏溫度 : Fahrenheit degree; ℉로 표시)를 사용하나, SI 단위계에서는 열역학적온도 Kelvin을 사용한다.

표 1.1 SI 기본단위

차 원	단위의 명칭	단위기호
길 이	미터 (meter)	m
질 량	킬로그램 (kilogram)	kg
시 간	초 (second)	s
전 류	암페어 (ampere)	A
온 도	켈빈 (Kelvin)	K
몰질량	몰 (mole)	mol
광 도	칸델라 (candela)	cd

2. 보조단위

표 1.2 SI 보조단위

차 원	단위의 명칭	단위기호
각 도	라디안 (radian)	rad
입체각	스테라디안 (steradian)	sr

3. 유도단위

재료역학에서 다루는 유도차원은 많이 있을 수 있으나 여기서는 물리학에서 이미 배워 알고 있는 몇 가지 중요한 물리량에 대한 차원과 단위를 예시하고, 우리에게 친근감이 있는 몇 가지 주요한 물리량의 단위를 표 1.3에 소개하겠다.

표 1.3 몇 가지 주요 물리량의 차원과 단위

물리량	단위 명칭	기호	차원	단위
면 적	제곱미터		L^2	m^2
체 적	세제곱미터		L^3	m^3
속 도	미터 매 초		LT^{-1}	m/s
가 속 도	미터 매 초 매 초		LT^{-2}	$\mathrm{m/s}^2$
주 파 수	헤르츠 (Hertz)	Hz	T^{-1}	1/s
힘	뉴 톤 (Newton)	N	MLT^{-2}	$\mathrm{kg\ m/s}^2$
압력·응력	파스칼 (Pascal)	Pa	$ML^{-1}T^{-2}$	$\mathrm{N/m}^2$
에너지·열량	쥴 (Joule)	J	ML^2T^{-2}	N m
공율·동력	와 트 (Watt)	W	ML^2T^{-3}	J/s
탄성계수	파스칼		$ML^{-1}T^{-2}$	$\mathrm{N/m}^2$
모 멘 트	뉴톤 미터		ML^2T^{-2}	N m
표면장력	뉴톤 매 미터		MT^{-2}	N/m
열 속	와트 매 제곱미터		MT^{-3}	$\mathrm{W/m}^2$
열 용 량	쥴 매 켈빈		$ML^2T^{-2}\theta^{-1}$	J/K
비 열	쥴매킬로그램매켈빈		$L^2T^{-2}\theta^{-1}$	J/kg K
열전도계수	와트매미터매켈빈		$MLT^{-3}\theta^{-1}$	W/m K

표 1.4 단위 접두어와 기호

승인수	접두어	기호
10^{12}	tera	T
10^{9}	giga	G
10^{6}	mega	M
10^{3}	kilo	k
10^{2}	hecto	h
10^{1}	deka	da
10^{-1}	deci	d
10^{-2}	centi	c
10^{-3}	milli	m
10^{-6}	micro	μ
10^{-9}	nano	n
10^{-12}	pico	p
10^{-15}	femto	f
10^{-18}	atto	a

예제 1.3 식으로부터 차원과 단위

Hooke의 탄성법칙은

$$\sigma = E\varepsilon$$

와 같이 주어진다. 여기서 σ는 인장응력, ε은 변형율, E는 탄성계수이다. 응력의 단위 N/m^2, 변형율 ε은 무차원수이다. 탄성계수 E의 차원과 단위를 구하여라.

[풀이]

주어진 조건:

Hooke의 탄성법칙 $\sigma = E\varepsilon$

탐구사항:

탄성계수의 E의 차원과 단위

탐구내용:

자연을 기술하는 모든 법칙은 차원이 동차가 되어야 한다. 다시 말해서 우변과 좌변의 차원이

같아야 한다. 응력의 차원은, 힘의 차원이 MLT^{-2}이므로

$$\sigma = [MLT^{-2}/L^2] = [ML^{-1}T^{-2}]$$

변형율의 차원은 무차원수이므로

$$\varepsilon = [-]$$

Hooke의 법칙으로부터

$$[ML^{-1}T^{-2}] = [E][-]$$

이므로 탄성계수의 차원은 응력의 차원과 같다.

$$[E] = [ML^{-1}T^{-2}]$$

탄성계수의 단위는

$$[E] = [ML^{-1}T^{-2}] = [MLT^{-2}/L^2]$$
$$= [(\text{kg m/s}^2)/(\text{m}^2)] = [\text{N/m}^2]$$

이다.

예제 1.4 힘과 가속도

질량 2000kg의 승용차를 출발로부터 10초 사이에 100km/h의 속력으로 가속시켰다. 평균가속도는 얼마이겠는가? 만일 이 승용차를 이 평균가속도로 등가속시켰다면 몇 N의 추력이 필요하겠는가? 단, 마찰저항은 무시한다.

[풀이]

주어진 조건:

승용차 질량; 2000kg, 가속시간; 10초, 최종속도; 100km/h

탐구사항:

평균가속도, 추력

탐구내용:

평균가속도

속도 $$V = \frac{(100\,\text{km/h})(1000\,\text{m/km})}{3600\,\text{s/h}} = 27.78\,\text{m/s}$$

평균가속도 $$a = \frac{\Delta V}{\Delta t} = \frac{[(27.78-0)\,\text{m/s}]}{(10\,\text{s})} = 2.778\,\text{m/s}^2$$

추력

Newton의 운동법칙에 의하여

$$F = ma = (2000\,\text{kg})(2.778\,\text{m/s}^2) = 5556\,\text{kg m/s}^2$$
$$= 5556\,\text{N}$$

1.5 벡터와 스칼라

1.3절에서 힘과 모멘트는 크기 이외에 방향을 가지므로 벡터라는 말을 정의 없이 말하였다. 이와 같이 자연계에 현존하는 물리량의 상태를 나타낼 때 크기만으로 충분한 물리량과, 크기와 방향을 지정해 주어야만이 정의되는 물리량이 있다. 예를 들면 일은 크기만 주어지면 일의 량이 결정된다. 반면에 한 계에 힘을 가한다고 할 때 그 계에 미치는 영향은 힘의 크기 이외에 작용하는 방향에 따라 크게 달라진다. 전자를 우리는 스칼라(scalar), 후자를 벡터(vector)라 불러 구별하고, 스칼라로 표현되는 물리량을 스칼라량, 벡터로 표현되는 물리량을 벡터량이라 말한다. 스칼라량으로는 수(數), 거리, 면적, 체적, 질량, 시간, 속력, 에너지 등이 있으며, 벡터량으로서는 변위, 속도, 가속도, 힘, 모멘트, 운동량 등이 있다.
벡터는 크기와 방향을 가지므로 유향선분(방향을 지닌 선분)을 사용하여 표현하면 편리하다. 선분의 방향은 벡터의 방향과 일치시키고, 향방(sense)은 화살표로 표시한다. 벡터를 이와 같이 표시하면 선분의 길이는 벡터의 크기, 방향은 벡터의 방향, 화살표는 벡터의 향방에 대응시킬 수 있다. 그림 1.3은 벡터 $\mathbf{a}$를 표시하여 놓은 그림이다.

벡터는 스칼라 a와 구별하기 위하여 정자 고딕체 $\mathbf{a}$로 표기하기로 한다. 그리고 벡터 $\mathbf{a}$의 크기를 a로 표시한다. 그림 1.3에서 벡터 $\mathbf{a}$는 x좌표 a_x, y좌표 a_y, z좌표 a_z인 공간점 A에 대응한다. 이 말은 모든 벡터를 한 공간의 점과 1 대 1로 대응시킬 수 있다는 의미이다. 이와 같이 벡터와 대응된 공간을 벡터공간(vector space)이라 말하고, 벡터공간에서 좌표 a_x, a_y, a_z는 각각 벡터 $\mathbf{a}$의 x성분, y성분, z성분이 된다. 이것을 수식으로 $a_x\mathbf{i}$, $a_y\mathbf{j}$, $a_z\mathbf{k}$와 같이 표현한다. 여기서 $\mathbf{i}$, $\mathbf{j}$, $\mathbf{k}$를 각각 x, y 및 z 방향의 단위벡터(單位벡터 : unit vector)라 말한다. 단위벡터란 크기가 1이고, 다만 방향만을 나타내주는 벡터이다. 그러므로 벡터 $3\mathbf{i}$는 크기가 3이고, 양의 x 방향을 향하는 벡터, $-3\mathbf{i}$는 크기

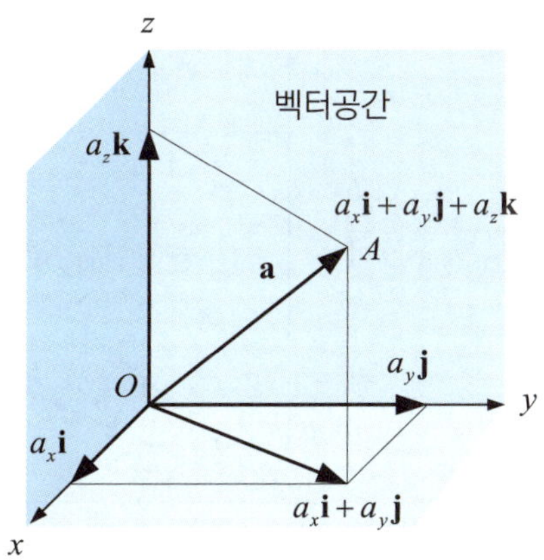

그림 1.3 벡터공간

가 3이고 음의 x 방향을 향하는 벡터라는 의미이다.
두 벡터의 합은 두 벡터를 변으로 하는 평행사변형의 대각선으로 주어진다는 것을 감안하면 벡터공간에서 벡터 a는

$$\mathrm{a} = a_x\mathrm{i} + a_y\mathrm{j} + a_z\mathrm{k} \tag{1.5.1}$$

와 같이 표시된다. 그리고 a의 크기 $a = |\mathrm{a}|$는 피타고라스의 정리(Pythagore-an theorem)에 의하여

$$a = \sqrt{a_x^2 + a_y^2 + a_z^2} \tag{1.5.2}$$

와 같이 쓸 수 있다. 예를 들면 벡터공간의 점(2, 3, 5)는 벡터

$$\mathrm{b} = 2\mathrm{i} + 3\mathrm{j} + 5\mathrm{k}$$

에 대응한다. 그리고 크기는

$$b = \sqrt{2^2 + 3^2 + 5^2} = 6.16$$

이다.

벡터를 벡터공간과 관련시켜 생각하면 3차원 공간에서 반드시 3개의 성분이 주어져야 정의되는 물리량이라고 정의할 수도 있다. 같은 논리에서 벡터는 2차원 공간(평면)에서는 2개의 성분이, 1차원 공간(직선)에서는 1개의 성분이 주어져야만 정의되는 물리량이다.

벡터의 합

벡터는 크기와 방향이 같으면 벡터의 시발점에 관계없이 같은 벡터로 다룬다. 두 벡터 a와 b의 합은 a와 b를 각각 변으로 하는 평행사변형의 대각선으로 정의한다. 이것은 벡터 b를 OB로부터 AC로 평행이동 시키면 OC가 두 벡터 a, b의 합 a + b라는 의미이다. 그러므로 a, b를 각각

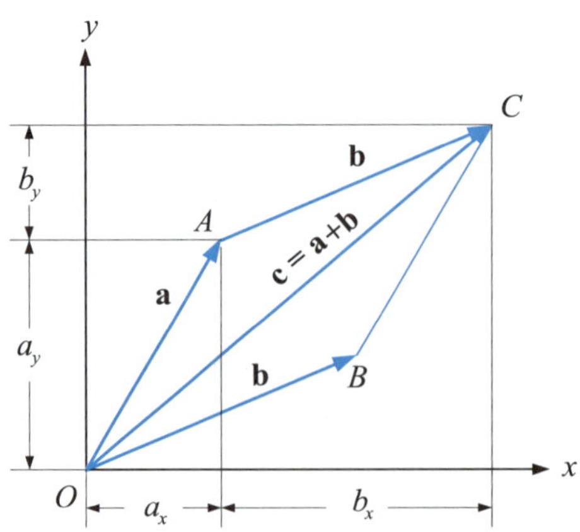

그림 1.4 두 벡터의 합

$$\mathrm{a} = a_x \mathrm{i} + a_y \mathrm{j}$$

$$\mathrm{b} = b_x \mathrm{i} + b_y \mathrm{j}$$

와 같이 주어지는 벡터라 하면

$$\mathrm{c} = \mathrm{a} + \mathrm{b} = (a_x + b_x)\mathrm{i} + (a_y + b_y)\mathrm{j} \tag{1.5.2}$$

또

$$\mathrm{a} - \mathrm{b} = (a_x - b_x)\mathrm{i} + (a_y - b_y)\mathrm{j} \tag{1.5.3}$$

이다.

이 논리는 3차원 공간에도 그대로 적용된다.

$$\mathrm{c} = \mathrm{a} \pm \mathrm{b} = (a_x \pm b_x)\mathrm{i} + (a_y \pm b_y)\mathrm{j} + (a_z \pm b_z)\mathrm{k} \tag{1.5.4}$$

벡터의 상등

두 벡터 a, b 가 상등(相等 : equality)하다 함은

$$\mathrm{a} = \mathrm{b}$$

와 같이 쓰고, 대응하는 성분이 상등하다는 의미이다. 즉,

$$\begin{aligned} a_x &= b_x \\ a_y &= b_y \\ a_z &= b_z \end{aligned} \tag{1.5.5}$$

을 의미한다. 그러므로 벡터방정식

$$\mathrm{a} = 0$$

은

$$\begin{aligned} a_x &= 0 \\ a_y &= 0 \\ a_z &= 0 \end{aligned} \tag{1.5.6}$$

을 풀면 된다.

식 (1.5.5) 혹은 식 (1.5.6)으로부터 다음 결론을 얻는다.

벡터량의 해석

벡터량을 다룰 때에는 벡터방정식을 각 성분별로 세워 풀면 얻는다.

예제 1.5 **벡터공간에서의 벡터표시**

수평면과 60 ° 를 이루고, 크기가 250인 벡터를 벡터공간에서 표시하여라.

[풀이]

주어진 조건:

벡터의 크기 ; 250, 벡터의 방향 ; 수평면과 60 °

탐구사항:

벡터공간에서의 벡터표시

탐구내용:

x 축을 수평축으로 놓으면

$$a_x = a\cos\theta = 250\cos 60 = 125$$

$$a_y = a\sin\theta = 250\sin 60^\circ = 216.5$$

벡터a 는

$$\mathrm{a} = 125\,\mathrm{i} + 216.5\,\mathrm{j}$$

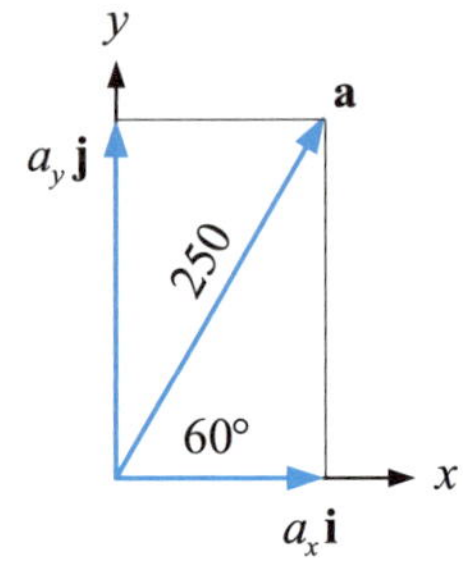

그림 E1.5

예제 1.6 **두 벡터의 합**

세기가 100N, x 축과 30°를 이루는 힘F_1과 세기가 250N, x 축과 60°를 이루는 힘F_2의 합 벡터를 구하여라.

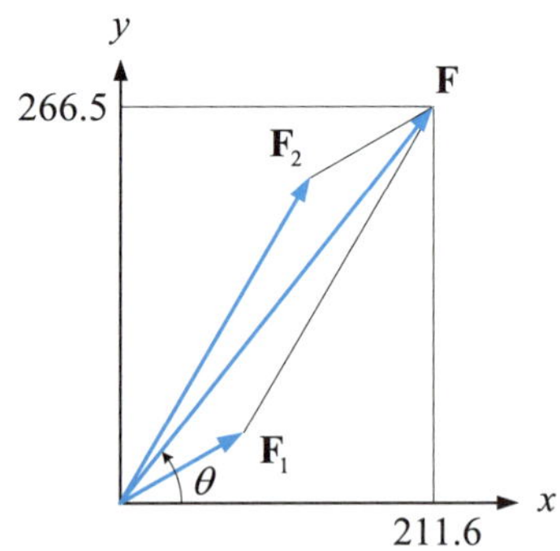

그림 E1.6

[풀이]

주어진 조건:

$F_1 = 100\mathrm{N}$, x 축과 30 °

$F_2 = 250\mathrm{N}$, x 축과 60 °

탐구사항:

합 벡터

탐구내용:

$$F_{1x} = F_1\cos\theta_1 = (100\mathrm{N})\cos 30^\circ = 86.6\,\mathrm{N}$$

$$F_{1y} = F_1\sin\theta_1 = (100\,\mathrm{N})\sin 30^\circ = 50\,\mathrm{N}$$

$$\mathrm{F}_1 = 86.6\,\mathrm{i} + 50\,\mathrm{j}\ \ [\mathrm{N}]$$

$$F_{2x} = F_{12}\cos\theta_2 = (250\mathrm{N})\cos 60^\circ = 125\,\mathrm{N}$$

$$F_{2y} = F_2\sin\theta_2 = (250\,\mathrm{N})\sin 60^\circ = 216.5\,\mathrm{N}$$

$$\mathrm{F}_2 = 125\,\mathrm{i} + 216.5\,\mathrm{j}\ \ [\mathrm{N}]$$

합 벡터

$$\mathrm{F} = \mathrm{F}_1 + \mathrm{F}_2 = (86.6 + 125)\,\mathrm{i} + (50 + 216.5)\,\mathrm{j} \quad [\mathrm{N}]$$

$$= 211.6\,\mathrm{i} + 266.5\,\mathrm{j} \quad [\mathrm{N}]$$

벡터의 크기

$$F = \sqrt{211.6^2 + 266.5^2} = 340.3\,\mathrm{N}$$

x 축과 만드는 각도

$$\theta = \tan^{-1}\left(\frac{266.5\mathrm{N}}{211.6\,\mathrm{N}}\right) = 51.55^\circ$$

1.6 힘의 평형과 평형조건

재료역학은 평형상태에서 부재에 발생하는 내력을 구하는 문제들이 대부분이다. 그러므로 재료역학을 공부하는 데 있어 평형역학에 관한 지식을 정립하는 것은 매우 중요한 일이다.

Newton의 운동법칙에 의하면, 한 물체에 작용하는 합력이 0일 때 물체는 가속도를 갖지 않는다. 이와 같은 물체의 상태를 우리들은 평형상태(equilibrium)라 말한다. 가속도가 0 이라 함은 일정속도를 의미하나 여기서 우리가 취급하는 문제는 주로 속도가 0인 경우, 다시 말해서 정지상태의 경우를 다루게 될 것이다. 정지하고 있는 계(물체)에서 힘의 평형을 다루는 학문을 정역학(static)이라 말한다. 만일 다수의 힘 F_1, $\mathrm{F}_2, \cdots$ F_n이 한 계에 작용할 경우, 이 계가 평형상태에 있을 필요하고도 충분한 조건은

$$\mathrm{F}_1 + \mathrm{F}_2 + \cdots + \mathrm{F}_n = \sum_j \mathrm{F}_j = 0 \tag{1.6.1}$$

이다. 이와 같은 상태하에 있을 때 이들 힘은 균형(balance)이 잡혔다. 또는 평형(equilibrium)을 이룬다라고 말한다.

Newton역학에서 무엇보다도 현저한 특징의 하나는 가장 단순한 물체, 즉 질점에 대하여 공리를 세워, 논리적 연역법에 의하여 그 이론을 질점의 집합 , 고체, 유체등의 문제로 확장하는 것이다. 이 확장과정의 한 예로서, 평형이라는 개념을 단일 질점으로 부터 일반적인 질점의 집합에 어떻게 확장하는가에 관해서 기술하여 보겠다.

그림 1.5에 표시한 고립된 질점계를 생각하여 보자. 이 때 계를 구성하고 있는 하나 하나의 질점이 각각 평형을 이룰 때 이들 질점들로 구성되는 계도 평형을 이룬다(평형상태에 있다)고 말한다. 그런데 각 질점에 작용하는 힘에는 외력(external force)과 내력(internal force) 두 종류가 있다. 내력은 계 내부의 다른 질점과의 상호작용이다. 상호작용력의 성질에 관한 기본이론에 의하면, 이들 내력 상호작용은 동일작용선을 갖는 크기가 같고 방향이

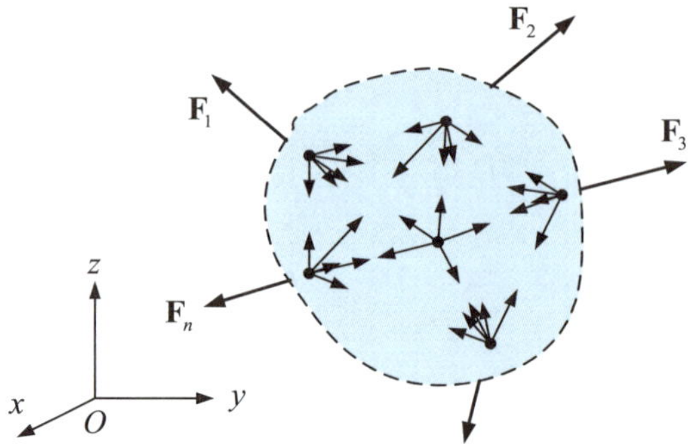

그림 1.5 고립된 질점계

반대인 두 벡터로 표시할 수가 있다.

만일 그림 1.5에 있는 각 질점이 평형상태에 있다면 각 질점에 작용하는 합력은 0이다. 우리는 그림 1.5에 있는 모든 힘을 하나의 벡터의 집합으로 생각한다. 각각의 질점에 작용하는 벡터군의 벡터합은 개개의 질점에 대하여 0이 되어야 하므로, 모든 힘의 벡터합도 명백히 0이 되지 않으면 안 된다. 전체 벡터를 계산하는 과정에서, 내력은 한 쌍씩 서로 상쇄됨을 알 수 있다. 그러므로 우리는 질점의 집합이 평형상태에 있다면 계에 작용하는 모든 외력의 벡터합이 0이 되어야 한다는 결론을 얻는다. 다시 말해서 식 (1.6.1)이 성립해야 한다.

또 그림 1.5에 있는 모든 힘의 임의 점(예를 들면 좌표 원점 O)에 관한 합 모멘트를 생각하여 본다. 개개의 질점에 작용하는 힘의 벡터합이 각각 0이므로, 그 합 모멘트도 0이 되지 않으면 안 된다. 전체 벡터의 합 모멘트를 구하는 과정에서, 한 쌍의 내력은 동일 작용선에서 크기가 같고 방향만이 반대인 자기 상쇄적 힘으로 작용하므로 합모멘트에는 아무런 영향을 주지 못한다. 그러므로 질점의 집합이 평형상태에 있으면 임의의 한 점에 관한 외력의 합모멘트도 0이 된다는 결론을 얻는다. 즉,

$$\begin{aligned} \mathrm{M} &= \mathrm{r}_1 \times \mathrm{F}_1 + \mathrm{r}_2 \times \mathrm{F}_2 + \cdots + \mathrm{r}_n \times \mathrm{F}_n \\ &= \sum_j \mathrm{r}_j \times \mathrm{F}_j = 0 \end{aligned} \tag{1.6.2}$$

여기서 r_j는 O로부터 그은 외력 F_j가 작용하는 작용점의 위치벡터이다.

식 (1.6.1)과 식 (1.6.2)로 주어지는 조건은 평형에 관한 필요조건이다. 다시 말하면 어느 계가 평형상태에 있으려면 식 (1.6.1)과 식 (1.6.2)의 조건을 만족하지 않으면 안된다. 이것이 이 책에서 주로 다루게 되는 방법이 될 것이다. 즉 우리의 관측 대상이 되는 계가 평형상태에 있다는 것을 알면(보통은 계가 정지하고 있다는 사실로부터), 조건 식 (1.6.1)과 식 (1.6.2)를 적용하여 작용하는 힘의 정보를 알아낼 수 있다.

충분조건인 역의 문제를 생각해 보는 것도 흥미 있는 일이다. 한 질점계에 작용하는 외력

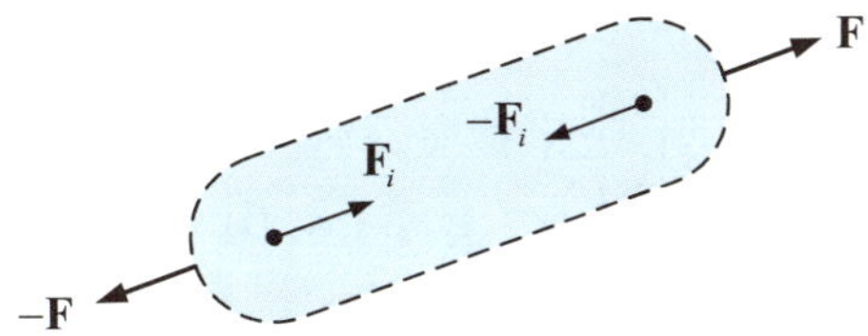

그림 1.6 두 개의 질점계

이 식 (1.6.1)과 식 (1.6.2)의 조건을 만족한다고 할 때, 계를 구성하고 있는 모든 질점이 평형상태에 있다고 결론을 내릴 수 있을까? 하는 문제이다. 이 해답은 일반적으로 부정적이다.

예를 들면, 그림 1.6에 있어서 두 개의 질점으로 구성되어 있는 한 계에 한 조의 평형외력 $\mathbf{F}$, $-\mathbf{F}$와, 내력 $\mathbf{F}_i$, $-\mathbf{F}_i$가 역시 한 조의 평형내력으로 작용하고 있다고 가정하면 이들 질점들은 $\mathbf{F} = \mathbf{F}_i$ 일 때만이 평형상태에 놓일 수 있다. 그러나 만일 이들 두 질점 대신, 그림 1.6의 계가 고무조각으로 만들어졌다고 가상하면, 고무조각 양단에 크기가 같고 방향이 반대인 두 힘을 가할 때, $\mathbf{F} > \mathbf{F}_i$가 되어 고무조각은 평형상태를 유지할 수 없고 조각의 양단은 서로 가속되어 멀어지기 시작한다. 다시 말하면 고무조각은 늘어나기 시작한다. 그러므로 질점계가 완전히 강체이어서, 모든 입자가 상대적인 거리 변화가 일어나지 않을 때만이 계에 작용하는 한 조의 외력이 평형을 이룰 때 언제나 내력은 내부평형이 이루어지게끔 자동적으로 조절된다는 것을 이 예는 말해 주고 있다. 엄밀한 증명을 하려면 강체에서 일어날 수 있는 운동의 주의 깊은 해석을 필요로 하기 때문에, 여기서는 상세한 언급은 피하고, 단지 그 결과만을 소개하고자 한다. 즉

『완전강체가 평형상태에 있기 위한 필요하고도 충분한 조건은 작용하는 모든 외력의 벡터합이 0이어야 하고, 또 임의 점에 관한 모든 외력의 모멘트와 계에 직접 가해지는 모멘트의 벡터합이 0이어야 한다.』

완전강체의 평형에 대한 필요충분조건은 엄밀한 의미에서 탄성체에 그대로 적용할 수 없겠으나, 변형이 미소하고 또 변형 후 평형을 이룬 상태에서 적용하게 되므로 완전강체의 평형조건 식 (1.6.1)과 식 (1.6.2)을 탄성체에도 그대로 적용한다.

두 벡터 방정식 식 (1.6.1)과 식 (1.6.2)는 3차원공간에서 6개의 스칼라 방정식을 부여한다. 앞에서 벡터 등식은 성분별로 등식을 세워 푸는 것이 편리하다는 말을 하였다. 그러므로 식 (1.6.1)과 식 (1.6.2)는 다음과 같이 스칼라등식으로 만들어 푸는 것이 편리하다.

3차원 공간

힘의 평형

$$\sum F_x = 0, \quad \sum F_y = 0, \quad \sum F_z = 0 \tag{1.6.3}$$

모멘트 평형

$$\sum M_x = 0, \quad \sum M_y = 0, \quad \sum M_z = 0 \tag{1.6.4}$$

3차원 공간에서 평형조건은 6개의 방정식으로 요약된다. 그러므로 미지수가 6개 이하이면 평형방정식만으로 문제를 풀 수 있으나, 미지수가 6개를 넘으면 평형방정식만으로 풀 수 없다. 이러한 문제를 풀어야 할 경우에는 평형방정식 이외에 문제에 관여하는 다른 방정식을 추가해야 풀린다. 역학에서는 평형방정식 식 (1.6.3)과 식 (1.6.4)만으로 풀리는 문제를 정정문제(靜定問題 : statically determinate problem), 평형조건 이외에 추가적인 조건을 필요로 하는 문제를 부정정문제(不靜定問題 : statically indeterminate problem)라는 말로 구별한다.

평면공간

2차원 평면공간에서는 평형방정식 식 (1.6.1)과 식 (1.6.2)는 다음과 같이 된다.

$$\sum F_x = 0, \quad \sum F_y = 0 \tag{1.6.5}$$

$$\sum M_z = 0 \tag{1.6.6}$$

평면에서는 미지수가 3개를 넘으면 부정정문제로 된다.

참고사항

평형방정식을 세울 때 미지(구해야 할)의 반력과 모멘트는 모두 양의 방향으로 가정하는 것이 편리하다. 결과가 음일 때에는 실제로 작용하는 방향이 반대임을 의미한다.

1.7 공학적 응용(Engineering Application)

많은 공학적인 실제문제는 평형상태에 있는 구조물이나 기계를 포함한다. 그리고 몇 개의 힘(보통 하중)은 문제에서 주어지나, 이들 주어진 하중과 평형을 이루는 반력을 결정해야 하는 문제들이 많다.

이 책에서 사용하는 일반적인 해석과정은 다음과 같은 준비 단계를 거치게 된다.

1. 계의 선정
2. 계 특성의 이상화

이 준비단계를 거친 다음 뒤이어 역학원리에 입각한 해석을 한다. 해석은 다음 단계를 거친다.

1. 작용하는 힘과 평형조건의 연구
2. 변형과 기하학적 적합조건에 관한 연구
3. 힘-변형관계의 응용

어떤 종류의 계에 있어서는, 변형을 고려할 필요 없이 평형조건만을 사용하여 작용하는 모든 힘을 결정할 수가 있다. 이러한 계를 정정(statically determinate)계라 말한다. 이 장에서는 정정계만을 다루기로 한다. 이러한 전제 하에서 해석방법은 적당한 계의 선정, 그 특성의 이상화, 작용하는 모든 힘에 관한 연구, 그리고 미지의 힘의 항으로 미지의 힘을 구하기 위한 평형조건의 적용 등의 과정을 밟아 수행한다.

평형조건 식 (1.6.1)과 식 (1.6.2)는 평형상태하의 고립계에 작용하는 모든 외력이 만족하여야 할 관계들을 모두 제공해 준다. 이들 평형조건을 실제 문제에 적용할 때 가장 어려운 점은 일반적으로 고립화하는 과정이다. 이 과정이야말로 모든 것에 영향을 주는(해석결과를 좌우하는) 중요한 단계이다. 어떤 계 혹은 부분계를 고립화시켜야 하는가를 결정하여야 할 문제, 또 참된 고립화가 이루어졌는가를 확인하는 문제, 그리고 고려하여야 할 모든 외력이 고립계에 포함되어 있는가의 여부 등 어려운 문제들이 있다.

간단한 문제는 어떤 계를 고립화시켜야 문제를 해결하는 데 첩경이 될 수 있는가가 뚜렷하게 나타난다. 이러한 문제를 푸는 데는 일반적으로 단일 고립계로 충분하다. 그러나 복잡한 해석에 있어서는 상이한 많은 고립화가 필요하게 되는 경우가 있다. 이러한 경우에는, 완전한 해를 구하기에 앞서, 먼저 각 고립계에 대하여 해석하고, 얻어진 부분적 결과를 서로 관계가 있는 것끼리 조합해서 다시 해석을 되풀이하여 최종결과를 얻는다.

고립화방법 중 가장 좋은 방법은 고립 부분계의 윤곽을 주의깊게 그리고, 이것에 작용하는 모든 외력을 빠짐없이 정확하게 기입하는 것이다. 이와 같이 계를 조직적으로 고립화시키려면 계에 작용하는 힘 중 어느 것이 (1) 계 자체가 지니고 있는 힘(체력)이고, 또 어느 것이 (2) 계의 표면에 직접 접촉해서 작용하는 힘(표면력)인가를 찾아내어, 먼저 중력과 같은 체력을, 다음에 고립계의 표면에 직접 접촉해서 작용하는 접촉력(표면력)을 모두 표시하여야 한다. 이와 같이, 고립화한 계와 이것에 작용하는 모든 외력을 표시해 그려놓은 그림을 자유물체도(free body diagram)라 부른다. 독자 여러분들이 풀고자 하는 역학문제가 여하한 문제라 할지라도, 명확하고 완전한 자유물체도를 그리고자 시도하는 습관이 몸에 베이도록 노력하는 것이 크게 요망된다. 여기서 시도라는 말을 사용한 것은 자유물체도의 작성이 그야말로 가장 힘들고, 또 중요한 단계라는 것을 인정하기 때문이다.

한 공학계의 일부분에 대한 자유물체도를 구성하는데 있어서, 작용하는 힘의 성질에 관한 가정이나 이상화를 단순화시키는 것이 경우에 따라서는 유효하다. 예를 들면 비교적 가

벼운 지주의 자중을 무시함으로써 지주 내에 작용하는 힘(공학적으로 충분한 가치가 있는)들을 쉽게 계산해 낼 수 있다. 이 경우 이상화는 편이를 위하여 하는 것일 뿐 절대적 필요성 때문에 한 것은 아니다. 만일 필요하면 자중을 포함시켜 해석할 수도 있다. 다른 경우에 있어서 실제로 작용하는 힘을 모르기 때문에, 가정을 이상화하지 않고서는 정량적 계산을 얻어낼 수가 없는 경우가 있다.

보통 행하고 있는 이상화의 사례로서는, 완전강체라든가 신장은 없으나 마음대로 구부

표 1.5 몇 가지 기계요소의 힘 – 전달 특성

전달기구	자유물체도	기 호	내 용
	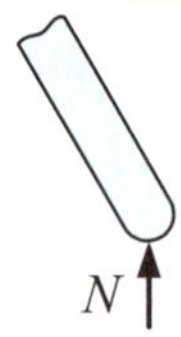	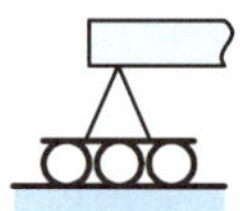	(a) 마찰이 없는 접촉면에는 단지 수직한 첩촉력만이 작용한다.
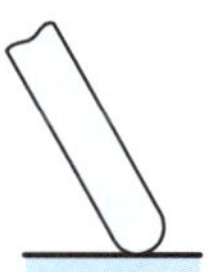	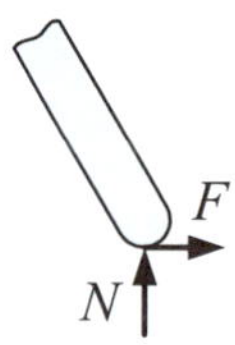	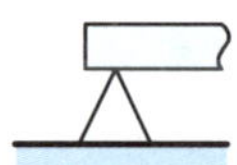	(b) 마찰을 무시할 수 없는 접촉면에는 수직력 N와 마찰력 F가 작용한다. 마찰력 F는 운동을 저지하려는 방향으로 작용하고, 이 힘은 정지상태에서 최대값을 갖는다. 그 값은 $F_s = \mu_s N$이다. 여기서 μ_s는 정지마찰계수이다.
	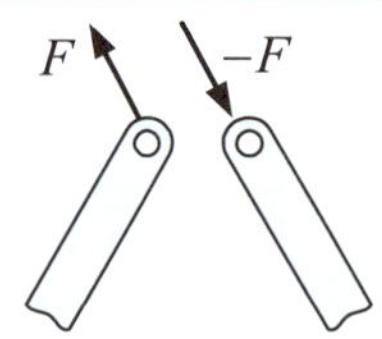		(c) 마찰이 없는 핀연결(frictionless pinned joint) 부위에서는 그 핀을 가로지르는 방향으로 면에 수직하게 F를 전달한다. 핀에 관한 회전력(torque)은 전달하지 않는다.
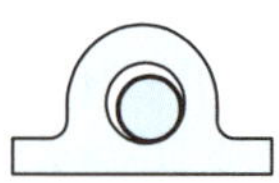			(d) 마찰을 무시할 수 있는 축수는 축 중심을 관통하는 방향의 힘 F를 전달한다. 축 주위에 축에 관한 회전력은 전달하지 않는다.
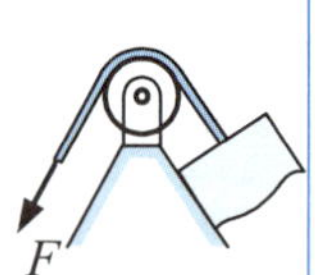	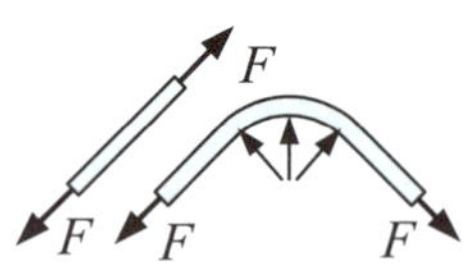		(e) 중량이 없고 유연성 있는 실이나 케이블(flexible string or cable)은 그 길이방향에 연하여 힘 F를 전달한다. 모든 선소는 그 양단에서 크기가 같고 방향이 반대인 장력을 받는다. 압축력은 지지하지 못한다. 만일 실이나 케이블이 무마찰 활차(滑車) 또는 풀리에 접해서 활동할 때 케이블이 전달하는 힘은 방향은 바뀌나 그 크기는 변하지 않는다.
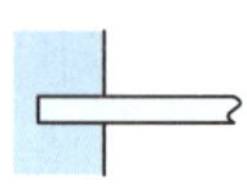	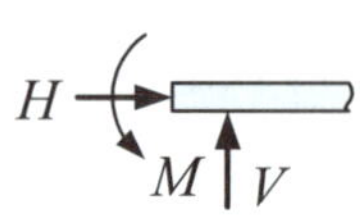		(f) 이상적인 고정지지(ideal clamped suppert)는 종횡의 운동에 대해서도, 또 회전운동에 대해서도 완전한 속박을 한다. 따라서, 이것은 반력 H와 V, 그리고 반력모멘트 M를 유발시킨다.

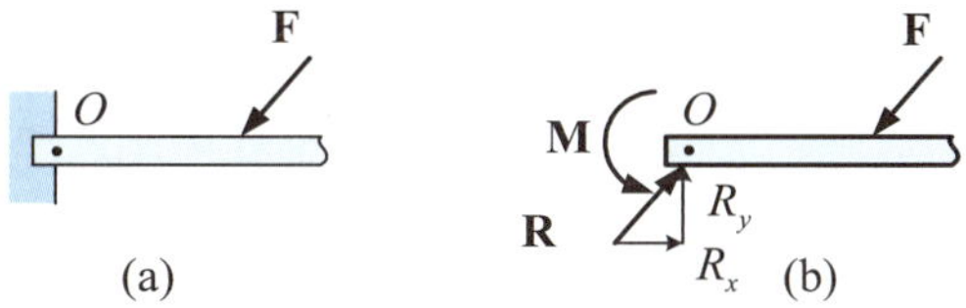

그림 1.7 고정 지점의 힘과 모멘트

러질 수 있는 실이나 케이블이라는 가정 등을 들 수 있다. 표 1.5에 몇 가지 기계요소에 대하여, 힘의 전달특성을 예시하여 놓았다.

표 1.5의 (f)는 외팔보(cantilever beam)의 고정단에서 일어날 수 있는 이상적인 고정지지를 표시한다. 그림 1.7(a)와 같이 외팔보에 한 힘이 작용할 때, 이 계의 자유물체도는 그림 1.7(b)와 같이 그릴 수 있다. 벽이 보(beam)를 지지하기 위해, 보에 작용되는 반력은 보의 끝 지지점 O에 작용하는 한 힘으로 이상화시킬 수 있다. 힘의 평형조건으로부터 이 힘은 크기가 $\mathbf{F}$의 크기가 같고, 방향이 반대인 반력 $\mathbf{R}$이 된다. 그리고 이 힘은 R_x와 R_y로 분해하여 이상화시킬 수가 있다. 또 모멘트의 평형조건으로부터 지지점에는 한 모멘트가 존재하지 않으면 안된다. 그림 1.7(b)는 표 1.5에서 (f)의 경우와 같다. 알게 되겠지만 벽과 보 사이에 작용하는 상호작용이 빠짐없이 고려되고 있는 이 자유물체도는 실제의 벽에서의 지지조건을 상당히 이상화시키고 있다. 그러므로 많은 목적을 위해서, 이 이상화는 충분히 적당하다.

예제 1.7 힘의 평형

예제 1.7의 문제를 힘의 평형조건을 활용하여 풀어라.

[풀이]

주어진 조건:

블록 무게 $W_B = 500\,\text{N}$, 정지마찰계수 $\mu_s = 0.5$

경사각도 30°

탐구사항:

정지마찰력 W

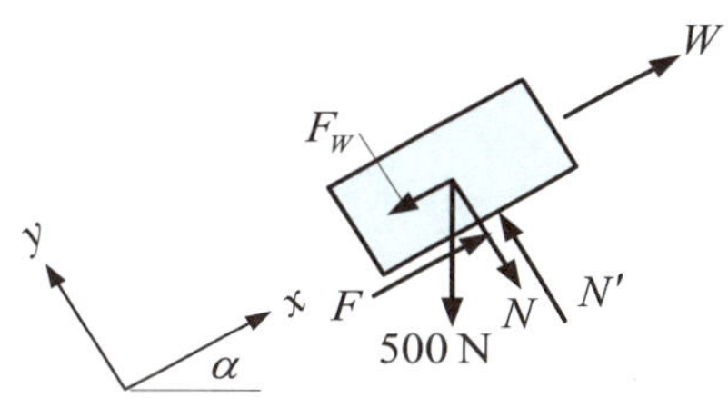

그림 E1.7

탐구내용:

여기서 구해야 할 미지수는 조건에 맞는 평형력 W와 반력 N이다.

그림에 표시한 좌표계에 대하여, 힘의 평형방정식 식(1.8.5)를 여기에 적용하면

$$\sum F_x = 0 \quad : \quad W + F - W_B \sin\alpha = 0$$

$$\sum F_y = 0 \quad : \quad N' - W_B \cos\alpha = 0$$

마찰력 F는 수직력에 비례하므로

$$F = \mu N = \mu W_B \cos\alpha$$

대입하면

$$W + W_B(\mu\cos\alpha - \sin\alpha) = 0$$

$$N' - W_B\cos\alpha = 0$$

수치를 대입하고 미지수 W와 N'에 관해서 풀면

$$W = -(500\,\mathrm{N})(0.5\cos30^\circ - \sin30^\circ) = 33.5\,\mathrm{N}$$

$$N' = (500\,\mathrm{N})\cos30^\circ = 433\,\mathrm{N}$$

을 얻는다.

예제 1.8 힘의 평형

자중이 700 N 인 나무토막이 그림과 같이 두 지점에서 받쳐지고 있다. 반력 R_{Ax}, R_{Ay}와 R_B를 구하여라.

[풀이]

주어진 조건:

스팬 1 m, 작용점 ; A로부터 0.7 m

자중 $W = 700\,\mathrm{N}$, 하중 $F = 2\,\mathrm{kN}$

탐구사항:

반력 R_{Ax}, R_{Ay}, R_B

탐구내용:

힘의 평형 ; 하중과 자중은 반력과 평형

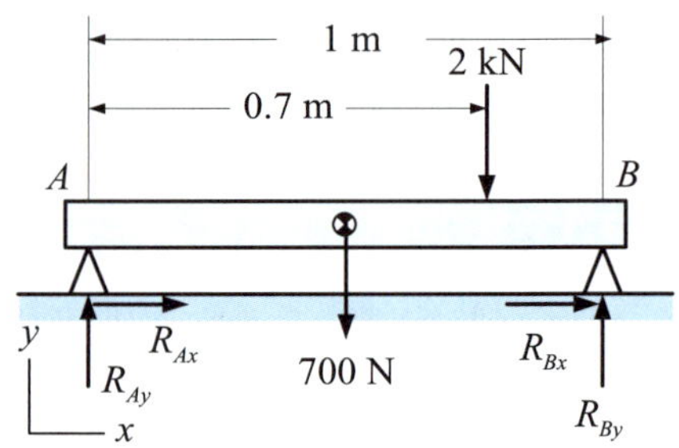

그림 E1.8

$$\sum F_x = 0\ ;\ R_{Ax} = 0$$

$$\sum F_y = 0\ ;\ R_{Ay} + R_B - 0.7\,\mathrm{kN} - 2\,\mathrm{kN} = 0 \tag{E.1}$$

모멘트 평형 ; A에 관한 모멘트를 취하면

$$\sum M_A = (1\,\mathrm{m})\times R_B - (0.7\,\mathrm{m})\times(2\,\mathrm{kN}) - (0.5\,\mathrm{m})\times(0.7\,\mathrm{kN}) = 0 \tag{E.2}$$

식 (E.2)로부터

$$R_B = (0.7\,\mathrm{m})\times(2\,\mathrm{kN}) + (0.5\,\mathrm{m})\times(0.7\,\mathrm{kN}) = 1.75\,\mathrm{kN}$$

이 값을 식 (E.1)에 대입하면

$$R_{Ay} = 0.7\,\mathrm{kN} + 2\,\mathrm{kN} - R_B$$

$$= 0.7\,\mathrm{kN} + 2\,\mathrm{kN} - 1.75\,\mathrm{kN} = 0.95\,\mathrm{kN}$$

예제 1.9 힘의 평형

그림에서 롤러와 물체 사이의 마찰계수는 $\mu = 0.02$ 이다. 미끄러지지 않을 최소의 힘 F를 구하여라.

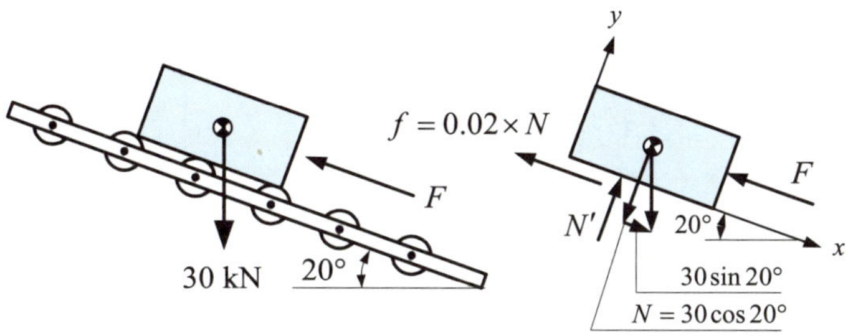

그림 E1.9

[풀이]

주어진 조건:

$\mu = 0.02$, 경사 20°, $W = 30\text{kN}$

탐구사항:

미끄러지지 않을 최소 힘

탐구내용:

힘의 평형

$$\sum F_x = 0 \ ;$$

$$-F - 0.02 \times 30\cos 20^\circ + 30\sin 20^\circ = 0$$

$$\sum F_y = 0 \ ; \ N' - 30\cos 20^\circ = 0$$

방정식을 풀면, $F = 9.7\,\text{kN}$, $N' = 28.19\,\text{kN}$

예제 1.10 힘의 평형

그림 E1.10과 같이 2개의 강봉이 점 C에서 핀으로 결합되어 있다. 부재 AC와 BC에 발생하는 장력을 구하여라.

[풀이]

주어진 조건:

부재 길이 ; $AC = 1.2\,\text{m}$, $BC = 0.5\,\text{m}$

두 브래킷(bracket) 사이의 거리 $AB = 1.39\,\text{m}$, 각$BAC = 30^\circ$

탐구사항:

부재 AC, BC에 발생하는 장력

탐구내용:

절점 A, B, C 모두 핀 연결이므로 마찰을 무시하면(핀에서의 마찰력은 다른 힘에 비하여 무시된다) 부재에 굽힘모멘트는 걸리지 않고 부재간 상호작용은 다만 A, B, C에서 힘만이 작용하는 계로 이상화된다. C에 작용하는 외력은 50 kN 의 연직력이다. 그리고 모멘트가 없으므로 연결점 A와 B는 각각 부재 축 방향으로 인장력 F_{AC}와 F_{BC}가 작용한다. 부재 AC와 BC를 고립시켜 자유물체도를 그림 (b)에 그려 놓았다. A, B에 작용하는 힘 F_{AC}와 F_{BC}는 C로 전달되어 이들 힘은 절점 C에서 외력 50 kN과 평형을 이룬다. 이 평형관계를 그림 (c)에 그려 놓았다.

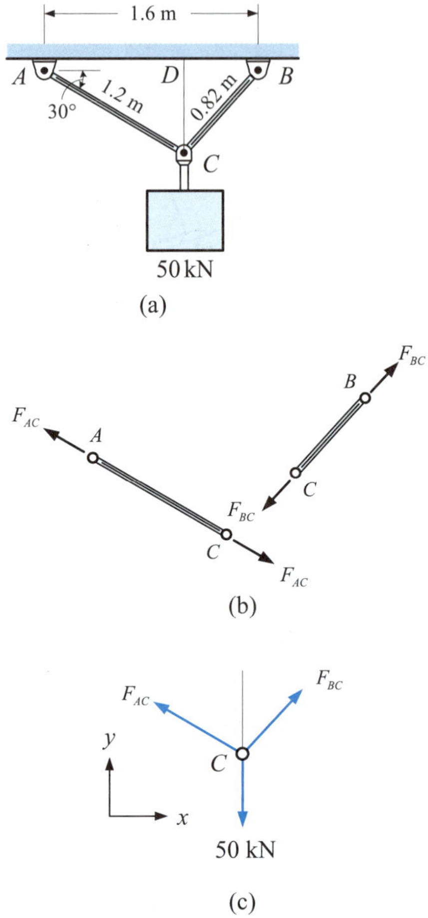

그림 E1.10

각 절점에 힘만이 작용하고, 힘은 모두 두 부재가 만드는 평면내에 존재하므로 평형방정식은 2개 얻을 수 있다. 그리고 구해야 할 미지수도 F_{AC}와 F_{BC}, 2개이므로 이 문제는 정정문제가 된다.
점 C에서 힘의 평형방정식을 세워보면

$$\sum F_x = -F_{ACx} + F_{BCx} = 0 \qquad \text{(E.1)}$$

$$\sum F_y = F_{ACy} + F_{BCy} - 50\,\text{kN} = 0 \qquad \text{(E.2)}$$

그림으로부터

$$AD = AC\cos 30^\circ = (1.2\,\text{m})\cos 30^\circ = 1.04\,\text{m}$$

$$DB = 1.6\,\text{m} - 1.04\,\text{m} = 0.56\,\text{m}$$

$$CD = (1.2\,\text{m})\sin 30^\circ = 0.6\,\text{m}$$

$$F_{ACx} = F_{AC}\cos 30^\circ = \frac{\sqrt{3}}{2}F_{AC}$$

$$F_{ACy} = F_{AC}\sin 30^\circ = \frac{1}{2}F_{AC}$$

$$F_{BCx} = \frac{BD}{BC}F_{BC} = \frac{0.56}{0.82}F_{BC} = 0.683\,F_{BC}$$

$$F_{BCy} = \frac{CD}{BC}F_{BC} = \frac{0.6}{0.82}F_{BC} = 0.73\,F_{BC}$$

이들 수치를 식 (E.1) 및 식 (E.2)에 대입하면

$$-\frac{\sqrt{3}}{2}F_{AC} + 0.683F_{BC} = 0$$

$$\frac{1}{2}F_{AC} + 0.73F_{BC} = 50$$

이 방정식을 풀면

$$F_{AC} = 35.07\,\text{kN}$$

$$F_{BC} = 44.47\,\text{kN}$$

예제 1.11 힘의 평형

체인 호이스트를 매다는 데 사용하는 그림과 같은 삼각형구조물에 호이스트를 매달아 20kN의 물체를 들어올린다. 점 B와 C에 작용하는 힘의 크기를 구하여라. 단 구조물의 자중은 무시한다.

[풀이]

주어진 조건:

구조물의 기하학 ; $CD = 3\,\text{m}$

$\angle D = 45^\circ$

탐구사항:

부재에 작용하는 장력

탐구내용:

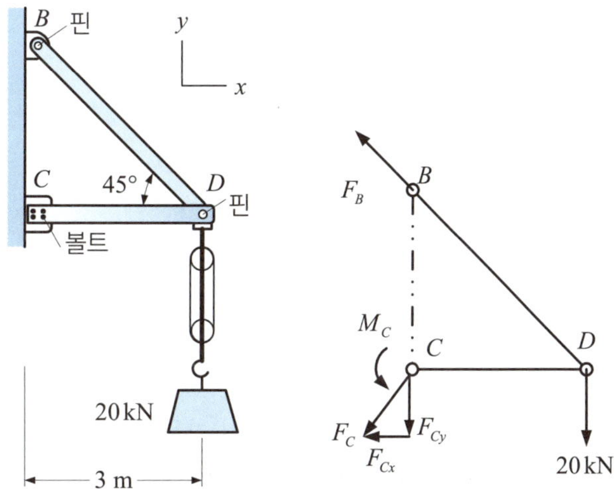

(a) (b)

그림 E1.11(a)는 절점 B와 D에서 핀으로 연결, C에서 4개의 볼트로 고정시킨 구조물이고, 그림(b)는 전 구조물을 고립시켜 그려 놓은 자유물체도이다. 그림에 표시하여 놓은 것 같이 자중을 무시하고, 핀에서 접촉저항을 무시하면 B와 D에서 부재에 작용하는 힘은 부재에 평행하게 작용하나, C는 고정되어 있으므로 굽힘모멘트 M_C가 z 축 방향으로 작용할 것이고, 부재에 작용하는 힘도 부재에 평행하게 작용하는 것이 아니라 어떤 미지의 각도를 이룰 것이다.

그러므로 구해야 할 미지수는 F_B, F_{Cx}, F_{Cy}, M_C 합해서 4개이다. 한편 얻을 수 있는 평형방정식은 힘의 평형에서 2개, 모멘트평형에서 z 방향 1개, 모두 3개의 방정식을 얻는다. 이 문제를 풀기 위해서는 별도의 방정식을 필요로 한다. 즉 부정정문제이다. 그리고 부재에 가해지는 힘은 인장력이 작용한다고 가정한다.

이 문제를 정정문제로 만들기 위하여는 또 하나의 가정을 하여야 한다. 하나의 가정은 C에서 볼트가 이완되었다는 가정이다. 그리하여 절점 C에서도 핀연결 한다고 가정하면, M_C는 작용하지 않고 F_C만이 부재방향으로 작용한다. 이러한 가정에서 전 구조물을 고립시켜 그림 (d)에 자유물체도를 그려 놓았다. 이 모형에서는 구해야 할 미지수는 F_B와 F_C, 평형방정식은 힘의 평형으로부터 2개의 방정식을 세울 수 있으므로 정정문제이다.

그림 (e)는 부재 BD, CD를 고립시켜 그려놓은 자유물체도, (f)는 D점에서 힘의 평형을 표시한 그림이다.

D점에서 힘의 평형을 생각하면

$$\sum F_x = -F_C - F_B\cos 45^\circ = 0$$

$$\sum F_y = F_B \sin 45^\circ - 20\,\text{kN} = 0$$

제 2식으로부터

$$F_B = \frac{20\,\text{kN}}{\sin 45^\circ} = 28.28\,\text{kN}$$

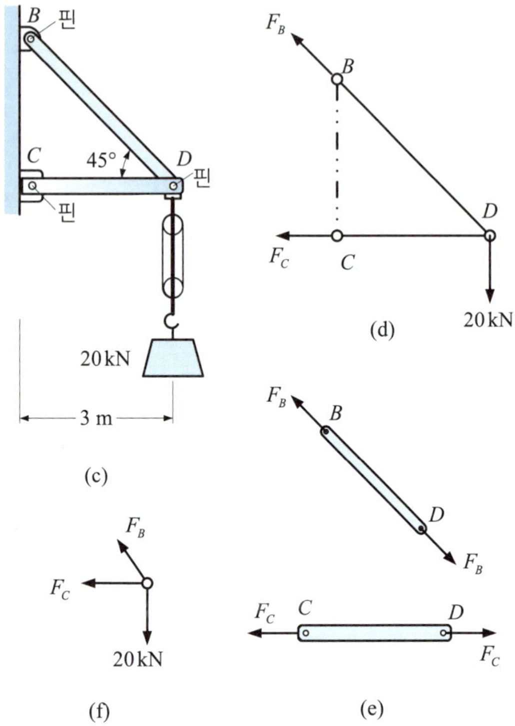

그림 E1.11

제 1식으로부터

$$-F_C - \frac{20\text{kN}}{\sin 45^\circ}\cos 45^\circ = 0$$

$$F_C = -(20\,\text{kN})\cot 45^\circ = -20\,kN$$

모든 부재에는 인장력이 작용한다고 가정하였다. F_C가 음의 값이 얻어진 것은 실제로는 압축력이 작용한다는 것을 의미한다. 다시 말해서 가정한 방향과 반대이다.

예제 1.12 트러스의 평형

그림은 평형상태에 있는 핀 연결 평면트러스이다. 이 트러스는 핀으로 연결된 비교적 강성링크로 구성된 구조물이다. 하중은 그림과 같이 E와 F에 작용하고, A에서 단단한 기초 위에 핀으로 연결되어 있고, B에서는 롤러로 지지되어 있다. A와 B에서 반력을 구하고, 각 부재에 걸리는 힘을 구하여라.

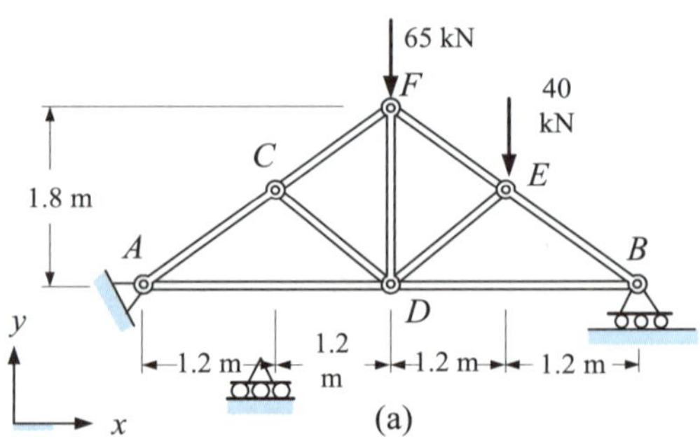

(a)

[풀이]

주어진 조건:

트러스의 기하학

하중 $F_F = 65\,\text{kN}$, $F_E = 40\,\text{kN}$

탐구사항:

A와 B에 걸리는 반력

각 부재에 작용하는 부재력

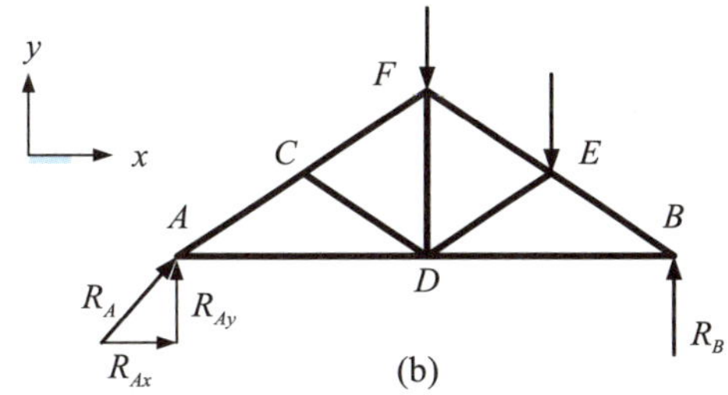

그림 E1.12

탐구내용:

A와 B에 걸리는 반력을 구하기 위하여 트러스 전체를 고립화시킨 자유물체도를 그림 (b)에 그려놓았다. 여기서 우리는 부재의 자중을 무시할 수 있다는 가정에서 문제를 이상화시켰다.

B에서는 롤러접촉을 하기 때문에 마찰을 무시하고 반력이 지지대에 수직하게 작용한다고 생각하였다.

핀 절점 A에서도 마찰을 무시하면 반력은 핀 중심을 통과하게끔 작용한다. 그러나 R_A의 크기와 방향은 아직 미지이다. 그러므로 구해야하는 미지수는 R_{Ax}, R_{Ay}, 그리고 R_B 세 개다.

그리고 평형방정식은 힘의 평형조건에서 2개, 모멘트평형조건에서 1개를 얻을 수 있으므로 이 문제는 정정문제이다.

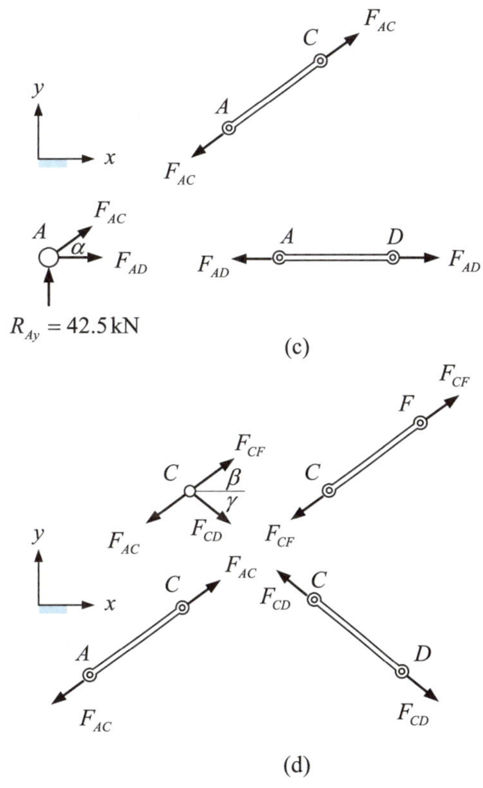

그림 E1.12

힘의 평형조건

$$\sum F_x = R_{Ax} = 0 \tag{E.1}$$

$$\begin{aligned}\sum F_y &= R_{Ay} + R_B - F_F - F_E \\ &= R_{Ay} + R_B - 65\,\text{kN} - 40\,\text{kN} = 0\end{aligned} \tag{E.2}$$

모멘트 평형조건

A에 관한 모멘트를 취하면

$$\begin{aligned}\sum M = &-(2.4\,\mathrm{m})\times(65\,\mathrm{kN})-(3.6\,\mathrm{m})\times(40\,\mathrm{kN})\\ &+(4.8\,\mathrm{m})\times R_B = 0\end{aligned} \tag{E.3}$$

모멘트평형식 식 (E.3)으로부터

$$R_B = 62.5\,\mathrm{kN}$$

식 (E.2)로부터

$$\begin{aligned}R_{Ay} &= 105\,\mathrm{kN} - R_B = 105\,\mathrm{kN} - 62.5\,\mathrm{k}\\ &= 42.5\,\mathrm{kN}\end{aligned}$$

식 (E.1)로부터

$$R_{Ax} = 0$$

그러므로 점 A와 B에서 반력은 연직상방로 작용하고, 수평분력은 작용하지 않는다. 이것은 B에서 롤러로 접촉하기 때문이다.

식 (E.3)을 세울 때 F_F와 F_E의 A에 관한 모멘트를 음의 값을 취하였다. 이것은 이들 힘으로 부재를 A 중심으로 회전시키면 y축으로부터 x축방향으로 회전하기 때문에 나사의 진행 방향이 음의 z축 방향이 되기 때문이다. 반면에 반력 R_B에 의한 모멘트를 양의 값으로 취한 것은 R_B로 부재를 회전시키면 부재가 x축으로부터 y축 방향으로 회전이 되어 나사의 진행 방향이 양의 z축 방향이 되기 때문이다.

반력에 관한 지금까지의 해는 트러스설계에 관한 아무런 자료도 제공해주지 못한다. 다만 트러스가 평형상태를 유지하는 조건만을 제시하고 있다. 그러나 트러스를 설계하는 사람은 가해진 하중이 트러스 부재에 어떻게 전달되고, 또 각 부재는 전달된 힘을 견디어낼 수 있는 강도를 충분히 유지하고 있는가에 관심을 갖는다. 이러한 정보를 얻으려면 트러스내에서 한 부분계를 고립시켜, 이것의 자유물체도를 고찰해야한다. 한 예로서 그림 (c)에 부재 AC, AD의 자유물체도를, 그리고 핀 A를 고립시켜 자유물체도를 그려놓았다. 부재 AC, AD는 모두 핀 연결이므로 축 방향으로만 인장(引張) 혹은 압축력으로 작용한다. 그러나 부재에 작용하는 힘을 모르므로 트러스를 계산할 경우에는 모든 부재에 인장력이 작용한다고 가정한다. 계산 결과 양의 값이면 인장력, 음의 값이 나오면 압축력이 작용한다고 보면 된다. 그림 (c)의 자유물체도는 모두 인장력이 작용한다고 가정하고 그린 그림이다.

힘의 평형

$$\overline{AC} = \overline{CF} = \frac{1}{2}\sqrt{2.4^2 + 1.8^2} = 1.5\,\mathrm{m}$$

$$\overline{CD} = \sqrt{1.2^2 + 0.9^2} = 1.5\,\mathrm{m}$$

$$\sum F_x = F_{AD} + F_{AC}\cos\alpha = F_{AD} + \frac{1.2}{1.5}F_{AC} = 0$$

$$\sum F_y = 42.5\,\text{kN} + F_{AC}\sin\alpha = 42.5\,\text{kN} + \frac{0.9}{1.5}F_{AC} = 0$$

이 두 식을 풀면

$$F_{AC} = -70.83\,\text{kN}$$

$$F_{AD} = 56.66\,\text{kN}$$

부재 AC는 압축력(壓縮力 : compressive force), AD는 인장력(引張力 : tensile force)이 걸린다.

각 절점에 대하여 같은 방법으로 평형방정식을 세우면, 나머지 부재에 걸리는 힘 들을 계산할 수 있다. 예로서 점 C에 관한 평형방정식을 세우면 F_{CF}와 F_{CD}를 구할 수 있다. 그림 (d)를 참조하면

$$\sum F_x = -F_{AC}\cos\alpha + F_{CF}\cos\beta + F_{CD}\cos\gamma = 0$$

$$\sum F_y = -F_{AC}\sin\alpha + F_{CF}\sin\beta - F_{CD}\sin\gamma = 0$$

수치를 대입하면

$$-\frac{1.2}{1.5}(-70.83\text{kN}) + \frac{1.2}{1.5}F_{CF} + \frac{1.2}{1.5}F_{CD} = 0$$

$$-\frac{0.9}{1.5}(-70.83\,\text{kN}) + \frac{0.9}{1.5}F_{CF} - \frac{0.9}{1.5}F_{CD} = 0$$

이 방정식을 풀면

$$F_{CF} = -70.83\,\text{kN}$$

$$F_{CD} = 0$$

부재 CF도 압축력이 걸린다.

참고사항

모멘트와 벡터 크로스곱

1.3절에서 암의 길이가 r, 힘 F와 r이 만드는 각도를 θ라 하면 회전 중심 O에 관한 모멘트는, 힘의 r에 수직한 성분 $F\sin\theta$와 암의 길이 r의 곱으로 정의하였다. 이것을 식으로 표현하면

$$M = r\,F_n = r\,F\sin\theta \qquad (1.3.2)$$

이다.

그림을 참조하면

$h = r\sin\theta$

이므로 모멘트 식 (1.3.2)는

$$M = rF\sin\theta = F(r\sin\theta) = Fh$$

와 같이 변형된다. 그러므로 모멘트는 다음과 같이도 계산할 수 있다.

$$M = (\text{회전중심으로부터 작용선에 내린 수직거리}) \times (\text{힘})$$

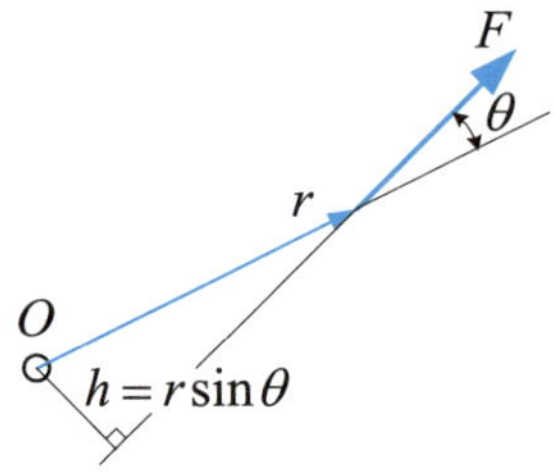

벡터해석에서는 힘의 벡터표시를 $\mathbf{F}$, 암을 $\mathbf{r}$로 표기하면, 크기는 각각 $|\mathbf{F}| = F$, $|\mathbf{r}| = r$이므로

$$M = rF\sin\theta = |\mathbf{r}|\,|\mathbf{F}|\sin\theta$$

이 모멘트는 회전방향(θ의 방향)에 따라 양 혹은 음의 값을 갖는다. 그러므로 벡터량이다. 이 벡터는 $\mathbf{F}$와 $\mathbf{r}$가 만드는 평면에 수직한 방향이고, $\mathbf{r}$로부터 $\mathbf{F}$ 쪽으로 회전하였을 때 나사가 진행하는 방향이다. 벡터해석에서는 이 모멘트를

$$\mathbf{M} = \mathbf{r} \times \mathbf{F}$$

와 같은 기호로 표시하고 이것을 벡터의 벡터곱(vector product), 또는 크로스곱(cross product)이라 말한다. 그러므로 모멘트는

$$\mathbf{M} = \mathbf{r} \times \mathbf{F} = |\mathbf{r}|\,|\mathbf{F}|\sin\theta\, \boldsymbol{n}$$

여기서 $\mathbf{n}$은 $\mathbf{F}$와 $\mathbf{r}$가 만드는 평면에 수직하고, $\mathbf{r}$로부터 $\mathbf{F}$ 방향으로 나사를 돌렸을 때 나사가 진행하는 방향을 지시하는 단위벡터이다.

두 벡터의 크로스곱은 정의에 의하여 그들 벡터가 만드는 평면에 수직하게 향하므로 x, y, z 축 방향의 단위벡터 $\mathbf{i}$, $\mathbf{j}$, $\mathbf{k}$의 크로스적은

$$\mathbf{i}\times\mathbf{j} = \mathbf{k}, \quad \mathbf{j}\times\mathbf{i} = -\mathbf{k}$$
$$\mathbf{j}\times\mathbf{k} = \mathbf{i}, \quad \mathbf{k}\times\mathbf{j} = -\mathbf{i}$$
$$\mathbf{k}\times\mathbf{i} = \mathbf{j}, \quad \mathbf{i}\times\mathbf{k} = -\mathbf{j}$$

또 두 벡터 $\mathbf{a}$, $\mathbf{b}$가

$$\mathbf{a} = a_x\mathbf{i} + a_y\mathbf{j} + a_z\mathbf{k}$$
$$\mathbf{b} = b_x\mathbf{i} + b_y\mathbf{j} + b_z\mathbf{k}$$

와 같이 주어지면 다음 행렬식으로 주어진다.

$$\mathrm{a} \times \mathrm{b} = \begin{vmatrix} \mathrm{i} & \mathrm{j} & \mathrm{k} \\ a_x & a_y & a_z \\ b_x & b_y & b_z \end{vmatrix}$$

만일 두 벡터가 2차원벡터이면

$$\mathrm{a} = a_x\mathrm{i} + a_y\mathrm{j}$$

$$\mathrm{b} = b_x\mathrm{i} + b_y\mathrm{j}$$

이면

$$\mathrm{a} \times \mathrm{b} = \begin{vmatrix} \mathrm{i} & \mathrm{j} & \mathrm{k} \\ a_x & a_y & 0 \\ b_x & b_y & 0 \end{vmatrix}$$

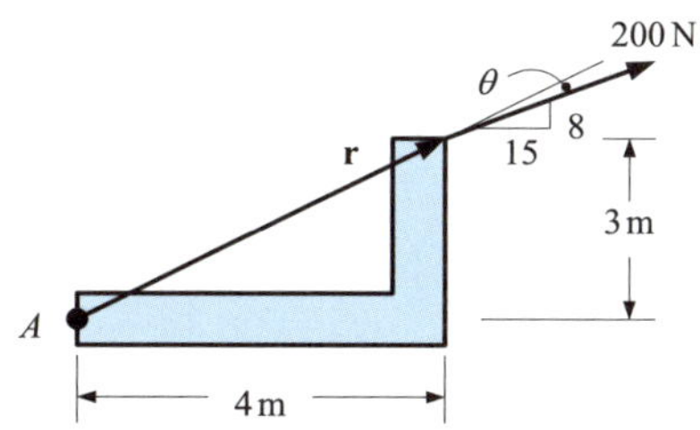

예로서 $\mathrm{r} = 4\,\mathrm{i} + 3\,\mathrm{j}$, $\mathrm{F} = 200(15/17\,\mathrm{i} + 8/17\,\mathrm{j})$의 힘에 의하여 발생하는 A에 관한 모멘트는

$$\mathrm{M} = \mathrm{r} \times \mathrm{F} = 200\begin{vmatrix} \mathrm{i} & \mathrm{j} & \mathrm{k} \\ 4 & 3 & 0 \\ 15/17 & 8/17 & 0 \end{vmatrix}$$
$$= -152.94\ \mathrm{k}$$

일과 벡터 도트곱

물체에 힘 F를 가하여 변위 s를 갖는다면 이 물체에 한 일은

$$W = Fs\cos\theta$$

와 같이 정의되었다. 벡터해석에서는 이 벡터연산을 체계적으로 다루기 위하여 다음과 같은 기호를 사용하여 표시한다. 즉

$$W = \mathrm{F} \cdot \mathrm{s} = Fs\cos\theta$$

와 같이 중간에 dot를 하여 표시하기로 약속한다. $\cos\theta$ 는 우함수로서 θ 의 방향에 관계없이 양의 값을 가지므로 이 벡터의 곱은 θ 의 방향에 관계없이 양의 값이 얻어지므로 스칼라양이다. 이러한 이유에서 이 곱셈을 스칼라곱(scalar product) 또는 도트곱(dot product)이라 말한다.

$\cos\theta$ 는 $\theta = 0$ 일 때 1, $\theta = 90^\circ$일 때 0이므로

$$\mathrm{i} \cdot \mathrm{i} = \mathrm{j} \cdot \mathrm{j} = \mathrm{k} \cdot \mathrm{k} = 1$$
$$\mathrm{i} \cdot \mathrm{j} = \mathrm{j} \cdot \mathrm{k} = \mathrm{k} \cdot \mathrm{i} = 0$$

두 벡터 a, b의 도트곱은 스칼라양이고

$$\mathrm{a} \cdot \mathrm{b} = a_x b_x + a_y b_y + a_z b_z$$

와 같이 계산된다.
한 벡터의 임의방향의 성분은 그 방향의 단위벡터를 도트곱하면 얻는다.

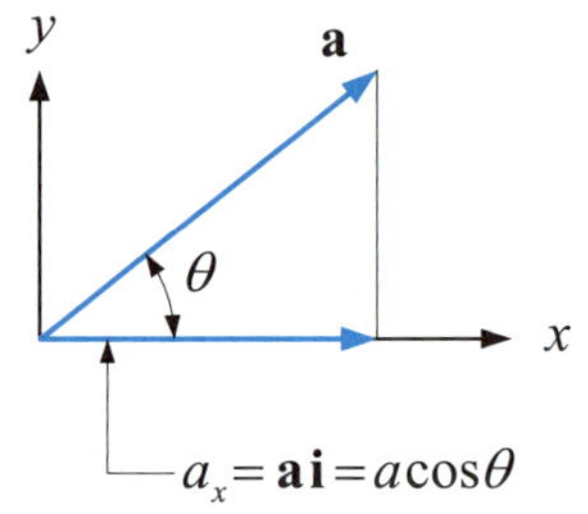

예를 들면

$$a_x = \mathrm{a} \cdot \mathrm{i}, \quad a_y = \mathrm{a} \cdot \mathrm{j}, \quad a_z = \mathrm{a} \cdot \mathrm{k}$$

제1장 기본개념과 정의

연습문제

1A.1 기울기가 3/4인 벡터 P의 단위벡터는?

[가] $\mathbf{n} = 4\mathbf{i} + 3\mathbf{j}$

[나] $\mathbf{n} = \frac{1}{5}(4\mathbf{i} + 3\mathbf{j})$

[다] $\mathbf{n} = \frac{1}{7}(4\mathbf{i} + 3\mathbf{j})$

[라] $\mathbf{n} = \frac{1}{12}(4\mathbf{i} + 3\mathbf{j})$

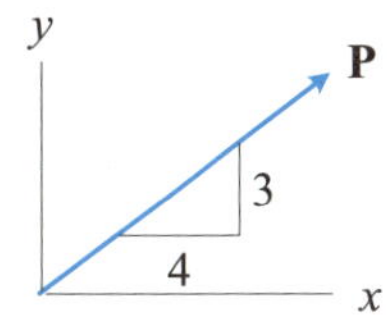

그림 1A.1

1A.2 x축과 30°를 이루는 벡터 P의 크기를 12라 할 때 P를 옳게 표현한 식은?

[가] $\mathbf{P} = 12(\sqrt{3}\,\mathbf{i} + \mathbf{j})$

[나] $\mathbf{P} = 12(\mathbf{i} + \sqrt{3}\,\mathbf{j})$

[다] $\mathbf{P} = 6(\sqrt{3}\,\mathbf{i} + \mathbf{j})$

[라] $\mathbf{P} = 6(\mathbf{i} + \sqrt{3}\,\mathbf{j})$

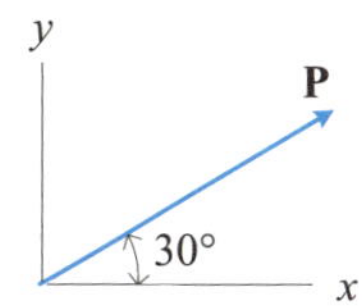

그림 1A.2

1A.3 면적이 A인 편면이 그림과 같이 x축과 60°의 각도로 경사되어 있다. 이 면을 벡터로 표현하면?

[가] $\mathbf{A} = A(\cos 30°\,\mathbf{i} + \cos 60°\,\mathbf{j})$

[나] $\mathbf{A} = A(\cos 60°\,\mathbf{i} + \cos 30°\,\mathbf{j})$

[다] $\mathbf{A} = A(\cos 30°\,\mathbf{i} + \sin 60°\,\mathbf{j})$

[라] $\mathbf{A} = A(\sin 30°\,\mathbf{i} + \sin 60°\,\mathbf{j})$

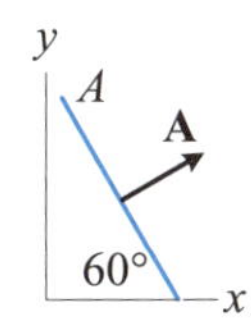

그림 1A.3

1A.4 벡터 P의 성분비가 그림과 같이 3:7:5이다. 이 벡터 방향을 지시하는 단위벡터는?

[가] $\mathbf{n} = 3\mathbf{i} + 7\mathbf{j} + 5\mathbf{k}$

[나] $\mathbf{n} = \frac{1}{9.11}(3\mathbf{i} + 7\mathbf{j} + 5\mathbf{k})$

[다] $\mathbf{n} = \frac{1}{15}(3\mathbf{i} + 7\mathbf{j} + 5\mathbf{k})$

[라] $\mathbf{n} = \frac{1}{105}(3\mathbf{i} + 7\mathbf{j} + 5\mathbf{k})$

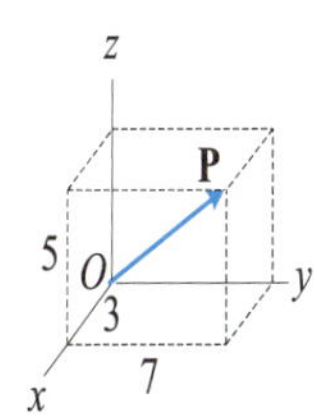

그림 1A.4

1A.5 문 **1A.4**의 벡터 P방향의 방향여현은?

[가] $l = 3,\quad m = 7,\quad n = 5$

[나] $l = 0.2,\quad m = 0.47,\quad n = 0.33$

[다] $l = 0.329,\quad m = 0.768,\quad n = 0.549$

[라] $l = 0.0286,\quad m = 0.0667,\quad n = 0.0476$

1A.6 문 1A.4의 벡터 P가 x, y, z축과 만드는 각은?

[가] $\phi_x = 72.54°,\quad \phi_y = 45.57°\quad \phi_z = 60°$

[나] $\phi_x = 78.46°,\quad \phi_y = 62.28°\quad \phi_z = 70.53°$

[다] $\phi_x = 88.36°,\quad \phi_y = 86.18°\quad \phi_z = 87.27°$

[라] $\phi_x = 70.77°,\quad \phi_y = 39.79°\quad \phi_z = 56.71°$

1A.7 보가 그림과 같이 집중하중 P와 Q를 받고 있다. 벡터연산을 사용하여 반력을 구할 목적에서 평형방정식을 세웠다. 옳게 표현한 식은? 반력은 $\mathrm{R}_A = R_{Ax}\mathrm{i} + R_{Ay}\mathrm{j}$, $\mathrm{R}_B = R_B\mathrm{j}$ 이다.

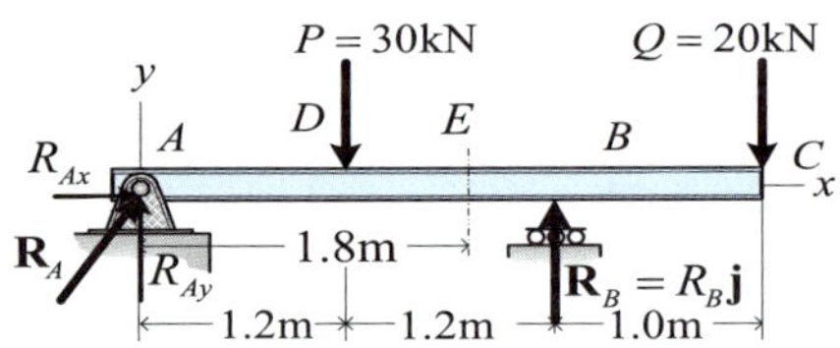

그림 1A.7

[가] $\sum \mathrm{F} = \mathrm{R}_A + \mathrm{R}_B - 30\mathrm{j} - 20\mathrm{j} = 0$

$\sum \mathrm{M} = 1.2(30\mathrm{j}) + 2.4\mathrm{R}_B + 3.4(20\mathrm{j}) = 0$

[나] $\sum \mathrm{F} = \mathrm{R}_A + \mathrm{R}_B + 30\mathrm{j} + 20\mathrm{j} = 0$

$\sum \mathrm{M} = -1.2(30\mathrm{j}) + 2.4\mathrm{R}_\mathrm{B} - 3.4(20\mathrm{j}) = 0$

[다] $\sum \mathrm{F} = \mathrm{R}_A + \mathrm{R}_B - 30\mathrm{j} - 20\mathrm{j} = 0$

$\sum \mathrm{M} = (1.2\mathrm{i}) \times (-30\mathrm{j}) + (2.4\mathrm{i}) \times \mathrm{R}_B + (3.4\mathrm{i}) \times (-20\mathrm{j}) = 0$

[라] $\sum \mathrm{F} = -\mathrm{R}_A + \mathrm{R}_B - 30\mathrm{j} - 20\mathrm{j} = 0$

$\sum \mathrm{M} = -(1.2\mathrm{i}) \times (-30\mathrm{j}) + (2.4\mathrm{i}) \times \mathrm{R}_B - (3.4\mathrm{i}) \times (-20\mathrm{j}) = 0$

1A.8 문제 **1A.7**의 보에서 단면 E에 전달되는 내력을 구하기 위하여 좌측요소를 고립시킨 자유물체도에 평형법칙을 적용하였다. 옳게 표현된 식은?

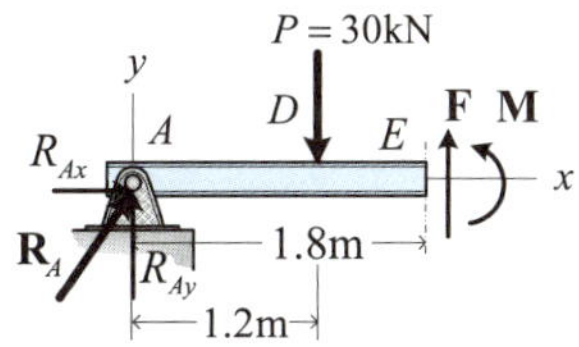

그림 1A.8

[가] $\sum \mathrm{F} = \mathrm{F} + \mathrm{R}_A - 30\mathrm{j} = 0$

$\sum \mathrm{M} = \mathrm{M} + (1.2\mathrm{i})\times(-30\mathrm{j}) + (1.8\mathrm{i})\times\mathrm{F} = 0$

[나] $\sum \mathrm{F} = \mathrm{F} + \mathrm{R}_A + 30\mathrm{j} = 0$

$\sum \mathrm{M} = \mathrm{M} + (1.2\mathrm{i})\times(30\mathrm{j}) + (1.8\mathrm{i})\times\mathrm{F} = 0$

[다] $\sum \mathrm{F} = -\mathrm{F} + \mathrm{R}_A + 30\mathrm{j} = 0$

$\sum \mathrm{M} = -\mathrm{M} + (1.2\mathrm{i})\times(30\mathrm{j}) - (1.8\mathrm{i})\times\mathrm{F} = 0$

[라] $\sum \mathrm{F} = -\mathrm{F} + \mathrm{R}_A - 30\mathrm{j} = 0$

$\sum \mathrm{M} = -\mathrm{M} + (1.2\mathrm{i})\times(-30\mathrm{j}) + (1.8\mathrm{i})\times\mathrm{F} = 0$

1A.9 문제 **1A.7**의 보에서 단면 E에 전달되는 내력을 구하기 위하여 우측요소를 고립시킨 자유물체도에 평형법칙을 적용하였다. 옳게 표현된 식은? 여기서 F와 M은 내력이다.

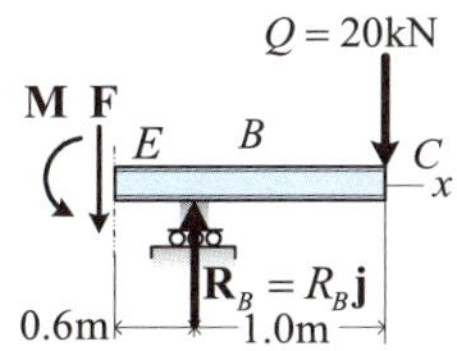

그림 1A.9

[가] $\sum \mathrm{F} = \mathrm{F} + \mathrm{R}_B - 20\mathrm{j} = 0$

$\sum \mathrm{M} = \mathrm{M} + (0.6\mathrm{i})\times \mathrm{R}_B - (1.6\mathrm{i})\times(-20\mathrm{j}) = 0$

[나] $\sum \mathrm{F} = -\mathrm{F} + \mathrm{R}_B - 20\mathrm{j} = 0$

$\sum \mathrm{M} = -\mathrm{M} + (0.6\mathrm{i})\times \mathrm{R}_B - (1.6\mathrm{i})\times(-20\mathrm{j}) = 0$

[다] $\sum \mathrm{F} = -\mathrm{F} + \mathrm{R}_B - 20\mathrm{j} = 0$

$\sum \mathrm{M} = -\mathrm{M} + (0.6\mathrm{i})\times \mathrm{R}_B + (1.6\mathrm{i})\times(-20\mathrm{j}) = 0$

[라] $\sum \mathrm{F} = \mathrm{F} - \mathrm{R}_B + 20\mathrm{j} = 0$

$\sum \mathrm{M} = \mathrm{M} + (0.6\mathrm{i})\times \mathrm{R}_B + (1.6\mathrm{i})\times(-20\mathrm{j}) = 0$

1A.10 문제 **1A.7**의 보에서 단면 E에 전달되는 내력을 구하기 위하여 그림 1A.8과 같이 좌측요소를 고립시켜 그린 자유물체도에 정역학적 평형법칙을 성분별로 표현하였다. 옳게 표현된 식은?

[가] $\sum F_y = F_{xy} + R_{Ay} - 30 = 0,$

$\sum M_z = M_{xz} - 1.2 \times 30 + 1.8\,F_{xy} = 0$

[나] $\sum F_y = F_{xy} + R_{Ay} + 30 = 0,$

$\sum M_z = M_{xz} + 1.2 \times 30 + 1.8\,F_{xy} = 0$

[다] $\sum F_y = -F_{xy} + R_{Ay} + 30 = 0,$

$\sum M_z = -M_{xz} + 1.2 \times 30 + 1.8 F_{xy} = 0$

[라] $\sum F_y = -F_{xy} + R_{Ay} - 30 = 0,$

$\sum M_z = -M_{xz} - 1.2 \times 30 + 1.8 F_{xy} = 0$

1A.11 문제 **1A.10**에서 우측요소를 고립시킬 때 옳게 표현된 식은?

[가] $\sum F_y = F_{xy} + R_B - 20 = 0,$

$\sum M_z = M_{xz} + 0.6 R_B - 1.6 \times 20 = 0$

[나] $\sum F_y = F_{xy} + R_B + 20 = 0,$

$\sum M_z = M_{xz} + 0.6 R_B + 1.6 \times 20 = 0$

[다] $\sum F_y = -F_{xy} + R_B + 20 = 0,$

$\sum M_z = -M_{xz} + 0.6 R_B + 1.6 \times 20 = 0$

[라] $\sum F_y = -F_{xy} + R_B - 20 = 0,$

$\sum M_z = -M_{xz} + 0.6 R_B - 1.6 \times 20 = 0$

1A.12 한 외팔보에 그림과 같은 하중이 가해진다. 반력 중 맞게 표현된 것은?

[가] $R_{Ax} = -P\cos\theta \quad R_{Ay} = -P\sin\theta$

$M_R = M_0 - PL\sin\theta$

[나] $R_{Ax} = P\cos\theta \quad R_{Ay} = P\sin\theta$

$M_R = -M_0 + PL\cos\theta$

[다] $R_{Ax} = -P\cos\theta + M_0 \quad R_{Ay} = -P\sin\theta + M_0$

$M_R = M_0 + PL\cos\theta$

[라] $R_{Ax} = P\cos\theta + M_0 \quad R_{Ay} = P\sin\theta + M_0$

$M_R = M_0 - PL\sin\theta$

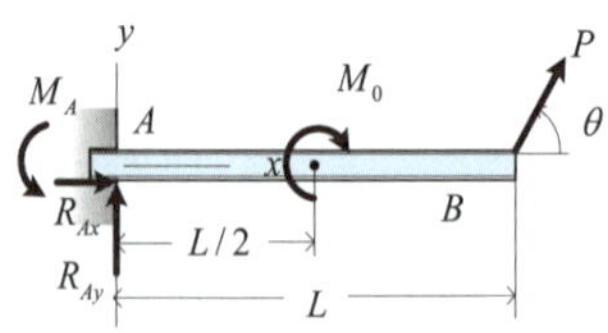

그림 1A.12

1A.13 그림 1A.13에서 고정단 A에 발생하는 반력은?

[가] $R_{Ax} = 0$, $R_{Ay} = 2P$, $M_{RA} = \dfrac{PL}{2}$

[나] $R_{Ax} = 0$, $R_{Ay} = 0$, $M_{RA} = \dfrac{3PL}{2}$

[다] $R_{Ax} = 0$, $R_{Ay} = 0$, $M_{RA} = \dfrac{PL}{2}$

[라] $R_{Ax} = 0$, $R_{Ay} = 0$, $M_{RA} = -\dfrac{PL}{2}$

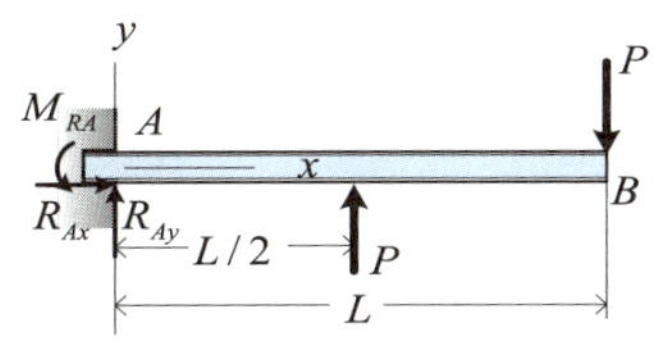

그림 1A.13

1A.14 스팬 L인 외팔보에 하중 P와 우력 M_0가 그림과 같이 가해진다. 고정단 A에 발생하는 반력 R_{Ax}, R_{Ay}, M_{RA}를 그림과 같이 가정하였다. 평형을 위하여 발생하는 반력은?

[가] $R_{Ax} = 0$, $R_{Ay} = P$, $M_{RA} = M_0 + PL$

[나] $R_{Ax} = 0$, $R_{Ay} = -P$, $M_{RA} = M_0 + PL$

[다] $R_{Ax} = 0$, $R_{Ay} = -P$, $M_{RA} = -M_0 + PL$

[라] $R_{Ax} = 0$, $R_{Ay} = P$, $M_{RA} = -(M_0 + PL)$

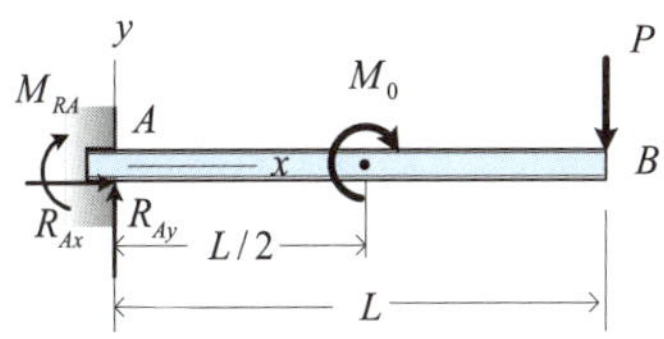

그림 1A.14

[심화문제]

힘과 모멘트

1F.1 그림과 같은 브래킷(bracket)에 두 힘이 그림과 같은 방향으로 가해진다. 합력의 크기와 방향을 구하여라.

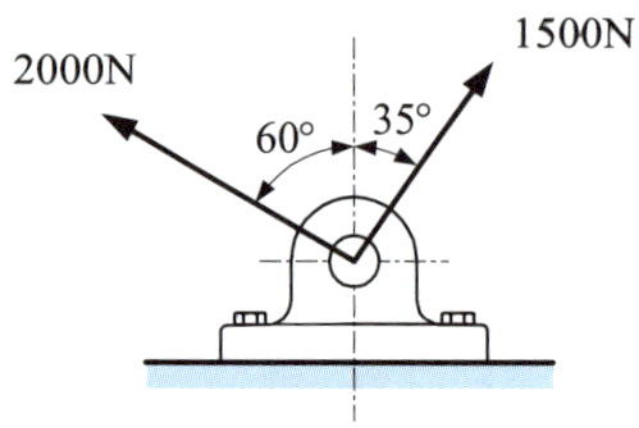

그림 문1F.1

1F.2 다음 그림에 표시한 세 힘의 합력을 구하여라.

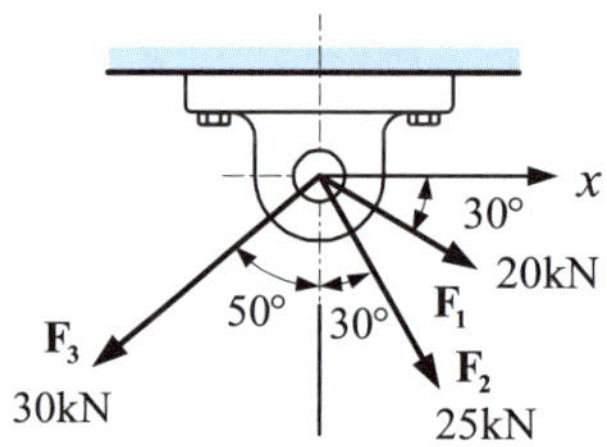

그림 문1F.2

1F.3 세 힘 F_1, F_2, F_3이 한 점에 작용한다. 힘

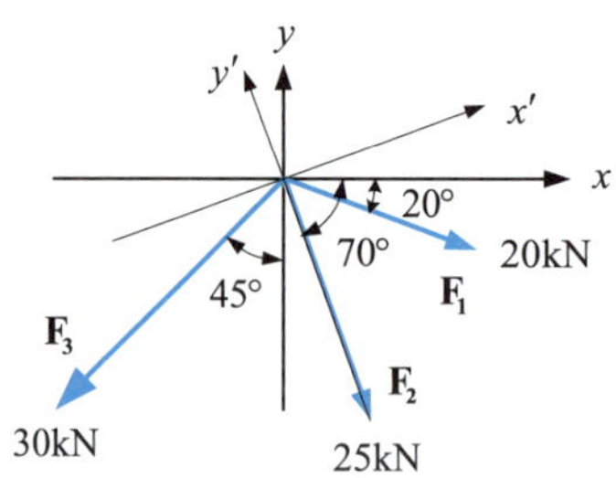

그림 문1F.3

F_1과 F_3을 힘 F_2에 평행한 성분과 수직한 성분으로 분해하여라.

1F.4 다음 그림에서 A에 관한 모멘트를 구하여라.

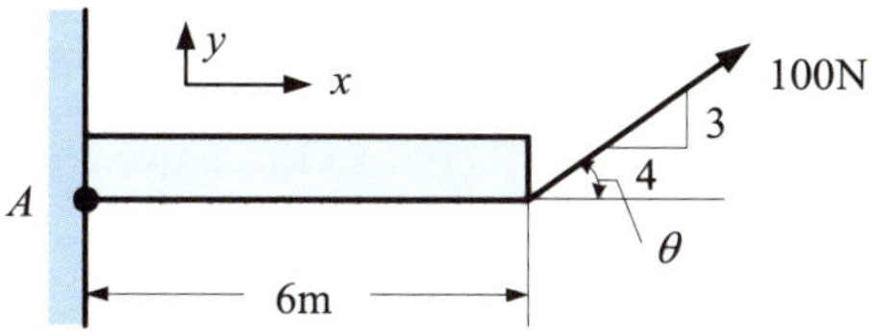

그림 문1F.4

1F.5 그림 문1F.5의 힘 $F = 200\,\text{N}$에 대하여

(a) 점 A에 관한 모멘트

(b) A로부터 힘의 작용선까지의 수직거리를 구하여라.

($M = -153\,\text{N m}$, $h = 0.765\,\text{m}$)

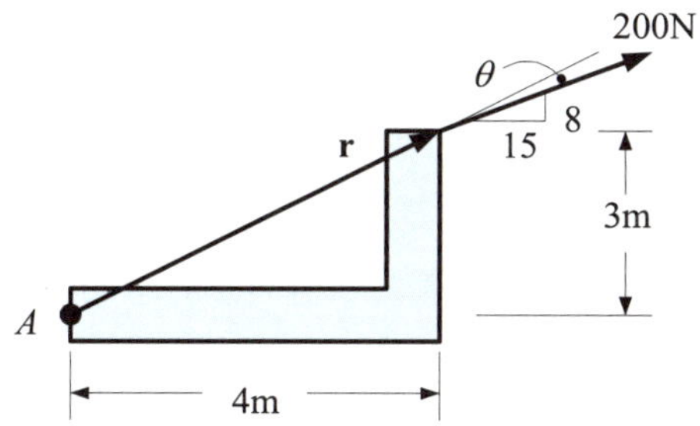

그림 문1F.5

차원과 단위

1F.6 Newton의 운동방정식에서 힘의 차원을, 질량, 길이, 시간의 차원 M, L, T로 나타내어라.

1F.7 질량, 길이, 시간의 차원을 각각 M, L, T로 표기하고, 다음 각운동량이론에서 J의 차원을 구하여라. 또 SI 단위계에서 어떻게 표시되는가?

$$\text{M} = J\alpha$$

여기서 M은 모멘트, α는 각가속도이다.

1F.8 다음 식은 만유인력의 법칙이다.

$$F = K\frac{m_1 m_2}{r^2}$$

여기서 F는 힘, m_1, m_2는 질량, r은 거리이다. K의 차원을 구하여라.

1F.9 다음 식

$$P = Q\rho g H$$

는 펌프가 H의 양정으로 유체를 퍼 올릴 때 소요되는 동력을 나타내는 식이다. P는 동력, ρ는 밀도, g는 지구중력가속도, H는 양정이다. Q의 차원을 말하여라.

벡터연산

1F.10 크기 120, x축과 만드는 각도 30 ° 인 벡터와 크기 100, 각도 -90 ° 인 두 벡터의 합벡터를 구하여라.

1F.11 평면에서 두 벡터의 합벡터는 크기가 800 N, x축과 만드는 각이 60°이다. 두 벡터 중 한 벡터가 크기 160 N, 각도 30°라 할 때, 다른 한 벡터를 구하여라.

1F.12 공면벡터 a ; 300 N, 320°로부터 b ; 130 N, 60°를 뺀 벡터를 구하여라.

1F.13 크기가 200 N의 힘이 x축과 140°를 이룬다. 이 힘의 x축과 30°를 이루는 방향의 성분을 구하여라.

1F.14 95 kg의 블록이 20 ° 의 경사면에 놓여있다. 경사면에 수직한 성분과 평행한 성분을 구하여라.

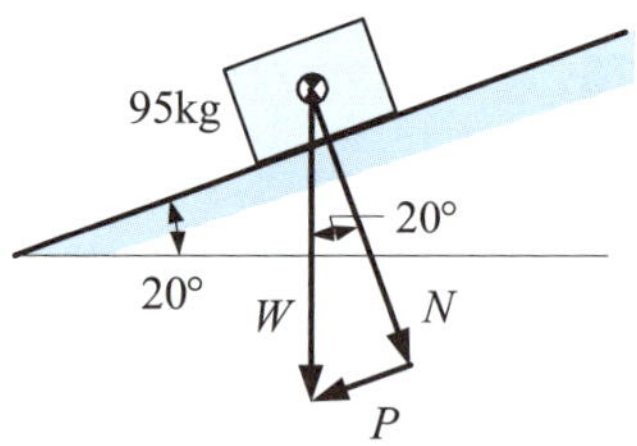

그림 문1F.14

1F.15 22° 경사면에 놓여있는 블록에 그림과 같이 수평과 60° 의 각도로 250 N 의 힘이 가해진다. (a) 이 힘의 수평성분과 연직성분 (b) 경사면에 수직한 성분과 평행한 성분을 구하여라.

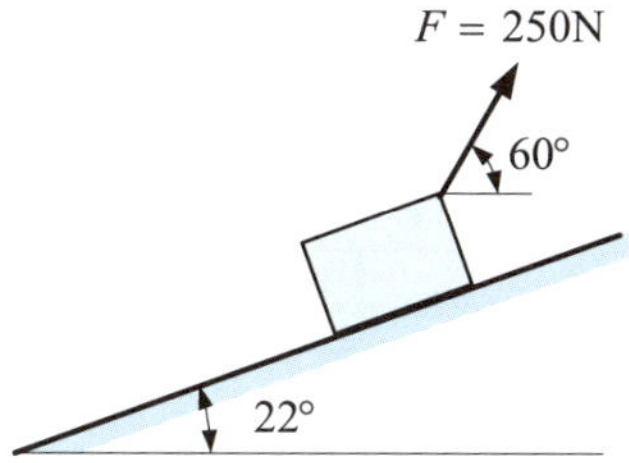

그림 문1F.15

힘의 평형

1F.16 10 kg 의 램프가 그림과 같이 케이블 AB, AC로 매달려 있다. 각 케이블에 작용하는 장력을 구하여라.

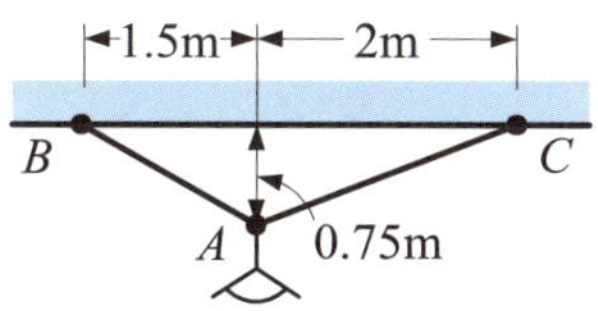

그림 문1F.16

1F.17 질량 90 kg 의 블록이 30° 경사면에서 1350 N 의 수평력을 받는다. 정지마찰계수를 0.3 이라 할 때 이 블록은 평형을 이룰 것인가?

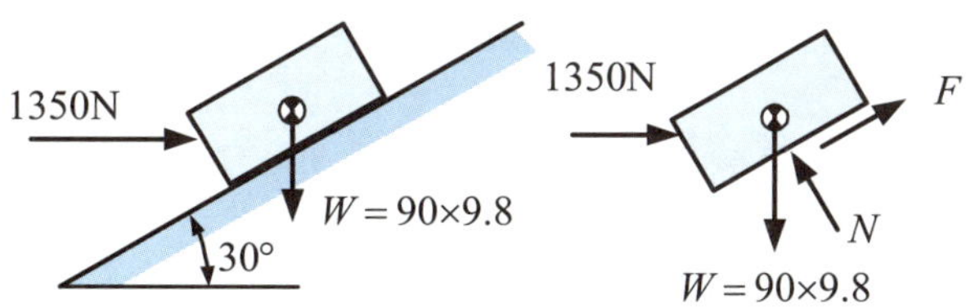

그림 문1F.17

1F.18 길이 20 m 의 붐(boom)이 그림과 같이 2000 kg 의 질량체를 지지하고 있다. 케이블 BC는 수평을 유지하고 길이는 10 m 이다. 붐과 케이블에 발생하는 힘을 구하여라.

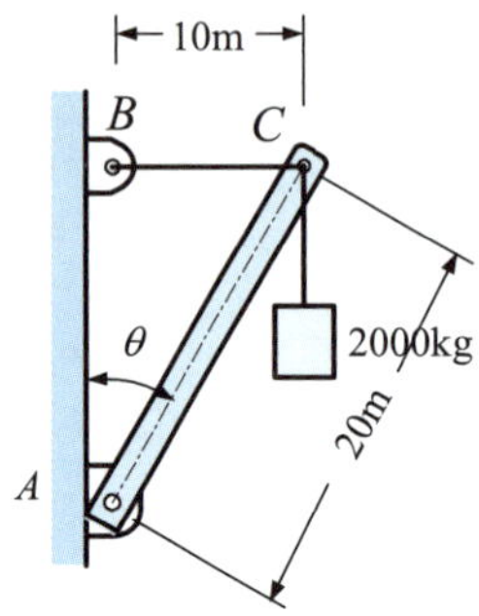

그림 문1F.18

1F.19 철제 봉의 무게는 50 N/m 이다. 이 봉이 그림과 같이 케이블로 매달려 있고, 다른 쪽은 핀으로 브래킷에 연결되어 있다. 케이블에 발생하는 장력과 점 C에 작용하는 힘을 구하여라.

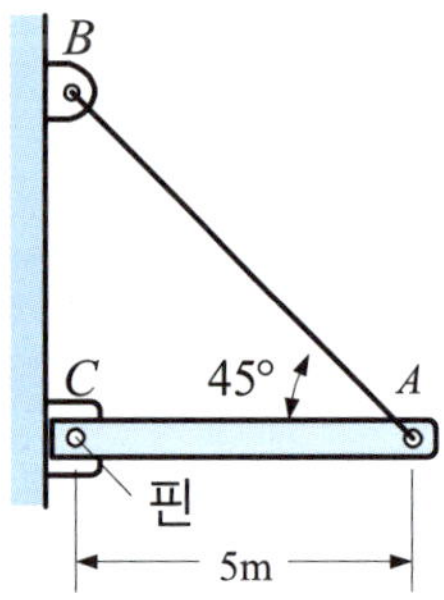

그림 문1F.19

1F.20 그림과 같은 보에 집중하중이 가해지고 있다. 반력 R_{Ax} ,R_{Ay}와 R_B를 구하여라.

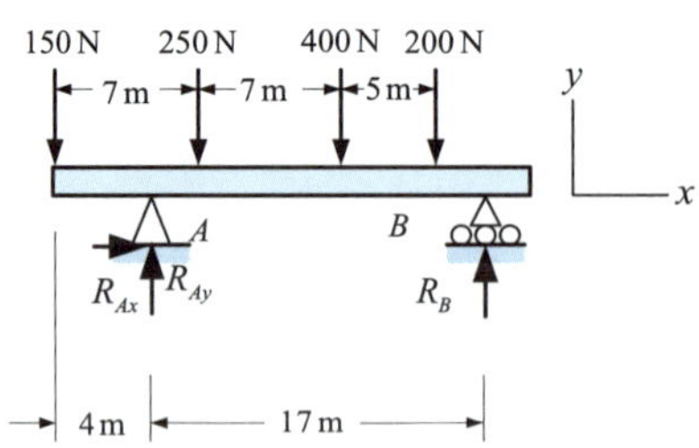

그림 문1F.20

1F.21 그림과 같이 보에 집중하중과 분포하중이 작용한다. 반력 R_{Ax}, R_{Ay}와 R_B를 구하여라.

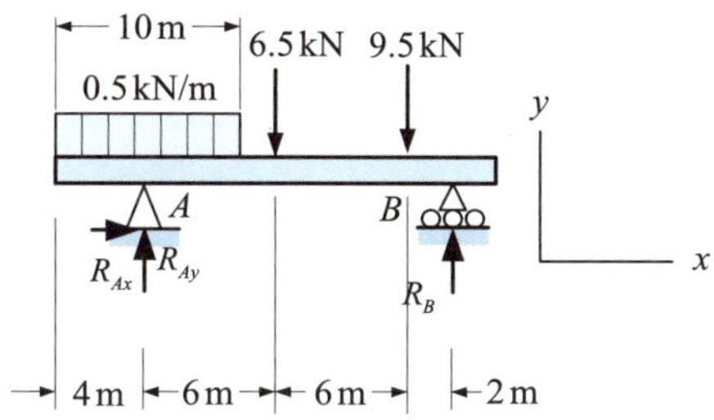

그림 문1F.21

1F.22 보에 그림과 같은 하중이 작용한다. 롤러의 마찰과 보의 자중을 무시하고 반력을 구하여라.

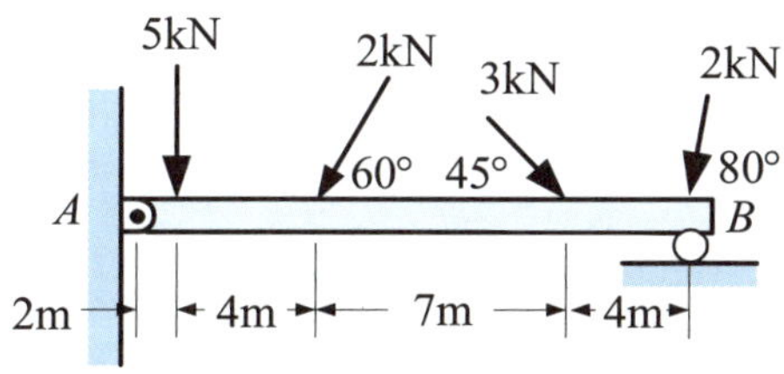

그림 문1F.22

1F.23 그림과 같이 집중하중과 분포하중을 갖는 보에 있어서 보의 선밀도는 450 N/m, 하중밀도는 3 kN/m 이다. 반력 R_A, R_B를 구하여라.

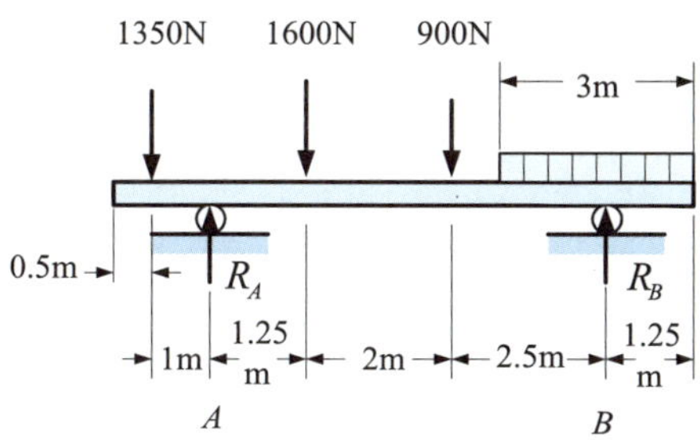

그림 문1F.23

1F.24 그림과 같은 구조물에서 6 개의 트러스 부재에 발생하는 내력을 구하여라. 단, 연결은 핀 연결이고 부재 자중은 무시한다.

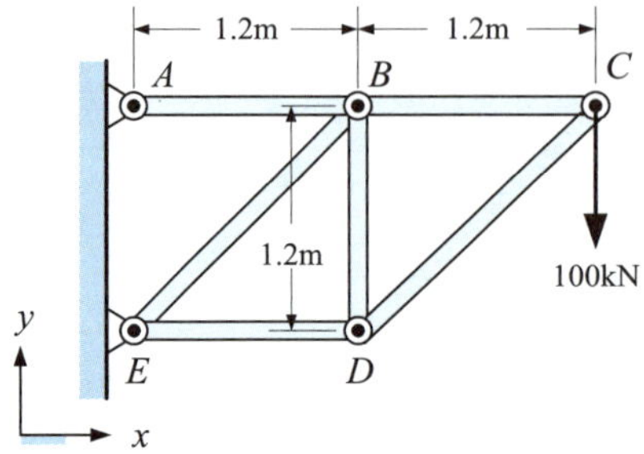

그림 문1F.24

제 2 장 1축응력과 변형율

지금까지(정역학)는 모든 부재를 강체(剛體 : rigid body)라는 가정에서 가한 힘과 평형을 이루는 반력을 구하여 왔다. 그러나 실제로 흥미 있는 대상물들은 모두가 힘을 받으면 변형할 수 있는 탄성체(彈性體 : elastic body)로 구성되어 있어, 외력을 받으면 반드시 변형한다. 그리하여 이 책의 목적은 물체에 작용하는 힘이 각 부재에 어떻게 전파되고, 또 전파된 힘에 의하여 각 부재에 나타나는 내적 영향은 무엇인가를 알아내는 것이다. 이를 위하여 우선 알아두어야 할 몇 가지 기본개념을 1축부재(一軸部材)를 예로 하여 설명하기로 한다.

재료역학을 해석하는 데 있어 가장 기본이 되는 개념으로서는 하중(荷重 : load)과 내력(內力 : internal force), 응력(應力 : stress), 변형율(變形率 : strain), 변형(變形 : deformation), 응력과 변형율 사이의 관계를 들 수 있다. 그리하여 이 장에서는 1축부재를 통하여 이들 기본개념을 명확히 하고, 제1장 1.2절에서 설명한 해석의 표준화를 적용하여 문제를 다루는 기법을 습득케 할 것이다.

2.1 하중과 내력

2.1.1 하중

계(구조물이나 기계)에 가해지는 외력(外力 : external force)을 하중이라 말하고, 이 하중이 부재에 전파되어 외력과 평형을 이루는 내적 상호작용을 내력이라 말한다.

하중은 시간과 무관하고 일정하게 작용하는 정하중(靜荷重 : static load)과 시간과 함께 변하는 동하중(動荷重 : dynamic load)으로 나뉘어진다. 그리고 하중은 작용형태에 따라 한 점에 집중해서 작용하는 집중하중(集中荷重 : concentrated load), 분산해서 작용하는 분포하중(分布荷重 : distributed load)이 있다. 특히 하중이 균일하게 분포되는 분포하중을 등분포하중(等分布荷重 : uniform distributed load)이라 말하고, 분포하중의 크기를 그 점의 하중강도(荷重强度 : intensity of load)라 한다.

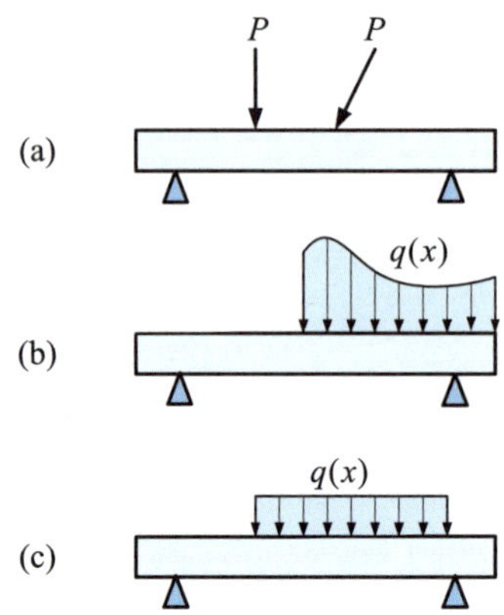

그림 2.1 하중 (a) 집중하중, (b) 분포하중, (c) 등분포하중

정하중을 재료 변형 모양에 따라 분류하면, 관심을 갖는 면에 수직하게 작용하는 수직하중(垂直荷重 : normal load), 면에 평행하게 작용하는 전단하중(剪斷荷重 : shearing load), 임의 축 주위로 비틀림을 주는 비틀림하중이 있다. 수직하중은 작용하는 하중이 그 부재를 신장(伸張)하는 방향으로 작용하는 인장하중(引張荷重 : tensile load), 수축(收縮)하는 방향으로 작용하는 압축하중(壓縮荷重 : compressive load)이 있다. 이를 표로 작성하면 다음과 같다.

- 정하중
  - 수직하중 (normal load)
    - 인장하중 (tensile load)
    - 압축하중 (compressive load)
  - 전단하중 (shearing load)
  - 비틀림하중 (twisting load)

동하중은 하중의 크기가 시간과 함께 변하는 하중으로서 변하는 모양에 따라 다음과 같이 분류할 수 있다.

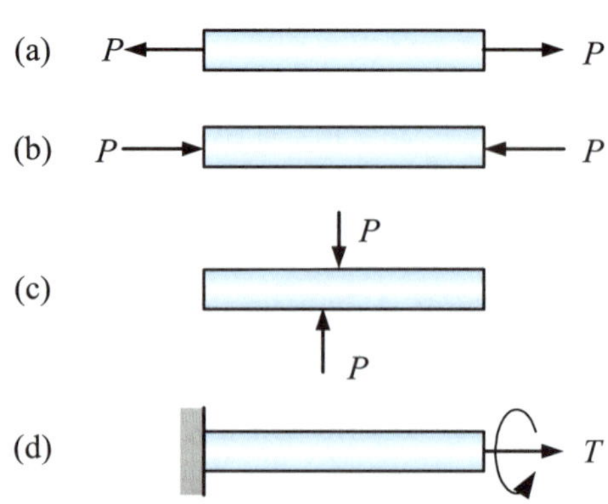

그림 2.2 정하중 (a) 인장하중, (b) 압축하중, (c) 전단하중, (d) 비틀림하중

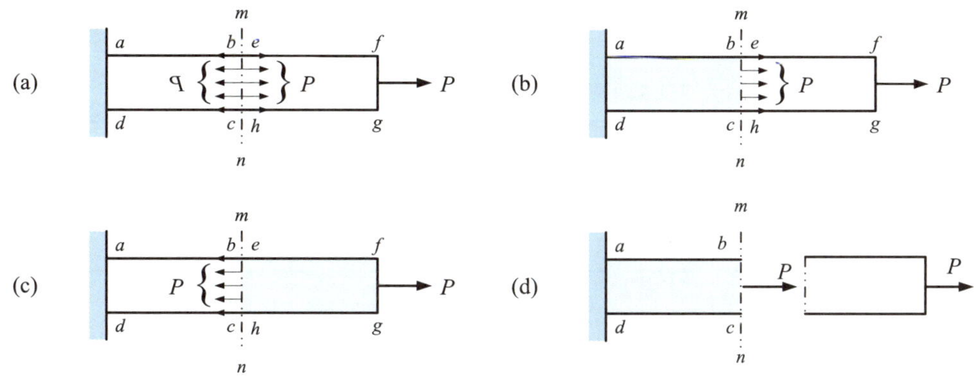

그림 2.3 외력과 내력 (a) 외력 P가 작용하면 물체내에 외력과 같은 크기의 내력 P가 발생하면서 평형을 이룬다. (b) 단면 mn 우측 eh면 상의 분자는 좌측면 bc면상의 분자를 P의 힘으로 잡아당긴다. (c) 단면 mn 좌측 bc면 상의 분자는 우측면 eh면상의 분자를 P의 힘으로 잡아당긴다. (d) 단면 mn 좌측요소 $abcd$를 고립시켜 자유물체도를 그리면 bc면에 내력 P가 우측방향으로 작용한다.

- 반복하중(反覆荷重 : repeated load) : 주기적으로 반복되는 하중
- 교번하중(交番荷重 : alternating load) : 인장하중과 압축하중이 교대로 반복되는 하중
- 충격하중(衝擊荷重 : impulsive load) : 짧은 시간 안에 급격히 변하는 하중

2.1.2 내력

앞에서 내력을 하중과 평형을 이루는 부재 내부에 발생하는 상호작용이라 정의하였다. 예를 들면 그림 2.3과 같이 일축부재에 인장하중 P를 가하였다고 할 때, 부재 내 임의 단면 $m-n$에서 bc면과 eh면 사이에 아무런 상호작용이 없다면, 다시 말해서 단면 $m-n$이 절단되었다면, $efgh$ 부분은 힘 P를 받아 가속되어 우측으로 운동하게 될 것이다(그림 d). 그러나 만일 절단되지 안했다면 하중 P는 부재내에 전파되어, bc면상의 분자는 eh면상의 분자를, 반대로 eh면상의 분자는 bc면상의 분자를 서로 잡아 다니는 상호작용으로 외력(하중)과 평형을 이루게 될 것이다. 이 상호작용력을 내력이라 말하고(그림 a), 내력의 크기는 부재에 가해지는 외력과 같게 된다. 여기서 한가지 강조해 둘 일은 비록 하중은 부재 축에 일치시켜 집중하중으로 작용한다 할지라도 이 하중이 부재에 전파하여 나타나는 내력은 단면 전체에 균일하게 분포된다고 가정한다.(이 가정은 공학적으로 충분히 받아드릴 수 있는 가정으로서 Saint Venant(1797~1886)의 법칙으로 알려져 있다.)

만일 부재의 $abcd$ 부분을 고립시켜 계로 선정할 때에 내력은 그림 (b)와 같이 bc면에 크기 P로 작용한다. 반면에 $efgh$ 부분을 고립시켜 계로 선정하면 내력은 그림 (c)와 같이 eh면에 작용한다.

2.2 1축응력과 변형율

2.2.1 1축부재의 응력과 변형율

응력

단위면적 당 발생하는 내력을 응력이라 하고, 응력의 차원은 단위면적당의 힘,
단위는 $N/m^2 = Pa$ (Pascal)를 사용한다.

재료역학은 가해진 하중에 대하여 각 부재의 강도를 평가하고 변형을 예측하는 학문이므로 부재의 강도와 변형정도를 정량적으로 나타내 주는 척도를 필요로 한다. 그런데 부재의 강도를 주어진 하중에 대하여 발생하는 내력으로 평가하기에는 부적절하다. 왜냐 하면 그림 2.4와 같이 단면적이 서로 다른 두 봉재에 같은 하중 P를 매달을 경우, 재료에 발생하는 내력은 같을지라도, 단면적이 작은 쪽이 큰 쪽에 비하여 신장(伸張)이 크게 나타나는 것을 체험한다. 경우에 따라서는(P가 클 경우) 단면이 작은 봉재는 파단되어 버릴 수도 있다. 이러한 현상은 내력으로는 강도평가가 부적절하고, 도리어 단위면적당의 내력으로 평가하는 것이 바람직하다는 것을 말해준다. 그리하여 단위면적당 발생하는 내력의 크기를 응력(應力 : stress)이라 정의하고 재료강도의 평가척도로 삼고 있다.

2.1절에서 1축부재에 축 방향으로 하중 P를 가하면, 이 P가 부재에 전파되어 축에 수직한 임의 단면에 내력이 균일하게 분포되고, 이 내력의 총합은 외력 P와 같다는 것을 말하였다. 그러므로 단위면적 당 내력의 크기 즉, 응력 σ는, 단면적을 A로 표기할 때, 다음과 같이 정의된다.

$$\sigma = \frac{P}{A} \tag{2.2.1}$$

1축부재에 축하중을 받을 때 축에 수직한 단면에 발생하는 응력과 같이, 면에 수직하게 발생하는 응력을 수직응력(垂直應力 : normal stress)이라 하고, 인장하중에 대한 수직응력

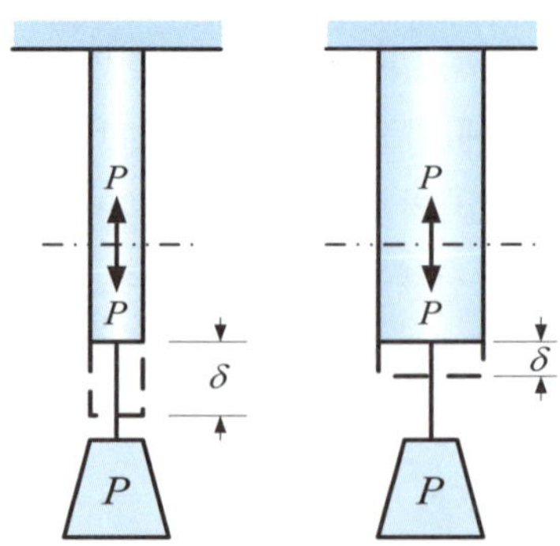

그림 2.4 봉재의 인장; 같은 하중에 대하여 단면이 작은 봉재가 많은 신장을 한다.

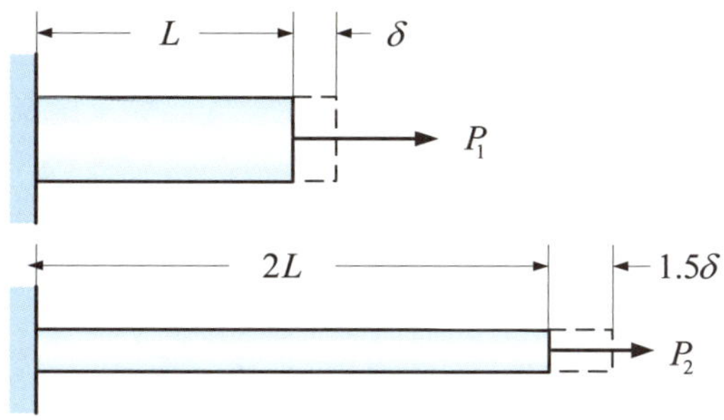

그림 2.5 변형율의 정의

을 인장응력(引張應力 : tensile stress), 압축하중에 대한 수직응력을 압축응력(壓縮應力 : compressive stress)라 한다. 그리고 앞으로 응력의 부호규약을 설명하겠지만, 인장응력은 양, 압축응력은 음으로 정한다.

변형율

단위길이 당 신장(伸張)을 변형율이라 하고, 변형율의 차원은 무차원이다.

다음으로는 변형을 예측하고 평가할 수 있는 척도를 필요로 한다. 변형량도 단지 절대변형을 가지고 평가하기에는 문제가 생긴다. 예를 들면 그림 2.5와 같이, 길이가 다른 두 봉재에 있어서 짧은 봉재의 신장을 δ, 긴 봉재의 신장을 이의 1.5배라 가정한다. 만일 긴 봉재의 길이가 짧은 봉재의 2 배라면 긴 봉재의 신장이 더 크다고 말할 수 없다. 그러므로 변형정도의 평가도 변형된 절대길이로 평가하는 것보다 단위길이당의 변형량으로 평가하는 것이 합리적이다. 그리하여 원 길이에 대한 변형한 길이의 비율을 변형율(變形率 : strain)이라 정의하여 변형평가의 척도로 삼는다. 원 길이를 L, 변형된 길이(신장)를 δ라 할 때, 변형율 ε은 다음 식으로 정의한다.

$$\varepsilon = \frac{\delta}{L} \tag{2.2.2}$$

응력과 같이 변형율도 관심을 갖는 면에 수직하게 변하는 변형율을 수직변형율(垂直變形率 : normal strain)이라 말하고, 수직변형율은 δ가 인장변형일 때 인장변형율(引張變形率 : tensile strain), 압축변형일 때 압축변형율(壓縮變形率 : compressible strain)로 구분한다.

예제 2.1 1축 인장응력

그림과 같이 지름 10 cm 의 봉재에 40 kN 의 인장하중이 작용한다. 축에 수직한 면에 발생하는 수직응력을 구하여라.

[풀이]

주어진 조건:

봉재의 지름 10 cm , 하중 40 kN

탐구사항:

수직응력

탐구내용:

단면적은

$$A = \frac{\pi}{4}(0.1\ \text{m})^2 = 7.854\times 10^{-3}\text{m}^2$$

식 (2.1)에 이 값을 대입하면

$$\sigma = \frac{P}{A} = \frac{40\ \text{kN}}{7.854\times 10^{-3}\ \text{m}^2}$$
$$= 5093\ \text{kN/m}^2 = 5093\ \text{kPa}$$

이 응력은 인장응력이다.

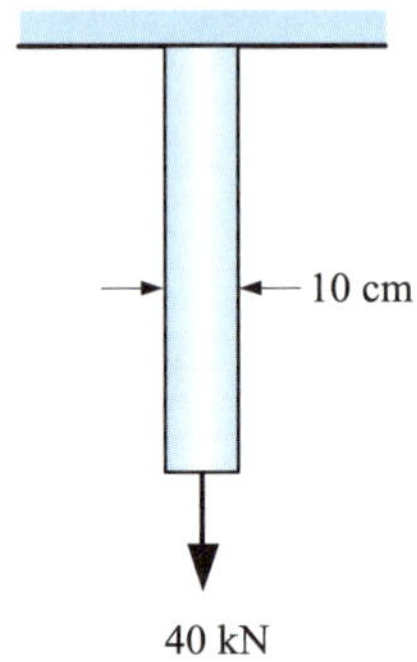

그림 E2.1

예제 2.2 1축 압축응력

외경 40 cm, 내경 30 cm 의 중공축에 600 kN 의 압축하중을 받고 있다. 발생하는 압축응력을 구하여라.

[풀이]

주어진 조건:

봉재의 기하학; 외경 40 cm, 내경 30 cm

하중; 600 kN 의 압축하중

탐구사항:

압축하중

탐구내용:

단면적

$$A = \frac{\pi}{4}(d_o^2 - d_i^2)$$
$$= \frac{\pi}{4}[(0.4\ \text{m})^2 - (0.3\ \text{m})^2] = 0.055\ \text{m}^2$$

식 (2.1)에 대입하면 응력은

$$\sigma = \frac{P}{A} = \frac{-600\ \text{kN}}{0.055\ \text{m}^2} = -10909\ \text{kN/m}^2 = -10909\ \text{kPa}$$

압축응력이다.

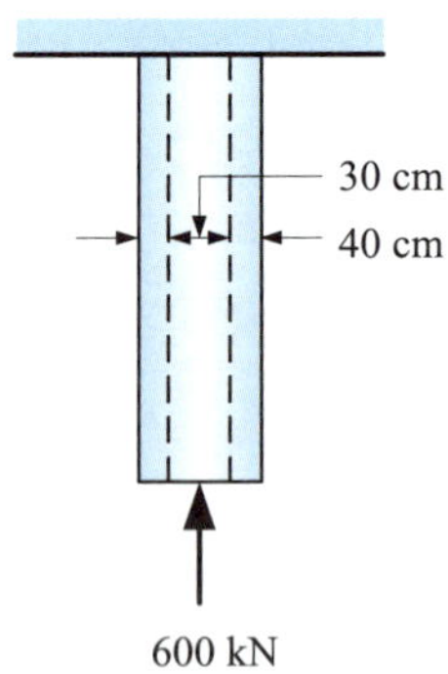

그림 E2.2

예제 2.3 볼트설계

한 압력탱크의 뚜껑이 볼트에 의하여 그림과 밀봉되어지고 있다. 탱크내 압력은 1300 kPa 이다. 용기의 지름이 0.8 m, 볼트의 지름은 16 mm, 수는 20개이다. 볼트에 걸리는 응력을 구하여라.

[풀이]

주어진 조건:

탱크 지름 $D = 0.8\text{ m}$, 볼트 지름 $d = 16\text{ mm}$,

볼트 개수 $n = 20$

탱크내 압력 $p = 1300\text{ kPa}$

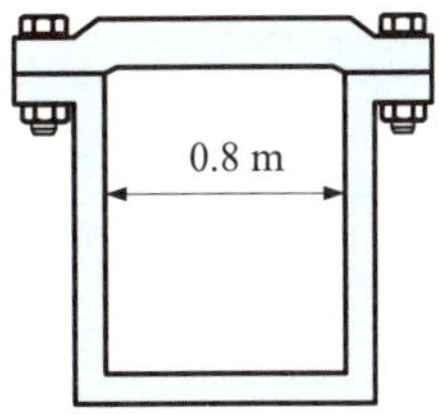

그림 E2.3

탐구사항:

볼트에 발생하는 응력

탐구내용:

뚜껑을 올려미는 힘

$$F = \frac{\pi}{4}D^2 p = \frac{\pi}{4}(0.8\text{ m})^2(1300\text{ kPa}) = 653.8\text{ kN}$$

볼트 1개당 걸이는 힘

$$P = \frac{F}{n} = \frac{653.8\text{ kN}}{20} = = 32.69\text{ kN/bolt}$$

볼트 단면적

$$A = \frac{\pi}{4}d^2 = \frac{\pi}{4}(0.016\text{ m})^2 = 2.01\times 10^{-4}\text{ m}^2$$

볼트가 받는 응력

$$\sigma = \frac{P}{A} = \frac{32.69\text{ kN}}{2.01\times 10^{-4}\text{ m}^2} = 1.626\times 10^5\text{ kN/m}^2$$

예제 2.4 1축 변형율

길이 200 cm 의 강재가 인장력 P를 받아 0.05 cm 의 신장을 보였다. 이 봉의 인장변형율을 구하여라.

[풀이]

주어진 조건:

봉재의 길이 $L = 200\text{ cm}$,

신장 $\delta = 0.05\text{ cm}$

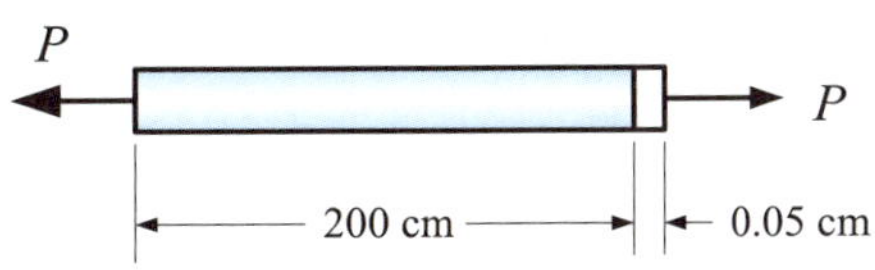

그림 E2.4

탐구사항:

인장변형율

탐구내용:

정의에 의하여 식 (2.2.2)로부터

$$\varepsilon = \frac{\delta}{L} = \frac{0.05\ \mathrm{cm}}{200\ \mathrm{cm}} = 0.00025 = 0.025\ \%$$

예제 2.5 신장

길이 100 cm의 봉에 하중을 가하여 변형율을 0.1% 미만으로 억제하려 한다. 허용할 수 있는 최대신장을 구하여라.

[풀이]

주어진 조건:

길이 $L = 100\ \mathrm{cm}$, 변형율 $\varepsilon = 0.1\%$ 미만

탐구사항:

최대신장 δ

탐구내용:

$$\varepsilon = 0.1\% = 0.001$$

식 (2.2.2)로부터

$$\delta = \varepsilon L = (0.001)(100\ \mathrm{cm}) = 0.1\ \mathrm{cm}$$

2.2.2 1축부재의 응력 - 변형율 관계(Hooke의 법칙)

영국의 과학자 Robert Hooke(1635~1703)는 1675년에 행한 스프링실험에서 물체에 가한 외력의 크기와 변형 사이에는 비례관계가 성립한다는 사실을 발견하고, 다음과 같은 법칙을 제창하였다. Hooke의 법칙이라 말하는 이 법칙은 탄성역학의 기초가 되고 있는 매우 중요한 법칙이다. 그는 탄성체에서 이 비례관계가 유지되는 한계를 탄성한도(彈性限度 : elastic limit or limit of elasticity)라 말하였다.

Hooke의 법칙

탄성한도 내에서 응력과 변형율은 비례한다. 비례상수를 탄성계수라 말한다

$$\sigma = E\varepsilon \tag{2.2.3}$$

여기서

$\sigma =$ 응력 $[\mathrm{N/m^2}]$

$\varepsilon =$ 변형율 $[-]$

$E =$ 탄성계수 $[\mathrm{N/m^2}]$

Hooke의 법칙에서 비례상수 E는 물질의 탄성특성을 나타내는 물성치로서 물질에 따라 정해지는 상수이다. 이 상수는 탄성계수 또는 종탄성계수(縱彈性係數 : modulus of longitudinal elasticity)라는 말 이외에 영율(Young's modulus)이라는 말로도 부른다.

식 (2.2.3)을 살펴보면 변형율 ε이 무차원이므로 차원동차가 되기 위해서는 E의 차원도 응력 σ의 차원과 일치하여야 한다. 그러므로 탄성계수의 단위는 N/m^2 혹은 kN/m^2을 사용한다.

한 재료의 종탄성계수는, 길이 L, 단면적 A인 선형부재에 하중 P를 가하여 δ의 신장이 생겼다면, $\sigma = P/A$, $\varepsilon = \delta/L$의 관계를 식 (2.2.3)에 대입하여 얻어지는

$$E = \frac{PL}{A\delta} \tag{2.2.4}$$

의 관계로부터 구할 수 있다.

또 식 (2.2.4)를 변형하면 다음과 같은 중요한 신장 계산식을 얻는다.

$$\delta = \frac{PL}{AE}, \quad \varepsilon = \frac{\delta}{L} = \frac{P}{AE} \tag{2.2.5}$$

설계결과를 분석하여 제기되는 문제점을 예단하고 이를 예방하려면 재료의 응력-변형율특성을 이해 해 둘 필요가 있다. 그림 2.6은 기계재료로 널리 사용되고 있는 연강(軟鋼 : mild steel)에 대한 응력-변형율곡선이다. 연강으로 시험편을 만들어 인장시험기에 걸은 후, 하중을 서서히 증대시켜 나가면, 변형 초기에는 정확히 응력과 변형율이 정비례하여 직선 OA를 그리며 신장하여 나간다. 이 구간은 정확히 Hooke의 법칙을 적용할 수 있는 구간으로서 A점을 비례한도(比例限度 : proportional limit)라 말한다. 그러나 하중이 A점을 넘어서면 직선에서 약간 벗어나나 B점을 넘기 전에는 하중을 제거하더라도 완전히 원상태로 되돌아간다. 이와 같이 하중을 가하여 변형시키더라도 하중을 제거하면 원래 길이로 완전히 돌아가는 성질을 탄성(彈性 : elasticity)이라 하고, 재료가 탄성을 유지할 수 있는 한계응력을 탄성한도(彈性限度 : elastic limit)라 말한다. 그림 2.6과 같이 항복점이 명확히 존재하는 재료는 비례한도와 탄성한도는 일치한다. 실제로 A점과 B점을 구별한다는 것은 매우 힘든다. 그리하여 Hooke의 법칙을 적용할 때에는, 원칙적으로 비례한도까지 적용하여야 하나, 측정이 용이한 탄성한도까지 연장 적용한다.

응력이 B점을 넘은 후 하중을 제거하면 응력이 0이 되면서 원상태로 되돌아오지 못하고, 비례선에 평행하게 O'점으로 변형한다. OO'에 해당하는 변형을 영구변형(永久變形 : permanent set) 혹은 소성변형(塑性變形 : plastic deformation)이라 한다. 하중을 증대시켜 C점에 달하면 하중을 증가시키지 않는 데도 시험편은 그대로 늘어나는 현상이 발생한다. 이러한 현상을 항복현상이라 말하고 점 C를 항복점(降伏點 : yield point)이라 한다. C점을 지나면 곡선은 잠시 하향 하다가 다시 상향으로 되고, 최대응력점 E를 지나면 곡선은 다시 하향하다가 F점에서 끊어져버린다. E점을 극한강도(極限強度 : ultimate

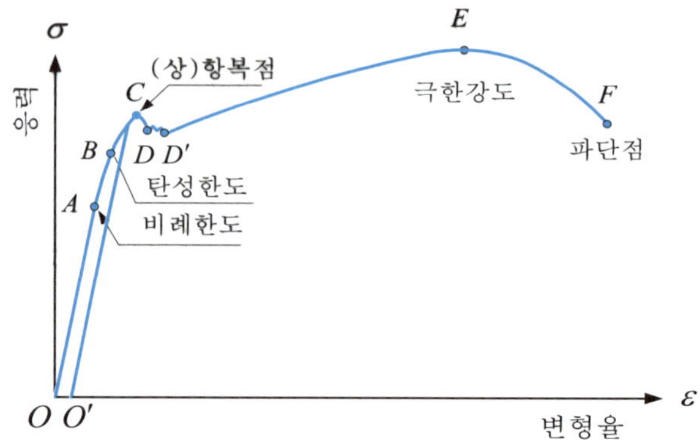

그림 2.6 연강의 응력 - 변형율 선도

strength), 특히 인장의 경우 인장강도(引張强度 : tensile strength)라 하고, F점을 파단점(破斷點 : breaking point or strength)이라 말한다. 경우에 따라서는 C점을 상항복점(upper yield point), D점을 하항복점(lower yield point) 혹은 항복강도(降伏强度 : yield strength)라 구분한다. 선도에서 CD'는 재료의 항복구간 또는 소성구간(塑性區間 : plastic range), $D'E$는 변형경화구간(變形硬化區間 : strain hardening area), EF는 네킹구간(necking area)이라 한다.

예제 2.6 Hooke의 법칙

길이 250 cm, 지름 2.5 cm의 환봉에 40 kN의 하중을 걸었다. 자중을 무시하고 이 환봉에 발생하는 응력, 변형율, 신장을 구하여라. 단, 강의 탄성계수는 2×10^8 kN/m^{2}이다.

[풀이]

주어진 조건:

$L = 250$ cm, $d = 2.5$ cm, $P = 40$ kN, $E = 2\times10^8$ kN/m^2

탐구사항:

환봉에 발생하는 응력, 변형율, 신장

탐구내용:

단면적

$$A = \frac{\pi}{4}(0.025\ \text{m})^2 = 4.909\times10^{-4}\ \text{m}^2$$

응력

$$\sigma = \frac{P}{A} = \frac{40\ \text{kN}}{4.909\times10^{-4}\ \text{m}^2} = 8.148\times10^4\ \text{kPa} = 81.48\ \text{MPa}$$

신장

$$\delta = \frac{PL}{AE} = \frac{(40\ \text{kN})(2.50\ \text{m})}{(4.909\times10^{-4}\ \text{m}^2)(2\times10^8\ \text{kN/m}^2)} = 0.00102\ \text{m}$$

변형율

$$\varepsilon = \frac{\delta}{L} = \frac{0.00102\ \text{m}}{2.5\ \text{m}} = 0.00041 = 0.041\ \%$$

예제 2.7 신장에 대응하는 하중

길이 200 cm, 단면적 3 cm^{2}의 강봉에 하중을 걸어 0.25 cm의 신장을 얻었다. 얼마의 하중을 걸었는가? 그리고 응력과 변형율을 구하여라. 단, 탄성계수는 $E = 2\times10^7\ \text{N/cm}^2$이다.

[풀이]

주어진 조건:

$L = 200\ \text{cm}$, $A = 3\ \text{cm}^2$, $\delta = 0.25\ \text{cm}$, $E = 2\times10^7\ \text{N/cm}^2$

탐구사항:

가한 하중, 응력, 변형율

탐구내용:

식 (2.2.5)를 변형하면

$$P = \frac{A\delta E}{L} = \frac{(3\ \text{cm}^2)(0.25\ \text{cm})(2\times10^7\ \text{N/cm}^2)}{200\ \text{cm}} = 75000\ \text{N}$$

응력

$$\sigma = \frac{P}{A} = \frac{75000\ \text{N}}{(3\ \text{cm}^2)(10^{-4}\ \text{m}^2/\text{cm}^2)} = 25\times10^7\ \text{N/m}^2 = 250\ \text{MPa}$$

변형율

$$\varepsilon = \frac{\delta}{L} = \frac{0.25\ \text{cm}}{200\ \text{cm}} = 0.00125$$

예제 2.8 지름이 다른 결합봉의 신장

길이 80 cm, 지름 5 cm의 알루미늄 봉과 길이 1 m, 지름 3 cm의 황동 봉이 그림과 같이 연접되어 있다. 하중 $P_1 = 80000\ \text{N}$, $P_2 = 150000\ \text{N}$, $P_3 = 70000\ \text{N}$이 그림과 같이 축 방향으로 작용한다. 각 봉에 발생하는 응력과 전 신장을 구하여라.

[풀이]

주어진 조건:

알루미늄; $L_A = 80$ cm, $d_A = 5$ cm

$E_A = 0.5\times10^7$ N/cm^2

황동; $L_B = 1$ m, $d_B = 3$ cm

$E_B = 1\times10^7$ N/cm^2

하중; $P_1 = 80000$ N,

$P_2 = 150000$ N

$P_3 = 70000$ N

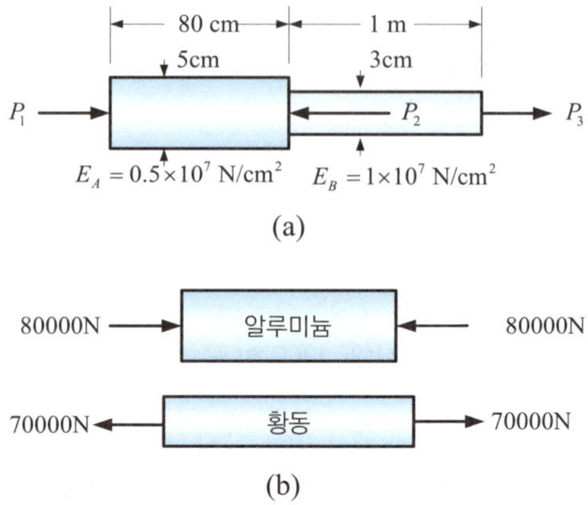

그림 E2.8

탐구사항:

각 부재의 응력과 전 신장

탐구내용:

알루미늄 봉에는 80000 N의 압축하중이, 황동 봉에는 70000 N의 인장하중이 작용한다.

응력

$$A_A = \frac{\pi}{4}(5\text{ cm})^2 = 19.635\text{cm}^2,\quad A_B = \frac{\pi}{4}(3\text{ cm})^2 = 7.0686\text{cm}^2$$

알루미늄 봉 $\sigma_A = \dfrac{P_A}{A_A} = \dfrac{-80000\text{ N}}{19.635\text{ cm}^2} = -4074\text{ N/cm}^2$

황동 봉 $\sigma_B = \dfrac{P_B}{A_B} = \dfrac{70000\text{ N/cm}^2}{7.0686\text{ cm}^2} = 9903\text{ N/cm}^2$

신장

알루미늄 봉 $\delta_A = \left(\dfrac{PL}{AE}\right)_A = \dfrac{(-80000\text{ N})(80\text{ cm})}{(19.635\text{ cm}^2(0.5\times10^7\text{N/cm}^2)} = -0.0652\text{ cm}$ (수축)

황동 봉 $\delta_B = \left(\dfrac{PL}{AE}\right)_B = \dfrac{(70000\text{ N})(100\text{ cm})}{(7.0686\text{ cm}^2(1\times10^7\text{N/cm}^2)} = 0.0990\text{ cm}$ (인장)

전 신장 $\delta = \delta_B + \delta_A = 0.0990\text{ cm} - 0.0652\text{cm} = 0.0338\text{ cm}$

예제 2.9 부재의 신장

그림에 유압계통의 한 부분을 그려놓았다. 유압실린더에 유압이 유입될 때 플런져는 강체레버 BCD의 한 쪽 B를 힘 P로 누른다. 부재 DF는 단면적 0.8 cm^2 길이 30 cm의 강봉(鋼棒)이다. 각 부재의 자중, 그리고 연접부위의 마찰을 무시할 때 $P = 4$ kN에 대한 부재 DF

에 발생하는 응력, 변형율, 신장을 구하여라. 단, 강재의 탄성계수는 $E = 2\times10^7\ \mathrm{N/cm^2}$이다.

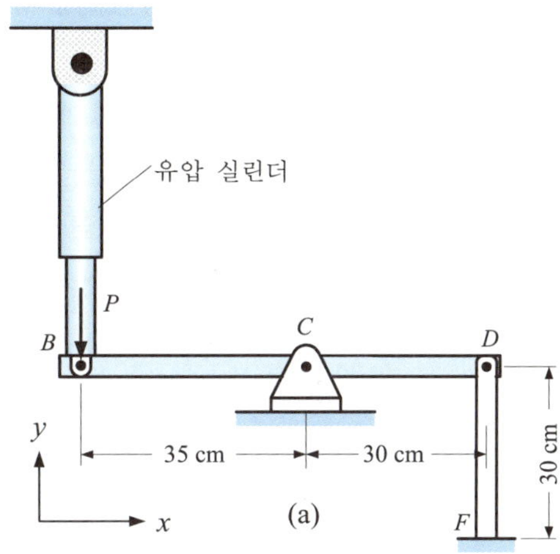

[풀이]

주어진 조건:

힘 $P = 4\ \mathrm{kN}$, 유압계통의 기하학

부재의 기하학; 단면적 $A = 0.8\ \mathrm{cm^2}$,

$L = 30\ \mathrm{cm}$

탐구사항:

부재 DF의 신장, 응력, 변형율

탐구내용:

그림 (b)로부터 점 C에 관한 모멘트 평형을 취하면

$$\sum M_C = (-35\ \mathrm{cm})\times(-4\,\mathrm{kN}) + (30\ \mathrm{cm})\times R_D = 0$$

에서

$$R_D = -\frac{35\,\mathrm{cm}}{30\,\mathrm{cm}}\times(4\ \mathrm{kN}) = -4.667\ \mathrm{kN}$$

부재 BD의 D에 발생하는 반력 R_D가 음의 값이 나왔다는 것은 실제로 반력은 음의 y방향, 즉 가정한 방향에 반대방향으로 발생한다는 것을 의미한다.

이 힘은 부재 DF가 잡아당기는 힘 F_{DF}와 평형을 이루므로 부재 DF에는 인장력 $F_{DF} = 4.667\ \mathrm{kN}$가 작용하게 된다. 그러므로 DF에 발생하는 인장응력은

$$\sigma = \frac{F_{DF}}{A} = \frac{4.667\ \mathrm{kN}}{0.8\ \mathrm{cm^2}}$$
$$= 5.83\ \mathrm{kN/cm^2} = 5.83\times10^4\ \mathrm{kPa}$$

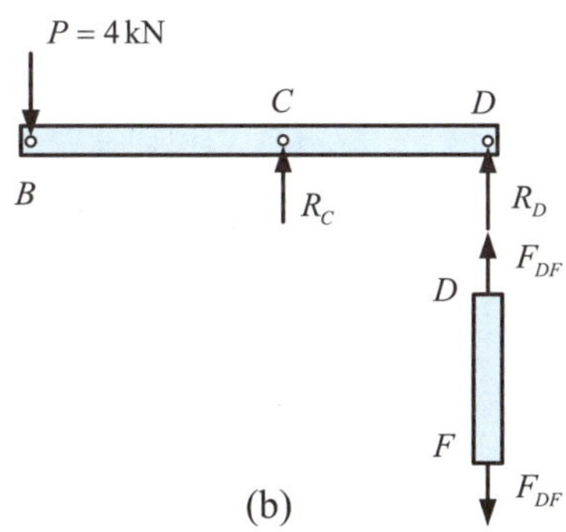

그림 E2.9

신장은 식 (2.2.5)로부터

$$\delta = \frac{F_{DF}L}{AE}$$
$$= \frac{(4.667\times10^3\ \mathrm{N})(30\,\mathrm{cm})}{(0.8\ \mathrm{cm^2})(2\times10^7\,\mathrm{N/cm^2})} = 0.0352\ \mathrm{cm}$$

부재 DF에서 발생하는 변형율은

$$\varepsilon = \frac{\delta}{L} = \frac{0.0352\ \mathrm{cm}}{30\ \mathrm{cm}} = 0.00117$$

2.2.3 포아송비

> 포아송비는 0.5를 넘지 않는다.

물체가 인장력을 받으면 힘의 방향으로는 신장되나, 그 직각방향으로는 역으로 수축이 일어난다. 반대로 압축력을 받으면 힘의 방향으로 수축되는 동시에 그의 직각방향으로는 신장이 일어난다. 지금 지름 d의 환봉에 축방향으로 인장력 P를 가했다고 생각하면(그림 2.7), 힘의 방향으로는 δ 만큼의 신장이 일어나나 힘과 직각을 이루는 방향으로는 최초의 지름 d를 유지하지 못하고 d' 으로 수축된다. 그러므로 힘 방향의 변형율은 $\varepsilon = \delta / L$이나, 힘과 직각을 이루는 방향은 힘을 가하지 않더라도 $\varepsilon' = (d - d')/d$의 변형율이 자동적으로 발생한다. ε이 인장변형율이면 ε'은 압축변형율, ε이 압축변형율이면 ε'은 인장변형율이 된다.

힘 방향의 변형율 ε과, 힘과 수직한 방향의 변형율 ε' 사이의 상관성은 물질 고유의 특성이므로, 힘방향의 변형율 ε에 대한 수직방향의 변형율 ε'의 비를 가지고 변형특성의 평가지표로 삼는다. 이 비를 포아송비(Poisson's ratio)라 정의하고 보통 ν로 표기한다.

$$\nu = \left| \frac{\varepsilon'}{\varepsilon} \right| \tag{2.2.6}$$

포아송비는 물질에 따라 정해지는 상수이다.

ε과 ε'과는 어느 한 쪽이 신장이면 다른 쪽은 압축이 되므로, 인장과 압축에 부호를 붙이면 ε'과 ε의 비는 항상 음의 부호를 갖게 된다. 그런데 포아송비는 단지 물질의 변형 특성을 나타내는 스칼라양이므로 보통 절대치를 가지고 평가한다.

포아송비는 재료에 따라 정해지는 물성치로서 강은 대략 0.3, 고무는 대략 0.4~0.5의 값을 갖는다. 포아송비는 0.5가 최대이고 이 값 이상의 포아송비를 갖는 재료는 존재하지 않는다. 또 포아송비가 0.5에 가까운 물질은 변형으로 인한 체적변화가 없는 물질이라는 의미를 갖는다.

포아송비의 역수를 포아송수(Poisson's number)라 말하고 보통 m로 표기한다.

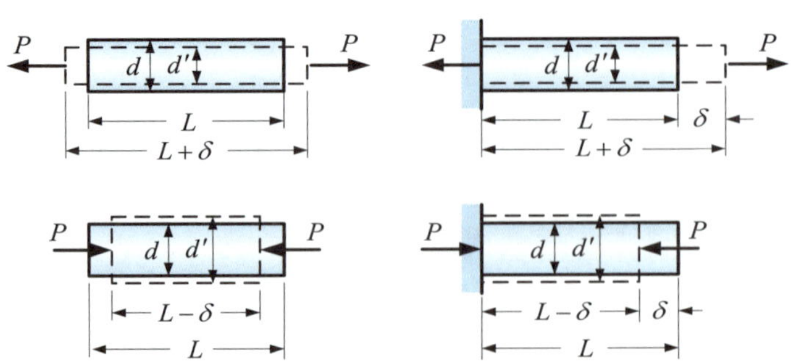

그림 2.7 외력과 직각방향의 신장과 축소

표 2.1 몇 가지 재료에 대한 포아송비와 수

재 료	포아송비	포아송수
주 철	0.270	3.70
연 강	0.30	3.3
황 동	0.33	3.0

재 료	포아송비	포아송수
동	0.33	3.0
납	0.43	2.32
고 무	0.4~0.5	2.5~2.0

$$m = \frac{1}{\nu} \tag{2.2.7}$$

표 2.1에 몇 가지 재료에 대한 포아송비와 포아송수를 소개하였다.

예제 2.10 환봉의 지름변화

지름 20 mm, 길이 50 cm의 연강봉에 인장하중 100 kN을 가하였다. 연강의 탄성계수는 $E = 2\times10^7\ \mathrm{N/cm^2}$, 포아송비 $\nu = 0.3$이다. 인장변형율과 인장 후 지름을 구하여라.

[풀이]

주어진 조건:

지름 $d = 20\ \mathrm{mm}$, 길이 $L = 50\ \mathrm{cm}$, 인장하중 $P = 100\ \mathrm{kN}$

물성 $E = 2\times10^7\ \mathrm{N/cm^2}$, $\nu = 0.3$

탐구사항:

변형율과 변형 후 지름

탐구내용:

인장변형율

$$\varepsilon = \frac{\delta}{L} = \frac{1}{L}\frac{PL}{AE} = \frac{P}{AE}$$
$$= \frac{100\times10^3\ \mathrm{N}}{(\pi/4)(2\ \mathrm{cm})^2\times(2\times10^7\mathrm{N/cm^2})} = 0.00159$$

변형 후 지름은

$$d' = d - \varepsilon' d = d(1-\nu\varepsilon)$$
$$= (20\,\mathrm{mm})[1-(0.3)(0.00159)] = 19.99\ \mathrm{mm}$$

2.2.4 1축부재의 면적변형율

환봉

길이 L, 지름 d, 포아송비 ν의 환봉에 축방향으로 인장력 P를 가하여 ε의 인장변형율을 얻었다면 길이의 변화는

$$L' = L + \delta = L + \varepsilon L = L(1+\varepsilon)$$

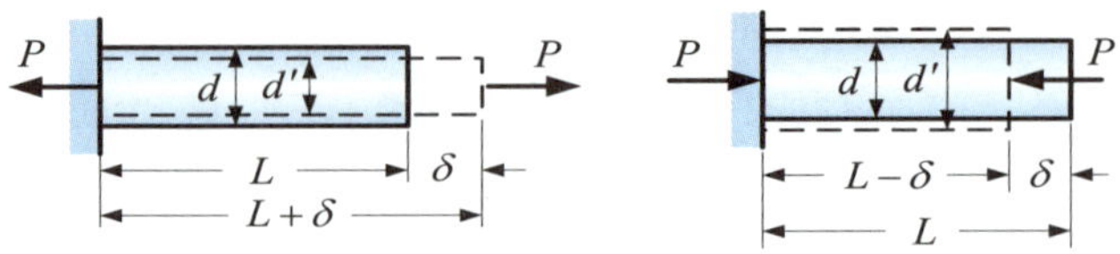

그림 2.8 환봉의 단면 변형율

또 지름의 변화는 정의식 $\varepsilon' = (d - d')/d$ 로부터

$$d' = d - \varepsilon' d = d(1 - \nu\varepsilon) \tag{2.2.8}$$

여기서 압축하중의 경우는 ε 에 음의 값을 사용한다.
단면적의 증가는

$$\Delta A = \frac{\pi}{4}(d'^2 - d^2) = \frac{\pi}{4}d^2[(1-\nu\varepsilon)^2 - 1]$$

이 식을 정리하면

$$\Delta A = -\frac{\pi}{4}d^2(2\nu\varepsilon - \nu^2\varepsilon^2)$$

$(\nu\varepsilon)^2$ 의 값은 극히 작은 값이므로 이를 무시하면

$$\Delta A = -\frac{\pi}{2}d^2\nu\varepsilon \tag{2.2.9}$$

따라서 단면적 변형율은 정의에 의하여

$$\frac{\Delta A}{A} = -\frac{(\pi/2)d^2\nu\varepsilon}{(\pi/4)d^2} = -2\nu\varepsilon \tag{2.2.10}$$

와 같이 된다. 이 식으로부터 단면 변형율은 선형 변형율의 2배라는 것을 알 수 있다. 이 식을 사용할 때 압축하중에 대해서는 ε 을 음의 값을 사용한다.

예제 2.11 환봉의 단면변화율

지름 50 mm 의 연강봉이 포아송비 0.3, 탄성계수 $E = 2\times10^7$ N/cm^{2}이라 할 때 압축하중 $P = 120$ kN 에 대하여 변형 후 지름, 단면 변형율을 구하여라.

[풀이]

주어진 조건:

지름 $d = 50$ mm, 포아송비 $\nu = 0.3$, 탄성계수 $E = 2\times10^7$ N/cm^2

하중 $P = 120$ kN

탐구사항:

변형 후 지름과 단면 변형율

탐구내용:

선형 변형율

$$\varepsilon = \frac{P}{AE} = -\frac{120\times10^3\,\mathrm{N}}{(\pi/4)(5\ \mathrm{cm})^2\times(2\times10^7\,\mathrm{N/cm^2})} = -0.000306$$

변형 후 지름은 식 (2.2.8)로부터

$$d' = d(1-\nu\varepsilon)$$

$$= (5\,\mathrm{cm})(1+0.3\times0.000306) = 5.0005$$

단면 변형율은 식 (2.2.10)으로부터

$$\frac{\Delta A}{A} = -2\nu\varepsilon = -2(0.3)(-0.000306) = 1.84\times10^{-4} \qquad (2.2.10)$$

각주

단면이 $a\times b$인 각주(角柱)에 축 방향으로 인장하중 P를 가할 때, 단면의 변형율을 생각하여 본다. 재료는 등방성이어서 하중으로 인하여 인장 될 때 하중에 수직한 방향의 수축 변형율은 방향에 무관하고 모두 같다고 가정한다.

하중으로 축 방향에 ε의 인장변형이 발생하였다고 하면, 각 변의 수축량은

$$a' = a(1-\nu\varepsilon)$$

$$b' = b(1-\nu\varepsilon)$$

단면 수축량은

$$\Delta A = A' - A = a'b' - ab = ab\left[(1-\nu\varepsilon)^2 - 1\right]$$

$(\nu\varepsilon)^2$의 값을 무시하고 정리하면

$$\Delta A = -(2\nu\varepsilon)ab \qquad (2.2.11)$$

단면 변형율은

$$\frac{\Delta A}{A} = -2\nu\varepsilon \qquad (2.2.11)$$

식 (2.2.10)과 비교하면 환봉의 경우와 일치한다는 것을 알 수 있다.

이 식에서도 압축하중이 걸릴 경우에는 ε에 음의 값을 사용한다.

예제 2.12 각주의 단면 변형율

한 변의 길이가 2 cm의 정사각형 단면을 갖는 길이 20 cm의 각주에 축 방향으로 12 kN의 압축하중을 가한다. 한 변의 길이가 늘어난 길이, 각주의 수축길이, 단면적의 증가량, 면적변형율, 체적변화를 구하여라. 단, 재료의 탄성계수는 $E = 2\times10^7\ \mathrm{N/cm^2}$, 포아송비는 $\nu = 0.3$이다.

[풀이]

주어진 조건:

변의 길이 $a = 2\text{ cm}$, 길이 $L = 20\text{ cm}$, 하중 $P = 12\text{ kN}$

재료의 물성 $E = 2\times10^7\text{ N/cm}^2$, $\nu = 0.3$

탐구사항:

변의 늘어난 길이, 각주 수축길이, 단면적 증가, 면적변형율, 체적변화

탐구내용:

선형 변형율

$$\varepsilon = \frac{P}{AE} = \frac{(-12\times10^3\text{ N})}{(2\text{ cm}\times2\text{ cm})(2\times10^7\text{ N/cm}^2)} = -0.00015$$

변의 늘어난 길이

$$a' = a(1-\nu\varepsilon)$$

$$= (2\text{ cm})[1-(0.3)(-0.00015)] = 2.00009\text{ cm}$$

각주 수축길이

$$L' - L = \varepsilon L = (-0.00015)(50\text{ cm}) = -7.5\times10^{-3}\text{ cm}$$

0.075 mm 수축

단면적 증가

$$\Delta A = -2\nu\varepsilon a^2$$

$$= -2(0.3)(-0.00015)(2\text{ cm})^2 = 3.6\times10^{-4}\text{cm}^2$$

단면 변형율

$$\frac{\Delta A}{A} = -2\nu\varepsilon = -2(0.3)(-0.00015) = 9.0\times10^{-5}$$

체적면화

$$\Delta\upsilon = a'^2L' - a^2L$$

$$= (2.00009\text{ cm})^2(50-7.5\times10^{-3}\text{cm}) - (2\text{ cm})^2(50\text{ cm})$$

$$= -0.012\text{ cm}^3$$

체적은 감소한다.

2.2.5 1축부재의 체적변형율

앞에서 환봉의 면적변형율과 각주의 면적변형율이 일치함을 알았다. 마찬가지로 체적변형율도 일치한다. 그러므로 여기서는 그림 2.9에 표시한 인장력을 받는 각주에 대하여 이론을 전개하기로 한다.

변형 후의 체적을 υ'로 표기하면 체적변화는

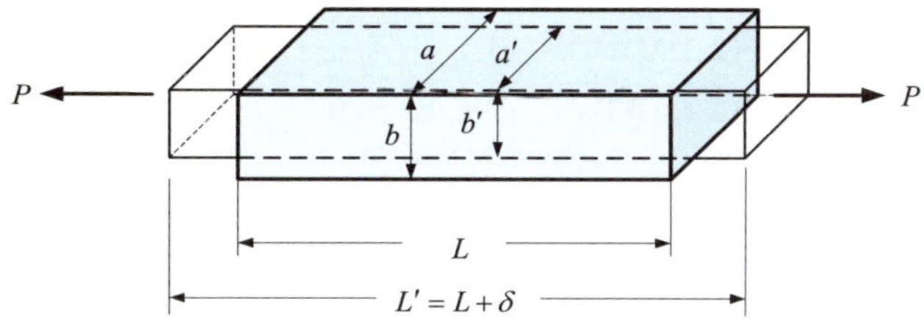

그림 2.9 각봉의 단면 변형율

$$\Delta v = v' - v = a'b'L' - abL$$

$$= abL(1-\nu\varepsilon)^2(1+\varepsilon) - abL$$

$$= abL[(1-\nu\varepsilon)^2(1+\varepsilon) - 1]$$

ε^2 이상의 고위의 무한소를 무시하고 정리하면 체적변화는 다음 식으로 표시된다.

$$\Delta v = abL\varepsilon(1-2\nu) = v\varepsilon(1-2\nu) \tag{2.2.13}$$

따라서 체적변형율은 정의에 의하여

$$e = \frac{\Delta v}{v} = \varepsilon(1-2\nu) \tag{2.2.14}$$

와 같이 표시된다. 여기서도 압축하중의 경우에는 ε의 값을 음으로 취하면 된다.

예제 2.13 체적변형율

단면적 10 cm^2, 길이 50 cm의 환봉에 200 kN의 인장하중을 가한다. 체적변화량과 체적변형율을 구하여라. 단 재료의 포아송비와 탄성계수는 $\nu = 0.3$, $E = 2\times10^7$ N/cm^2이다.

[풀이]

주어진 조건:

단면적 $A = 10$ cm^2, 길이 $L = 50$ cm, 하중 $P = 200$ kN

재료 물성 $\nu = 0.3$, $E = 2\times10^7$ N/cm^2

탐구사항:

체적변화와 체적변형율

탐구내용:

선형변형율

$$\varepsilon = \frac{P}{AE} = \frac{200\times10^3\ \text{N}}{(10\ \text{cm}^2)(2\times10^7\ \text{N/cm}^2)} = 0.001$$

체적변화는 식 (2.2.13)으로부터

$$\Delta v = v\varepsilon(1-2\nu)$$
$$= (10\,\mathrm{cm}^2 \times 50\,\mathrm{cm})(0.001)(1-2\times 0.3)$$
$$= 0.2\,\mathrm{cm}^3$$

체적변형율은 식 (2.2.14)로부터

$$\frac{\Delta v}{v} = \varepsilon(1-2\nu)$$
$$= (0.001)(1-2\times 0.3) = 0.0004$$

2.2.6 자중에 의한 처짐

물체가 매달려 있을 때 자중의 영향을 무시할 수 없게 된다. 이 절에서는 단면이 일정한 물체가 매달려 있을 때 자중에 의한 변형율을 생각하여 보기로 한다. 지금 단면적이 A, 길이가 L, 재료의 비중량이 γ인 물체가 매달려 있다고 생각하면 물체의 무게는

$$W = \gamma v = \gamma A L \tag{2.2.15}$$

이다. 이 중량은 물체의 중심점에 모여 있다고 생각할 수 있으므로, 결국 그림 2.10과 같이 자중을 무시하고 중심점에 하중 W가 가해지는 문제로 이상화시킬 수가 있다. 이와 같은 모형에서는 단면 ab 상부만이 하중 W에 의하여 늘어나고, 아래 부분은 전혀 늘어나지 않는 것으로 모형이 가능하다. 이 이상화 모형을 그림 (b)에 도시하여 놓았다.

그림 2.10(b)의 모형에 식 (2.2.5)를 적용하면 자중에 의한 신장

$$\delta = \frac{1}{2}\frac{WL}{AE} \tag{2.2.16}$$

을 얻는다.

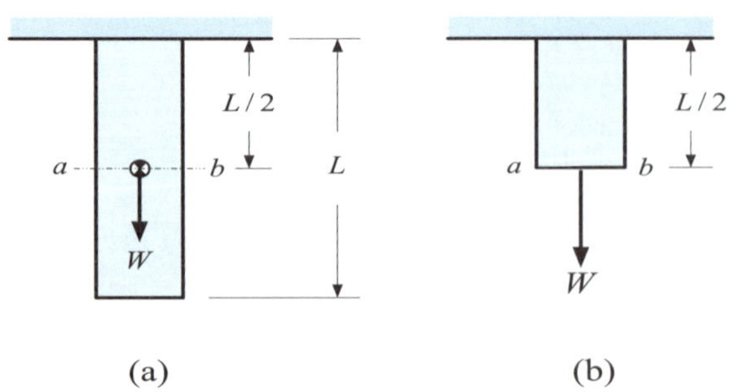

그림 2.10 자중에 의한 신장을 해석하기 위한 이상화 모형

예제 2.14 케이블의 신장

탄성계수 $E = 200$ GPa, 비중량 $77\ \mathrm{kN/m^3}$인 재료로 만들어진 단면적 $450\times10^{-6}\ \mathrm{m^2}$의 케이블이 바다 속 820 m까지 늘어져 있고, 그 끝에는 35000 N의 장치가 매달려 있다. 부력의 효과를 무시할 때 이 케이블이 늘어난 길이를 구하여라.

[풀이]

주어진 조건:

$E = 200\,\mathrm{GPa}$, $\gamma = 77\,\mathrm{kN/m^3}$, $A = 450\times10^{-6}\,\mathrm{m^2}$, $L = 820\,\mathrm{m}$

장치의 무게 $W_0 = 35000\,\mathrm{N}$

탐구사항:

전 신장량

탐구내용:

케이블의 전 신장은 하중 $W_0 = 35000\,\mathrm{N}$에 의한 신장 λ_1과 자중에 의한 신장 λ_2의 합이 된다.

W_0에 의한 신장

식 (2.2.5)로부터

$$\delta_1 = \frac{W_0 L}{AE}$$

$$= \frac{(35000\ \mathrm{N})(820\,\mathrm{m})}{(450\times10^{-6}\ \mathrm{m^2})(200\times10^9\,\mathrm{N/m^2})} = 0.319\ \mathrm{m}$$

케이블의 자중은

$$W = (77\times10^3\ \mathrm{N})(450\times10^{-6}\mathrm{m^2})(820\,\mathrm{m}) = 28413\ \mathrm{N}$$

이므로 식 (2.2.16)으로부터

$$\delta_2 = \frac{1}{2}\frac{W_0 L}{AE}$$

$$= \frac{1}{2}\frac{(28413\ \mathrm{N})(820\,\mathrm{m})}{(450\times10^{-6}\ \mathrm{m^2})(200\times10^9\,\mathrm{N/m^2})} = 0.129\ \mathrm{m}$$

전 신장은

$$\delta = \delta_1 + \delta_2 = 0.319\ \mathrm{m} + 0.129\ \mathrm{m} = 0.448\ \mathrm{m}$$

2.2.7 균일강도의 1축부재

모든 횡단면에서 응력이 같게 분포되는 부재를 균일강도의 일축부재라 말한다. 앞 절에서 단면이 일정한 일축부재에 축하중을 가하면 자중을 고려하지 않을 때, 축하중 P만이 균등하게 전파하므로 모든 단면에서 응력 $\sigma = P/A$가 일정하게 분포되었다. 그러나 자중을 무시할 수 없는 일축부재의 단면에는 가한 하중 P 이외에 자중이 중첩되어 영향을 주므로

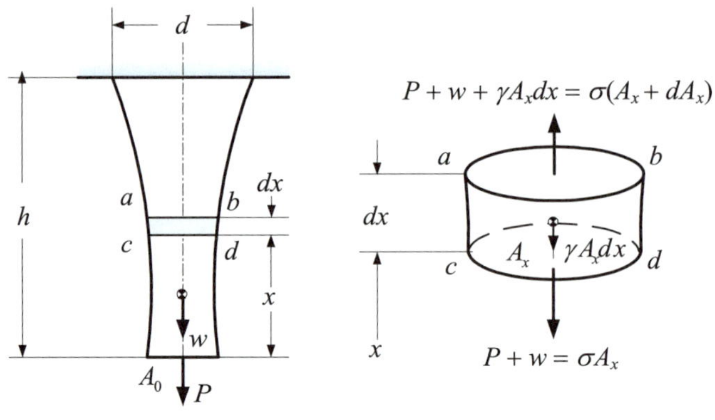

그림 2.11 균일강도의 일축부재

일정응력을 갖는 일축부재가 되려면 단면형상이 적절히 변화되어야 한다.
자유단의 단면적이 A_0이고, 모든 단면에서 일정응력 σ를 유지하는 일축부재의 단면은 다음 식으로 주어진다.

$$A_x = A_0 e^{\frac{\gamma x}{\sigma}} \tag{2.2.17}$$

여기서		
	A_x = 임의 x에서의 단면적	$[m^2]$
	A_0 = 자유단의 단면적	$[m^2]$
	γ = 비중량	$[N/m^3]$
	σ = 응력(일정)	$[N/m^2]$
	x = 자유단으로부터의 거리	$[m]$

탄성계수가 E인 재료로 만들어진 균일강도 일축부재의 전 신장은 다음 식으로 표시된다.

$$\delta = \frac{\sigma L}{E} \tag{2.2.18}$$

여기서		
	δ = 전 신장	[m]
	σ = 응력(일정)	$[N/m^2 = Pa]$
	L = 부재 길이	[m]
	E = 탄성계수	$[N/m^2 = Pa]$

이다.

참고사항 : 균일강도 단면과 신장

1. 함수 dx/x**의 적분**

$$\int_a^b \frac{dx}{x} = \ln x \Big|_a^b = \ln a - \ln b = \ln \frac{b}{a}$$

2. 균일강도 단면 : 그림 2.11은 균일강도를 갖는 일축부재를 설명하기 위한 축하중 P를 받는 부재를 그려놓은 그림이다. 그림 (b)에 미소 체적소 $A_x dx$를 고립시켜 자유물체도로 그려 놓았다. 그림 (b)에서 축방향 힘의 평형을 고려하면

$$\sigma(A_x + dA_x) - \sigma A_x = P + w + \gamma A_x dx - (P + w)$$

여기서 A_x는 x에서의 단면적, w는 그림에서 cd단면 아래 부분의 무게, γ는 비중량이다. 이 식을 정리하면

$$\frac{dA_x}{A_x} = \frac{\gamma}{\sigma} dx$$

적분하면

$$\int_{A_0}^{A_x} \frac{dA_x}{A_x} = \int_0^x \frac{\gamma}{\sigma} dx$$

$$\ln \frac{A_x}{A_0} = \frac{\gamma}{\sigma} x$$

혹은

$$A_x = A_0 e^{\frac{\gamma}{\sigma} x} \tag{2.2.17}$$

전 신장(伸張)은 dx 의 신장을 $d\delta$라 하면 정의에 의하여

$$\varepsilon = \frac{d\delta}{dx} = \frac{\sigma}{E}$$

로부터

$$\delta = \int_0^L \frac{\sigma}{E} dx = \frac{\sigma L}{E} \tag{2.2.18}$$

예제 2.15 균일강도 부재

그림과 같이 천정에 매달린 일축부재의 하단에 120 kN의 힘이 단면 전체에 분포되게끔 가해진다. 일정강도를 유지하는 단면을 설계하여라. 그리고 고정단의 지름과 전체 신장을 구하여라. 단, 부재내 응력은 49 MPa을 넘지 않는 것으로 한다. 그리고 재료는 강이고, 강에 대하여 $E = 200$ GPa, 비중은 7.85이다.

[풀이]

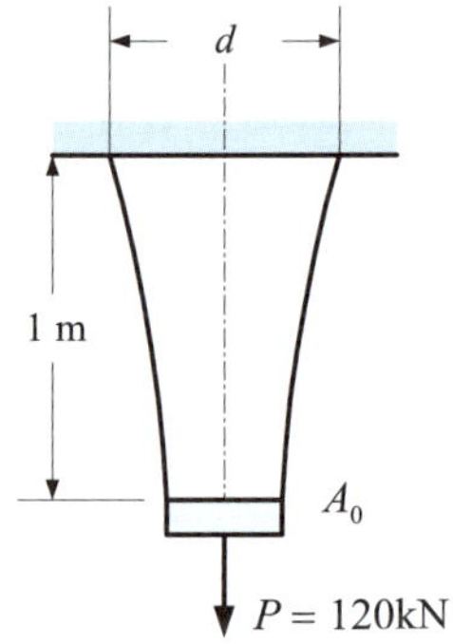

그림 E2.14

주어진 조건:

하중 $P = 120$ kN, $\sigma = 49$ MPa, $E = 200$ GPa, $s = 7.85$

탐구사항:

균일강도 형상, 고정부 지름, 전 신장

탐구내용:

비중량

$$\gamma = 1000\,s\,g = 1000 \times 7.85 \times 9.8 = 76930\,\text{N/m}^3$$

자유단 면적

$$A_0 = \frac{120 \times 10^3}{49 \times 10^6} = 2.4490 \times 10^{-3}\ \text{m}^2$$

식 (2.2.17)로부터

$$A_x = A_0 e^{\frac{\gamma}{\sigma}x} = (2.4490 \times 10^{-3}\,\text{m}^2)e^{\frac{76930}{49 \times 10^6}x}$$

$$= (2.4490 \times 10^{-3}\,\text{m}^2)e^{0.00157x}$$

고정부 면적

$$A = (2.4490 \times 10^{-3}\,\text{m}^2)e^{0.00157} = 2.453 \times 10^{-3}\ \text{m}^2 = 24.53\ \text{cm}^2$$

$$d = \sqrt{\frac{4}{\pi} \times 24.53} = 5.59\ \text{cm}$$

전 신장은 식 (2.2.18)에 의하여

$$\delta = \frac{\sigma L}{E} = \frac{(49 \times 10^6\ \text{Pa})(1\,\text{m})}{(200 \times 10^9\ \text{Pa})} = 0.245 \times 10^{-3}\,\text{m} = 0.245\ \text{mm}$$

2.3 전단응력과 변형율

전단력과 전단응력

관심의 대상이 되는 면에 평행하게 발생하는 내력을 전단력, 단위면적당 발생하는 내력의 크기를 전단응력이라 말한다.

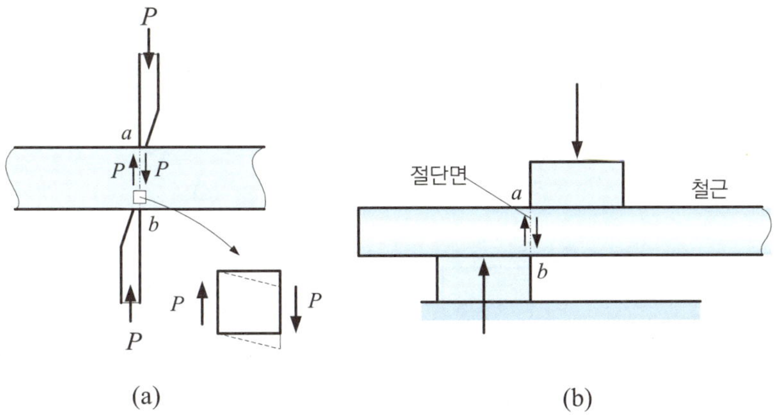

그림 2.12 전단력의 설면

영어사전에서 shear를 찾으면, 큰 가위, 전단기(剪斷機)라는 뜻을 갖는다. 가위는 물체를 그림 2.12(a)와 같이 서로 어긋나게 위치한 두 날에 서로 반대방향으로 힘을 가하여 물체를 절단하는 기능을 갖는다. 공사 현장에서 철근을 절단하려면 그림 (b)와 같이 둥굴게 홈이 파여진 대에 철근을 가로질러 놓고 그 위에 전단구를 서로 어긋나게 올려놓고 망치로 전단구를 처서 철근을 끊는다. 가위나 철근 절단기 모두가 관심을 갖는 단면(절단변)에 평행하게 내력을 발생시켜, 그 내력을 재료가 견디어내는 힘보다 크게 발생시킴으로써 재료를 파단시키는 작용을 한다.

이와 같이 두 힘이 관심의 대상이 되는 면에 평행하게 서로 반대방향으로 작용할 때, 이것을 전단(剪斷 : shear)이라 말한다. 그림에서 ab면의 좌우에서 내력은 서로 반대방향으로 발생한다. 이 때 이 면은 전단된다라고 말하고, 이 면에 작용하는 서로 반대방향의 내력을 전단력(剪斷力 : shearing force), 외부에서 가해지는 힘을 전단하중이라 한다. 전단력이 전단면에 균등하게 분포한다고 생각하면 단위면적당의 전단력을 구할 수가 있다. 지금 전단력이 작용하는 면(전단면)의 면적을 A라 하면, 내력과 외력은 평형을 이루므로, 단위면적당의 전단력은 다음과 같이 계산할 수 있다.

$$\tau = \frac{P}{A} \tag{2.3.1}$$

여기서 단위면적당의 전단력을 전단응력(剪斷應力 : shearing stress)이라 말하고 보통 τ로 표기한다. 그리고 전단응력도 단위면적당 힘의 차원이므로 $\mathrm{N/m^2 = Pa}$ (Pascal)의 단위를 사용한다.

물체에 전단하중이 걸릴 때 전단하중의 물체내 전파과정을 이해할 필요가 있다. 그림 2.13은 한 블록에 전단하중 P가 작용하는 그림이다. 그림 (b)는 이의 한 단면을 그려놓은 그림

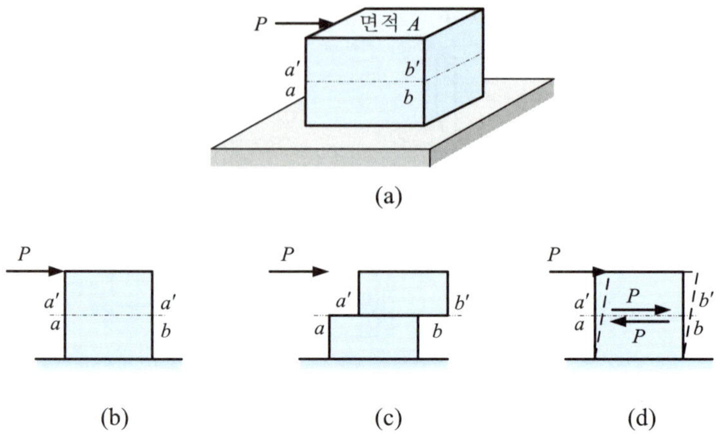

그림 2.13 전단력의 전파. (a) 탄성체의 블록, (b) 블록의 한 단면, (c) ab단면이 절단되어 있는 경우, (d) 단면 ab에 내력 P의 발생

이다. 만일 블록의 임의 단면(예를 들면 ab 단면)이 절단되어 있으면 P와 평형을 이룰 내력이 발생하지 않으므로 상부 블록이 그림 (c)와 같이 미끄러져 움직일 것이다. 그러나 블록이 연속되어 있으면 단면 $a'b'$ 에 존재하는 분자는 인접해 있는 단면 ab상의 분자를 하중과 같은 방향, 같은 크기의 힘으로 끌 것이다. 반대로 단면 ab 상의 분자는 이의 반작용으로 단면 $a'b'$ 상의 분자를 반대방향으로 같은 크기로 저항할 것이다. 이와 같은 과정을 밟아 하중 P는 블록내로 전파되어 같은 크기의 내력이 발생하면서 그림 (d)와 같이 전단변형을 한다. 그리고 단면적 A에 발생하는 내력이 P이므로 전단응력은 P/A와 같이 되어 식 (2.3.1)이 성립한다.

전단변형율

전단변형율은 전단각에 대한 tangent 값으로 정의한다.

높이가 h인 블록에 전단하중 P가 작용하면 그림 2.14와 같이 위의 면은 아래 면에 대하여 δ_s만큼의 어긋남이 생김과 동시에, 처음 90° 이었던 각이 변형되어 ϕ가 된다. 이 때 δ_s를 전단변형(剪斷變形 : shear deformation), $\gamma = \pi/2 - \phi$를 전단각(剪斷角 : shearing angle)이라 하고, 전단변형율(剪斷變形率 : shearing strain)을 다음과 같이 정의한다.

$$\text{전단변형율} = \tan\left(\frac{\pi}{2} - \phi\right) = \tan\gamma = \frac{\delta_s}{h}$$

탄성한계 내에서 γ(radian)는 극히 작은 값을 가지므로

$$\tan\gamma = \gamma$$

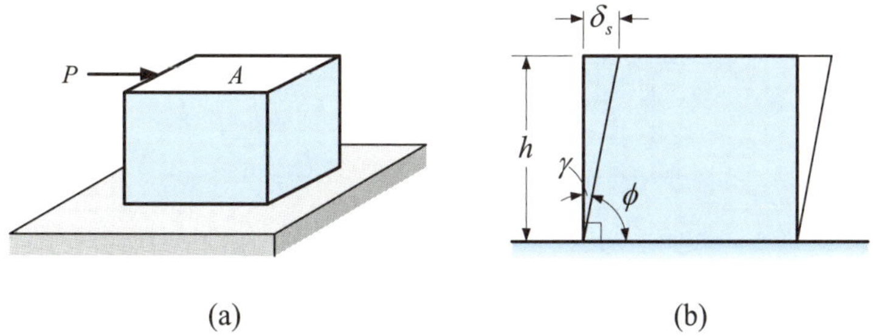

그림 2.14 전단변형율

이다. 그러므로 전단각을 radian으로 표시할 때 전단각이 바로 전단변형율이 된다. 이를 식으로 표시하면

$$\gamma = \tan\left(\frac{\pi}{2} - \phi\right) = \frac{\delta_s}{h} \tag{2.3.2}$$

이다. 여기서 γ(radian)는 전단변형율이다.

전단응력과 전단변형율 사이에도 Hooke의 법칙이 성립한다. 그러므로 전단응력과 전단변형율은 탄성한계내에서 비례한다. 즉,

$$\tau = G\gamma \tag{2.3.3}$$

와 같이 쓸 수 있다. 여기서 비례상수 G를 전단탄성계수(剪斷彈性係數 : shear modulus or modulus of elasticity in shear), 혹은 횡탄성계수(橫彈性係數 : modulus of transverse elasticity)라 한다. 경우에 따라서는 강성계수(剛性係數 : modulus of rigidity)이라고도 말한다.

높이 h인 블록에 전단하중 P가 걸릴 때 전단변형 δ_s는 다음 식으로 계산할 수 있다.

$$\delta_s = \frac{Ph}{AG} \tag{2.3.4}$$

전단변형율은 정의에 의하여 radian으로 표시되는 각도, 즉, 무차원수이다. 그러므로 G의 차원은 응력의 차원과 같고, $\mathrm{N/m^2} = \mathrm{Pa}$ (Pascal)의 단위를 사용한다. 많은 금속재료에 있어서 G의 값은 대략 $(3/8)E$ 의 값을 가지나, 전단탄성계수 G, 종탄성계수 E, 포아송비 ν 사이에는

$$G = \frac{E}{2(1+\nu)} \tag{2.3.5}$$

의 관계가 성립한다. 그러므로 임의 재료에 대하여 E와 ν의 값이 주어지면 식 (2.3.5)로부

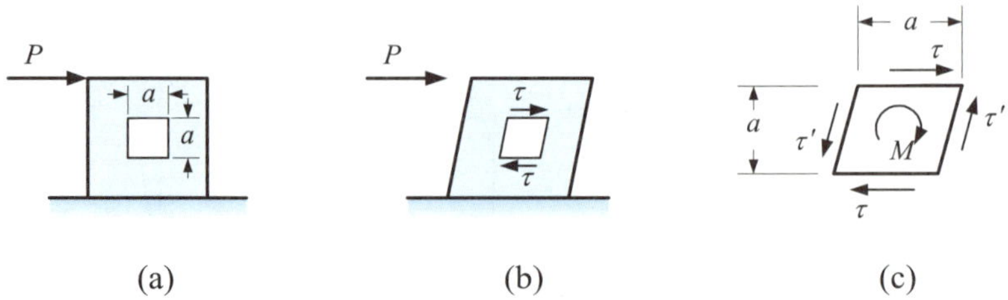

그림 2.15 공액전단응력. (a) 블록내 a^3의 점, (b) 점의 변형, (c) 점의 평형을 확대한 그림

터 G를 구할 수 있다.

그림 2.15는 한 블록에 전단하중 P를 가하였을 때 블록 내부에 위치한 임의 점(입방체)이 갖는 평형관계를 도시한 그림이다. 점의 한 변 길이를 a라 하고, 전단하중 P를 가하면 그림 (b)와 같이 변형하면서 하중에 평행하게 전단응력 τ가 발생한다. 이 전단응력으로 인하여 점(입방체)은

$$M = (\tau a^2)a = \tau a^3$$

의 모멘트가 시계방향으로 발생할 것이다. 이 모멘트는 각운동량이론에 의하여 이 점을 시계방향으로 회전 시켜야 한다. 그러나 실제로는 이 점이 회전하지 않고 정지상태에서 평형을 이룬다. 이를 위해서는 M와 반대방향으로 같은 크기의 모멘트가 발생하여야 한다. 다시 말해서 양 쪽 측면에 그림 (c)와 같이, 같은 크기의 전단응력 τ'가 발생하여야 가능하다. 이 때 τ'를 τ의 공역전단응력(共役剪斷應力 : complementary shearing stress)이라 말하고,

$$\tau = \tau' \tag{2.3.5}$$

와 같은 관계가 성립한다. τ'가 τ의 공역전단응력이면 τ도 τ'의 공역전단응력이다.

예제 2.16 전단응력

두 장의 강판을 지름 16 mm의 세 개 리벳으로 결합하고 있다. 양 강판에 45 kN의 힘이 걸린다고 할 때 리벳 당 발생하는 전단응력을 계산하여라.

[풀이]

주어진 조건:

리벳 지름 $d = 16$ mm, 리벳 수 3

하중 45 kN

탐구사항:

리벳에 발생하는 전단응력

탐구내용:

한 리벳에 걸리는 하중은

$$P = \frac{45\ \text{kN}}{3} = 15\ \text{kN}$$

전단면적은

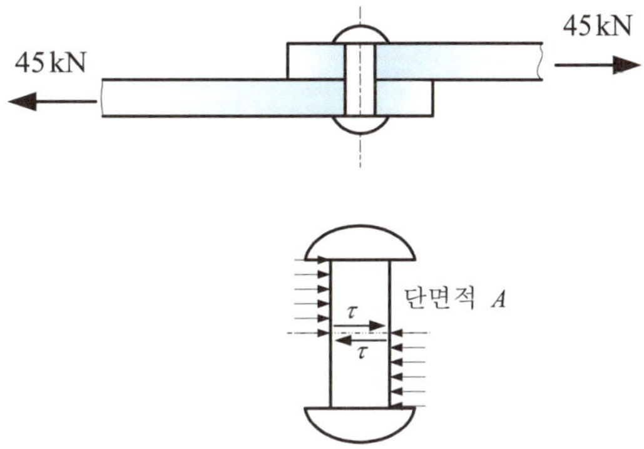

그림 E2.15

$$A = \frac{\pi}{4} d^2 = \frac{\pi}{4}(0.016\ \text{m})^2 = 2.01\times10^{-4}\ \text{m}^2$$

전단응력

$$\tau = \frac{P}{A} = \frac{15\ \text{kN}}{2.01\times10^{-4}\ \text{m}^2} = 7.463\times10^4\ \text{kPa} = 74.63\ \text{MPa}$$

예제 2.17 볼트의 전단응력

세 장의 철판을 지름 20 mm 의 볼트로 체결하고, 양쪽으로부터 40 kN 의 힘으로 잡아 다닌다. 볼트에 발생하는 전단응력을 구하여라.

[풀이]

주어진 조건:

볼트 지름 $d = 20$ mm,

하중 $F = 40$ kN

탐구사항:

볼트에 걸리는 전단응력

탐구내용:

볼트는 2 개소에서 전단되므로 한 전단면에 작용하는 전단력은

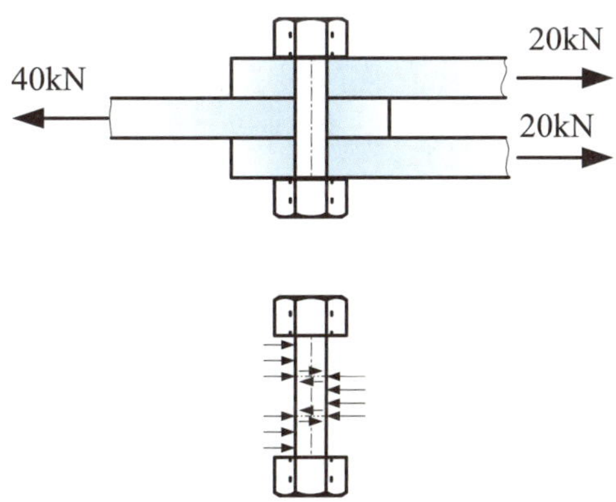

그림 E2.16

$$P = \frac{F}{2} = \frac{40\ \text{kN}}{2} = 20\ \text{kN}$$

전단면적은

$$A = \frac{\pi}{4} d^2 = \frac{\pi}{4}(0.02\ \text{m})^2 = 3.14\times10^{-4}\ \text{m}^2$$

전단응력은

$$\tau = \frac{1}{2}\frac{F}{A} = \frac{P}{A}$$

$$= \frac{20\,\text{kN}}{3.14 \times 10^{-4}\,\text{m}^2} = 6.37 \times 10^4\,\text{kPa} = 63.7\,\text{MPa}$$

예제 2.18 전단응력과 전단변형율

전단계수가 $G = 650$ MPa 인 재료로 된 자방형 물체가 그림과 같이 두 수평강판에 강력히 접착되어 있다. 아래 철판은 고정되어 있고, 위 평판에 전단하중 P를 가하여 위 철판이 0.8 mm 의 전단변형을 하였다. (a) 이 재료에서의 평균전단변형율, (b) 위 판에 가한 전단하중을 구하여라.

[풀이]

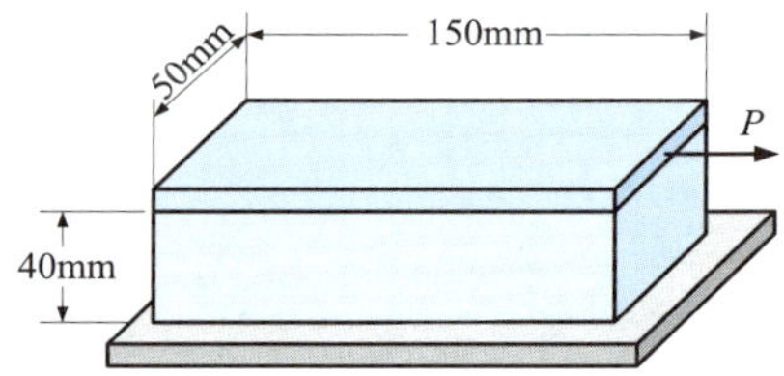

그림 E2.17

주어진 조건:

강성계수 $G = 650$ MPa

물체의 기하학 50 mm×150 mm×40 mm

전단변형 $\delta_s = 0.8$ mm

탐구사항:

(a) 전단변형율 (b) 하중 P

탐구내용:

(a) 평균전단변형율

식 (2.3.2)로부터

$$\gamma = \frac{\delta_s}{h} = \frac{0.8\,\text{mm}}{40\,\text{mm}} = 0.02\ \text{radian}$$

(b) 전단하중

식 (2.3.4)로부터

$$P = \frac{AG\delta_s}{h} = \frac{(0.15\ \text{m} \times 0.05\,\text{m})(650\,\text{MPa})(0.0008\,\text{m})}{0.040\ \text{m}}$$

$$= 0.0975\ \text{MN} = 97.5\,\text{kN}$$

예제 2.19 **천공력**

두께 1.5 cm 의 철판을 지름 2.5 cm 의 펀치로 천공(穿孔)하려고 한다. 철판의 전단 극한강도가 343 MPa이라 할 때 천공력을 구하여라.

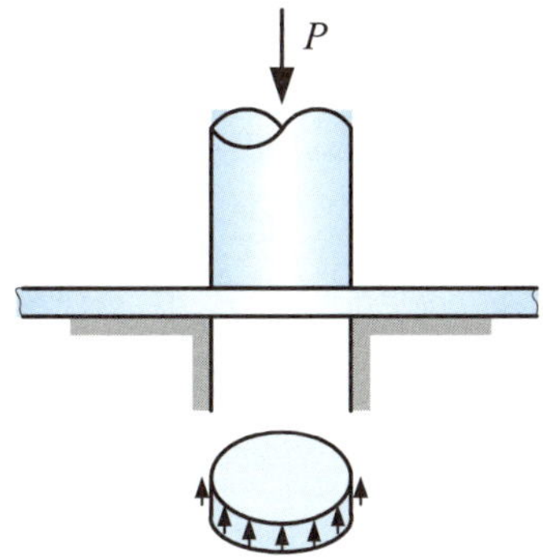

그림 E2.18

[풀이]

주어진 조건:

두께 $t = 1.5$ cm, 천공 지름 $d = 2.5$ cm

극한강도 343 MPa

탐구사항:

천공력

탐구내용:

전단면적

$$A = \pi d t$$

천공력

$$P = A\tau = \pi d t \tau$$

$$= \pi(0.025\text{m})(0.016\text{m})(343 \times 10^6 \text{N/m}^2)$$

$$= 431000\text{N} = 431 \text{kN}$$

2.4 허용응력

기계나 구조물은 사용중 여러 가지 하중이 걸려, 구성하고 있는 각 부재에 변형이 발생한다. 그리고 변형량이 어느 한계를 넘어서면 기계는 파손되고 만다. 그러므로 기계를 구성하는 각 부재는 가해지는 하중에 충분히 견뎌야 하고 또 변형량이 어느 범위 내에 있도록 충분한 강도를 유지시켜주지 않으면 안 된다. 이를 위해서는 주어진 하중에 대하여 기계나 구조물의 각 부재에 얼마만큼의 응력이 발생되는가를 정확히 해석할 수 있어야 하고(응력해석), 다음으로 이러한 응력을 견뎌내고 기계의 안정성이나 신뢰성을 유지하기 위하여 어떠한 재료를 사용해야 하는가, 또 얼마만큼의 강도를 유지시켜 주어야 하는가 하는 문제는 설계자로 하여금 가장 중요한 문제로 다루어지지 않으면 안 된다. 더욱이 실제로 기계에 가해지는 하중은 반드시 예상하고 설계에 반영한 하중뿐 만은 아니다. 또 응력을 해석할 때 모든 조건을 반영해서 해석할 수가 없기 때문에 해석의 불확실성도 따른다. 이러한 이유에서 설계자는 예상외의 하중이 가해지더라도 기계가 파손되지 않게끔 재료강도에 어떠한 여유를 부여해 주는 것이 필요하다.

이와 같이 예기치 안 했던 외력이 가해질지라도 기계가 파손되지 않고 안전하게 운전되려면 부재에 발생하는 응력이 허용할 수 있는 어떤 응력 이하에서 운전되어져야 한다. 이렇게 되기 위해서는 설계 시 그 재료가 안전하게 견뎌낼 수 있는 응력을 미리 정해 주어, 운전 시 그 이상의 응력이 발생하지 않도록 설계에 반영시켜 부재의 치수를 결정해 주어야한다. 이 때 허용할 수 있는 최대응력으로서 미리 정해준 응력을 허용응력(許容應力 : allowable stress) 또는 설계응력(設計應力 : design stress)이라 말한다. 그리고 기준강도와 허용응력과의 비를 안전계수(安全係數 : safety factor, factor of safety)라 말한다. 안전계수를 S, 기준강도를 σ_u, 허용응력을 σ_a로 표기하면 안전계수는 다음과 같이 정의된다.

$$S = \frac{\sigma_u}{\sigma_a} \tag{2.4.1}$$

현재 기준강도로서는 항복점이나 극한강도를 사용하나, 항복점이 명확하지 않은 재료가 많기 때문에 일반적으로 극한강도가 많이 사용된다. 특히 나무나 콘크리트와 같은 취성재료(脆性材料 : brittle material)에 대해서는 더욱 그러하다.

운전 시 부재에 발생하는 응력이 기준강도의 몇 퍼센트 내에서 운전될 수 있느냐 하는 문제는 설계자가 안전계수를 여하히 예측하느냐 하는 문제로 귀착한다. 그러므로 적절한 안전계수를 선정한다는 문제는 공학에 있어서 매우 중요한 일이다. 안전계수가 너무 작게 설계된다면 부재의 강도가 너무 약해 기계가 파괴될 확률이 커지고, 반대로 너무 크게 설계하면 기계가 너무 투박해지고 비경제적이 될 수 있다. 그러므로 안전계수는 재료의 종류 및 사용조건, 하중의 종류(동하중은 정하중에 비하여 크게 잡는다) 등에 따라 과거에 사용하였던 경험치와 설계자의 예리한 판단에 의하여 결정할 사항이다. 참고로 표 2.2에 몇 가지 재료에 대한 안전계수를 소개한다.

표 2.2 안전계수

재 료	정 하 중		반 복 하 중		충격하중
	대표값	범 위	편진(片振)	양진(兩振)	
강(鋼), 연철	3	3~5	5	8	12
주 철	4	3.5~8	6	10	15
목 재	7	7~10	10	15	20
벽돌, 석재	20	15~24	30	–	–

기준강도 : 극한강도
범위는 많은 경험을 기초로 하여 문헌에 발표된 값의 범위임

예제 2.20 허용응력

길이 3 m의 연강봉이 축 하중을 받아 1 mm의 신장하였다. 연강봉의 인장강도(극한강도)가 4.9×10^8 Pa이라 할 때 안전계수는 얼마인가? 단, $E=2\times10^{11}$ Pa이다.

[풀이]

주어진 조건:

$L=3\text{m},\ \delta=1\text{mm},\ \sigma_u=4.9\times10^8\text{Pa},\ E=2\times10^{11}\text{Pa}$

탐구사항:

안전계수

탐구내용:

우선 허용응력을 구하여야 하므로

$$\sigma_a=E\varepsilon=E\frac{\delta}{L}=(2\times10^{11}\text{Pa})\frac{0.001\text{m}}{3\text{m}}=6.67\times10^7\text{Pa}$$

기준응력을 인장응력으로 택하면

$$S=\frac{\sigma_u}{\sigma_a}=\frac{4.9\times10^8\text{Pa}}{6.67\times10^7\text{Pa}}=7.3$$

예제 2.21 연신을 제한하는 하중

길이 80 cm, 지름 $d_1=45$ mm의 청동봉에 길이 50 cm, 지름 $d_2=32$ mm의 연강봉을 그림과 같이 접합하였다. 이 결합체에 인장하중 P를 가하여 전체의 신장을 0.8 mm로 제한하려고 한다. 청동의 인장강도와 탄성계수는 각각 $\sigma_u=4\times10^8$ Pa, $E=9.8\times10^{10}$ Pa, 연강에 대해서는 $\sigma_u=4.5\times10^8$ Pa, $E=2\times10^{11}$ Pa이라 할 때 최대하중 P를 구하여라.

[풀이]

주어진 조건:

청동 ; $L=80$ cm, $d_1=45$ mm,
$\sigma_u=4\times10^8$ Pa, $E=9.8\times10^{10}$ Pa
연강 ; $L=50$ cm, $d_2=32$ mm, $\sigma_u=4.5\times10^8$ Pa,
$E=2\times10^{11}$ Pa
전 신장 $\delta=0.8$ mm

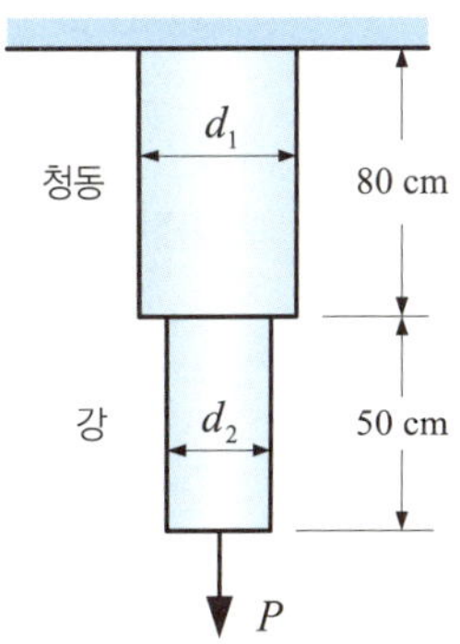

그림 E2.21

탐구사항:

허용 최대하중 P

탐구내용:

전 신장이 0.8 mm이 되기 위한 하중 ; 자중을 무시하면

$$\delta = 0.0008\ \text{m} = \left(\frac{PL}{AE}\right)_S + \left(\frac{PL}{AE}\right)_B$$

$$0.0008\ \text{m} = \left(\frac{0.5\ \text{m}}{(\pi/4)(0.032\ \text{m})^2(2\times10^{11}\ \text{Pa})}\right)P + \left(\frac{0.8\ \text{m}}{(\pi/4)(0.045\ \text{m})^2(9.8\times10^{10}\ \text{Pa})}\right)P$$

$$= 8.24\times10^{-9}P$$

$$P = 97000\ \text{N} = 97\ \text{kN}$$

이 하중에 대하여 청동과 연강에 발생하는 응력은

$$\sigma_B = \frac{97000\ \text{N}}{(\pi/4)(0.045\ \text{m})^2} = 6.1\times10^7\ \text{Pa}$$

$$\sigma_s = \frac{97000\ \text{N}}{(\pi/4)(0.032\ \text{m})^2} = 1.21\times10^8\ \text{Pa}$$

각 재료의 안전계수는 식 (2.5.1)로부터

$$S_B = \frac{4\times10^8\ \text{Pa}}{6.1\times10^7\ \text{Pa}} = 6.6$$

$$S_S = \frac{4.5\times10^8\ \text{Pa}}{1.21\times10^8\ \text{Pa}} = 3.4$$

신장 0.8 mm를 얻기 위한 하중 97 kN에 대하여 청동봉과 연강봉에서 각각 6.6과 3.4의 안전계수를 얻었다. 표 2.2와 비교하면 이 안전계수는 안전한 상태에서 있다고 생각된다.

예제 2.22 안전한 지름 결정

한 로프를 사용하여 100 kN의 물체를 들어올린다. 로프의 정적 인장하중에 의한 파단강도는 500 MPa이라 한다. 이 로프의 안전한 지름을 결정하여라.

[풀이]

주어진 조건:

로프의 파단강도 500 MPa, 하중 100 kN

탐구사항:

로프 지름

탐구내용:

로프가 정하중만을 받고, 활차로 물체를 상하운동 시킬 경우, 반복하중 중 편진하중에 대한 안전계수를 적용하면 된다. 표 2.2로부터 안전계수를 5로 택하면 허용응력은

$$\sigma_a = \frac{500\,\text{MPa}}{5} = 100\,\text{MPa} = 100\,\text{N/mm}^2$$

지름을 d로 표기하면

$$\frac{\pi}{4} d^2 = \frac{P}{\sigma_a}$$

로부터

$$d = \sqrt{\frac{4}{\pi} \frac{100 \times 10^3\,\text{N}}{100\,\text{N/mm}^2}} = 35.7\,\text{mm}$$

지름 36 mm의 로프를 사용하면 된다.

2.5 열응력과 변형율

2.5.1 열변형율

지금까지는 힘에 의한 변형만을 생각하여 왔다. 그러나 여러분들은 물리학에서 길이 L인 물체가 온도 T_1로부터 T_2로 변할 때 열팽창계수를 α m/m ℃라 하면, 온도변화 후의 길이 L_T는

$$L_T = L\,[1 + \alpha\,(T_2 - T_1)] \tag{2.5.1}$$

와 같이 주어진다는 것을 배워 이미 알고 있을 것으로 믿는다. 그러므로 변형율의 정의로부터

$$\varepsilon_T = \frac{L_T - L}{L} = \alpha\,(T_2 - T_1) \tag{2.5.2}$$

를 열팽창에 의한 변형율이라는 의미에서 열변형율(熱變形率 : thermal strain)이라 정의한다. 여기서 열팽창계수(熱膨脹係數 : coefficient of thermal expansion) α는 단위길이당 단위온도당 열팽창을 나타내주는 재료의 고유상수이다.

만일 하중 P를 받아 변형율 ε_P가 생기고, 동시에 온도가 T_1로부터 T_2로 변하였다면 총 변형율은

$$\varepsilon = \varepsilon_P + \varepsilon_T = \frac{\delta_P}{L} + \alpha\,(T_2 - T_1) \tag{2.5.3}$$

와 같이 된다. 여기서 δ_P는 하중 P에 의한 신장, L은 늘어나기 전 길이, α는 열팽창계수, T는 온도, 그리고 ε_P는 하중에 의한 변형율, ε_T는 열팽창에 의한 열변형율이다.

여기서 한가지 기억해 둘 일은 부재가 구속되지 않는 한은 열변형만 될 뿐 열팽창에 의한 응력은 발생하지 않는다는 것이다.

예제 2.23 **열변형**

길이 0.8m, 지름 20mm, 온도 $T_1 = 20℃$ 의 강봉에 $P = 200\mathrm{MN}$ 의 압축하중을 가하면서 온도를 $T_2 = 120℃$ 로 가열한다. 재료의 탄성계수는 $E = 200\mathrm{GPa}$, 열팽창계수는 $\alpha = 12\times10^{-6}\,\mathrm{m/m\,℃}$ 이다. (a) 열변형, (b) 열변형율, (c) 총 변형, (d) 총 변형율, (e) 응력을 구하여라.

[풀이]

주어진 조건:

길이 $L = 0.8\mathrm{m}$, 지름 $d = 20\mathrm{mm}$, 온도 $T_1 = 20℃$, $T_2 = 120℃$

하중 $P = 200\mathrm{MN}$, $E = 200\mathrm{GPa}$, $\alpha = 12\times10^{-6}\,\mathrm{m/m\,℃}$

탐구사항:

(a) 열변형, (b) 열변형율, (c) 총 변형, (d) 총 변형율, (e) 응력

탐구내용:

(a) 열변형

$$\delta_T = \alpha(T_2 - T_1)L$$

$$= (12\times10^{-6}\mathrm{m/m\,℃})(120℃ - 20℃)(0.8\,\mathrm{m}) = 9.60\times10^{-4}\mathrm{m}$$

(b) 열변형율

$$\varepsilon_T = \frac{\delta_T}{L} = \alpha(T_2 - T_1)$$

$$= (12\times10^{-6}\mathrm{m/m\,℃})(120℃ - 20℃) = 1.2\times10^{-3} = 0.0012$$

(c) 총 변형

$$\delta = \delta_P + \delta_T = \frac{PL}{AE} + \alpha(T_2 - T_1)L$$

$$= \frac{(-200\times10^3\,\mathrm{N})(0.8\,\mathrm{m})}{(\pi/4)(0.02\,\mathrm{m})^2(200\times10^9\,\mathrm{Pa})} + 9.60\times10^{-4}\mathrm{m}$$

$$= -2.55\times10^{-3}\mathrm{m} + 9.60\times10^{-4}\mathrm{m} = -1.59\times10^{-3}\mathrm{m}$$

(d) 총 변형율

$$\varepsilon = \varepsilon_P + \varepsilon_T = \frac{P}{AE} + \alpha(T_2 - T_1)$$

$$= \frac{(-200\times10^3\,\mathrm{N})}{(\pi/4)(0.02\,\mathrm{m})^2(200\times10^9\,\mathrm{Pa})} + 0.0012$$

$$= -3.18\times10^{-3}\mathrm{m} + 0.0012 = -0.00198$$

(e) 응력

개방상태에서 압축하중이 작용하므로 응력은 하중에 의한 응력 뿐이다.

$$\sigma = \frac{P}{A} = \frac{(-200 \times 10^3\,\mathrm{N})}{(\pi/4)(0.020\,\mathrm{m})^2} = -0.637\,\mathrm{GPa}$$

2.5.2 열응력

열변형이 일어날 때 구속되지 않으면 응력은 발생하지 않으나, 만일 그림 2.16 (a)와 같이 변형이 일어날 수 없게끔 구속된다면, 소재 내부에 열응력이 발생한다. 그림은 길이 L, 단면적 A인 봉이 콘크리트 벽에 꽉 끼워져 있는 그림이다. 그러므로 이 봉에 온도를 높혀 열팽창을 일으키면 응력이 발생한다.

그림 (b)는 봉 자체를 고립시켜 온도 T_1로부터 T_2까지 가열시켰을 때, 팽창된 상태를 그려놓은 그림이다. 이 때 팽창으로 늘어난 신장은 앞에서 기술한바와 같이

$$\delta_T = \alpha\,(T_2 - T_1)\,L$$

가 될 것이나, 실제로는 구속되어 있기 때문에 팽창하지 못하고 양 벽 사이에서 길이 L을 그대로 유지한다.

이러한 결과는 다음과 같이 이상화시킬 수가 있다. 열팽창으로 $L_T = L + \delta_T$로 늘어난 봉에 압축하중 P를 가하여 L로 압축시키는 것과 같다. 그러므로 이 때 압축변형은 δ_T가 될 것이고, 응력은 δ_T만큼 압축시킬 때 발생하는 응력과 같게 될 것이다. 즉, 이 때 변

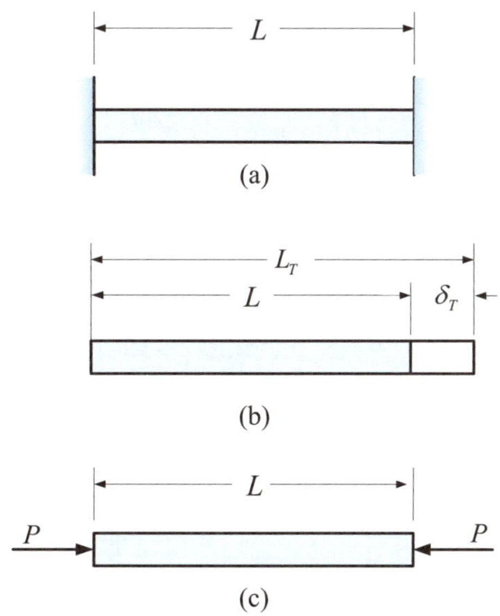

그림 2.16 봉이 벽에 의하여 속박되어 있다.

형율이

$$\varepsilon_T = -\frac{\delta_T}{L} = -\alpha\,(T_2 - T_1)$$

이므로 응력은 Hooke의 법칙으로부터

$$\sigma_T = E\varepsilon_T = -E\alpha\,(T_2 - T_1) \tag{2.5.4}$$

을 얻는다. 여기서 음의 부호를 붙인 것은 열응력은 항상 가열시 압축응력임을 나타낸다. 식 (2.5.4)로 주어지는 응력을 열응력(熱應力 : thermal stress)이라 말한다. 부재가 구속되어 있는 구조물을 설계할 때에는 열응력에 대하여 세심한 배려가 필요하다는 것을 강조해 둔다.

예제 2.24 열응력

길이 600 mm, 단면적 $A = 800\,\text{mm}^2$ 의 강봉을 25℃ 에서 그림과 같이 두 강성지지구를 사용하여 고정시켜 놓았다. 이 강봉을 −50℃ 로 냉각시킬 때 발생하는 반력과 열응력을 구하여라. 단, 강에 대하여 $E = 200\,\text{GPa}$, $\alpha = 12 \times 10^{-6}\,\text{m/m}\,℃$ 이다.

[풀이]

주어진 조건:

$L = 600\ \text{mm}$, $A = 800\ \text{mm}^2$, $T_1 = 25℃$, $T_2 = -50℃$

$E = 200\ \text{GPa}$, $\alpha = 12 \times 10^{-6}\,\text{m/m}\,℃$

탐구사항:

열응력

탐구내용:

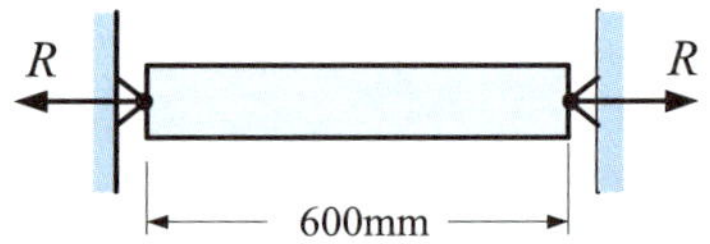

그림 E2.24

$$-\delta_T = -\alpha\,(T_2 - T_1)\,L = \frac{RL}{AE}$$

로부터

$$R = -AE\alpha\,(T_2 - T_1)$$

$$= -(800 \times 10^{-6}\,\text{m}^2)(200 \times 10^9\,\text{Pa})(12 \times 10^{-6}\,\text{m/m}\,℃)(-50 - 25)$$

$$= 144\,\text{kN}$$

반력은 강봉을 인장하는 방향으로 작용한다.

열응력은 식 (2.5.4)로부터

$$\sigma_T = -E\alpha(T_2 - T_1)$$
$$= -(200\times10^9\,\text{Pa})(12\times10^{-6}\,\text{m/m}\,℃)(-50-25)$$
$$= 1.8\times10^8\,\text{Pa} = 180\,\text{MPa}$$

예제 2.25 열응력

길이 $L_1 = 300\,\text{mm}$, 단면적 $A_1 = 400\,\text{mm}^2$, 길이 $L_2 = 300\,\text{mm}$, 단면적 $A_2 = 800\,\text{mm}^2$의 강봉을 25℃에서 그림과 같이 두 강성지지구를 사용하여 고정시켜 놓았다. 이 강봉을 −50℃로 냉각시킬 때 발생하는 반력, AC와 CB에 생기는 열응력 및 각 변형율을 구하여라. 단, 강에 대하여 $E = 200\,\text{GPa}$, $\alpha = 12\times10^{-6}\text{m/m}\,℃$이다.

[풀이]

주어진 조건:

$A_2 = 800\ \text{mm}^2$ $L_1 = 300\ \text{mm}$, $A_1 = 400\ \text{mm}^2$,
$L_2 = 300\ \text{mm}$

$T_1 = 25℃$, $T_2 = -50℃$, $E = 200\ \text{GPa}$,
$\alpha = 12\times10^{-6}\text{m/m}\,℃$

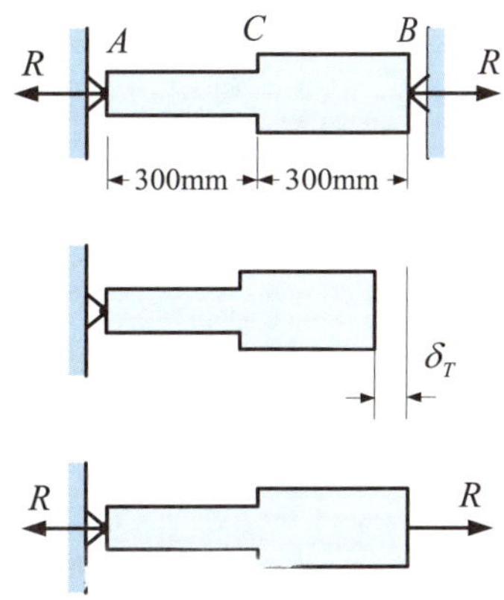

그림 E2.25

탐구사항:

반력과 AC, CB에 생기는 열응력

탐구내용:

(a) 반력

열수축

$$\delta_T = -\alpha(T_2 - T_1)L$$
$$= -(12\times10^{-6}\,\text{m/m}\,℃)(-50-25)(0.6\,\text{m})$$
$$= 5.40\times10^{-4}\,\text{m}$$

이므로 이 수축을 반력 R로 늘려야 한다.

$$\delta_T = 5.4\times10^{-4}\,\text{m} = \left(\frac{L_1}{A_1} + \frac{L_2}{A_2}\right)\frac{R}{E}$$
$$= \left(\frac{0.3\,\text{m}}{(400\times10^{-6}\,\text{m}^2)} + \frac{0.3\,\text{m}}{(800\times10^{-6}\,\text{m}^2)}\right)\frac{R}{200\times10^9\,\text{Pa}}$$
$$= 5.625\times10^{-9}R$$

$$\delta_T = 5.4\times10^{-4}\text{ m} = \left(\frac{L_1}{A_1} + \frac{L_2}{A_2}\right)\frac{R}{E}$$

$$= \left(\frac{0.3\text{m}}{(400\times10^{-6}\text{m}^2)} + \frac{0.3\text{m}}{(800\times10^{-6}\text{m}^2)}\right)\frac{R}{200\times10^9\text{Pa}}$$

$$= 5.625\times10^{-9}R$$

로부터

$$R = \frac{5.4\times10^{-4}\text{m}}{5.625\times10^{-9}} = 96\times10^3\text{ N} = 96\text{ kN}$$

(b) 응력

$$\sigma_1 = \frac{R}{A_1} = \frac{96000\text{ N}}{400\times10^{-6}\text{ m}^2} = 2.4\times10^8\text{ Pa} = 240\text{ MPa}$$

$$\sigma_2 = \frac{R}{A_1} = \frac{96000\text{ N}}{800\times10^{-6}\text{ m}^2} = 1.2\times10^8\text{ Pa} = 120\text{ MPa}$$

(c) 변형율

전체의 변형율은 0이지만 각 부재의 변형율은 0이 되지 않는다.

열수축에 의한 변형율

$$\varepsilon_T = \alpha(T_2 - T_1)$$

$$= (12\times10^{-6}\text{m/m}℃)(-50℃ - 25℃) = -900\times10^{-6}$$

반력 R에 의한 인장변형율

$$\varepsilon_1 = \frac{\sigma_1}{E} = \frac{240\text{MPa}}{200\text{GPa}} = 1.2\times10^{-3} = 1200\times10^{-6}$$

따라서 AC부분의 변형율은

$$\varepsilon_{AC} = \varepsilon_T + \varepsilon_1$$

$$= -900\times10^{-6} + 1200\times10^{-6} = 300\times10^{-6}$$

같은 방법으로

$$\varepsilon_{CB} = \varepsilon_T + \varepsilon_2 = \varepsilon_T + \frac{\sigma_2}{E}$$

$$= -900\times10^{-6} + \frac{120\times10^6\text{Pa}}{200\times10^9\text{Pa}} = -300\times10^{-6}$$

변형량은

$$\delta_{AC} = \varepsilon_{AC}L_1 = (300\times10^{-6})(300\text{ mm}) = 0.09\text{ mm}$$

$$\delta_{CB} = \varepsilon_{CB}L_2 = (-300\times10^{-6})(300\text{ mm}) = -0.09\text{ mm}$$

제2장 1축응력과 변형율

연습문제

2A.1 다음은 변형률의 부호에 관해서 기술한 말들이다. 맞지 않는 것은?

[가] 수직변형률은 수직응력에 기인하는 변형률이다. 그러므로 신장일 때 양, 수축일 때 음이다.

[나] 전단변형률은 전단응력에 기인하는 각변형으로서, 직교선소의 변형각이 예각일 때 양, 둔각일 때 음이다.

[다] 직교선소의 교각이 ϕ로 변형될 때, 전단변형률의 부호는 $\pi/2-\phi$의 정접(tangent)의 부호로 정의한다.

[라] 전단변형률은 변형방향에 아무런 의미가 없으므로 부호를 정의하지 않는다.

2A.2 다음은 응력의 부호와 강도 사이의 관계를 표현한 말들이다. 맞지 않는 것은?

[가] 응력의 부호는 설정된 좌표축에 관한 방향을 제시해 줄 뿐 강도와는 관계가 없다.

[나] 최대응력이란 응력 범위에서 절대 값이 최대인 양의 이력이다.

[다] $-250\,\mathrm{kPa}$과 $120\,\mathrm{kPa}$ 사이의 응력 중 최대응력은 $-250\,\mathrm{kPa}$이다.

[라] 부호에 관계없이 절대 값이 최대인 응력은 최대응력이다.

2A.3 다음 그림은 O점에서 양의 전단변형률 γ_{xy}를 표시한 그림이다. 옳게 표현된 그림은?

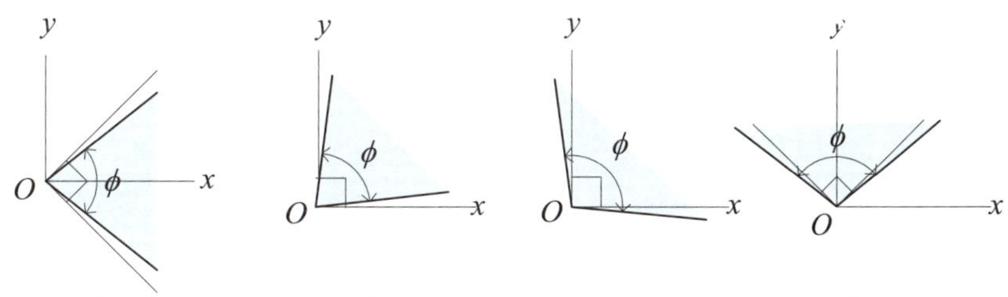

그림 문2A.3

2A.4 그림과 같은 볼트에 축하중 $P=30\text{kN}$가 작용할 때 볼트 머리부에 발생하는 전단응력 τ를 구하여라. 단, 볼트 지름은 $d=30\text{mm}$, 머리 높이 $h=18\text{mm}$이다.

[가] 42.43 MPa

[나] 33.77 MPa

[다] 22.74 MPa

[라] 17.68 MPa

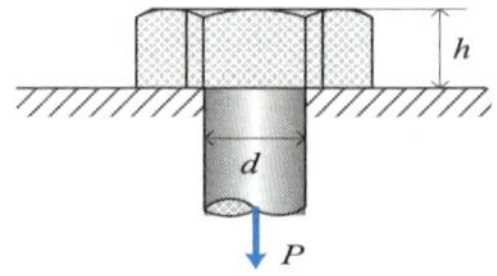

그림 문2A.4

2A.5 두께 8 mm의 연강판을 지름 30 mm의 펀치로 구멍을 뚫고자 한다. 강의 전단파괴응력을 380MPa이라 할 때 펀칭하중 P를 구하여라.

[가] $P=214.5$ kN

[나] $P=254.5$ kN

[다] $P=286.5$ kN

[라] $P=294.5$ kN

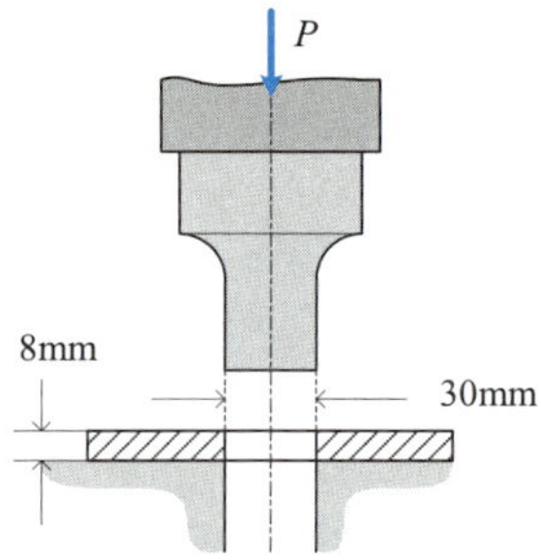

그림 문2A.5

2A.6 그림과 같은 단붙임 원형축에서 $d_1 : d_2 = 3 : 2$라 하면 d_1단면에 발생하는 응력 σ_1과 d_2 단면에 발생하는 응력 σ_2의 비 $\sigma_1 : \sigma_2$는 다음 중 어느 것인가?

[가] 2 : 7

[나] 1 : 5

[다] 4 : 9

[라] 1 : 3

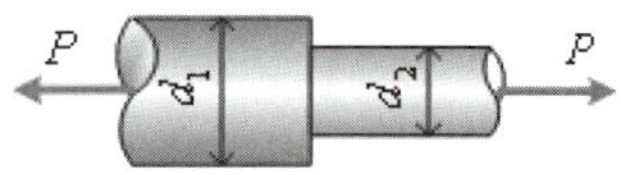

그림 문2A.6

2A.7 안지름 $d_i=40\text{cm}$인 짧은 주철제 중공원통으로 200kN의 하중을 받치려고 한다. 허용압축응력을 $\sigma_a=6\text{MPa}$이라 할 때 원통 두께 t를 구하여라.

[가] 1.5 cm

[나] 2.0 cm

[다] 2.5 cm

[라] 3.0 cm

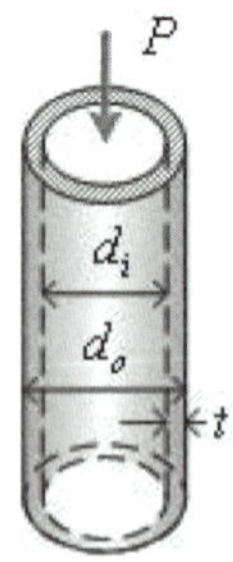

그림 문2A.7

2A.8 그림과 같은 핀 조인트에서 핀 지름 $d = 30\,\text{mm}$ 핀의 허용전단응력 $\tau_a = 60\,\text{MPa}$ 이라 하면 이 조인트에 가할 수 있는 인장하중 P는 얼마인가?

[가] $P = 84.82\ \text{kN}$

[나] $P = 62.70\ \text{kN}$

[다] $P = 42.41\ \text{kN}$

[라] $P = 31.40\ \text{kN}$

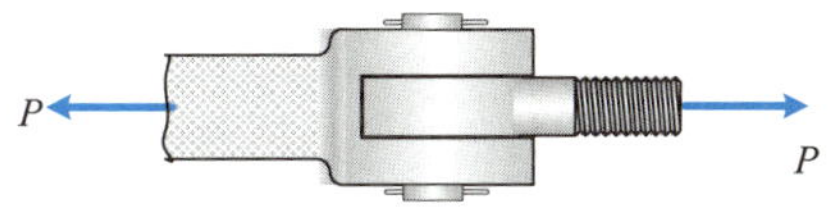

그림 문2A.8

2A.9 그림과 같은 리벳이음에 있어서 리벳의 지름을 $d = 2\,\text{cm}$ 라 하고, 두 판에 그림과 같이 P의 인장하중을 가한다. 힘 $P = 10\,\text{kN}$이라 할 때 리벳 단면에 걸리는 전단응력을 MPa 단위로 구하면?

[가] 3.18

[나] 31.8

[다] 318

[라] 0.318

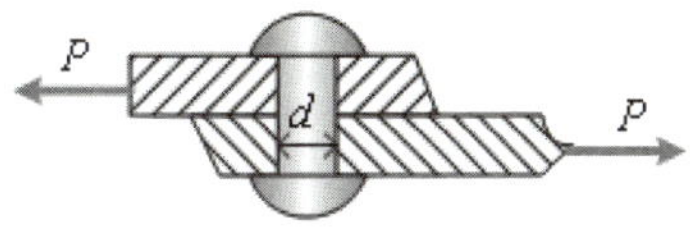

그림 문2A.9

2A.10 다음은 연성재료와 취성재료를 설명한 것이다. 해당되지 않는 설명은?

[가] 연성재료는 소성변형능력이 큰 재료, 취성재료는 소성변형능력이 적은 재료이다.

[나] 연성재료는 항복점이 명확히 나타나나 취성재료는 항복점이 나타나지 않는다.

[다] 연강, 알루미늄 및 알루미늄합금 등은 연성재료에 속하나 주철, 고탄소강 등은 취성재료에 속한다.

[라] 인장에 의하여 파단 될 때 연성은 네킹이 발생하고 전단응력이 한계 값을 벗어나면 45° 의 원추 면을 따라 파단되고, 취성재료는 수직응력이 극한강도에 도달할 때 횡단면을 따라 파단이 일어난다.

2A.11 응력-변형률선도에 관한 설명 중 틀린 것은?

[가] 비례한도는 응력과 변형률이 비례관계를 유지하는 항계 응력이다.

[나] 탄성한계는 하중을 제거할 때 원상태로 되돌아오는 한계 응력이다.

[다] 항복은 응력증가에 비하여 변형이 가속하는 형상을 말하며, 항복이 개시하는 응력을 항복점(응력)으로 정한다.

[라] 모든 재료는 항복점 까지는 하중을 제거하면 원상태로 복원된다.

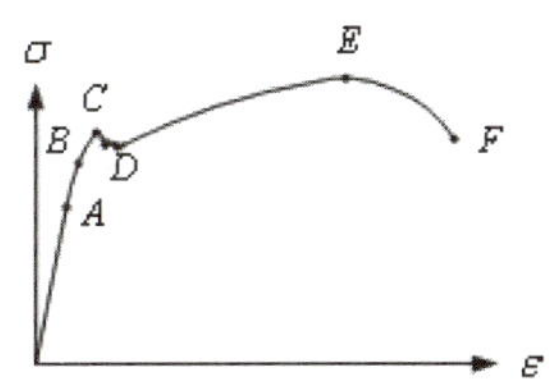

그림 문2A.11

2A.12 다음 설명 중 맞지 않는 것은?

[가] 탄성변형은 병형 후 하중을 제거하면 원 상태로 회귀하는 변형이다.

[나] 소성변형은 병형 후 하중을 제거하면 영구변형을 남기는 변형이다.

[다] 항복점은 소성변형이 시작하는 응력이다.

[라] 취성재료는 네킹이 발생할 수 없다.

2A.13 그림은 탄성한계(B점의 응력)를 넘어 소성변형 시킨 후 하중을 제거하여 G점의 상태로 영구변형시킨 그림이다. 이 점으로부터 다시 하중을 가한다고 생각할 때 다음에 나타나는 현상 중 옳지 않은 것은?

[가] 하중을 제거할 때 SG를 따라 탄성변형한다.

[나] G의 상태에서 다시 하중을 가할 때 응력-변형률선도는 다시 $OBSF$와 같은 곡선을 그리면서 변형한다.

[다] GS를 따른 탄성변형 후, S점에 가까워지면 SF에 접해서 SF를 따라 소성변형한다.

[라] GS 사이의 탄성계수는 OB 사이의 탄성계수와 같다.

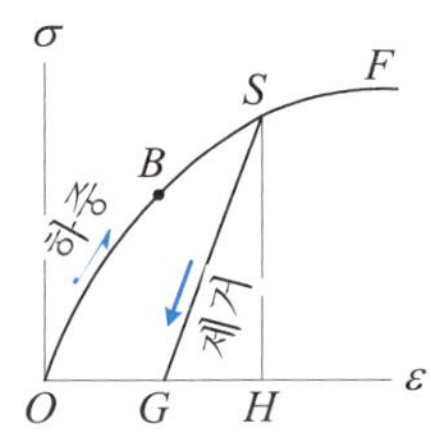

그림 문2A.13

2A.14 다음은 단축부재에 대한 후크의 법칙을 설명한 식들이다. 맞지 않는 것은?

[가] $\sigma = E\epsilon$ [나] $\lambda = \dfrac{\sigma L}{E}$

[다] $\lambda = \dfrac{PL}{AE}$ [라] $\sigma = \dfrac{P}{A}$

2A.15 단축부재의 신축량에 관해서 모순이 있다고 생각되는 답을 골러라.

[가] 신축량 λ는 응력에 비례한다.

[나] 신축량 λ는 응력 σ와 길이 L의 곱 σL에 비례한다.

[다] 신축량 λ는 응력 σ와 길이 L의 곱 σL에 비례하고 탄성계수에 반비례한다.

[라] 신축량 λ는 하중 P와 길이 L의 곱 PL에 비례하고, 탄성계수와 단면적에도 비례한다.

2A.16 균일단면봉의 강성도를 옳게 표현한 식은?

[가] $\dfrac{L}{EA}$ [나] $\dfrac{EA}{L}$

[다] $\dfrac{P}{EA}$ [라] $\dfrac{EA}{P}$

2A.17 균일단면봉의 유연도를 옳게 표현한 식은?

[가] $\frac{L}{EA}$　　[나] $\frac{EA}{L}$

[다] $\frac{P}{EA}$　　[라] $\frac{EA}{P}$

2A.18 푸아송비란?

[가] 종탄성계수에 대한 전단탄성계수의 비

[나] 종탄성계수에 대한 전단탄성계수의 비에 음의 부호를 부친 값

[다] 종단응력(수직응력)에 대한 횡단응력 비에 음의 부호를 부친 값

[라] 종단변형률에 대한 횡단변형률의 비에 음의 부호를 부친 값

2A.19 한 금속에 대한 인장시험 결과 응력-변형률선도가 그림과 같다. 이 재료로 만들어진 지름 20 mm 의 환봉이 축 하중 70 kN 의 인장하중을 받는다. 극한강도를 기준한 안전계수는 얼마인가?

[가] 1.53

[나] 1.58

[다] 1.66

[라] 1.70

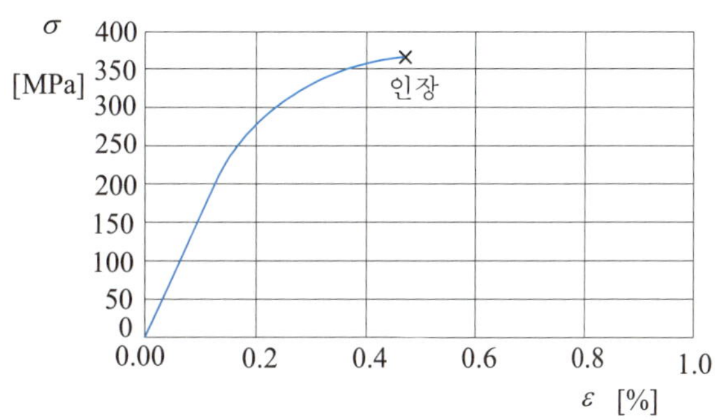

그림 문2A.19

2A.20 다음 중 단축부재의 단면적 변형률을 옳게 표현한 것은?

[가] $2\nu\varepsilon$　　[나] $-2\nu\varepsilon$　　[다] $\frac{2\varepsilon}{m}$　　[라] $-\frac{2\varepsilon}{m}$

2A.21 다음 중 단축부재의 체적변형률을 옳게 표현한 것은?

[가] $\varepsilon_V = m(1-2\nu)$　　[나] $\varepsilon_V = E(1-2\nu)$

[다] $\varepsilon_V = \varepsilon(1-2\nu)$　　[라] $\varepsilon_V = G(1-2\nu)$

2A.22 횡탄성계수 G, 종탄성계수 E, 푸아송수 m 사이에 성립하는 관계 중 옳은 것은?

[가] $E = 2G\left(1 + \frac{1}{m}\right)$

[나] $E = G\left(1 + \frac{1}{m}\right)$

[다] $E = mG(1 + m)$

[다] $E = 2mG(1 + m)$

2A.23 후크의 법칙이란?

[가] 탄성한계 내에서 수직응력과 전단응력의 비례관계를 정의해 주는 법칙

[나] 응력과 변형률 사이의 비례관계를 정의해 주는 법칙.

[다] 탄성한계 내에서 수직응력과 수직변형률 사이의 비례관계를 정의해 주는 법칙

[라] 탄성한계 내에서 응력과 변형률 사이의 비례관계를 정의해 주는 법칙

2A.24 지름 3 mm, 길이 $L = 12$ m의 고장력강에 축하중 4 kN의 인장하중을 가할 때 29 mm 신장되었다. 이 재료의 탄성계수는 얼마이가?

[가] 200 GPa [나] 210 GPa

[다] 234 GPa [라] 238 GPa

2A.25 두 강판 사이에 클로로플렌 탄성체를 충진한 탄성베어링패드가 $a = 150$mm, $b = 250$mm, $t = 50$mm의 치수를 갖는다. 패드 상판에 $F_{yx} = 12$kN의 전단력을 가할 때 상 철판은 하 철판에 대하여 8.0mm 전단변위를 한다. 클로로플렌 탄성체의 전단 탄성계수는?

[가] 2.0 MPa

[나] 2.3 MPa

[다] 2.5 MPa

[라] 2.7 MPa

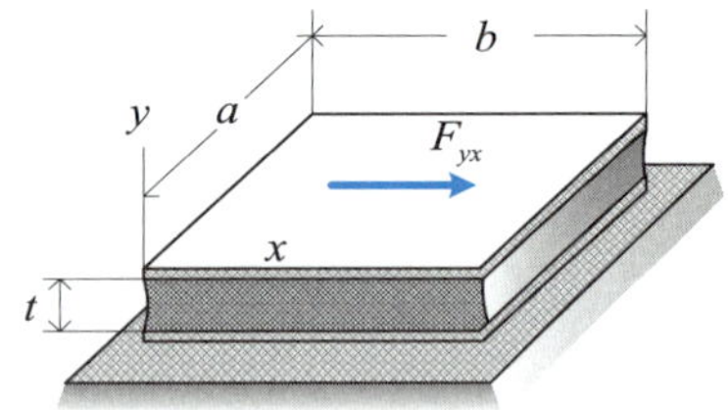

그림 문2A.25

2A.26 순수 알루미늄으로 제작한 직경 $d = 6$mm의 원봉을 축 하중 P로 늘릴 때 0.450 μm 만큼의 지름 축소가 발생하였다. 하중 P를 구하여라. 단 $E = 70$ GPa, $\nu = 0.33$이다.

[가] 0.30 kN [나] 0.40 kN

[다] 0.45 kN [라] 0.50 kN

2A.27 자재 이음쇠가 그림과 같이 두 고무판 양쪽을 철판으로 싸서 만들어졌다. 고무판은 길이 160mm, 폭 80mm, 두께 9mm이다. 하중 $P = 16\,\text{kN}$으로 잡아당길 때 중앙판에 대하여 4mm의 변위가 생겼다. 고무의 전단탄성계수를 구하여라.

[가] 0.94MPa

[나] 1.1MPa

[다] 1.3MPa

[라] 1.4MPa

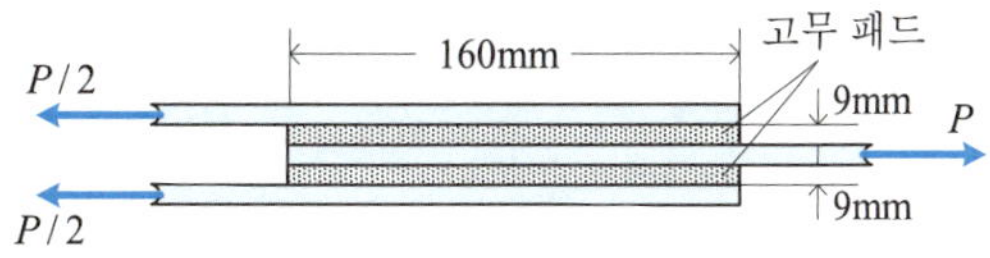

그림 문2A.27

2A.28 처음 직경 d인 환봉을 인장하여 종변형률 및 횡변형률이 동시에 발생하였다. 푸아송수 m, 푸아송비 ν, 라 할 때 직경 변형 $\Delta d = d' - d$를 옳게 표현한 것은 다음 중 어느 것인가?

[가] $d' - d = \dfrac{\nu P d}{E}$ [나] $d' - d = -\dfrac{\nu P d}{E}$

[다] $d' - d = \dfrac{Pd}{mAE}$ [라] $d' - d = -\dfrac{Pd}{mAE}$

2A.29 외경 10cm, 내경 4cm 인 중공축에 인장하중 35kN을 가할 때 극한강도상태에 도달하였다. 이 재료에 대한 허용응력을 $\sigma_a = 540\,\text{kPa}$로 사용한다면 이 때 안전율은 얼마인가?

[가] 4 [나] 6 [다] 7.8 [라] 9.8

2A.30 단면 $6\text{cm} \times 10\text{cm}$의 목재에 300kN의 압축하중을 가하였을 때 극한강도에 도달하였다. 이 재료의 허용응력을 10MPa로 한다면 안전계수는 얼마인가?

[가] 3 [나] 5 [다] 7 [라] 9

2A.31 지름이 3cm인 봉이 인장하중 30kN을 받을 때 단면적의 감소량은 얼마인가? 단 푸아송비 $\nu = 0.3$, 탄성계수는 $E = 200\,\text{GPa}$이다.

[가] $0.0003\,\text{cm}^2$

[나] $0.0005\,\text{cm}^2$

[다] $0.0007\,\text{cm}^2$

[라] $0.0009\,\text{cm}^2$

2A.32 한 변의 길이가 4 cm 인 정방형단면의 각봉을 그림과 같이 45° 경사면을 따라 접착시켰다. 접착면에서 접착 허용전단응력이 $\tau_a = 30\,\text{GPa}$이라 한다. 최대 허용하중 P를 구하여라.

[가] 130.5 kN

[나] 150.8 kN

[다] 96.0 kN

[라] 54.4 kN

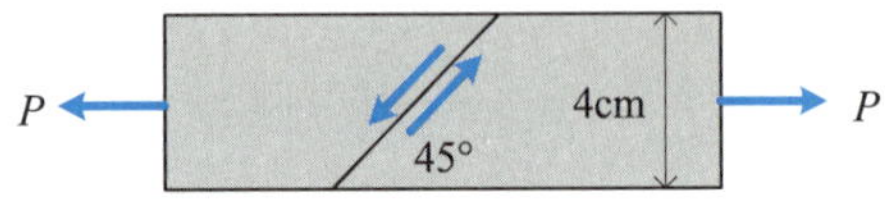

그림 문2A.32

2A.33 동일한 치수의 두 환봉을 하나는 연강, 다른 하나는 동으로 만들어졌다. 이 두 환봉을 동일한 하중으로 인장시킬 때 변형률의 비가 연강 대 동의 비가 8 : 15였다. 종탄성계수 비는 다음 중 어떻게 되는가?

[가] $E_s : E_c = 15 : 8$

[나] $E_s : E_C = 8 : 15$

[다] $E_s : E_C = 8^2 : 15^2$

[라] $E_s : E_C = 15^2 : 8^2$

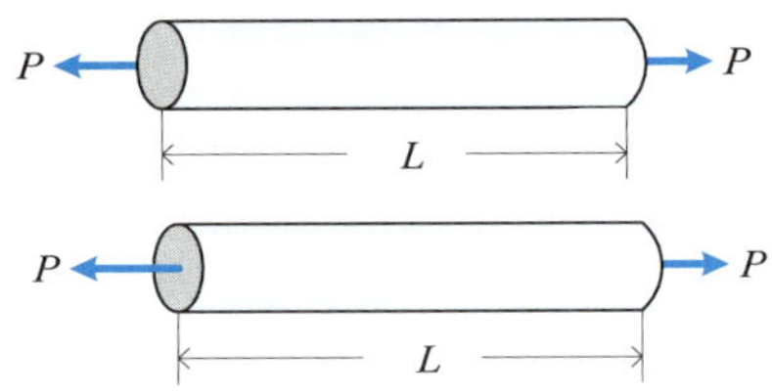

그림 문2A.33

2A.34 양단 지지되어 있는 보를 ΔT 만큼 온도상승시켰다. $\sigma_T = -E\alpha\Delta T$의 열응력이 발생하지 않는 보는 어느 보인가?

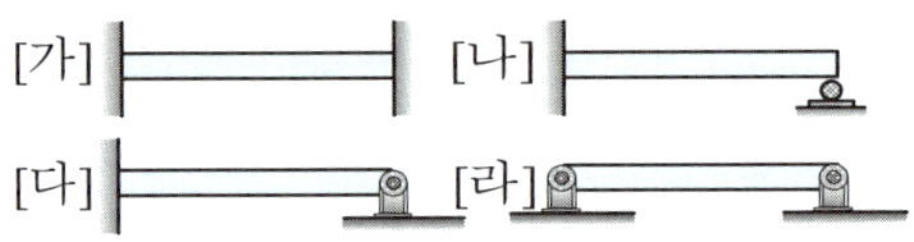

그림 문2A.34

[심화문제]

일축응력과 변형율

2F.1 지름 2 cm, 길이 2 m 의 환봉을 그림과 같이 10 kN 의 힘으로 인장한다. 응력과 신장을 구하여라. 단, $E = 200\,\text{GPa}$ 이다.

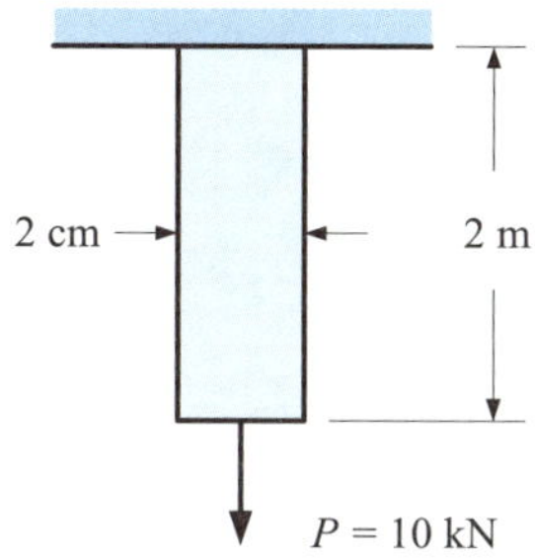

그림 문2F.1

2F.2 길이 L 의 강관 안에 알루미늄이 그림과 같이 꽉 차 있다. 이 강관 양쪽에 매우 강한 판을 덮고 하중 220 kN 으로 압축한다. 알루미늄 기둥의 지름이 75 mm, 강관 외경이 87.5 mm 라 할 때 강관과 알루미늄에 발생하는 응력을 구하여라. 단, 강관의 탄성계수는 200 GPa, 알루미늄에 대해서는 80 GPa 이다.

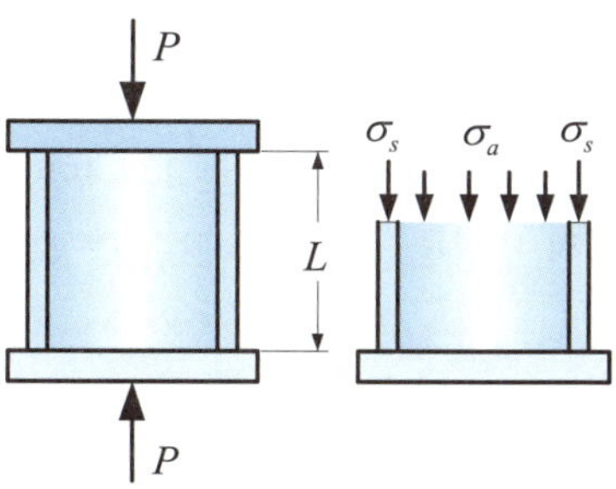

그림 문2F.3

2F.3 길이 1m, 단면적 $26\,cm^2$의 안루미늄봉과, 길이 1m, 단면적 $13\,cm^2$의 강봉을 그림과 같이 접속하여 하단에서 160kN의 힘으로 인장한다. 각 봉에서 발생하는 응력과 전체 신장을 구하여라. 알루미늄에 대한 $E = 70\,GPa$, 강에 대한 $E = 200\,GPa$이다.

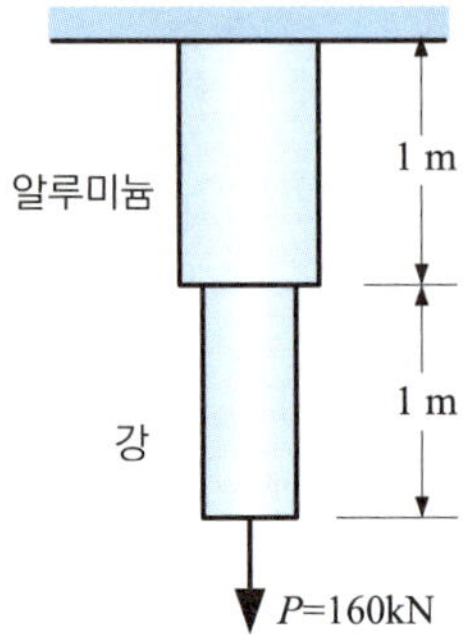

그림 문2F.3

2F.4 지름 25mm, 길이 500mm인 강봉과 지름 50mm 길이 700mm인 강봉을 그림 문2F.5와 같이 연접하고, $P = 50\,kN$, $Q = 175\,kN$의 하중을 그림과 같이 가하였다. (a) 자중을 무시하고 강봉 AB, BC에 발생하는 응력 (b) B점의 변위 (c) A점의 변위를 구하여라. 단, $E = 200\,GPa$이다.

2F.5 문 **2F.4**의 강봉에서 $Q = 150\,kN$이 작용하고 하중 P를 A의 변위가 0이 되게끔 조정하려한다. (a) P의 값, (b) 이 때 B점의 변위를 구하여라. 단, $E = 200\,GPa$이다.

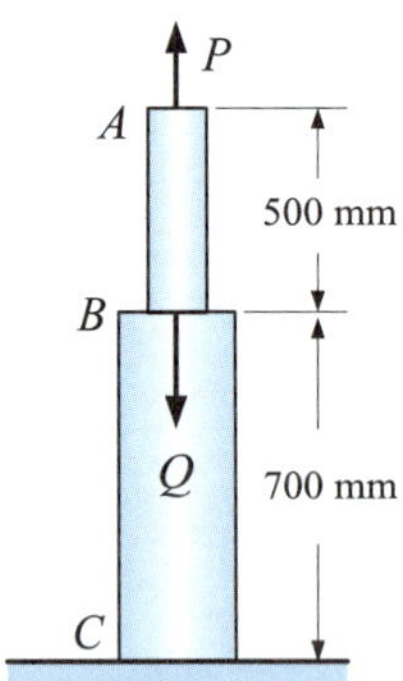

그림 문2F.5

2F.6 지름 36 mm 의 강봉 ABC와 같은 지름의 황동봉 CD를 연접하여 그림과 같은 봉 $ABCD$를 만들어 연직으로 늘어트린 다음, B와 D점에 각각 50 kN 과 100 kN 의 하중을 아래쪽으로 가한다. 자중을 무시하고 (a) C점의 처짐, (b) D점의 처짐을 구하여라.

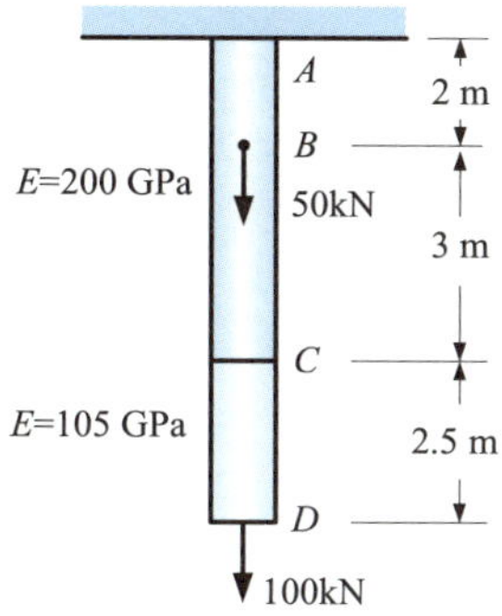

그림 문2F.6

2F.7 그림 문2F.7의 기둥 $ABCD$는 $E = 70$ GPa 의 알루미늄으로 만들어졌다. 이 기둥에 그림과 같은 하중이 걸릴 때 (a) 점 B, (b) 점 D의 처짐을 구하여라.

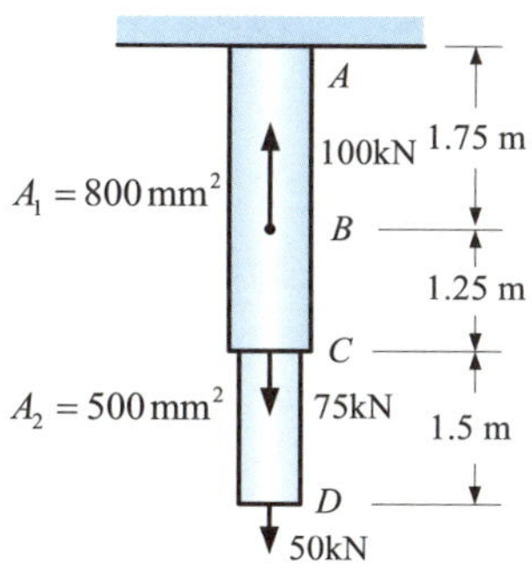

그림 문2F.7

2F.8 길이 1 m , 단면적 1 cm^{2}인 세 개의 환봉 하단에 강성판을 붙여 중간 환봉의 축선상에 하중 30 kN 의 하중을 가하였다. 양쪽 환봉은 강봉(E = 200GPa)이고 중간 환봉은 동봉(E = 120 GPa)이다. l_1 = 40 cm , l_2 = 80 cm 일 때 각 환봉에 발생하는 응력을 구하여라.

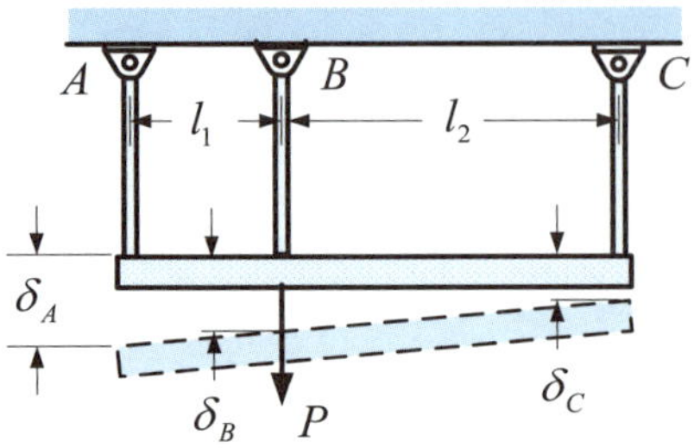

그림 문2F.8

2F.9 강성봉 AB가 두 개의 지지봉 CD, EB에 의하여 수평으로 고정되어 있다. 지금 D와 B 중간에 180 kN 의 힘을 가할 때 두 지지봉에 발생하는 응력과 신장을 구하여라. A는 핀 연결되어 있고, 지지봉 CD는 길이 0.9 m , 단면적 5 cm^2, EB는 길이 1.5 m , 단면적 3 cm^2, 그리고 EB는 강봉이고 CD는 동봉이다. 강과 동의 탄성계수는 각각 E = 200 GPa, E = 120GPa 이다.

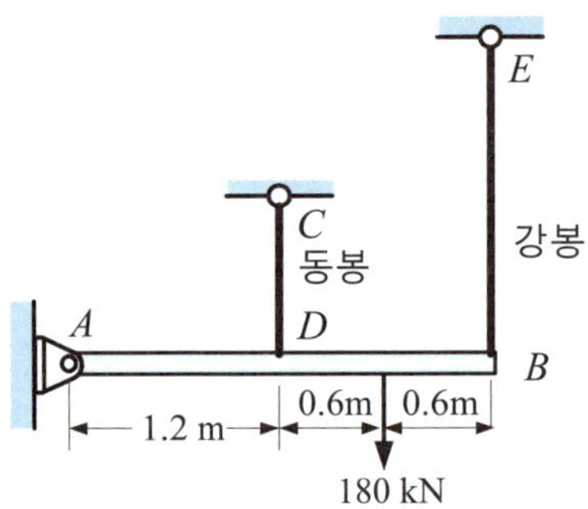

그림 문2F.9

포아송비, 일축부재의 면적 및 체적변형율

2F.10 지름 4 cm , 길이 0.5 m 의 연강봉에 103000 N 의 인장하중을 가하였을 때 지름은 3.9995 cm 로 줄어들었다. 연강의 탄성계수가 E = 200 GPa 이라 할 때, 이 재료의 포아송비를 구하고, 면적 및 체적변형율을 구하여라.

2F.11 직경 15 mm 의 연강봉에 하중 40 kN 의 인장하중을 가할 경우 이 연강봉의 직경변화량과 단위길이당 체적변화량을 구하여라. 단, 연강에 대하여 ν = 0.3 , E = 200GPa 이다.

2F.12 한변의 길이가 50mm, 길이 250mm의 정방형단면의 알루미늄봉에 인장하중을 건 결과 0.001의 변형율이 얻어졌다. 포아송비 $\nu = 0.33$이라 할 때 인장 후의 체적을 구하여라.

2F.13 지름 4cm의 연강봉이 포아송비 $\nu = 0.3$, 탄성계수 $E = 200\,\text{GPa}$이라 할 때 압축하중 $P = 40\,\text{kN}$을 받을 때 변형 후 지름 d'을 구하여라.

2F.14 길이 2m, 외경 273mm, 두께 12.5mm의 특수강 파이프가 한 구조물의 지지구로 사용되고 있다. 이 지지구에 1.2MN의 축하중을 받을 때 (a) 파이프 길이의 변화, (b) 외경의 변화, (c) 두께의 변화를 구하여라. 재료의 $\nu = 0.3$, $E = 200\,\text{GPa}$이다.

전단응력과 변형율

2F.15 폭 100mm의 두 목재 평판 양쪽에 합판 쪽을 아교로 붙여 연결하려고 한다. 두 평판의 간격은 8mm 떼려고 한다. 아교의 전단강도가 $\tau_a = 800\,\text{kPa}$이라 할 때 합판쪽의 길이 L을 구하여라.

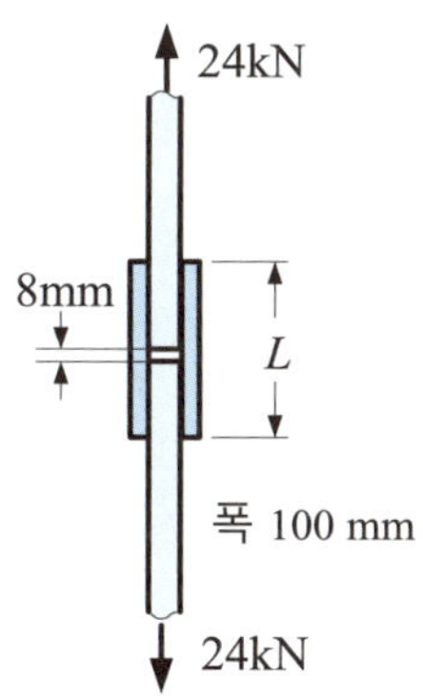

그림 문2F.15

2F.16 그림과 같은 하중상태에 달했을 때 목재의 전단부분(점선부분)이 전단파괴 되었다. 목재의 폭이 15mm라 할 때 목재의 전단강도를 구하여라.

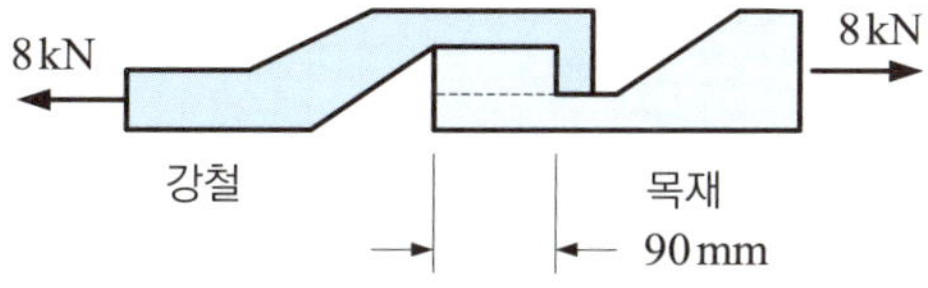

그림 문2F.16

2F.17 두께 5mm 의 알루미늄판에 지름 20mm 의 구멍을 뚫는 데 50kN 의 힘이 필요하였다. 알루미늄의 전단강도를 구하여라.

2F.18 그림과 같이 연결된 볼트조인트에서 봉에 인장하중 $P = 24\text{kN}$ 이 가해질 때 볼트의 지름은 얼마로 하는 것이 좋은가? 볼트의 허용응력은 $\tau_a = 60\text{N/mm}^2$ 이다.

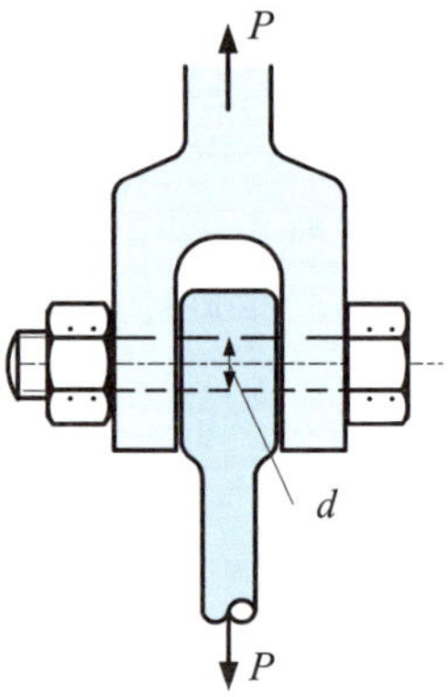

그림 문2F.18

2F.19 그림과 같이 볼트에 하중이 걸릴 경우 15kN 의 하중을 견딜 수 있는 볼트 지름과 머리부분의 높이 H를 구하여라. 단, 볼트재료의 허용인장응력은 $\sigma_a = 100\text{MPa}$, 허용전단응력은 $\tau_a = 60\text{MPa}$ 이다.

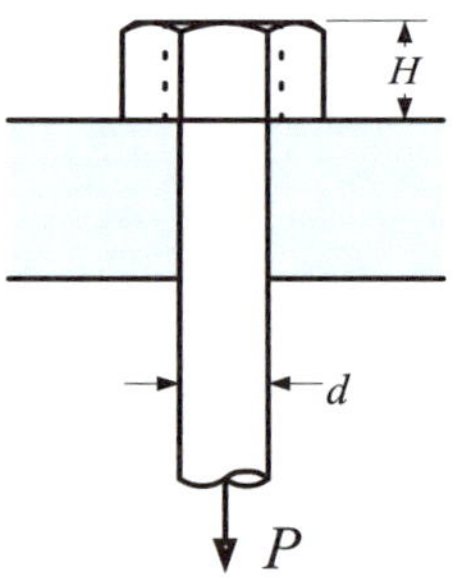

그림 문2F.19

2F.20 그림과 같은 리벳이음에서 작용하중이 $P = 10\text{kN}$ 라 할 때 리벳에 발생하는 전단응력을 구하여라. 단, 리벳의 지름은 20mm 이다.

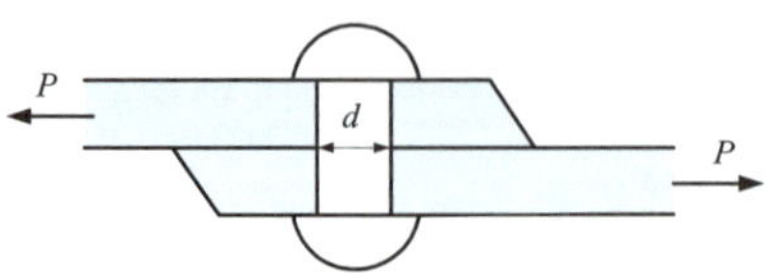

그림 문2F.20

2F.21 나무로 만든 정방형 블록 $ABCD$에 그림과 같이 전단응력 68.9 MPa를 발생시킨다. 전단변형율, 대각선 AD에 따른 변형율, 변 AC의 변형율, CB의 변형율을 구하여라. 단, 목재의 $E = 69\,\text{GPa}$, $\nu = 0.25$ 이다.

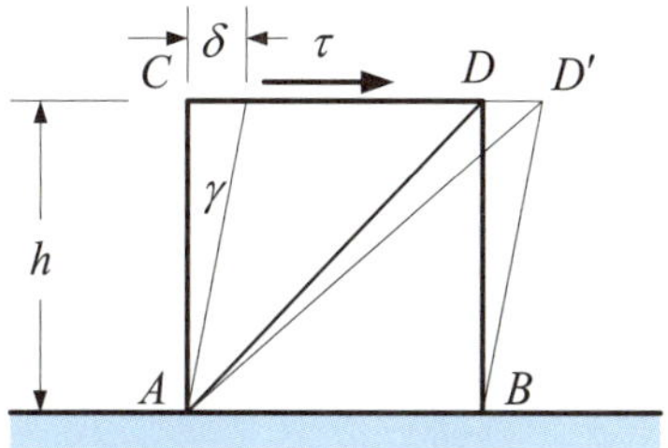

그림 문2F.21

허용응력

2F.22 외경 10 cm, 내경 4 cm 인 중공축에 인장하중 35 kN을 가할 때 극한강도상태에 도달하였다. 이 재료에 대한 허용응력을 $\sigma_a = 540\,\text{kPa}$로 사용한다면 이 때 안전율은 얼마인가?

2F.23 길이 3 m의 연강봉이 축하중 P를 받아 1 mm의 신장을 보였다. 연강의 인장강도를 490 MPa라 할 때 안전율은 얼마인가? 단, 연강의 탄성계수는 $E = 200\,\text{GPa}$ 이다.

2F.24 균일단면의 원형봉에 245 kN의 축하중을 가할 때 소요 지름을 구하여라. 이 봉은 반복하중을 받아 안전율은 8을 택하는 것으로 하고, 인장강도는 490 MPa 이다.

2F.25 200 kN의 압축하중을 받는 외경 10 cm의 주철관의 두께를 계산하여라. 주철의 압축강도는 196 MPa 이고, 안전율은 4로 택한다고 가정한다.

2F.26 단면이 70 × 110 mm 인 두 목재를 그림과 같이 20°의 각도로 접착시켰다. 아교의 접착 전단강도를 500 kPa라 할 때 가능한 최대하중 P를 구하여라.

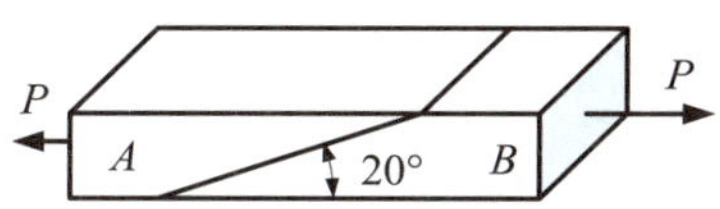

그림 문2F.26

2F.27 두께 5 mm 의 두 평판을 그림과 같은 6 각형 보강판을 양 쪽에 접착시켜 이으려한다. 양측 접착제의 접착강도는 900 kPa 이라 한다. 힘 $P = 1500\,\text{N}$을 가할 때 접착부위의 안전율을 계산하여라.

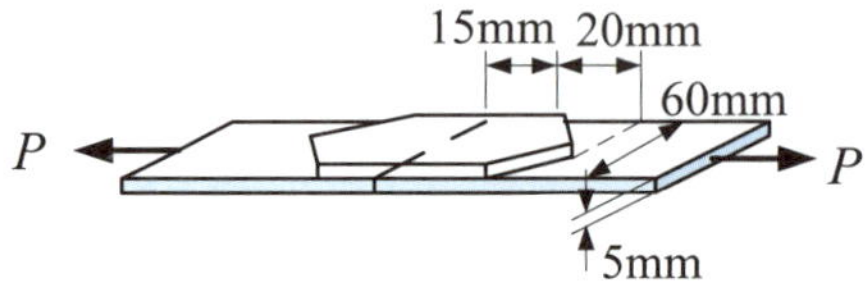

그림 문2F.27

2F.28 기초에 평판을 그림과 같이 3개의 볼트로 고정시키려 한다. 볼트재료의 극한전단강도를 340 MPa 일 때 안전계수 3.5 를 사용하여 볼트의 지름을 결정하여라.

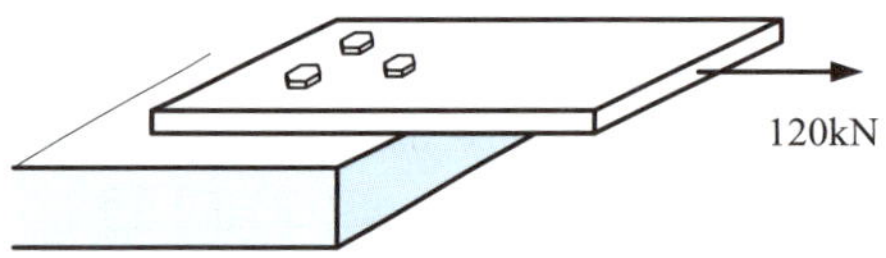

그림 문2F.28

자중에 의한 변형

2F.29 그림과 같이 단면적 A, 길이 L 인 균일단면의 봉재가 매달려 있다. 자중을 고려하여 이 봉재가 견딜 수 있는 단면적을 구하여라. 단, 봉재의 허용 인장응력은 $\sigma_a = 93\,\text{MPa}$, $L = 10\,\text{m}$, $P = 25\,\text{kN}$, 비중은 7.8이다.

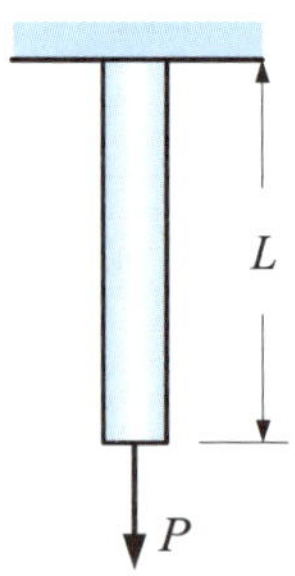

그림 문2F.29

2F.30 천정에 매달려 있는 철강봉의 지름이 2 cm , 길이 10 m 일 때 매달 수 있는 하중을 자중을 고려할 때와 고려하지 않을 때에 대하여 구하고, 비교하여라. 단, 철강의 비중은 7.85 , 허용응력은 $\sigma_a = 93\,\text{MPa}$ 이다.

2F.31 연직으로 늘여져 있는 길이 10 m 의 강봉 하단에 $P = 20\,\text{kN}$ 의 하중이 작용한다. 허용응력을 93 MPa이라 할 때 봉 상단 단면적과 봉의 신장을 구하여라. 단, 강의 비중은 7.85, 탄성계수는 200 GPa이다.

2F.32 길이 50 m 의 강봉을 연직으로 매달았다. 자중에 의한 신장을 구하여라. 단, 철강의 비중은 7.85, 탄성계수 $E = 200\,\text{GPa}$ 이다.

열응력

2F.33 연속 철로가 2℃ 에서 견고하게 속박되어 있다. 이 철로가 35℃ 에서는 얼마의 응력을 받겠는가? 단, 철로재료의 탄성계수는 $E = 200\,\text{GPa}$, 열팽창계수는 $\alpha = 11.7 \times 10^{-6}\,/℃$ 이다.

2F.34 길이 2 m, 단면적 1500 mm^2 의 동봉(銅棒)이 온도 300℃ 에서 그림과 같이 견고한 두 벽 사이에 끼워져 있다. 동봉의 양단이 벽에 견고히 고정되어 있다고 가정하고 온도를 285℃ 로 내릴 때 동봉에 발생하는 응력을 계산하여라. 동에 대하여 $E = 120\,\text{GPa}$, $\alpha = 20 \times 10^{-6}\,/℃$ 이다.

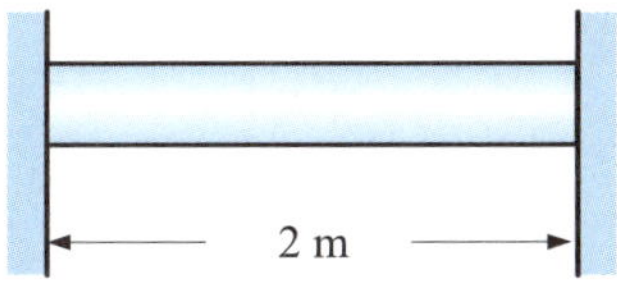

그림 문2F.34

2F.35 길이 2 m, 지름 10 cm 의 연강봉을 1 mm 의 여유를 두고 견고한 두 벽 사이에 그림과 같이 고정시켰다. 10℃ 로부터 80℃ 로 상승시켰을 경우 벽에 발생하는 열응력과 가하여지는 힘을 구하여라. 단, $E = 200\,\text{GPa}$, $\alpha = 11.7 \times 10^{-6}\,/℃$ 이다

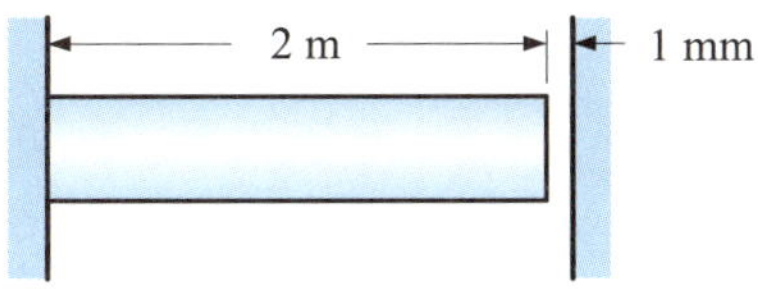

그림 문2F.35

제 3 장 좌표축과 응력

지금까지는 1축부재에 인장 혹은 압축하중이 작용한다는 가정에서 임의 횡단면에 분포되는 수직응력만을 고찰하였다. 이것은 우리가 관심을 갖는 면이 횡단면일 때에는 매우 편리한 응력이나, 경우에 따라서는 부재 축과 임의 각도를 이루는 면에 분포되는 응력이 흥미의 대상이 되는 경우가 생긴다. 이러한 경우에는 이 경사면에 분포되는 응력을 측정이 용이한 축방향 수직응력 $\sigma = P/A$ 의 항으로 표시하는 것이 편리하다. 이러한 일련의 수순은 응력을 좌표축과 관련시켜 표시함으로써 좌표변환에 의하여 손쉽게 얻을 수 있다.

그리하여 이 장에서는 한 점의 응력을 좌표축에 관련시켜 측정하고, 이 측정된 응력을 표시하는 기법과 응력의 부호, 그리고 임의 좌표계에 대한 응력으로 환산하는 방법에 관해서 설명하기로 한다.

이 책은 재료역학의 입문서이므로 모든 내용을 평면응력에 관해서 고찰하고, 3차원 공간에 적용하는 일반 이론은 그 결과만을 기술하는 데 그치기로 한다.

3.1 경사단면에 발생하는 응력

경사면에 발생하는 응력

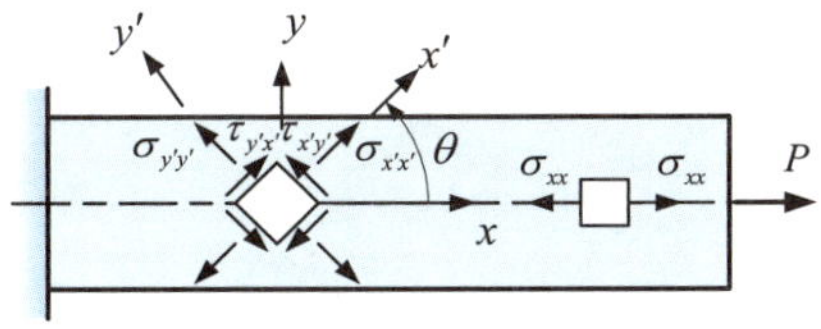

$$\sigma_{x'x'} = \sigma_{xx}\cos^2\theta \tag{3.1.2}$$

$$\sigma_{y'y'} = \sigma_{xx}\sin^2\theta \tag{3.1.4}$$

$$\tau_{x'y'} = \tau_{y'x'} = -\sigma_{xx}\cos\theta\sin\theta = -\frac{1}{2}\sigma_{xx}\sin 2\theta \tag{3.1.3}$$

설명을 쉽게 하기 위하여 두께가 일정하고 단면이 일정한 일축 봉이 단순인장력 P를 받는 경우에 대하여 설명하기로 한다. 그림 3.1 (a)는 두께가 일정하고 단면이 균일한 1축부재가 단순인장력 P를 받을 때 횡단면에 분포되는 응력상태를 설명한 그림이고, 그림 (b)는 부재축과 θ를 이루는 면에 작용하는 힘을 설명한 그림이다.

횡단면 $m-n$에 분포하는 응력과 경사면 $p-q$ 및 $r-s$면에 분포하는 응력을 구별하기 위하여, 우선 부재축을 x축, 이에 수직한 방향을 y축으로 택한다. 그리고 경사단면에 따라 x' 축, 이에 수직한 방향을 y' 축으로 택하기로 한다. 그러므로 $x'\,y'$ 좌표는 xy 좌표를 θ만큼 회전한 좌표가 된다.

이 1축부재에 단순인장력 P를 가할 때 x축에 수직한 횡단면에 분포하는 응력을 좌표축과 관련시켜 σ_{xx}와 같이 표시하기로 약속한다. 이 응력은 정의에 의하여

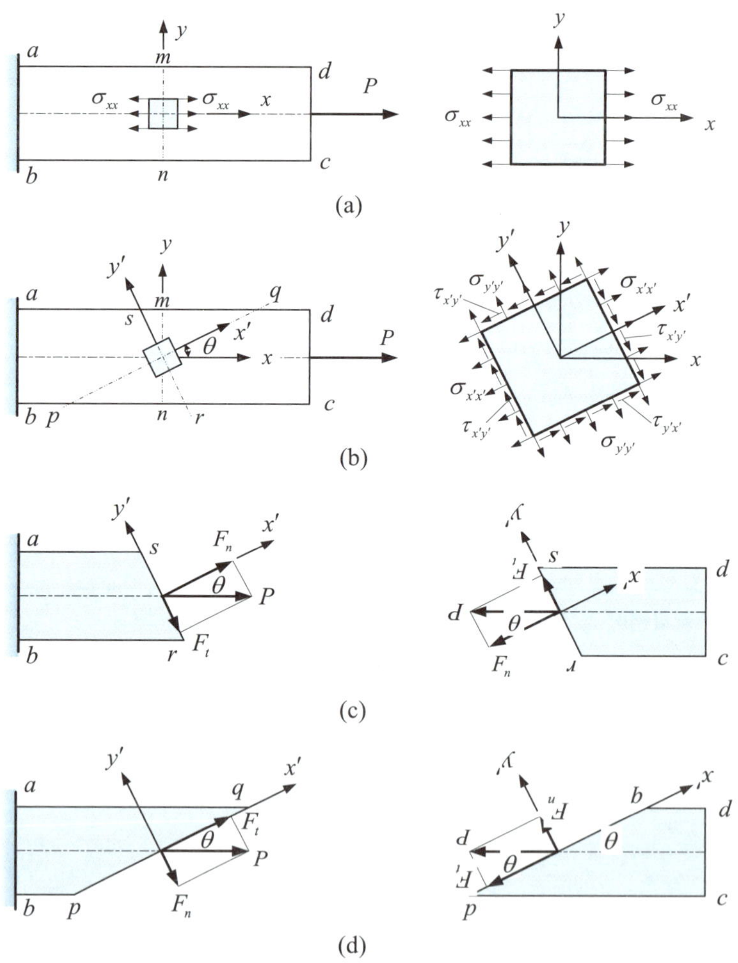

그림 3.1 일축부재의 인장하중에 대한 응력분포와 좌표축

$$\sigma_{xx} = \frac{P}{A} \tag{3.1.1}$$

와 같이 표시되었다. 여기서 A는 부재의 횡단면적이다. 그리고 이 좌표축에 관해서는 전단응력이 발생하지 않는다. 앞으로 상세한 설명이 있겠지만 한 좌표축에 관해서 전단응력이 존재하지 않을 때 이 좌표축을 주축(主軸 : principal axis of stress), 이 때의 수직응력을 주응력(主應力 : principal stress), 주응력이 존재하는 면(주축에 수직한 면)을 주응력면(主應力面) 혹은 주면(主面 : principal plane of stress)이라 말한다. 그러므로 1축부재의 단순인장 혹은 압축하중에 대하여 부재 축(하중방향)에 평행한 x축과 이에 수직한 y축은 주축이고, x축에 수직한 x면(횡단면)과 y축에 수직한 y면은 각각 주면, σ_{xx}와 $\sigma_{yy} = 0$은 주응력이 된다. 한 점에 작용하는 응력 중 주응력은 최대 또는 최소가 된다. 그림 3.1(a)는 주응력상태를 표시한 그림이고, 부재내 한 점(6면체)의 응력상태를 확대해서 표시하여 놓았다.

경우에 따라서는 횡단면이 아닌 횡단면과 θ만큼 회전한 $r-s$면상에 분포하는 응력상태를 알아야 하는 경우가 생긴다. 이를 위하여 횡단면을 θ만큼 회전한 면에 수직한 $p-q$ 방향을 x'축, 이에 수직한 $r-s$방향(횡단면을 θ만큼 회전한 면)을 y'축으로 하는 새로운 $x'y'$ 좌표계에 대하여 응력은 어떻게 표시되는가를 공부하여 보기로 한다.

먼저 요소 $abrs$를 고립시켜 하중 P에 의하여 rs면에 분포되는 응력상태를 생각하여 본다. 그림 3.1 (c)에서 우측요소 $cdsr$의 rs면상의 분자들은 좌측요소 $abrs$의 분자에 작용하여 좌측요소의 경계면 rs를 힘 P로 잡아당길 것이다. 이 힘을 면에 수직한 성분 F_n와 접선성분 F_t로 분해하면

$$F_n = P\cos\theta$$

$$F_t = -P\sin\theta$$

접선성분 F_t의 값에 $-$ (음)의 의미는 y'축과 반대방향으로 작용하기 때문이다.
여기서 θ는 x'축과 x축이 만드는 각도이다. 그리고 단면 rs의 단면적은

$$A_{rs} = \frac{A}{\cos\theta}$$

이므로 응력의 정의에 의하여 rs에 수직한 수직응력은

$$\sigma_{x'x'} = \frac{F_n}{A_{rs}} = \frac{P\cos\theta}{A/\cos\theta} = \frac{P}{A}\cos^2\theta$$

이 식에 식 (3.1.1)의 관계를 적용하면 x'면에 작용하는 수직응력은 다음과 같이 주어진다.

수직응력

$$\sigma_{x'x'} = \sigma_{xx}\cos^2\theta \tag{3.1.2}$$

같은 방법으로 rs에 접하는 전단응력을 $\tau_{x'y'}$로 표기하면

$$\tau_{x'y'} = \frac{F_t}{A_{rs}} = -\frac{P\sin\theta}{A/\cos\theta} = -\frac{P}{A}\cos\theta\sin\theta$$

식 (3.1.1)이 관계를 대입하면 x'면(x'축에 수직한 면)에 작용하는 전단응력을 얻는다.

전단응력

$$\tau_{x'y'} = -\sigma_{xx}\cos\theta\sin\theta = -\frac{1}{2}\sigma_{xx}\sin 2\theta \tag{3.1.3}$$

여기서 전단응력이 음의 값으로 나타났다. 응력의 부호에 관해서는 이어 상세한 설명이 있을 것이다.

요소 $cdsr$를 고립시켜 rs면에 분포되는 응력은 방향만 반대일 뿐 $abrs$에 대하여 얻은 값과 같다. 부재내 한 점에 분포하는 이 응력을 확대하여 그림 (b)에 표시하여 놓았다.

다음으로는 rs면과 직교하는 pq면에 분포하는 응력을 알아야 한다. 왜냐 하면 이 점(직6면체; 그림에서는 정방형으로 표시)이 운동하지 않고 정지상태를 유지하려면 평형을 이루는 응력이 직교평면에 분포되어야 하기 때문이다. 요소 $abpq$를 고립시켜 생각하면, 같은 논리에서 pq면에도 힘 P가 작용하고, 이 힘의 수직성분과 접선성분은(그림 (d)의 좌측)

$$F_n = -P\sin\theta$$

$$F_t = P\cos\theta$$

pq면의 단면적은

$$A_{pq} = -\frac{A}{\sin\theta}$$

여기서 pq면의 단면적에 $-$(음)의 부호를 부친 것은 면에 수직한 외향벡터가 음의 y'축을 향하기 때문이다.

수직응력

$$\sigma_{yy} = \frac{F_n}{A_{pq}} = \frac{P\sin\theta}{A/\sin\theta} = \frac{P}{A}\sin^2\theta$$

식 (3.1.1)을 대입하면

$$\sigma_{y'y'} = \sigma_{xx}\sin^2\theta \tag{3.1.4}$$

전단응력

$$\tau_{y'x'} = \frac{F_t}{A_{pq}} = -\frac{P\cos\theta}{A/\sin\theta} = -\frac{P}{A}\cos\theta\sin\theta$$

식 (3.1.1)을 대입하면

$$\tau_{y'x'} = -\sigma_{xx}\cos\theta\sin\theta = -\frac{1}{2}\sigma_{xx}\sin 2\theta \qquad (3.1.5)$$

식 (3.1.3)으로 주어지는 전단응력 $\tau_{x'y'}$와 식 (3.1.5)로 주어지는 전단응력 $\tau_{y'x'}$는 공액전단응력으로써, 같은 값을 갖는다는 것을 알 수 있다. 즉 2장 3절에서 말한 식 (2.3.5)를 만족시킨다.

일축부재가 축하중을 받을 때 최대전단응력은 $d\tau_{x'y'}/d\theta = 0$을 충족시키는 위치이므로

$$\frac{d\tau_{x'y'}}{d\theta} = -\tau_{xx}\cos 2\theta = 0$$

으로부터

$$\cos 2\theta = 0, \quad 2\theta = \frac{\pi}{2}, \quad \theta = \frac{\pi}{4} \qquad (3.1.6)$$

을 얻는다. 즉 일축응력 상태에서 최대전단응력은 축과 45°의 각도에서 발생한다. 여러분들은 기둥이 과하중을 받을 때 45°방향에서 파단되는 것을 볼 수 있을 것이다.
최대전단응력은 식 (3.1.3)에 $\theta = \pi/4$를 대입하면

$$\tau_{\max} = -\frac{\sigma_{xx}}{2} \qquad (3.1.7)$$

여기서 부호는 단지 응력의 방향만을 나타낸다는 것을 강조해 둔다.

응력상태를 좌표축과 관련시키기 위하여 2개의 첨자를 사용하여 표시하였다. 이제 우리는 응력표시에 관한 약속을 할 때가 되었다고 본다. 응력을 표시할 때에는 두 첨자 중 제1첨자는 응력이 분포하는 평면을, 제2첨자는 응력이 작용하는 방향을 나타내는 것으로 보통 약속한다.

응력의 표시

τ_{pq}

- q : 작용 방향
- p : 작용면

면소 벡터는 면에 수직한 외향 법선벡터로 표시한다. 그러므로 예를 들어 x축에 수직한 면의 법선벡터는 x축을 향하므로 이 면은 x면이 된다. 그리고 이 외향법선벡터가 양의

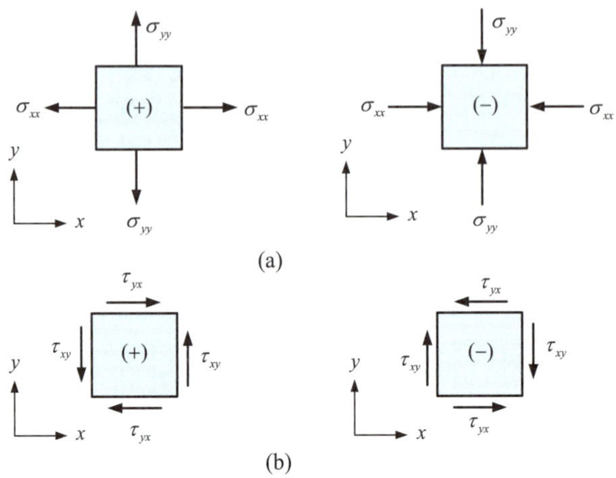

그림 3.2 응력의 부호규약. (a) 인장응력, (b) 전단응력

좌표방향과 일치할 때 양의 면, 음의 방향을 향할 때 음의 면으로 정의한다. 응력의 작용방향도 양의 좌표방향일 때 양, 음의 좌표방향일 때 음의 방향으로 정한다.

응력의 부호는 다음과 같이 규정한다.

응력의 부호규약

응력은 작용하는 면과 작용하는 방향이 같은 부호를 가질 때 양, 서로 다른 부호를 가질 때 음으로 정한다.

지금까지 기술한 규약을 따르면 σ_{xx} 는 x면(x축에 수직한 면)에 작용하는 x방향의 수직응력, τ_{xy} 는 x면에 작용하는 y방향의 전단응력, τ_{yx} 는 y면에 작용한 x방향의 전단응력이라는 의미이다. 그리고 σ_{xx} 는 양의 x면에 양의 x방향으로 작용할 때 혹은 음의 x면에 음의 x방향으로 작용할 때 양, 양의 x면에 음의 x방향으로 작용할 때 혹은 음의 x면에 양의 x방향으로 작용할 때 음의 값을 갖는다. 또 전단응력 τ_{xy} 도 양의 x면에 양의 y방향으로 작용할 때 혹은 음의 x면에 음의 y방향으로 작용할 때 양, 양의 x면에 음의 y방향으로 작용할 때 혹은 음의 x면에 양의 y방향으로 작용할 때 음의 값을 갖는다. 그림 3.2(a)에 수직응력, (b)에 전단응력의 부호를 예시하여 놓았다.

여기서 한 가지 강조하고 넘어가야 할 일은 2차원공간(평면)에서 한 점의 응력상태는 4개의 성분 σ_{xx}, σ_{yy}, τ_{xy}, τ_{yx} 가 주어져야 결정된다는 사실이다. 이와 같이 2차원 공간에서 $2^2 = 4$ 개의 성분, 3차원 공간에서는 $3^2 = 9$ 개의 성분으로 정의되는 물리량을 텐서량(tensor quantity)이라 말한다. 그러므로 응력은 텐서량이다.

예제 3.1 **일축응력상태 부재내 경사면에 발생하는 응력**

한 변의 길이가 5 cm 인 정방형단면을 하는 일축부재에 $P = 10\,\mathrm{kN}$ 의 인장하중이 작용한다. 축과 45˚를 이루는 입방체에 발생하는 응력을 구하여라.

[풀이]

주어진 조건:

단면 $A = 5\,\mathrm{cm} \times 5\,\mathrm{cm}$, 하중 $P = 10\,\mathrm{kN}$

탐구사항:

45˚경사 입방요소에 발생하는 응력

탐구내용:

축응력

$$\sigma_{xx} = \frac{P}{A} = \frac{10\,\mathrm{kN}}{(5\times5)\times10^{-4}\,\mathrm{m}^2} = 4.0\times10^3\,\mathrm{kPa}$$
$$= 4.0\,MPa$$

식 (3.1.2)로부터

$$\sigma_{x'x'} = \sigma_{xx}\cos^2\theta = (4.0\,\mathrm{MPa})\cos^2 45 = 2\,MPa$$

식 (3.1.3)으로부터

$$\tau_{x'y'} = -\frac{1}{2}\sigma_{xx}\sin 2\theta = -\frac{1}{2}(4.0\,\mathrm{MPa})\sin(2\times45)$$
$$= -2\,MPa$$

식 (3.1.4)로부터

$$\sigma_{y'y'} = \sigma_{xx}\sin^2\theta = (4.0\,\mathrm{MPa})\sin^2 45 = 2\,MPa$$

식 (3.1.5)로부터

$$\tau_{y'x'} = -\frac{1}{2}\sigma_{xx}\sin 2\theta = -\frac{1}{2}(4.0\,\mathrm{MPa})\sin(2\times45)$$
$$= -2\,MPa$$

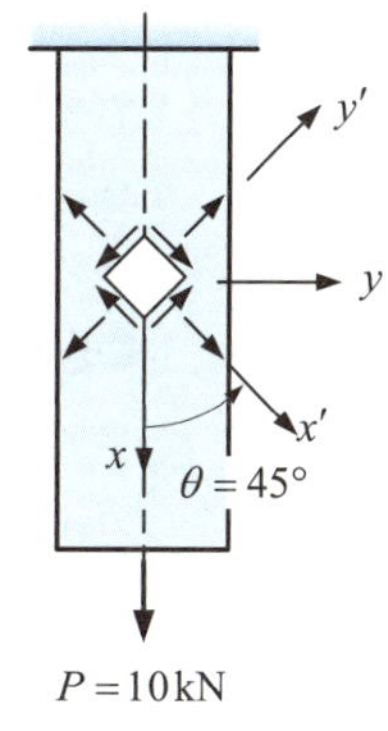

(a)

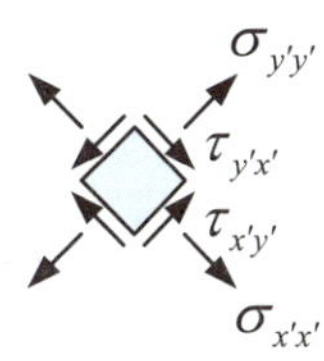

(b)

그림 E3.1

3.2 2축응력

여기서는 한 점에 x 및 y방향의 수직응력 성분이 동시에 작용하는 좀 더 일반적인 응력상태에 대하여 고찰하기로 한다. 이러한 응력상태는 앞에서 고찰한 1차원응력 또는 일축응력 상태와 구별하기 위하여 2축응력(二軸應力 : biaxial stress)이라 불리운다. 2축응력은 압력용기, 보, 축 등의 요소들을 해석할 때 나타나는 응력상태로서, 그 중 지름에 비하여 두께가 얇은($t/r < 0.1$) 압력용기에서 쉽게 경험할 수 있는 응력상태이다.

그림 3.3은 압력용기의 벽에 발생하는 응력을 표시한 그림이다. 원통형 용기의 몸통벽

에는 원주방향으로 작용하는 원주응력(圓周應力 : hoop stress or circumferential stress)과 길이방향으로 작용하는 축방향응력(軸方向應力: longitudinal stress)이 발생한다. 반면에 구각(球殼)에는 원주응력만이 존재한다.

3.2.1 원통용기에 발생하는 응력

원통의 각(殼)에 발생하는 응력은 원주방향의 원주응력(hoop stress)과 길이방향의 축방향응력(longitudinal stress)으로 나누어 생각할 수 있다.

축방향응력

용기내에 압력 p가 균등하게 분포한다고 가정하면 수압면적 $A = \pi d^2/4$ 이므로 원통을 길이방향으로 늘리는 힘은

$$F_l = \left(\frac{\pi}{4}d^2\right)p = \frac{\pi}{4}pd^2$$

이다. 이 힘을 견뎌야 할 재질의 단면적은 $A_t = \pi dt$ 이므로 원통에 발생하는 축 방향의 축방향응력은

$$\sigma_l = \frac{F_l}{A} = \frac{(\pi/4)pd^2}{\pi dt} = \frac{pd}{4t} = \frac{pr}{2t} \tag{3.2.1}$$

여기서 σ_l은 축방향응력, d는 원통 안지름, r은 안 반지름, p는 압력, t는 벽 두께이다.

원주응력

곡면에 작용하는 수평분력은 그 방향으로 사영한 투영면적에 압력을 곱하면 얻는다는 것을 배웠다. 이 경우 투영면적은 용기의 길이를 L 이라고 할 때 $A = dL$이므로 $F_h = pdL$, 또 이 힘을 견뎌야 하는 재료의 단면적은 $2Lt$ 이므로 원주응력은

$$\sigma_h = \frac{pdL}{2tL} = \frac{pd}{2t} = \frac{pr}{t} \tag{3.2.2}$$

이다. 여기서도 p는 압력, t는 용기 두께, d는 안지름, r은 안 반지름이다.

식 (3.2.1)과 식 (3.2.2)의 값을 비교하면 원주응력이 축방향응력의 2배라는 것을 알 수 있다. 그러므로 원통의 강도를 설계할 때에는 원주응력만을 고려하면 충분하다.

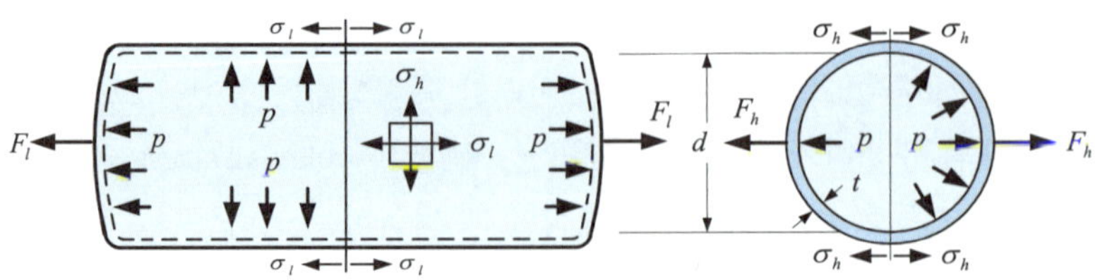

그림 3.3 원관 벽에 발생하는 응력

여기서 다시 강조해 둘 일은 식 (3.2.2)를 사용하여 설계할 때에는

$$\frac{t}{r} < 0.1 \tag{3.2.3}$$

의 조건을 충족시켜야 한다는 것이다.

3.2.2 구각에 발생하는 응력

구각에 발생하는 응력은 원주응력 뿐이다. 구에 발생하는 힘도 투영면적 $\pi d^2/4$에 압력 p를 곱하면 얻어지므로 $F_h = \pi d^2 p/4$, 또 이 힘을 견뎌야 할 재료 단면적은 πdt 이므로, 응력의 정의에 의하여, 압력으로 인하여 구각에 발생하는 원주응력은

$$\sigma_h = \frac{\pi d^2 p/4}{\pi dt} = \frac{pd}{4t} = \frac{pr}{2t} \tag{3.2.4}$$

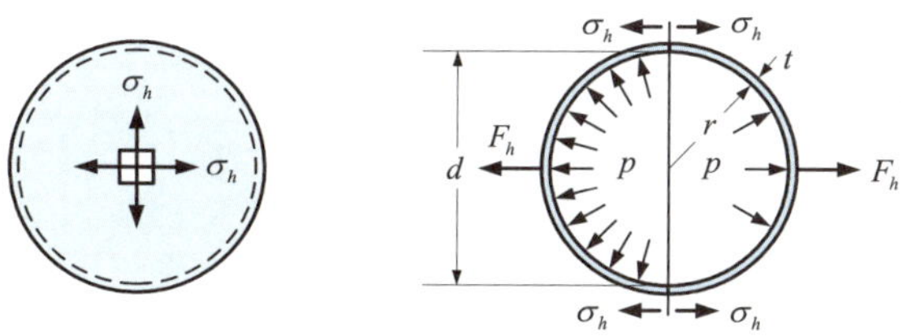

그림 3.4 구각에 발생하는 응력

여기서도 식 (3.2.3)의 조건을 충족시켜야 한다.

예제 3.2 원통형 압력용기

벽 두께가 12 mm , 반지름이 900 mm 의 강제 압력용기가 내압 0.8 MPa 의 압력을 받고 있다. 원통벽에 발생하는 원주응력과 축방향응력을 구하여라.

[풀이]

주어진 조건:

벽 두께 $t = 12$ mm, 용기 내반경 $r = 900$ mm, 압력 $p = 0.8$ MPa

탐구사항:

원주응력과 축방향응력

탐구내용:

원주응력; 식 (3.2.2)로부터

$$\sigma_h = \frac{pr}{t} = \frac{(0.8 \times 10^6\ \mathrm{Pa})(0.9\ \mathrm{m})}{12 \times 10^{-3}\ \mathrm{m}} = 6 \times 10^7\ \mathrm{Pa} = 60\ \mathrm{MPa}$$

축방향응력; 식 (3.2.1)로부터

$$\sigma_l = \frac{pr}{2t} = \frac{(0.8\times 10^6\,\mathrm{Pa})(0.9\,\mathrm{m})}{2\times 12\times 10^{-3}\,\mathrm{m}} = 3\times 10^7\,\mathrm{Pa} = 30\,\mathrm{MPa}$$

예제 3.3 **구각에 발생하는 응력**

벽 두께가 12 mm, 반지름 1000 mm 인 강제 구형용기를 0.8 MPa 의 압력으로 가압한다. 원주응력을 구하여라.

[풀이]

주어진 조건:

벽 두께 $t = 12$ mm, 용기 내반경 $r = 1000$ mm, 압력 $p = 0.8$ MPa

탐구사항:

원주응력

탐구내용:

원주응력; 식(3.2.4)로부터

$$\sigma_h = \frac{pr}{2t} = \frac{(0.8\times 10^6\,\mathrm{Pa})(1\,\mathrm{m})}{2\times 12\times 10^{-3}\,\mathrm{m}} = 3.33\times 10^7\,\mathrm{Pa} = 33.3\,\mathrm{MPa}$$

3.2.3 2축응력의 해석

2축 응력상태의 응력

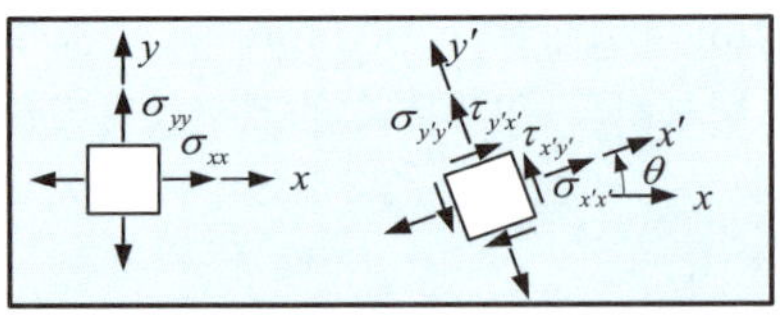

$$\sigma_{x'x'} = \sigma_{xx}\cos^2\theta + \sigma_{yy}\sin^2\theta \qquad (3.2.5)$$

$$\sigma_{y'y'} = \sigma_{xx}\sin^2\theta + \sigma_{yy}\cos^2\theta \qquad (3.2.7)$$

$$\tau_{x'y'} = \tau_{y'x'} = (-\sigma_{xx} + \sigma_{yy})\cos\theta\sin\theta \qquad (3.2.6,8)$$

여기서 일축응력과 2축응력, 그리고 3축응력에 관해서 명확히 해 둘 필요가 있다. 3.1절에서 일축부재에 축하중만을 받을 때에도 경사단면에 분포하는 응력은 임의 좌표계에 대하여 $\sigma_{x'x'}$ 와 $\sigma_{y'y'}$ 가 존재하였다. 그러므로 축방향으로 하중을 받는 일축응력부재도 역시 2축응력이 될 수 있지 않는가? 하는 의문이 생길 수 있을 것이다. 그러나 여기서 일축, 2축, 3축하는 숫자는 주응력의 개수를 나타낸다. 일축부재에 축하중이 작용할 때 발생하는 주응력은 축방향으로 작용하는 응력 1개뿐이므로, 임의 좌표축에 대하여 $\sigma_{x'x'}$ 와 $\sigma_{y'y'}$ 가 존재한다 하더라도, 일축부재의 축하중에 의한 응력은 일축응력이 된다.

원통형 압력용기의 벽면에서 축방향을 x축, 이에 수직한 원주방향을 y축으로 택하면, 이 좌표계에 대해서는 x면, y면 모두 수직응력만이 작용하므로, 이들 면은 모두 주면이 되고, 여기에 작용하는 축방향응력, 원주응력은 주응력이 된다. 그리고 x축, y축은 주축이고 원통벽면에 발생하는 응력은 2축응력이 된다.

그림 3.5는 원통형 압력용기 벽면에 발생하는 응력은 2축응력이라는 것과, 축방향응력과 원주응력이 주응력이 된다는 것을 나타내었다. 그리고 설명의 통일을 기하기 위하여 축방향응력 σ_l 을 σ_{xx} 로, 원주응력 σ_h 를 σ_{yy} 로 표기하였다. 그림 (c)와 (d)는 x축에서 반시계방향으로 각도 θ 만큼 회전시킨 x' 축에 수직한 pq면(x' 면)과, 각도 $\theta+\pi/2$ 만큼 회전시킨 y' 축에 수직한 mn면(y' 면)을 포함하는 프리즘 $a'pq$와 $b'nm$를 각각 고립시켜 경계표면의 면적을 표시하여 놓았다.

그림 3.6은 주응력 σ_{xx} 와 σ_{yy}에 의하여 고립된 프리즘 $a'pq$와 $b'nm$의 면에 작용하는 힘과, 그 힘의 x' 및 y'방향의 성분으로 분해하여 표시하였다. 그림 3.6(a)를 참조하면 pq면에는 응력 σ_{xx}, σ_{yy}에 의하여 음의 x방향으로 $\sigma_{xx}\Delta A\cos\theta$, 음의 y방향으로 $\sigma_{yy}\Delta A\sin\theta$ 의 힘이 작용하고, pq면에 수직력 $\sigma_{x'x'}\Delta A$와 접선력 $\tau_{x'y'}\Delta A$ 가 발생한다. x' 축 방향과 y' 축 방향의 힘의 평형을 생각하면 pq면에 분포되는 응력을 얻을 수 있다.

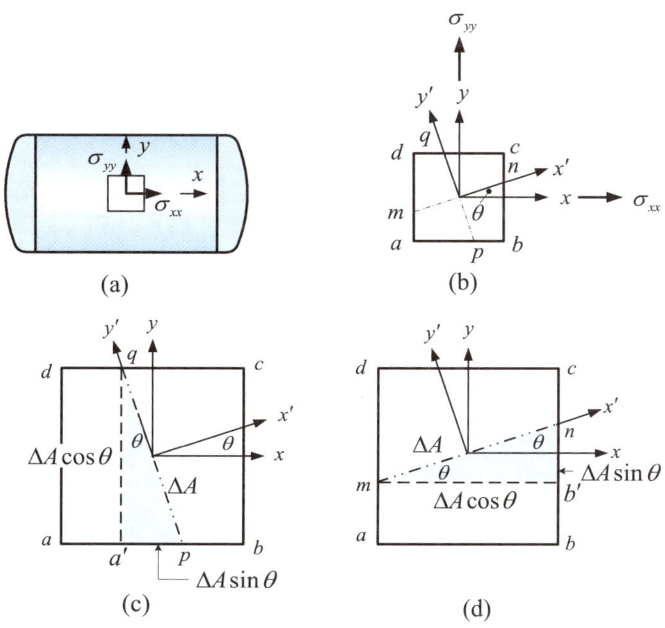

그림 3.5 2축응력상태 요소

x' 축방향의 평형

$$\Sigma F_{x'} = 0;\ \sigma_{x'x'}\Delta A - \sigma_{xx}\Delta A\cos^2\theta - \sigma_{yy}\Delta A\sin^2\theta = 0$$

y' 축방향의 평형

$$\Sigma F_{y'} = 0;\ \tau_{x'y'}\Delta A - \sigma_{yy}\Delta A\sin\theta\cos\theta + \sigma_{xx}\Delta A\cos\theta\sin\theta = 0$$

이들 두 식으로부터 $\sigma_{x'x'}$ 및 $\tau_{x'y'}$에 관해서 풀면 응력분포

$$\sigma_{x'x'} = \sigma_{xx}\cos^2\theta + \sigma_{yy}\sin^2\theta \tag{3.2.5}$$

$$\tau_{x'y'} = (-\sigma_{xx} + \sigma_{yy})\cos\theta\sin\theta \tag{3.2.6}$$

를 얻는다.

같은 방법으로 그림 3.6(b)를 참조하여 $m\,n$ 면에 작용하는 수직응력과 전단응력분포를 구하면

x' 축방향의 평형

$$\Sigma F_{x'} = 0;\ \tau_{x'y'}\Delta A - \sigma_{yy}\Delta A\cos\theta\sin\theta + \sigma_{xx}\Delta A\sin\theta\cos\theta = 0$$

y' 축방향의 평형

$$\Sigma F_{y'} = 0;\ \sigma_{y'y'}\Delta A - \sigma_{xx}\Delta A\sin^2\theta - \sigma_{yy}\Delta A\cos^2\theta = 0$$

로부터

$$\sigma_{y'y'} = \sigma_{xx}\sin^2\theta + \sigma_{yy}\cos^2\theta \tag{3.2.7}$$

$$\tau_{y'x'} = (-\sigma_{xx} + \sigma_{yy})\cos\theta\sin\theta \tag{3.2.8}$$

식 (3.2.5), (3.2.6), (3.2.7) 및 식 (3.2.8)을 조합하면 응력에 관한 중요한 성질을 얻는다.

$$\sigma_{x'x'} + \sigma_{y'y'} = \sigma_{xx} + \sigma_{yy} \tag{3.2.9}$$

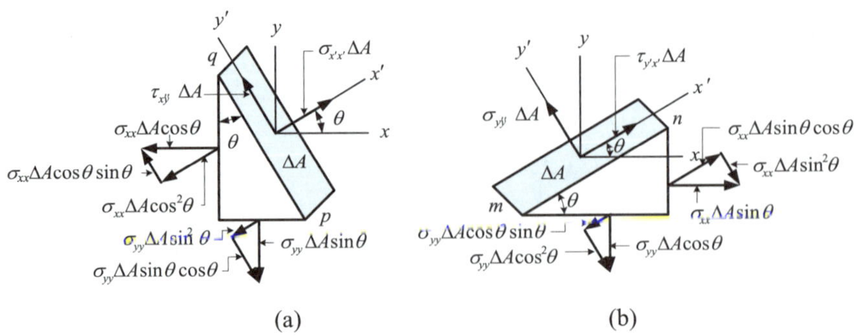

그림 3.6 그림 3.5의 고립요소에 작용하는 힘

$$\tau_{x'y'} = \tau_{y'x'} \tag{3.2.10}$$

따라서 다음 결론을 얻는다.

응력상태

1. 응력장에서 한 점에 작용하는 수직응력은 방향에 따라 다르나, 서로 직교하는 수직응력의 합은 회전각도에 관계없이 모두 같다.
   일반적으로
   $$\sigma_{xx} + \sigma_{yy} = \text{상수}$$
2. 공액전단응력은 같다.
   $$\tau_{xy} = \tau_{yx}$$

한 점에서 임의 직교 수직응력의 합은 일정하므로 이의 산술평균을 그 점의 평균응력이라 한다. 평균응력을 $\bar{\sigma}$ 로 표기하면

$$\bar{\sigma} = \frac{1}{2}(\sigma_{xx} + \sigma_{yy}) \tag{3.2.11}$$

이다. 응력에 관한 이러한 성질은 3축응력장에서도 그대로 성립한다는 것을 강조해 둔다. 2축응력장의 주응력상태와 일반 응력상태를 그림 3.7에 표시하여 놓았다. 그림에서 x, y 방향은 주응력방향이다.

같은 논리에 의하여 3축응력에 대해서도 한 점의 평균응력

$$\bar{\sigma} = \frac{1}{3}(\sigma_{xx} + \sigma_{yy} + \sigma_{zz}) \tag{3.2.12}$$

은 좌표의 방향에 관계없이 일정한 값을 갖는다.

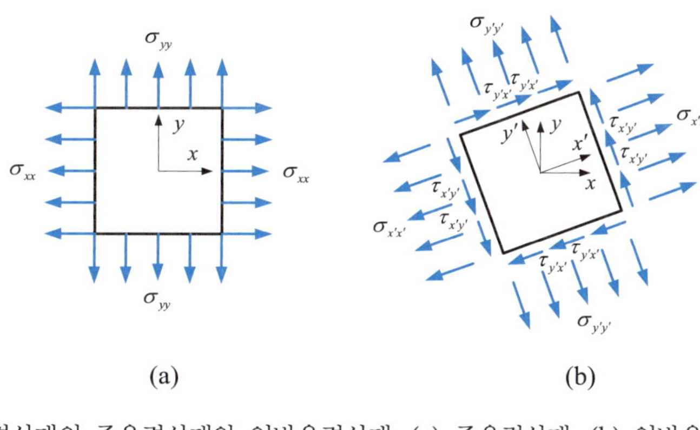

그림 3.7 2축응력상태의 주응력상태와 일반응력상태. (a) 주응력상태, (b) 일반응력상태

예제 3.4 2축 응력의 해석

벽 두께가 12 mm , 반지름이 900 mm 의 강제 압력용기가 내압 0.8 MPa 의 압력을 받고 있다. 축 방향과 45°를 이루는 경사면에 발생하는 수직응력과 전단응력을 구하여라.

[풀이].

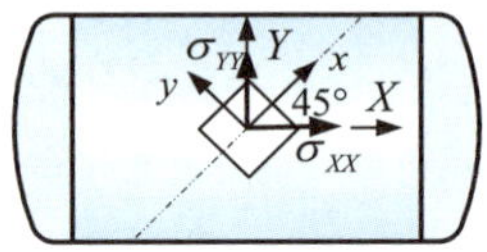

그림 E3.4

주어진 조건:

벽 두께 $t = 12$ mm, 용기 내반경 $r = 900$ mm,

압력 $p = 0.8$ MPa

탐구사항:

축 방향과 45°를 이루는 경사면에 발생하는 수직응력과 전단응력

탐구내용:

원주응력; 식 (3.2.2)로부터

$$\sigma_h = \frac{pr}{t} = \frac{(0.8 \times 10^6\ \mathrm{Pa})(0.9\ \mathrm{m})}{12 \times 10^{-3}\ \mathrm{m}} = 6 \times 10^7\ \mathrm{Pa} = 60\ \mathrm{MPa}$$

축방향응력; 식 (3.2.1)로부터

$$\sigma_l = \frac{pr}{2t} = \frac{(0.8 \times 10^6\ \mathrm{Pa})(0.9\ \mathrm{m})}{2 \times 12 \times 10^{-3}\ \mathrm{m}} = 3 \times 10^7\ \mathrm{Pa} = 30\ \mathrm{MPa}$$

이 응력은 주응력이다. 축방향의 좌표축을 x축, 원주방향을 y축으로 택하면

$$\sigma_{xx} = \sigma_l = 30\ \mathrm{MPa}$$

$$\sigma_{yy} = \sigma_h = 60\ \mathrm{MPa}$$

45 ° 경사면에 작용하는 수직응력은 $\sigma_{y'y'}$ 이므로 식 (3.2.7)로부터

$$\begin{aligned}\sigma_{y'y'} &= \sigma_{xx} \sin^2\theta + \sigma_{yy} \cos^2\theta \\ &= (60\ \mathrm{MPa}) \sin^2 45^\circ + (30\ MPa) \cos^2 45^\circ \\ &= 45\ \mathrm{MPa}\end{aligned}$$

전단응력은 식 (3.2.8)으로부터

$$\begin{aligned}\tau_{y'x'} &= (-\sigma_{xx} + \sigma_{yy}) \cos\theta \sin\theta \\ &= (-30\ \mathrm{MPa} + 60\ \mathrm{MPa}) \cos 45^\circ \sin 45^\circ = 15\ \mathrm{MPa}\end{aligned}$$

3.3 평면응력

평면응력

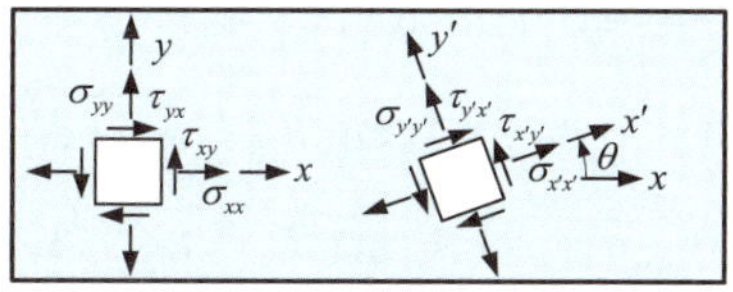

$$\sigma_{x'x'} = \frac{1}{2}(\sigma_{xx} + \sigma_{yy}) + \frac{1}{2}(\sigma_{xx} - \sigma_{yy})\cos 2\theta + \tau_{xy}\sin 2\theta \qquad (3.3.1)$$

$$\sigma_{y'y'} = \frac{1}{2}(\sigma_{xx} + \sigma_{yy}) - \frac{1}{2}(\sigma_{xx} - \sigma_{yy})\cos 2\theta - \tau_{xy}\sin 2\theta \qquad (3.3.3)$$

$$\tau_{x'y'} = \tau_{y'x'} = -\frac{1}{2}(\sigma_{xx} - \sigma_{yy})\sin 2\theta + \tau_{xy}\cos 2\theta \qquad (3.3.2)$$

3.2.3절에서는 주응력 σ_{xx}, σ_{yy}만이 주어지는 2축응력상태로부터 임의 좌표축에 대한 응력상태를 구하는 방법을 공부하였다. 이 절에서는 보다 일반적인 평면응력상태의 응력장을 해석하는 방법을 다루어보겠다.

평면응력상태(平面應力狀態 : plane stress state)라 함은 두께가 일정한 얇은 평판에 평면하중이 작용하여, 임의 좌표축 xy에 대하여 두께방향(z방향)의 응력이 존재하지 않고, σ_{xx}, σ_{yy}의 수직응력과 전단응력 τ_{xy}, τ_{yx}만이 작용할 때, 이들 응력성분이 두께방향으로 변하지 않는 응력상태를 가상하여 평면응력상태(平面應力狀態 : plane stress state)라 말한다. 앞에서 2축응력은 $\tau_{xy} = \tau_{yx} = 0$인 평면응력상태를 말한다. 특히 1축응력과 같이 하나의 수직응력 σ_{xx}와 전단응력 τ_{xy}에 의하여 상태가 결정되는 응력상태를 단순응력상태(單純應力狀態 : simple stress state)라 한다.

지금 두께가 일정한 얇은 평판에 임의 점(직4각형 요소)에 직교좌표 xy를 설정하고,

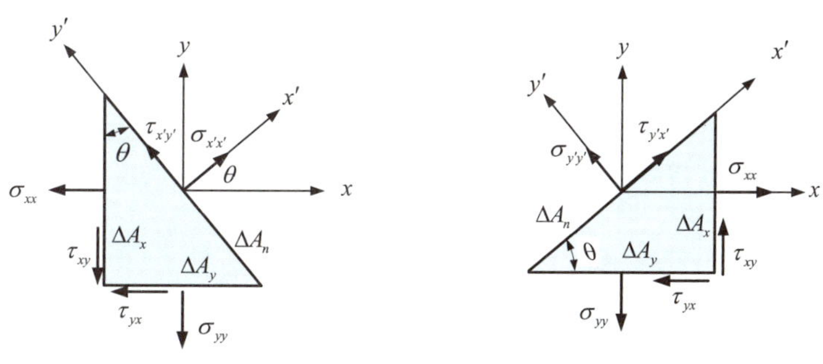

(a) (b)

그림 3.8 평면응력상태에서 임의단면의 응력

이 좌표계에 대한 응력 σ_{xx}, σ_{yy}, τ_{xy} $(=\tau_{yx})$가 측정되었다고 가정한다. 그리고 이 좌표계에 대하여 θ만큼 회전한 직교좌표계 $x'\, y'$에 대한 수직응력을 $\sigma_{x'x'}$, $\sigma_{y'y'}$, 전단응력을 $\tau_{x'y'}$, $\tau_{y'x'}$로 표기하기로 하고, 단위두께의 3각형요소에 힘의 평형방정식을 고려하면, 그림 3.8(a)로부터(그림에서 응력은 모두 양의 방향으로 가정하였음)

$$\sum F_x = 0\,,\quad \sigma_{x'x'}\Delta A_n\cos\theta - \tau_{x'y'}\Delta A_n\sin\theta - \sigma_{xx}\Delta A_x - \tau_{yx}\Delta A_y = 0$$

$$\sum F_y = 0\,,\quad \sigma_{x'x'}\Delta A_n\sin\theta + \tau_{x'y'}\Delta A_n\cos\theta - \sigma_{yy}\Delta A_y - \tau_{xy}\Delta A_x = 0$$

$\Delta A_y/\Delta A_n = \sin\theta$, $\Delta A_x/\Delta A_n = \cos\theta$를 고려하고 양변을 ΔA_n로 나누면

$$\sigma_{x'x'}\cos\theta - \tau_{x'y'}\sin\theta = \sigma_{xx}\cos\theta + \tau_{yx}\sin\theta$$

$$\sigma_{x'x'}\sin\theta + \tau_{x'y'}\cos\theta = \sigma_{yy}\sin\theta + \tau_{xy}\cos\theta$$

이 방정식을 풀면

$$\begin{aligned}\sigma_{x'x'} &= \sigma_{xx}\cos^2\theta + \sigma_{yy}\sin^2\theta + 2\tau_{xy}\cos\theta\sin\theta \\ &= \frac{1}{2}(\sigma_{xx}+\sigma_{yy}) + \frac{1}{2}(\sigma_{xx}-\sigma_{yy})\cos2\theta + \tau_{xy}\sin2\theta\end{aligned} \tag{3.3.1}$$

$$\begin{aligned}\tau_{x'y'} &= -(\sigma_{xx}-\sigma_{yy})\cos\theta\sin\theta + \tau_{xy}(\cos^2\theta - \sin^2\theta) \\ &= -\frac{1}{2}(\sigma_{xx}-\sigma_{yy})\sin2\theta + \tau_{xy}\cos2\theta\end{aligned} \tag{3.3.2}$$

같은 방법으로 그림 3.8(b)로부터 $\sigma_{y'y'}$과 $\tau_{y'x'}$를 구하면

$$\begin{aligned}\sigma_{y'y'} &= \sigma_{xx}\sin^2\theta + \sigma_{yy}\cos^2\theta - 2\tau_{xy}\cos\theta\sin\theta \\ &= \frac{1}{2}(\sigma_{xx}+\sigma_{yy}) - \frac{1}{2}(\sigma_{xx}-\sigma_{yy})\cos2\theta - \tau_{xy}\sin2\theta\end{aligned} \tag{3.3.3}$$

$$\begin{aligned}\tau_{y'x'} &= -(\sigma_{xx}-\sigma_{yy})\cos\theta\sin\theta + \tau_{xy}(\cos^2\theta - \sin^2\theta) \\ &= -\frac{1}{2}(\sigma_{xx}-\sigma_{yy})\sin2\theta + \tau_{xy}\cos2\theta\end{aligned} \tag{3.3.4}$$

여기서도 공액 전단응력관계

$$\tau_{xy} = \tau_{yx}\,,\quad \tau_{x'y'} = \tau_{y'x'} \tag{3.3.5}$$

가 성립하다

참고사항

σ_{xx}, σ_{yy}, τ_{xy} 가 작용하는 경우가 평면응력상태이며, 평면응력상태에서 $\tau_{xy}=0$이면 2축응력상태, $\sigma_{yy}=0$, $\tau_{xy}=0$ 이면 1축응력상태가 되며, $\sigma_{xx}=0$, $\sigma_{yy}=0$ 이고 전단응력 τ_{xy} 만이 작용하는 경우를 순수전단응력상태라 한다.

예제 3.5 응력의 계산

평면응력상태에 있는 한 점의 응력이 $\sigma_{xx}=30\,\mathrm{MPa}$, $\sigma_{yy}=-20\,\mathrm{MPa}$, $\tau_{xy}=\tau_{yx}=8\,\mathrm{MPa}$ 이다. 이 좌표축과 30°반시계방향으로 회전시킨 좌표계 $x'\ y'$좌표계에 대해서는 응력이 어떻게 표시되는가? 또 시계방향으로 60°회전시킨 좌표계에 대해서도 구하여라.

[풀이]

주어진 조건:

$\sigma_{xx}=30\,\mathrm{MPa}$, $\sigma_{yy}=-20\,\mathrm{MPa}$, $\tau_{xy}=\tau_{yx}=8\,\mathrm{MPa}$

탐구사항:

(a) 30°반시계방향으로 회전한 좌표계

(b) 60°시계방향으로 회전한 좌표계에 대한 응력

탐구내용:

(a) $\theta=30^\circ$ 이므로 식 (3.6.1) ~ 식 (3.6.4)로부터

$$\sigma_{x'x'}=\frac{1}{2}(\sigma_{xx}+\sigma_{yy})+\frac{1}{2}(\sigma_{xx}-\sigma_{yy})\cos2\theta+\tau_{xy}\sin2\theta$$

$$=\frac{1}{2}(30-20)+\frac{1}{2}(30+20)\cos60^\circ+8\sin60^\circ$$

$$=24.43\,\mathrm{MPa}$$

$$\tau_{x'y'}=-\frac{1}{2}(\sigma_{xx}-\sigma_{yy})\sin2\theta+\tau_{xy}\cos2\theta$$

$$=-\frac{1}{2}(30+20)\sin60^\circ+8\cos60^\circ=-17.65\,\mathrm{MPa}$$

$$\sigma_{y'y'}=\frac{1}{2}(\sigma_{xx}+\sigma_{yy})-\frac{1}{2}(\sigma_{xx}-\sigma_{yy})\cos2\theta-\tau_{xy}\sin2\theta$$

$$= \frac{1}{2}(30 - 20) - \frac{1}{2}(30 + 20)\cos 60^\circ - 8\sin 60^\circ$$

$$= -26.9\,\text{MPa}$$

(b) $\theta = -60^\circ$의 면

$$\sigma_{x'x'} = \frac{1}{2}(\sigma_{xx} + \sigma_{yy}) + \frac{1}{2}(\sigma_{xx} - \sigma_{yy})\cos 2\theta + \tau_{xy}\sin 2\theta$$

$$= \frac{1}{2}(30 - 20) + \frac{1}{2}(30 + 20)\cos 120^\circ - 8\sin 120^\circ$$

$$= -14.43\,\text{MPa}$$

$$\tau_{x'y'} = -\frac{1}{2}(\sigma_{xx} - \sigma_{yy})\sin 2\theta + \tau_{xy}\cos 2\theta$$

$$= \frac{1}{2}(30 + 20)\sin 120^\circ + 8\cos 120^\circ = 17.65\,\text{MPa}$$

$$\sigma_{y'y'} = \frac{1}{2}(\sigma_{xx} + \sigma_{yy}) - \frac{1}{2}(\sigma_{xx} - \sigma_{yy})\cos 2\theta - \tau_{xy}\sin 2\theta$$

$$= \frac{1}{2}(30 - 20) - \frac{1}{2}(30 + 20)\cos 120^\circ + 8\sin 120^\circ$$

$$= 24.43\,\text{MPa}$$

3.4 평면응력의 응력 — 변형율 관계

일축응력과 2축응력상태는 다 같이 모든 응력이 동일평면상에 놓이므로 평면응력(平面應力 : plane stress)이라고 하는 보다 일반적인 응력상태로 다루어진다. 일축응력이나 2축응력은 모두 주축이 아닌 좌표계에서 일반적으로 σ_{xx}, σ_{yy}, τ_{xy}, τ_{yx}의 응력성분을 갖는다. 물체 내에 이와 같은 응력이 분포되면 물체는 변형이 일어나고, 변형을 분석해 보면 2 개의 선형 변형율 ε_{xx}, ε_{yy}와 전단응력에 대응하여 전단변형율 $\gamma_{xy} = \gamma_{yx}$가 존재한다.

Hooke의 법칙이 성립한다고 가정하면 x방향의 선형변형율은, 응력 σ_{xx}만이 작용할 때에는 σ_{xx}/E만큼의 변형이 이루어지나, 이에 수직한 응력 σ_{yy}가 작용하기 때문에 포아송효과에 의하여 $-\nu\sigma_{yy}/E$만큼의 수축이 일어난다. 그러므로 x방향의 변형율은

$$\varepsilon_{xx} = \frac{1}{E}(\sigma_{xx} - \nu\sigma_{yy}) \tag{3.4.1}$$

같은 이유에서 y방향의 변형율은

$$\varepsilon_{yy} = \frac{1}{E}(\sigma_{yy} - \nu\sigma_{xx}) \tag{3.4.2}$$

또한 z방향은 응력이 없으므로 x와 y방향이 늘어나는데 따라 수축되는 것 뿐이다. 그러므로

$$\varepsilon_{zz} = -\frac{\nu}{E}(\sigma_{xx} + \sigma_{yy}) \tag{3.4.3}$$

이다.

전단응력과 전단변형율 사이의 관계는 γ_{xy}를 τ_{xy}에 의한 전단변형율이라 하면

$$\gamma_{xy} = \frac{\tau_{xy}}{G} = \frac{\tau_{yx}}{G} \tag{3.4.4}$$

와 같은 관계가 성립한다. 여기서 G는 전단탄성계수이다.

이들 관계식을 응력성분에 관해서 풀면

$$\sigma_{xx} = \frac{E}{1-\nu^2}(\varepsilon_{xx} + \nu\varepsilon_{yy}) \tag{3.4.5}$$

$$\sigma_{yy} = \frac{E}{1-\nu^2}(\varepsilon_{yy} + \nu\varepsilon_{xx}) \tag{3.4.6}$$

$$\tau_{xy} = G\gamma_{xy} \tag{3.4.7}$$

와 같이 된다.

예제 3.6 압력용기의 직경 변형율

예제 3.2의 압력용기에서 지름의 변형을 구하여라.

[풀이]

주어진 조건:

벽 두께 $t = 12$ mm, 용기 내반경 $r = 900$ mm, 압력 $p = 0.8$ MPa

$E = 200$ GPa, $\nu = 0.25$

탐구사항:

지름의 변화

탐구내용:

예제 3.2의 결과를 그대로 활용한다.

$$\tau_h = 60\,\text{MPa},\ \sigma_l = 30\,\text{MPa}$$

원주방향의 변형율은

$$\varepsilon_h = \frac{\sigma_h}{E} - \nu\frac{\sigma_l}{E}$$

$$= \frac{60\,\text{MPa}}{200\times10^3\,\text{MPa}} - (0.25)\frac{30\,\text{MPa}}{200\times10^3\,\text{MPa}} = 2.625\times10^{-4}$$

지름방향의 변형율은 가압으로 인한 지름의 증가를 Δd 라하면

$$\pi d(1+\varepsilon_h) - \pi d = \pi(d+\Delta d) - \pi d$$

로부터

$$d\varepsilon_h = \Delta d$$

지름의 변형율은

$$\varepsilon_d = \frac{\Delta d}{d} = \varepsilon_h$$

지름방향의 변형율은 원주방향의 변형율과 같다. 지름의 신장은

$$\Delta d = \varepsilon_d d = \varepsilon_h d = 2.625\times10^{-4}\times1800\,\text{mm} = 0.47\,\text{mm}$$

예제 3.7 구의 지름변화

예제 3.3의 구에서 지름의 변화량을 구하여라.

[풀이]

주어진 조건:

벽 두께 $t = 12$ mm, 용기 내반경 $r = 1000$ mm, 압력 $p = 0.8$ MPa

$E = 200$ GPa, $\nu = 0.25$

탐구사항:

반지름의 신장

탐구내용:

$$\sigma_{xx} = \sigma_{yy} = \sigma_h = 33.3\,\text{MPa}$$

구의 원주변형율은

$$\varepsilon_h = \frac{\sigma_h}{E} - \mu\frac{\sigma_h}{E} = \frac{\sigma_h}{E}(1-\mu)$$

$$= \frac{33.3\,\text{MPa}}{200\times10^3\,\text{MPa}}(1-0.25) = 0.1248\times10^{-3}$$

또한 구의 원주변형율은

$$\varepsilon_h = \frac{\pi(d+\Delta d)-\pi d}{\pi d} = \frac{\Delta d}{d} = \frac{\Delta r}{r}$$

즉, 반지름의 신장; 반지름의 변형율도 구의 원주변형율과 같으므로

$$\Delta r = \varepsilon_h r = 0.1249 \times 10^{-3}\,(1000\,\text{mm}) = 0.1249\,\text{mm}$$

예제 3.8 **탄성계수와 포아송비**

길이 1m, 지름 20mm의 환봉에 19kN의 축하중을 받아 길이 600μm의 신장과 지름 3μm의 수축이 발생하였다. 재료가 균질 등방성재료라 가정하고 재료의 탄성계수 E와 포아송비 ν를 결정하여라.

[풀이]

주어진 조건:

길이 $L = 1\,\text{m}$, 지름 $d = 20\,\text{mm}$,

축 하중 $P = 19\,\text{kN}$

길이 신장 $\delta_L = 600\,\mu\text{m}$, 지름 축소 $\delta_d = 3\,\mu\text{m}$

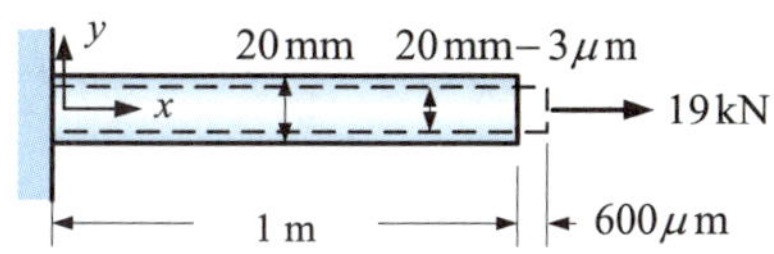

그림 E3.8

탐구사항:

탄성계수 E와 포아송비 ν

탐구내용:

봉의 축방향을 x축으로 잡으면

$$A = \frac{\pi}{4}d^2 = \frac{\pi}{4}(0.020\,\text{m})^2 = 3.1416 \times 10^{-4}\,\text{m}^2$$

$$\sigma_{xx} = \frac{P}{A} = \frac{19 \times 10^6\,\text{Pa}}{3.1416 \times 10^{-4}\,\text{m}^2} = 60.5\,\text{MPa}$$

$$\varepsilon_{xx} = \frac{\delta_L}{L} = \frac{600 \times 10^{-6}\,\text{m}}{1\,\text{m}} = 600 \times 10^{-6}$$

$$\varepsilon_{yy} = \frac{\delta_d}{d} = \frac{-3 \times 10^{-6}\,\text{m}}{20 \times 10^{-3}\,\text{m}} = -150 \times 10^{-6}$$

Hooke의 법칙으로부터

$$E = \frac{\sigma_{xx}}{\varepsilon_{xx}} = \frac{60.5\,\text{MPa}}{600 \times 10^{-6}} = 110.1\,\text{GPa}$$

포아송비의 정의로부터

$$\nu = \frac{\varepsilon_{yy}}{\varepsilon_{xx}} = \frac{-150 \times 10^{-6}}{600 \times 10^{-6}} = -0.25$$

포아송비는 양의 물성이므로

$$\nu = 0.25$$

3.5 주응력과 주전단응력

앞에서 일축부재에 축하중이 작용하는 일축응력 P/A는 주응력이고, 이에 수직한 횡단면은 주면이 된다는 것을 말하였다. 그리고 주면에는 전단응력이 발생하지 않는다는 것도 아울러 말하였다. 벽이 얇은 원통형이나 구형 압력용기의 벽면에 발생하는 원주응력과 축방향응력도 주응력이다. 다음에 주응력에 관한 특징을 요약하여 본다.

주응력의 특징

1. 주응력은 서로 직교하는 방향에서 발생한다.
2. 주응력은 그 물체에 발생하는 응력 중 최대 또는 최소가 된다.
3. 주면(주응력에 수직한 면)에는 전단응력이 존재하지 않는다.

이제 우리는 임의 좌표계에 대하여 주어진 응력상태로부터 주응력의 크기와 방향을 구하는 문제에 흥미를 가져야 한다. 평면응력상태에서 주응력의 크기와 방향은 식 (3.3.1), 식 (3.3.2) 및 식 (3.3.3)으로부터 쉽게 얻어낼 수 있다. 주축에 수직한 주면에서는 전단응력이 존재하지 않으므로, 주축은 식 (3.3.2)로부터

$$0 = -\frac{1}{2}(\sigma_{xx} - \sigma_{yy})\sin 2\theta + \tau_{xy}\cos 2\theta \tag{3.5.1}$$

을 충족시키는 방향이다. 주축의 방향이 주어진 좌표축 x, y로부터 반시계방향으로 θ_p만큼 회전한 위치에 있다면 θ_p는 식 (3.5.1)을 만족해야 한다. 그러므로 주축의 방향은

$$\tan 2\theta_p = \frac{2\tau_{xy}}{\sigma_{xx} - \sigma_{yy}} \tag{3.5.2}$$

θ_p는 역정접(arctangent)함수의 주치(主値)로서 $-\pi/4 < \theta_p < \pi/4$의 범위에서 택한다. 또 주응력의 값은 식 (3.3.1)과 식 (3.3.3)에 $\theta = \theta_p$를 대입하면 얻는다.

$$\begin{aligned} \sigma_{\text{I}} &= \frac{1}{2}(\sigma_{xx} + \sigma_{yy}) + \frac{1}{2}(\sigma_{xx} - \sigma_{yy})\cos 2\theta_p + \tau_{xy}\sin 2\theta_p \\ \sigma_{\text{II}} &= \frac{1}{2}(\sigma_{xx} + \sigma_{yy}) - \frac{1}{2}(\sigma_{xx} - \sigma_{yy})\cos 2\theta_p - \tau_{xy}\sin 2\theta_p \end{aligned} \tag{3.5.3}$$

앞으로는 주응력을 σ_{I}, σ_{II}, 주축을 XYZ로 표기하기로 한다.

다음으로는 물체에 작용하는 응력 중 주응력이 최대 또는 최소가 된다는 것을 밝혀보기로 한다. 식 (3.3.1)과 식 (3.3.3)으로부터 한 점에 작용하는 응력은 면의 경사에 따라 변한다는 것을 말해주고 있다. 응력이 최대 또는 최소가 되는 면을 찾기 위하여 식 (3.3.1) 혹은 식

(3.3.3)을 θ 에 관해서 미분하고 0으로 놓으면

$$\frac{d\sigma_{x'x'}}{d\theta} = -(\sigma_{xx} - \sigma_{yy})\sin 2\theta + 2\tau_{xy}\cos 2\theta = 0$$

로부터

$$\tan 2\theta_p = \frac{2\tau_{xy}}{\sigma_{xx} - \sigma_{yy}} \tag{3.5.4}$$

이 식은 전단응력이 존재하지 않는다는 조건으로부터 구한 식 (3.5.2)와 일치한다. 그러므로 주응력은 작용하는 응력 중 최대 혹은 최소의 응력이고, 주면은 전단응력이 존재하지 않는 면이라는 것이 명확해졌다. 그리고 역정접함수는 π를 주기로 하는 다가함수이므로 식 (3.5.4)를 만족시키는 θ_p가 무수히 많이 존재한다. 식 (3.5.4)를 만족시키는 주치를 θ_p $(-\pi/4 < \theta_p < \pi/4)$라 하면 식 (3.5.4)의 해는 $2\theta_p + k\pi$ 이다. 다시 말해서 $k = 1$ 에 대한 $\theta_p + \pi/2$ 도 다른 하나의 주축 방향이 된다는 의미이다. 그러므로 평면응력상태에서 수직응력이 극치를 이루는 면은 2개 있고, 이 두 면은 서로 직교한다. 평면응력상태에서 이 두 응력의 극치를 주응력(主應力 : principal stress), 주응력이 존재하는 면을 주응력면(主應力面 : principal plane of stress) 또는 주면, 주응력면의 법선을 주축(主軸 ; principal axis of stress), 주축의 방향을 주방향 혹은 주응력방향이라 말한다. 평면응력상태에서 주축은 두 개 있고, 이들은 서로 직교한다.

주응력을 주어진 응력항으로 표시하기 위하여 삼각함수의 기초이론을 활용한다. 삼각함수 공식 $\sin^2\theta + \cos^2\theta = 1$ 을 변형하면

$$\begin{aligned} \cos 2\theta_p &= \frac{1}{\sqrt{1 + \tan^2 2\theta_p}} = \frac{\sigma_{xx} - \sigma_{yy}}{2R} \\ \sin 2\theta_p &= \frac{\tan 2\theta_p}{\sqrt{1 + \tan^2 2\theta_p}} = \frac{\tau_{xy}}{R} \end{aligned} \tag{3.5.5}$$

여기서

$$R = \frac{1}{2}\sqrt{(\sigma_{xx} - \sigma_{yy})^2 + 4\tau_{xy}^2}$$

이들 관계를 식 (3.5.3)에 대입하면

최대주응력 (maximum principal stress)

$$\sigma_{\mathrm{I}} = \sigma_{XX} = \frac{\sigma_{xx} + \sigma_{yy}}{2} + \frac{1}{2}\sqrt{(\sigma_{xx} - \tau_{yy})^2 + 4\tau_{xy}^2} \tag{3.5.6}$$

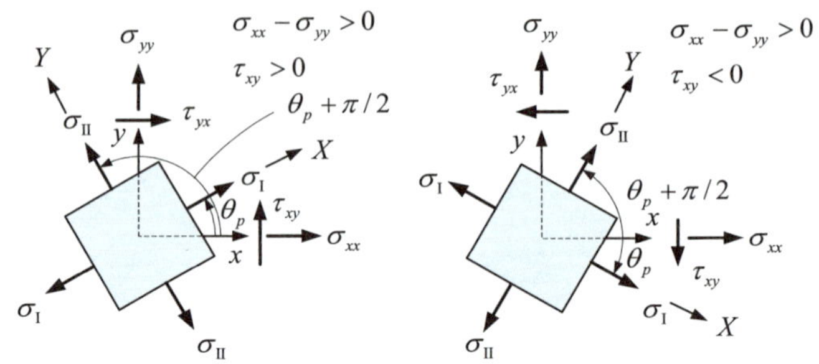

그림 3.9 주응력방향. (a) $\sigma_{xx}-\sigma_{yy}>0$, $\tau_{xy}>0$, (b) $\sigma_{xx}-\sigma_{yy}>0$, $\tau_{xy}<0$

최소주응력 (minimum principal stress)

$$\sigma_{\mathrm{II}} = \sigma_{YY} = \frac{\sigma_{xx}+\sigma_{yy}}{2} - \frac{1}{2}\sqrt{(\sigma_{xx}-\tau_{yy})^2 + 4\tau_{xy}^2} \tag{3.5.7}$$

두 주응력을 합하면

$$\sigma_{\mathrm{I}} + \sigma_{\mathrm{II}} = \sigma_{xx} + \sigma_{yy} \tag{3.5.8}$$

가 되어 식 (3.2.9)의 성질이 그대로 성립한다.

주어진 좌표축으로부터 θ 만큼 회전한 $x'\,y'$ 좌표계에서 x' 축이 최대주응력 방향인가 혹은 최소 주응력 방향인가 하는 것은 $\sigma_{x'x'}$의 θ 에 관한 2차미분의 부호에 따라 판정한다. 즉,

$$\frac{d^2\sigma_{x'x'}}{d\theta^2} = -2(\sigma_{xx}-\sigma_{yy})\cos 2\theta - 4\tau_{xy}\sin 2\theta$$

의 $\theta = \theta_p$ 에서의 값이

$$\left.\frac{d^2\sigma_{x'x'}}{d\theta^2}\right|_{\theta=\theta_p} < 0 \text{ 이면 :} \quad x' \text{ 축방향은 최대 주응력방향}$$

$$\left.\frac{d^2\sigma_{x'x'}}{d\theta^2}\right|_{\theta=\theta_p} > 0 \text{ 이면 :} \quad x' \text{ 축방향은 최소 주응력방향}$$

이다. 그림 3.9에 $\sigma_{xx}-\sigma_{yy}$와 τ_{xy}의 부호에 따른(θ_p의 부호에 따른) 주응력의 방향, 최대, 최소응력의 방향을 예시하였다. 그림에서 어느 경우나 $\theta = \theta_p$ 에서 $d^2\sigma_{x'x'}/d\theta^2$ 의 값은 음의 값을 갖는다는 가정이다.

주전단응력

전단응력도 작용면의 방향에 따라 변화한다. 전단응력이 극치를 가질 면은 전단응력 식 (3.3.2)를 θ 에 관해서 미분하여 0으로 놓아 얻을 수 있다.

$$\frac{d\tau_{x'y'}}{d\theta} = 0 = -(\sigma_{xx} - \sigma_{yy})\cos 2\theta - 2\tau_{xy}\sin 2\theta$$

로부터

$$\tan 2\theta_s = -\frac{\sigma_{xx} - \sigma_{yy}}{2\tau_{xy}} \tag{3.5.9}$$

$$-\frac{\pi}{4} < \theta_s < \frac{\pi}{4}$$

식 (3.5.9)를 만족시키는 θ 의 수치를 θ_s 라 하면 $\theta_s + \pi/2$ 도 역시 식 (3.5.9)의 해이다. 다시 말하면 주응력에서와 같이 $\tau_{x'y'}$ 도 극치(최대 또는 최소)를 갖는 면이 존재한다. 삼각함수의 공식 $\sin^2\theta + \cos^2\theta = 1$ 로부터

$$\begin{aligned} \cos 2\theta_s &= \frac{1}{\sqrt{1 + \tan^2 2\theta_s}} = \frac{\tau_{xy}}{R} \\ \sin 2\theta_s &= \frac{\tan 2\theta_s}{\sqrt{1 + \tan^2 2\theta_s}} = -\frac{\sigma_{xx} - \sigma_{yy}}{2R} \end{aligned} \tag{3.5.10}$$

$$R = \frac{1}{2}\sqrt{(\sigma_{xx} - \sigma_{yy})^2 + 4\tau_{xy}^2}$$

이 값을 식 (3.3.2)에 대입하면 전단응력의 두 극치를 얻는다. 즉 $\theta = \theta_s$ 에서 다음과 같이 양(+)의 값과 음(−)의 값을 갖는다.

최대전단응력(양의 값): $\theta = \theta_s$ 를 대입하면

$$\begin{aligned} \tau_{max} &= -\frac{1}{2}(\sigma_{xx} - \sigma_{yy})\sin 2\theta_s + \tau_{xy}\cos 2\theta_s \\ &= \frac{1}{2}\sqrt{(\sigma_{xx} - \sigma_{yy})^2 + 4\tau_{xy}^2} \end{aligned} \tag{3.5.11}$$

최소전단응력(음의 값): $\theta = \theta_s + \pi/2$ 를 대입하면

$$\begin{aligned} \tau_{min} &= \frac{1}{2}(\sigma_{xx} - \sigma_{yy})\sin 2\theta_s - \tau_{xy}\cos 2\theta_s \\ &= -\frac{1}{2}\sqrt{(\sigma_{xx} - \sigma_{yy})^2 + 4\tau_{xy}^2} \end{aligned} \tag{3.5.12}$$

극치 τ_{max} 와 τ_{min} 은 절대치가 같고 부호가 반대이다. 이들 극치의 절대치를 주전단응력(主剪斷應力 : principal shearing stress) 혹은 최대전단응력(最大剪斷應力 : maximum shear stress)이라 말한다. 식 (3.5.6)으로부터 식 (3.5.7)을 빼면 최대전단응력을 주응력의

항으로 표시할 수 있다.

$$\tau_{\mathrm{I}} = \tau_{max} = \frac{1}{2}(\sigma_{\mathrm{I}} - \sigma_{\mathrm{II}}) \tag{3.5.13}$$

한편 최소전단응력은

$$\tau_{\mathrm{II}} = \tau_{min} = \frac{1}{2}(\sigma_{\mathrm{II}} - \sigma_{\mathrm{I}}) \tag{3.5.14}$$

이다.

주전단응력면에 수직한 좌표축을 X' Y' 이라 하면, 주전단응력면에서 수직응력의 값은 식 (3.3.1)과 식 (3.3.3)에 식 (3.5.10)의 값을 대입하면 얻는다.

$$\begin{aligned} \sigma_{X'X'} &= \frac{1}{2}(\sigma_{xx} + \sigma_{yy}); \qquad (\theta = \theta_s) \\ \sigma_{Y'Y'} &= \frac{1}{2}(\sigma_{xx} + \sigma_{yy}); \qquad (\theta = \theta_s + \pi/2) \end{aligned} \tag{3.5.15}$$

즉 주전단응력면에 작용하는 수직응력의 값은 주어진 두 수직응력의 산술평균과 같다. 주어진 응력상태가 $\theta = \theta_s$ 에서 최대전단응력값을 갖느냐 또는 최소주전단응력의 값을 갖느냐 하는 것은 $\tau_{x'y'}$ 의 2차미분 $d^2\tau_{x'y'}/d\theta^2$ 의 값이 $\theta = \theta_s$ 에서 음의 값을 갖느냐 또는 양의 값을 갖느냐에 따라 판정한다.

다시 말하자면 $\tau_{x'y'}$ 의 2차미분

$$\frac{d^2\tau_{x'y'}}{d\theta^2} = 2(\sigma_{xx} - \sigma_{yy})\sin 2\theta - 4\tau_{xy}\cos 2\theta$$

을 계산하여 다음과 같이 계산한다.

$$\left.\frac{d^2\tau_{x'y'}}{d\theta^2}\right|_{\theta=\theta_s} < 0 \quad \text{이면 최대전단응력 : 식 (3.5.11)로 계산}$$

$$\left.\frac{d^2\tau_{x'y'}}{d\theta^2}\right|_{\theta=\theta_s} > 0 \quad \text{이면 최소전단응력 : 식 (3.5.12)로 계산}$$

이것에 관해서는 예제를 통하여 충분한 설명이 있을 것이다.

주응력면의 기울기 식 (3.5.4)와 주전단응력면의 기울기 식 (3.5.9)를 곱하면

$$\tan 2\theta_s \cdot \tan 2\theta_p = -1 \tag{3.5.16}$$

여러분들은 해석기하학에서 식 (3.5.16)이 직교조건을 나타낸다는 것을 이미 알고 있을 것으로 믿는다. 그러므로

$$2\theta_s - 2\theta_p = \pm\frac{\pi}{2}$$

이다. 즉

$$\theta_s = \theta_p \pm \frac{\pi}{4} \tag{3.5.17}$$

그러므로 주응력면으로부터 45° 기울어진 두 면에서 주전단응력이 작용한다.

예제 3.9 주응력, 주전단응력

평면응력상태에 있는 한 물체의 한 점에서 각 좌표면에 작용하는 응력이 그림과 같을 때 (a) 주응력의 크기와 방향을 구하고, 이들 값을 주축방향을 향한 요소에 표시하여라. (b) 주전단응력의 크기와 작용면의 방향을 구하고, 주전단응력면에 이들 값을 표시하여라.

[풀이]

주어진 조건:

$\sigma_{xx} = 72.5\,\text{MPa}$, $\sigma_{yy} = -40\,\text{MPa}$,

$\tau_{xy} = \tau_{yx} = -27.6\,\text{MPa}$

탐구사항:

(a) 주응력 및 주축의 방향

(b) 주전단응력 및 주전단응력면의 방향

탐구내용:

주축의 방향(주응력 방향); 식 (3.5.4)로부터

$$\tan 2\theta_p = \frac{2\tau_{xy}}{\sigma_{xx} - \sigma_{yy}} = \frac{2\times(-27.6\,\text{MPa})}{72.5\,\text{MPa} + 40\,\text{MPa}}$$

이 식을 풀면

$$2\theta_p = -26.136^\circ$$

혹은

$$\theta_p = -13.07^\circ$$

$\theta_p = -13.07^\circ$ 에서

$$\frac{d^2\sigma_{x'x'}}{d\theta^2} = -2(72.5\,\text{MPa} + 40\,\text{MPa})\cos 26.136 - 4(27.6\,\text{MPa})\sin 26.136 = -250.6 < 0$$

X 축에서 최대응력을 갖는다.

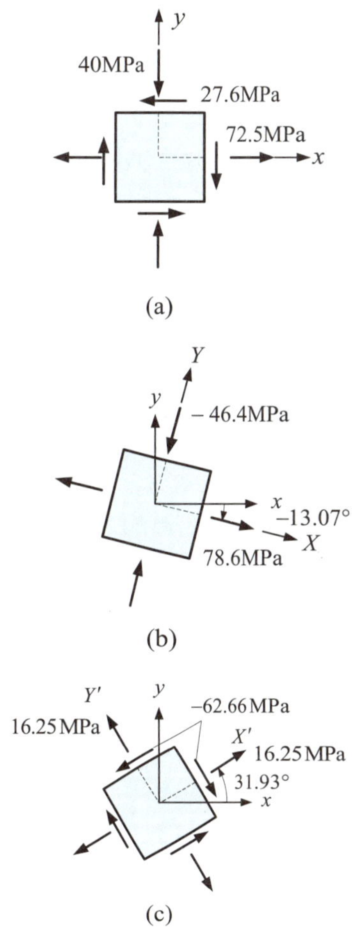

그림 E3.9

최대 주응력; 식 (3.5.6)으로부터

$$\sigma_{\mathrm{I}} = \frac{\sigma_{xx} + \sigma_{yy}}{2} + \frac{1}{2}\sqrt{(\sigma_{xx} - \tau_{yy})^2 + 4\tau_{xy}^2}$$

$$= \frac{72.5\mathrm{MPa} - 40\mathrm{MPa}}{2} + \frac{1}{2}\sqrt{(72.5\mathrm{MPa} + 40\mathrm{MPa})^2 + 4\times(27.6\mathrm{MPa})^2}$$

$$= 78.9\,\mathrm{MPa}$$

최소 주응력; 식 (3.5.7)로부터

$$\sigma_{\mathrm{II}} = \frac{\sigma_{xx} + \sigma_{yy}}{2} - \frac{1}{2}\sqrt{(\sigma_{xx} - \tau_{yy})^2 + 4\tau_{xy}^2}$$

$$= \frac{72.5\mathrm{MPa} - 40\mathrm{MPa}}{2} - \frac{1}{2}\sqrt{(72.5\mathrm{MPa} + 40\mathrm{MPa})^2 + 4\times(27.6\mathrm{MPa})^2}$$

$$= -46.4\,\mathrm{MPa}$$

(b) 주전단응력면; 식 (3.5.9)로부터

$$\tan 2\theta_s = -\frac{\sigma_{xx} - \sigma_{yy}}{2\tau_{xy}} = -\frac{72.5\,\mathrm{MPa} + 40\,\mathrm{MPa}}{2\times(-27.6\mathrm{MPa})}$$

이 식을 풀면

$$2\theta_s = 63.86^\circ$$

혹은

$$\theta_s = 31.93^\circ$$

$$\frac{d^2\tau_{x'y'}}{d\theta^2} = 2(72.5\,\mathrm{MPa} + 40\,\mathrm{MPa})\sin 64.6 + 4(27.6\,MPa)\cos 64.6$$

$$= 250.6 > 0$$

$\theta_s = 31.93^\circ$(x 축에서 반시계방향)면에서 최소전단응력(음의 주전단응력)을 갖는다.

최소전단응력; 식 (3.5.12)로부터

$$\tau_{\min} = -\frac{1}{2}\sqrt{(\sigma_{xx} - \sigma_{yy})^2 + 4\tau_{xy}^2}$$

$$= -\frac{1}{2}\sqrt{(72.5\mathrm{MPa} + 40\,\mathrm{MPa})^2 + 4\times(27.6\,\mathrm{MPa})^2}$$

$$= -62.66\,\mathrm{MPa}$$

주전단응력면에서의 수직응력은 식 (3.5.14)로부터

$$\sigma_{X'X'} = \sigma_{Y'Y'} = \frac{\sigma_{xx} + \tau_{yy}}{2} = \frac{72.5\mathrm{MPa} - 40\,\mathrm{MPa}}{2} = 16.25\,\mathrm{MPa}$$

예제 3.10 주응력, 주전단응력

평면응력상태에 있는 한 물체의 한 점에서 각 좌표면에 작용하는 응력이 그림과 같을 때 (a) 주응력의 크기와 방향을 구하고, 이들 값을 주축방향을 향한 요소에 표시하여라. (b) 주전단응력의 크기와 작용면의 방향, 수직응력을 구하고, 주전단응력면에 이들 값을 표시하여라. (c) σ_{yy}, τ_{xy}를 그대로 고정시키고 주전단응력이 150 MPa이 되는 σ_{xx}를 구하여라.

[풀이]

주어진 조건:

$$\sigma_{xx} = -110\,\text{MPa},\ \sigma_{yy} = 60\,\text{MPa},$$

$$\tau_{xy} = \tau_{yx} = -40\,\text{MPa}$$

탐구사항:

(a) 주면, 주응력

(b) 주전단응력, 주전단응력면

(c) $\tau_{\max} = 150\text{MPa}$이 되는 σ_{xx}의 값

탐구내용:

주축의 방향(주응력 방향); 식 (3.5.4)로부터

$$\tan 2\theta_p = \frac{2\tau_{xy}}{\sigma_{xx} - \sigma_{yy}} = \frac{2\times(-40\text{MPa})}{-110\,\text{MPa} - 60\,\text{MPa}}$$

이 식을 풀면

$$2\theta_p = 25.2^\circ$$

혹은

$$\theta_p = 12.6^\circ$$

$\theta_p = 12.6^\circ$에서

$$\frac{d^2\sigma_{x'x'}}{d\theta^2} = -2(-110\,\text{MPa} - 60\,\text{MPa})\cos 25.2$$

$$-4(-40\,\text{MPa})\sin 25.2 = 375.8 > 0$$

X축에서 최소응력을 갖는다.

최소 주응력; 식 (3.5.7)로부터

$$\sigma_{\text{I}} = \frac{\sigma_{xx} + \sigma_{yy}}{2} - \frac{1}{2}\sqrt{(\sigma_{xx} - \sigma_{yy})^2 + 4\tau_{xy}^2}$$

$$= \frac{-110\text{MPa} + 60\,\text{MPa}}{2} - \frac{1}{2}\sqrt{(-110\text{MPa} - 60\,\text{MPa})^2 + 4\times(-40\,\text{MPa})^2}$$

$$= -118.94\,\text{MPa}$$

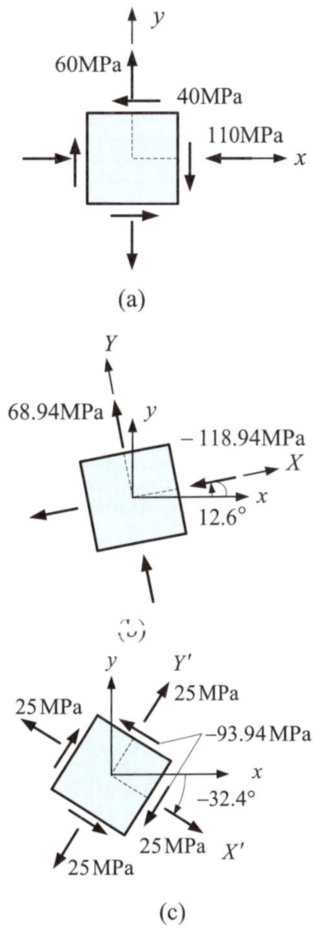

그림 E3.10

최대 주응력; 식 (3.5.6)으로부터($\theta_p + \pi/2$ 면)

$$\sigma_{\mathrm{II}} = \frac{\sigma_{xx} + \sigma_{yy}}{2} + \frac{1}{2}\sqrt{(\sigma_{xx} - \sigma_{yy})^2 + 4\tau_{xy}^2}$$

$$= \frac{-110\mathrm{MPa} + 60\mathrm{MPa}}{2} + \frac{1}{2}\sqrt{(-110\mathrm{MPa} - 60\mathrm{MPa})^2 + 4 \times (-40\mathrm{MPa})^2}$$

$$= 68.94\mathrm{MPa}$$

(b) 주전단응력면; 식 (3.5.9)로부터

$$\tan 2\theta_s = -\frac{\sigma_{xx} - \sigma_{yy}}{2\tau_{xy}} = -\frac{-110\mathrm{MPa} - 60\mathrm{MPa}}{2 \times (-40\mathrm{MPa})}$$

이 식을 풀면

$$2\theta_s = -64.8^\circ$$

혹은

$$\theta_s = -32.4^\circ$$

$$\frac{d^2\tau_{x'y'}}{d\theta^2} = -2(-110\mathrm{MPa} - 60\mathrm{MPa})\sin 64.8 - 4(-40\,MPa)\cos 64.8$$

$$= 375.8 > 0$$

이므로 $\theta_s = -32.4^\circ$면(x 축에서 시계방향)에서 음의 주전단응력을 갖는다.

최소전단응력; 식 (3.5.12)로부터

$$\tau_{\min} = -\frac{1}{2}\sqrt{(\sigma_{xx} - \sigma_{yy})^2 + 4\tau_{xy}^2}$$

$$= -\frac{1}{2}\sqrt{(-110\mathrm{MPa} - 60\mathrm{MPa})^2 + 4 \times (-40\mathrm{MPa})^2}$$

$$= -93.94\mathrm{MPa}$$

주전단응력면에서의 수직응력은 식 (3.5.14)로부터

$$\sigma_{X'X'} = \sigma_{Y'Y'} = \frac{\sigma_{xx} + \tau_{yy}}{2} = \frac{-110\mathrm{MPa} + 60\mathrm{MPa}}{2} = -25\mathrm{MPa}$$

(c) 주전단응력이 최대전단응력이 되려면

$$\frac{d^2\tau_{x'y'}}{d\theta^2} = 2(\sigma_{xx} - 60\mathrm{MPa})\sin 64.8 - 4(-40\,MPa)\cos 64.8 < 0$$

$$\sigma_{xx} < 22.35\mathrm{MPa} \tag{E.1}$$

최대전단응력;

$$\tau_{max} = \frac{1}{2}\sqrt{(\sigma_{xx} - \sigma_{yy})^2 + 4\tau_{xy}^2}$$

$$= \frac{1}{2}\sqrt{(\sigma_{xx} - 60\,\mathrm{MPa})^2 + 4\times(-40\,\mathrm{MPa})^2}$$

$$= 150\,\mathrm{MPa}$$

이 방정식을 풀면

$$\sigma_{xx} = -229.1\,\mathrm{MPa}, \quad \sigma_{xx} = 349.1\,\mathrm{MPa}$$

식 (E.1)을 충족하려면

$$\sigma_{xx} = -229.1\,\mathrm{MPa}$$

3.6 평면응력에 대한 Mohr의 응력원

앞 절에서 기술한 주응력에 관한 여러 가지 성질은 Mohr의 응력원(Mohr's circle for stress)이라고 하는 도식적 방법에 의하여 구할 수 있다. 이 방법은 간편하면서도 오답을 피할 수 있는 매우 유용한 방법이라는 것을 곧 알게 될 것이다. 이 방법을 처음으로 고안한 Otto Mohr(1835~1918)는 독일의 철도기사로 있으면서 구조역학문제를 도식적으로 푸는 방법에 관한 연구에 특히 관심을 두었다. 이 분은 Mohr원을 고안하므로서 인정을 받아 23세의 젊은 나이로 Stuttgart공과대학 교수로 초빙되었다.

$x\,y$ 좌표계에서 응력 σ_{xx}, σ_{yy}, $\tau_{xy} = \tau_{yx}$ 가 주어질 때 θ만큼 회전한 좌표계 $x'y'$ 축에 대한 응력은 식 (3.3.1)과 식 (3.3.2)로 주어졌다. 다시 써 보면

$$\sigma_{x'x'} - \frac{1}{2}(\sigma_{xx} + \sigma_{yy}) = \frac{1}{2}(\sigma_{xx} - \sigma_{yy})\cos 2\theta + \tau_{xy}\sin 2\theta \tag{3.3.1}$$

$$\tau_{x'y'} = -\frac{1}{2}(\sigma_{xx} - \sigma_{yy})\sin 2\theta + \tau_{xy}\cos 2\theta \tag{3.3.2}$$

식(3.3.1)과 식(3.3.2)의 양변을 제곱해서 더하면

$$\left[\sigma_{x'x'} - \frac{1}{2}(\sigma_{xx} + \sigma_{yy})\right]^2 + \tau_{x'y'}{}^2 = \left[\frac{1}{2}\sqrt{(\sigma_{xx} - \sigma_{yy})^2 + 4\tau_{xy}^2}\right]^2 \tag{3.6.1}$$

이 식은 횡축을 σ 축, 종축을 τ 축으로 택할 때 $[(\sigma_{xx} + \sigma_{yy})/2,\ 0]$을 중심, $R = (1/2)\sqrt{[(\sigma_{xx} - \sigma_{yy})/2]^2 + 4\tau_{xy}^2}$ 을 반지름으로 하는 원의 방정식이다. 즉 물체의 임의 점에서 응력상태가 σ_{xx}, σ_{yy}, $\tau_{xy} = \tau_{yx}$ 와 같이 주어질 때, 그 점에서 임의 방향의 면에 작용하는 수직응력 $\sigma_{x'x'}$ 와 전단응력 $\tau_{x'y'}$ 는 이 원주상에 존재한다.

작도법

그림 3.10의 우측에 도시한 응력상태($\sigma_{xx} > 0$, $\sigma_{yy} > 0$, $\sigma_{xx} > \sigma_{yy}$, $\tau_{xy} > 0$)로 주어졌다고 가정한다. 횡축을 σ 축, 종축을 τ 축으로 택하고, (σ, τ) 좌표공간에 $P(\sigma_{xx}, \tau_{xy})$, $P'(\sigma_{yy}, -\tau_{xy})$를 취한 다음, 이 두 점을 연결하여 σ 축과 만나는 점 C를 중심으로 하고, CP를 반지름으로 원을 그리면 구하는 Mohr 원이 된다. 기하학적 관계로부터

$$OC = \frac{1}{2}(\sigma_{xx} + \sigma_{yy})$$

$$CP = R = \sqrt{\left[\sigma_{xx} - \frac{1}{2}(\sigma_{xx} + \sigma_{yy})\right]^2 + \tau_{xy}^2}$$

$$= \frac{1}{2}\sqrt{(\sigma_{xx} - \sigma_{yy})^2 + 4\tau_{xy}^2}$$

가 되어 이 원은 식 (3.6.1)이 그리는 원이라는 것을 알 수 있다. 점 P는 x 면(x 축에 수직한 면)에 작용하는 수직응력 σ_{xx}와 전단응력 τ_{xy}를 나타내는 점이므로 x 축점이라 하고, 점 P'는 y 면(y 축에 수직한 면)에 작용하는 수직응력에 대응해서 σ_{yy}와 $-\tau_{yx}$를 나타내는 점이므로 y 축점이라고도 말한다.

x 축으로부터 반 시계방향으로 θ 만큼 회전한 x' 축 방향의 수직응력과 전단응력

직경 PP'로부터 2θ의 각도를 시계방향으로 돌려 QQ'을 그리면 Q점의 응력상태(좌표)가 x 축으로부터 반시계방향으로 θ 만큼 회전한 $x'y'$ 좌표계에서 x' 면에 작용하는 수직응력 $\sigma_{x'x'}$와 전단응력 $\tau_{x'y'}$가 된다.

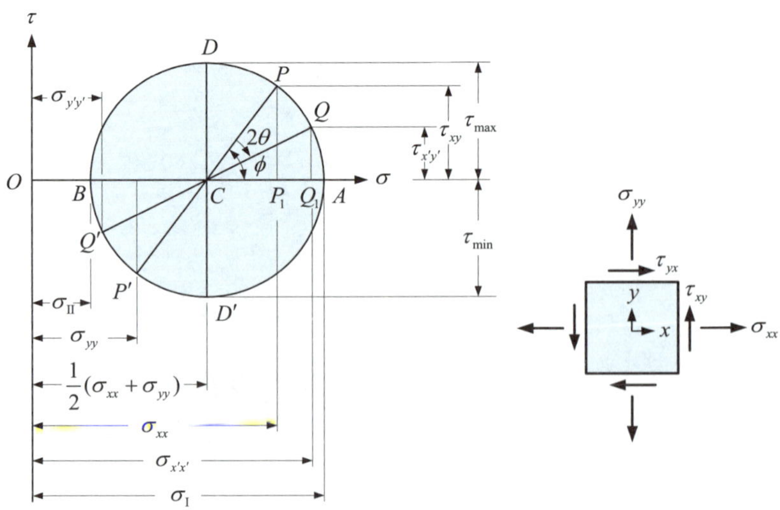

그림 3.10 Mohr의 응력원

$$\sigma_{x'x'} = OQ_1 = OC + CQ_1 = \frac{\sigma_{xx} + \sigma_{yy}}{2} + R\cos(\phi - 2\theta)$$

$$= \frac{\sigma_{xx} + \sigma_{yy}}{2} + R(\cos\phi\cos 2\theta + \sin\phi\sin 2\theta)$$

$$\cos\phi = \frac{1}{R}\left(\sigma_{xx} - \frac{\sigma_{xx} + \sigma_{yy}}{2}\right) = \frac{\sigma_{xx} - \sigma_{yy}}{2R}$$

$$\sin\phi = \frac{\tau_{xy}}{R}$$

를 고려하여, 위 식을 정리하면

$$\sigma_{x'x'} = \frac{\sigma_{xx} + \sigma_{yy}}{2} + \frac{\sigma_{xx} - \sigma_{yy}}{2}\cos 2\theta + \tau_{xy}\sin 2\theta$$

$$\tau_{x'y'} = Q_1 Q = CP\sin(\phi - 2\theta) = R(\sin\phi\cos 2\theta - \cos\phi\sin 2\theta)$$

$$= -\frac{\sigma_{xx} - \sigma_{yy}}{2}\sin 2\theta + \tau_{xy}\cos 2\theta$$

이 식은 식 (3.3.1)과 식 (3.3.2)와 일치한다.

주응력

이 원과 횡축(σ 축)과의 교점을 A, B라 하면 OA, OB는 주응력 σ_{I}, σ_{II}를 나타낸다. 반경 CP와 횡축 사이의 각도 ϕ($|\phi| < \pi/2$ 가 되는 방향으로 택한다)는 주응력방향의 2배이다.

$$\theta_p = \frac{\phi}{2} \tag{3.6.2}$$

만일 PP'로부터 횡축으로 회전하는 방향이 Mohr원에서 시계방향이면, 주축은 x 축으로부터 반시계방향으로 $\phi/2$ 만큼의 각도를 이루고, 만일 반시계방향이면 주축은 시계방향으로 $\phi/2$ 의 각도에 위치한다.

주전단응력

Mohr원의 중심에서 종축에 평행하게 그은 연직선과 원이 만나는 점은 주전단응력점이 되고, 교점 D의 종좌표는 최대전단응력 D' 점의 종좌표는 최소전단응력이 된다. 주전단응력면에서 수직하게 내린 좌표축(주전단응력축, X' 축)은 x축으로부터 CP로부터 CD를 향하는 각도($\pi/2$ 보다 작은 쪽으로 택한다)의 반만큼 반대방향으로 회전한 방향을 향한다.

$$\theta_s = \frac{1}{2}\left(\frac{\pi}{2} - \phi\right) \tag{3.6.3}$$

예제 3.11 Mohr의 응력원

평면응력상태에 있는 한 요소가 $\sigma_{xx} = 80\,\mathrm{MPa}$, $\sigma_{yy} = 20\,\mathrm{MPa}$, $\tau_{xy} = 60\,\mathrm{MPa}$의 응력을 받고 있다. (a) Mohr의 응력원을 그려라. (b) $x\,y$ 좌표축으로부터 시계방향으로 40° 회전한 x'축의 위치 ab를 원상에 표시하고, $x'\,y'$ 좌표축에 관한 응력을 구하여라. (c) 주응력, 주전단응력을 구하여라.

[풀이]

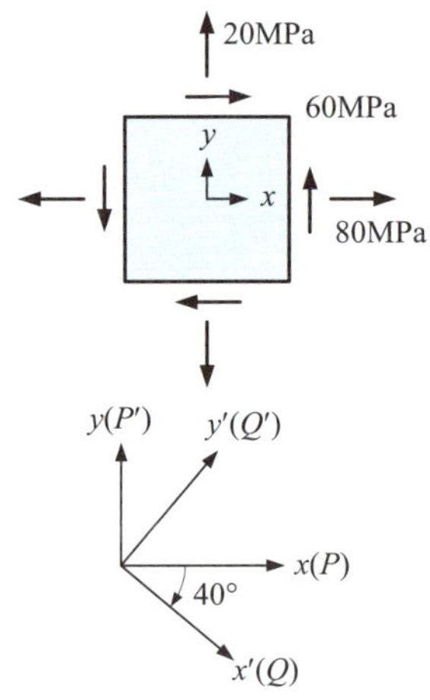

(a)

주어진 조건:

$\sigma_{xx} = 80\,\mathrm{MPa}$, $\sigma_{yy} = 20\,\mathrm{Mpa}$, $\tau_{xy} = 60\,\mathrm{MPa}$

좌표 회전각도 시계방향 40°

탐구사항:

(a) Mohr의 응력원

(b) $x\,y$ 좌표축을 시계방향 40° 회전한 좌표축 x'의 위치와 응력성분

(c) 주응력, 주전단응력

탐구내용:

(a) 작도

$P(80, 60)$, $P'(20, -60)$을 잡고 선분으로 연결하면 PP'은 직경이 된다. σ축과 PP'의 교점 C를 중심으로 하여 CP를 반지름으로 하는 원을 그리면 응력원이 된다.

CP로부터 반시계방향으로 $2\times 40^\circ = 80^\circ$ 회전하여 Q점을 잡고 QC를 연장하여 응력원과의 교점 Q'을 잡는다.

(b) $x'y'$ 좌표계에서의 응력 계산

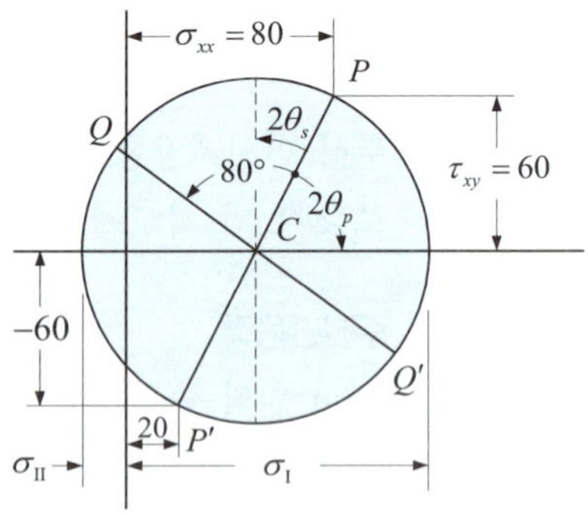

(b)

응력원의 반지름

$$R = \frac{1}{2}\sqrt{(\sigma_{xx} - \sigma_{yy})^2 + 4\tau_{xy}^2}$$

$$= \frac{1}{2}\sqrt{(60\,\mathrm{MPa})^2 + 4\,(60\,\mathrm{MPa})^2}$$

$$= 67.08\,\mathrm{MPa}$$

주축의 방향

$$\sin 2\theta_p = \frac{\tau_{xy}}{R} = \frac{60}{67.08}$$

$$2\theta_p = 63.44^\circ$$

주축은 x축으로부터 $63.44^\circ/2 = 31.72^\circ$ 반시계방향으로(Mohr원에서 CP로부터 σ축까지 시계방향으로 회전되므로) 회전시키면 얻는다.

C점의 평균응력

$$\sigma_C = \sigma_{av} = \frac{\sigma_{xx} + \sigma_{yy}}{2}$$

$$= \frac{80\text{MPa} + 20\text{MPa}}{2}$$

$$= 50\text{MPa}$$

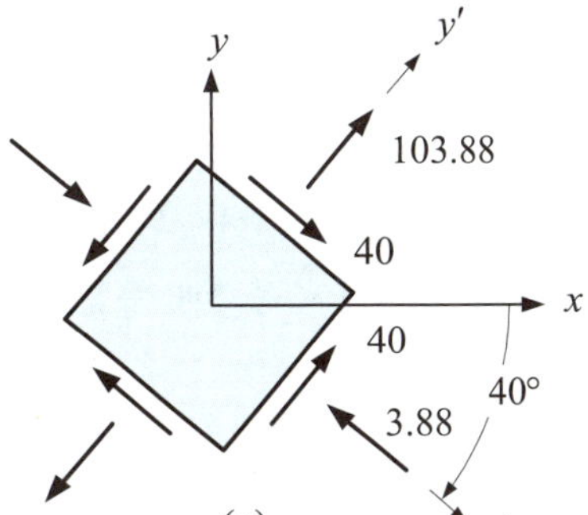

(c)

이므로

$$\sigma_{x'x'} = \sigma_{av} - R\cos(180^\circ - 80^\circ - 2\theta_p)$$

$$= 50\text{MPa} - (67.08\text{MPa})\cos 36.56^\circ = -3.88\text{MPa}$$

$$\tau_{x'y'} = R\sin(180^\circ - 80^\circ - 2\theta_p)$$

$$= (67.08\text{MPa})\sin 36.56^\circ = 40\text{MPa}$$

$$\sigma_{y'y'} = \sigma_{av} + R\cos(180^\circ - 80^\circ - 2\theta_p)$$

$$= 50\text{MPa} + (67.08\text{MPa})\cos 36.56^\circ = 103.88\text{MPa}$$

(c) 주응력

$$\sigma_{\text{I}} = \sigma_{av} + R = 50\text{MPa} + 67.08\text{MPa}$$

$$= 117.08\ MPa$$

$$\sigma_{\text{II}} = \sigma_{av} - R = 50\text{MPa} - 67.08\text{MPa}$$

$$= -17.08\ MPa$$

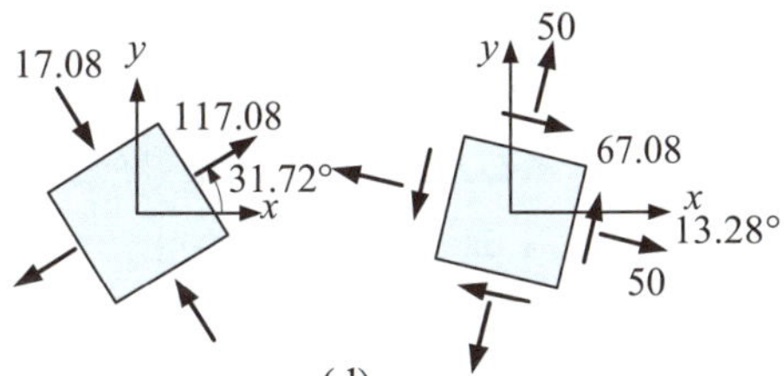

(d)

주전단응력과 방향

$$2\theta_s = \frac{\pi}{2} - 2\theta_p = 90^\circ - 63.44^\circ = 26.56^\circ < \pi/2$$

$$\theta_s = 13.28^\circ$$

x축으로부터 시계방향으로 13.28°회전한 위치

$$\tau_{\max} = R = 67.08\text{MPa}$$

예제 3.12 Mohr의 응력원

평면응력상태에 있는 한 요소가 $\sigma_{xx} = -110\,\mathrm{MPa}$, $\sigma_{yy} = 50\,\mathrm{Mpa}$, $\tau_{xy} = 40\,\mathrm{MPa}$의 응력을 받고 있다. (a) Mohr의 응력원을 그려라. (b) $x\,y$ 좌표축으로부터 반시계방향으로 45°회전한 x'축의 위치 ab를 원상에 표시하고, $x'\,y'$ 좌표축에 관한 응력성분을 구하여라. (c) 주응력과 주전단응력을 구하여라.

[풀이]

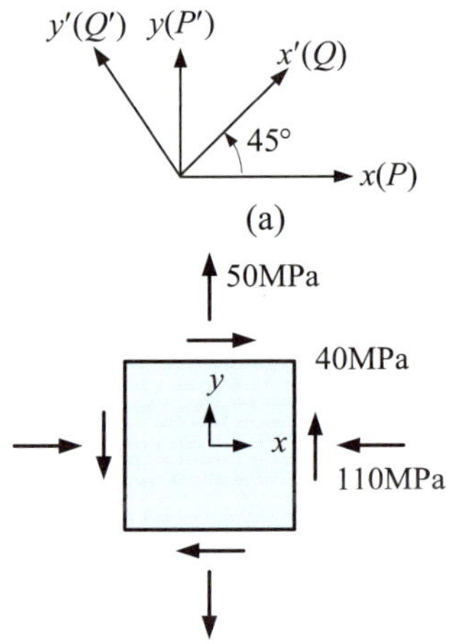

(a)

주어진 조건:

$\sigma_{xx} = -110\,\mathrm{MPa}$, $\sigma_{yy} = 50\,\mathrm{Mpa}$, $\tau_{xy} = 40\,\mathrm{MPa}$

좌표 회전각도 시계방향 45°

탐구사항:

(a) Mohr의 응력원

(b) $x\,y$ 좌표축을 시계방향 45°회전한 좌표축 x'의 위치와 응력성분 (c) 주응력, 주전단응력

탐구내용:

(a) 작도

$P(-110, 40)$, $P'(50, -40)$을 잡고 선분으로 연결하면 PP'은 직경이 된다. σ축과 PP'의 교점 C를 중심으로 하여 CP를 반지름으로 하는 원을 그리면 응력원이다.

CP로부터 시계방향으로 $2\times 45° = 90°$회전하여 Q점을 잡고 QC를 연장하여 응력원과의 교점 Q'을 잡는다.

(b) $x'\,y'$ 좌표계에서의 응력 계산

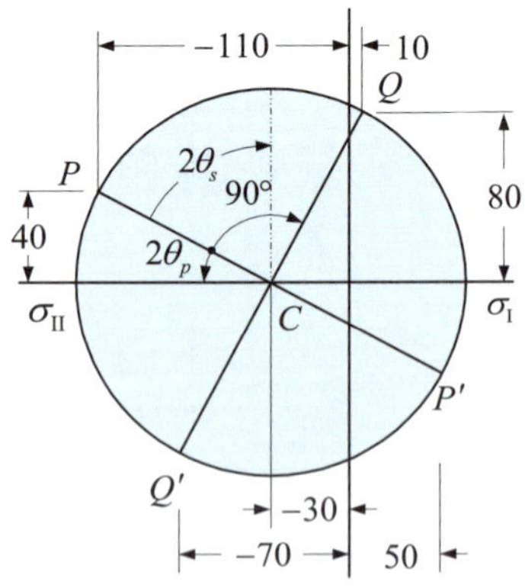

(b)

응력원의 반지름

$$R = \frac{1}{2}\sqrt{(\sigma_{xx} - \sigma_{yy})^2 + 4\tau_{xy}^2}$$

$$= \frac{1}{2}\sqrt{(-110 - 50\,\mathrm{MPa})^2 + 4(40\,\mathrm{MPa})^2}$$

$$= 89.44\,\mathrm{MPa}$$

주축의 방향

$$\sin 2\theta_p = \frac{\tau_{xy}}{R} = \frac{40\,\mathrm{MPa}}{89.44\,\mathrm{MPa}}$$

$$2\theta_p = 26.57°$$

주축은 x축으로부터 $26.57°/2 = 13.29° < \pi/2$ 시계방향으로(Mohr원에서 CP로부터 σ축까지 반시계방향으로 회전되므로) 회전시키면 얻는다.

C점의 평균응력

$$\sigma_C = \sigma_{av} = \frac{\sigma_{xx} + \sigma_{yy}}{2}$$

$$= \frac{-110\text{MPa} + 50\text{MPa}}{2}$$

$$= -30\text{MPa}$$

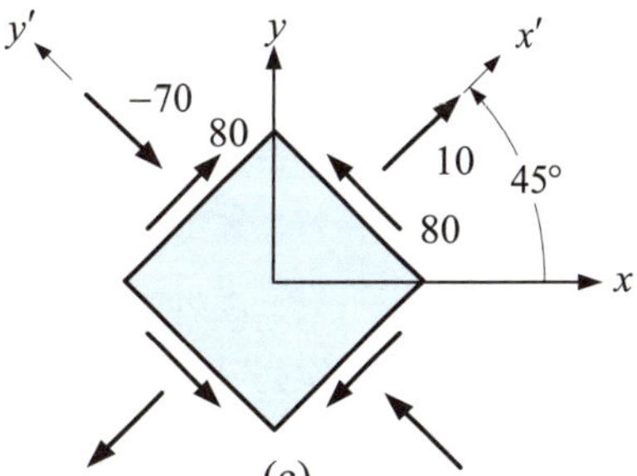

(c)

이므로

$$\sigma_{x'x'} = \sigma_{av} + R\cos(180^\circ - 90^\circ - 2\theta_p)$$

$$= -30\text{MPa} + (89.44\text{MPa})\cos 63.43^\circ = 10.0\text{MPa}$$

$$\tau_{x'y'} = R\sin(180^\circ - 90^\circ - 2\theta_p)$$

$$= (89.44\text{MPa})\sin 63.43^\circ = 80.0\text{MPa}$$

$$\sigma_{y'y'} = \sigma_{av} - R\cos(180^\circ - 90^\circ - 2\theta_p)$$

$$= -30\text{MPa} - (89.44\text{MPa})\cos 63.43^\circ = -70.0\text{MPa}$$

(c) 주응력

$$\sigma_{\text{I}} = \sigma_{av} + R$$

$$= -30\text{MPa} + 89.44\text{MPa}$$

$$= 59.44\ MPa$$

$$\sigma_{\text{II}} = \sigma_{av} - R$$

$$= -30\text{MPa} - 89.44\text{MPa}$$

$$= -119.44\ MPa$$

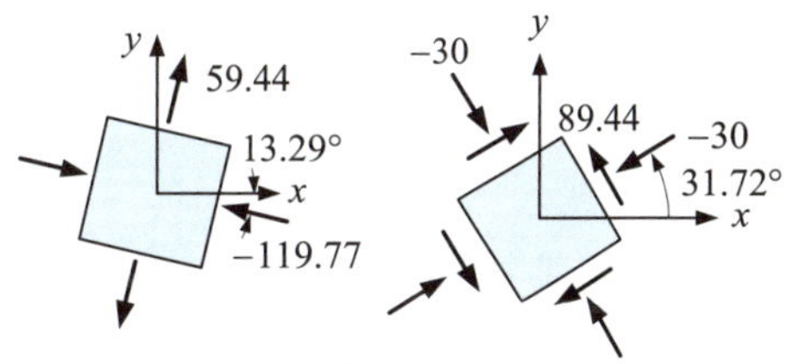

(d)

그림 E3.12

주전단응력과 방향

$$2\theta_s = \frac{\pi}{2} - 2\theta_p = 90^\circ - 26.57^\circ = 63.43^\circ < \pi/2$$

x 축으로부터 반시계 방향으로 31.72°회전한 위치

$$\tau_{\max} = R = 89.44\text{MPa}$$

3.7 변형과 변형율

3.7.1 변위와 변형율

물체가 운동한다는 것은 물체를 구성하는 모든 점(분자라고 보아도 좋다)이 어떤 시간동안 변위(變位 : displacement)를 한다는 것을 말한다. 그러나 물체를 구성하는 모든 점들이 변위를 갖는다 할지라도 상대변위(相對變位)가 없으면 그 물체는 강체운동(剛體運動 : rigidy body motion)일 뿐 변형은 발생하지 않는다. 이와 같이 물체를 구성하는 점(분자)들의 상대변위가 발생하여 형태의 변화가 일어나는 현상을 변형(變形 : deformation)이라 말한다. 그러므로 변형을 고찰할 때에는 전체적인 운동은 고려할 필요가 없다. 다만 상대변위만이 문제가 되므로 정지상태에서의 상대변위만을 고찰하면 된다.

제 2장 2.2절에서 변형율을 정의할 때 변위라는 개념은 도입하지 안 했지만 길이 L인 1축부재에 인장하중 P를 가하면 길이가 $\delta = PL/AE$만큼 늘어났다. 이것은 부재 양단 사이에 δ의 상대변위가 발생하였다는 것을 의미하고, 이 δ의 상대변위로 인하여 이 부재는 변형되었다는 결론이다.

변형율의 정의를 체계화하기 위하여 1축변형율을 다시 변위와 관련시켜 생각하여 본다. 그림 3.11과 같이 1축부재의 한쪽 끝을 고정시키고 다른 끝에 하중 P를 가한다고 생각한다. 그리고 고정단을 좌표 원점으로 하고 축방향을 x축으로 설정하면, 부재내 모든 점의 변위는 x의 함수로 기술할 수 있다. 변위는 벡터량이므로 δ로 표시하면 x축 방향의 변위는

$$\delta(x) = \xi \mathrm{i} \tag{3.7.1}$$

와 같이 쓸 수 있다. 여기서 i는 x방향의 단위벡터이다.

부재 내 두 점 A, B 사이의 거리를 Δx라 하면, A의 좌표를 x라고 할 때 B의 좌표는 $x + \Delta x$가 된다. 지금 하중 P를 가하여 A가 A'으로, B가 B'로 변위되었다면, A의 변위는 $\xi(x)$, B의 변위는 $\xi(x + \Delta x)$가 되어 변형 후 상태는 그림과 같이 될 것이다. 두 점 사이의 거리 Δx가 $\Delta x'$로 변형되었으므로 변형율은 정의에 의하여

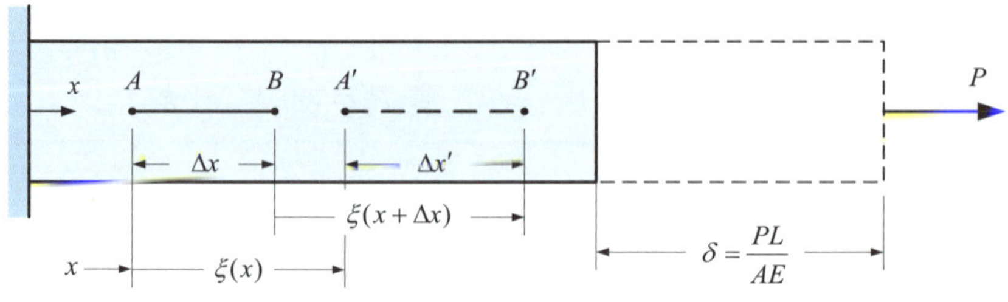

그림 3.11 단축부재의 변위와 변형율

$$\varepsilon_{xx} = \frac{\Delta x' - \Delta x}{\Delta x} \tag{3.7.2}$$

그런데

$$\Delta x' = \Delta x + \xi(x + \Delta x) - \xi(x)$$

Taylor급수전개

$$\xi(x + \Delta x) = \xi(x) + \frac{\partial \xi}{\partial x}\Delta x + \ ...$$

를 적용하면

$$\Delta x' = \Delta x + \frac{\partial \xi}{\partial x}\Delta x \tag{3.7.3}$$

식 (3.7.3)을 식 (3.7.2)에 대입하면

$$\varepsilon_{xx} = \frac{\Delta x' - \Delta x}{\Delta x} = \frac{\partial \xi}{\partial x} \tag{3.7.4}$$

변형율도 응력에 대응해서 두 개의 첨자를 사용하여 표시한다. 그리고 수직변형율의 방향과 부호는 대응하는 응력에 따른다. 즉 인장일 때 양, 압축일 때 음이다.

3.7.2 평면변형율

평면변형이란 부재내 모든 점의 변위가 동일평면상에서 이루어지는 변형을 평면변형(平面變形 : plane deformation)이라 말한다. 그림 3.12는 부재가 $x\,y$ 평면내이서 평면변형 할 때, 부재 내 점$A\,(x,\ y)$와 점$B\,(x + \Delta x,\ y + \Delta y)$의 변위 $\delta(x,\ y)$와 $\delta\,(x + \delta x,\ y + \delta y)$를 예시한 그림이다. 그림에서 C는 물체내 한 부분을 변형 전 고립시켜 그려놓은 부분이고, C'은 변형 후 C가 이동한 부분을 나타낸다. 그림 3.13은 $x\,y$좌표계내 한 요소 $ABCD$가 외력을 받아 평면내에서 $A'B'C'D'$로 평면변형 한 그림이다.

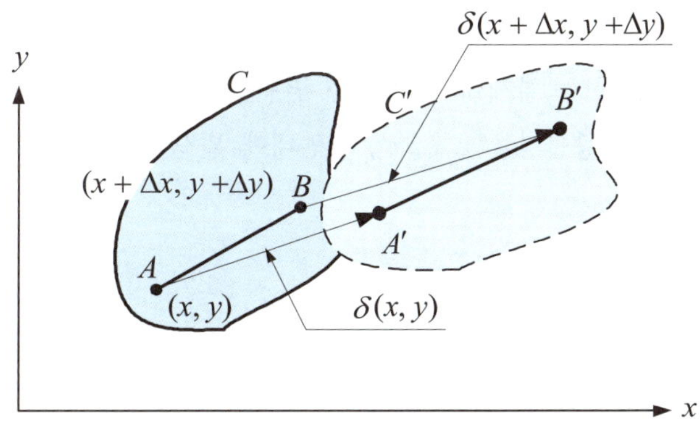

그림 3.12 평면변형에서 발생하는 변위

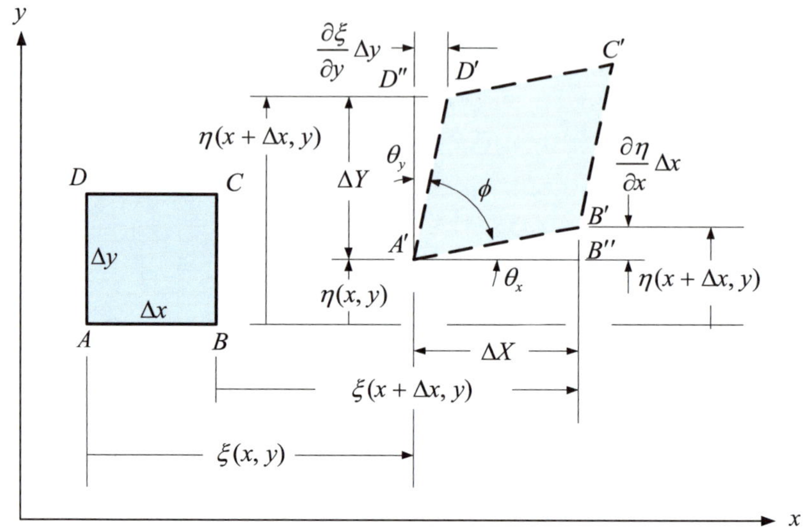

그림 3.13 평면 직4각형요소의 변형

변위 $\delta(x, y)$는 벡터량이므로 x 성분을 ξ, y 성분을 η라 하면

$$\delta(x,y) = \xi(x, y)\mathrm{i} + \eta(x, y)\mathrm{j}$$

와 같이 쓸 수 있으므로 그림 3.12에서 변위AA'는

$$\delta(x,y) = \xi(x, y)\mathrm{i} + \eta(x, y)\mathrm{j} \tag{3.7.5}$$

변위 BB'는

$$\delta(x+\Delta x, y) = \xi(x+\Delta x, y)\mathrm{i} + \eta(x+\Delta x, y)\mathrm{j} \tag{3.7.6}$$

변위 DD'는

$$\delta(x, y+\Delta y) = \xi(x, y+\Delta y)\mathrm{i} + \eta(x, y+\Delta y)\mathrm{j} \tag{3.7.7}$$

이다.

평면변형을 하는 물체내 임의 점의 변위를 이와 같이 표시할 때, x 방향의 선형변형율 ε_{xx}, y 방향의 선형변형율 ε_{yy}, xy 평면내에 발생하는 전단변형율 γ_{xy}는 다음과 같이 표시한다.

$$\varepsilon_{xx} = \frac{\partial \xi}{\partial x} \qquad \varepsilon_{yy} = \frac{\partial \eta}{\partial y} \qquad \gamma_{xy} = \frac{\partial \eta}{\partial x} + \frac{\partial \xi}{\partial y} \tag{3.7.8}$$

또 xy 평면 내에서 ε_{xx}, ε_{yy}, γ_{xy}가 주어질 때 x 축과 ϕ의 각도를 이루는 선소 AB의 선형변형율 $v(\phi)$은 다음 식으로 표시된다.(그림 3.14)

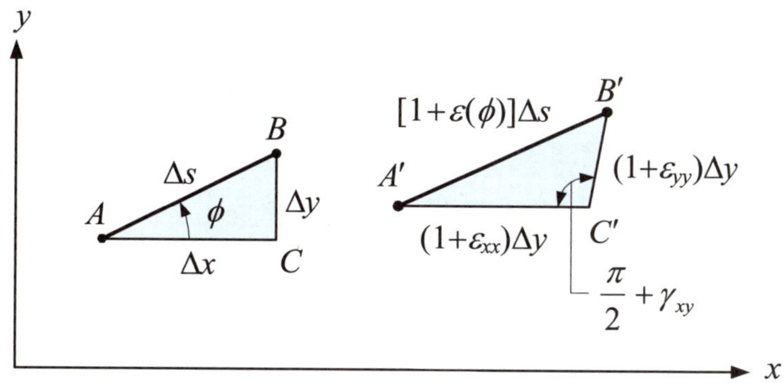

그림 3.14 요소ABC가 변형율ε_{xx}, ε_{yy}, γ_{xy}의 상태하에서 변형한다.

$$\varepsilon(\phi) = \varepsilon_{xx}\cos^2\phi + \gamma_{xy}\cos\phi\sin\phi + \varepsilon_{yy}\sin^2\phi \tag{3.7.9}$$

예제 3.13 **변형율**

평면응력상태에 있는 평판의 표면 변형율을 측정한 결과 $\varepsilon_{xx} = 120\times10^{-6}$, $\varepsilon_{yy} = -140\times10^{-6}$, $\gamma_{xy} = 400\times10^{-6}$ 이었다. x 축으로부터 45°를 이루는 선소 OA 의 변형율을 구하여라.

[풀이]

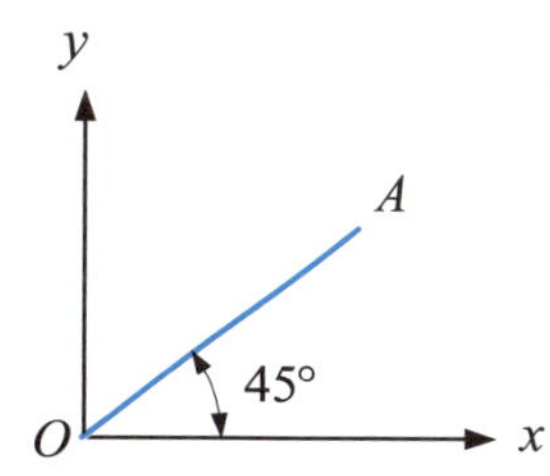

그림 E3.13

주어진 조건:

$\varepsilon_{xx} = 120\times10^{-6}$, $\varepsilon_{yy} = -140\times10^{-6}$,

$\gamma_{xy} = 400\times10^{-6}$

탐구사항:

x 축으로부터 45°를 이루는 선소 OA 의 변형율

탐구내용:

식 (3.10.9)로부터

$$\begin{aligned}\varepsilon_{OA} &= \varepsilon_{xx}\cos^2\phi + \gamma_{xy}\cos\phi\sin\phi + \varepsilon_{yy}\sin^2\phi \\ &= 120\times10^{-6}\cos^2 45^\circ + 400\times10^{-6}\cos45^\circ\sin45^\circ - 450\times10^{-6}\sin^2 45^\circ \\ &= 35\times10^{-6}\end{aligned}$$

3.8 평면변형율의 해석

응력에서와 마찬가지로 변형율도 xy 좌표계에서 주어진 평면변형율 ε_{xx}, ε_{yy}, γ_{xy} 로부터 θ 만큼 회전한 좌표계 $x'y'$좌표계에 대한 변형율 $\varepsilon_{x'x'}$, $\varepsilon_{y'y'}$, $\gamma_{x'y'}$ 로 변환할 수 있다. $\varepsilon_{x'x'}$ 는 x' 축 방향의 수직변형율이므로, x 축과 θ 를 이루는 선소의 변형율이다. 그러므로 식 (3.7.9)에 ϕ 대신 θ를 대입하면 그대로 얻을 수 있다.

$$\begin{aligned}\varepsilon_{x'x'} &= \varepsilon_{xx}\cos^2\theta + \varepsilon_{yy}\sin^2\theta + \gamma_{xy}\cos\theta\sin\theta \\ &= \frac{\varepsilon_{xx}+\varepsilon_{yy}}{2} + \frac{\varepsilon_{xx}-\varepsilon_{yy}}{2}\cos 2\theta + \frac{\gamma_{xy}}{2}\sin 2\theta\end{aligned} \tag{3.8.1}$$

$\varepsilon_{y'y'}$은 $\phi = \pi/2 + \theta$ 에 해당하는 선소의 변형율이므로

$$\begin{aligned}\varepsilon_{y'y'} &= \varepsilon_{xx}\sin^2\theta + \varepsilon_{yy}\cos^2\theta - \gamma_{xy}\cos\theta\sin\theta \\ &= \frac{\varepsilon_{xx}+\varepsilon_{yy}}{2} - \frac{\varepsilon_{xx}-\varepsilon_{yy}}{2}\cos 2\theta - \frac{\gamma_{xy}}{2}\sin 2\theta\end{aligned} \tag{3.8.2}$$

x 축과 45°를 이루는 선소 OB의 변형율은 식 (3.7.9)에 $\phi = 45^\circ$를 대입하면

$$\varepsilon_{OB} = \frac{1}{2}(\varepsilon_{xx} + \varepsilon_{yy} + \gamma_{xy})$$

같은 이유로 $\varepsilon_{x'x'}$과 $\varepsilon_{y'y'}$이 얻어지면, x' 축과 45°를 이루는 선소 OB' 의 변형율 $\varepsilon_{OB'}$

$$\varepsilon_{OB'} = \frac{1}{2}(\varepsilon_{x'x'} + \varepsilon_{y'y'} + \gamma_{x'y'})$$

로부터

$$\gamma_{x'y'} = 2\varepsilon_{OB'} - (\varepsilon_{x'x'} + \varepsilon_{y'y'}) \tag{3.8.3}$$

또 식 (3.7.9)에 $\phi = \theta + \pi/4$를 대입하고 정리하면

$$\varepsilon_{OB'} = \frac{\varepsilon_{xx}+\varepsilon_{yy}}{2} - \frac{\varepsilon_{xx}-\varepsilon_{yy}}{2}\sin 2\theta + \frac{\gamma_{xy}}{2}\cos 2\theta \tag{3.8.4}$$

식 (3.8.3)에 식 (3.8.1), 식 (3.8.2) 및 식 (3.8.4)를 대입하고 정리하면

$$\gamma_{x'y'} = -(\varepsilon_{xx} - \varepsilon_{yy})\sin 2\theta + \gamma_{xy}\cos 2\theta \tag{3.8.5}$$

을 얻는다.

이상을 요약하면 xy 좌표계에 대하여 변형율 ε_{xx}, ε_{yy}, γ_{xy} 가 주어지면, θ 만큼 회전한 좌표계 $x'y'$좌표계에 대한 변형율 $\varepsilon_{x'x'}$, $\varepsilon_{y'y'}$, $\gamma_{x'y'}$ 는 다음과 같이 구해진다.

$$\varepsilon_{x'x'} = \frac{\varepsilon_{xx} + \varepsilon_{yy}}{2} + \frac{\varepsilon_{xx} - \varepsilon_{yy}}{2}\cos 2\theta + \frac{\gamma_{xy}}{2}\sin 2\theta \quad (3.8.1)$$

$$\varepsilon_{y'y'} = \frac{\varepsilon_{xx} + \varepsilon_{yy}}{2} - \frac{\varepsilon_{xx} - \varepsilon_{yy}}{2}\cos 2\theta - \frac{\gamma_{xy}}{2}\sin 2\theta \quad (3.8.2)$$

$$\gamma_{x'y'} = -(\varepsilon_{xx} - \varepsilon_{yy})\sin 2\theta + \gamma_{xy}\cos 2\theta \quad (3.8.5)$$

응력의 변환에 관한 식(3.3.1) 식(3.3.2) 및 식(3.3.3)과 비교하면 수직응력과 수직변형율은 서로 대응하나, 전단응력은 전단변형율의 반 $\gamma_{xy}/2$ 에 대응함을 알 수 있다. 그러므로 τ_{xy} 대신 $\gamma_{xy}/2$ 로 대치하면 응력에 관한 Mohr원을 변형율에도 그대로 적용할 수 있다는 것을 알 수 있다.

변형율에 있어서도 식 (3.8.1)과 식 (3.8.2)의 양변을 각각 더하면

$$\varepsilon_{xx} + \varepsilon_{yy} = \varepsilon_{x'x'} + \varepsilon_{y'y'} \quad (3.8.6)$$

의 관계가 성립한다.

임의 좌표계 xy 에서 변형율 ε_{xx}, ε_{yy}, γ_{xy} 가 주어질 때, 이 좌표축을 θ_p 만큼 회전시킨 $x'y'$ 에서 전단변형율이 0으로 되는 방향이 생긴다. 이 방향을 주변형율방향(主變形率方向 : principal direction), 이 때의 x', y' 방향의 변형율을 주변형율(主變形率 : principal strain)이라 말한다. 또 좌표축을 θ_s 만큼 회전시키면 전단변형율 $\gamma_{x'y'}$ 가 최대가 되는 방향이 존재한다. 이 때 최대의 전단변형율을 주전단변형율(主變形率 : maximum or principal shear strain)이라 한다.

주변형율은 $\gamma_{x'y'} = 0$ 인 방향에서 발생하므로 주변형율방향은 식 (3.8.5)로부터

$$\tan 2\theta_p = \frac{\gamma_{xy}}{\varepsilon_{xx} - \varepsilon_{yy}} \quad (3.8.7)$$

주변형율은

$$\varepsilon_{\mathrm{I}} = \frac{\varepsilon_{xx} + \varepsilon_{yy}}{2} + \frac{\varepsilon_{xx} - \varepsilon_{yy}}{2}\cos 2\theta_p + \frac{\gamma_{xy}}{2}\sin 2\theta_p \quad (3.8.8)$$

$$\varepsilon_{\mathrm{II}} = \frac{\varepsilon_{xx} + \varepsilon_{yy}}{2} - \frac{\varepsilon_{xx} - \varepsilon_{yy}}{2}\cos 2\theta_p - \frac{\gamma_{xy}}{2}\sin 2\theta_p \quad (3.8.9)$$

주전단변형율은 $\gamma_{x'y'}$ 가 최대인 방향이므로 $\gamma_{x'y'}$ 의 1차 도함수 $d\gamma_{x'y'}/d\theta = 0$ 을 만족시키는 각도이다.

$$\tan 2\theta_s = -\frac{\varepsilon_{xx} - \varepsilon_{yy}}{\gamma_{xy}} \quad (3.8.10)$$

주전단변형율은

$$\gamma_{\max,\min} = \pm\left[-(\varepsilon_{xx} - \varepsilon_{yy})\sin 2\theta_s + \gamma_{xy}\cos 2\theta_s\right] \tag{3.8.11}$$

이다. $d^2\gamma_{x'y'}/d\theta^2 < 0$ 에서 $+$ 부호, $d^2\gamma_{x'y'}/d\theta^2 > 0$ 에서 $-$ 부호를 취한다.

예제 3.14 변형율의 해석

단면 $10\,\text{mm} \times 10\,\text{mm}$ 의 정방형요소가 연직방향의 길이변화는 없으나 수평방향으로 $4\,\mu\text{m}$ 의 신장, 왼쪽 모서리각이 $\phi = \pi/2 + 0.4 \times 10^{-3}\,\text{rad}$ 로 벌어지는 변형이 발생하였다. 다음을 구하여라.

(a) 변형율
(b) 변형율의 주축과 주변형율
(c) 최대전단변형율과 이에 대응하는 수직응력

[풀이]

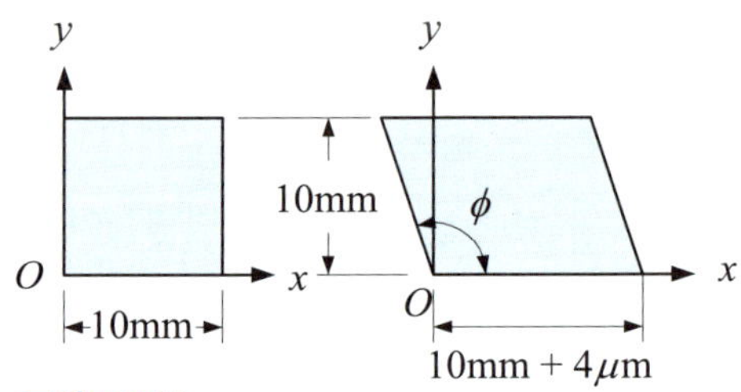

그림 E3.14

주어진 조건:

변형전 기하학 $10\,\text{mm} \times 10\,\text{mm}$,
$\lambda_x = 4\,\mu\text{m}$,
$\phi = \pi/2 + 0.4 \times 10^{-3}\,\text{rad}$

탐구사항:

(a) 변형율
(b) 변형율의 주축과 주변형율
(c) 최대전단변형율과 이에 대응하는 수직응력

탐구내용:

(a) $$\varepsilon_{xx} = \frac{4 \times 10^{-6}\,\text{m}}{10 \times 10^{-3}\,\text{m}} = 0.4 \times 10^{-3} \qquad \varepsilon_{yy} = 0$$

$$\gamma_{xy} = \tan\left(\frac{\pi}{2} - \phi\right) = \tan(-0.4 \times 10^{-3}) \fallingdotseq -0.4 \times 10^{-3}$$

(b) 주축과 주변형율

주축방향

$$\tan 2\theta_p = \frac{\gamma_{xy}}{\varepsilon_{xx} - \varepsilon_{yy}} = \frac{-0.4 \times 10^{-3}}{0.4 \times 10^{-3}} = -1$$

$$2\theta_p = -\frac{\pi}{4} \qquad \theta_p = -\frac{\pi}{8} = -22.5^\circ$$

주변형율

$$\varepsilon_{\mathrm{I}} = \frac{\varepsilon_{xx} + \varepsilon_{yy}}{2} + \frac{\varepsilon_{xx} - \varepsilon_{yy}}{2}\cos 2\theta_p + \frac{\gamma_{xy}}{2}\sin 2\theta_p$$

$$= \frac{0.4\times 10^{-3} + 0}{2} + \frac{0.4\times 10^{-3} - 0}{2}\cos(-45^\circ) + \frac{-0.4\times 10^{-3}}{2}\sin(-45^\circ)$$

$$= 0.483\times 10^{-3}$$

$$\varepsilon_{\mathrm{II}} = \frac{\varepsilon_{xx} + \varepsilon_{yy}}{2} - \frac{\varepsilon_{xx} - \varepsilon_{yy}}{2}\cos 2\theta_p - \frac{\gamma_{xy}}{2}\sin 2\theta_p$$

$$= \frac{0.4\times 10^{-3} + 0}{2} - \frac{0.4\times 10^{-3} - 0}{2}\cos(-45^\circ) - \frac{-0.4\times 10^{-3}}{2}\sin(-45^\circ)$$

$$= 0.0828\times 10^{-3}$$

(c) 최대전단변형율

식 (3.8.10)으로부터

$$\tan 2\theta_s = -\frac{\varepsilon_{xx} - \varepsilon_{yy}}{\gamma_{xy}} = -\frac{0.4\times 10^{-3} - 0}{-0.4\times 10^{-3}} = 1$$

$$2\theta_s = \frac{\pi}{4} \qquad \theta_s = \frac{\pi}{8} = 22.5^\circ$$

최대전단변형율; 식 (3.8.10)으로부터

$$\gamma_{max} = -(\varepsilon_{xx} - \varepsilon_{yy})\sin 2\theta_s + \gamma_{xy}\cos 2\theta_s$$

$$= -(0.4\times 10^{-3} - 0)\sin 45^\circ + (-0.4\times 10^{-3})\cos 45^\circ$$

$$= -0.566\times 10^{-3}$$

3.9 평면변형율에 대한 Mohr원

응력에서와 마찬가지로 식 (3.8.1)과 식 (3.8.5)로부터 θ를 소거하면

$$\left(\varepsilon - \frac{\varepsilon_{xx} + \varepsilon_{yy}}{2}\right)^2 + \left(\frac{\gamma}{2}\right)^2 = \left[\frac{1}{2}\sqrt{(\varepsilon_{xx} - \varepsilon_{yy})^2 + \gamma_{xy}^2}\right]^2 \tag{3.9.1}$$

이 식은 $[(\varepsilon_{xx} + \varepsilon_{yy})/2, 0]$을 중심으로 하고 $R = (1/2)\sqrt{(\varepsilon_{xx} - \kappa_{yy})^2 + \gamma_{xy}^2}$ 을 반지름으로 하는 원의 방정식이다. 식 (3.6.1)과 식 (3.9.1)을 비교해 보면 σ 대신 ε, τ 대신 $\gamma/2$로 치환시켜 놓은 식이다. 그러므로 응력에 관한 Mohr원에 σ 대신 ε을, τ 대신 $\gamma/2$로 대치시키면 그대로 변형율에도 사용할 수 있다는 결론을 얻는다.

작도법

주어진 변형율상태로부터 $(\varepsilon, \gamma/2)$ 좌표공간에 $P(\varepsilon_{xx}, \gamma_{xy}/2)$, $P'(\varepsilon_{yy}, -\gamma_{xy}/2)$를 취한 다음, 이 두 점을 연결하여 ε 축과 만나는 점 C를 중심으로 하고, CP를 반지름으로 원을 그리면 구하는 Mohr원이 된다. 기하학적 관계로부터

$$OC = \frac{1}{2}(\varepsilon_{xx} + \varepsilon_{yy})$$

$$CP = R = \sqrt{(\varepsilon_{xx} - \varepsilon_{yy})^2 + \gamma_{xy}^2}$$

가 되어 이 원은 식 (3.9.1)이 그리는 원이라는 것을 알 수 있다. 점 P는 x방향의 상태, 점 P'는 y방향의 상태에 대응한다.

x 축으로부터 반시계방향으로 θ 만큼 회전한 x' 축 방향의 수직변형율과 전단변형율

직경 CP로부터 2θ의 각도를 시계방향으로 돌려 QQ'을 그리면 Q점의 좌표가 x축으로부터 반시계방향으로 θ 만큼 회전한 $x'y'$ 좌표계에서 x' 축 방향의 수직변형율과 전단변형율 $\gamma_{x'y'}/2$의 값을 제시해준다. 그리고 Q'는 y' 축 방향의 수직변형율을 제시해 준다.

주변형율

이 원과 횡축(ε축)과의 교점을 A, B라 하면 OA, OB는 주변형율 ε_{I}, $\varepsilon_{\mathrm{II}}$를 나타낸다. CP와 횡축 사이의 각도 ϕ($|\phi| < \pi/2$ 되는 쪽으로 택한다)는 주변형율방향과 x축이 만든 각의 2배이다. 즉,

$$\theta_p = \frac{\phi}{2}$$

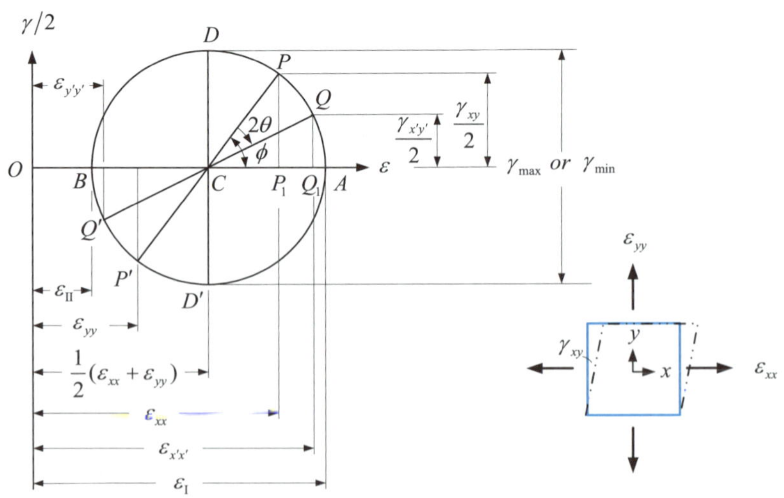

그림 3.15 변형율의 Mohr원

만일 CP로부터 횡축으로 회전하는 방향이 Mohr원에서 시계방향이면, 주변형율축은 x축으로부터 반시계방향으로 $\phi/2$ 만큼의 각도를 이루고, 만일 반시계방향이면 시계방향으로 $\phi/2$ 의 각도에 위치한다.

주전단변형율

Mohr원의 중심에서 종축에 평행하게 그은 연직선 DD'와 CP가 만드는 각도가 $\pi/2$ 보다 작은 쪽으로 D 또는 D'를 택하면, 이 점의 종좌표의 2배가 주전단변형율이 된다.

$$\gamma_{\max,\min} = \pm 2R = \pm\sqrt{(\varepsilon_{xx} - \varepsilon_{yy})^2 + \gamma_{xy}^2} \tag{3.9.2}$$

여기서 양의 값은 D에, 음의 값은 D'에 해당한다. 이 때 수직변형율은

$$\varepsilon_{x'x'} = \varepsilon_{y'y'} = \frac{\varepsilon_{xx} + \varepsilon_{yy}}{2} = \varepsilon_{av} \tag{3.9.3}$$

주전단변형율의 방향(주전단변형율이 되는 좌표계 $x'y'$의 x'축과 x축이 만드는 각도)은 CP로부터 CD까지 회전한 각도의 반만큼 Mohr원에서의 방향과 반대방향으로 x축으로부터 회전한 방향에 위치한다.

$$\theta_s = \frac{1}{2}\left(\frac{\pi}{2} - \phi\right) \qquad |\theta_s| < \pi/4$$

여기서도

$$\theta_s = \theta_p \pm \frac{\pi}{4}$$

이다.

예제 3.15 변형율에 관한 Mohr원

평면응력상태에 있는 강판의 한 점에서 변형율이

$$\varepsilon_{xx} = -200\times10^{-6} \qquad \varepsilon_{yy} = 1000\times10^{-6} \qquad \gamma_{xy} = 900\times10^{-6}$$

와 같이 주어진다. Mohr 원을 그리고, xy 좌표계로부터 시계방향으로 30° 회전한 좌표계 $x'y'$에 대한 변형율과 주변형율, 주전단변형율을 구하여라.

[풀이]

주어진 조건:

$$\varepsilon_{xx} = -200\times10^{-6}$$
$$\varepsilon_{yy} = 1000\times10^{-6}$$
$$\gamma_{xy} = 900\times10^{-6}$$

탐구사항:

(a) 시계방향으로 30° 회전한 $x'y'$ 좌표계에 대한 변형율성분

(b) 주변형율

(c) 주전단변형율

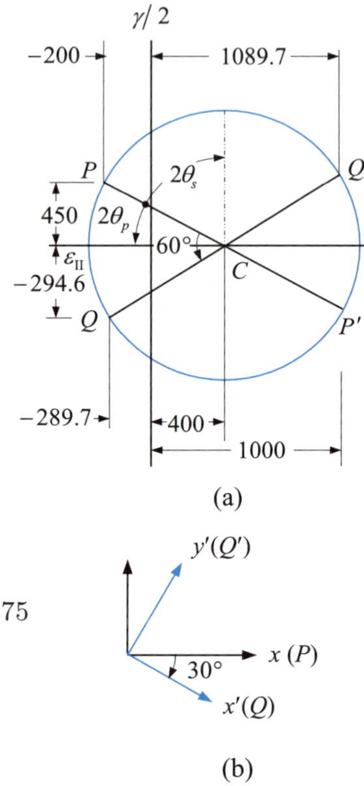

탐구내용:

작도

$P(-200,\ 450)$, $P'(1000,\ -450)$ 을 연결하고,

ε축과의 교점 C를 중심으로 하여 반지름

$$R = \frac{1}{2}\sqrt{(-200-1000)^2 + 900^2} = 750$$

로 그린다.

$$\tan 2\theta_p = \frac{\gamma_{xy}}{\varepsilon_{xx}-\varepsilon_{yy}} = \frac{900}{-200-1000} = -0.75$$

$$2\theta_p = -36.87^\circ, \qquad \theta_p = -18.43^\circ$$

$$\varepsilon_{av} = \frac{-200+1000}{2}\times 10^{-6} = 400\times 10^{-6}$$

$$\tan 2\theta_s = -\frac{\varepsilon_{xx}-\varepsilon_{yy}}{\gamma_{xy}} = -\frac{-200-1000}{900} = \frac{4}{3}$$

$$2\theta_s = 53.13^\circ \qquad \theta_s = 26.57^\circ$$

$2\theta_p$, $2\theta_s$ 는 모두 절대값이 $\pi/2$ 보다 작은 쪽으로 택한다.

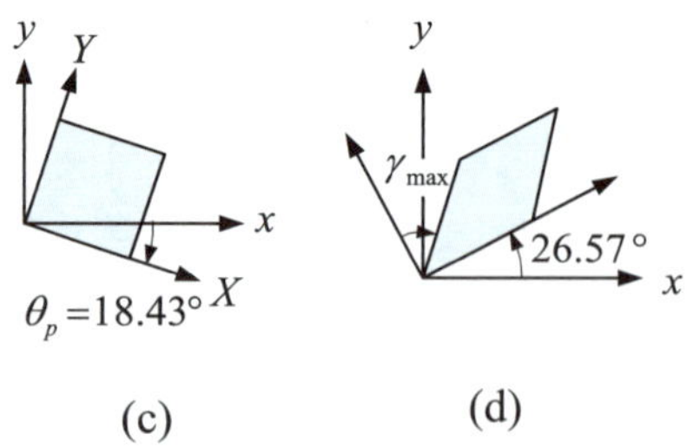

그림 E3.15

(a) 변형율

$$\varepsilon_{x'x'} = OC - R\cos 2\theta_p$$

$$= 400 - 750\cos(60 - 36.87^\circ) = -289.7\times 10^{-6}$$

$$\varepsilon_{y'y'} = OC + R\cos 2\theta_p$$

$$= 400 + 750\cos(60 - 36.87^{\circ}) = 1089.7 \times 10^{-6}$$

$$\gamma_{x'y'} = -2R\sin(60 - 36.87^{\circ})$$

$$= 12 \times 750 \times \sin 23.13^{\circ} = -589.2 \times 10^{-6}$$

(b) 주변형율

$$\sigma_{\mathrm{II}} = \varepsilon_{av} - R = 400 - 750 = -350 \times 10^{-6}$$

$$\sigma_{\mathrm{I}} = \varepsilon_{av} + R = 400 + 750 = 1150 \times 10^{-6}$$

(c)

$$\gamma_{\max} = 2R = 2 \times 750 = 1500 \times 10^{-6}$$

제3장 좌표축과 응력

연습문제

3A.1 다음은 내력에 관련한 정의 들이다. 맞지 않는 것은?

[가] 내력은 외력과 평형을 유지하기 위하여 부재 내부에 발생하는 분자간의 상호작용력

[나] 내력의 성분은 2개의 첨자를 사용하여 표기한다.

[다] 내력은 좌표의 양의 방향을 향할 때 양이다.

[라] 제1첨자는 작용하는 면을, 제2첨자는 작용하는 방향의 좌표를 나타낸다.

3A.2 다음은 보에 전달되는 내력(수직력, 전단력, 굽힘모멘트)을 표시한 그림이다. 양의 내력으로 옳게 표현된 그림은?

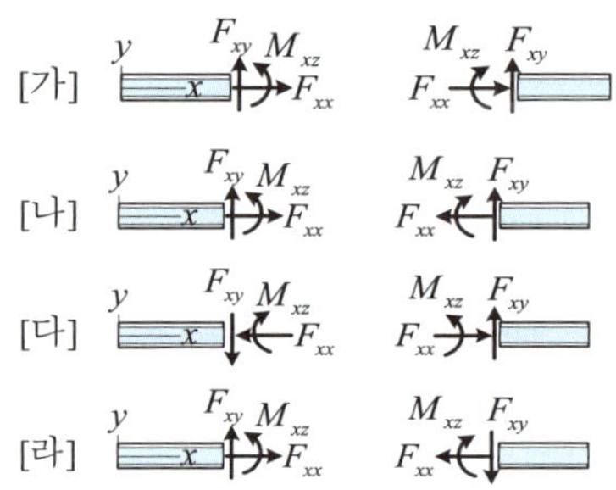

3A.3 다음 설명 중 맞지 않는 것은?

[가] 외력과 평형을 유지하기 위해서 재료 내부에 발생하는 모든 평형력을 내력이라 한다.

[나] 내력은 좌표축의 양의 방향을 향할 때 양, 음의 방향을 향할 때 음으로 정한다.

[다] 내력은 양의 면에 양의 방향, 음의 면에 음의 방향을 향할 때 양, 양의 면에 음의 방향, 음의 면에 양의 방향을 향할 때 음으로 정한다.

[라] 수직력, 전단력, 비틀림모멘트, 굽힘모멘트 등은 모두 내력에 속한다.

3A.4 한 평면에서 전단응력 τ_{xy}가 존재할 때 공액전단응력 τ_{yx}는?

[가] 하중상태에 따라 τ_{yx}는 발생할 수도 있고 안할 수도 있다.

[나] 공액전단응력 τ_{yx}는 반드시 발생하나 그 크기는 τ_{xy}와 무관하다.

[다] 하중상태에 따라 발생하지 않을 수 도 있지만 만일 발생한다면 반드시 $\tau_{xy} = \tau_{yx}$이다.

[라] τ_{xy}가 발생하면 반드시 τ_{yx}가 발생하고 $\tau_{xy} = \tau_{yx}$이다.

3A.5 다음은 응력을 정의한 말이다. 가장 옳은 표형은?

[가] 응력은 단위면적당 작용하는 내력의 크기이고, 한 점에 작용하는 응력은 9개의 성분을 갖는다.

[나] 응력은 단위면적당 작용하는 내력의 크기이고, 한 점에 작용하는 응력은 3개의 성분을 갖는다.

[다] 응력은 단위체적당 작용하는 내력의 크기이고, 한 점에 작용하는 응력은 9개의 성분을 갖는다.

[라] 응력은 단위체적당 작용하는 내력의 크기이고, 한 점에 작용하는 응력은 3개의 성분을 갖는다.

3A.6 다음은 xy 평면에 작용하는 평면응력을 정의한 말이다. 옳게 표현된 말은?

[가] x 및 y 방향의 수직응력 σ_{xx}, σ_{yy} 만이 작용하는 응력

[나] σ_{xx}, σ_{yy}, τ_{xy} 만이 작용하고 $\tau_{yx} = 0$ 인 응력

[다] σ_{xx}, σ_{yy}, σ_{zz}, $\tau_{xy} = \tau_{yx}$ 만이 작용하고 $\epsilon_{zz} = 0$,
$\tau_{yz} = \tau_{zy} = \tau_{zx} = \tau_{xz} = 0$ 인 응력

[라] σ_{xx}, σ_{yy}, $\tau_{xy} = \tau_{yx}$ 만이 작용하고, $\sigma_{zz} = 0$, $\tau_{yz} = \tau_{zy} = \tau_{zx} = \tau_{xz} = 0$ 인 응력이다.

3A.7 다음은 xy 평면에 발생하는 평면변형률을 정의한 말이다. 옳게 표현한 말은?

[가] x 및 y 방향의 수직변형률 ϵ_{xx}, ϵ_{yy} 만이 존재하는 변형률이다.

[나] ϵ_{xx}, ϵ_{yy}, γ_{xy} 만이 존재하고 $\gamma_{yx} = 0$ 인 변형률이다.

[다] ϵ_{xx}, ϵ_{yy}, $\gamma_{xy} = \gamma_{yx}$ 만이 존재하고 $\epsilon_{zz} = 0$, $\gamma_{yz} = \gamma_{zy} = \gamma_{zx} = \gamma_{xz} = 0$ 인 변형률이다.

[라] ϵ_{xx}, ϵ_{yy}, $\gamma_{xy} = \gamma_{yx}$ 만이 존재하고 $\sigma_{zz} = 0$이어야만 발생하는 변형률이다.

3A.8 다음 그림은 x y평면에서 양의 전단응력을 도시한 그림이다. 옳게 표현된 그림은?

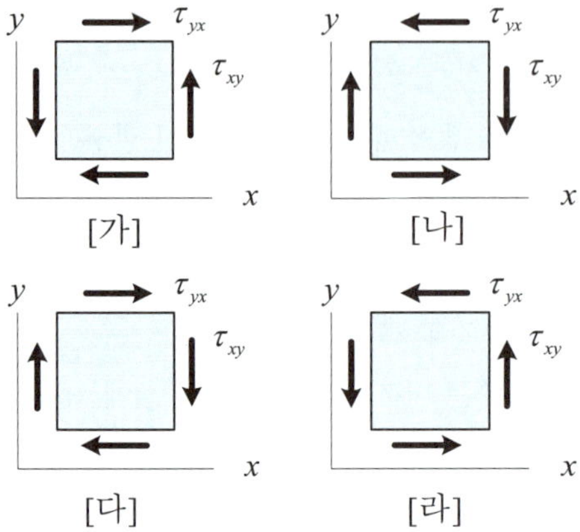

그림 문3A.8

3A.9 다음 설명은 주응력을 정의하는 말이다. 주응력의 정의에 해당되는 설명을 모두 골러라.

[가] 한 점에 작용하는 응력성분 중 극대 극소의 수직응력을 주응력이라 한다.

[나] 한 점에 작용하는 응력성분 중 절대치가 최대인 수직응력을 최대응력이라 한다.

[다] 전단응력이 발생하지 않는 면에 작용하는 수직응력을 주응력이라 한다.

[라] 전단응력이 최대인 면에 작용하는 수직응력을 주응력이라 한다.

3A.10 다음 설명 중 주응력의 특징이 아닌 것은?

[가] 주응력은 서로 직교하는 방향에서 발생한다.

[나] 한 점에 발생하는 응력 중 최대 및 최소의 응력은 주응력 중에 있다.

[다] 주면에는 전단응력이 작용하지 않는다.

[라] 인장응력 만이 주응력이 될 수 있다.

3A.11 다음 설명 중 주응력과 무관한 말은?

[가] 주면은 주응력에 수직한 면이다.

[나] 주응력 방향의 좌표축을 주축이라 한다.

[다] 주축은 서로 직교한다. 그러므로 주면도 서로 직교한다.

[라] 주응력은 인장응력으로만 작용한다.

3A.12 주면(princioal plane)에 대한 다음 글 중 옳은 것은?

[가] 주면에는 최대의 수직응력만이 작용하고 최소의 수직응력 및 전단응력은 작용하지 않는다.

[나] 주면에는 전단응력은 작용하지 않고 수직응력만 작용한다.

[다] 주면에는 전단응력만이 작용하고 수직응력은 작용하지 않는다.

[라] 주면에 작용하는 전단응력과 수직응력의 합응력은 0이다.

3A.13 xy 면에 발생하는 평면응력에서 모어의 응력원에 관한 설명 중 틀린 것은?

[가] 모어의 응력원의 반지름은 $(\sigma_1 - \sigma_2)/2$이다. σ_1, σ_2는 주응력이다.

[나] 면내최대전단응력의 세기는 응력원의 반지름이다.

[다] 주응력은 수직응력축과 응력원의 교점에 해당하는 응력이다.

[라] 최대전단응력은 $(\sigma_x + \sigma_y)/2$이다.

3A.14 그림 문 8A.14는 $\sigma_x > \sigma_y$, $\tau_{xy} > 0$인 평면응력상태를 그려놓은 응력원이다. 다음 중 맞는 것은?

[가] A점은 x_p면에, B는 y_p면에 대응하고, 대수적으로 큰 주응력 σ_1은 x_p축을, 작은 주응력 σ_2는 y_p축을 향한다. 그리고 면내최대전단응력은 $\tau_s = R$이고 양의 방향이다.

[나] A점은 x_p에, B는 y_p에 대응하고, 대수적으로 큰 주응력 σ_1은 y_p축을, 작은 주응력 σ_2는 x_p축을 향한다. 그리고 면내최대전단응력은 $\tau_s = -R$이고 음의 방향이다.

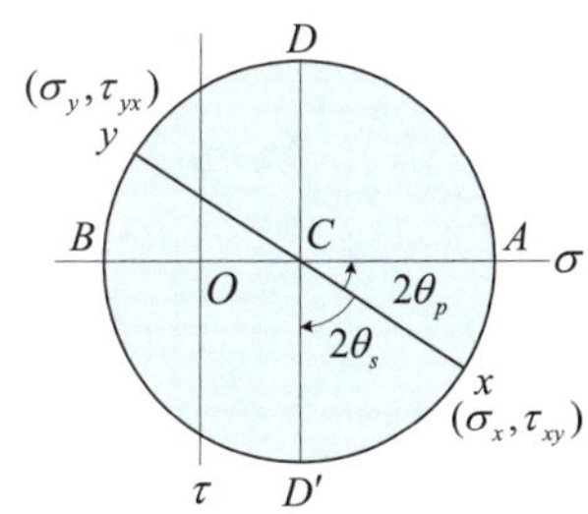

그림 문3A.14

[다] A점은 y_p에, B는 x_p에 대응하고, 대수적으로 큰 주응력 σ_1은 y_p축을, 작은 주응력 σ_2는 x_p축을 향한다. 그리고 면내최대전단응력은 $\tau_s = R$이고 양의 방향이다.

[라] A점은 x_p에, B는 y_p에 대응하고, 대수적으로 큰 주응력 σ_1은 x_p축을, 작은 주응력 σ_2는 y_p축을 향한다. 그리고 면내최대전단응력은 $\tau_s = -R$이고 음의 방향이다.

3A.15 그림 문3A.15는 $\sigma_y > \sigma_x > 0$, $\tau_{xy} > 0$인 평면응력을 그린 모어의 응력원이다. $x' y'$는 x y를 반시계방향으로 θ 회전시킨 좌표축, x_p y_p는 x y축을 θ_p 회전시킨 주축, x_s y_s는 x y축을 θ_s 회전시킨 최대전단응력축, σ_1, σ_2는 면내주응력이다. 올바르게 표현된 모어원은 어느 것인가?

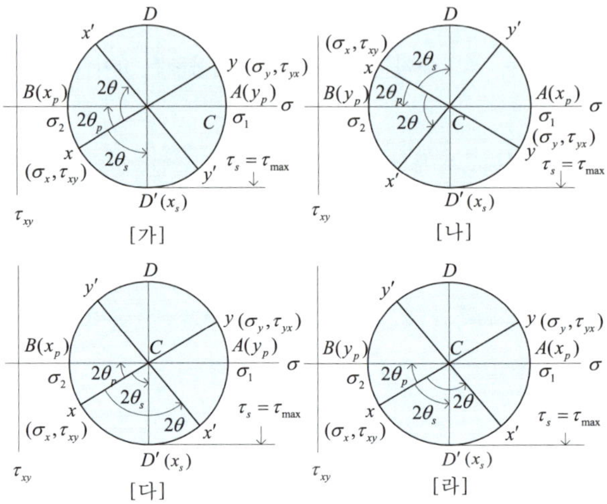

그림 문3A.15

3A.16 그림 문3A.16은 $\sigma_y > \sigma_x$, $\tau_{xy} < 0$인 평면응력상태를 그려놓은 응력원이다. 다음 모어원으로부터 얻은 결과 중 타당한 것은?

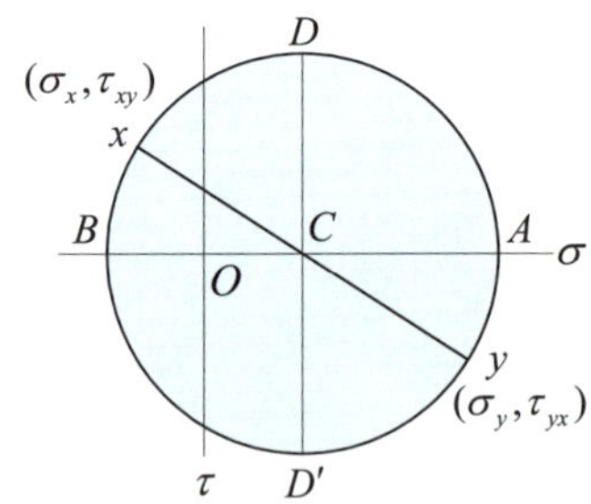

그림 문3A.16

[가] $2\theta_p = \angle ACy$, $2\theta_s = \angle yCD'$, σ_1은 A점의 횡좌표, 방향은 x_p방향, σ_2는 B점의 횡좌표, 방향은 y_p 방향, 면내최대전단응력은 D'의 종좌표로서 $\tau_s = R$이다.

[나] $2\theta_p = \angle BCx$, $2\theta_s = \angle xCD$, σ_1은 A점의 횡좌표, 방향은 y_p방향, σ_2는 B점의 횡좌표, 방향은 x_p방향, 면내최대전단응력은 D의 종좌표이고 $\tau_s = -R$이다.

[다] $2\theta_p = \angle BCx$, $2\theta_s = \angle ACy$, σ_1은 A점의 횡좌표, 방향은 x_p방향, σ_2는 B점의 횡좌표, 방향은 y_p방향, 면내최대전단응력은 D의 종좌표이고 $\tau_s = -R$이다.

[라] $2\theta_p = \angle BCx$, $2\theta_s = \angle xCD$, σ_1은 A점의 횡좌표, 방향은 x_p방향, σ_2는 B점의 횡좌표, 방향은 y_p방향, 면내최대전단응력은 D'의 종좌표이고 $\tau_s = R$이다.

3A.17 다음 설명 중 옳다고 생각되는 것은?

[가] 전단변형률 γ_{xy}는 x방향의 수직변형률 ϵ_{xx}와 y방향의 수직변형률 ϵ_{yy}의 크기의 차에 의하여 발생한다.

[나] 전단변형률 γ_{xy}는 x방향의 수직응력 σ_{xx}와 y방향의 수직응력 σ_{yy}의 차로 인하여 xy면이 찌그러질 때 발생한다.

[다] 전단변형률 γ_{xy}는 단지 전단응력 τ_{xy}에 비례해서 생긴다.

[라] 전단변형률 γ_{xy}는 수직응력 σ_{xx}, σ_{yy}와 전단응력 τ_{xy}에 비례해서 생긴다.

3A.18 다음 중 맞는 설면은?

[가] 공간응력 상태에서 변형률은 응력에 대응해서 9개의 성분을 갖는다.

[나] 공간응력 상태에서 변형률은 응력에 대응해서 3개의 성분을 갖는 벡터량이다.

[다] 공간응력 상태에서 변형률은 4개의 성분을 갖는다.

[라] 공간응력 상태에서 변형률은 6개의 성분을 갖는 다.

3A.19 다음은 전단변형률 γ_{xy}를 정의한 설명이다. 맞는 것은?

[가] 전단변형률 γ_{xy}는 x, y축에 각각 평행한 직교선소의 교각이다.

[나] 전단변형률 γ_{xy}는 x, y축에 각각 평행한 직교선소의 교각이 변형한 변형각의 정접(tangent)이다.

[다] 전단변형률 γ_{xy}는 xy면에 발생하는 모든 변형률이다.

[라] 전단변형률 γ_{xy}는 x, y축에 각각 평행한 직교선소의 교각이 변형한 후 얻어지는 교각의 정접(tangent)이다.

3A.20 다음은 재료의 파손기준을 설명한 것이다. 맞지 않는 설명은?

[가] 취성재료의 파손을 지배하는 응력은 전단응력, 연성재료의 파손을 지배하는 응력은 수직응력이다.

[나] 연성재료의 파손기준은 최대전단응력 이론이다.

[다] 취성재료는 수직응력이 극한강도에 도달할 때 파손한다.

[라] 미세스의 항복조건은 최대전단응력 이론을 변형에너지의 관점에서 나타낸 이론이다.

3A.21 축하중을 받는 단축부재에서 경사면에 발생하는 최대전단응력에 대한 설명 중 옳은 것은?

[가] 횡단면에서 수직응력과 같은 크기로 발생한다.

[나] 45°의 단면에 발생하고, 횡단면에 발생하는 수직응력과 같다.

[다] 45°의 단면에 발생하고, 횡단면에 발생하는 수직응력의 반이다.

[라] $\theta = 90°$의 면에 발생하고, 횡단면에 발생하는 수직응력과 같다.

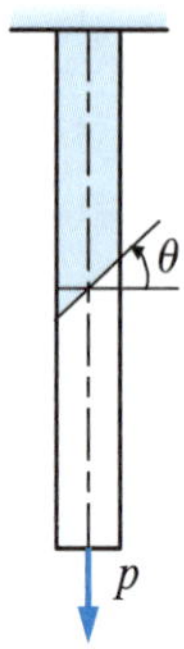

그림 문3A.21

3A.22 인장하중을 받는 봉 횡단면에 $\sigma_{xx} = 10\,\text{MPa}$의 응력이 발생할 때 횡단면과 30°의 경사를 갖는 면에 발생하는 수직응력은?

[가] 2.5 MPa [나] 5 MPa [다] 3.5 MPa [라] 7.5 MPa

[심화문제]

일축응력상태의 경사면에 발생하는 응력

3F.1 한변의 길이가 4 cm 의 정사각형 단면의 봉에 $P = 10\,\text{kN}$의 힘을 받는다. 축과 $\theta = 30°$ 경사진 면에 발생하는 응력상태를 구하여라.

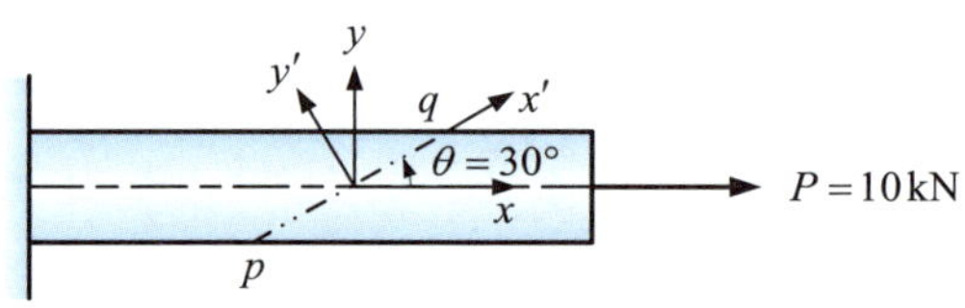

그림 문3F.1

3F.2 문 **3F.1**에서 x 축과 120° 경사진 단면 rs 에 작용하는 수직응력과 전단응력을 구하여라.

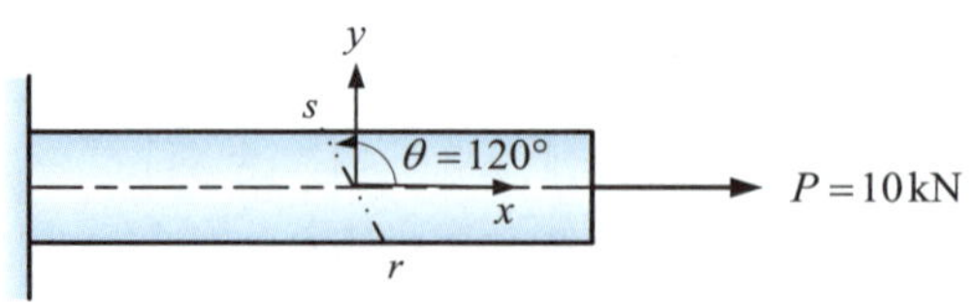

그림 문3F.2

3F.3 30 kN 의 축하중을 받은 지름 4 cm 의 환봉에서 축방향과 30˚의 각을 이루는 좌표계 $x'y'$ 에 대한 응력을 구하여라.

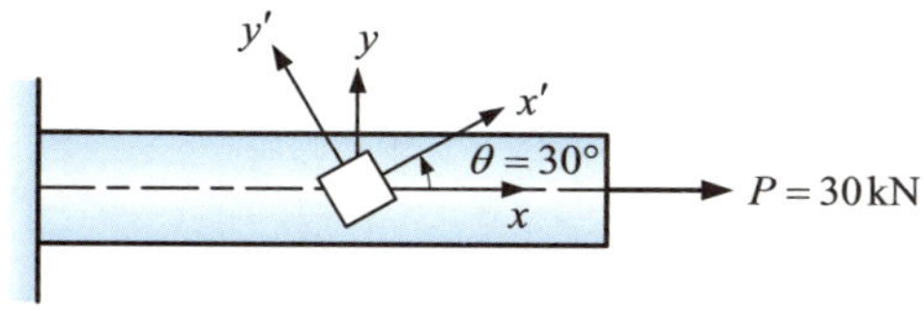

그림 문3F.3

3F.4 문 **3F.3**의 문제에서 압축하중이 걸릴 때에는 어떻게 되는가?

3F.5 지름 5 cm 의 환봉이 인장하중을 받아 횡단면과 30˚를 이루는 경사면에 29.4 MPa 의 전단응력이 발생하였다. 하중과 이 경사면에 작용하는 수직응력을 구하여라.

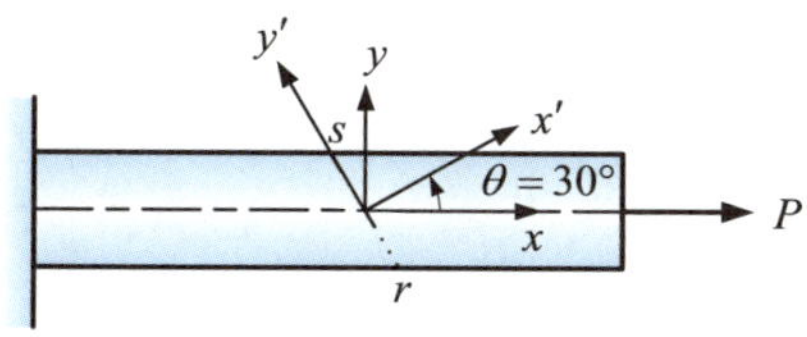

그림 문3F.5

2축응력

3F.6 두 응력 $\sigma_{xx} = 40\,\text{MPa}$, $\sigma_{\text{yy}} = 20\,\text{MPa}$ 의 응력상태에 있는 한 점에서 그림과 같이 $\theta = 30˚$ 회전한 단면에 발생하는 전단응력과 수직응력을 요소 pCD의 평형조건으로부터 구하여라.

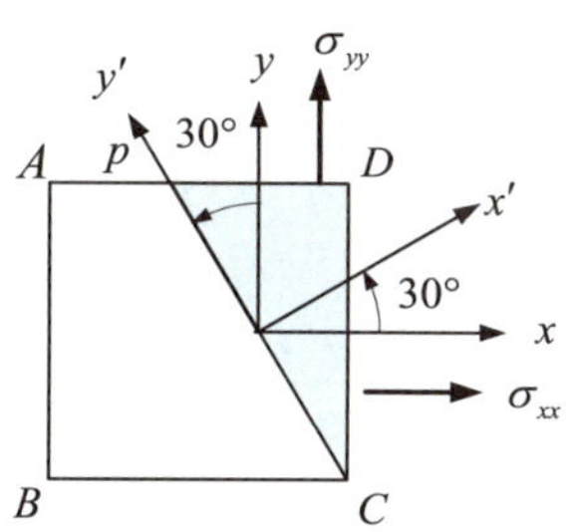

그림 문3F.6

3F.7 두 응력 $\sigma_{xx} = 40\,\text{MPa}$, $\sigma_{yy} = -20\,\text{MPa}$의 응력상태에 있는 한 점에서 그림과 같이 x축과 15°를 이루는 면에 발생하는 응력을 요소 BCp에 대한 평형조건으로부터 구하여라.

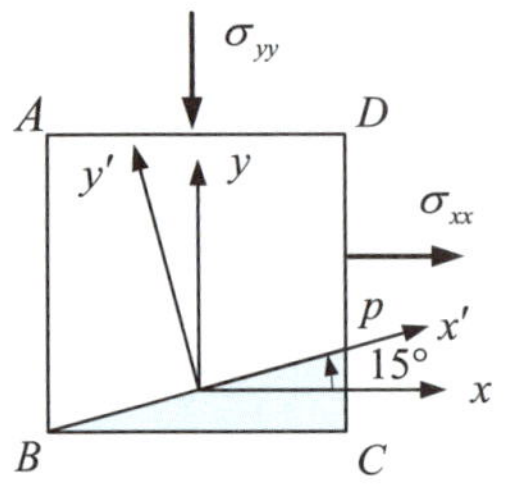

그림 문3F.7

3F.8 나무의 결이 그림과 같이 연직방향과 15°를 이룬다. 이 나무에 수직응력이 그림과 같이 작용할 때 나무 결 방향의 전단응력과 수직응력을 구하여라.

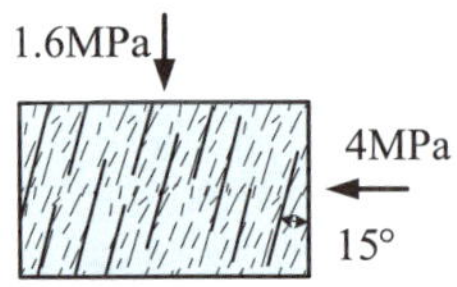

그림 문3F.8

응력 - 변형율 관계

3F.9 그림과 같이 경질고무($\nu = 0.5$)가 양쪽 막혀있는 연직벽 사이에서 연직 하방으로 균일하게 하중을 받아 $\sigma_{yy} = -20\,\text{MPa}$의 응력이 발생한다. 고무내에 발생하는 x방향의 응력, 최대전단응력을 구하여라. 단, z 방향으로는 자유로히 늘어날 수 있다고 가정한다.

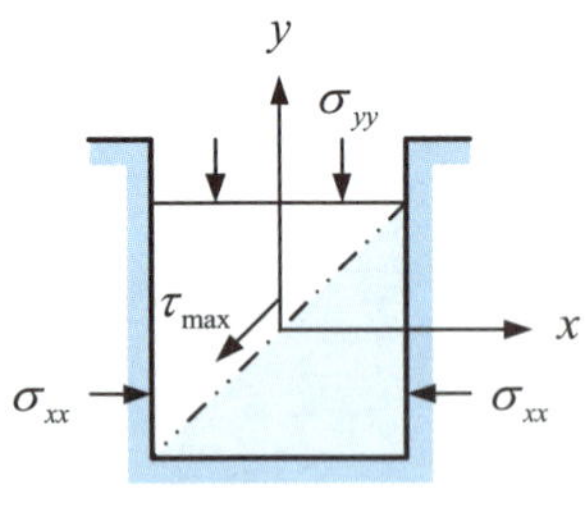

그림 문3F.9

3F.10 그림과 같은 직교좌표축에 가로방향으로 인장응력 10MPa, 세로방향으로 인장응력 6MPa이 작용한다. 이때 가로방향의 인장변형율을 단지 일축응력만으로 얻으려면 얼마의 응력으로 가능한가? 단, $E = 200\,\mathrm{GPa}$, $\nu = 0.3$이다.

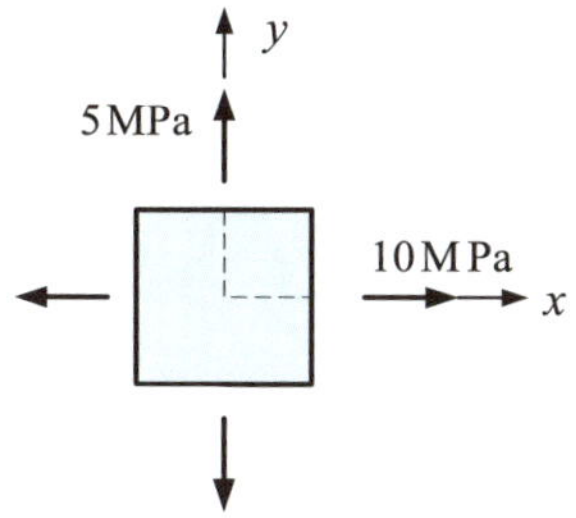

그림 문3F.10

3F.11 지름이 $d = 50\,\mathrm{mm}$인 고무로 만들어진 원주 A가 강으로 만들어진 원통 B 안에서 힘 $P = 5\,\mathrm{kN}$으로 압축된다. 고무의 포아송비를 0.45라 할 때 고무와 통 사이에 작용하는 압력 p를 구하여라.

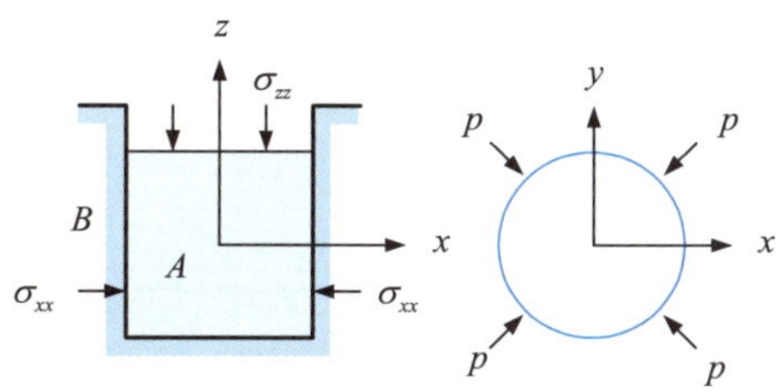

그림 문3F.11

평면응력의 해석

3F.12 그림과 같은 평면응력상태로부터 면 $a-a$에 작용하는 수직응력과 전단응력을 검게 칠한 요소의 평형조건으로부터 구하여라.

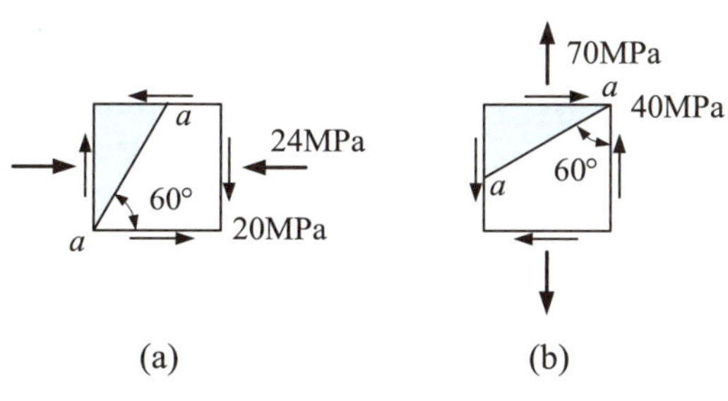

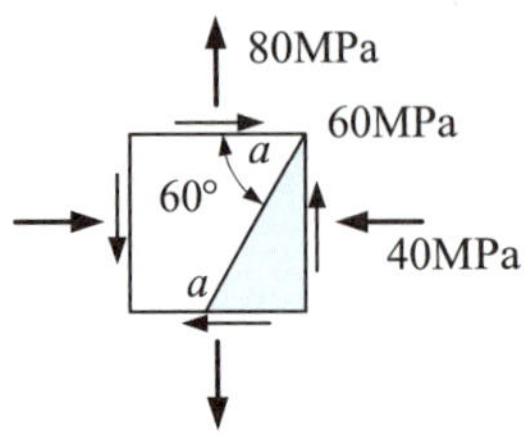

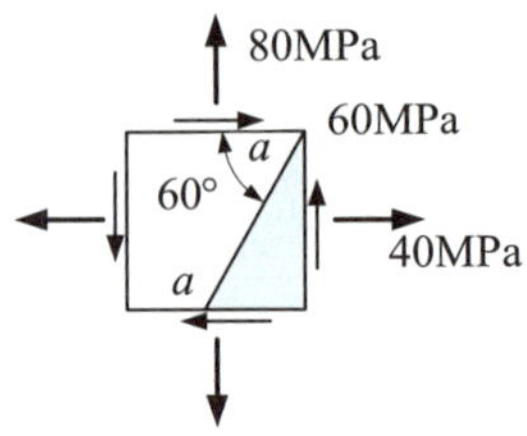

그림 문3F.12

3F.13 나무의 결이 그림과 같이 연직방향과 15°를 이룬다. 이 나무에 발생하는 응력상태가 그림과 같이 작용할 때 나무 결 방향의 전단응력과 수직응력을 구하여라.

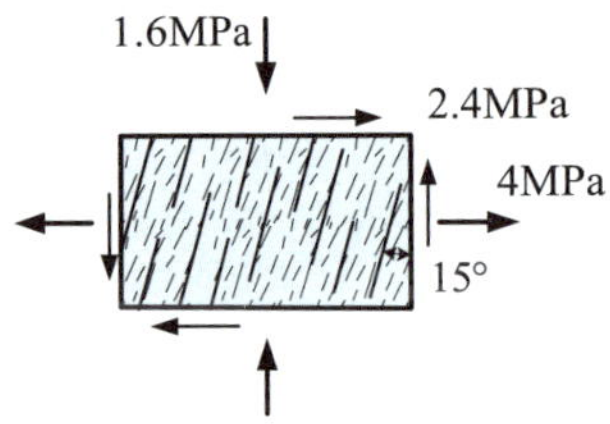

그림 문3F.13

3F.14 $x\,y$ 좌표계에서 그림과 같은 응력상태가 주어진다. 시계방향으로 35° 회전한 좌표계 $x'y'$ 에 대한 응력과 그 방향을 도시하여라.

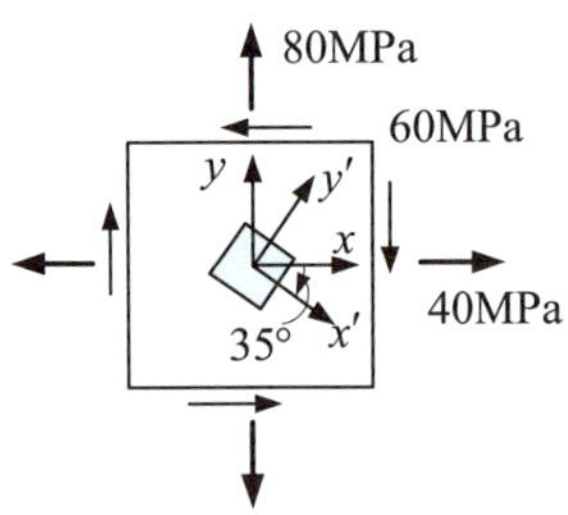

그림 문3F.14

주응력과 주전단응력

3F.15 그림 문3F.15와 같은 평면응력상태의 (i) 주면, (ii) 주응력을 구하여라.

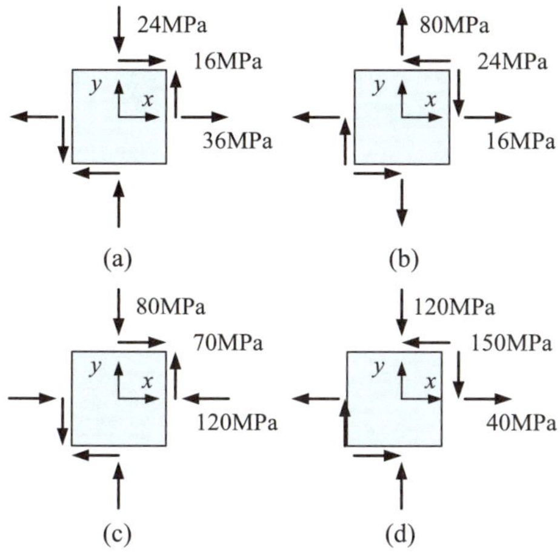

그림 문3F.15

3F.16 문 **3F.15**의 응력상태에 대하여 (i) 최대전단응력면, (ii) 최대전단응력, (iii) 수직응력을 구하여라.

응력 Mohr원

3F.17 문 **3F.15**의 평면응력상태에 대하여 주응력과 주전단응력을 Mohr 원으로부터 구하여라.

3F.18 그림 3F.18과 같은 평면응력상태에서 반시계방향으로 20° 회전한 좌표계 $x'y'$ 에 대한 응력을 Mohr 원으로부터 구하여라.

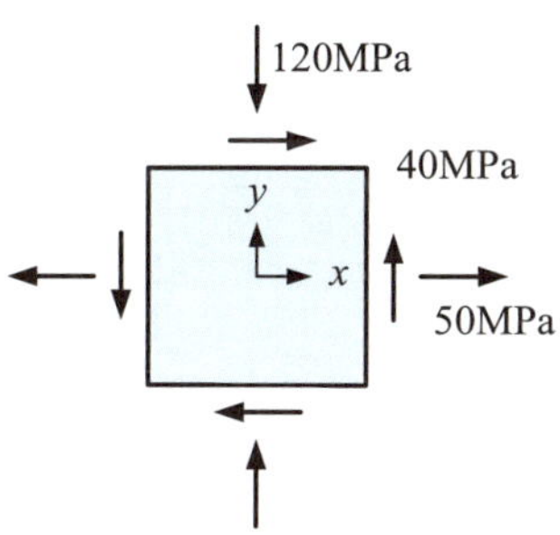

그림 문3F.18

변형율의 해석과 Mohr 원

3F.19 다음 그림은 90°의 블록이 변형한 각도를 그린 것이다. 각 블록에 대한 전단변형율 γ_{xy}를 구하여라.

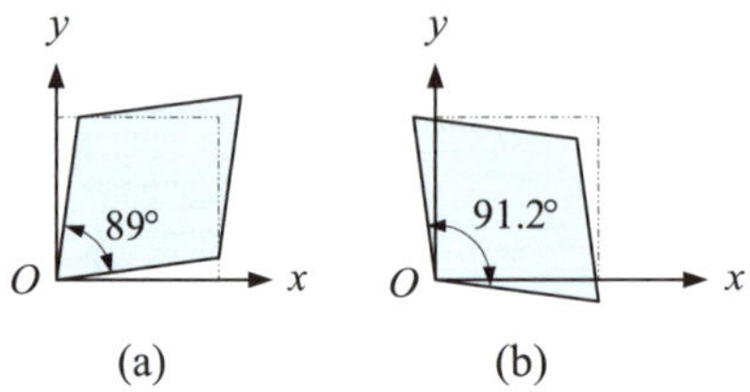

그림 문3F.19

3F.20 다음에 주어진 평면변형율상태에서 주어진 각도로 회전한 좌표축 $x'y'$에 대한 변형율을 구하여라.

(a) $\epsilon_{xx} = -600\,\mu,\ \epsilon_{yy} = 300\,\mu,\ \gamma_{xy} = 0,\ \theta = 15^\circ$

(b) $\epsilon_{xx} = -360\,\mu,\ \epsilon_{yy} = 0,\ \gamma_{xy} = 150\,\mu,\ \theta = -30^\circ$

(c) $\epsilon_{xx} = 0,\ \epsilon_{yy} = 800\,\mu,\ \gamma_{xy} = -250\,\mu,\ \theta = 30^\circ$

(d) $\epsilon_{xx} = -640\,\mu,\ \epsilon_{yy} = 360\,\mu,\ \gamma_{xy} = 160\,\mu,\ \theta = -25^\circ$

제 4 장 단면도형의 기하학적 성질

질점역학에서 물체의 운동변화(가속도)에 저항하는 관성의 척도는 질량(質量; mass)이다. 그러므로 뉴턴역학에서 질량을 관성질량이라 말한다. 또 곡선운동에 대한 관성의 척도는 관성모멘트(慣性모멘트; moment of inertia), 회전운동에 대한 관성의 척도는 극관성모멘트(極慣性모멘트; polar moment of inertia)이다. 그리고 질점역학에서 물체를 하나의 점으로 대표하기 위해서 중심(重心; center of gravity)을 정의하였다. 중심은 물체를 구성하는 각 점의 1차모멘트를 0으로 만드는 점이다.

재료의 변형에 있어서도 선형변형에 저항하는 관성은 단면의 면적(面積; area}이다. 같은 응력이 작용한다 하더라도 면적이 넓으면 면적에 비례해서 더 많은 힘을 요하기 때문이다. 또 굽힘과 비틀림에 대한 변형에 대한 관성은 면적의 관성모멘트와 극관성모멘트이다. 질량관성모멘트와의 구별을 요할 때에는 면적관성모멘트(moment of inertia of area)로 구별하면 된다. 면적도 질량과 같이 하나의 점으로 대표할 필요가 생긴다. 그리하여 면적을 한 점으로 대표할 수 있는 도심(圖心; centroid)을 정의한다. 도심도 면을 이루는 각 면소의 1차모멘트를 0으로 만드는 점이다.

이 장에서는 한 단면의 기하학에 대한 도심, 관성모멘트(상승모멘트 포함), 극관성모멘트를 정의하고, 관성모멘트의 좌표변환에 관해서 약술하기로 한다.

4.1 단면 1차모멘트와 도심

단면 1차모멘트

$x\,y$좌표계에서, 그림 4.1과 같이, 면소 dA의 좌표를 $(x,\ y)$라 할 때, 면소의 면적 dA에 각 좌표축으로부터의 거리를 곱한 값을, x 및 y축에 관한 면소 dA의 1차모멘트(first moment of area)라 정의한다. x 및 y축에 관한 dA의 1차모멘트를 각각 dQ_x, dQ_y로 표기하면

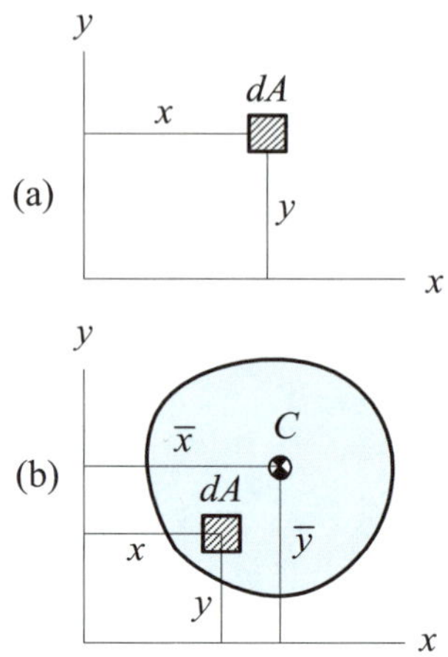

그림 4.1 단면 1차모멘트 (a) 점 (x, y)에 위치한 미소면적 dA, (b) 평면 A 의 도심

$$dQ_x = y\,dA \qquad dQ_y = x\,dA$$

또 전체 면적 A의 x 및 y축에 관한 1차모멘트는

$$Q_x = \int_A y\,dA \qquad Q_y = \int_A x\,dA$$

와 같이 정의한다.

도심

단일 도형의 도심

중심(重心)과 같이 면적을 한 점으로 대표할 수 있는 점을 **도심**(圖心; centroid)으로 정의한다. 도심의 좌표를 $(\bar{x}, \bar{y})$라 하면 다음과 같은 모멘트평형이 성립하여야 한다. 여기서 아래 첨자 x, y 는 기준 축을 나타낸다.

$$\bar{x}\,A = Q_y = \int_A x\,dA$$

$$\bar{y}\,A = Q_y = \int_A y\,dA$$

따라서 도은을 다음과 같이 얻을 수 있다.

$$\bar{x} = \frac{Q_y}{A} = \frac{1}{A}\int x\,dA \qquad \bar{y} = \frac{Q_x}{A} = \frac{1}{A}\int y\,dA \tag{4.1.1}$$

그림 4.1(b)에서 도형의 도심에 좌표 원점을 이동시키면, 위 식으로부터 단면 1차모멘트의 값이 영이 됨을 알 수 있다. 다시 말해서, 어떤 도형에 있어 $Q_x = Q_y = 0$이면 x, y축은 반드시 도심을 지난다.

예제 4.1 도심과 단면 1차모멘트

$b\times h$의 직사각형에서 좌표 원점을 그림 E4.1과 같이 모서리에 위치시켰을 때, 사각형 도형에 대한 단면 1차모멘트와 도심의 위치를 구하여라.

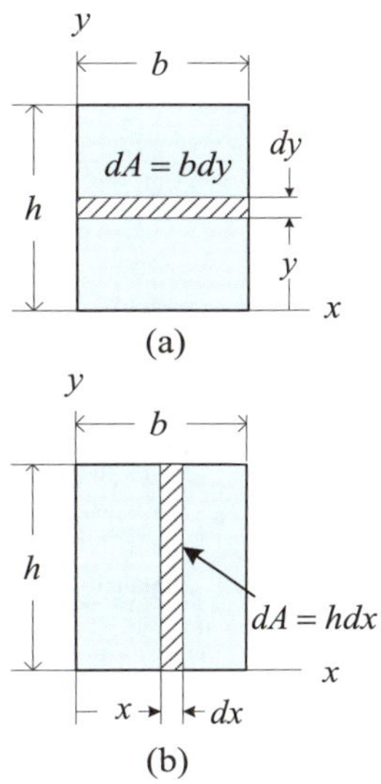

그림 E4.1

[풀이]

단면 1차 모멘트 Q_x;

그림 (a)를 참조하면, 면소는 $dA = b\,dy$이므로

$$Q_x = \int y\,dA = \int y \cdot b\,dy = b \cdot \left[\frac{1}{2}y^2\right]_0^h = \frac{1}{2}bh^2$$

단면 1차 모멘트 Q_y;

그림 (b)을 참조하면, 면소는 $dA = h\,dx$ 이므로

$$Q_y = \int x\,dA = \int x \cdot h\,dx = h \cdot \left[\frac{1}{2}x^2\right]_0^b = \frac{1}{2}hb^2$$

도심의 위치 $\bar{x}$, $\bar{y}$;

$$\bar{x} = \frac{Q_y}{A} = \frac{\frac{1}{2}hb^2}{bh} = \frac{b}{2}$$

$$\bar{y} = \frac{Q_x}{A} = \frac{\frac{1}{2}bh^2}{bh} = \frac{h}{2}$$

예제 4.2 도심과 단면 1차모멘트

그림과 같은 좌표축 위의 $b\times h$ 직사각 도형의 단면 1차 모멘트와 도심의 위치를 구하여라.

[풀이]

x축에 관한 단면 1차모멘트;

$$Q_x = \int_A y\,dA = \int_0^h y(b\,dy) = b\int_0^h y\,dy = b\left[\frac{1}{2}y^2\right]^{h_0} = \frac{1}{2}bh^2$$

y축에 관한 단면 1차모멘트;

$$Q_y = \int_A x\,dA = \int_a^{a+b} x(h\,dx) = h\int_a^{a+b} x\,dx = h\left[\frac{1}{2}x^2\right]^{a+b_a}$$

$$= h\left[\frac{1}{2}(a+b)^2 - \frac{1}{2}a^2\right] = h\left(\frac{1}{2}b^2 + ab\right)$$

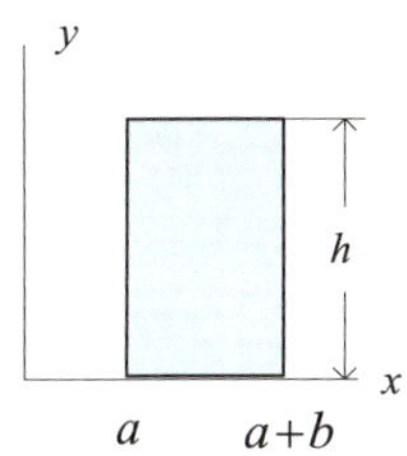

그림 E4.2

도심의 위치 $\bar{x}$, $\bar{y}$

$$\bar{x}=\frac{\int_A xdA}{A}=\frac{h\left(\frac{1}{2}b^2+ab\right)}{bh}=a+\frac{1}{2}b \qquad \bar{y}=\frac{\int_A ydA}{A}=\frac{\frac{1}{2}bh^2}{bh}=\frac{1}{2}h$$

복합단면의 도심

간단한 기하학적 도형의 집합으로 구성된 복합도형의 도심을 구할 필요가 있다. 그림 4.2는 복합도형의 예이고, 직사각형의 집합으로 구성되어 있다.

복합도형의 도심은, 먼저 도심이 주어진 간단한 기하도형으로 나누어, 다음과 같이 계산한다.

각 도형의 면적과 도심의 좌표를 각각 A_i, $(\bar{x}_i, \bar{y}_i)$라 할 때, 조합단면의 도심은

$$\bar{x}=\frac{\sum \bar{x}_i A_i}{\sum A_i} \qquad \bar{y}=\frac{\sum \bar{y}_i A_i}{\sum A_i} \tag{4.1.2}$$

이 방법을 그림 4.3의 단면에 적용하면 L자형 단면을 두 개의 직4각형으로 분할하여 A_1, A_2의 도심 C_1, C_2의 좌표를 각각 (x_1, y_1), (x_2, y_2)라 하면 전체 도형의 도심의 좌표 $\bar{x}$, $\bar{y}$는 다음과 같이 된다.

$$\bar{x}=\frac{x_1A_1+x_2A_2}{A_1+A_2}, \qquad \bar{y}=\frac{y_1A_1+y_2A_2}{A_1+A_2} \tag{4.1.3}$$

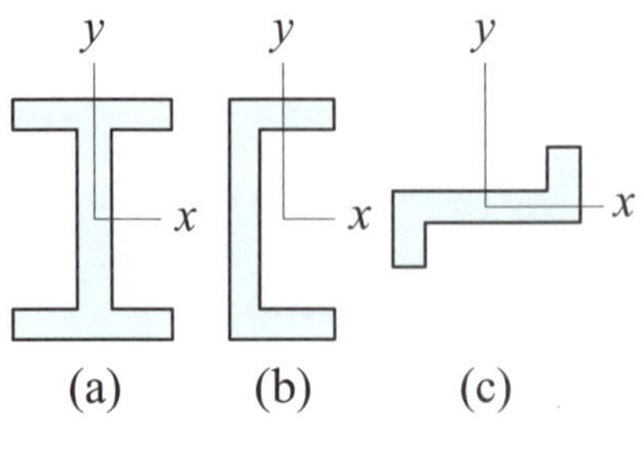

그림 4.2 복합 도형

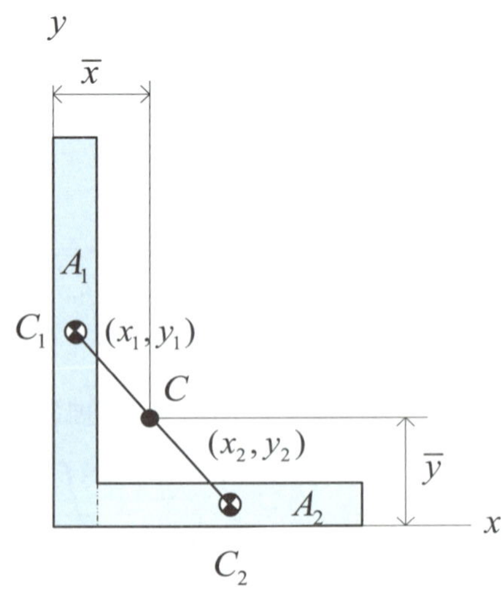

그림 4.3 복합평면의 도심

예제 4.3 복합도형의 단면 도심

그림과 같은 T형 단면의 도심을 구하여라.

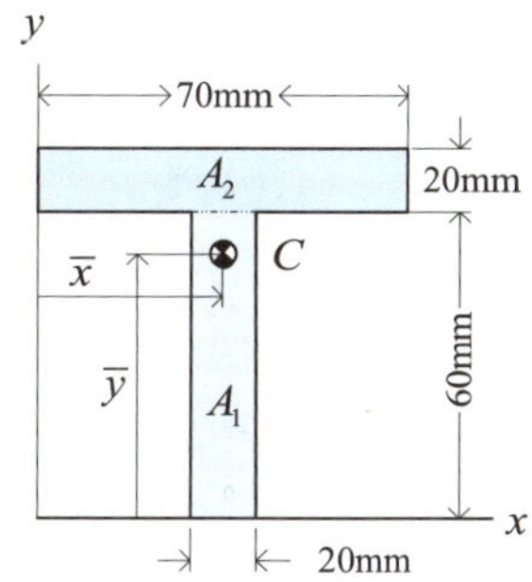

그림 E4.3

[풀이]

두 개의 직사각형으로 나눈 후 각각의 면적을 A_1, A_2라 하자.

$$A_1 = 20\text{mm} \times 60\,\text{mm} = 1200\ \text{mm}^2$$

$$A_2 = 70\,\text{mm} \times 20\,\text{mm} = 1400\ \text{mm}^2$$

각 단면의 도심의 y 좌표

$$y_1 = \frac{60\,\text{mm}}{2} = 30\ \text{mm}$$

$$y_2 = 60\,\text{mm} + \frac{20\,\text{mm}}{2} = 70\ \text{mm}$$

$$\bar{y} = \frac{y_1A_1 + y_2A_2}{A_1 + A_2} = \frac{1200 \times 30 + 1400 \times 70}{1200 + 1400} = 51.5\ \text{mm}$$

도심의 x 좌표

$$\bar{x} = 35\,\text{mm}\ \ (\text{대칭축})$$

예제 4.4 복합도형의 단면 도심

그림과 같은 앵글의 도심($\bar{x}$, $\bar{y}$)을 구하여라.

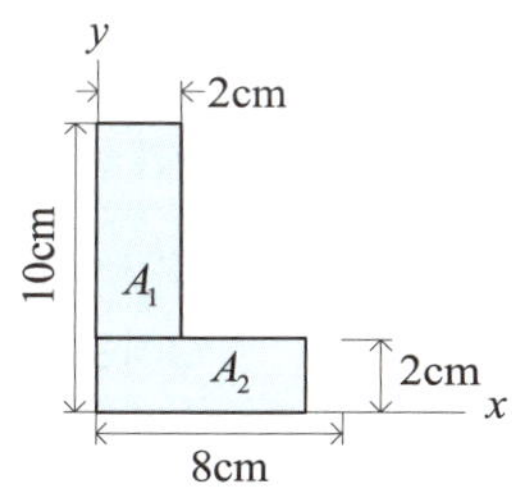

그림 E4.4 L형 단면

[풀이]

$$A_1 = 2 \times 8\ \text{cm}^2,\ A_2 = 8 \times 2\,\text{cm}^2$$

$$\bar{x} = \frac{\sum A_i x_i}{\sum A_i} = \frac{A_1x_1 + A_2x_2}{A_1 + A_2}$$

$$= \frac{8 \times 2 \times 4 + 2 \times 8 \times 1}{8 \times 2 + 2 \times 8} = 2.5\,\text{cm}$$

$$\bar{y} = \frac{\sum A_i y_i}{\sum A_i} = \frac{A_1y_1 + A_2y_2}{A_1 + A_2} = \frac{8 \times 2 \times 1 + 2 \times 8 \times (4+2)}{8 \times 2 + 2 \times 8} = 3.5\,\text{cm}$$

4.2 단면 2차모멘트

단면 관성모멘트

질점에 모멘트를 가하여 방향을 변화시킬 때, 관성모멘트가 크면 방향변화에 저항능력이 커진다. 마찬가지로 부재에 굽힘모멘트를 가하여 굽힐 때, 단면 2차모멘트가 크면 굽힘의 저항능력이 커진다. 이와 같이 부재의 굽힘에 대한 저항능력을 증진시키려면 단면의 관성모멘트를 크게 설계하여야 한다.

면적모멘트의 모멘트를 **단면 관성모멘트**(inertial moment of area)라 정의하고, 굽힘모멘트에 대한 굽힘 저항능력의 척도로 삼는다. $x\,y$면에서 x 및 y축에 관한 단면 관성모멘트를 각각 I_x, I_y로 표기하면 각각 다음과 같이 정의된다(그림 4.4).

$$I_x = \int y^2 dA \qquad I_y = \int x^2 dA \tag{4.2.1}$$

회전반경

임의 축에 관한 관성모멘트는 면적 A에 그 축으로부터 도심까지의 거리 r의 제곱을 곱한 $r^2 A$와 같게 하는 반지름 r을 정의할 수 있다. 이 때 r을 그 단면의 그 축에 관한 **회전반경**(回轉半徑; radius of gyration)이라 말하고, 다음과 같이 정의한다.

$$r_x = \sqrt{\frac{I_x}{A}}, \qquad r_y = \sqrt{\frac{I_y}{A}} \tag{4.2.2}$$

단면계수

그림 4.4와 같이 한 단면의 도심 C를 지나는 한 축을 x-x축이라 할 때, x-x축에 관한 단면 2차모멘트 I_x를 x-x축으로부터 상단 또는 하단까지의 거리 e로 나눈 값을 이 축에 대한 **단면계수**(斷面係數 : modulus of section)라 말하고, 보통 Z로 표기한다. 그러므로 도심을 지나는 축(x-x축)으로부터 단면 상단까지의 거리를 e_1, 하단까지의 거리를 e_2라 하면 단면계수는 다음과 같이 쓸 수 있다.

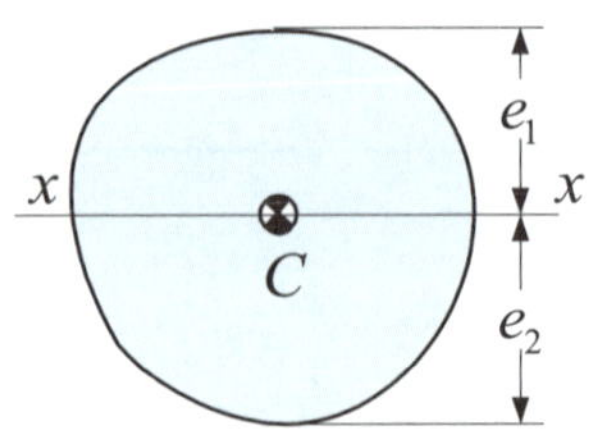

그림 4.4 단면계수

$$Z_1 = \frac{I_x}{e_1}, \qquad Z_2 = \frac{I_x}{e_2} \tag{4.2.3}$$

부재의 굽힘에 대한 저항능력은 관성계수에 비례하나 외각까지의 거리 e에 반비례한다. 그러므로 단면계수는 굽힘에 대한 저항능력을 나타내는 조합된 파라미터이다.

단면 극관성모멘트(극 단면 2차모멘트)

부재에 비틀림모멘트를 가하여 비틀고자 할 때, z축에 관한 면적모멘트의 모멘트로 정의되는 극관성모멘트가 크면 비틀기가 힘들어진다. 이와 같이 z축에 관한 면적모멘트의 모멘트를 단면의 **극관성모멘트**(極慣性모멘트; polar moment of inertia of a plane area) 또는 극단면2차모멘트로 정의하고, 비틀림 저항능력의 척도로 삼는다. 극관성모멘트를 식으로 표현하면 다음과 같다.

$$I_P = I_z = \int_A r^2 \, dA \tag{4.2.4}$$

여기서 r은 극점(z축)으로부터의 동경이다(그림 4-5 참조)

그림 4.5에서 $r^2 = x^2 + y^2$의 관계가 성립하므로

$$\begin{aligned} I_P &= \int_A r^2 \, dA = \int_A (x^2 + y^2)\, dA \\ &= \int_A x^2 \, dA + \int_A y^2 \, dA = I_x + I_y \end{aligned} \tag{4.2.5}$$

의 관계를 얻는다.

단면 상승모멘트

그림 4-5에서 점 (x, y)에 위치한 미소면소 dA에 좌표 x 및 y를 서로 곱한 $xy\,dA$를 전

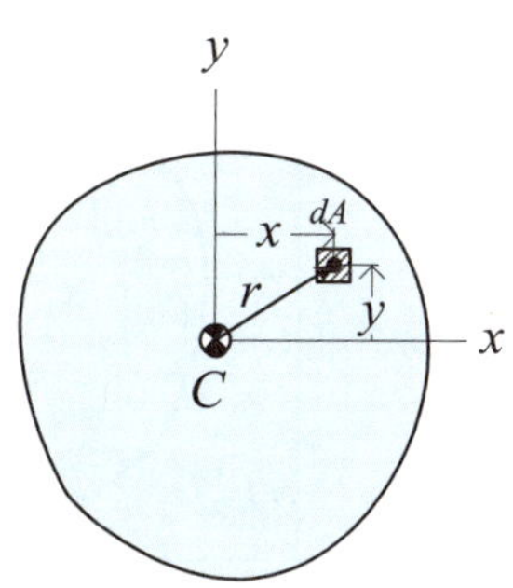

그림 4.5 극 단면 2차모멘트

체 도형 A에 대해 적분한 값을, 그 도형의 **상승모멘트**(product of inertia)라 정의하고, 보통 I_{xy}와 같이 표기한다. 정의에 의하여 단면 상승모멘트는

$$I_{xy} = \int_A x\,y\,dA \tag{4.2.6}$$

와 같이 된다.

단면의 대칭축에 관한 상승모멘트는 0이 된다. 이와 같이 상승모멘트가 $I_{xy} = 0$이 되는 직교축을 그 단면의 **단면주축**(斷面主軸; principal axis of area)이라 한다. 그러므로 대칭축을 포함하는 한 쌍의 직교축은 단면주축이 된다. 그러나 주축은 항상 대칭축을 포함해야한다는 말은 아니다.

2차모멘트의 평행축 정리

관성모멘트의 평행축 정리

그림 4.6과 같은 평면도형에서 도심 C를 원점으로 하는 x, y축에관한 단면 관성모멘트를 I_x, I_y, 도형 면적을 A라 할 때, x, y축으로부터 각각 거리 d_y, d_x만큼 떨어진 동일 평면 내의 평행축 X, Y축에 관한 관성모멘트 I_X, I_Y는 각각 다음과 같이 주어진다.

$$\begin{aligned} I_X &= I_x + A\,d_y^2 \\ I_Y &= I_y + A\,d_x^2 \end{aligned} \tag{4.2.7}$$

식 (4.2.7)로 주어지는 관계를 관성모멘트의 **평행축 정리**(平行軸定理; parallel axis theorem)라 한다.

이 정리는 관성모멘트의 정의로부터 쉽게 증명할 수 있다. 정의에 의하여

$$I_X = \int (y + d_y)^2 dA = \int y^2 dA + 2d_y \int y\,dA + \int d_y^2\,dA = I_x + d_y^2 A$$

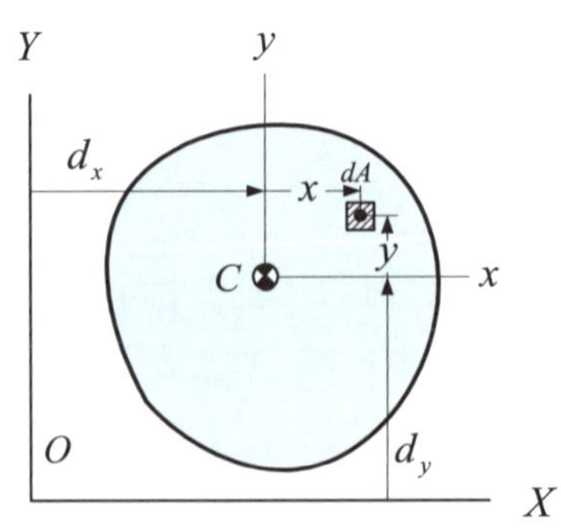

그림 4.6 관성모멘트의 평행축정리

$$I_Y = \int (x + d_x)^2 dA = \int x^2 dA + 2d_x \int x\,dA + \int d_x^2 dA = I_y + d_x^2 A$$

위 식에서 우변 제2항의 적분은 도심을 지나는 축에 관한 단면 1차모멘트이므로 0이 된다. 그리고 d_x, d_y는 각각 XY좌표계에 대한 xy좌표계 원점의 좌표이다.

극관성모멘트의 평행축 정리

도심점 C를 원점으로 하는 xy면에서 극점 C(z축)에 관한 극관성모멘트를 I_P라 할 때, 도심 C로부터 d만큼 떨어진 O(Z축)에 관한 극관성모멘트는 다음 식으로 주어진다.

$$I_O = I_P + d^2 A \tag{4.2.8}$$

상승모멘트의 평행축 정리

도심 C를 원점으로 하는 x, y축과 각각 d_x, d_y만큼 떨어진 평행축 XY축에 관한 상승모멘트는 다음과 같이 주어진다(그림 4.5 참조).

$$I_{XY} = I_{xy} + d_x d_y A \tag{4.2.9}$$

식 (4.2.9)의 관계를 상승모멘트의 평행축 정리라 한다. 여기서도 d_x, d_y는 좌표 원점의 좌표이다.

식 (4.2.9)의 관계도 정의.

$$I_{XY} = \int_A (x + d_x)(y + d_y)dA = \int_A xydA + d_x \int_A ydA + d_y \int_A xdA + d_x d_y \int_A dA$$

로부터 쉽게 얻을 수 있다

복합단면의 관성모멘트

평행축 정리를 활용하면, 간단한 기하도형으로 구성되어 있는 복합단면의 관성모멘트도, 도

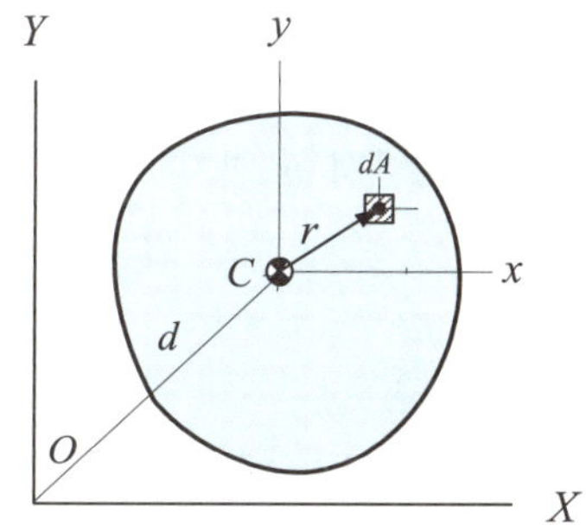

그림 4.7 극관성모멘트의 평행축정리

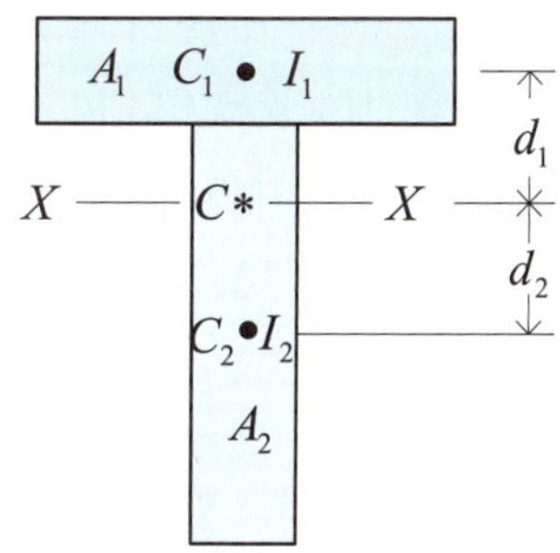

그림 4.8 T형 복합 단면

심과 같이, 쉽게 구할 수 있다.

예를 들면 그림과 같은 T형 단면의 도심점에 관한 관성모멘트는 직4각형 A_1의 $X-X$축에 관한 관성모멘트와 A_2의 $X-X$축에 관한 관성모멘트를 중첩시켜 얻는다. 그림에서 I_1은 A_1의 도심 C_1을 통과하는 $X-X$축에 평행한 축에 관한 관성모멘트, I_2는 C_2를 통과하는 축에 관한 A_2의 관성모멘트라 하면, T형 단면의 $X-X$축에 관한 관성모멘트는 다음과 같다.

$$I_{XX} = (I_1 + d_1^2 A_1) + (I_2 + d_2^2 A_2)$$

예제 4.5 직4각형의 관성모멘트

그림과 같은 직사각형에서 x, y축에 관한 관성모멘트 I_x, I_y를 구하여라.

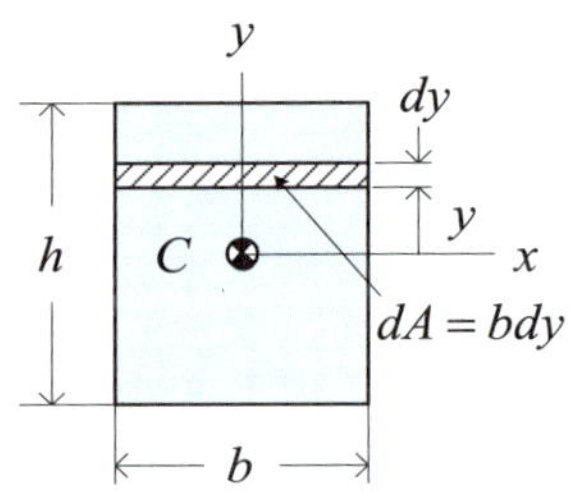

그림 E4.5

[풀이]

x축에 관해서 미소면적 $dA = b\,dy$ 이고, y를 $-h/2$에서 $h/2$ 까지 적분한다.

$$I_x = \int_A y^2 dA = \int_{-h/2}^{h/2} y^2 b dy = \frac{by^3}{3} \Big|_{-h/2}^{h/2} = \frac{bh^3}{12}$$

y축에 관해서 미소면적 $dA = h\,dx$ 이고, x를 $-b/2$에서 $b/2$ 까지 적분한다.

$$I_y = \int_A x^2 dA = \int_{-b/2}^{b/2} x^2 h dx = \frac{hx^3}{3} \Big|_{-b/2}^{b/2} = \frac{hb^3}{12}$$

예제 4.6 직4각형의 관성모멘트

그림과 같은 직사각형에서 y축에 대한 관성모멘트 I_y를 구하여라. 또한 도심을 지나는 AA축에 대하여 I_{AA}를 구하여라.

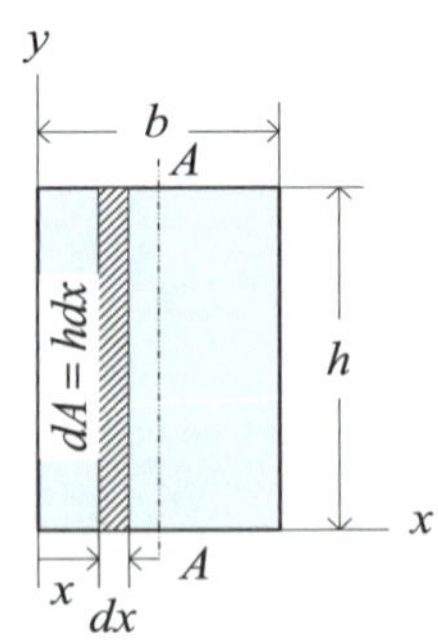

그림 E4.6

[풀이]

y축에 관해서 미소면적 $dA = h\,dx$ 이고, x는 0에서 b 까지 변화하므로

$$I_y = \int_A x^2 dA = \int_0^b x^2 h dx = \frac{hb^3}{3}$$

마찬가지로 AA축에 관해서 x는 $-b/2$ 에서 $b/2$ 까지 변화하므로

$$I_{AA} = \int_A x^2 dA = \int_{-\frac{b}{2}}^{\frac{b}{2}} x^2 h dx = \frac{hb^3}{12}$$

I_{AA}는 도심을 지나는 대칭축에 관한 관성모멘트이므로 앞 예제와 일치한다.

예제 4.7 원형 단면의 관성모멘트

그림과 같은 원형단면의 중심 O를 지나는 x, y축에 관한 관성모멘트 I_x, I_y를 구하여라.

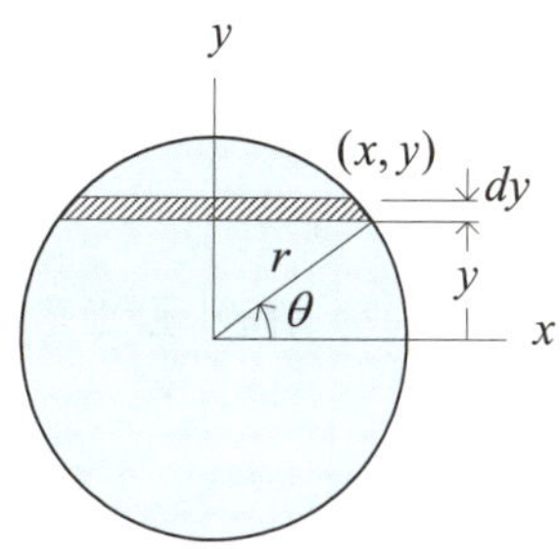

그림 E4.7

[풀이]

$$x = r\cos\theta,\quad y = r\sin\theta,\qquad dy = r\cos\theta d\theta,$$

$$dA = 2xdy = 2r\cos\theta\, r\cos\theta d\theta = 2r^2\cos^2\theta d\theta$$

$$I_x = \int_A y^2 dA = 2\int_0^{\frac{\pi}{2}} (r\sin\theta)^2 (2r^2\cos^2\theta d\theta)$$

$$= r^4 \int_0^{\frac{\pi}{2}} 4\cos^2\theta \sin^2\theta d\theta$$

$$= r^4 \int_0^{\frac{\pi}{2}} \sin^2 2\theta d\theta = r^4 \left[\frac{\theta}{2} - \frac{\sin 4\theta}{4\times 2}\right]_0^{\frac{\pi}{2}} = \frac{\pi r^4}{4} = \frac{\pi d^4}{64} = I_y$$

x 축과 y축에 대해 대칭이므로 $I_x = I_y$이다.

예제 4.8 원형단면의 극관성모멘트

지름이 d 인 원형단면에 중심 O에 관한 극관성모멘트를 구하여라.

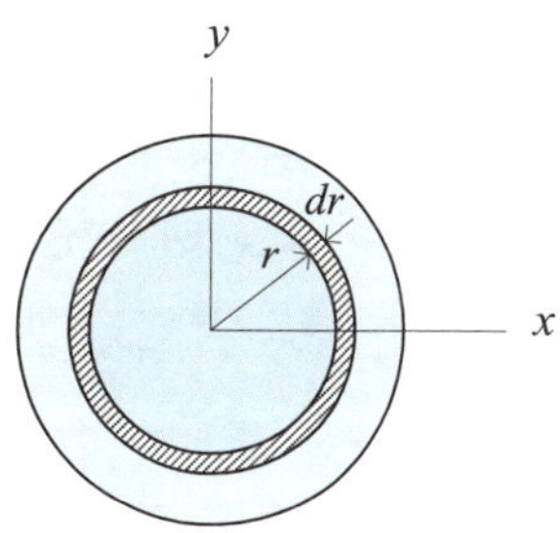

그림 E4.8

[풀이]

반지름 r, 두께 dr의 원륜을 미소 단면적을 dA라 하면, $dA = 2\pi r dr$ 이므로 식 (4.2.2)에 대입해서 적분한다.

$$I_p = \int_A r^2 dA = \int_0^{d/2} r^2 2\pi r dr = 2\pi \int_0^{d/2} r^3 dr$$

$$= 2\pi \left[\frac{r^4}{4}\right]_0^{d/2} = \frac{\pi d^4}{32}$$

혹은 예제 4.7과 식 (4.2.3)을 사용하여 계산하면

$$I_P = I_x + I_y = = \frac{\pi d^4}{64} + \frac{\pi d^4}{64} = \frac{\pi d^4}{32}$$

예제 4.9 극관성모멘트

그림과 같은 원형 단면에 대하여 x축에 대한 관성모멘트 I_x, y축에 대한 관성모멘트 I_y, 극관성모멘트 I_P를 구하여라.

[풀이]

x축에 관한 관성모멘트; 예제 4.7의 결과와 평행축 정리로부터

$$I_x = I_{x_c} + d_y^2 A = \frac{\pi d^4}{64} + \left(\frac{d}{2}\right)^2 \left(\frac{\pi d^2}{4}\right) = \frac{5\pi d^4}{64}$$

y축에 관한 관성모멘트;

$$I_y = I_{yc} + d_x^2 A = \frac{\pi d^4}{64} + \left(\frac{d}{2}\right)^2 \left(\frac{\pi d^2}{4}\right) = \frac{5\pi d^4}{64}$$

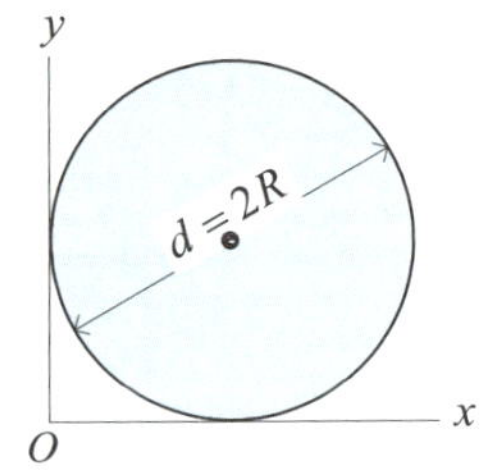

그림 E4.9

따라서 극관성모멘트는

$$I_{PO} = I_x + I_y = \frac{5\pi d^4}{32}$$

예제 4.10 상승모멘트

그림 E4.10에서와 같이 8cm×10cm인 직사각형의 관성 상승모멘트 I_{xy} 는 얼마인가?

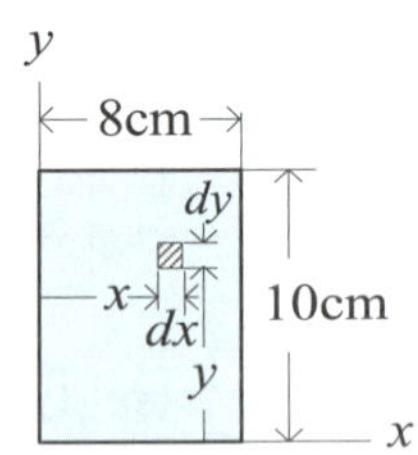

그림 E4.10

[풀이]

그림 E4.10에서 미소면적 $dA = dx\,dy$ 이고, 적분구간 x는 0에서 8까지 y는 0에서 10까지 변하므로

$$I_{xy} = \int_A xy dA = \int_A xy dx dy = \int_0^b \int_0^h xy dx dy$$

$$= \int_0^b x dx \int_0^h y dy$$

$$= \left[\frac{x^2}{2}\right]^{b_0} \int_0^h y\ dy = \frac{b^2}{2}\left[\frac{y^2}{2}\right]^{b_0} = \frac{b^2 h^2}{4} = \frac{8^2 \times 10^2}{4} = 1600\ \text{cm}^4$$

예제 4.11 상승모멘트

그림과 같은 원형 단면에 대한 상승모멘트 I_{XY} 는 얼마인가?

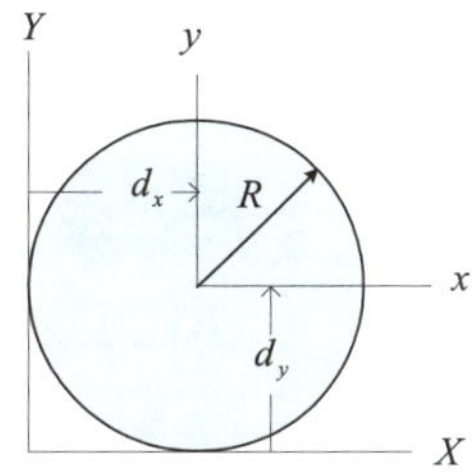

그림 E4.11

[풀이]

원 중심을 원점으로 하는 좌표축 x, y에 대하여 $I_{xy} = 0$이다.

따라서 평행축정리에 의하여

$$I_{XY} = I_{x_c y_c} + d_x d_y A = 0 + \left(\frac{d}{2}\right)\left(\frac{d}{2}\right)\left(\frac{\pi d^2}{4}\right) = \frac{\pi d^4}{16}$$

$$I_{XY} = \pi R^4 = \frac{\pi d^4}{16}$$

와 같이 표시된다.

예제 4.12 조합단면 관성모멘트

그림 E4.12의 빗금 친 부분의 $X-X$ 축에 관한 관성모멘트 I_{XX}를 구하여라.

[풀이]

단면의 기하학 $b \times h$, 직4각형의 대칭축에 관한 관성모멘트 $I = bh^3/12$, 원형단면의 중심축에 관한 관성모멘트 $\pi d^3/64$이다.

평행축 정리를 사용하여 사각단면과 원형단면의 $X-X$ 축에 관한 관성모우멘트를 구한다.

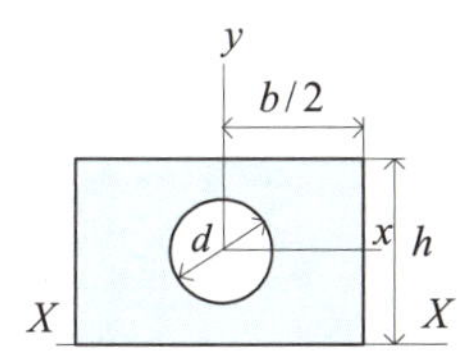

그림 E4.12 빗금친 부분의 관성모멘트

사각단면

$$(I_X)_1 = I_x + d_y^2 A = \frac{bh^3}{12} + \left(\frac{h}{2}\right)^2 (bh) = \frac{1}{3} bh^3$$

원형단면

$$(I_X)_2 = I_x + d_y^2 A = \frac{\pi d^4}{64} + \left(\frac{h}{2}\right)^2 \left(\frac{\pi d^2}{4}\right) = \left(\frac{\pi d^4}{64} + \frac{\pi d^2 h^2}{16}\right)$$

따라서

$$I_X = (I_X)_1 - (I_X)_2 = \frac{1}{3} bh^3 - \left(\frac{\pi d^4}{64} + \frac{\pi d^2 h^2}{16}\right)$$

제4장 기본개념과 정의

연습문제

[A] 기초문제

4A.1 지름 d 인 원의 중심축에 관한 관성모멘트는 $I = \pi d^4/64$ 이다. 외경 d_o, 내경 d_i 인 원통의 $X-X$축에 관한 관성모멘트는?

[가] $I_{XX} = \frac{\pi}{32}(d_o^4 - d_i^4)$

[나] $I_{XX} = \frac{\pi}{64}(d_o^2 - d_i^2)(d_o^2 + 5d_i^2)$

[다] $I_{XX} = \frac{\pi}{32}(d_o^2 - d_i^2)(d_i^2 + 5d_o^2)$

[라] $I_{XX} = \frac{\pi}{64}(d_o^2 - d_i^2)(d_i^2 + 5d_o^2)$

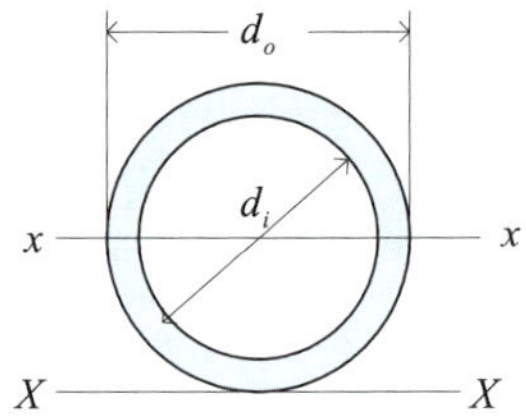

그림 문4A.1

4A.2 폭 b, 높이 h 인 직사각형의 도심축에 관한 관성모멘트는 $I_C = bh^3/12$ 이다. 도심축에 관한 회전반경은?

[가] $k_x = 0$

[나] $k_x = \frac{h}{2}$

[다] $k_x = \frac{h}{2\sqrt{3}}$

[라] $k_x = \frac{h}{\sqrt{3}}$

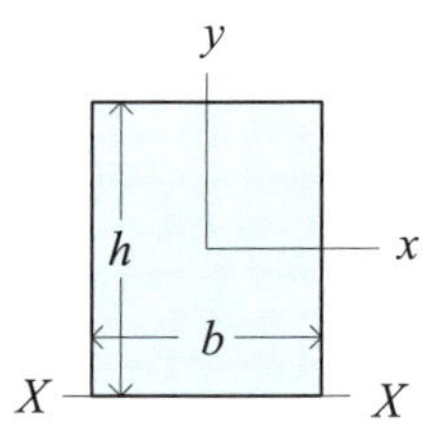

그림 문4A.2

4A.3 문 **4A.2**에서 밑변 XX축에 관한 회전반경을 구하여라.

[가] $k_X = 0$　　[나] $k_X = \frac{h}{2}$

[다] $k_X = \frac{h}{2\sqrt{3}}$　　[라] $k_X = \frac{h}{\sqrt{3}}$

4A.4 비대칭 I빔의 도심 y_C는?

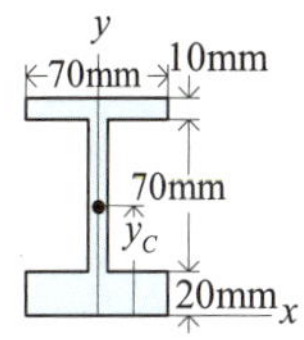

그림 문4A.4

[가] 35.5 mm

[나] 37.5 mm

[다] 42.5 mm

[라] 47.5 mm

4A.5 단면적 A인 단면의 임의 축 XX에 관한 관성모멘트를 I_{XX}라 할 때 도심을 지나는 이와 평행한 xx축에 관한 관성모멘트는? xx축과 XX축 사이의 거리는 d이다.

[가] $I_{xx} = I_{XX} + d^2A$

[나] $I_{xx} = I_{XX} - d^2A$

[다] $I_{xx} = I_{XX} + dA^2$

[라] $I_{xx} = I_{XX} - dA^2$

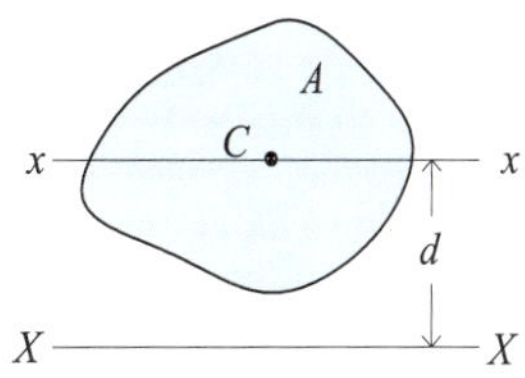

그림 문4A.5

4A.6 그림 문4A.5에서 $x-x$축에 관한 회전반경을 k_x, 거리 d만큼 떨어진 평행축 XX축에 관한 회전반경을 k_X라 하면 k_X와 k_x, d 사이의 관계는?

[가] $k_X = k_x + d$　　[나] $k_X^2 = k_x^2 + d^2$

[다] $k_X^2 = k_x^2 - d^2$　　[라] $k_X = \sqrt{k_x + d}$

4A.7 그림과 같이 1변의 길이 20 cm의 정방형에서 직경을 10 cm로 한 원의 면적을 뺀 빗금부분의 도심의 위치를 구하여라.

[가] 6.78

[나] 7.78

[다] 8.78

[라] 9.78

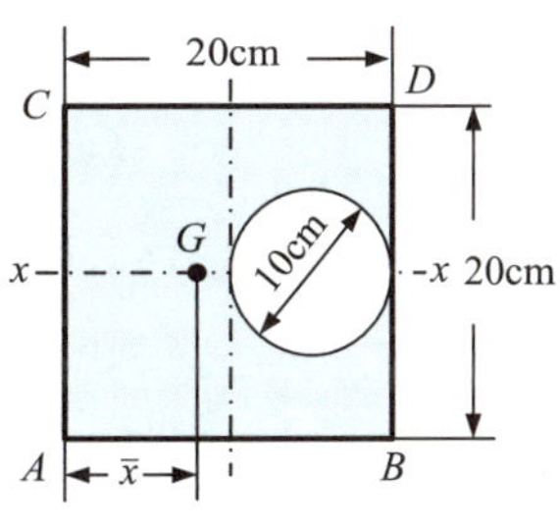

그림 문4A.7

4A.8 그림과 같이 큰 원의 반경을 직경으로 하는 원의 면적으로 뺀 나머지 면적에 대한 도심을 구하여라.

[가] $\frac{5}{6}R$

[나] $\frac{7}{6}R$

[다] $\frac{8}{6}R$

[라] $\frac{7}{8}R$

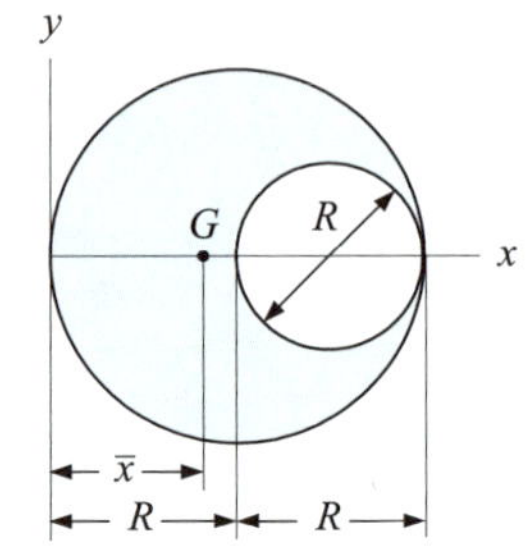

그림 문4A.8

4A.9 그림과 같은 단면(빗금 부분)의 x 및 y축에 관한 관성모멘트를 구하여라. 단 원의 중심을 통과하는 축에 관한 관성모멘트는 $I_C = \pi d^4/64$ 이다.

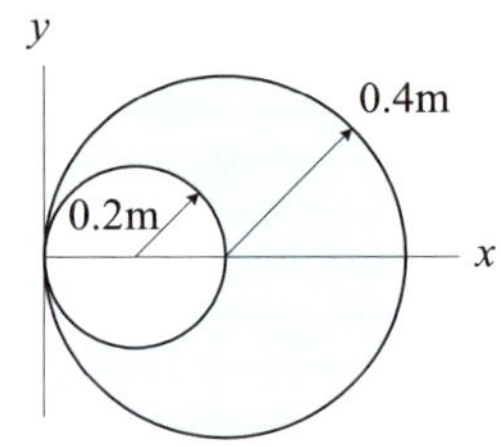

그림 문4A.9

[가] $I_x = 20.25 \times 10^{-3}\,\mathrm{m}^4$ $I_y = 101.25 \times 10^{-3}\,\mathrm{m}^4$

[나] $I_x = 18.85 \times 10^{-3}\,\mathrm{m}^4$ $I_y = 94.25 \times 10^{-3}\,\mathrm{m}^4$

[다] $I_x = 17.85 \times 10^{-3}\,\mathrm{m}^4$ $I_y = 89.25 \times 10^{-3}\,\mathrm{m}^4$

[라] $I_x = 16.25 \times 10^{-3}\,\mathrm{m}^4$ $I_y = 81.25 \times 10^{-3}\,\mathrm{m}^4$

4A.10 문 **4A.9**의 단면에서 x축에 관한 단면계수를 구하여라.

[가] $Z_x = 0.0506\,\mathrm{m}^3$ [나] $Z_x = 0.0471\,\mathrm{m}^3$

[다] $Z_x = 0.0446\,\mathrm{m}^3$ [라] $Z_x = 0.0406\,\mathrm{m}^3$

4A.11 다음 설명 중 맞지 않는 것은?

[가] 관성모멘트의 단위는m^4 이다.

[나] 3각형의 도심은 밑변으로부터 1/3 높이에 위치한다.

[다] 단면계수는 도심축에 관한 관성모멘트를 도심축으로부터 상 하단까지의 거리로 나눈 값이다.

[라] 회전반경은 도심축에 관한 관성모멘트를 단면적으로 나눈 값이다.

4A.12 단면의 주축에 대한 다음 설명 중 잘못된 것은?

[가] 주축은 항상 대칭축을 포함한다.

[나] 주축에 관한 단면상승모멘트는 0이다.

[다] 주축에 관한 관성모멘트 중 하나는 최대, 다른 하나는 최소가 된다.

[라] 대칭축은 언제나 주축이 된다.

4A.13 다음 중에서 그 값이 항상 0이 되는 것은 어느 것인가?

[가] 구형단면의 회전반경

[나] 원형단면의 단면계수

[다] 도심축에 관한 단면 1차모멘트

[라] 도심축에 관한 단면 2차모멘트

4A.14 단면주축에 관한 설명 중 옳은 것은?

[가] 주축에서는 단면 상승모멘트가 최대이다.

[나] 주축에서는 단면 상승모멘트가 최소이다.

[다] 주축에서는 단면 상승모멘트가 0이다.

[라] 주축에서는 단면 2차모멘트가 0이다.

[심화문제]

도심과 관성모멘트

4F.1 그림과 같은 T자형 단면의 x축에 관한 1차모멘트와 도심 y_C를 계산하여라.

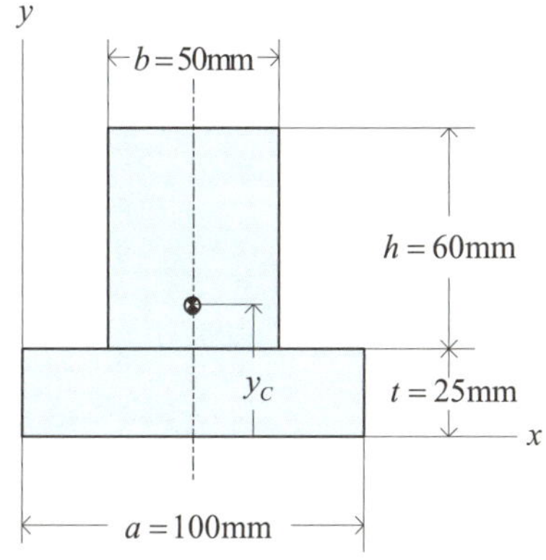

그림 문4F.1

4F.2 그림과 같은 L자형 단면의 x 및 y축에 관한 면적 1차모멘트와 도심의 좌표를 구하여라.

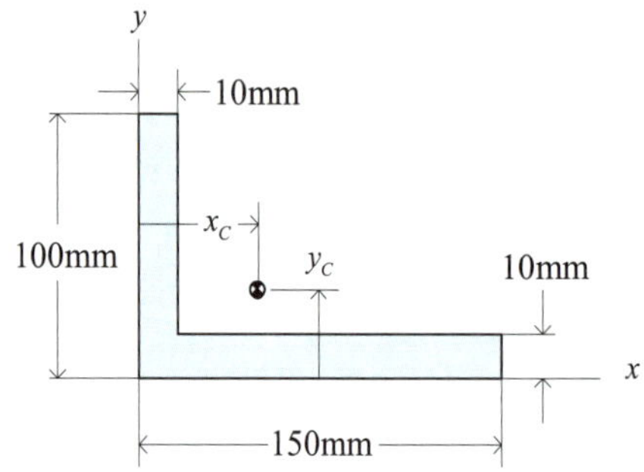

그림 문4F.2

4F.3 그림과 같은 단면의 도심을 구하여라. 또 $a = 50\text{mm}$, $t = 10\text{mm}$ 일 때 도심을 계산하여라.

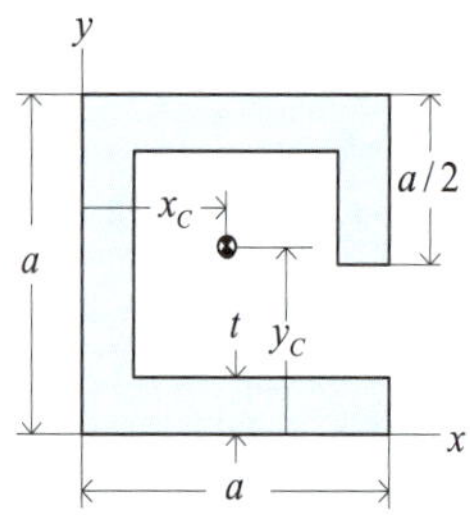

그림 문4F.3

4F.4 그림과 같은 부등변 H빔의 도심 y_C를 구하여라. 또 $a = 150\text{mm}$, $b = 100\text{mm}$, $h = 150\text{mm}$, $t = 10\text{mm}$ 일 때 도심의 좌표를 계산하여라.

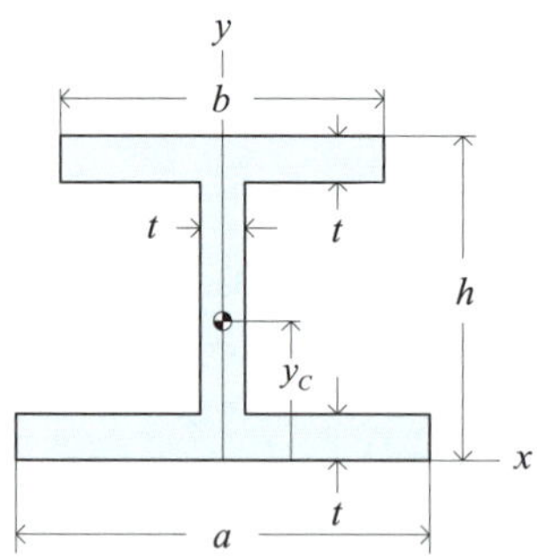

그림 문4F.4

4F.5 밑변 b, 높이 h인 2등변삼각형의 도심과 x축에 관한 관성모멘트를 구하여라. 또 도심을 지나는 x축에 평행한 X축에 관한 관성모멘트를 계산하여라.

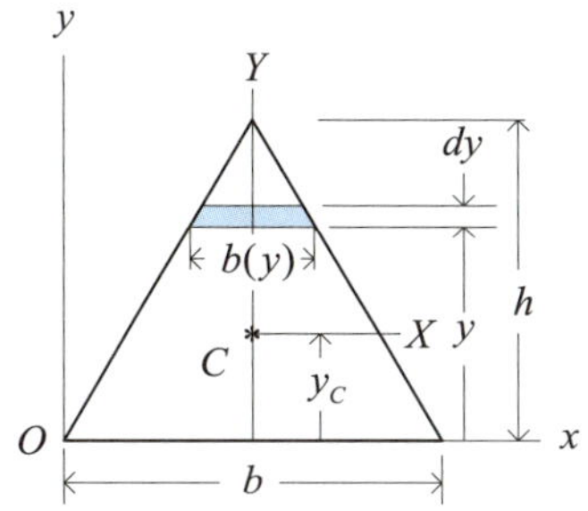

그림 문4F.5

4F.6 그림과 같은 등변사다리꼴의 도심 y_C와 x축에 관한 관성모멘트 I_x를 구하여라.

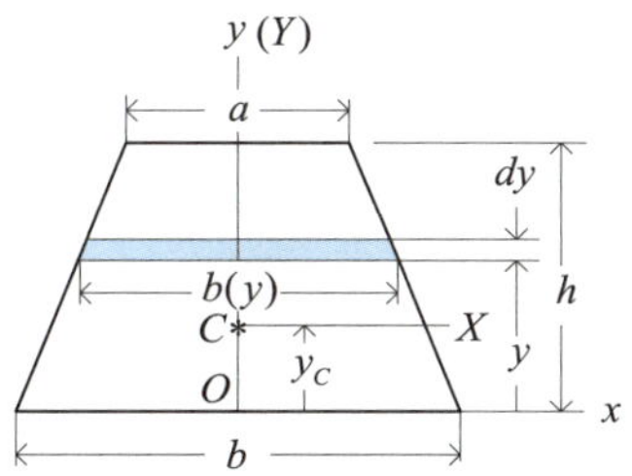

그림 문4F.6

4F.7 밑변 b, 높이 h인 2등변삼각형의 대칭축 Y축에 관한 관성모멘트를 계산하여라. 밑변 b, 높이 h인 직4각형의 관성모멘트는 $I = bh^3/12$이다.

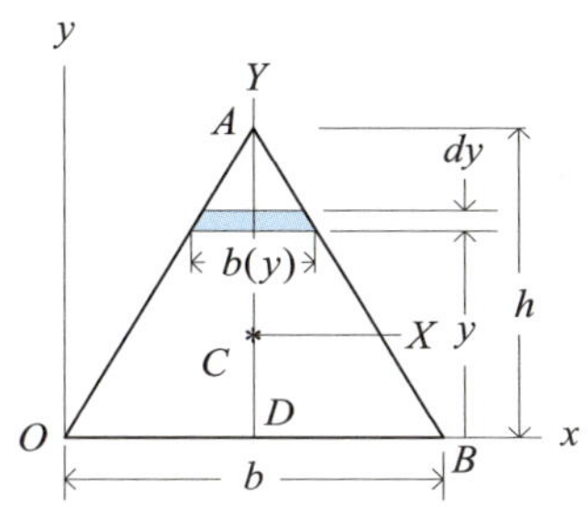

그림 문4F.7

4F.8 반지름 a인 원형단면의 중심을 지나는 x축에 관한 관성모멘트와 단면계수를 구하여라.

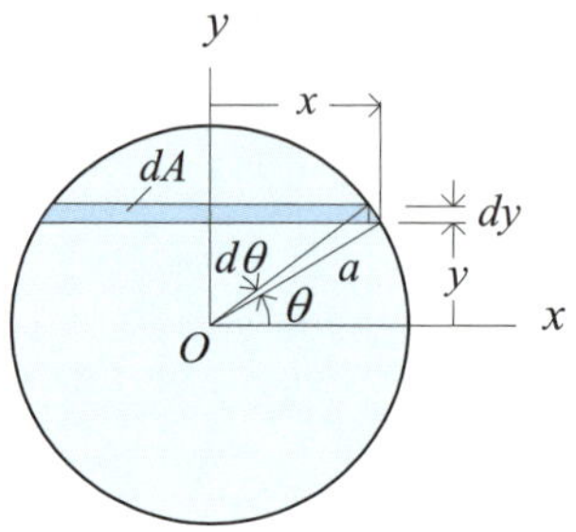

그림 4F.8

4F.9 $b \times h$의 직4각형 도심을 원점으로 하는 좌표축 x, y에 대하여 상승모멘트 I_{xy}를 계산하고, 평행축정리를 사용하여 I_X, I_Y, I_{XY}를 구하여라.

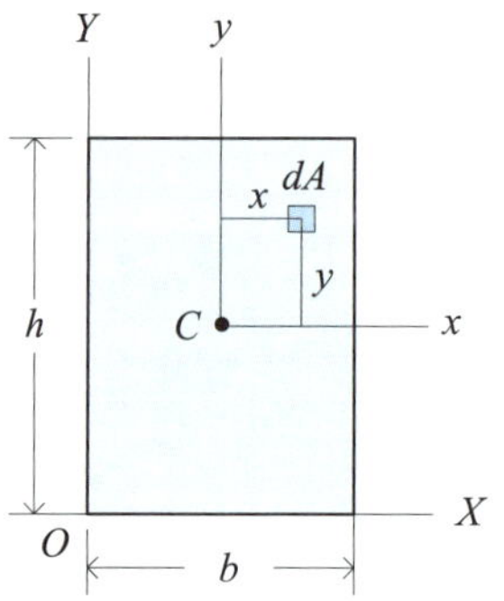

그림 문4F.9

4F.10 그림과 같은 T자형 단면의 밑변에 관한 관성모멘트를 구하여라. 이 결과와 평행축정리를 사용하여 계산한 관성모멘트와 비교하여라.

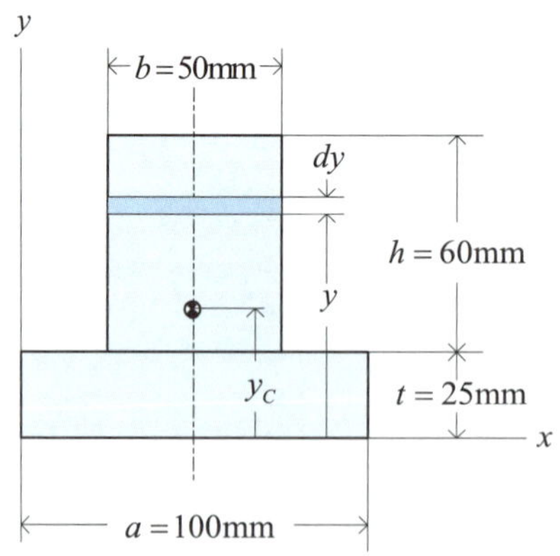

그림 문4F.10

4F.11 그림과 같은 L형 단면의 도심 $(x_C,\ y_C)$를 계산하고, x축에 관한 관성모멘트를 계산한 다음, 평행축 정리를 사용하여 계산한 결과와 비교하여라. 단 $b \times h$인 직4각형의 도심축에 관한 관성모멘트는 $I_C = bh^3/12$이다.

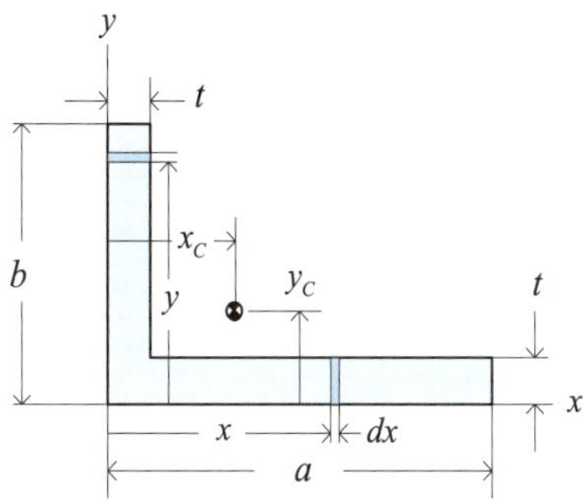

그림 문4F.11

4F.12 $b \times h$ 4각형의 도심축에 관한 관성모멘트는 $I_C = bh^3/12$이다. 평행축정리를 사용하여 x 및 y축에 관한 관성모멘트와 도심축에 관한 관성모멘트를 구하여라. 단 $a = 100\,\text{mm}$, $h = 150\,\text{mm}$, $t = 10\ \text{mm}$ 이다.

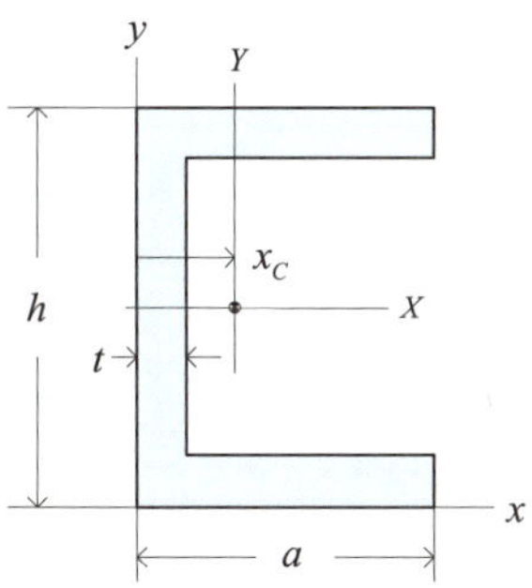

그림 문4F.12

4F.13 그림과 같은 L형 앵글의 관성모멘트 I_x, I_y, I_{xy}를 구하고, 주축과 최대, 최소 관성모멘트를 구하여라.

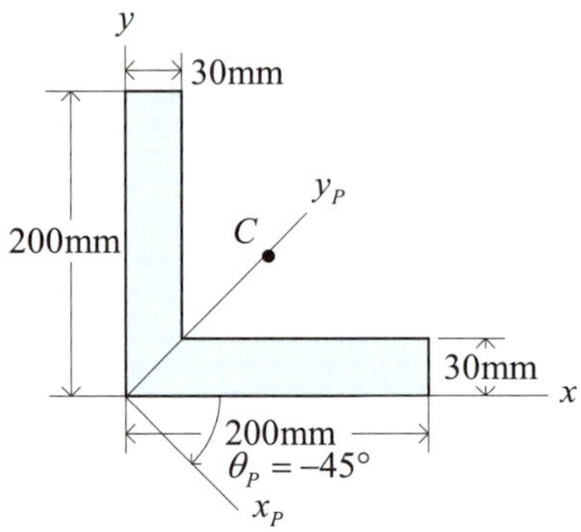

그림 4F.13

제 5 장 비틀림

축하중을 받는 부재에 발생하는 수직응력과 전단응력의 발생기구를 이미 1장과 2장에서 설명하였다.

우리들이 매일 이용하고 있는 자동차나 전차(지하철)는 수많은 기계부품과 모두 동력원(動力源)을 가지고 있다. 자동차의 동력원은 엔진(engine)이고, 전차의 동력원은 모터라는 것은 여러분들이 잘 알고 있다. 자동차나 전차를 움직이게 하려면 이들 동력원에 에너지를 주어(엔진은 연료, 전차는 전기) 동력을 발생케 하고, 발생된 동력을 차륜(車輪)에 전달시켜야한다. 이와 같이 동력을 전달시키려면 회전축을 통하지 않으면 안 된다. 자동차는 차체 하상(下床)에 추진축(推進軸 : propeller shaft or drive shaft)이 있고, 전차는 치차열(齒車列 : gear train)을 연결해 주는 연동축이 있다.

동력을 전달하는 전동축은 자동차나 전차가 움직이기 시작할 때 관성과 마찰 때문에 회전을 방해하려는 저항력을 받게 된다. 이 저항력이 있음으로 해서 전동축에는 비틀림(torsion)이라는 현상이 나타나고, 비틀림은 전동축 재료내에 응력을 발생케 한다.

이 장에서는 전동축에 비틀림이 생길 때, 비틀림 현상과 내부에 발생하는 응력의 발생기구를 상세히 공부하여 보기로 한다.

5.1 원형축의 비틀림

5.1.1 비틂력의 전파와 전단력

그림 5.1과 같이 탄성체로 만들어진 원형축의 일단을 벽에 고정시키고, 타단에 붙어있는 핸들을 두 손으로 회전시키면 축에는 비틀림이 발생한다. 이 때 두 손으로부터 핸들에 가해진 한 쌍의 접선력 P를 비틂력(twisting force) 또는 우력(偶力 : couple force)이라 하고, 이 우력은 축에 비틀림모멘트(twisting moment) 혹은 토크(torque)

$$T = PD \tag{5.1.1}$$

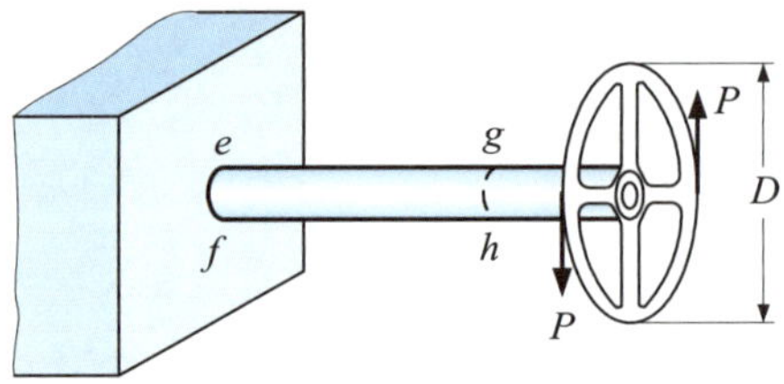

그림 5.1 원형단면축의 비틀림

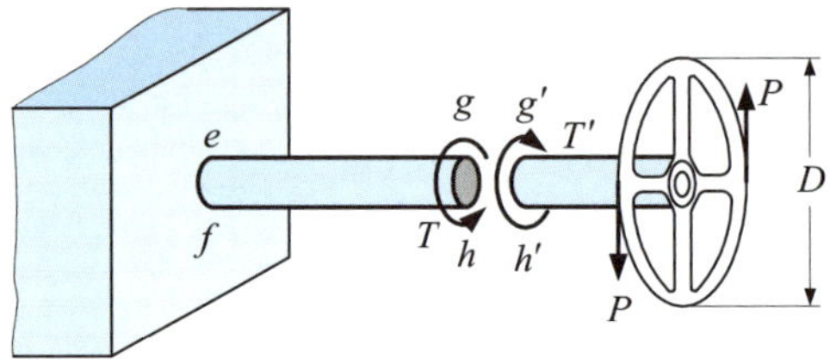

그림 5.2 비틀림모멘트의 전파

를 유발시킨다. 여기서 D는 우력의 암(arm)이다.

이 비틀림모멘트 T는 축을 통하여 경계까지 전파한다. 경계를 이루는 축 타단에서 벽은 크기가 같고 향방이 반대인 저항모멘트 T'를 축에 반력으로 가해져, 이 모멘트가 다시 축을 통하여 전파하면서 축은 평형을 이룬다. 평형상태에서

$$T + T' = 0 \tag{5.1.2}$$

의 관계가 성립한다.

그림 5.2는 비틀림모멘트의 전파과정을 나타낸 그림이다. 축의 임의단면 gh를 가상 절단하여 $efgh$를 고립시켜, 이 고립계에 전파되는 비틀림모멘트를 살펴보면, 손으로 핸들을 돌려 가한 토크 T는 단면 $g'h'$ 내의 분자를 통하여 단면 gh에 그대로 전파된다. 반면에 단면 gh 내 분자는 $g'h'$ 내의 분자에 이와 크기가 같고 향방이 반대인 저항토크 T'를 가한다(그림 5.2).

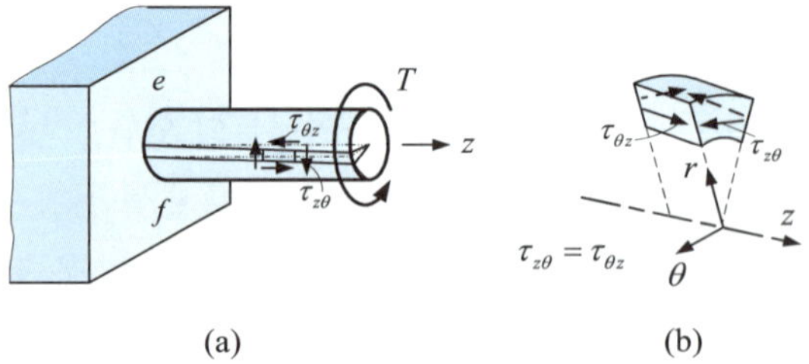

그림 5.3 비틀림에 의한 전단응력 발생. (a) 비틀림을 받는 원형축에 발생하는 전단응력, (b) 한 미분요소의 확대

축이 비틀림모멘트를 받으면 비틀림변형(torsional deformation)을 한다. 축이 비틀림변형을 하면 중심축을 포함하는 종단면을 따라 미끄러지려는 전단력이 발생하여 축에 수직한 횡단면뿐만 아니라 중심축을 포함하는 종단면을 따라서도 전단응력이 작용한다(그림 5.3b).

5.1.2 원형축에 발생하는 전단응력과 변형율

이제 우리는 비틀림모멘트 T를 받는 원형축에 발생하는 전단응력과 변형율을 정량적으로 다루는 일이다. 길이 L, 반지름 r인 원형축이 비틀림모멘트 T를 전달할 때 축이 상대적으로 ϕ만큼 회전하였다고 가정한다. 그리고 문제의 수학적 모형화를 용이하게 하기 위하여 다음 가정을 둔다.

1. 비틀림모멘트는 원형축 횡단면의 도심(圖心 : centroid)을 잇는 종축선(縱軸線), 다시 말해서 종주축(縱主軸 : longitudinal principal axis)에 수직한 면 안에서 작용한다.
2. 종주축에 수직한 어떤 단면에서도 비틀림모멘트는 전달된다.
3. 단면의 형상은 변형 후에도 그대로 원형이 유지되고, 평면을 그대로 유지하면서 회전한다. 이 때 직경은 그대로 직선이 유지되고, 종주축에 수직한 임의의 두 단면 사이의 거리도 변하지 않는다.

단면의 기하학이 일정하고, 회전각 ϕ가 작을 경우, 양단 근방을 제외하고는 위 가정은 성립한다.

원형축의 전단변형율

비틀림에 의한 변형율은 전단변형율이다.

지금 원형축의 모선 AB를 생각하여 본다(그림 5.4). 원형축이 비틀림모멘트 T를 받으면 가정 3에 의하여 B는 동일 원주상의 점 B'로 이동할 것이다. 이 때 회전각 $\angle BOB'$를 ϕ로 표기하면, ϕ가 극히 작다는 가정에서 다음과 같은 관계가 성립한다.

$$BB' = r\phi = L\tan\gamma \fallingdotseq L\gamma$$

여기서 γ(radian)는 AB와 AB'가 만드는 각으로서 이것을 반지름 r에서의 전단변형

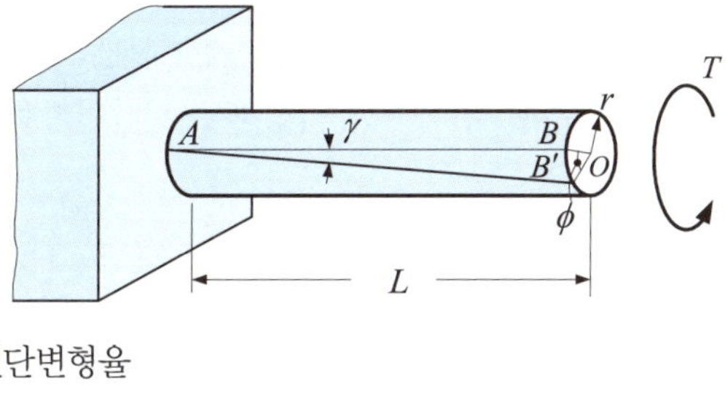

그림 5.4 비틀림각과 전단변형율

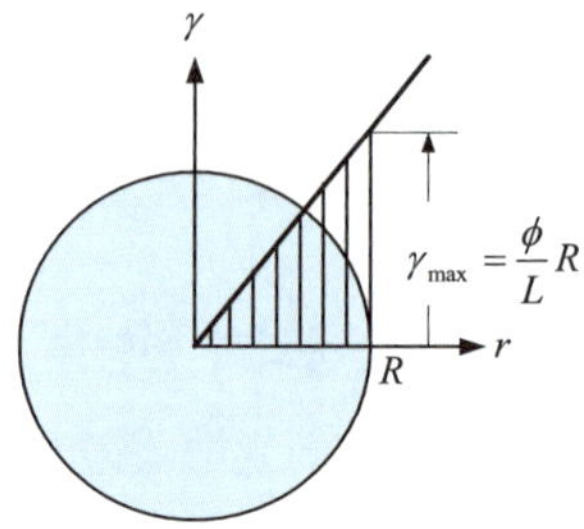

그림 5.5 전단변형율 분포

율, 그리고 회전각 ϕ (radian)를 비틀림각(angle of torsion or twisting angle)이라 말한다. 위 식을 정리하면 전단변형율에 대한 다음 식을 얻는다.

$$\gamma = \frac{\phi}{L} r \tag{5.1.3}$$

여기서 단위길이당의 비틀림각 ϕ/L를

$$\beta = \frac{\phi}{L} \tag{5.1.4}$$

로 표기하면 반지름 r에서의 전단변형율은 다음과 같이도 표시할 수 있다.

$$\gamma = \beta r \tag{5.1.5}$$

식 (5.1.5)로부터 원형단면에서 비틀림모멘트에 의하여 발생하는 변형율은 전단변형율이고, 단위길이당의 비틀림각 β와 반지름 r의 상승곱에 비례한다. 그리고 식 (5.1.3) 혹은 식 (5.1.5)는 원형축의 표면에서만 성립하는 것이 아니고, 임의 반지름에서도 성립한다.

식 (5.1.5)로부터 주어진 비틀림모멘트에 대하여 전단변형율은 반지름에 선형적으로 비례하므로 중심선상에서는 0, 표면에서 최대가 된다는 것을 알 수 있다. 그러므로 원형축의 반지름을 R이라 하면 축 표면에 발생하는 최대전단변형율은

$$\gamma_{max} = \frac{\phi}{L} R \tag{5.1.6}$$

와 같이 쓸 수 있다.

예제 5.1 전단변형율

길이 $1\ \mathrm{m}$, 반지름 $50\ \mathrm{mm}$의 원형축에 비틀림모멘트가 걸려 0.45°의 비틀림이 발생하였다. 중심축으로부터 $30\ \mathrm{mm}$ 위치에서 발생하는 전단변형율과 최대 전단변형율 구하여라.

[풀이]

주어진 조건:

$L = 1\,\mathrm{m}$, $R = 50\,\mathrm{mm}$, 비틀림각 $\phi = 0.45^\circ$

탐구사항:

$r = 30$ mm 에서의 전단변형율, 최대변형율

탐구내용:

비틀림각

$$\phi = 0.45^\circ = 0.45^\circ \times \frac{\pi}{180} = 7.854 \times 10^{-3}\,\text{rad}$$

$r = 30$ mm 에서의 전단변형율

$$\gamma = \frac{\phi}{L} r = \frac{7.854 \times 10^{-3}\,\text{rad}}{1\text{m}} (0.03\,\text{m}) = 2.356 \times 10^{-4}\,\text{rad}$$

최대 전단변형율은 축 표면에서 발생하므로

$$\gamma_{\max} = \frac{\phi}{L} R = \frac{7.854 \times 10^{-3}\,\text{rad}}{1\text{m}} (0.05\,\text{m}) = 3.927 \times 10^{-4}\,\text{rad}$$

원형축에 발생하는 응력

원형축에 발생하는 비틀림에 의한 응력은 전단응력이다.

비틀림모멘트의 작용으로 원형축에 전단변형율이 발생한다는 것은 축에 전단응력이 분포한다는 것을 암시하고 있다. 만일 재질이 방향에 무관한 균일특성을 갖고(이것을 등질(等質 : homogeneous)이라 한다), 또 역학적 성질이 방향에 무관(이것을 등방성(等方性 : isotropic)이라 한다)하다고 가정하면, 여기에도 Hooke의 법칙이 그대로 적용된다. 재료의 전단탄성계수(modulus of elasticity, shear modulus, modulus of rigidity)를 G라 하면, 중심축으로부터 임의거리 r되는 위치에 발생하는 전단응력은

$$\tau_{z\theta} = \tau_{\theta z} = G\gamma = \frac{G\phi}{L} r \tag{5.1.7}$$

이다. 여기서 종축방향을 z축, 반지름방향의 좌표를 r축, 원주방향을 θ축으로 택하였다. 이 식은 원형축의 어느 곳에서의 응력도 항복강도(혹은 비례한도)를 넘지 않을 경우에는

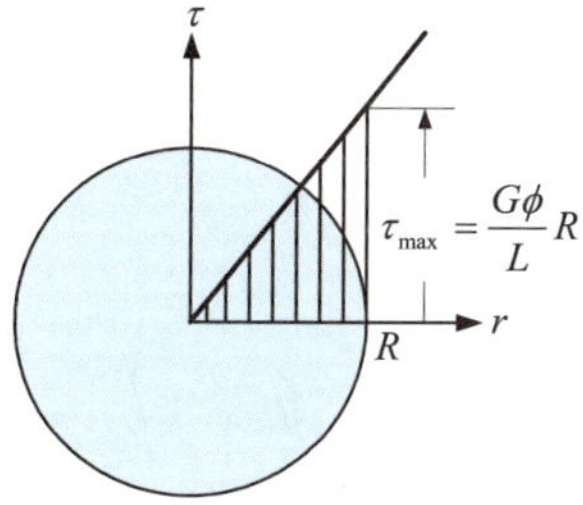

그림 5.6 전단응력 분포

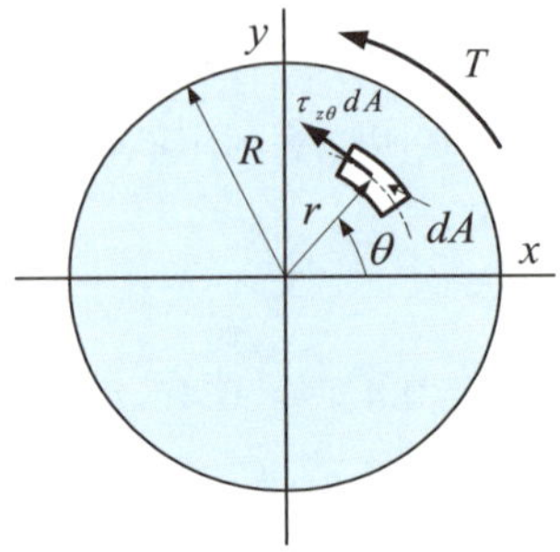

그림 5.7 원형축의 단면이 전달하는 비틀림모멘트

축에 발생하는 전단응력은 축심으로부터의 거리 r에 선형적으로 비례한다는 것을 말해주고 있다. 그러므로 최대전단응력은 원형축 표면에서 발생하고 그 값은

$$\tau_{z\theta} = \tau_{max} = G\gamma_{max} = \frac{G\phi}{L}R \tag{5.1.8}$$

그리고 임의 위치 r에서의 전단응력 $\tau_{z\theta}$를 τ_{max}의 항으로 표시하면

$$\tau_{z\theta} = \frac{\tau_{max}}{R}r \tag{5.1.9}$$

이다. 여기서 $\tau_{z\theta}$ = 중심으로부터 거리 r에서의 전단응력 [Pa]

τ_{max} = 원심축 표면에 발생하는 전단응력($r = R$) [Pa]

G = 전단탄성계수 혹은 강성계수 [Pa]

ϕ = 비틀림각 [rad]

R = 반지름 [m]

L = 축 길이 [m]

γ_{max} = 최대 전단변형율(축 표면에 발생하는) [rad]

많은 설계문제에 있어서 주어지는 조건은 비틀림각 ϕ나, 최대전단응력보다 비틀림모멘트가 일반적으로 주어지므로 전단응력 분포식 식(5.1.7)이나 식 (5.1.9)는 ϕ나 τ_{max} 대신 비틀림모멘트 T의 항으로 표시하는 것이 편리하다.

이를 위하여 비틀림모멘트 T와, T에 의하여 발생하는 전단응력 $\tau_{z\theta}$ 사이의 관계를 모색해 볼 필요가 있다. 원형축에 비틀림모멘트 T가 전달될 때, 반지름 r에 위치한 면소 dA에 작용하는 접선력이 $\tau_{z\theta}dA$이므로 이 면소에 의하여 전달되는 전달토크는 $r\tau_{z\theta}dA$, 전단면이 전달하는 토크는

$$T = \int_0^R r\tau_{z\theta}dA \tag{5.1.10}$$

이다. 이 식의 τ에 식 (5.1.7)을 대입하면

$$T = \frac{G\phi}{L}\int_0^R r^2 dA \tag{5.1.11}$$

이 식에서

$$I_P = \int_0^R r^2 dA \tag{5.1.12}$$

와 같이 표기하면

$$T = \frac{G\phi}{L} I_P \tag{5.1.13}$$

와 같은 관계가 성립한다. 여기서 I_P는 단면의 기하학에 의하여 결정되는 특성값으로서 단면의 2차극모멘트(斷面2次極모멘트) 혹은 단면의 극관성모멘트(斷面極慣性모멘트 : polar moment of inertia of area)라 하며, 약해서 극관성모멘트라 한다.

식 (5.1.13)과 식 (5.1.7)로부터 $G\phi/L$을 소거하면, 원형축의 반지름 r에서 발생하는 전단응력

$$\tau_{\theta z} = \tau_{z\theta} = \frac{T}{I_P} r \tag{5.1.14}$$

를 얻는다. 여기서 $\tau_{z\theta}$ = 반지름 r에서 발생하는 전단응력 [Pa]
T = 원형축이 전달하는 비틀림모멘트 [N m]
I_P = 극관성모멘트 [m^4]

최대전단응력은 원형축 표면에 발생한다.

$$\tau_{max} = \frac{T}{I_P} R = \frac{Td}{2I_P} \tag{5.1.15}$$

지름이 d인 원형축의 극관성모멘트는

$$I_P = \frac{\pi d^4}{32} \tag{5.1.16}$$

이므로 원형축의 반지름 r에서 발생하는 전단응력은

$$\tau_{z\theta} = \frac{32T}{\pi d^4} r \tag{5.1.17}$$

최대전단응력은 $r = R = d/2$를 고려하면

$$\tau_{max} = \frac{16T}{\pi d^3} \tag{5.1.18}$$

와 같이 주어진다.

식 (5.1.8)과 식 (5.1.15)로부터 τ_{max}를 소거하면, 단위길이당 비틀림각은

$$\beta = \frac{\phi}{L} = \frac{T}{GI_P} \tag{5.1.19}$$

식 (5.1.19)에서 GI_P는 비틀림강성(비틀림剛性 : torsional rigidity)이라 불리우는 특성치로서, 축의 단위길이당 비틀림각은 비틀림모멘트 T에 비례하고 비틀림강성에 반비례함을 보여준다. 또 물리량 GI_P/L은 원형축의 단위비틀림각을 주기 위한 비틀림모멘트로서 비틀림강성도(비틀림剛性度 : torsional stiffness)라 말한다.

식 (5.1.5)와 식 (5.1.19)로부터 T/I_P를 소거하면 최대전단응력은 다음과 같이도 표시할 수 있다.

$$\tau_{\max} = G\beta R \tag{5.1.20}$$

축을 설계할 때에는 극단면계수(極斷面係數 : polar modulus of section)

$$Z_P = \frac{I_P}{R} \tag{5.1.21}$$

를 도입하여 식 (5.1.15)를 변형한 식

$$T = \tau_{\max} Z_P \tag{5.1.22}$$

을 사용한다. 원형축에 대한 극단면계수는

$$Z_P = \frac{I_P}{R} = \frac{\pi d^3}{16} \tag{5.1.23}$$

이다.

참고사항 : 단면에 관한 극관성모멘트

1. 정적분

$$\int_a^b kx^n dx = k\frac{x^{n+1}}{n+1}\bigg|_a^b = \frac{k}{n+1}(b^{n+1} - a^{n+1})$$

2. 원형단면의 극관성모멘트

극관성모멘트는 식 (5.1.12)로 정의한다. 이 식을 다시 써보면

$$I_P = \int_0^R r^2 dA \tag{5.1.12}$$

극좌표계에서

$$dA = r\,d\theta dr$$

이므로 이 관계를 식 (5.1.12)에 대입하고 정리하면

$$I_P = \int_0^{2\pi}\int_0^R r^3 drd\theta = \int_0^{2\pi}\left(\frac{r^4}{4} rightvert_0^R\right) d\theta = \frac{2\pi R^4}{4}$$

$R = d/2$를 위 식에 적용하면

$$I_P = \frac{\pi d^4}{32}$$

을 얻는다.

예제 5.2 원형축에 발생하는 응력

그림 5.1의 원형축에서 $P = 490\,\mathrm{kN}$, $D = 400\,\mathrm{mm}$, $R = 10\,\mathrm{mm}$ 이다. $r = 5\,\mathrm{mm}$ 에서의 전단응력과 최대전단응력을 구하여라. 단, 재료의 강성계수는 $G = 78\,\mathrm{GPa}$ 이다.

[풀이]

주어진 조건:

$P = 490\,\mathrm{kN}$, $D = 400\,\mathrm{mm}$, $R = 10\,\mathrm{mm}$, $G = 78\,\mathrm{GPa}$

탐구사항:

(a) $r = 5\,\mathrm{mm}$ 에서의 전단응력

(b) 최대전단응력

탐구내용:

비틀림모멘트는

$$T = PD = (490\,\mathrm{kN})(0.4\,\mathrm{m}) = 196\,\mathrm{kN}$$

극관성모멘트는 식 (5.1.16)으로부터

$$I_P = \frac{\pi d^4}{32} = \frac{\pi \times (0.02\,\mathrm{m})^4}{32} = 1.571 \times 10^{-8}\,\mathrm{m}^4$$

(a) $r = 5\,\mathrm{mm}$ 에서의 전단응력은 식 (5.1.14)로부터

$$\tau_{z\theta} = \frac{T}{I_P} r = \frac{196 \times 10^3\,\mathrm{N\ m}}{1.571 \times 10^8\,\mathrm{m}^4} \times (0.005\,\mathrm{m}) = 6.238 \times 10^{-6}\,\mathrm{Pa}$$

(b) 최대전단응력은 축 표피에서 발생하므로

$$\tau_{\max} = \frac{T}{I_P} R = \frac{196 \times 10^3\,\mathrm{N\ m}}{1.571 \times 10^8\,\mathrm{m}^4} \times (0.01\,\mathrm{m}) = 1.248 \times 10^{-5}\,\mathrm{Pa}$$

예제 5.3 비틀림각의 제한

철강으로 만들어진 전차의 전동축의 비틀림각이 $1\,\mathrm{m}$ 당 0.6°를 넘지 않도록 설계하려한다. 이 차축에 발생하는 최대전단응력은 얼마인가? 단, 차축의 지름은 $80\,\mathrm{mm}$, 재료의 강성계수 $G = 78.4\,\mathrm{GPa}$ 이다.

[풀이]

주어진 조건:

$d = 80\,\mathrm{mm}$, $G = 78.4\,\mathrm{GPa}$, $\beta = 0.6^\circ$

탐구사항:

최대전단응력

탐구내용:

최대전단응력은 식 (5.1.15)

$$\tau_{max} = \frac{T}{I_P}R \tag{5.1.15}$$

를 사용하여 계산할 수 있다. 여기서 T/I_P의 값은 식 (5.1.19)로부터

$$\frac{T}{I_P} = G\beta$$
$$= (78.4\times10^9\,\mathrm{Pa})\left(0.6\,\mathrm{deg/m}\times\frac{\pi}{180}\mathrm{rad/deg}\right) = 0.821\times10^9\,\mathrm{N/m^3}$$

이 값을 식 (5.1.15)에 대입하면

$$\tau_{max} = \frac{T}{I_P}R = (0.821\times10^9\,\mathrm{N/m^3})(0.04\,\mathrm{m}) = 32.84\,\mathrm{MPa}$$

예제 5.4 허용전단응력에 대한 비틀림모멘트

지름 50 mm 의 원형축이 허용응력 40 MPa 의 범위를 넘지 않는 한도 내에서 전달할 수 있는 최대 비틀림모멘트는 얼마인가?

[풀이]

주어진 조건:

축 지름 $d = 50\,\mathrm{mm}$, 허용응력 $\tau_a = 40\,\mathrm{MPa}$

탐구사항:

전달 최대 비틀림모멘트

탐구내용:

식 (5.1.18) 혹은 식 (5.1.22)로부터

$$T = \tau_{max} Z_P \tag{5.1.22}$$

식 (5.1.23)을 사용하여 계산하면

$$Z_P = \frac{\pi d^3}{16} = \frac{\pi\times(0.05\,\mathrm{m})^3}{16} = 2.454\times10^{-5}\,\mathrm{m^3}$$

수치를 식 (5.1.22)에 대입하면

$$T = \tau_{max} Z_P = (40\times10^6\,\mathrm{Pa})(2.454\times10^{-5}\,\mathrm{m^3}) = 982\,\mathrm{N\,m}$$

예제 5.5 축 직경 계산

150 Nm 의 비틀림모멘트를 받는 원형축의 허용전단응력이 25 MPa 이라 할 때 축의 직경을 구하여라.

[풀이]

주어진 조건:

$T = 150\,\mathrm{N\,m}$, 허용응력 $\tau_a = \tau_{max} = 25\,\mathrm{MPa}$

탐구사항:

축 직경 계산

탐구내용:

식 (5.1.18)로부터

$$d = \left(\frac{16\,T}{\pi\,\tau_a}\right)^{1/3} = \left[\frac{16 \times (150\,\mathrm{N\,m})}{\pi \times (25 \times 10^6\,\mathrm{Pa})}\right]^{1/3} = 0.031\,\mathrm{m} = 31\,\mathrm{mm}$$

예제 5.6 양단 고정축에 비틀림모멘트가 주어질 때 전단응력과 비틀림각

그림 E5.6에 표시한 바와 같이, 길이 $1.2\,\mathrm{m}$, 지름 $80\,\mathrm{mm}$의 원형축의 양단을 벽면에 고정하고, C점에서 $T = 328\,\mathrm{N\,m}$의 모멘트로 비튼다. AC간 및 CB간 단위길이당의 비틀림각과 최대 전단응력, C점에서의 비틀림각을 구하여라. 재료의 강성계수는 $G = 78.4\,\mathrm{GPa}$이다.

[풀이]

주어진 조건:

$L = 1.2\,\mathrm{m}$, $L_A = 0.7\,\mathrm{m}$,

$L_B = 0.5\,\mathrm{m}$, $d = 80\,\mathrm{mm}$

C점에 가한 토크 $T = 328\,\mathrm{N\,m}$,

$G = 78.4\,\mathrm{GPa}$

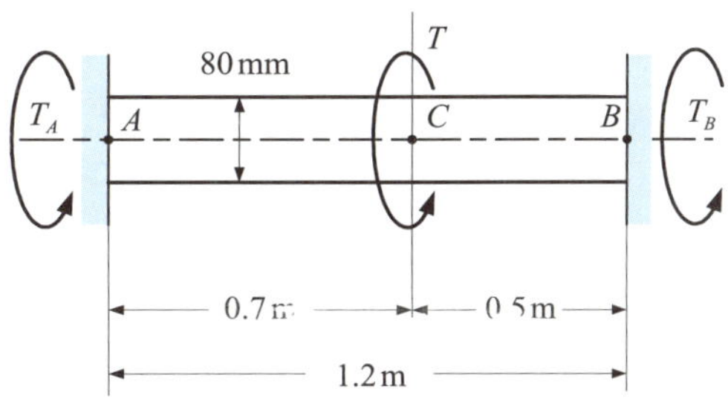

그림 E5.6

탐구사항:

AC간 및 CB간 단위길이당의 비틀림각과 최대전단응력, C점에서의 비틀림각

탐구내용:

벽이 A와 B에서 축에 가해지는 반력 비틀림모멘트를 각각 T_A, T_B($+$로 가정)라 하면 모멘트평형은

$$T + T_A + T_B = 0 \tag{E.1}$$

또 기하학적 적합성은 C점에서 비틀림각은 같아야 한다.

$$\phi_A = \phi_B \tag{E.2}$$

식 (5.1.19)로부터

$$\phi_A = \frac{T_A L_A}{G I_P}, \qquad \phi_B = \frac{T_B L_B}{G I_P} \tag{E.3}$$

이 관계를 식 (E.2)에 대입하면

$$T_A L_A = T_B L_B \tag{E.4}$$

식 (E.4)의 관계를 식 (E.1)에 대입하여 T_B를 소거하면

$$T_A = -\frac{T}{1 + L_A/L_B}$$

식 (E.4)에 대입하면

$$T_B = -\frac{T}{1 + L_B/L_A}$$

수치를 대입하면

$$T_A = -\frac{T}{1 + L_A/L_B} = -\frac{328\,\mathrm{N\,m}}{1 + 0.7/0.5} = -136.67\,\mathrm{N\,m}$$

$$T_B = -\frac{T}{1 + L_B/L_A} = -\frac{328\,\mathrm{N\,m}}{1 + 0.5/0.7} = -191.33\,\mathrm{N\,m}$$

여기서 음의 부호는 가정한 방향과 반대방향임을 의미한다.

$$GI_P = \frac{\pi G d^4}{32} = \frac{\pi (78.4 \times 10^9 \mathrm{Pa})(0.08\,\mathrm{m})^4}{32} = 3.1527 \times 10^5\,\mathrm{N\,m^2}$$

(a) AC, CB 간의 단위길이당의 비틀림각(T_A , T_B는 절대값만으로 계산한다)

$$\beta_A = \frac{\phi_A}{L_A} = \frac{T_A}{GI_P}$$

$$= \frac{136.67\,\mathrm{N\ m}}{3.1527 \times 10^5\,\mathrm{N\,m^2}} = 43.35 \times 10^{-5}\,\mathrm{rad/m} = 0.025\,\mathrm{deg/m}$$

$$\beta_B = \frac{\phi_B}{L_B} = \frac{T_B}{GI_P}$$

$$= \frac{191.33\,\mathrm{N\ m}}{3.1527 \times 10^5\,\mathrm{N\,m^2}} = 60.69 \times 10^{-5}\,\mathrm{rad/m} = 0.035\,\mathrm{deg/m}$$

최대전단응력

$$\tau_{\max A} = \frac{T_A}{Z_P} = \frac{136.67\,\mathrm{N\ m}}{\pi \times (0.08\,\mathrm{m})^4/16} = 17.0 \times 10^6\,\mathrm{Pa} = 17.0\,\mathrm{MPa}$$

$$\tau_{\max B} = \frac{T_B}{Z_P} = \frac{191.33\,\mathrm{N\ m}}{\pi \times (0.08\,\mathrm{m})^4/16} = 23.8 \times 10^6\,\mathrm{Pa} = 23.8\,\mathrm{MPa}$$

(b) C점에서의 비틀림각

$$\phi_A = \phi_B = \frac{(136.67\,\mathrm{N\ m})(0.7\,\mathrm{m})}{3.1527 \times 10^5} = 30.35 \times 10^{-5} = 0.0174^\circ$$

5.2 중공 원형축의 비틀림

지금까지는 단면이 재질로 꽉 메워진 원형축(solid shaft, circular shaft)의 비틀림에 관한 이론을 전개하여 왔다. 그러나 경량화를 위하여 기계에는 파이프와 같이 속이 빈 축을 많이 사용한다. 속이 빈 이러한 축을 중공축(中空軸 : hollow shaft)이라 말한다. 이 절에서는 중공원형축(hollow circular shaft)이 비틀림모멘트를 받을 때 발생하는 응력과 변형율, 그리고 중공축이 원형축에 비하여 유리한 이유를 생각하여 보기로 한다.

5.2.1 중공원형축에 발생하는 응력과 변형율

중공원형축과 원형축과는 단면의 기하학이 다를 뿐, 역학적 평형이 모두 같으므로 원형축에 관해서 얻은 식이 그대로 중공 원형축에도 적용된다.

길이가 L인 중공원형축에 비틀림모멘트 T가 걸려 ϕ의 비틀림이 발생하였다면 반지름 r 에서의 변형율과 전단응력은 원형축에 대한 식이 그대로 적용된다. 식을 다시 써보면

$$\gamma = \frac{\phi}{L} r = \beta r \tag{5.2.1}$$

$$\tau_{z\theta} = G\gamma = \frac{G\phi}{L} r = G\beta r \tag{5.2.2}$$

여기서 $\beta = \phi/L$는 단위길이당의 비틀림각, G는 강성계수이다.

지금 그림 5.8과 같이 반지름 R, r_i 인 중공원형축이 비틀림모멘트 T를 전달시킨다고 할 때, 중심 O로부터 임의 반경 r에 발생하는 전단응력을 $\tau_{z\theta}$ 라 하면 면소 $dA = r\,dr\,d\theta$ 에 작용하는 전단력은 $dF = \tau_{z\theta}\,dA = \tau_{z\theta}\,r\,dr\,d\theta$ 가 되므로 비틀림모멘트 평형은

$$T = \int_A r\,dF = \int_A \tau_{z\theta}\, r\,dA$$

와 같이 쓸 수 있다. 여기에 식 (5.2.2)를 대입하고 정리하면

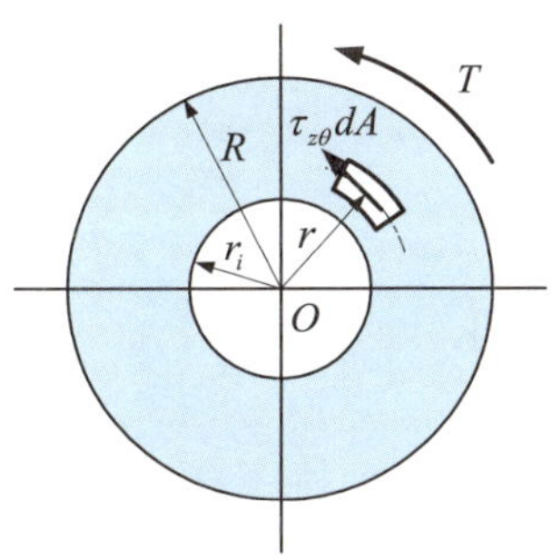

그림 5.8 중공 원형축의 비틀림모멘트 전달

$$T = \int_A \tau_{z\theta} r\, dA = G\beta \int_A r^2 dA \tag{5.2.3}$$

여기서 단면극관성모멘트를

$$I_P = \int_A r^2 dA \tag{5.2.4}$$

라 놓으면 다음과 같은 모멘트평형을 얻는다.

$$T = \frac{G\phi I_P}{L} = G\beta I_P, \quad I_P = \frac{\pi}{32}(d^4 - d_i^4) \tag{5.2.5}$$

이 식을 살펴보면 극관성모멘트 I_P만이 다를 뿐 식 (5.1.13)과 일치한다. 그러므로 원형축에 대한 모든 식이 중공원형축에 대해서도 그대로 적용된다는 결론이다. 다만 단면의 기하학을 대표하는 단면에 관한 극관성모멘트만을 식 (5.2.5)로 계산하면 된다. 따라서 결과만을 요약하면 다음과 같다.

$$\beta = \frac{T}{GI_P} = \frac{32}{\pi(d^4 - d_i^4)}\frac{T}{G} \tag{5.2.6}$$

$$\phi = L\beta = \frac{TL}{GI_P} = \frac{32L}{\pi(d^4 - d_i^4)}\frac{T}{G} \tag{5.2.7}$$

$$\tau_{z\theta} = \tau_{\theta z} = G\beta r = \frac{T}{I_P} r = \frac{32T}{\pi(d^4 - d_i^4)} r \tag{5.2.8}$$

$$\tau_{\max} = \frac{Td}{2I_P} = \frac{T}{Z_P} = \frac{16Td}{\pi(d^4 - d_i^4)} \tag{5.2.9}$$

외경 대 내경비를

$$k = \frac{d_i}{d} \tag{5.2.10}$$

로 표기하면

$$\tau_{\max} = \frac{16T}{\pi d^3(1 - k^4)} \tag{5.2.11}$$

와 같이도 쓸 수 있다.

예제 5.7 중공 원형축의 전단응력과 전단변형율

한 쪽 끝을 벽에 고정한 외경 75 mm, 내경 45 mm, 길이 8 m의 철강제 중공 원형축 끝에 6400 Nm의 비틀림모멘트를 가한다. 다음을 구하여라. $G = 78.4\,\text{GPa}$이다.

(a) 단위길이당 비틀림각
(b) 전체 생기는 비틀림각
(c) 내면에 발생하는 전단응력(최소전단응력)
(d) 외면에 발생하는 전단변형율
(e) 외면에 발생하는 전단응력(최대전단응력)

[풀이]

주어진 조건:

$d = 75\,\text{mm}$, $d_i = 45\,\text{mm}$, $L = 8\,\text{m}$, $T = 6400\,\text{Nm}$, $G = 78.4\,\text{GPa}$

탐구사항:

(a) 단위길이당 비틀림각 (b) 전체 생기는 비틀림각
(c) 내면에 발생하는 전단응력(최소전단응력) (d) 외면에 발생하는 전단변형율
(e) 외면에 발생하는 전단응력(최대전단응력)

탐구내용:

(a)

$$I_P = \frac{\pi}{32}(d^4 - d_i^4)$$

$$= \frac{\pi}{32}[(0.075\,\text{m})^4 - (0.045\,\text{m})^4] = 2.704 \times 10^{-6}\,\text{m}^4$$

$$\beta = \frac{T}{GI_P} = \frac{6400\,\text{N m}}{(78.4 \times 10^9\,\text{Pa})(2.704 \times 10^{-6}\,\text{m}^4)} = 0.030\,\text{rad/m} = 1.73^\circ/\text{m}$$

(b)

$$\phi = \theta L = (0.030\,\text{rad/m}) \times (8\,\text{m}) = 0.24\,\text{rad} = 13.75^\circ$$

(c)

$$\tau_{\min} = \frac{6400\,\text{N m}}{2.704 \times 10^{-6}\,\text{m}^4} \times (0.0225\,\text{m}) = 53.25 \times 10^6\,\text{Pa} = 53.25\,\text{MPa}$$

(d)

$$\gamma_{\max} = \theta R = \frac{T}{GI_P} R = (0.030\,\text{rad/m})(0.075/2\,\text{m}) = 0.001125\,\text{rad}$$

(e)

$$\tau_{\max} = \frac{6400\,\text{N m}}{2.704 \times 10^{-6}\,\text{m}^4} \times (0.075/2\,\text{m}) = 88.76 \times 10^6\,\text{Pa} = 88.76\,\text{MPa}$$

예제 5.8 중공축의 소요토크

안지름 40 mm, 바깥지름 60 mm, 길이 1.5 m의 중공축 한쪽이 고정되고 다른 쪽에서 토크를 가한다. (a) 전단응력이 120 MPa를 초과하지 않도록 축에 작용시킬 수 있는 최대 토크는 얼마인가? (b) 축의 최소전단응력은 얼마가 되겠는가?

[풀이]

주어진 조건:

$d_i = 40\,\mathrm{mm}$, $d = 60\,\mathrm{mm}$, $L = 1.5\,\mathrm{m}$, $\tau_{max} = 120\,\mathrm{MPa}$

탐구사항:

(a) $\tau_{max} = 120\,\mathrm{MPa}$를 초과하지 않는 토크

(b) 최소전단응력

탐구내용:

(a) 최대 전단응력은 축 표면에서 발생하므로, 허용할 수 있는 최대토크는 표면에서의 전단응력이 $\tau_{max} = 120\,\mathrm{MPa}$이 되게끔 하는 토크이다. 식 (5.2.9)로부터

$$I_P = \frac{\pi}{32}[(0.060\,\mathrm{m})^4 - (0.040\,\mathrm{m})^4] = 1.021\times10^{-6}\,\mathrm{m}^4$$

$$T_{max} = \frac{2I_P\tau_{max}}{d} = \frac{2\times(1.021\times10^{-6}\,\mathrm{m}^4)(120\times10^6\,\mathrm{MPa})}{0.060\,\mathrm{m}} = 4084\,\mathrm{N\ m}$$

(b) 최소전단응력은 축 내면에 작용하므로

$$\tau_{min} = \frac{Td_i}{2I_P} = \frac{(4084\,\mathrm{N\ m})(0.04\,\mathrm{m})}{2(1.021\times10^{-6}\,\mathrm{m}^4)} = 80\,\mathrm{MPa} \quad (5.2.9)$$

예제 5.9 비틀림각의 제한

예제 5.8의 중공축에서 2°의 비틀림을 일으키려면 얼마의 토크를 작용시키면 되는가? 강의 강성계수는 $G = 80\,\mathrm{GPa}$이다.

[풀이]

주어진 조건:

$d_i = 40\,\mathrm{mm}$, $d = 60\,\mathrm{mm}$, $L = 1.5\,\mathrm{m}$, $\phi = 2^\circ$, $G = 80\,\mathrm{GPa}$

탐구사항:

$\phi = 2^\circ$가 되는 토크

탐구내용:

식 (5.2.6)으로부터

$$T = GI_P\beta$$

$$\beta = \frac{\phi}{L} = \frac{(2\,\mathrm{deg})(\pi/180\ rad/\mathrm{deg})}{1.5\,\mathrm{m}} = 0.02327\mathrm{rad/m}$$

$$I_P = \frac{\pi}{32}\left[(0.060\,\mathrm{m})^4 - (0.040\,\mathrm{m})^4\right] = 1.021\times10^{-6}\,\mathrm{m}^4$$

$$T = GI_P\beta$$

$$= (80\times10^9\,\mathrm{Pa})(1.021\times10^{-6}\,\mathrm{m}^4)(0.02327\,\mathrm{rad/m}) = 1.90\,\mathrm{kN\ m}$$

5.2.2 중공축이 유리한 이유

자동차의 프로펠러축은 원형축보다도 중공축을 사용하고 있다. 여기서 그 이유를 생각하여 보기로 한다. 지금 동일재료로 만들어진 원형축의 지름을 d, 중공축의 외경과 내경을 각각 d_o, d_i라 표기하고, 동일한 비틀림변형과 비틀림모멘트에 대하여 동일한 최대전단응력을 발생케 하는 두 축의 중량을 비교하여 가벼운 것이 유리하다는 관점에서 이론을 전개하여 본다.

두 축의 중량비는 단면적비로 대치할 수 있다. 중공축에 대한 값을 첨자 0을 사용하면 단면적비는 다음 식으로 주어진다.

$$\frac{A_0}{A} = \frac{(\pi/4)(d_o^2 - d_i^2)}{(\pi/4)\,d^2} = \left(\frac{d_o}{d}\right)^2(1 - k^2) \tag{5.2.12}$$

여기서 $k = d_i/d_o$이다.

비틀림강성(剛性) GI_P는 단위길이당 단위비틀림각을 얻는데 요하는 비틀림모멘트이므로 GI_P가 크다는 것은 비틀림변형이 어렵다는 의미를 갖는다. 그러므로 비틀림변형의 난이도는 비틀림강성의 비가 척도가 된다. 비틀림강성의 비를 구해보면

$$\frac{(GI_P)_0}{GI_P} = \frac{(\pi/32)(d_o^4 - d_i^4)}{(\pi/32)\,d^4} = \left(\frac{d_o}{d}\right)^4(1 - k^4)$$

동일한 변형을 하려면 $(GI_P)_0/GI_P = 1$이 되어야 하므로

$$\frac{d_o}{d} = \frac{1}{(1 - k^4)^{1/4}} \tag{5.2.13}$$

또 최대전단응력비

$$\frac{(\tau_{max})_0}{\tau_{max}} = \frac{(T/Z_P)_0}{T/Z_P}$$

로부터 동일한 비틀림모멘트에 대하여 같은 최대전단응력을 얻을 조건은 위 식에서

$(\tau_{max})_0/\tau_{max} = 1$, $T_0/T = 1$을 대입하면

$$\frac{Z_{P0}}{Z_P} = \frac{(\pi/16d_o)(d_o^4 - d_i^4)}{\pi d^3/16} = 1$$

로부터

$$\frac{d_o}{d} = \frac{1}{(1 - k^4)^{1/3}} \tag{5.2.14}$$

식 (5.2.13)과 식 (5.2.14)를 식 (5.2.12)에 대입하면;

동일 비틀림모멘트에 대하여 동일한 비틀림 변형을 얻기 위한 단면적 비

$$\frac{A_0}{A} = \sqrt{\frac{1 - k^2}{1 + k^2}} \tag{5.2.15}$$

동일 비틀림모멘트에 대하여 같은 최대전단응력을 얻기 위한 단면적 비

$$\frac{A_0}{A} = \left[\frac{1 - k^2}{(1 + k^2)^2}\right]^{1/3} \tag{5.2.16}$$

식 (5.2.15)와 식 (5.2.16)에서 $k < 1$이므로 어느 경우나 $A_0/A < 1$이다. 그러므로 같은 비틀림모멘트에 대하여 같은 변형이나 최대전단응력을 발생케 하려면 외경은 약간 커질 수 있으나 단면적은 크게 줄일 수 있다는 결론을 얻는다. 다시 말해서 중공축을 사용하면 가벼우면서도 강하게 만들 수가 있다.

5.3 비틀림 응력해석

5.1절에서 축이 비틀림변형을 하면 중심축을 포함하는 종단면을 따라 미끄러지려는 전단력이 발생하여 축에 수직한 횡단면뿐만 아니라 중심축을 포함하는 종단면을 따라서도 전단응력이 작용한다는 것을 말하였다. 그러므로 원형축이 비틀림모멘트를 받을 때 표면에 그림 5.9 a와 같이 원주방향과 축방향으로 τ_{max}의 전단응력이 작용한다. 비틀림모멘트만 걸리는 상태에서는 요소 a에는 수직응력은 작용하지 않는다. 그러므로 원주방향을 θ 축, 축방향을 z 축으로 택한 좌표공간에서는 응력상태는

$$\sigma_{\theta\theta} = 0, \quad \sigma_{zz} = 0, \quad \tau_{\theta z} = \tau_{z\theta} = \tau_{max} \tag{5.3.1}$$

와 같이 된다.

만일 θz 좌표계에서 양의 방향으로 α 만큼 회전한 $\theta' z'$ 좌표계에 대한 응력상태는 제3장에서 배운 응력의 좌표변환 식 (3.3.1), 식 (3.3.2), 식 (3.3.3) 혹은 식 (3.7.10)에 식 (5.3.1)의 응력을 대입하면 쉽게 얻을 수 있다. 그러므로 $\theta' z'$ 좌표계에 대한 응력상태는

$$\begin{aligned} \sigma_{\theta'\theta'} &= \tau_{\theta z}\sin 2\alpha = \tau_{\max}\sin 2\alpha \\ \sigma_{z'z'} &= -\tau_{\theta z}\sin 2\alpha = -\tau_{\max}\sin 2\alpha \\ \tau_{z'\theta'} &= \tau_{\theta' z'} = \tau_{\theta z}\cos 2\alpha = \tau_{\max}\cos 2\alpha \end{aligned} \tag{5.3.2}$$

와 같이 된다. 이 식에서 비틀림모멘트를 받는 원형축에서 축방향과 원주방향의 수직응력은 존재하지 않으나, 이 방향 이외의 다른방향의 수직응력은 존재한다는 것을 알 수 있다. 그리고 만일 어느 방향에서 인장력이 작용하면 이와 90°를 이루는 방향은 압축력이 작용한다.

주응력

주응력은 $\partial\sigma_{z'z'}/\partial\alpha = 0$, $\partial\sigma_{\theta'\theta'}/\partial\alpha = 0$ 혹은 $\tau_{\theta'z'} = \tau_{z'\theta'} = 0$의 조건으로부터 얻는다는 것을 제3장에서 기술하였다. $\tau_{z'\theta'} = 0$의 조건

$$\tau_{z'\theta'} = \tau_{\max}\cos 2\alpha_p = 0$$

으로부터

$$2\alpha_p = \pm\frac{\pi}{2}, \qquad \alpha_p = \pm\frac{\pi}{4} \tag{5.3.3}$$

를 얻는다. 그러므로 비틀림을 받는 원형축에서 축방향과 $\pm\pi/4$를 이루는 방향은 주응력 방향이다. $\alpha_p = \pi/4$에서 최대값을 갖느냐 혹은 최소값을 갖느냐 하는 것은 $\partial^2\sigma_{\theta'\theta'}/\partial\alpha^2$의 값이 음이냐 혹은 양의 값을 갖느냐 하는 문제로 귀착한다. $\alpha = \pi/4$에서

$$\frac{\partial^2\sigma_{\theta'\theta'}}{\partial\alpha^2} < 0 \text{ 이면 } \sigma_{\theta'\theta'} = \sigma_{\mathrm{I}} = \tau_{\max}, \quad \sigma_{z'z'} = \sigma_{\mathrm{II}} = -\tau_{\max} \tag{5.3.4a}$$

$$\frac{\partial^2\sigma_{\theta'\theta'}}{\partial\alpha^2} > 0 \text{ 이면 } \sigma_{\theta'\theta'} = \sigma_{\mathrm{II}} = \tau_{\max}, \quad \sigma_{z'z'} = \sigma_{\mathrm{I}} = -\tau_{\max} \tag{5.3.4b}$$

이다. 그러므로 회전축 축방향으로부터 $\alpha = 45°$ 회전한 방향은 주응력방향이고, 이 방향과 이에 수직한 방향은 주축방향이 된다. 그리고 주응력은 $\pm\tau_{\max}$이다.

재료의 응력-변형율 곡선은 재료에 따라 각양 각색으로 나타내어지나, 크게 분류하면,

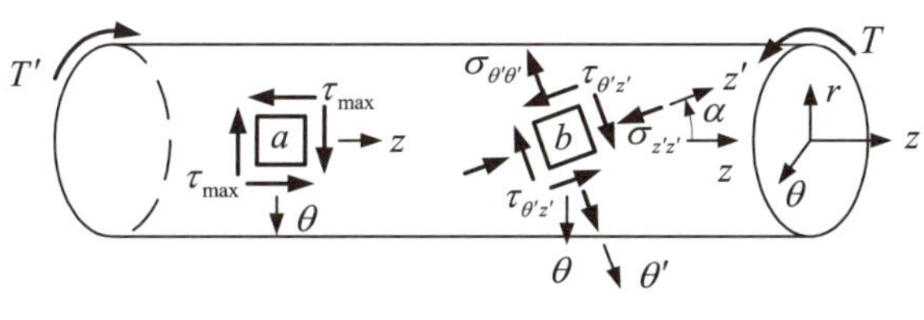

그림 5.9 비틀림모멘트를 받는 원형축 표면에 발생하는 전단응력과 좌표회전에 의한 응력의 변환

보통의 합금이나 구조용 강과 같이 항복점을 지나 파단이 발생하는 연성재료(延性材料 : ductile material)와, 주철, 유리, 석재(石材)와 같이 항복현상 없이 거의 신장하지 않은 상태에서 파단이 발생하는 취성재료(脆性材料 : brittle materrial)로 대별된다. 연성재료는 일반적으로 전단응력에 의하여 파손되나, 취성재료는 전단보다 인장응력에 의하여 파손된다. 그러므로 원형축에 비틀림모멘트가 가해지면, 연성재료는 축에 수직한 면(최대 전단응력이 작용하는 면)을 따라, 취성재료는 인장응력이 최대로 작용하는 주응력방향(주축방향)에 수직한 면, 즉 축과 45°되는 면을 따라 파단(破斷 : break)이 발생한다.

예제 5.10 비틀림을 받는 축의 응력분포

외경 100 mm, 내경 80 mm 의 중공 원형축에 그림과 같은 좌표계에 대하여 시계방향으로 $T = 12\,\mathrm{kN\ m}$ 의 비틀림모멘트를 받는다. 최대 인장응력, 압축응력, 전단응력을 구하여라.

[풀이]

주어진 조건:

$d_o = 100\,\mathrm{mm}$, $d_i = 80\,\mathrm{mm}$,

$T = 12\,\mathrm{kN\ m}$

탐구사항:

최대 인장응력, 압축응력, 전단응력

탐구내용:

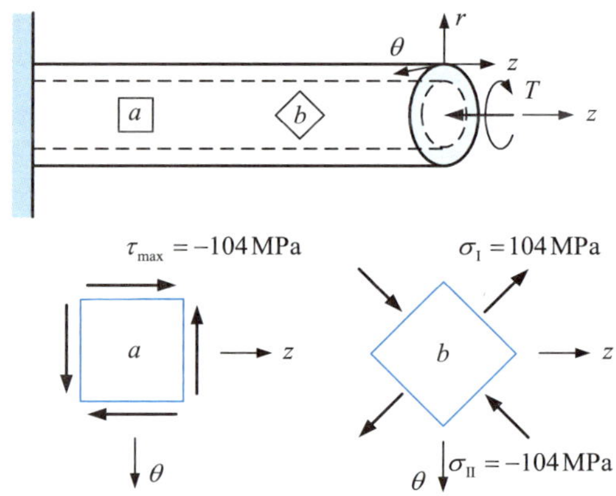

그림 E5.10

좌표축과 관련시키면 비틀림모멘트는 음의 방향이다(모멘트의 향방은 나사를 회전방향으로 돌렸을 때 나사가 진행하는 방향이다. 그림에서 T의 방향으로 나사를 돌릴 때 나사는 음의 z 방향으로 진행한다). 그러므로 식 (5.2.9)로부터

$$\tau_{max} = \frac{Td}{2I_P} = \frac{T}{Z_P} = \frac{16\,Td}{\pi(d^4 - d_i^4)}$$

로부터

$$I_P = \frac{\pi}{32}(d^4 - d_i^4)$$
$$= \frac{\pi}{32}[(0.1\mathrm{m})^4 - (0.08\,\mathrm{m})^4] = 5.796\times10^{-6}\mathrm{m}^4$$

$$\tau_{max} = \frac{(-12\times10^3\,\mathrm{N\ m})(0.1\,\mathrm{m})}{2(5.796\times10^{-6}\mathrm{m}^4)} = -104\times10^6\,Pa = -104\,\mathrm{MPa}$$

$\alpha = 45^\circ$ 회전한 주축에 대하여 식 (5.3.4)로부터

$$\frac{\partial^2\sigma_{\theta'\theta'}}{\partial\alpha^2} = -4\tau_{max}\sin2\alpha = -4(-104\,\mathrm{MPa})\sin\frac{\pi}{2} > 0$$

이므로 $\alpha = 45^\circ$인 θ'축과 z'축에서 각각 최대인장응력, 최대압축응력을 갖는다. 그 값은

$$\sigma_{\theta'\theta'} = \sigma_{\mathrm{II}} = \tau_{\max} = -104\,\mathrm{MPa}$$

$$\sigma_{z'z'} = \sigma_{\mathrm{I}} = -\tau_{\max} = -(-104\,\mathrm{MPa}) = 104\,\mathrm{MPa}$$

이 관계를 그림 E5.10에 예시하였다.

5.4 전동축의 설계

전동축 설계시 주어지는 설계사양은 일반적으로 전달할 수 있는 동력(動力 : power) P와 축의 회전속도(回轉速度 : speed of rotation)이다. 설계자는 주어진 속도에서 주어진 동력을 전달할 때, 재료가 허용할 수 있는 최대전단응력을 넘지 않도록 재료를 선정하고, 축의 단면치수를 결정한다.

축에 발생하는 전단응력을 결정하기 위해서는 동력학에서 배운 동력과 토크 사이에 성립해야 하는 관계식

$$P = T\omega \tag{5.4.1}$$

을 사용한다. 여기서

T =	축이 전달해야 하는 토크	[N m]
ω =	각속도	[rad/s]
P =	전달 동력	[W]

이다.

설계사양으로는 각속도보다 회전수 즉 회전주파수(回轉周波數 : frequency of rotation)가 일반적으로 주어진다. 회전주파수는 회전수/초(revolution per second) 혹은 Herz(Hz)의 단위가 일반적으로 사용된다. 회전주파수를 f로 표기하면 각속도는

$$\omega = 2\pi f \tag{5.4.2}$$

의 관계가 성립하므로 식 (5.6.1)의 동력과 토크 사이의 관계는

$$P = 2\pi f T \tag{5.4.3}$$

여기서

T =	축이 전달해야 하는 토크	[N m]
f =	회전주파수	[Hz]
P =	전달 동력	[W]

이 식을 T에 관해서 풀면

$$T = \frac{P}{2\pi f} \tag{5.4.4}$$

식 (5.6.4)로부터 전달시켜야 할 토크가 정해지면 설계자는 사용할 적정재료를 선정하고, 재료의 허용 전단응력을 사용하여 전동축 단면의 치수를 결정하는 일이다. 이 설계과정은 식 (5.1.15)와 식 (5.6.4)를 연립시켜 해결할 수 있다. 식 (5.1.15)와 식 (5.6.4)로부터 T 를 소거하면

$$\frac{I_P}{d} = \frac{P}{4\pi f \tau_{max}} \tag{5.4.5}$$

식 (5.6.5)의 우변은 설계사양과 선정한 재료특성으로부터 얻어지는 정해진 값들이다. 그러므로 식 (5.6.5)로부터 I_P/d가 구해지면 단면의 지름 d 를 계산할 수 있다.

원형축

원형축의 극관성모멘트는

$$I_P = \frac{\pi d^4}{32}$$

이므로 축 지름은

$$d = 0.9324\left(\frac{P}{\tau_{max} f}\right)^{1/3} \tag{5.4.6}$$

$$P = [\mathrm{W}],\ f = [\mathrm{Hz}],\ \tau_{max} = [\mathrm{Pa}],\ d = [\mathrm{m}]$$

중공 원형축

$$I_P = \frac{\pi d^4}{32}(1 - k^4)$$

이므로

$$d = 0.9324\left[\frac{P}{(1 - k^4)\tau_{max} f}\right]^{1/3} \tag{5.4.7}$$

여기서 $k = d_i/d$, $P = [\mathrm{W}]$, $f = [\mathrm{Hz}]$, $\tau_{max} = [\mathrm{Pa}]$, $d = [\mathrm{m}]$이다.

예제 5.11 원형축의 설계

$N = 3600\,\mathrm{rpm}$ 으로 회전하는 $7.5\,\mathrm{kW}$ 모터에 필요한 축의 치수를 구하여라. 축 재료의 허용전단응력은 $60\,\mathrm{MPa}$ 이다.

[풀이]

주어진 조건:

$N = 3600\,\mathrm{rpm}$, 동력 $7.5\,\mathrm{kW}$, 허용전단응력 $\tau_a = \tau_{max} = 60\,\mathrm{MPa}$ 이다.

탐구사항:

원형축의 치수

탐구내용:

식 (5.6.6)으로부터

$$d = 0.9324\left(\frac{P}{\tau_{max} f}\right)^{1/3} = 0.9324\left(\frac{7.5\times10^3}{(60\times10^6 \mathrm{Pa})(3600/60\,\mathrm{Hz})}\right)^{1/3}$$

$$= 0.0119\,\mathrm{m} = 11.9\,\mathrm{mm}$$

예제 5.12 중공 원형축의 설계

바깥지름 50 mm 의 강관으로 만들어진 중공축이 매초 회전수 20으로 100 kW 의 동력을 전달한다. 전단응력이 60 MPa 을 넘지 않도록 관의 두께를 결정하여라.

[풀이]

주어진 조건:

바깥지름 $d = 50\,\mathrm{mm}$, $f = 20\,\mathrm{Hz}$, 전달동력 $P = 100\,\mathrm{kW}$

허용응력 $\tau_a = 60\,\mathrm{MPa}$

탐구사항:

중공 원형축의 두께

탐구내용:

식 (5.6.7)로부터

$$k = \left[1 - \frac{0.9324^3}{d^3}\left(\frac{P}{\tau_{max} f}\right)\right]^{1/4}$$

$$= \left[1 - \frac{0.9324^3}{(0.050\,\mathrm{m})^3}\frac{100\times10^3\,\mathrm{W}}{(60\times10^6\mathrm{Pa})(20\,\mathrm{Hz})}\right]^{1/4} = 0.823$$

안지름

$$d_i = kd = 0.823\times50\,\mathrm{mm} = 41.15\,\mathrm{mm}$$

두께

$$t = \frac{50\mathrm{mm} - 31.15\,\mathrm{mm}}{2} = 4.43\,\mathrm{mm}$$

두께는 5 mm 로 하면 좋다.

5.5 코일스프링

그림 5.10에 표시한 바와 같이 지름 d의 환봉(丸棒)을 원통형으로 감은 스프링을 코일스프링(coiled spring), 환봉을 선소(線素)라 한다. 코일스프링에는 인장력을 받는 인장 코일스프링, 압축력을 받는 압축 코일스프링이 있다.

코일스프링이 축선(軸線)을 통하여 인장력 F를 받는다고 가정하고 스프링의 신장을 구하여 보기로 한다. 지금 코일스프링은 피치각(pitch angle)이 작고, 코일은 거의 축선에 수직한 평면내에 있고, 코일 선소에 수직한 모든 단면도 역시 코일 축선을 포함한다고 가정한다. 이와 같은 단면 S에는 전단력 F와, 비틀림모멘트 $T = FR$이 가해진다. 여기서 R은 코일의 평균반지름이다.

그림 5.10(b)에 표시한 미소길이 dL인 선소의 비틀림에 관해서 생각하여 본다. 미소선소 dL의 비틀림모멘트 T에 의한 비틀림각 $d\phi$는 식 (5.1.13)에 의하여

$$d\phi = \frac{TdL}{GI_P} = \frac{FR}{GI_P}dL \tag{5.5.1}$$

와 같이 쓸 수 있다. 그림 5.11을 살펴보면 미소선소가 단면 S에서 비틀림이 일어나 $d\phi$만큼 회전되었다면 $\overline{OA}$도 $d\phi$만큼의 회전이 일어나, dL 사이에서 $\overline{OA'}$로 비틀릴 것이다. 이로 인하여 스프링은

$$d\delta = Rd\phi \tag{5.5.2}$$

만큼의 신장이 발생한다. 식 (5.5.1)을 이 식에 대입하면

$$d\delta = Rd\phi = \frac{FR^2}{GI_P}dL \tag{5.5.3}$$

전체 선소의 길이를 L이라 하면 스프링의 전체신장은 식 (5.5.3)을 0으로부터 L까지 적분하면 얻는다. 스프링의 축방향 신장을 δ로 표기하면

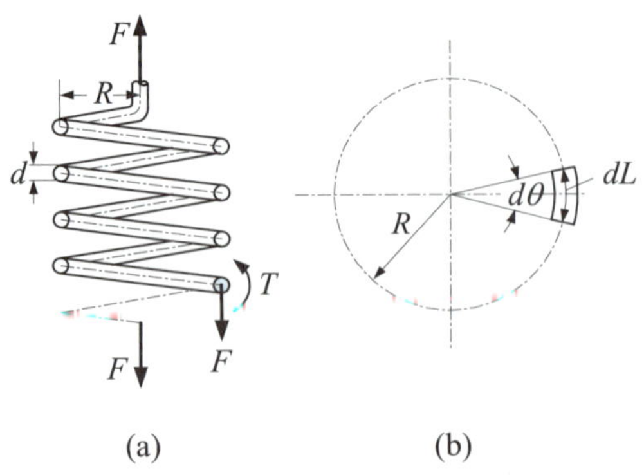

그림 5.10 코일스프링. (a) 코일스프링, (b) 스프링 면

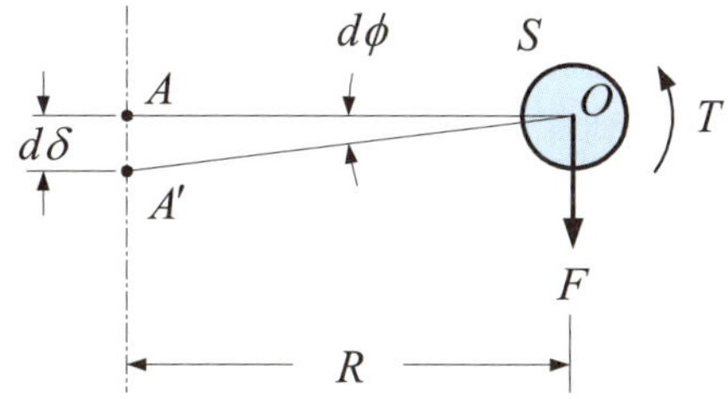

그림 5.11 코일 선소 dL 의 비틀림

$$\delta = \int_0^L \frac{FR^2}{GI_P} dL = \frac{FR^2 L}{GI_P} \tag{5.5.4}$$

와 같이 된다.

코일의 양단부를 제외한 스프링의 권수(卷數)를 유효권수(有效卷數)라 한다. 유효건수를 n 으로 표기하면 스프링 선소의 길이는 $L = 2\pi Rn$ 와 같이 쓸 수 있고, 극관성모멘트 $I_P = \pi d^4/32$ 이므로 위 식은 다음과 같이도 쓸 수 있다.

$$\delta = \frac{2\pi R^3 nF}{G\pi d^4/32} = \frac{64nR^3F}{Gd^4} \tag{5.5.5}$$

단위 길이를 신장시키는 데 요하는 힘을 스프링상수(spring constant)라 정의한다. 정의에 의하여 코일스프링의 스프링상수는

$$k = \frac{F}{\delta} = \frac{Gd^4}{64R^3 n} \tag{5.5.6}$$

와 같이 표시된다.

코일스프링의 선소에 발생하는 응력은 단면 S에 작용하는 비틀림모멘트 T에 의한 전단응력이고, 최대전단응력은 선소 표면에 발생한다. 최대전단응력은

$$\tau_{\max} = \frac{T}{Z_p} = \frac{16T}{\pi d^3} = \frac{16FR}{\pi d^3} \tag{5.5.7}$$

이다.

또 단면 S에 발생하는 응력은 비틀림에 의한 전단응력 이외에 전단력 F에 의한 전단응력과 중첩되어 나타난다. 전단력에 의한 응력은

$$\tau_V = \frac{F}{(\pi/4)d^2} \tag{5.5.8}$$

이다.

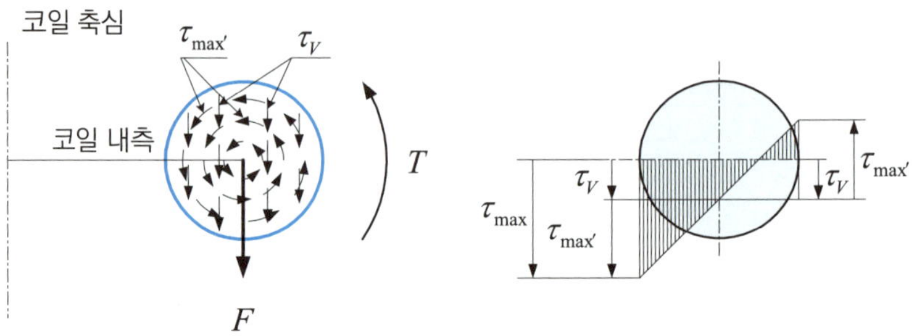

그림 5.12 코일 단면의 응력분포

그림 5.12에 표시한 바와 같이 단면 S의 안쪽에서는 이들 두 개의 전단응력의 방향이 일치하고 바깥쪽에서는 반대방향임을 알 수 있다. 그러므로 최대전단응력은 단면 S의 안쪽에서 발생하고 그 값은

$$\begin{aligned}\tau_{max} &= \tau_{max'} + \tau_V \\ &= \frac{16FR}{\pi d^3} + \frac{4F}{\pi d^2} = \frac{16FR}{\pi d^3}\left(1 + \frac{d}{4R}\right)\end{aligned} \tag{5.5.9}$$

이다.

예제 5.13 코일스프링 설계

지름이 $d = 12\text{mm}$ 인 강재로 만들어진 코일스프링에 $9800\,\text{N}$ 의 압축하중을 가할 경우 스프링의 압축량과 스프링에 발생하는 최대전단응력을 구하여라. 단, 코일의 평균반지름은 $R = 40\,\text{mm}$, 유효권수는 $n = 10$ 이다.

[풀이]

주어진 조건:

$d = 12\text{mm}$, $R = 40\,\text{mm}$, $n = 10$, $F = 9800\,\text{N}$

탐구사항:

압축 길이와 최대전단응력

탐구내용:

최대전단응력은 식 (5.5.9)를 사용하여

$$\tau_{max} = \frac{16FR}{\pi d^3}\left(1 + \frac{d}{4R}\right)$$

$$= \frac{16\,(9800\,\text{N})(0.040\,\text{m})}{\pi\,(0.012\text{m})^3}\left[1 + \frac{0.012\,\text{m}}{4(0.040\text{m})}\right] = 1242.0\,\text{MPa}$$

압축량은 식 (5.5.5)로부터

$$\delta = \frac{64nR^3F}{Gd^4}$$

$$= \frac{64\,(10)(0.040\text{m})^3\,(9800\,\text{N})}{(78.4 \times 10^9\,\text{Pa})(0.012\,\text{m})^4} = 0.247\,\text{m} = 247\,\text{mm}$$

제5장 비틀림

연습문제

[A] 기초문제

5A.1 500 Nm 의 비틀림모멘트를 받고 있는 축의 지름은 몇 mm가 적당한가? 단 허용전단응력은 $\tau_a = 6$ MPa이다.

[가] 60 [나] 65 [다] 75 [라] 85

5A.2 지름 3 cm, 길이 1 m 인 연강봉 한 끝을 고정하고, 다른 끝에 294 Nm 의 토크를 가할 때 이 봉의 바깥 주변에 발생하는 전단응력은?

[가] 18.13 MPa [나] 31.75 MPa
{다] 44.69 MPa [라] 55.46 MPa

5A.3 직경 10 mm, 길이 1.5 m 인 환봉의 일단을 고정하고 자유단이 10° 되게 비틀었다면, 이 때 생기는 최대 비틀림응력을 구하여라. 단, $G = 80$ GPa이다.

[가] 23.25 MPa [나] 46.5 MPa
[다] 93 MPa [라] 186 MPa

5A.4 안지름 50 mm, 바깥지름 100 mm 의 중공축과 같은 재료로 만들어진 중실축이 같은 비틀림 강도를 가지기 위해서는 지름은 몇 cm 인가?

[가] 6.5 [나] 7.8 [다] 9.8 [라] 12.7

5A.5 직경 6 cm 의 축이 매분 300회전 하여 1 m 당 0.2° 의 비틀림 각을 가졌다고 한다. 이때의 동력 kW는 얼마인가? 단 $G = 80$ GPa이다.

[가] 3 [나] 5.85 [다] 11.2 [라] 23.4

5A.6 80 rpm 에서 150 ps를 전달하는 축의 최대사용 전단응력이 12 MPa이라면 축의 지름은 몇 cm 인가?

[가] 18 [나] 20 [다] 22 [라] 24

5A.7 외경 10 cm, 내경 6.4 cm 의 중공축이 120 rpm 으로 회전할 때 전달시킬 수 있는 동력은 몇 ps 인가? 단 허용 저단응력 $\tau_a = 20$ MPa이다.

[가] 28 [나] 32.4 [다] 55.87 [라] 112

5A.8 지름 2cm의 원형축을 1800rpm으로 회전시킬 때 최대전달마력은 ps단위로 얼마인가? 단, 재료의 허용전단응력은 $\tau_a = 200\,\text{MPa}$이다.

[가] 47.34 [나] 65.4 [다] 80.57 [라] 105.42

5A.9 그림과 같은 풀리가 100rpm으로 회전할 때 마력은 얼마로 하면 되겠는가?

[가] 76 [나] 114

[다] 228 [라] 342

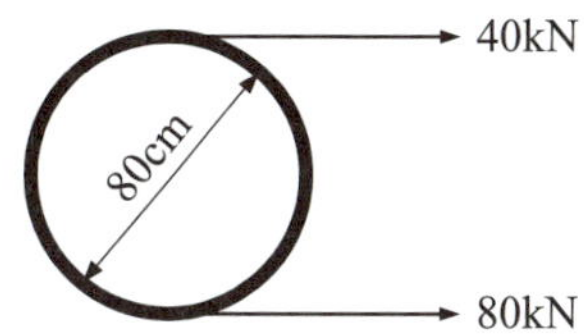

그림 문5A.9

5A.10 다음에서 토크가 가장 큰 것은?

[가] 3500rpm에서 출력 100hp의 엔진

[나] 1500rpm에서 100kW의 모터

[다] 100rpm에서 5hp의 물레방아

[라] 3000rpm에서 100kW의 모터

5A.11 200hp를 2000rpm으로 회전할 때 전달시키는 원형축 지름은 몇 cm인가? 단, $\tau_a = 49\,\text{MPa}$이다.

[가] 4.2 [나] 5.3 [다] 7.2 [라] 9.7

5A.12 직경이 d_1인 전동축의 동력을 d_2인 축에 1/8로 감속시켜 전달하려면 d_2는 d_1의 몇 배가 필요한가? 단 양축의 허용전단응력은 같다.

[가] 1.2 [나] 1.5 [다] 2 [라] 2.5

5A.13 동일재료로 만든 길이 L, 직경 d인 축과 길이 $2L$, 직경이 $2d$인 축을 같은 각도만큼 비트는데 필요한 비틀림모멘트 비 T_1/T_2의 값은 얼마인가?

[가] 1/4 [나] 1/8 [다] 1/16 [라] 1/32

5A.14 같은 길이의 원형축을 비틀려고 한다. 어떤 경우가 가장 비틀기가 어렵겠는가?

[가] 지름이 작고 G가 작을수록 어렵다.

[나] 지름이 크고 G가 작을수록 어렵다.

[다] 지름이 크고 G가 클수록 어렵다.

[라] 지름이 작고 G가 클수록 어렵다.

5A.15 500 rpm 으로 10 kW를 전달하고 있는 축에 작용하는 비틀림모멘트를 kJ 단위로 구하여라.

[가] 19.5 [나] 40 [다] 191 [라] 0.19

5A.16 250 rpm 으로 50 kW 를 전달하는 동력축의 최대전단응력은 몇 MPa인가? 단 축지름은 10 cm 로 한다.

[가] 9.73 [나] 12.82 [다] 15.81 [라] 19.34

5A.17 직경 100 mm 의 원형축이 200 rpm 으로 동력을 전달한다. 허용전단응력을 $\tau_a = 30\,\text{MPa}$이라 할 때 전달동력을 ps단위로 계산하여라.

[가] 1646.4 [나] 826.2 [다] 416 [라] 168

5A.18 지름 $d = 8.8\,\text{cm}$, 길이 $L = 12\,\text{m}$의 원형축에 비틀림모멘트 800 N m가 전달된다. 비틀림각은 얼마인가? 단, 허용전단응력은 600 MPa, $G = 83\,\text{GPa}$이다.

[가] 1.31° [나] 1.12° [다] 2.22°]라] 0.73°

[심화문제]

원형축의 비틀림

5F.1 지름 $d = 40\,\text{mm}$ 의 원형축에 토크 T를 가하여 최대전단응력 $\tau_{\max} = 70\,\text{MPa}$, 비틀림각 $\phi = 3^\circ$를 얻었다. 재료의 강성계수를 $G = 80\,\text{GPa}$ 이라 할 때 이 축의 길이를 구하여라.

5F.2 고장력강으로 만들어진 $d = 12\,\text{mm}$ 의 드릴이 토크 T를 받고 있다. 드릴 한쪽 끝이 다른 쪽에 대하여 허용전단응력 300 MPa 을 넘지 않는 상태에서 180° 비틀어질 수 있으려면 드릴의 길이는 최소 얼마가 필요한가? 재료의 강성계수는 $G = 80\,\text{GPa}$ 이다.

5F.3 원형단면을 갖는 알루미늄 환봉이 한쪽 끝에서 토크 T를 받아 5°의 비틀림이 발생하였다. 환봉의 지름은 $d = 25\,\text{mm}$, 길이는 $L = 1.2\,\text{m}$, 재료의 강성계수는 $G = 26\,\text{GPa}$ 이다. 환봉 표면에 발생하는 최대전단응력과 최대전단변형율을 구하여라.

5F.4 소켓렌치(socket wrench)의 샤프트가 지름 $d = 12\,\text{mm}$, 길이 $L = 450\,\text{mm}$ 이다. 이 샤프트의 허용 전단응력이 $\tau_a = 76\,\text{MPa}$ 일 때 가할 수 있는 최대 토크 T를 구하여라. 또 이 때 발생하는 비틀림각은 얼마인가? 단, $G = 81\,\text{GPa}$ 이다.

5F.5 지름 $d = 50\,\mathrm{mm}$, 길이 $L = 1.8\,\mathrm{m}$ 의 원형축이 비틀림시험기에서 $\phi = 5^\circ$ 의 비틀림이 발생하였다. 이 비틀림상태에서 가해진 토크는 $T = 860\,\mathrm{N\,m}$ 이다. 최대전단응력과 강성계수를 구하여라.

5F.6 반지름 r 인 원형축에 반지름 kr 의 중공을 뚫는다. (a) 뚫은 부위의 단면적 비, (b) 축이 전달할 수 있는 토크의 감소율을 구하여라.

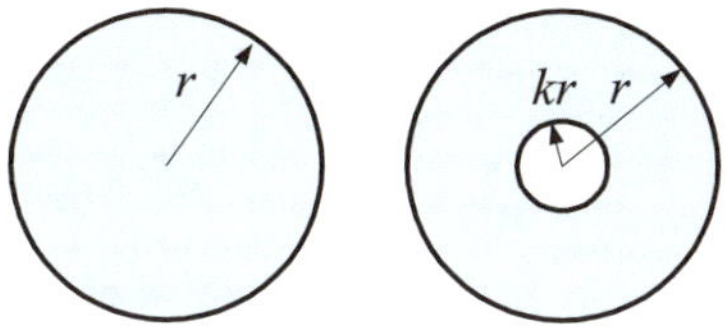

그림 문5F.6

5F.7 지름이 다른 두 원형축의 2단 연결축 ABC가 그림과 같이 토크 T_1, T_2를 받는다. 지름이 큰 축의 치수는 $L_1 = 600\,\mathrm{mm}$, $d_1 = 64\,\mathrm{mm}$, 작은 축의 치수는 $L_2 = 450\,\mathrm{mm}$, $d_2 = 50\,\mathrm{mm}$ 이다. 재료는 $G = 76\,\mathrm{GPa}$ 인 강철이다. 만일 $T_1 = 1000\,\mathrm{N\,m}$, $T_2 = 700\,\mathrm{N\,m}$ 이라 할 때 다음을 구하여라. (a) 축에서 발생하는 최대전단응력, (b) 끝 C에서의 비틀림각 ϕ

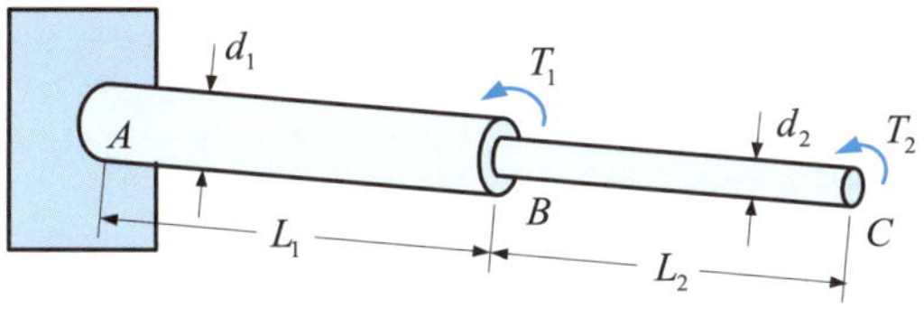

그림 문5F.7

5F.8 3단 축 $ABCD$가 그림과 같은 토크를 받고 있다. 각 축 요소의 길이는 공히 $0.5\,\mathrm{m}$ 이며 지름은 각각 $80\,\mathrm{mm}$, $60\,\mathrm{mm}$, $40\,\mathrm{mm}$ 이다. 재료는 강철이고 강도계수는 $G = 80\,\mathrm{GPa}$ 이다. (a) 최대 전단응력 $\tau_{\max}$, (b) 자유단에서의 비틀림각 ϕ

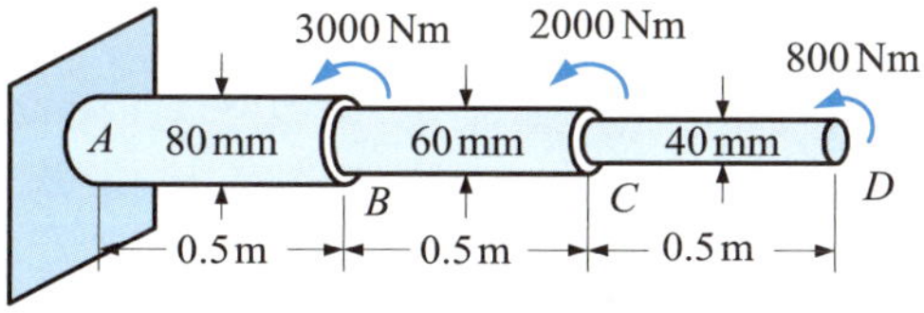

그림 문5F.8

5F.9 2단 원형축이 $d_1 = 50\,\mathrm{mm}$, $L_1 = 1.2\,\mathrm{m}$, $d_2 = 40\,\mathrm{mm}$, $L_2 = 1.2\,\mathrm{m}$ 이다. 비틀림각이 $\phi = 0.02\,\mathrm{rad}$을 넘지 않고, 또 전단응력이 28MPa을 넘지 않으려면 토크 T는 얼마로 제한해야 하는가? 단, 재료의 $G = 83\,\mathrm{GPa}$ 이다.

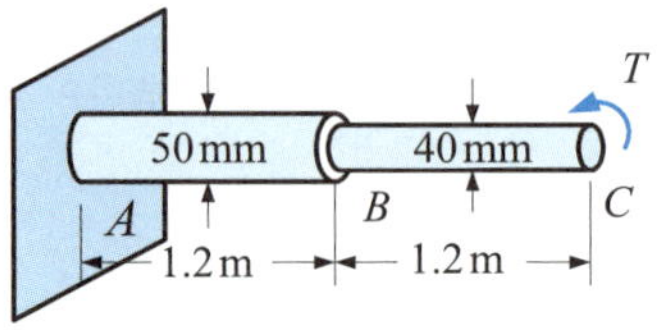

그림 문5F.9

5F.10 그림과 같은 2단 원형축이 있다. 이 축과 비틀림강성이 같은 중공축을 만들려고 한다. 중공축의 두께는 $t = d/10$로 하려고 한다. 중공축의 지름을 구하여라.

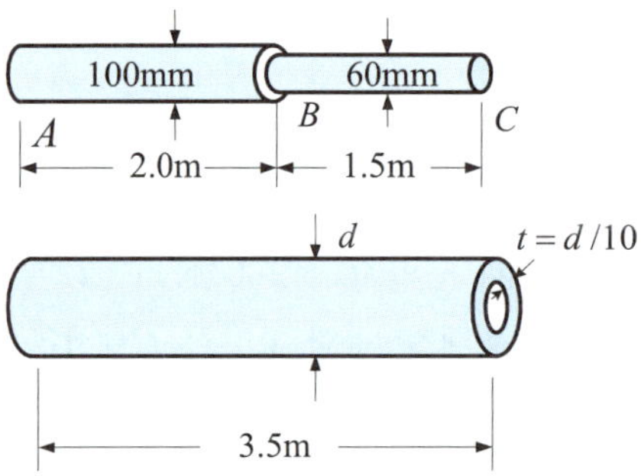

그림 문5F.10

비틀림에서의 응력해석

5F.11 지름 100 mm의 원형축이 9600 N m의 토크를 받는다. 최대 인장, 압축응력, 그리고 최대 전단응력을 구하여라.

5F.12 외경 100 mm, 내경 50 mm인 알루미늄($G = 28\,\mathrm{GPa}$)제 중공축이 토크 T를 받아 비틀림밀도 $\beta = 0.03\,\mathrm{rad/m}$를 얻었다. 최대인장응력과 가한 토크를 구하여라.

5F.13 외경 100 mm의 알루미늄축에 그림과 같이 $T = -7\,\mathrm{kN\,m}$의 토크가 걸린다. z축으로부터 $-30°$ 방향의 수직응력과 전단응력을 구하여라.

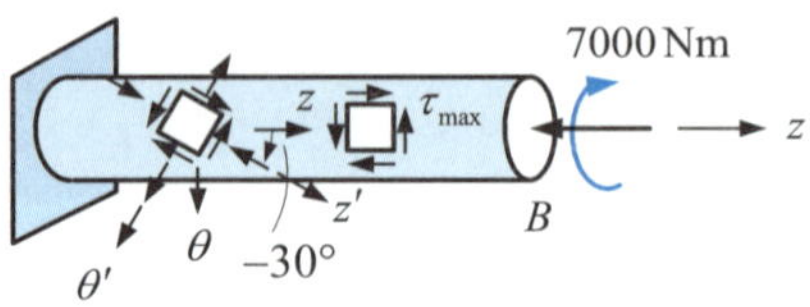

그림 문5F.13

5F.14 외경 150 mm, 내경 120 mm 의 중공축이 토크 T를 받아 $\gamma_{max} = 750 \times 10^{-6}$ rad 의 변형을 하였다. $G = 80$ GPa 이라 할 때 최대인장응력 σ_{max} 를 구하여라. 그리고 토크 T를 구하여라.

5F.15 강성계수가 $G = 27$ GPa 인 알루미늄으로 만들어진 외경 80 mm, 내경 50 mm 의 중공축에 토크 $T = 5.2$ kN m 를 가하였다. 최대전단변형율 γ_{max} 와 최대수직변형율 ϵ_{max} 를 구하여라. $\epsilon_{max} = \gamma_{max}/2$ 이다.

전동축의 설계

5F.16 지름 50 mm 의 원형축이 허용전단응력 40 MPa 을 넘지 않는 한도내에서 전달할 수 있는 최대 비틀림모멘트를 구하여라. 그리고 이 축이 500 rpm 으로 회전한다면 전달동력은 얼마인가?

5F.17 지름 75 mm 의 한 원형축이 75 rpm 으로 동력 P를 전달한다. 전단응력이 41 MPa 를 넘지 않는 한도에서 최대로 전달할 수 있는 동력을 구하여라.

5F.18 한 원형축이 200 rpm 로 112 kW 의 동력을 전달한다. 허용전단응력을 55 MPa 이라 할 때 필요한 축의 직경을 구하여라.

5F.19 한 중공축이 10 Hz 에서 120 kW 를 전달할 수 있게끔 설계하려 한다. 축 내경은 외경의 1/2 로 하고자한다. 허용 전단응력을 45 MPa 로 하고 축 외경 d를 구하여라.

5F.20 지름 d 의 두 원형축을 칼라(collar)로 확고하게 연결시켰다. 이 원형축과 동일한 동력을 전달할 수 있기 위한 칼라의 지름 d_1 을 구하여라. 단, 축과 칼라는 동일재료라 가정한다.

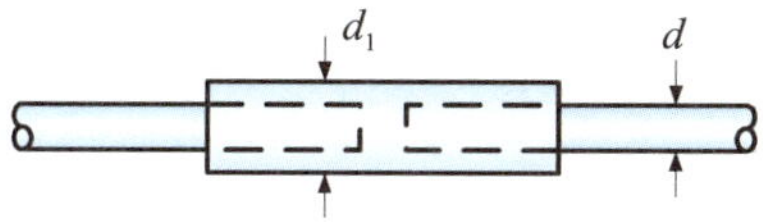

그림 문5F.20

코일스프링

5F.21 지름 d_1, d_2인 2개의 선소로 유효권수와 높이를 같게, 평균반경 R_1, R_2로 코일스프링을 만들어 그림과 같이 조립하였다. 양단에 강체판으로 고정시킨 상태에서 압축하중 P를 가할 때 이들 두 스프링에 발생하는 최대전단응력을 구하여라. 또 조립스프링의 압축량을 구하여라.

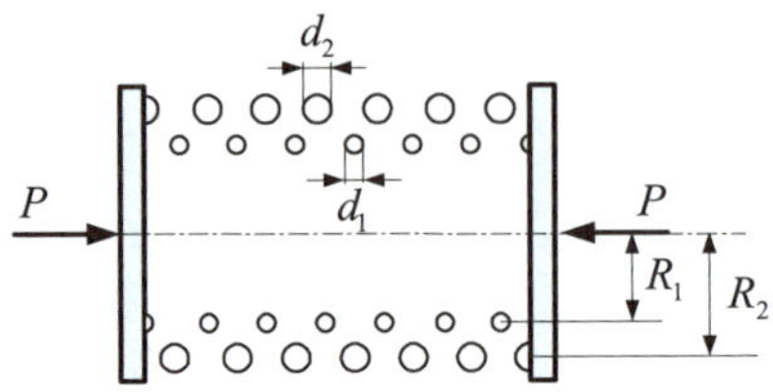

그림 문5F.21

5F.22 그림 문5F.22에 표시한 바와 같이 2개의 코일스프링 A, B를 사용하여 강체판을 수평으로 유지하려고 한다. 외력 P를 가해야 할 위치를 구하여라. 단 스프링 A의 소재지름 d_A, 권수 n_1, 코일 반지름 r. 스프링 B의 소재지름 d_B, 권수 n_2, 코일 반지름 $2r$이다.

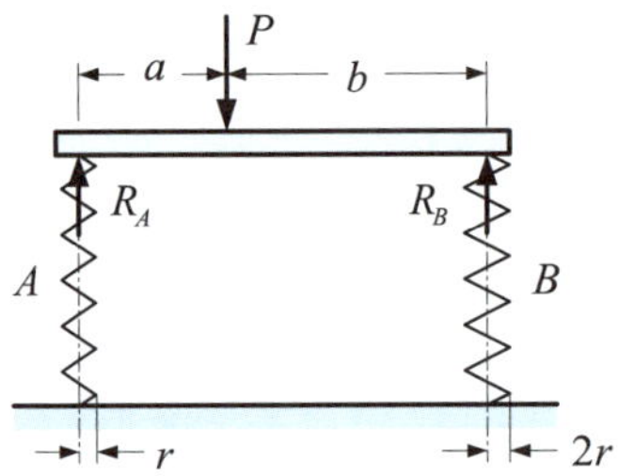

그림 문5F.22

제 6 장 보의 굽힘과 응력

축의 길이가 단면치수에 비하여 긴 부재가 측면으로부터 횡하중(橫荷重)을 받을 때 이 부재를 특히 보(beam)라 부른다. 우리 주변에는 보 작용의 예를 많이 찾아볼 수 있다. 건축물의 수평부재[보통은 장선(長線 : joist) 또는 도리(girder)라 부른다]는 바닥에 분포하는 상하중(床荷重)을 기둥이나 기초벽체에 전달시키는 보로 작용한다. 자동차 현수장치(懸垂裝置 : suspension)에 사용하는 판스프링은 보 작용에 의하여 차체중량을 차륜축에 전달한다. 비행기의 날개는 동체의 중량을 지지하는 보로 작용한다.

지금까지는 부재에 축하중이나 비틀림하중을 받을 때, 부재에 발생하는 응력과 변형에 관하여 공부하였다. 이 장에서는 부재가 횡하중을 받을 때 부재내에 발생하는 응력분포와 이 응력에 의한 변형의 양상을 공부하기로 한다. 물론 보는 횡하중 이외에도 축하중을 받을 수 있다. 그러나 이 책에서는 횡하중만을 받는 보의 순수굽힘(純粹굽힘 : pure bending)상태에서 발생하는 응력과 변형율에 한정해서 설명하기로 한다. 동일평면상에 놓이는 힘에 의하여 굽어지는 굽힘을 순수굽힘이라 말한다. 그러므로 순수굽힘을 일으키는 모멘트는 동일평면상에서 작용한다.

6.1 보의 종류와 하중

세장부재(細長部材)로 놓여있는 다리를 사람이 걸어간다고 생각하면 사람의 위치에 따라 굽어지는 정도가 달라질 것이다. 우리들의 체험에 의하면 사람이 중앙에 위치할 때 가장 많이 굽어진다. 굽어진다는 것은 보의 축선(軸線)이 본래의 축선에서 벗어나는 현상을 말한다. 그러므로 보의 축선이 본래의 축선에서 벗어나는 현상을 굽힘(bending)이라 정의한다.

보는 변형 전 축선의 형상에 의하여 분류할 수 있다. 축선이 반듯한 직선인 보를 직선보(直線보 : straight beam), 축선이 곡선을 이루는 보를 곡선보(曲線보 : curved beam)라 말한다.

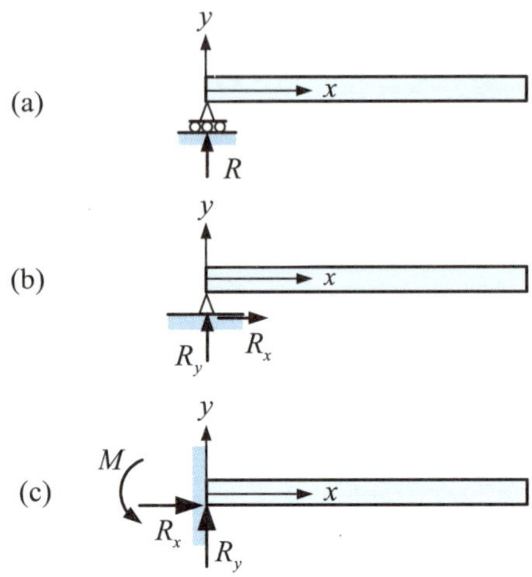

그림 6.1 지점의 종류. (a) 가동힌지지지점, (b) 부동힌지지지점, (c) 고정지점

이 장에서는 보에 작용하는 하중과 반력이 그 보의 중심선을 포함하는 한 평면 안에 있는 가장 단순한 형태의 직선보만을 다루기로 하며, 일반적으로 보라고 하면 이 직선보를 말한다.

6.1.1 보의 지지방법과 지점

보를 지지하는 점을 지점이라 하고, 이 점에서 반력이 발생한다. 그리고 지지방법으로서는 일반적으로 다음과 같은 세 가지가 있다. 그림 6.1에 지지방법과 지점에서 발생하는 반력을 표시하여 놓았다.

1. 가동 힌지지지(hinged movable support) : 그림 6.1(a)와 같이 롤러 (roller)로 지지되어 있어 보의 회전과 평행이동은 자유로우나 수직이동이 불가능한 지점으로서 수직방향에 한 개의 반력이 발생한다.
2. 부동 힌지지지(hinged immovable support) : 그림 6.1(b)와 같이 핀(pin)으로 지지되어 있어 회전은 자유로우나 수평 및 수직이동이 불가능하여 수직 및 수평방향에 2개의 반력이 발생된다.
3. 고정지지(fixed support) : 그림 6.1(c)와 같이 완전히 고정되어 있어 보의 회전, 수평 및 수직이동이 모두 불가능하여 모멘트, 수평 및 수직력 등 3개의 반력이 발생한다.

6.1.2 보의 분류와 하중

보는 지지 방법에 따라 분류하면 그림 6.2와 같은 6가지의 기본형으로 나눌 수 있다.

(a) 양단 단순지지보(兩端單純支持보 : beam with simply supported ends) : 지점 A는 핀으로 지지된 부동힌지지점으로, 지점 B는 롤러로 지지된 가동힌지지점으로 되어있

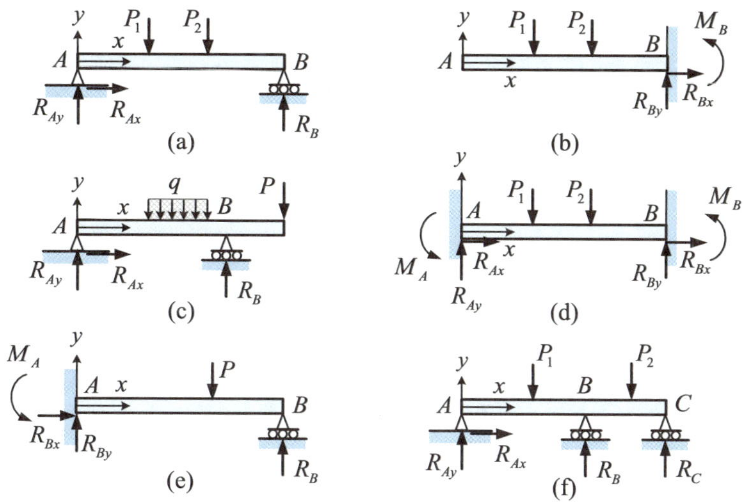

그림 6.2 보의 분류 (a) 양단 단순지지보, (b) 외팔보, (c) 내다지보, (d) 양단고정보, (e) 1단고정 타단지지보, (f) 연속보

는 보로서, 미지반력은 R_{Ax}, R_{Ay}, R_B의 3개이며 정정보이다. 간단히 단순보(simple beam)라고도 말한다[그림 (a)].

(b) 외팔보(cantilever beam) : 지점 B는 고정지점이고, 지점 A는 지점이 없는 자유단으로 되어 있는 보이다. 미지반력은 R_{Bx}, R_{By}, M_B의 3개이며 정정보이다. [그림 (b)].

(c) 내다지보 (overhanging beam) : A는 부동힌지지점이고, 지점 B는 가동 힌지지점으로 되어 있으며, 보의 한쪽 끝이 지점 밖으로 돌출되어 있어 돌출보라고도 한다. 미지의 반력은 R_{Ax}, R_{Ay}, R_B의 3개이며 정정보이다. [그림 (c)].

(d) 양단고정보(兩端固定보 : fixed beam) : 양단이 고정지점이며, 미지의 반력은 R_{Ax}, R_{Ay}, $M_{A,}$ R_{Bx}, R_{By}, M_B의 6개의 부정정보이다. 간단히 고정보라고도 말한다[그림 (d)].

(e) 1단고정 타단지지보((一端固定 他端支持보 : one end fixed other end supported beam) : 지점 A는 고정지점이고, 지점 B는 가동힌지지점으로 되어있는 보이다. 미지반력은 R_{Ax}, R_{Ay}, M_A, R_B의 4개인 부정정보이다. 간단히 고정지지보라고도 한다[그림 (e)].

(f) 연속보(連續보 : continuous beam) : 한 개의 부동힌지지점과 두 개 이상의 가동힌지지점이 연속으로 지지되어 있는 보로서, 미지반력은 부동힌지지점 A에서 R_{Ax}, R_{Ay}, 가동힌지지점에서 각각 반력 R_B, $R_C \cdots$를 갖는다. 따라서 평형방정식의 수보다는 항상 한 개 이상의 미지수를 가지므로 부정정보이다[그림 (f)].

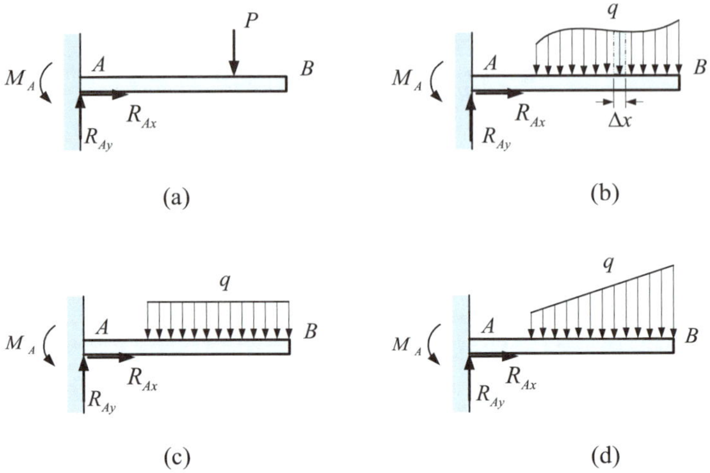

그림 6.3 하중의 분류 (a) 집중하중, (b) 분포하중, (c) 등분포하중, (d) 선형분포하중

보에 가하는 하중도 가하는 방법에 따라 몇 가지로 분류할 수 있다. 앞에서 예시한 다리에 사람이 서 있을 때와 같이 한 점에 집중되어 가해지는 하중을 집중하중(集中荷重 : concentrated load)이라 하고, 보의 축선을 따라 분포되는 하중을 분포하중(分布荷重 : distributed load)이라 부른다. 분포하중의 크기는 보통 단위길이당의 힘으로 나타내고 q [N/m]로 표기하기로 한다. 이 q를 하중강도(荷重强度 : intensity of loading)라 말한다. 분포하중이 보의 축선을 따라 같은 크기로 균등하게 작용할 때 등분포하중(等分布荷重 : uniform distributed load)이라 말한다. 특히 직선적으로 변하는 하중일 때 선형분포하중(線型分布荷重 : linearly varying load)이라 한다. 열차가 철교를 통과할 때와 같이 하중이 이동할 경우 이를 이동하중(移動荷重 : moving load)이라 한다.

외팔보나 단순지지보의 경우는 하중의 크기와 위치가 주어지면 힘의 평형조건으로부터 지점의 반력(反力 : reaction force)과 모멘트를 구할 수 있다. 이와 같은 보를 정정보(靜定보 : statically determinate beam)라 말한다. 그러나 고정보나 연속보의 경우는 하중의 크기나 위치가 주어지더라도 힘의 평형조건만으로는 지점반력이나 모멘트를 얻을 수 없다. 이와 같은 보를 부정정보(不靜定보 : statically indeterminate beam)라 말한다. 보의 변형과 응력을 계산하는 데에는 반력 계산이 필수적이다. 정정문제를 예로 하여 그 방법을 다시 상기시키기로 한다.

앞으로 보에 발생하는 응력이나, 보의 처짐을 해석할 때, 특별한 언급이 없는 한은 보의 자중은 고려하지 않는 것으로 한다. 그리고 실제 계산을 할 때 제3장에서 공부한 응력과 좌표축과의 관계를 연계시키기 위해서는 하중과 반력을 다음 규약에 따라 처리하는 것이 도움이 될 것이다.

하중과 반력에 관한 계산규약

이 책에서 문제를 실제 수치계산 할 때에는 다음 규약을 따르는 것이 편리하다.

1. 문제에 관여하는 모든 미지의 반력과 반력모멘트는 양의 방향으로 가정한다. 만일 계산결과가 음의 값이면 실제 작용하는 반력이나 모멘트는 음의 방향을 향한다는 의미이다.
2. 문제에서 주어지는 하중은 평형방정식을 세울 때 주어진 방향에 따르는 부호를 고려하고, 수치계산 시에는 절대값만을 사용하여 계산한다.

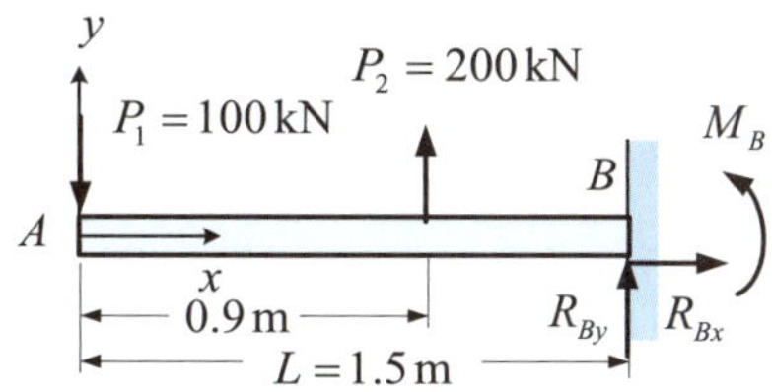

예를 들면 위 그림에서 반력 R_{Bx}, R_{By}, M_B 는 미지의 반력이므로 모두 양의 방향으로 가정한다. 그리고 P_1은 y 축에 대해 음의 방향이므로 평형방정식을 세울 때에는 음의 부호를 부쳐 $-P_1$을 더해주고, 수치계산 할 때에는 P_1에 그대로 절대값 100 kN 을 대입하여 계산한다.

$$\sum F_x = 0 \ ; \quad R_{Bx} = 0$$

$$\sum F_y = 0 \ ; \quad -P_1 + P_2 + R_{By} = 0$$

제2식으로부터

$$R_{By} = P_1 - P_2$$

이와 같이 P_1에 방향을 고려하여 방정식을 세운다.

실제 수치계산에서는 P_1에 절대값만을 대입하면 된다.

$$R_{By} = P_1 - P_2 = 100\,\text{kN} - 200\,\text{kN} = -100\,\text{kN}$$

A에 관한 모멘트평형

$$\sum M = 0 \ ; \quad x_2 P_2 + L R_{By} + M_B = 0$$

로부터

$$M_B = -(x_2 P_2 + L R_{By})$$
$$= -[0.9\,\text{m} \times 200\,\text{kN} + 1.5\,\text{m} \times (-100\,\text{kN})] = -30\,\text{kN m}$$

혹은 B에 관한 모멘트평형을 취하면

$$\sum M = 0 \ ; \quad (-L)(-P_1) + [-(L - x_2)]P_2 + M_B = 0$$

로부터

$$M_B = -L P_1 + (L - x_2) P_2$$
$$= -1.5\,\text{m} \times (100\,\text{kN}) + 0.6\,\text{m} \times 200\,\text{kN} = -30\,\text{kN m}$$

반력 R_{By}와 모멘트 M_B는 실제로는 음의 방향으로 작용한다.

예제 6.1 반력계산

그림 E6.1의 보에서 반력 R_{Ax}, R_{Ay}, R_B를 구하여라.

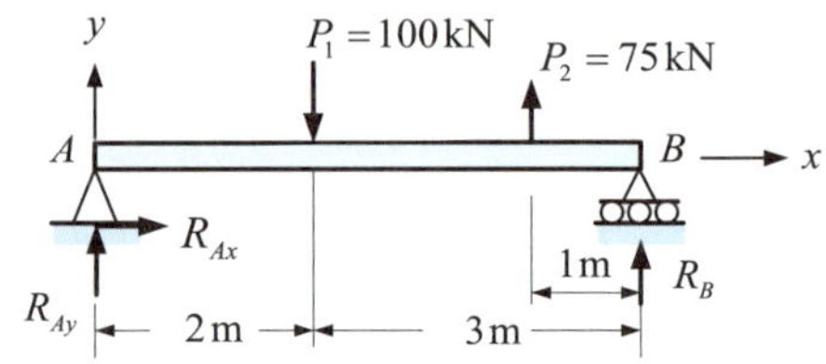

그림 E6.1

[풀이]

주어진 조건:

하중조건 ; $P_1 = 100$ kN, $P_2 = 75$ kN

하중점; $x_1 = 2$ m, $x_2 = 4$ m,

보 길이 $L = 5$ m

탐구사항:

반력 ; R_{Ax}, R_{Ay}, R_B

탐구내용:

힘의 평형

$$\sum F_x = 0 \; ; \; R_{Ax} = 0$$

$$\sum F_{Ay} = 0; \quad R_{Ay} - P_1 + P_2 + R_B = 0 \tag{E.1}$$

A에 관한 모멘트평형

$$\sum M_A = 0; \quad x_1(-P_1) + x_2 P_2 + L R_B = 0 \tag{E.2}$$

식 (E.2)로부터

$$R_B = \frac{1}{L}(x_1 P_1 - x_2 P_2)$$

$$= \frac{1}{5\text{ m}}[2\text{ m}\times 100\text{ kN} - 4\text{ m}\times 75\text{ kN}] = -20\text{ kN}$$

식 (E.1)에 대입하면

$$R_{Ay} = P_1 - P_2 - R_B$$

$$= 100\text{ kN} - 75\text{ kN} - (-20\text{ kN}) = 45\text{ kN}$$

예제 6.2 분포하중에 대한 반력

그림 E6.2와 같은 하중상태에 있는 보의 반력을 구하여라.

[풀이]

주어진 조건:

하중조건 ; $P = 100$ kN, $q = 20$ kN/m

하중위치 $x_1 = 1$ m,

분포하중 $x = 2\text{ m} \sim 5\text{ m}$

탐구사항:

반력 R_{Ax}, R_{Ay}, R_B

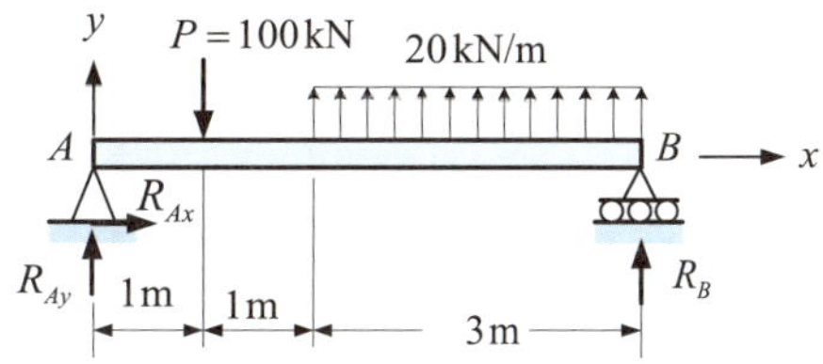

그림 E6.2

탐구내용:

분포하중을 집중하중 P_2로 등가시키면, 분포하중이 형성하고 있는 하중 프리즘의 면적이 힘이 되므로

$$P_2 = q(5\text{ m} - 2\text{ m}) = 20\text{ kN/m} \times 3\text{ m} = 60\text{ kN}$$

분포하중에 의한 힘의 작용위치는 분포하중이 형성하는 프리즘의 도심에 작용하므로 $x_2 = 3.5\text{ m}$, 따라서

힘의 평형

$$\sum F_x = 0\ ;\ R_{Ax} = 0$$

$$\sum F_y = 0\ ;\quad R_{Ay} - P_1 + P_2 + R_B = 0 \tag{E.1}$$

A에 관한 모멘트평형

$$\sum M_A = 0;\quad x_1(-P_1) + x_2 P_2 + LR_B = 0 \tag{E.2}$$

식 (E.2)로부터

$$\begin{aligned} R_B &= \frac{1}{L}(x_1 P_1 - x_2 P_2) \\ &= \frac{1}{5\text{ m}}(1\text{ m} \times 100\text{ kN} - 3.5\text{ m} \times 60\text{ kN}) = -22\text{ kN} \end{aligned}$$

식 (E.1)에 대입하면

$$\begin{aligned} R_{Ay} &= P_1 - P_2 - R_B \\ &= 100\text{ kN} - 60\text{ kN} - (-22\text{ kN}) = 62\text{ kN} \end{aligned}$$

[별해]

분포하중은 적분을 사용하여 계산할 수도 있다.

힘의 평형

$$\sum F_y = 0;\quad R_{A_y} - P_1 + \int_2^5 q\,dx + R_B = 0 \tag{E.3}$$

A에 관한 모멘트평형

$$\sum M_A = 0;\quad -x_1 P_1 + \int_2^5 qx\,dx + LR_B = 0 \tag{E.4}$$

식 (E.4)로부터

$$R_B = \frac{1}{L}\left[x_1 P_1 - \int_2^5 (20\ \mathrm{kN/m})x\,dx\right]$$
$$= \frac{1}{5\ \mathrm{m}}\left[1\ \mathrm{m}\times 100\ \mathrm{kN} - (20\ \mathrm{kN/m})\frac{x^2}{2}\Big|_2^5\right] = -22\ \mathrm{kN}$$

이 값을 식 (E.3)에 대입하면

$$R_{Ay} = \left[P_1 - \int_2^5 (20\ \mathrm{kN/m})\,dx - R_B\right]$$
$$= [100\ \mathrm{kN} - (20\ \mathrm{kN/m})(5\ \mathrm{m} - 2\ \mathrm{m}) - (-22\ \mathrm{kN})] = 62\ \mathrm{kN}$$

을 얻는다.

6.2 전단력과 굽힘모멘트

보에 힘을 가하면 보 내부에는 이 힘과 평형을 이루는 내반력(内反力 : internal reaction force)과 내반력모멘트(内反力모멘트 : internal reaction moment)가 발생한다. 이 내반력은 단면에 평행하게 나타나므로 이를 전단력(剪斷力 : shear force)이라 말하고, 내반력모멘트는 보를 굽어지게 하므로 이를 굽힘모멘트(bending moment)라 한다. 예를 들어 그림 6.4의 외팔보의 자유단에 작용하는 하중 P에 의하여 보 내에 어떠한 반력이 발생하는가를 살펴보기로 하자. 지금 보 자유단으로부터 x만큼 떨어진 임의 단면 mn을 경계로 하여 mn 우측 요소와 좌측요소를 각각 고립시켜 자유물체도를 그리면, 하중 P와 평형을 이룰 내반력 F_r와 내반력모멘트 M_r을 그림과 같이 모두 양의 방향(양의 y 방향과 양의 z 방향)으로 가정한다. 여기서 외팔보의 길이를 L이라 하고 단면 좌측요소의 자유물체(그림 (b))에 힘과 모멘트평형을 생각하면

$$\sum F_y = 0\ ;\quad F_r - P = 0$$

ab단면에 관한 모멘트평형

$$\sum M_{ab} = 0\ ;\quad M_r + (-x)(-P) = 0$$

로부터

$$F_r = P \tag{6.2.1}$$

$$M_r = -Px \tag{6.2.2}$$

식 (6.2.1)로 주어지는 힘 F_r은 가한 힘 P의 내반력으로 나타나는 단면 mn에 발생하는 접선력이다. 그리고 이 힘은 P와 크기가 같고 방향이 반대이다. 식 (6.2.2)로 주어지는 모멘트는 힘 P에 의하여 단면 mn에 발생하는 내반력모멘트 즉 굽힘모멘트이다.

그림 6.4(b)에서 내반력 F_r은 P와 반대방향 즉 양의 y 방향으로 작용하고, 내반력모멘트 M_r은 음의 모멘트이므로 음의 z 방향 즉 y축으로부터 x축으로 회전하는 방향이

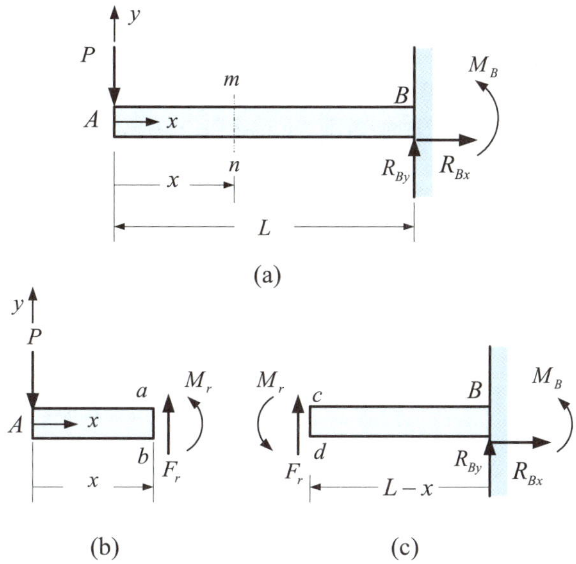

그림 6.4 전단력과 굽힘모멘트

다. 그런데 단면에 발생하는 전단응력 τ_{xy} 는 전단력을 단면적으로 나누어 얻어지므로 전단력의 부호도 전단응력의 부호규약을 따라야한다. 그러므로 작용하는 면의 부호와 힘의 방향(부호)이 일치할 때 양, 일치하지 않을 때 음으로 정한다. 그림 6.4(b)에서 단면 ab는 양의 x 면(외향 법선벡터가 양의 x 방향을 향한다)이고, 내반력 F_r 역시 양의 y 방향이므로 전단력 V는 양으로 정한다. 그러므로 이 경우

$$V = F_r = P > 0 \tag{6.2.3}$$

이다.

굽힘모멘트도 작용하는 면과 내반력모멘트의 방향이 일치할 때 양, 일치하지 않을 때 음으로 정한다. 이 경우 내반력모멘트가 작용하는 면은 양의 x 면이고, 반력모멘트는 식 (6.2.2)에 의하여 음의 z 방향이므로 일치하지 않는다. 그러므로 이 면에 작용하는 굽힘모멘트는 음으로 정한다. 즉,

$$M = M_r = -Px < 0 \tag{6.2.4}$$

이다.

식 (6.2.1)과 식 (6.2.3), 식 (6.2.2)와 식 (6.2.4)를 각각 비교하면 양의 면에서는 평형방정식으로부터 얻어진 내반력과 내반력모멘트가 그 단면에서의 전단력과 굽힘모멘트가 된다는 것을 알 수 있다.

전단력과 굽힘모멘트는 단면 mn의 우측요소에 작용하는 힘과 모멘트평형으로부터도 구

할 수 있다. 그림 6.4(c)의 우측요소에 작용하는 반력과 내반력, 내반력모멘트를 도시하여 놓았다. 단면 cd에 발생하는 내반력과 내반력모멘트, 그리고 외팔보 뿌리에 작용하는 반력과 모멘트도 모두 미지의 값이므로 양의 방향으로 가정하였다. 우선 뿌리에 작용하는 반력을 구하기 위하여 전체 보에 대하여 평형방정식을 세운다.

$$\sum F_x = 0 \;; \qquad R_{Bx} = 0$$

$$\sum F_y = 0 \;; \qquad -P + R_{By} = 0$$

$$\sum M_A = 0 \;; \qquad L\,R_{By} + M_B = 0$$

로부터

$$R_{By} = P, \qquad M_B = -L\,R_{By} = -L\,P$$

단면에 발생하는 내반력과 내반력모멘트를 구하기 위하여 우측요소에 대한 평형방정식을 세우면

$$\sum F_y = 0 \;; \quad F_r + R_{By} = 0$$

$$\sum M_{ab} = 0 \;; \quad M_r + (L - x)R_{By} + M_B = 0$$

로부터

$$F_r = -R_{By} = -P \tag{6.2.5}$$

$$M_r = -(L - x)R_{By} - M_B = xP \tag{6.2.6}$$

를 얻는다.

식 (6.2.5)로부터 ab면에 발생하는 내반력은 음의 값을 갖는다. 그러므로 F_r은 가정한 방향과 반대방향인 음의 y방향을 향한다. 식 (6.2.6)으로부터 내반력모멘트 M_r은 양의 값을 갖는다는 것을 알 수 있다. 그러므로 가정한 방향과 일치한다.

그런데 우측요소의 횡단면 ab는 음의 면이므로 이 면에 작용하는 전단력은 내반력 F_r이 음의 방향일 때 양의 값을 갖는다. 식 (6.2.5)에 의하면 F_r은 음이므로 전단력은 양의 전단력이 된다. 즉

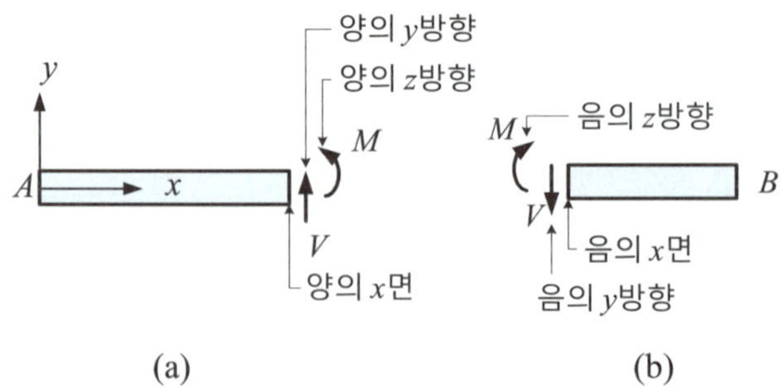

그림 6.5 전단력과 굽힘모멘트의 부호규약(그림에 표시된 전단력과 굽힘모멘트는 모두 양)

$$V = -F_r = P > 0 \tag{6.2.7}$$

굽힘모멘트도 ab가 음의 면이므로 내반력모멘트 M_r가 음일 때 양의 값을 갖는다. 식 (6.2.6)에 의하면 내반력모멘트가 양의 값을 가지므로 굽힘모멘트는 음의 값을 갖게 된다. 즉

$$M = -M_r = -x P < 0 \tag{6.2.8}$$

이 결과로부터 음의 면에 작용하는 전단력과 굽힘모멘트는 평형방정식으로부터 구한 내반력 F_r와 내반력모멘트 M_r에 -1을 곱하면 얻어진다는 결론이다. 식 (6.2.7)과 식 (6.2.8)은 각각 좌측요소로부터 구한 식 (6.2.3) 및 식 (6.2.4)와 일치한다. 이상을 종합하면 다음 결론을 얻는다.

전단력과 굽힘모멘트

전단력 : 임의 단면 좌측 혹은 우측 한쪽 요소에 작용하는 외력의 평형조건으로부터 정력학적 내반력을 계산한 다음, 양의 면에서는 그대로, 음의 면에서는 부호를 바꾸어 전단력으로 정한다. 그 결과는

$$V = \sum(\text{우측요소에 작용하는 } y\text{방향의 힘})$$
$$= -\sum(\text{좌측요소에 작용하는 } y\text{방향의 힘})$$

굽힘모멘트 : 임의 단면 좌측 혹은 우측 한쪽요소에 작용하는 외력의 그 단면에 관한 모멘트평형 조건으로부터 정력학적 내반력모멘트를 계산한 다음, 양의 면에서는 그대로, 음의 면에서는 부호를 바꾸어 굽힘모멘트로 정한다.

$$M = \sum(\text{우측요소의 단면에 관한 } z\text{방향의 모멘트})$$
$$= -\sum(\text{좌측요소의 단면에 관한 } z\text{방향의 모멘트})$$

부호규약 : 그림6.6과 같이 정의된 전단력, 굽힘모멘트 모두 작용면과 작용방향의 부호가 일치할 때 양, 일치하지 않을 때 음으로 정한다.

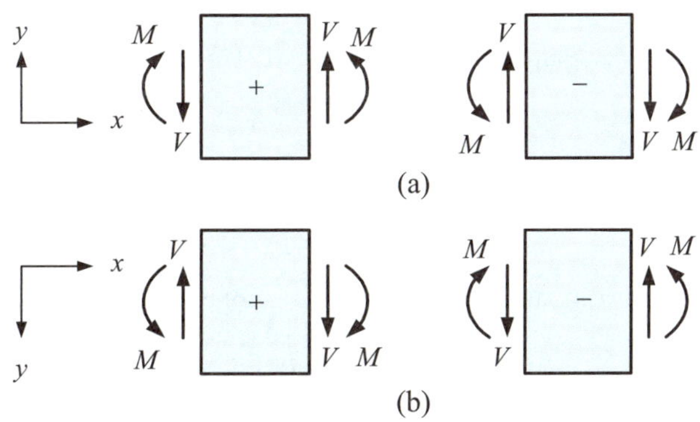

그림 6.6 설정 좌표계와 전단력, 굽힘모멘트 부호와의 관계

예제 6.3 집중하중의 외팔보에 대한 전단력과 굽힘모멘트

그림과 같은 외팔보에 하중 $P_1 = 25\ \text{kN}$, $P_2 = 20\ \text{kN}$이 그림과 같은 위치에 가해진다. 반력 R_{Ax}, R_{Ay}, M_A와 $x = 0.4\ \text{m}$의 위치에서 발생하는 전단력과 굽힘모멘트를 구하여라.

[풀이]

주어진 조건:

$P_1 = 25\ \text{kN}$, $P_2 = 20\ \text{kN}$,

$L_1 = 0.8\ \text{m}$, $L = 1\ \text{m}$

$x = 0.4\ \text{m}$

탐구사항:

반력 R_{Ax}, R_{Ay}, M_A, 단면 mn의 전단력과 굽힘모멘트

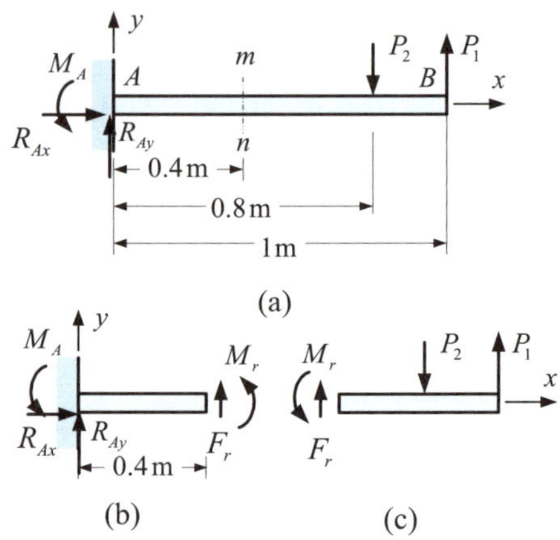

그림 E6.3

탐구내용:

반력;

$$\sum F_x = 0 \qquad R_{Ax} = 0$$

$$\sum F_y = 0 \qquad P_1 - P_2 + R_{Ay} = 0$$

로부터

$$R_{Ay} = -P_1 + P_2 = -25\ \text{kN} + 20\ \text{kN} = -5\ \text{kN}$$

벽면 지지모멘트;

$$\sum M_A = 0 \qquad M_A + x_1 P_1 - x_2 P_2 = 0$$

$$\begin{aligned} M_A &= -x_1 P_1 + x_2 P_2 \\ &= -1\ \text{m}\times 25\,\text{kN} + 0.8\ \text{m}\times 20\ \text{kN} \\ &= -9\ \text{kN m} \end{aligned}$$

전단력:

좌측요소를 사용하여 평형관계로부터 계산하면(단면이 양의 단면)(그림 b)

$$\sum F_y = 0\ ; \qquad F_r + R_{Ay} = 0$$

로부터

$$V = F_r = -R_{Ay} = 5\ \text{kN}$$

우측요소를 사용하여 계산하면(단면이 음의 단면)(그림 c)

$$\sum F_y = 0\ ; \qquad F_r + P_1 - P_2 = 0$$

$$V = -F_r = P_1 - P_2 = 25\ \text{kN} - 20\ \text{kN} = 5\ \text{kN}$$

전단응력 계산규약에 따르면

$$V = -\sum (F_y)_{\text{left side}} = -R_{Ay} = 5\,\text{kN}$$

혹은

$$V = \sum (F_y)_{\text{rihgt side}} = P_1 - P_2 = = 25\,\text{kN} - 20\,\text{kN} = 5\,\text{kN}$$

굽힘모멘트:

좌측요소를 사용하면(단면이 양의 단면)(그림 b)

단면에 관한 모멘트평형

$$\sum M_{mn} = 0\ ; \qquad M_A + M_r + (-x)\times R_{Ay} = 0$$

으로부터

$$\begin{aligned} M &= M_r = -M_A + R_{Ay}x \\ &= -(-9\ \text{kN m}) + (-5\ \text{kN})(0.4\,\text{m}) = 7\,\text{kN m} \end{aligned}$$

우측요소에 대하여 계산하면(단면이 음의 단면)

$$\sum M_{mn} = 0\ ; \qquad M_r - (x_2 - x)P_2 + (L - x)P_1 = 0$$

$$\begin{aligned} M &= -M_r = (x_2 - x)P_2 + (L - x)P_1 \\ &= -(0.8\,\text{m} - 0.4\,\text{m})(20\,\text{kN}) + (1\,\text{m} - 0.4\,\text{m})(25\,\text{kN}) \\ &= 7\ \text{kN m} \end{aligned}$$

계산 규약에 따라 계산하면

$$\begin{aligned} M &= -\sum (M_{mn})_{\text{left side}} = -[(-x)\times R_{Ay} + M_A] \\ &= (0.4\ \text{m})\times(-5\,\text{kN}) - (-9\ \text{kN m}) = 7\ \text{kN m} \end{aligned}$$

혹은

$$\begin{aligned} M &= \sum (M_{mn})_{\text{rihgt side}} = -(x_2 - x)P_2 + (L - x)P_1 \\ &= -(0.8\,\text{m} - 0.4\,\text{m})\times(20\,\text{kN}) + (1\ \text{m} - 0.4\,\text{m})\times 25\,\text{kN} \\ &= 7\,\text{kN m} \end{aligned}$$

예제 6.4 분포하중의 외팔보에 대한 전단력과 굽힘모멘트

그림과 같은 외팔보에 하중강도 $q = 20\ \text{kN/m}$의 등분포하중이 걸린다. 반력 R_{Ax}, R_{Ay}, M_A와 $x = 0.4\,\text{m}$의 위치에서 발생하는 전단력과 굽힘모멘트를 구하여라.

[풀이]

주어진 조건:

$q = 20\ \text{kN/m}$, $L = 1\ \text{m}$,

하중범위 0.6 m~1 m

탐구사항:

반력 R_{Ax}, R_{Ay}, M_A

단면 mn의 전단력과 굽힘모멘트

탐구내용:

반력;

$\sum F_x = 0$; $R_{Ax} = 0$

$\sum F_y = 0$; 분포하중의 힘은 하중프리즘의 면적이므로

$P = (1\ \mathrm{m} - 0.6\ \mathrm{m})(20\ \mathrm{kN}) = 8\ \mathrm{kN}$로부터

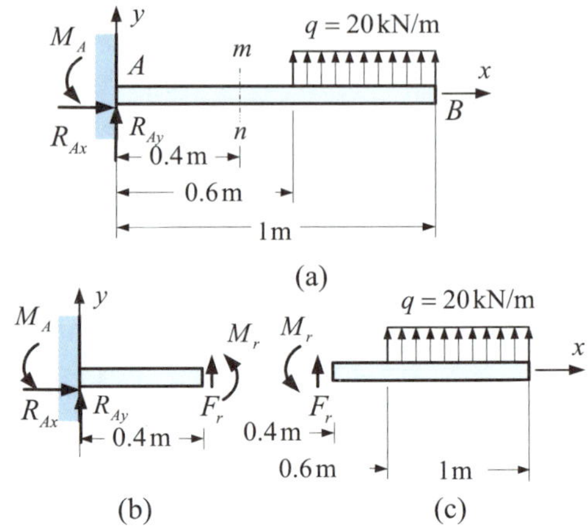

그림 E6.4

$$8\ \mathrm{kN} + R_{Ay} = 0$$

R_{Ay}에 관해서 풀면

$$R_{Ay} = -8\ \mathrm{kN}$$

지지 모멘트 M_A :

분포하중의 작용점은 하중프리즘의 도심이므로

$$M_A + 0.8\ \mathrm{m} \times 8\ \mathrm{kN} = 0\ , \qquad M_A = -6.4\ \mathrm{kN\,m}$$

전단력;

좌측요소를 사용하면(양의 단면)(그림 b)

$$R_{Ay} + F_r = 0\ , \qquad F_r = -R_{Ay} = -(-8\ \mathrm{kN}) = 8\ \mathrm{kN}$$

$$V = F_r = 8\ \mathrm{kN}$$

우측요소를 사용하면(음의 단면)(그림 c)

$$F_r + 8\ \mathrm{kN} = 0\ , \qquad F_r = -8\ \mathrm{kN}$$

$$V = -F_r = 8\ \mathrm{kN}$$

굽힘모멘트; 단면 mn에 관한 모멘트평형을 구한다.

좌측요소 사용하면(양의 단면)

$$M_r + M_A + (-0.4\ \mathrm{m}) \times R_{Ay} = 0$$

$$M = M_r = -(-6.4\ \mathrm{kN\,m}) + 0.4\mathrm{m} \times (-8\mathrm{kN}) = 3.2\ \mathrm{kN\,m}$$

우측요소를 사용하면; 분포하중의 작용점은 도심이므로 $x = 0.8\ \mathrm{m}$에 $8\ \mathrm{kN}$이 집중되어 있다고 생각할 수 있으므로

$$M_r + (0.8\ \mathrm{m} - 0.4\mathrm{m}) \times (8\ \mathrm{kN}) = 0\ , \qquad M_r = -3.2\ \mathrm{kN\,m}$$

$$M = -M_r = 3.2\ \mathrm{kN\,m}$$

계산규약에 따라 계산하면

전단력;

$$V = -\sum(F_y)_{\text{left side}} = -R_{Ay} = -(-8\text{ kN}) = 8\text{ kN}$$

혹은

$$V = \sum(F_y)_{\text{rihgt side}} = \int_{0.6}^{1} q\,dx$$
$$= (20\text{ kN/m})(1\text{ m} - 0.6\text{m}) = 8\text{ kN}$$

굽힘모멘트;

$$M = -\sum(M_{mn})_{\text{left side}} = -[(-x)\times R_{Ay} + M_A]$$
$$= (0.4\text{ m})\times(-8\text{ kN}) - (-6.4\text{ kN m}) = 3.2\text{ kN m}$$

혹은

$$M = \sum(M_{mn})_{\text{rihgt side}} = (x_q - x)P$$
$$= (0.8\text{ m} - 0.4\text{ m})\times(8\text{ kN}) = 3.2\text{ kN m}$$

예제 6.5 전단력과 굽힘모멘트의 부호규약

길이 1 m의 단순지지보에 하중 $P_1 = 10\text{ kN}$, $P_2 = 50\text{ kN}$의 하중이 그림과 같은 위치에 작용한다. (a) $x = 0.4\text{ m}$, (b) $x = 0.8\text{ m}$ 단면에 발생하는 전단력과 굽힘모멘트를 구하여라.

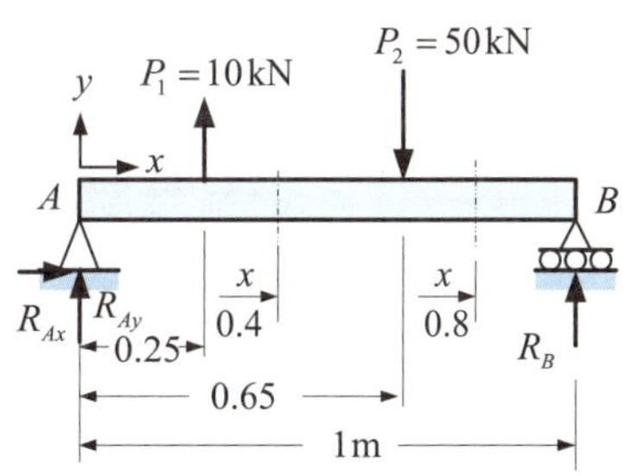

그림 E6.5(a)

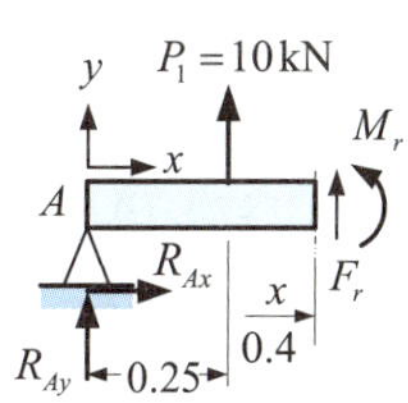

그림 E6.5(b)

[풀이]

주어진 조건:

$L = 1\text{ m}$, $L_1 = 0.25\text{ m}$, $P_1 = 10\text{ kN}$,

$L_2 = 0.65\text{ m}$, $P_2 = 50\text{ kN}$

탐구사항:

(a) $x = 0.4\text{ m}$ 에서 전단력과 굽힘모멘트

(b) $x = 0.8\text{ m}$ 에서 전단력과 굽힘모멘트

탐구내용:

반력

$$\sum F_x = 0\ ; \quad R_{Ax} = 0$$

$$\sum F_y = 0\ ; \quad R_{Ay} + R_B + P_1 - P_2 = 0$$

$$\sum M_A = 0\ ; \quad x_1 P_1 - x_2 P_2 + L R_{By} = 0$$

모멘트평형으로부터

$$R_{By} = -\frac{1}{L}(x_1 P_1 - x_2 P_2)$$
$$= -\frac{1}{1\ \mathrm{m}}[0.25\ \mathrm{m}\times 10\,\mathrm{kN} - 0.65\ \mathrm{m}\times(50\,\mathrm{kN})]$$
$$= 30\ \mathrm{kN}$$

또 힘의 평형식으로부터

$$R_{Ay} = -(R_B + P_1 - P_2)$$
$$= -(30\ \mathrm{kN} + 10\,\mathrm{kN} - 50\,\mathrm{kN}) = 10\,\mathrm{kN}$$

(a) $x = 0.4\ \mathrm{m}$ 단면의 전단력과 굽힘모멘트

$x = 0.4\ \mathrm{m}$ 단면 좌측요소를 고립화(그림 (b));

정력학적 평형은

$$\sum F_y = 0 \qquad R_{Ay} + P_1 + F_r = 0$$
$$V = F_r = -(R_{Ay} + P_1)$$
$$= -(10\ \mathrm{kN} + 10\,\mathrm{kN}) = -20\ \mathrm{kN}$$

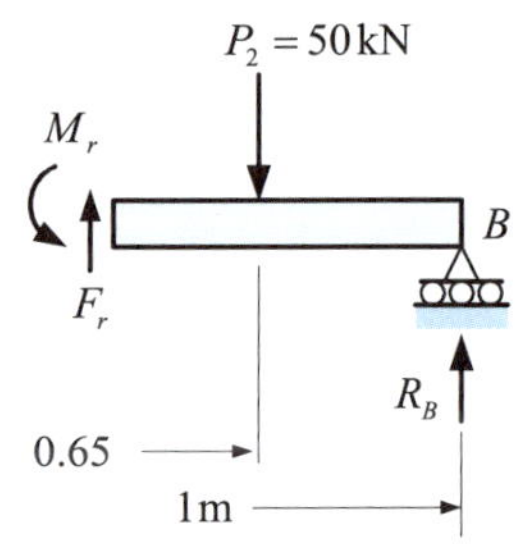

그림 E6.5(c)

단면에 관한 모멘트평형

$$\sum M = 0\ ;$$
$$(-x)\times R_{Ay} + [-(x - 0.25\ \mathrm{m})\times P_1 + M_r = 0$$
$$M = M_r = xR_{Ay} + (x - 0.25\ \mathrm{m})P_1$$
$$= (0.4\ \mathrm{m})(10\,\mathrm{kN}) + (0.4\ \mathrm{m} - 0.25\,\mathrm{m})(10\,\mathrm{kN})$$
$$= 5.5\ \mathrm{kN\,m}$$

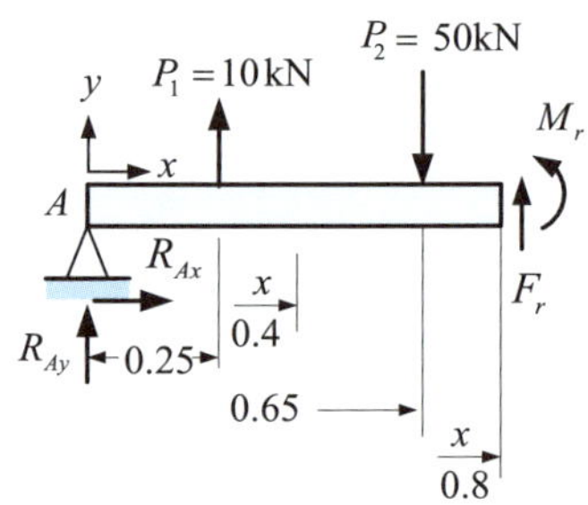

그림 E6.5(d)

우측요소(그림 c)를 사용하면, 평형방정식

$$\sum F_y = 0\ ; \qquad -P_2 + R_{By} + F_r = 0$$
$$V = -F_r = -P_2 + R_{By} = -50\ \mathrm{kN} + 30\ \mathrm{kN} = -20\ \mathrm{kN}$$

단면에 관한 모멘트평형

$$\sum M = 0\ ; \qquad M_r - (0.65\,\mathrm{m} - x)P_2 + (1\,\mathrm{m} - x)R_{By} = 0$$
$$M = -M_r$$
$$= -(0.65\,\mathrm{m} - 0.4\,\mathrm{m})(50\ \mathrm{kN}) + (1\mathrm{m} - 0.4\,\mathrm{m})\times 30\,\mathrm{kN}$$
$$= 5.5\,\mathrm{kN\ m}$$

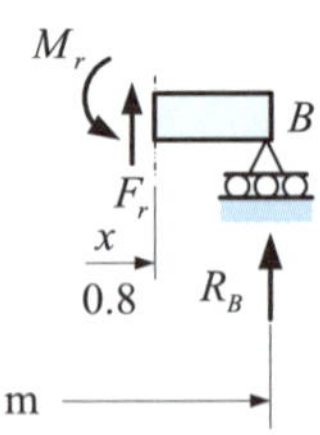

그림 E6.5(e)

(b) $x = 0.8\ \mathrm{m}$인 단면의 전단력과 굽힘모멘트

지금까지의 예제를 통하여 전단력과 굽힘모멘트에 관한 개념과 구하는 방법에 관해서 충분히 익혔을 줄 믿는다. 앞으로는 계산규약에 따른 계산방법에 치중하여 문제를 다루기로 하겠다.

전단력;

$$V = -\sum(F_y)_{\text{left side}} = -(R_{Ay} + P_1 - P_2)$$
$$= -(10\text{ kN} + 10\text{ kN} - 50\text{ kN}) = 30\text{ kN}$$

혹은

$$V = \sum(F_y)_{\text{rihgt side}} = R_{By} = 30\text{ kN}$$

굽힘모멘트;

$$M = -\sum(M_{mn})_{\text{left side}}$$
$$= -\{(-x)\times R_{Ay} + [-(x-0.25\text{ m})]P_1 - [-(x-0.65\text{ m})P_2\}$$
$$= (0.8\text{ m})\times(10\text{ kN}) + (0.8\text{ m} - 0.25\text{m})(10\text{ kN}) - (0.8\text{ m} - 0.65\text{m})(50\text{ kN})$$
$$= 6\text{ kN m}$$

혹은

$$M = \sum(M_{mn})_{\text{rihgt side}} = (L-x)R_{By}$$
$$= (1\text{ m} - 0.8\text{ m})\times(30\text{ kN}) = 6\text{ kN m}$$

예제 6.6 **분포하중을 받는 외팔보의 전단력과 굽힘모멘트**

A는 자유단이고 B에서 고정된 길이 0.9 m의 외팔보에 하중강도 $q = 6\text{ kN/m}$의 분포하중이 걸린다. B단에 작용하는 반력 R, 자유단으로부터 0.6 m 되는 단면에 발생하는 전단력과 굽힘모멘트를 구하여라.

[풀이]

주어진 조건:

보 길이 $L = 0.9\text{ m}$, 하중강도 $q = -6\text{ kN/m}$

탐구사항:

반력 R와 모멘트 M_B

자유단으로부터 0.6 m 위치에서 발생하는 전단력과 굽힘모멘트

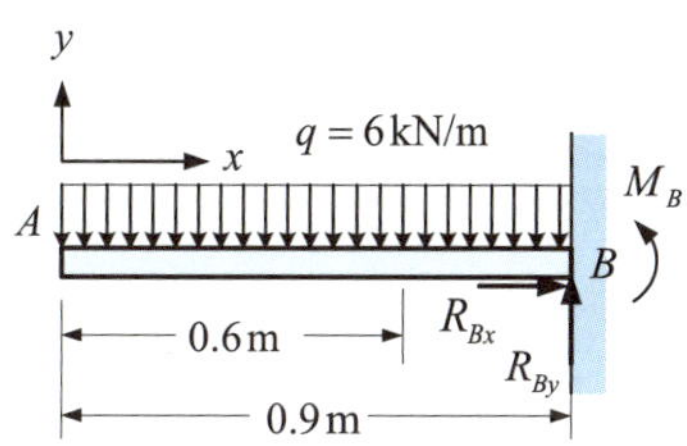

그림 E6.6(a)

탐구내용:

반력 계산;

분포하중의 등가하중 N은, $N = (6\text{ kN/m})(0.9\text{ m}) = 5.4\text{ kN}$

힘의 평형

$$\sum F_x = 0 \ ; \quad R_{Bx} = 0$$

$$\sum F_y = 0 \ ; \quad -N + R_{By} = 0$$

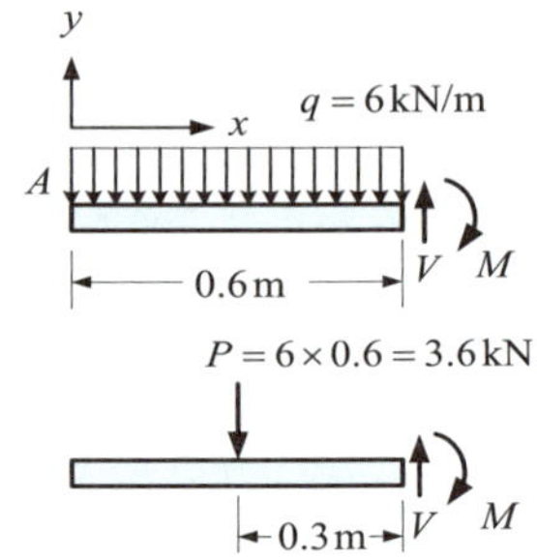

그림 E6.6(b)

로부터

$$R_{By} = N$$

$$R_{By} = N = 5.4 \text{ kN}$$

A에 관한 모멘트평형으로부터

분포하중의 작용선은 하중프리즘의 도심을 통과하므로

$$\sum M_A = 0 \ ; \quad -\frac{L}{2} \times N + L \times R_{By} + M_B = 0$$

로부터

$$M_B = (L/2)\,N - L\,R_{By}$$

$$= (0.45 \text{ m})(5.4 \text{ kN}) - (0.9 \text{ m})(5.4 \text{ kN})] = -2.43 \text{ kN m}$$

전단력;

$$V = -\sum (F_y)_{\text{ left side}} = P = 3.6 \text{ kN}$$

굽힘모멘트;

$$M = -\sum (M_{mn})_{\text{ left side}} = -[-(-x/2)\,P]$$

$$= (-0.3 \text{ m})(3.6 \text{ kN}) = -1.08 \text{ kN m}$$

단면 우측요소를 사용하여 구할 수도 있다. 이 것에 관해서는 독자 여러분 스스로가 계산 해 보기 바란다.

예제 6.7 돌출보의 전단력과 굽힘모멘트

돌출보 ABC가 강도 $q = 8$ kN/m의 등분포하중과 $P = 30$ kN의 집중하중을 그림과 같이 받고 있다. 왼쪽 지점에서 5 m 떨어진 단면 D에서 전단력과 굽힘모멘트를 주어진 좌표계에서 구하여라.

[풀이]

주어진 조건:

$q = 8$ kN/m, $P = 30$ kN, 보의 기하학

탐구사항:

$x = 5$ m에서 전단력과 굽힘모멘트

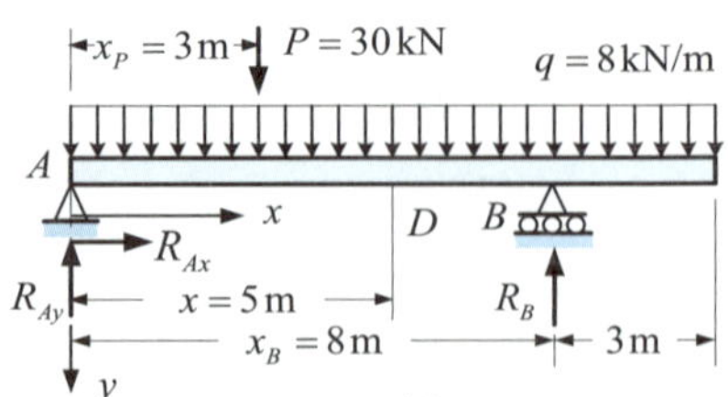

(a)

탐구내용:

반력 R_{Ax}, R_{Ay}와 R_B의 계산;

전체 보의 평형조건으로부터 구한다. 분포하중의 힘은 하중프리즘의 면적, 힘의 작용점은 프리즘의 도심이므로

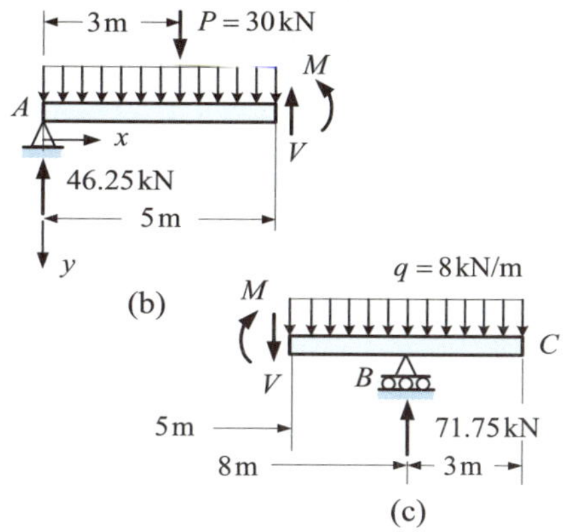

그림 E6.7

$$\sum F_x = 0\ ; \quad R_{Ax} = 0$$

$$\sum F_y = 0\ ; \quad R_{Ay} + R_B - N - P = 0$$

A에 관한 모멘트평형

$$\sum M_A = 0\ ; \quad -x_P \times P - \frac{L}{2} \times N + x_B \times R_B = 0$$

여기서

$$N = L \times q = (11\ \text{m}) \times (8\ \text{kN/m}) = 88\ \text{kN}$$

모멘트평형식을 풀면

$$\begin{aligned} R_B &= \frac{1}{x_B}\left(x_P \times P + \frac{L}{2} \times N\right) \\ &= \frac{1}{8\ \text{m}}\left[(3\ \text{m})(30\ \text{kN}) + \frac{11\ \text{m}}{2}(88\ \text{kN})\right] \\ &= 71.75\ \text{kN} \end{aligned}$$

이 값을 힘의 평형식에 대입하면

$$\begin{aligned} R_{Ay} &= -R_B + N + P \\ &= -71.75\ \text{kN} + 88\ \text{kN} + 30\ \text{kN}] = 46.25\ \text{kN} \end{aligned}$$

전단력;

단면 좌측요소(b)를 사용하여 계산

$$\begin{aligned} V &= -\sum (F_y)_{\text{left side}} = -(-P - N_l + R_{Ay}) \\ &= -(-30\ \text{kN} - 5\ \text{m} \times 8\ \text{kN/m} + 46.25\ \text{kN}) = 23.75\ \text{kN} \end{aligned}$$

굽힘모멘트;

$$\begin{aligned} M &= -\sum (M_{mn})_{\text{left side}} = -[-(x - 3\ \text{m})(-P) + (-x/2)(-N_l) + (-x)R_{Ay}] \\ &= -[(5-3)\ \text{m} \times 30\ \text{kN} + (2.5\ \text{m})(40\ \text{kN}) + (-5\ \text{m})(46.25\ \text{kN})] \\ &= 71.25\ \text{kN m} \end{aligned}$$

6.3 하중, 전단력, 굽힘모멘트 사이의 관계

하중강도의 적분은 전단력, 전단력의 적분은 굽힘모멘트

이 절에서는 앞으로 보를 해석하는 데 있어 기초가 되는 기본관계를 공부하는 것으로 한다. 이 관계식은 특히 분포하중이 걸릴 때 보에 분포되는 전단력과 굽힘모멘트를 구하는 데 있어 매우 편리한 도구가 된다. 앞 절에서 전단력과 굽힘모멘트를 구할 때 관심의 대상이 되는 단면을 절단하여 절단된 두 부분 중 어느 한쪽 부분에 평형조건을 적용하여 얻은 힘과 모멘트를 양의 단면에서는 얻어진 결과력을 그대로, 음의 면에서는 부호를 바꾸어, 전단력과 굽힘모멘트로 정하였다. 그러나 이 절에서 다룰 하중, 전단력, 굽힘모멘트 사이의 일반 관계식은, 보의 미소요소를 고립시켜 여기에 평형조건을 적용하고 극한치를 취하여 얻은 미분방정식이다. 그리하여 전단력이나 굽힘모멘트를 주어진 하중강도 q에 대한 간단한 적분으로부터 구한다.

하중강도를 $q(x)$, 거리가 x인 단면에서 전단력을 $V(x)$, 굽힘모멘트를 $M(x)$라 하면 q, V, M 사이의 관계는 다음 식으로 주어진다.

$$\frac{dV}{dx} + q(x) = 0 \tag{6.3.1}$$

$$\frac{dM}{dx} + V(x) = 0 \tag{6.3.2}$$

이 식이 하중강도, 전단력, 굽힘모멘트 사이의 관계를 부여하는 미분방정식이다. 그리고 하중강도 $q(x)$가 주어지면 이 식의 적분은 임의 거리의 단면에서 전단력과 굽힘모멘트를 준

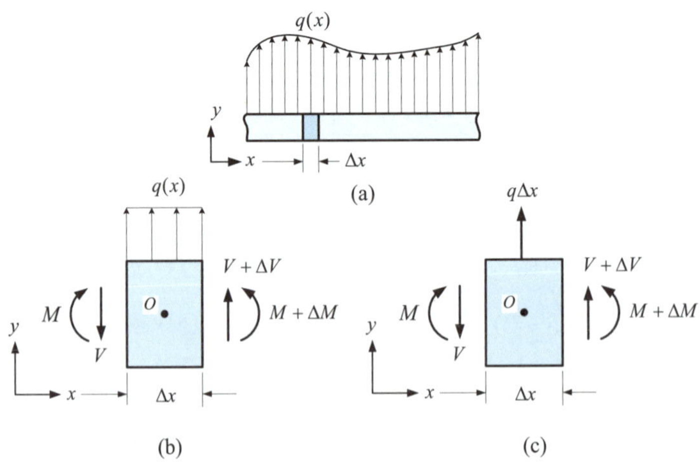

그림 6.7 분포하중을 받는 보로부터 고립시킨 미소요소의 자유물체도

다. 예를 들면, 거리 $x = x_1$의 단면에서 V_1과 M_1이 주어진 값이고, x_1과 x 사이에 강도 $q(x)$의 분포하중을 받는 보라면, 거리 x에서 전단력과 굽힘모멘트는

$$V(x) = V_1 - \int_{x_1}^{x} q(x)\,dx \tag{6.3.3}$$

$$M(x) = M_1 - \int_{x_1}^{x} V(x)\,dx \tag{6.3.4}$$

와 같이 계산할 수 있다.

참고사항 : 하중, 전단력, 굽힘모멘트 관계

하중강도 $q(x)$의 분포하중이 작용하는 보의 한 미분요소 Δx를 고립시켜 그림 6.7b에 그려놓았다. 그림에서 단면에 표시한 전단력과 굽힘모멘트는 모두 주어진 좌표계에 대하여 양의 방향으로 가정하였다.

그림 (c)는 요소 Δx에 작용하는 분포하중 $q\Delta x$를 요소의 체심 O에 집중하중으로 작용하는 계로 등가시킨 그림이다. 이와 같이 모형화 한 고립계에 평형조건을 적용하면

$$\sum F_y = 0\ ;\quad -V + q\Delta x + (V + \Delta V) = 0 \tag{E.1}$$

요소의 체심 O에 관한 모멘트평형을 적용하면

$$\sum M = 0\ ;\quad -M + V\frac{\Delta x}{2} + (V + \Delta V)\frac{\Delta x}{2} + (M + \Delta M) = 0 \tag{E.2}$$

의 관계를 얻는다. 여기서 모멘트는 x 축으로부터 y 축방향으로 회전할 때(나사가 양의 z 축 방향으로 진행) 양, 이와 반대로 회전할 때 음으로 택한다. 식 (E.1)과 식 (E.2)를 정리하면

$$\frac{\Delta V}{\Delta x} + q = 0 \tag{E.3}$$

$$\frac{\Delta M}{\Delta x} + V = -\frac{\Delta V}{2} \tag{E.4}$$

와 같이 쓸 수 있다.

미분방정식화 하기 위하여 $\Delta x \to 0$에 대한 극한값을 택하면 $\Delta V/\Delta x \to dV/dx$, $\Delta M/\Delta x \to dM/dx$와 같이 유한한 극한값을 가지나, 식 (E.4)의 우변 $\Delta V/2$의 값은 0으로 수렴하여 없어져 버린다. 그리하여 식 (E.3) 및 식 (E.4)의 극한값은 다음 미분방정식으로 되어버린다.

$$\frac{dV}{dx} + q = 0 \tag{6.3.1}$$

$$\frac{dM}{dx} + V = 0 \tag{6.3.2}$$

이들 식이 분포하중을 받는 보의 하중, 전단력, 굽힘모멘트 사이의 관계를 부여하는 미분방정식이다.

예제 6.8 적분에 의한 전단력과 굽힘모멘트 계산

길이가 1 m이 단순지지보에 $q = 20$ kN/m의 분포하중이 작용한다. (a) $x = 0.4$ m, (b) $x = 0.7$ m에서 전단력과 굽힘모멘트를 각각 구하여라.

[풀이]

주어진 조건:

보의 길이 $L = 1$ m, 하중강도 $q = 20$ kN/m

탐구사항:

$x = 0.4$ m, $x = 0.7$ m에서 전단력과 굽힘모멘트

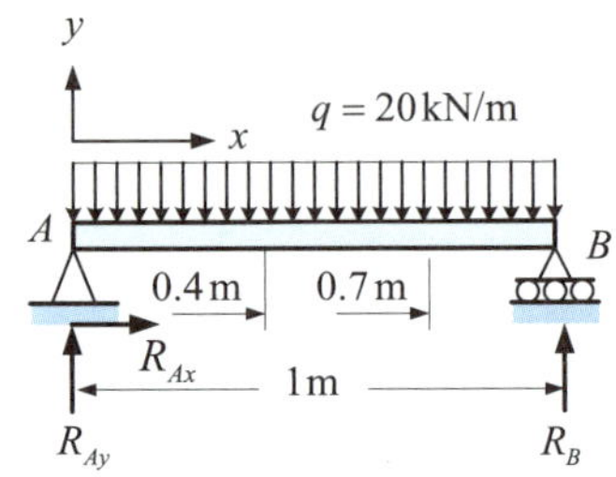

그림 E6.8

탐구내용:

반력;

$$\sum F_x = 0 \; ; \quad R_{Ax} = 0$$

$$\sum F_y = 0 \; ; \quad R_{Ay} + R_B - qL = 0 \tag{E.1}$$

분포하중의 힘은 분포하중이 형성하는 하중프리즘의 면적이며, 작용점은 프리즘의 도심이므로

$$\sum M_A = 0 \; ; \quad L \times R_B - \frac{L}{2} \times qL = 0 \tag{E.2}$$

혹은

$$\sum M_A = 0 \; ; \quad L \times R_B - q\int_0^L x\,dx = L \times R_B - q\frac{x^2}{2}\Big|_0^L = 0 \tag{E.3}$$

식 (E.2)로부터

$$R_B = -\frac{qL}{2} = \frac{(20\text{ kN/m}) \times 1\text{ m}}{2} = 10\text{ kN}$$

식 (E.1)로부터

$$R_{Ay} = -(R_B - qL) = -[10\text{ kN} - (20\text{ kN/m}) \times (1\text{ m})] = 10\text{ kN}$$

(a) 전단력

$$x = 0 \text{에서} \quad V(0) = -R_{Ay} \text{이므로}$$

$$V(x) = V(0) + \int_0^x q\,dx = -R_{Ay} + (20\text{ kN/m})\,x\Big|_0^x$$
$$= -10 + 20x\,[\text{kN}]$$

$x = 0.4$ m에서

$$V(0.4) = -10 + 20 \times 0.4 = -2\text{ kN}$$

$x = 0.7$ m에서

$$V(0.7) = -10 + 20 \times 0.7 = 4\text{ kN}$$

(b) 굽힘모멘트; 식 (6.3.4)로부터

$$
\begin{aligned}
M(x) &= M(0) - \int_0^x V(x)\,dx \\
&= M(0) - \int_0^x (-10 + 20x)\,dx = 0 - \left(-10x + 20 \times \frac{x^2}{2}\right)\Big|_0^x \\
&= 10x - 10x^2 = 10x(1 - x)
\end{aligned}
$$

단순지지이므로 지지점에서 $M(0) = 0$ 이다. 위 식에 x를 대입하면

$$M(0.4) = 10 \times 0.4(1 - 0.4) = 2.4\ \text{kN m}$$

$$M(0.7) = 10 \times 0.7(1 - 0.7) = 2.1\ \text{kN m}$$

6.4 전단력선도와 굽힘모멘트선도

전단력이 0인 점은 최대 또는 최소굽힘모멘트 점이다.

6.2절에서 보의 임의 거리의 단면에서 전단력과 굽힘모멘트를 구하는 방법과 이들의 부호 규약을 기술하였다. 보를 설계하는 데 있어 관심을 갖는 단면에서 전단력과 굽힘모멘트를 알아내는 것은 매우 중요하다. 아울러 전체 보에 걸쳐 전단력과 굽힘모멘트가 어떻게 분포되는가를 한 눈에 볼 수 있게끔 선도로 표시하는 것도 매우 중요하다. 만일 이러한 선도가 그려진다면 선도로부터 쉽게 위험단면을 찾아낼 수 있고, 설계자는 위험단면과 취약단면을 보강하는 방법을 쉽게 강구할 수 있다는 점에서 반드시 검토되어져야 할 사항이다.

앞 6.3절에서 전단력과 굽힘모멘트는 보의 축을 따라 잰 길이좌표 x의 함수로 나타내어진다는 것을 알았다. 그러므로 횡축을 x축으로 하고, 종축을 전단력 혹은 굽힘모멘트로 하여 x의 변화에 따른 이들 값을 점철하여 선도로 나타낼 수 있다. 이와 같이 횡축을 x축으로 하고 종축을 전단력으로 하여 x에 따른 전단력의 변화를 선도로 나타낸 그림을 전단력선도(剪斷力線圖 : Shearing Force Diagram, 약해서 S.F.D), 굽힘모멘트의 변화를 나타낸 선도를 굽힘모멘트선도(Bending Moment Diagram, 약해서 B.M.D)라 말한다. 다음 몇 가지 작도요령을 예를 들어 설명하겠다.

6.4.1 집중하중을 받는 보

하나의 예로서 그림 6.8과 같이 집중하중 P를 받는 길이 L인 단순지지보의 전단력선도와 굽힘모멘트선도를 그려보기로 한다. 지점 A, B 에서 반력을 각각 R_{Ax}, R_{Ay}, R_{By}라 할 때, 전체 계에 대한 힘의 평형조건으로부터 반력을 구한다.

$$\sum F_x = 0\ ;\quad R_{Ax} = 0$$

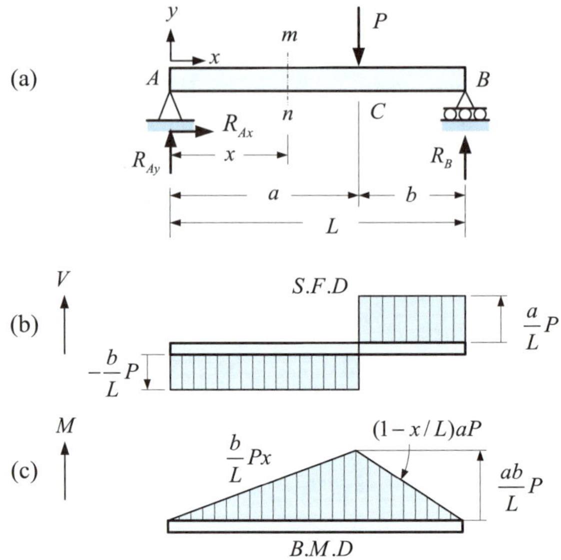

그림 6.8 집중하중을 받는 단순자자보의 전단력 및 굽힘모멘트선도. (a) 단순지지보의 하중상태, (b) 전단력선도, (c) 굽힘모멘트선도

$$\sum F_y = 0 \qquad R_{Ay} + R_B - P = 0 \tag{6.4.1}$$

지점 A에 관한 모멘트평형으로부터

$$\sum M = 0 \ ; \qquad -a \times P + L \times R_B = 0 \tag{6.4.2}$$

식 (6.4.2)로부터

$$R_B = \frac{a}{L} P \tag{6.4.3}$$

식 (6.4.1)에 대입하면

$$R_{Ay} = P\left(1 - \frac{a}{L}\right) = \frac{b}{L} P \tag{6.4.4}$$

집중하중의 작용점 C를 중심으로 전단력과 굽힘모멘트의 값이 불연속이므로 다음과 같이 구간을 설정하여 해석한다.

AC 사이의 전단력과 굽힘모멘트 : $0 \leq x \leq a$

그림 6.9 (a)에서 AC간의 전단력

$$V = -\sum (F_y)_{\text{left side}} = -R_{Ay} = -\frac{b}{L} P \tag{6.4.5}$$

거리 x의 굽힘모멘트

$$M = -\sum(M_{mn})_{\text{left side}} = -(-x)\times R_{Ay} = \frac{b}{L}Px \tag{6.4.6}$$

CB 사이의 전단력과 굽힘모멘트 : $a \leqq x \leqq L$

CB 사이의 거리 x에 대하여(그림 6.9(b)) 전단력은

$$\begin{aligned} V &= -\sum(F_y)_{\text{left side}} = -(R_{Ay} - P) \\ &= -\frac{b}{L}P + P = P\left(1 - \frac{b}{L}\right) = \frac{a}{L}P \end{aligned} \tag{6.4.7}$$

굽힘모멘트는

$$\begin{aligned} M &= -\sum(M_{mn})_{\text{left side}} \\ &= -\{(-x)\times R_{Ay} - [-(x-a)]P\} \\ &= \left(1 - \frac{x}{L}\right)Pa \end{aligned} \tag{6.4.8}$$

식 (6.4.5)로부터 식 (6.4.8)까지의 식들을 종합해서 선도로 표시하면 그림 6.8 (b)와 (c)가 된다.

CB 간의 전단력과 굽힘모멘트는 거리 x인 우측요소를 사용하여 구하는 것이 편리하다. 그림 6.9 (c)에서

$$V = \sum(F_y)_{\text{right side}} = R_B = \frac{a}{L}P \tag{6.4.7}$$

$$\begin{aligned} M &= \sum(M_{mn})_{\text{right side}} = (L-x)\times R_B \\ &= \left(1 - \frac{x}{L}\right)Pa \end{aligned} \tag{6.4.8}$$

와 같이 간단히 얻어진다.

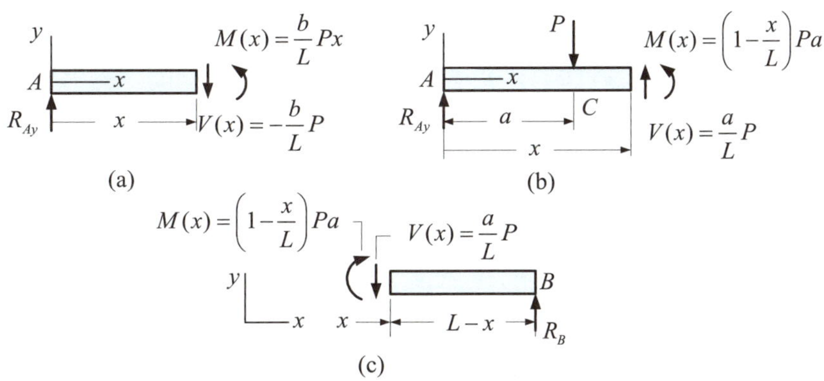

그림 6.9 단순지지보의 전단력과 굽힘모멘트

예제 6.9 단순지지보의 전단 및 굽힘모멘트선도

A 로부터 0.6 m 거리 C 에 집중하중 $P = 20$ kN을 받는 단순지지보의 전단력 및 굽힘모멘트선도를 그려라.

[풀이]

주어진 조건:

$L = 0.9$ m,

$a = 0.6$ m,

$b = 0.3$ m

$P = 20$ kN

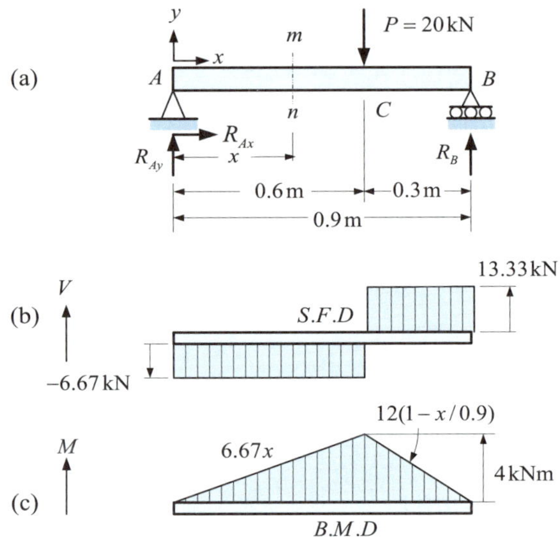

그림 E6.9

탐구사항:

전단력 및 굽힘모멘트선도

탐구내용:

1) 전체 계(보)에 대한 힘의 평형식으로부터 먼저 반력을 구한다.

$\sum F_x = 0$; $R_{Ax} = 0$

$\sum F_y = 0$; $R_{Ay} - P + R_B = 0$

$\sum M = 0$; $-P \times (0.6\text{ m}) + R_B \times (0.9\text{ m}) = 0$

그러므로

$$R_B = \frac{0.6\text{ m}}{0.9\text{ m}} P$$

$$= \frac{0.6\text{ m}}{0.9\text{ m}} (20\text{ kN}) = \frac{40}{3}\text{ kN}$$

$$R_{Ay} = P - R_{By} = \left(20\text{ kN} - \frac{40}{3}\text{ kN}\right) = \frac{20}{3}\text{ kN}$$

2) 구간설정 : 집중하중 P의 작용점 C를 중심으로 전단력과 굽힘모멘트가 불연속이므로 다음과 같이 구간을 설정한다.

AC 사이의 전단력과 굽힘모멘트 : $0 \leq x \leq 0.6$ m

좌측요소를 사용한다.

전단력;

$$V = -\sum (F_y)_{\text{left side}} = -R_{Ay} = \frac{b}{L} P$$

$$= -\frac{0.3\text{ m}}{0.9\text{ m}} (20\text{ kN}) = -\frac{20}{3}\text{ kN}$$

굽힘모멘트;

$$M = -\sum(M_{mn})_{\text{left side}}$$

$$= -(-x)\times R_{Ay} = x\left(\frac{20}{3}\text{ kN}\right) = \frac{20}{3}\,x\text{ kN m}$$

CB 사이의 전단력 및 굽힘모멘트 : $0.6 \leqq x \leqq 0.9\text{ m}$
우측요소를 사용하여 계산하면

$$V = \sum(F_y)_{\text{right side}} = R_B = \frac{40}{3}\text{ kN}$$

$$M = \sum(M_{mn})_{\text{right side}}$$

$$= (L-x)R_B = (0.9\text{ m} - x)\times\left(\frac{40}{3}\right)\text{kN m}$$

예제 6.10 외팔보의 전단력 및 굽힘모멘트선도

자유단 A로부터 10 cm 떨어진 점 C에 $P = 500$ N의 집중하중이 가해지는 외팔보의 전단력 및 굽힘모멘트선도를 그려라.

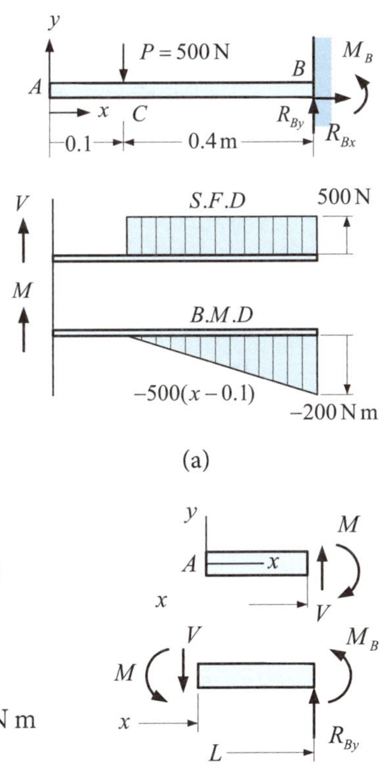

그림 E6.10

[풀이]

주어진 조건:

보 길이 $L = 50$ cm, 하중위치 $a = 10$ cm,
하중 $P = 500$ N

탐구사항:

전단력 및 굽힘모멘트선도

탐구내용:

1) 반력;

$\sum F_x = 0 \quad R_{Bx} = 0$

$\sum F_y = 0 \quad R_{By} - P = 0$

$\sum M = 0 \quad -0.1\text{ m}\times P + 0.5\text{ m}\times R_{By} + M_B = 0$

그러므로

$$R_{By} = P = 500\text{ N}$$

$$M_B = 0.1\text{ m}\times(500\text{ N}) - 0.5\text{ m}\times 500\text{ N} = -200\text{ N m}$$

2) 구간설정

AC간 전단력 및 굽힘모멘트 : $0 \leqq x \leqq 0.1\text{ m}$

좌측요소를 사용하면

$$V = -\sum (F_y)_{\text{left side}} = 0$$

$$M = -\sum (M_{mn})_{\text{left side}} = 0$$

CB간 전단력 및 굽힘모멘트 : $0.1 \leqq x \leqq 0.5\,\text{m}$

우측요소를 사용하면

$$V = \sum (F_y)_{\text{right side}} = R_{By} = 500\ \text{N}$$

$$M = \sum (M_{mn})_{\text{right side}} = (L - x) R_{By} + M_B$$

$$= (0.5\ \text{m} - x) \times (500\ \text{N})\ \text{N m} - 200\ \text{Nm} = -500(x - 0.1\,\text{m})$$

6.4.2 분포하중을 받는 보

지금까지는 집중하중을 받는 경우에 대하여 기술하였으나, 이 절에서는 분포하중을 받는 보의 전단력 및 굽힘모멘트 선도 작성법에 관하여 단순지지보를 예로 하여 설명하겠다. 분포하중에 대한 전단력과 굽힘모멘트의 계산방법으로는 분포하중을 집중하중으로 등가시키는 방법과, 적분을 사용하여 계산하는 방법이 있다. 그림 6.10(a)는 설명을 위하여 그려놓은 단순지지보이다. 이 보의 길이는 L, 하중강도는 q로서 일정하다고 가정한다.

1) 집중하중으로 등가시키는 방법

반력

힘의 평형; 분포하중의 하중은 분포하중이 형성하는 하중프리즘의 면적이므로

$$\sum F_x = 0\ ; \quad R_{Ax} = 0$$

$$\sum F_y = 0\ ; \quad R_{Ay} + R_B - qL = 0$$

모멘트평형; 분포하중의 작용점은 분포하중이 형성하는 하중프리즘의 도심이므로

$$\sum M_A = 0\ ; \quad -\frac{L}{2} \times qL + L \times R_B = 0$$

로부터

$$R_B = \frac{qL}{2} \tag{6.4.9}$$

힘의 평형으로부터

$$R_{Ay} = \frac{qL}{2} \tag{6.4.10}$$

전단력

그림 6.10(b)에서 거리 C의 좌표를 x, AC 사이에 분포되는 하중 qx는 AC의 중심에 집중하중으로 작용한다고 생각할 수 있으므로, 거리 x의 전단력 V는

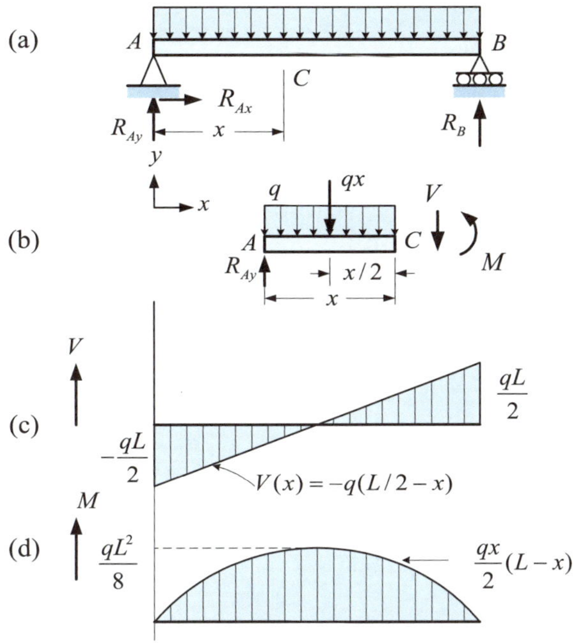

그림 6.10 등분포하중 단순지지보의 전단력선도와 굽힘모멘트선도

$$V(x) = -\sum (F_y)_{\text{left side}} = -(R_{Ay} - qx) = -q\left(\frac{L}{2} - x\right) \tag{6.4.11}$$

굽힘모멘트

거리 x의 굽힘모멘트

$$\begin{aligned} M &= -\sum (M_{mn})_{\text{left side}} \\ &= -\left[(-x)\times R_{Ay} + \left(-\frac{x}{2}\right)(-qx)\right] = \frac{qx}{2}(L-x) \end{aligned} \tag{6.4.12}$$

예제 6.11 분포하중 외팔보의 전단력 및 굽힘모멘트선도

길이 L인 외팔보에 분포하중이 $x=0$에서 $x=\frac{L}{2}$까지 그림과 같이 작용한다. 전단력 및 굽힘모멘트선도를 그려라.

[풀이]

주어진 조건:

보의 길이 L, 분포하중 ; $0 \leqq x \leqq L/2$에서 $q(x)$

탐구사항:

전단력과 굽힘모멘트선도

탐구내용:

집중하중으로 등가시키는 방법

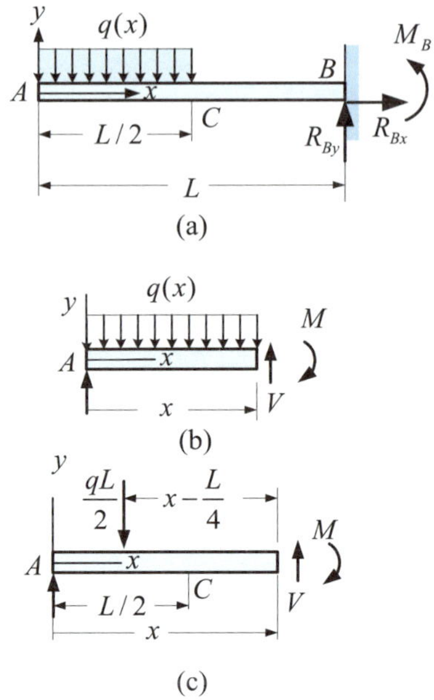

1) 반력;

분포하중을 집중하중으로 등가시키려면, 힘의 크기는 분포하중이 형성하는 프리즘의 면적과 같고, 작용점은 프리즘의 도심에 작용한다.

$$\sum F_x = 0 \ , \quad R_{Bx} = 0$$

$$\sum F_y = 0 \ , \quad R_{By} - q\frac{L}{2} = 0$$

로부터

$$R_{By} = \frac{qL}{2}$$

모멘트평형

$$\sum M_A = 0\,; \quad \frac{L}{4}\times\left(-\frac{qL}{2}\right) + L\times R_{By} + M_B = 0$$

로부터

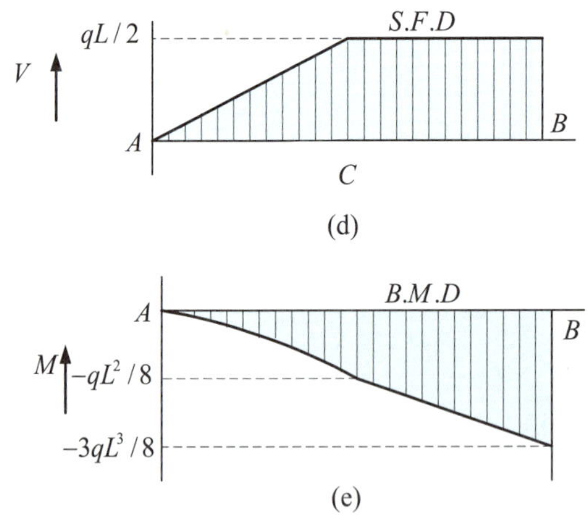

그림 E6.11

$$M_B = \frac{qL^2}{8} - LR_{By} = -\frac{3}{8}qL^2$$

2) 구간설정 : 분포하중의 작용점 C를 중심으로 전단력과 굽힘모멘트가 불연속이므로 다음과 같이 구간을 설정한다.

AC 사이의 전단력과 굽힘모멘트 : $0 \leq x \leq L/2$

좌측요소를 사용하여 계산한다.

전단력;

$$V = -\sum (F_y)_{\text{left side}} = -(-q)x = qx$$

굽힘모멘트;

$$M = -\sum (M_{mn})_{\text{left side}} = -\left(-\frac{x}{2}\right)\times(-q)x = -\frac{qx^2}{2}$$

CB 사이의 전단력과 굽힘모멘트 : $L/2 \leq x \leq L$

좌측요소를 사용하여 계산하면

전단력;

$$V = -\sum (F_y)_{\text{left side}} = -\frac{L}{2}(-q) = \frac{qL}{2}$$

굽힘모멘트;

$$M = -\sum (M_{mn})_{\text{left side}}$$
$$= -\left[-\left(x-\frac{L}{4}\right)\times\left(-\frac{qL}{2}\right)\right] = \frac{qL}{8}(L-4x)$$

6.5 보의 응력과 변형율

보를 적절히 지지하고 하중을 가하면 보의 임의 횡단면에는 굽힘모멘트와 전단력이 발생하였다. 그러므로 보에 횡하중이 가해지면 단면에 발생하는 전단력에 의하여 전단응력이 발생하게 되고, 보가 굽으러지면 횡단면 안쪽에서는 압축이, 면 바깥쪽에서는 인장이 일어나 면에 수직한 방향으로 수직응력이 발생하게 된다.

이 절에서는 이와 같이 단면에 발생하는 응력의 생성기구를 상술하게 될 것이다. 전단력과 굽힘모멘트가 복합적으로 작용하는 일반 응력상태를 논하기 전에 우선 순수굽힘상태 하에서의 응력을 먼저 다루어 보기로 한다.

6.5.1 순수굽힘하의 대칭탄성보의 굽힘응력과 변형율

단순지지보에 그림 6.11과 같은 하중을 가하면, CD구간 임의 단면에서는 모두 $M = aP$의 일정한 굽힘모멘트만이 작용하고, 전단력은 존재하지 않는다. CD구간의 보와 같이 일정 크기의 굽힘모멘트만이 작용하는 보를 순수굽힘(純粹굽힘 : pure bending) 상태에 있다고 말하고, 순수굽힘상태의 보를 순수굽힘보(pure bending beam)라 한다. 보가 순수굽힘 상태에 있을 때 보는 원호상(圓弧狀)으로 굽으러지고, 변형 전 평면상태의 횡단면은 변형

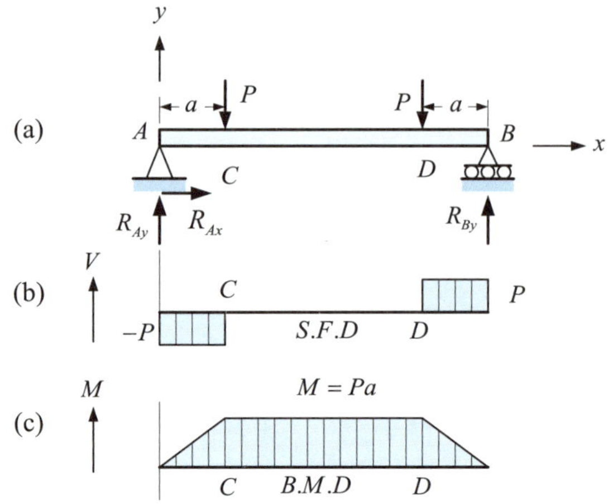

그림 6.11 순수굽힘 ; CD구간은 굽힘모멘트만이 작용

후에도 축선(軸線)에 수직하게 평면을 유지한다고 생각한다.

양의 굽힘모멘트 M를 받는 보에 그림 6.12와 같이 미소거리 dx 떨어진 두 횡단면 mn, $m'n'$를 취하고, 변형 후 이 두 단면의 연장선이 그림과 같이 미소각 $d\alpha$로 점 O에서 교차한다고 가정한다. 이러한 굽힘상태에 있는 보의 미소 단면요소를 생각할 때, 변형 전 축선에 평행한 임의 선소(線素), 예를 들면 그림에서 선소 pq가 nn' 면에 가까이 위치할 때 신장이, mm' 면에 가까이 위치할 때 축소가 일어날 것이다. 따라서 보 내부에는 변형 후 신장도 수축도 하지 않는 선소로 구성된 면이 존재한다. 이 면을 중립면(中立面 : neutral surface)이라 말하고, 중립면과 횡단면과의 교선을 중립축(中立軸 : neutral axis)이라 한다

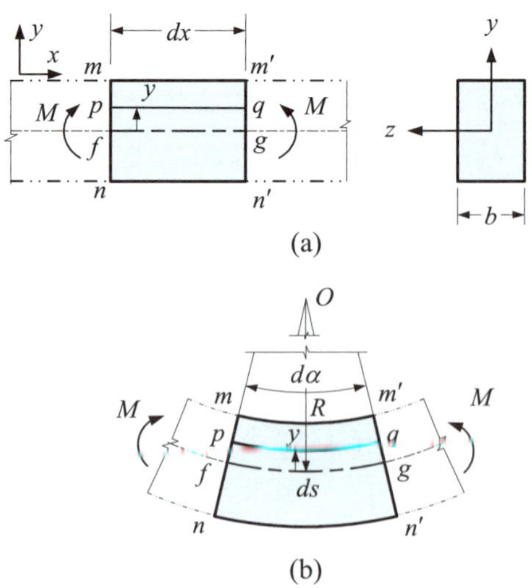

그림 6.12 순수굽힘상태에 있는 보의 변형. (a) 변형 전, (b) 변형 후

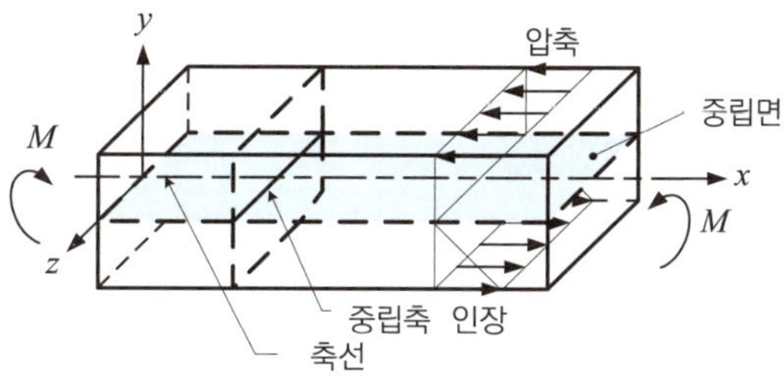

그림 6.13 중립면과 중립축

(그림 6.12 참조). 변형전 $m\,m'n'n$부분에 있는 중립면상의 한 선소를 fg라 하고, 또 중립면으로부터 y만큼 떨어져 있는 면상에 한 선소 pq를 취한다. 여기서 y의 부호는 좌표축의 방향을 따른다. 이 경우 중립면 위쪽에 위치할 때 양, 아래쪽에 위치할 때 음이다. 그리고 변형 후 점 O로부터 중립면상의 선소 fg까지의 거리로 주어지는 곡율반경(曲率半徑 : radius of curvature)을 R로 표기한다.

여러분들은 수학에서 곡율을 κ로 표기할 때

$$\kappa = \frac{d\alpha}{ds} = \frac{d^2y/dx^2}{[1+(dy/dx)^2]^{3/2}} \tag{6.5.1}$$

와 같이 정의하였다. 여기서 s는 변형 후 축선을 따라 잰 좌표, x는 변형 전 축선을 따라 잰 좌표, y는 연직방향의 변위이다. 그리고 주어진 좌표계에서 곡율은 축선이 위로 오목하게, 또는 아래로 볼록하게 굽어질 때 양의 값을, 아래로 오목 또는 위로 볼록하게 굽어질 때 음의 값을 갖는다(그림 6.14 참조). 변형이 탄성변형이면 dy/dx의 값이 미소하므로 $(dy/dx)^2 \ll 1$을 고려하면

$$\kappa = \frac{d\alpha}{ds} \cong \frac{d^2y}{dx^2} \tag{6.5.2}$$

의 관계가 성립한다.

또 곡율반경은 곡율의 역수

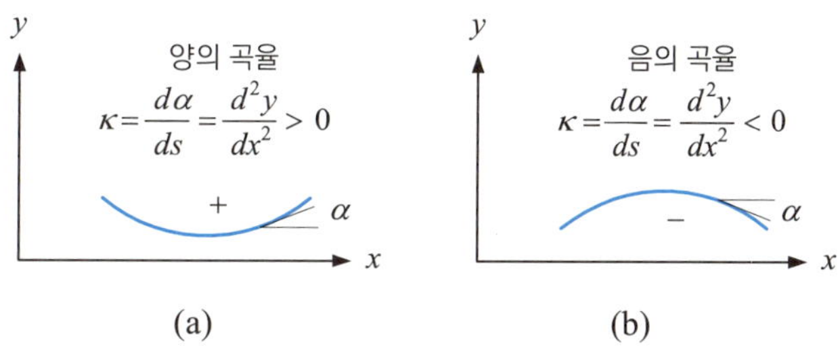

그림 6.14 곡율의 부호규약

$$R = \frac{1}{\kappa} \tag{6.5.3}$$

로 정의되므로, 곡율반경도 곡율과 같은 부호규약을 따른다.

수직변형율과 굽힘응력

순수굽힘응력을 해석하기 위하여 다음과 같은 가정을 한다.

(i) 보의 횡단면은 굽힘변형 후에도 평면을 그대로 유지한다.
(ii) 보의 횡단면은 변형 후에도 축선과 직교한다.
(iii) 하중은 횡단면의 도심(圖心)을 통과하고, 단면의 대칭축과 일치한다.
(iv) 보에 생기는 전단력의 영향은 고려하지 않으며, 굽힘만을 생각한다.
(v) 재료의 탄성계수 E는 인장, 압축 시 모두 같다.

이들 가정 (i)~(v)는 횡단면의 치수에 비하여 길이가 긴 세장부재에 대하여 공학적으로 충분한 근사 값을 부여하면서 논리적으로도 합리적인 가정이다. 이러한 가정하에서 보가 굽힘모멘트 M을 받을 때 굽힘에 의하여 단면에 발생되는 굽힘응력은 다음과 같은 휨공식(flexure formula)으로부터 구할 수 있다. 이 휨공식으로부터 얻어지는 응력을 굽힘응력(bending stress)이라 말하고, 굽힘응력은 횡단면에 작용하는 수직응력이다.

$$\sigma_{xx} = -\frac{E}{R}y = -\frac{M}{I_{zz}}y \tag{6.5.4}$$

여기서		
	M = 굽힘모멘트	[N m]
	I_{zz} = 중립축에 관한 단면 관성모멘트	[m^4]
	y = 중립축을 기준한 y방향 좌표	[m]
	σ_{xx} = 단면에 발생하는 굽힘응력	[Pa]
	E = 탄성계수	[Pa]

또 순수굽힘모멘트를 받는 보 단면에 발생하는 수직변형율은 다음 식으로 주어진다.

$$\varepsilon_{xx} = -\frac{y}{R} = -\frac{1}{E}\frac{M}{I_{zz}}y \tag{6.5.5}$$

여기서		
	R = 곡율반지름	[m]

이다. Hooke의 법칙 $\sigma_{xx} = E\varepsilon_{xx}$ 에 식 (6.5.4), 식 (6.5.5)를 대입하고 정리하면 다음 식을 얻는다.

$$\kappa = \frac{1}{R} = \frac{M}{EI_{zz}} = \frac{d^2y}{dx^2} \tag{6.5.6}$$

이 식은 모멘트-곡율관계(moment-curvature relation)를 나타내는 미분방정식으로서, 다음에 기술하게 될 보의 처짐에 관한 기본방정식이 된다. 여기서 EI_{zz}를 보의 굽힘강성(굽힘剛性 : flexural rigidity)이라 말한다. M이 일정할 경우 EI_{zz}가 클수록 R의 값도 커지므로, 굽힘강성이 큰 보는 그만큼 구부리기가 힘들다는 의미를 갖는다.

> 중립면과 중립축은 단면의 도심(圖心 : centroid)를 통과한다.

이제 중립면과 중립축이 보의 어느 장소에 위치하는가 하는 문제이다. 이것은 단면상에 외력이 직접 작용하지 않기 때문에 발생응력의 총합이 0이 되어야 한다는 조건으로부터 쉽게 구할 수 있다. 그림 6.15에서 좌표 원점을 도심에 정하고, 도심을 지나는 횡축을 z축, 도심을 관통하는 축을 x축, 연직축을 y축으로 정하면, z축으로부터 y만큼 떨어진 미소면적 dA에 작용하는 힘은 σdA, 또 축방향으로 외력이 작용하지 않으므로 횡단면에 분포하는 응력을 전단면에 걸쳐 적분하면 0이 되어야한다는 조건으로부터

$$\int_A \sigma dA = -\frac{E}{R}\int_A y dA = 0$$

그런데 $E/R \neq 0$이므로

$$\int_A y dA = 0 \tag{6.5.7}$$

이다. 여러분들은 역학에서 도심의 위치는

$$y_c = \frac{1}{A}\int_A y dA \tag{6.5.8}$$

와 같이 주어진다는 것을 잘 알고 있다. 그런데 지금 도심을 원점으로 택하였으므로 $y_c = 0$ 이다. 그리고 식 (6.5.7)은 굽힘응력이 발생할 때 응력이 평형을 이루어야 할 조건이다. 그러므로 이 말은 응력의 평형축 즉 중립축이 단면의 도심을 통과한다는 것을 말해주고 있다. 따라서 도심점을 통과하는 축선을 x축으로 취하고 y, z축을 그림 6.15와 같이

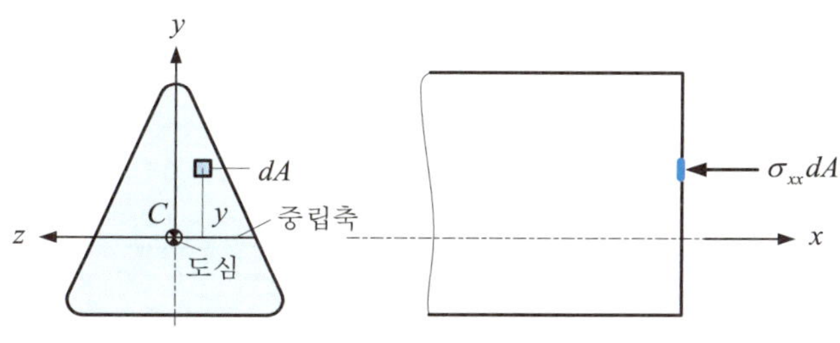

그림 6.15 중립축은 도심을 지난다.

설정하였을 때, x 축을 포함하는 xz 면이 중립면, 이 면이 횡단면과 교차하는 선분이 중립축이 된다.

지금까지는 순수굽힘, 즉, 보 단면에 전단력이 작용하지 않고, 다만 일정한 굽힘모멘트만이 작용한다는 가정에서 문제를 다루어 왔다. 그러나 일반적으로 보의 굽힘모멘트는 횡하중에 의하여 발생되므로 단면에 작용하는 굽힘모멘트도 일정하지 않고 x 의 함수 $M = M(x)$ 가 된다. 그리하여 식 (6.3.2)로부터 알 수 있는 바와 같이 $V = -dM(x)/dx$ 의 전단력도 동시에 작용하게 된다. 이 결과「병형 전에 평면이었던 횡단면은 변형 후에도 축선에 수직한 평면을 그대로 유지한다」는 가정이 엄밀히는 성립하지 않는다. 그러나 이 가정을 일반적인 경우에도 그대로 받아드린다면 지금까지 기술한 모든 법칙들(식들)을 일반적인 문제에서 그대로 적용할 수 있고, 또 이 가정이 공학적으로 타당하다는 것이 많은 실험을 통하여 증명되고 있다.

지금 위치가 x 인 단면 mn 에 굽힘모멘트 $M(x)$ 가 작용하고, 중립축으로부터 상 하단까지의 거리를 각각 e_1, e_2 라고 가정하면, 이 횡단면의 $y = e_1$ 및 $y = -e_2$ 인 위치에서 발생하는 굽힘응력 $\sigma_1(x)$, $\sigma_2(x)$ 는 식 (6.5.4)에 의하여 각각

$$\begin{aligned} \sigma_1(x) &= -\frac{M(x)}{I_{zz}} e_1 = -\frac{M(x)}{Z_1} \\ \sigma_2(x) &= \frac{M(x)}{I_{zz}} e_2 = \frac{M(x)}{Z_2} \end{aligned} \tag{6.5.9}$$

여기서

$$Z_1 = \frac{I_{zz}}{e_1}, \qquad Z_2 = \frac{I_{zz}}{e_2} \tag{6.5.10}$$

이다. Z_1, Z_2 는 보의 단면계수(斷面係數 : section modulus)라 불리우는 단면의 기하학적 특성 값이다. 그리고 식 (6.5.9)로부터 횡단면에 발생하는 절대치 최대의 굽힘응력을 작게 하려면 단면계수를 크게 하면 된다는 결론이다.

횡단면 mn 에 발생하는 최대굽힘응력 $\sigma_{max}(x)$ 및 최소굽힘응력 $\sigma_{min}(x)$ 을

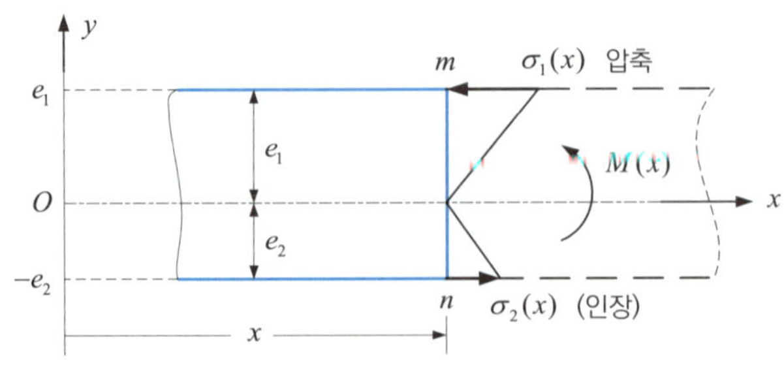

그림 6.16 보의 굽힘응력

$$\sigma_{max}(x) = \max\{\sigma_1(x),\ \sigma_2(x)\} \qquad \text{인장응력}$$
$$\sigma_{min}(x) = \min\{\sigma_1(x),\ \sigma_2(x)\} \qquad \text{압축응력}$$

와 같이 정의한다[1]. 그림 6.16에서는 $\sigma_{max}(x) = \sigma_2(x)$, $\sigma_{min}(x) = \sigma_1(x)$이다. 또 길이 L인 보에 발생하는 최대굽힘응력 $\max(\sigma)$ 혹은 최소굽힘응력 $\min(\sigma)$는 식 (6.5.9)에서 알 수 있는 바와 같이 절대치 최대의 굽힘모멘트 ($\max|M(x)|$)가 작용하는 단면에서 생긴다.

참고사항 : 모멘트–곡율관계

식 (6.5.6)으로 주어지는 모멘트-곡율관계식은 다음 세 가지 단계를 거쳐 유도할 수 있다. (1) 미소요소 dx에 대하여 변형율과 응력사이의 관계를 도출한 다음 (2) 이를 사용하여 횡단면에 외력의 작용이 없다는 조건으로부터 곡율과 곡율반경 사이의 관계 식 (6.5.3)을 유도하고, (3) 응력에 의한 모멘트와 외부에서 가하는 굽힘모멘트가 전 단면에 걸쳐 평형을 이루어야 한다는 조건에서 응력과 굽힘모멘트 사이의 관계를 얻는다.

(1) 변형율 응력관계의 유도

먼저 dx의 미분요소에서 중립축으로부터 y만큼(그림 6.11) 떨어진 선소 pq의 변형율을 생각해 본다. 굽힘모멘트에 의하여 소재가 $d\alpha$만큼 굽으러지면 선소 pq는 dx로부터 $(R-y)d\alpha$로 변형될 것이다. 그러므로 이 선소의 변형율은 정의에 의하여

$$\varepsilon_{xx} = \frac{(R-y)\,d\alpha - dx}{dx} \tag{6.5.11}$$

한편 탄성변형으로 가정하였으므로 Hooke의 법칙으로부터 이 선소를 따른 수직응력은

$$\sigma_{xx} = E\varepsilon_{xx} = E\frac{(R-y)d\alpha - dx}{dx} \tag{6.5.12}$$

와 같이 표시된다.

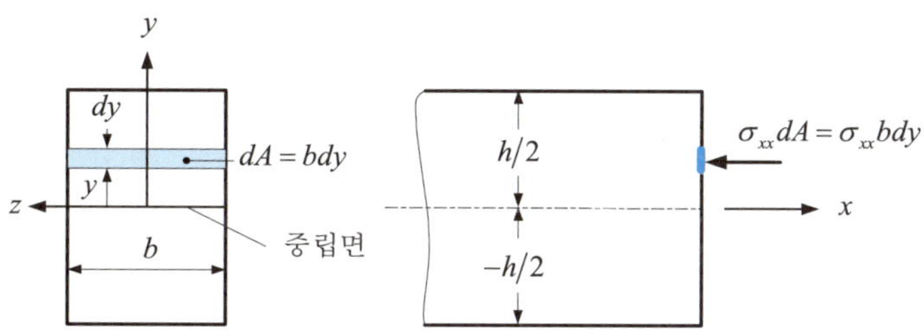

(2) 횡단면에 작용하는 외력조건

횡단면에는 외력이 작용하지 않으므로 횡단면에 작용하는 힘의 총합은 0이 된다. 그런데 횡단면에 작용하는 힘은 응력뿐이므로 면소 dA에 작용하는 힘은 $\sigma_{xx}dA$이다. 그러므로 단면 전체에

1) $\max\{A, B\}$는 A와 B 중 큰 쪽, $\min\{A, B\}$는 A와 B 중 작은 쪽

작용하는 힘은

$$\int_A \sigma_{xx}\, dA = \int_{-h/2}^{h/2} E \frac{(R-y)\, d\alpha - dx}{dx} b\, dy$$

$$= \frac{Eb}{dx}\left[(R\, d\alpha - dx)\int_{-h/2}^{h/2} dy - d\alpha \int_{-h/2}^{h/2} y\, dy\right]$$

$$= \frac{Eb}{dx}(R d\alpha - dx)h = 0$$

이 식으로부터

$$R d\alpha - dx = 0, \qquad \frac{1}{R} = \frac{d\alpha}{dx} \tag{6.5.2}$$

이 식은 선소의 길이 ds 대신 dx 로 근사시켰다. 탄성변형내에서는 $d\alpha/ds \approx d\alpha/dx$ 이다. 식 (6.5.2)의 관계를 변형율에 관한 식 (6.5.7)에 적용하면

$$\varepsilon_{xx} = -\frac{y}{R} \tag{6.5.5}$$

$$\sigma_{xx} = E\varepsilon_{xx} = -E\frac{y}{R} \tag{6.5.13}$$

(3) 응력에 의한 모멘트와 굽힘모멘트는 평형을 이룬다.

단면요소 dA 에 작용하는 힘은 $\sigma_{xx} dA$, 이 힘의 중립축에 관한 모멘트는 $y\sigma_{xx} dA$ 이므로 횡단면 전체에 분포되는 응력에 의한 중립축에 관한 모멘트는 이것을 전 단면에 걸쳐 적분하면 얻어진다. 단면의 모멘트평형으로부터

$$M + \int_A y\sigma_{xx}\, dA = 0$$

$$M = -\int_A y\sigma_{xx}\, dA = \frac{E}{R}\int_A y^2 dA \tag{6.5.14}$$

여기서

$$I_{zz} = \int_A y^2 dA \tag{6.5.15}$$

라고 놓으면 식 (6.5.10)은

$$\frac{1}{R} = \frac{M}{EI_{zz}} \tag{6.5.6}$$

식 (6.5.15)의 적분은 재료역학에서 단면에 발생하는 수직응력을 계산할 경우, 처짐을 계산할 경우, 유체역학에서 압심을 계산할 경우에 항상 구해야 하는 적분이다, 이 적분 I_{zz} 를 중립축에 관한 단면 관성모멘트(斷面 慣性모멘트 : moment of inertia of area) 혹은 단면 2차모멘트라 말한다. 이론 및 주요 기하학적 단면에 대한 관성모멘트를 각각 부록 A와 B에 소개하였다.

예제 6.12 사각형 단면의 단면관성모멘트

폭 b, 높이 h인 사각형의 도심을 지나는 횡축에 대한 관성모멘트를 구하여라.

[풀이]

주어진 조건:

폭 b, 높이 h

탐구사항:

단면 관성모멘트

탐구내용:

정의 식 (6.5.15)에 의하여

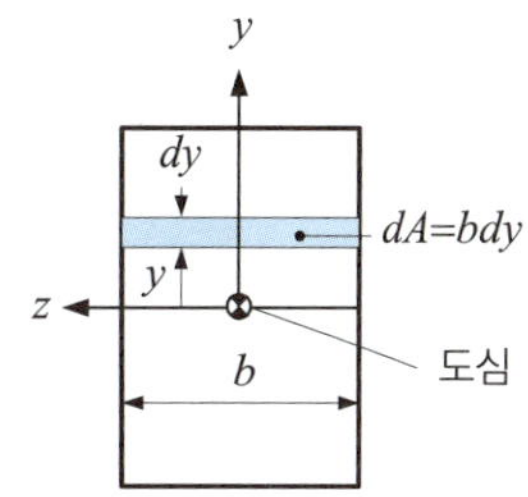

그림 E6.12

$$I_{zz} = \int_A y^2 dA = \int_{-h/2}^{h/2} y^2 b dy$$

$$= b\left[\frac{y^3}{3}\right]_{-h/2}^{h/2} = \frac{b}{3}\left[\left(\frac{h}{2}\right)^3 - \left(-\frac{h}{2}\right)^3\right] = \frac{bh^3}{12}$$

예제 6.13 순수 굽힘보의 최대굽힘응력과 곡율반경

지름 10 mm 의 강봉 양단에 그림과 같이 굽힘모멘트 $M_0 = 5\ \mathrm{N\,m}$를 가할 때 강봉은 원호상으로 굽어졌다. 강봉에 생긴 최대굽힘응력, 곡율반경을 구하여라. 단 $E = 2.0\times10^5\ \mathrm{N/mm^2}$ 이다.

[풀이]

주어진 조건:

지름 $d = 10\ \mathrm{mm}$

양단에 가한 모멘트 $M_0 = 5\ \mathrm{N\,m}$

$E = 2.0\times10^5\ \mathrm{N/mm^2}$

그림 E6.13

탐구사항:

최대굽힘응력, 곡율반경

탐구내용:

강봉의 임의 횡단면에는 일정한 굽힘모멘트 $M = M_0 = 5\ \mathrm{N\,m} = 5\times10^3\ \mathrm{N\,mm}$가 작용하므로 횡단면에 발생하는 최대굽힘응력도 σ_{max}도 일정한 값을 갖는다. 식 (6.5.9)에 의하여

$$\sigma_{max} = \frac{M_0}{Z}$$

여기서, 원형 단면의 경우 단면 관성모우멘트 I_{zz}는

$$I_{zz} = \frac{\pi d^4}{64} = \frac{\pi}{64} \times 10^4 = 491\,\text{mm}^4, \ e = 5\,\text{mm}$$

$$Z = \frac{I_{zz}}{e} = \frac{491\,\text{mm}^4}{5\,\text{mm}} = 98.2\,\text{mm}^3$$

$$\sigma_{\max} = \frac{M_0}{Z} = \frac{5 \times 10^3\,\text{N mm}}{98.2\,\text{mm}^3} = 50.9\,\text{N/mm}^2$$

또 곡율반경은 식 (6.5.6)으로부터

$$R = \frac{EI_{zz}}{M_0} = \frac{(2.0 \times 10^5\,\text{N/mm}^2)(491\,\text{mm}^4)}{5 \times 10^3\,\text{N mm}} = 2.0 \times 10^4\,\text{mm}$$

예제 6.14 등각사다리꼴 단면 보의 최대 최소 굽힘응력

그림과 같은 등각(等脚)사다리꼴 단면을 하는 보에 일정한 굽힘모멘트 $M = -1200$ N m을 가하였다. 이 보의 상하면에 발생하는 최대 최소굽힘응력을 구하여라.

[풀이]

주어진 조건:

단면의 기하학; $b_1 = 60$ mm, $b_2 = 30$ mm, $h = 60$ mm

굽힘모멘트 $M = -1200$ N m

탐구사항:

단면 상 하면에 발생하는 최대, 최소굽힘응력

탐구내용:

우선 도심 G의 위치와 중립축에 관한 단면 2차모멘트를 계산한다.

$$A = \frac{1}{2}(b_1 + b_2)h$$

$$b(\eta) = b_1 - \frac{b_1 - b_2}{h}\eta$$

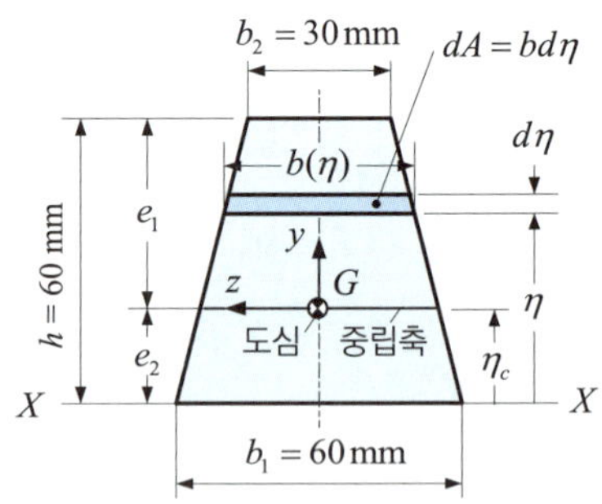

그림 E6.14

$X-X$ 축에 관한 면적 1차모멘트를 취하면

$$\eta_c = \frac{1}{A}\int_A b(\eta)\eta\, d\eta = \frac{1}{A}\int_0^h \left(b_1 - \frac{b_1 - b_2}{h}\eta\right)\eta\, d\eta$$

적분을 수행하면

$$e_2 = \eta_c = \frac{b_1 + 2b_2}{3(b_1 + b_2)}h$$

$$e_1 = h - e_2 = \frac{2b_1 + b_2}{3(b_1 + b_2)} h$$

또 $X-X$ 축에 관한 단면 2차모멘트 I_{XX}는

$$I_{XX} = \int_A \eta^2 dA = \int_0^h \eta^2 b(\eta) d\eta$$

$$= \int_0^h \left(b_1 - \frac{b_1 - b_2)}{h}\eta\right)\eta^2 d\eta = \frac{b_1 + 3b_2}{12} h^3$$

따라서 z축에 관한 평행축 정리를 적용하면

$$I_{zz} = I_{XX} - e_2^2 A = \frac{b_1^2 + 4b_1 b_2 + b_2^2}{36(b_1 + b_2)} h^3$$

$b_1 = 60$ mm, $b_2 = 30$ mm, $h = 60$ mm을 대입하면

$$e_1 = 33.3\text{ mm},\ e_2 = 26.7\text{ mm},\ I_{zz} = 7.80 \times 10^5\text{ mm}^4$$

식 (6.5.9)로부터

상면

$$\sigma_{max} = \sigma_1 = -\frac{M}{I_{zz}} e_1 = -\frac{(-1200 \times 10^3\text{ N mm})}{7.80 \times 10^5\text{ mm}^4} 33.3\text{ mm} = 51.2\text{ N/mm}^2$$

하면

$$\sigma_{min} = \sigma_2 = -\frac{M}{I_{zz}} e_1 = -\frac{(-1200 \times 10^3\text{ N mm})}{7.80 \times 10^5\text{ mm}^4} (-26.7\text{ mm}) = -41.1\text{ N/mm}^2$$

즉 보의 상면에 최대굽힘응력

$$\sigma_{max} = 51.2\text{ N/mm}^2 \qquad \text{인장}$$

하면에서 최소굽힘응력

$$\sigma_{min} = 41.1\text{ N/mm}^2 \qquad \text{압축}$$

예제 6.15 T형 단면 보의 최대, 최소굽힘응력

그림과 같은 T형 단면을 하는 외팔보 B단에 집중하중 $P = 150$ N이 가해진다. 이 보에 발생하는 최대, 최소굽힘응력을 구하여라.

[풀이]

주어진 조건:

단면의 기하학; $b_1 = 30$ mm, $h_1 = 10$ mm $b_2 = 10$ mm, $h_2 = 20$ mm

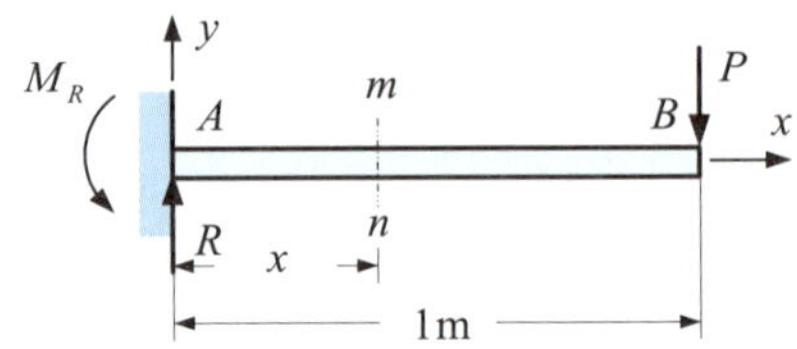

보의 길이 $L = 1$ m, 하중 $P = 150$ N

탐구사항:

보에 생기는 최대, 최소굽힘응력

탐구내용:

T 자형 보에 대한 도심, 도심에 관한 관성모멘트, e_1, e_2 를 구하기 위하여 단면을 그림과 같이 ①과 ②로 나누어 도심 G 의 위치를 구한다. 각 요소의 도심은 기하학적 중심에 존재하므로

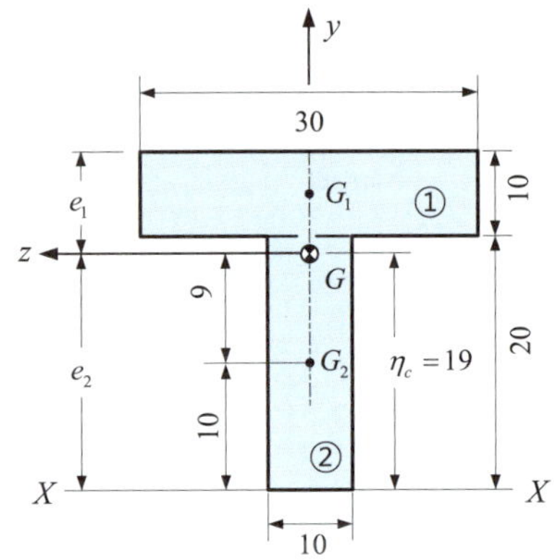

그림 E6.15

$$\begin{aligned} A &= A_1 + A_2 \\ &= (30 \times 10) + (20 \times 10) \\ &= 500\,\mathrm{mm}^2 \end{aligned}$$

$$\eta_c = \frac{1}{500\,\mathrm{mm}^2}(25\,\mathrm{mm} \times 300\,\mathrm{mm}^2 + 10\,mm \times 200\,mm^2) = 19\,\mathrm{mm}$$

따라서

$$e_2 = \eta_c = 19\,\mathrm{mm}$$

$$e_2 = 30\,\mathrm{mm} - 19\,\mathrm{mm} = 11\,\mathrm{mm}$$

중립축에 관한 관성모멘트는

$$I_{G1} = \frac{1}{12} b_1 h_1^3, \qquad I_{G2} = \frac{1}{12} b_2 h_2^3$$

이므로

$$I_{zz} = \sum (I_{Gi} + k_i^2 A_i)$$

$$= \left[\frac{1}{12} b_1 h_1^3 + (6\ \mathrm{mm})^2 \times 300\,\mathrm{mm}^2\right] + \left[\frac{1}{12} b_2 h_2^3 + (9\ \mathrm{mm})^2 \times 200\,\mathrm{mm}^2\right]$$

$$= \left[\frac{1}{12}(30\ \mathrm{mm})(10\ \mathrm{mm})^3 + 10800\,\mathrm{mm}^4\right] + \left[\frac{1}{12}(10\ \mathrm{mm})(20\ \mathrm{mm})^3 + 16200\,\mathrm{mm}^4\right]$$

$$= 3.617 \times 10^4\,\mathrm{mm}^4$$

다음, x 단면에 발생하는 굽힘모멘트

단면 좌측요소로 구한다.

$$R = 150\ \mathrm{N}, \quad M_R = 1000 \times 150\ \mathrm{N\,mm}$$

이므로

$$M(x) - x \times R_A + 150000 = 0$$

로부터

$$M(x) = -(150000 - R_A x) = -150(1000 - x)\ \mathrm{N\,mm}$$

단면 상단에 발생하는 굽힘 인장응력

$$\sigma_1(x) = -\frac{M(x)}{I_{zz}} e_1 = \frac{150(1000 - x)}{3.617 \times 10^4\,\mathrm{mm}^4} \times (11\,\mathrm{mm})$$

$$= 0.04562(1000 - x)\ \mathrm{N/mm^2}$$

하단의 굽힘 압축응력

$$\sigma_2(x) = \frac{M(x)}{I_{zz}} e_2 = \frac{-150(1000 - x)}{3.617 \times 10^4\,\mathrm{mm}^4} \times (19\,\mathrm{mm})$$

$$= -0.078795(1000 - x)\ \mathrm{N/mm^2}$$

보에 발생하는 굽힘응력의 최대 최소값은 $x = 0$, 즉, 외팔보의 뿌리에서 발생한다.
최대 굽힘 인장응력 ; 단면 상단에서

$$\sigma_{\max} = \sigma_1(0) = 45.62\ \mathrm{N\,mm} \qquad \text{인장}$$

최소응력 = 최대 굽힘압축응력 ; 단면 하단에서

$$\sigma_{\min} = \sigma_2(0) = -78.8\ \mathrm{N\,mm} \quad \text{압축}$$

예제 6.16 역 이등변삼각형 단면을 갖는 보의 선형분포하중

그림과 같은 $L = 60\,\mathrm{cm}$ 인 역 이등변삼각형 단면을 갖는 양단지지보에 선형분포하중 $q(x) = kx$, $k > 0$을 가한다. 이 보 재료의 허용응력이 $\sigma_a = 1.00 \times 10^4\ \mathrm{N/cm^2}$라 할 때 분포하중의 비례상수 $k\,(\mathrm{N/cm})$의 범위를 구하여라.

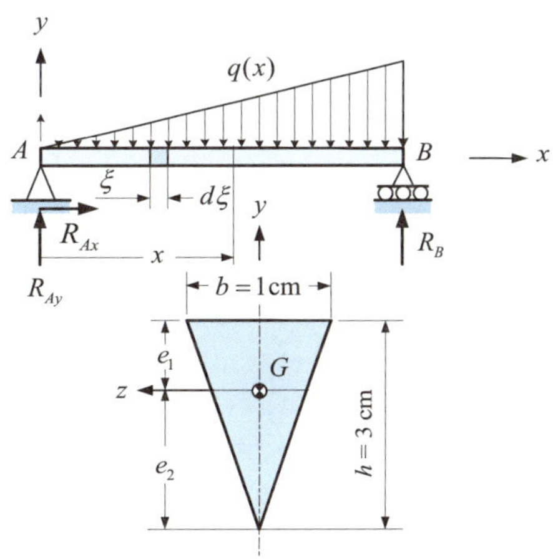

그림 E6.16

[풀이]

삼각형의 도심은 밑변으로부터 $h/3$의 위치에 있으므로

$$e_1 = \frac{h}{3} = 1\,\mathrm{cm}, \qquad e_2 = \frac{2}{3}h = 2\,\mathrm{cm}$$

또 도심을 지나는 z축에 관한 관성모멘트는 부록으로부터

$$I_{zz} = \frac{1}{36}\,bh^3 = \frac{1}{36}\,(1\ \text{cm})(3\ \text{cm})^3 = \frac{3}{4}\ \text{cm}^4$$

$$Z_2 = \frac{I_{zz}}{e_2} = \frac{3/4\ \text{cm}^4}{2\ \text{cm}} = \frac{3}{8}\ \text{cm}^3$$

$e_2 > e_1$ 이므로 $|\sigma_1(x)| < |\sigma_2(x)|$ 이다. 따라서 σ_a 가 주어졌으므로 굽힘모멘트를 $M(x)$ 라 하면

$$\sigma_2(x) = \frac{M(x)}{Z_2} < \sigma_a = 1.00\times 10^4\ \text{N/cm}^2, \qquad (0 \leqq x \leqq L)$$

가 성립해야 한다. 즉

$$M(x) \leqq \sigma_a Z_2 = (1.00\times 10^4\ \text{N/cm}^2)(3/8\ \text{cm}^3) \qquad (0 \leqq x \leqq L)$$

다음에 구해야 할 일은 $M(x)$ 의 최대치를 구하는 것이다. 반력을 R_{Ax}, R_{Ay}, R_B 라 하면 힘의 평형방정식을 적용하여 다음과 같이 반력을 구한다. 분포하중의 힘은 하중프리즘의 면적, 힘의 작용점은 프리즘의 도심이므로

$$\sum F_x = 0\ ; \qquad R_{Ax} = 0$$

$$\sum F_y = 0\ ; \qquad R_{Ay} + R_B - \frac{1}{2}\times L\times kL = 0 \tag{E.1}$$

$$\sum M_A = 0\ ; \qquad L\times R_B - \frac{2L}{3}\times\frac{1}{2}\,kL^2 = 0 \tag{E.2}$$

식 (E.2)로부터

$$R_B = \frac{1}{3}\,kL^2 = 1200\,k$$

식 (E.1)로부터

$$R_{Ay} = -\frac{kL^2}{3} + \frac{kL^2}{2} = \frac{1}{6}\,kL^2 = 600\,k$$

x 단면 좌측요소를 사용하여 굽힘모멘트를 구하면

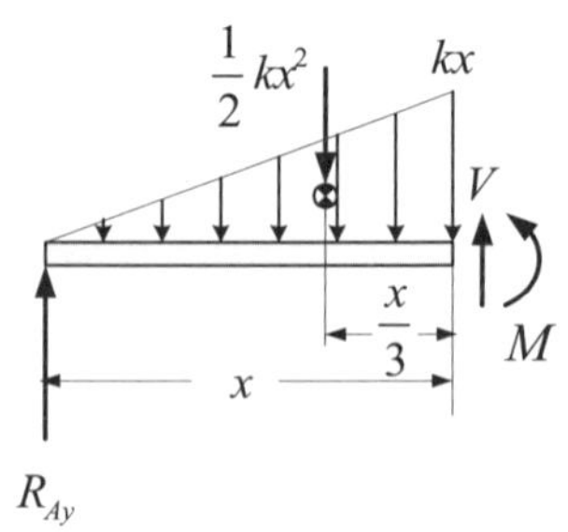

$$V(x) = -\left[R_{Ay} - \left(\frac{1}{2}\,kx^2\right)\right] = -\frac{kL^2}{6} + \frac{1}{2}\,kx^2$$
$$= -\frac{k}{6}\,(L^2 - 3x^2)$$

$$M(x) = -\left[(-x)\,R_{Ay} - \left(-\frac{x}{3}\right)\left(\frac{1}{2}\,kx^2\right)\right]$$
$$= \frac{1}{6}\,kL^2x - \frac{kx^3}{6} = \frac{kx}{6}\,(L^2 - x^2)$$

$M(x)$ 의 최대치는 $dM(x)/dx = 0$ 으로부터 구할 수 있으므로

$$\frac{dM(x)}{dx} = \frac{k}{6}(L^2 - 3x^2) = 0$$

로부터

$$x = \frac{L}{\sqrt{3}}$$

에서 발생한다. 그러므로 최대굽힘모멘트는

$$M_{\max} = M(L/\sqrt{3}) = \frac{k}{6}\frac{L}{\sqrt{3}}\left(L^2 - \frac{L^2}{3}\right) = \frac{kL^3}{9\sqrt{3}}$$

최대응력의 제한조건은

$$\sigma_2(x) = \frac{M(x)}{Z_2} = \frac{kL^3/9\sqrt{3}}{3/8} = \frac{64000}{\sqrt{3}}k \leqq 1.00\times10^4\ \mathrm{N/cm^2}$$

로부터, 이 방정식을 풀면

$$0 \leqq k \leqq 0.271\ \mathrm{N/cm^2}$$

예제 6.17 역 T자형 단면을 갖는 단순지지보의 최대, 최소굽힘응력

그림과 같이 길이 $L = 80$ cm의 단순지지보에 $q = 200$ N/cm의 분포하중이 작용한다. 보의 단면은 역 T자형을 하고 있다. 보에 발생하는 최대 최소굽힘응력을 구하여라.

[풀이]

주어진 조건:

길이 $L = 80$ cm

단면 기하학 ;

$b_1 = 2$ cm, $h_1 = 6$ cm

$b_2 = 6$ cm, $h_2 = 2$ cm

하중강도 $q = 200$ N/cm

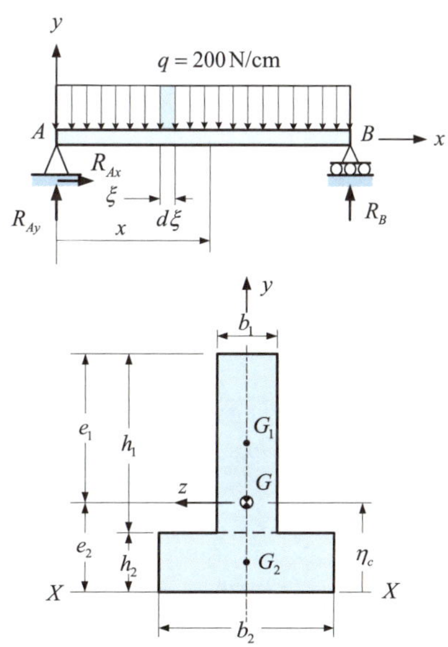

그림 E6.17

탐구사항:

보의 최대, 최소굽힘응력

탐구내용:

예제 6.15와 같은 방법으로 1차 모멘트평형을 사용하여 합성단면의 도심과 e_1, e_2 및 도심을 지나는 Z축에 관한 관성모멘트 I_{zz}를 계산한다.

$$A_1 = b_1 h_1 = (2\ \text{cm})(6\ \text{cm}) = 12\ \text{cm}^2$$

$$I_{G1} = \frac{1}{12} b_1 h_1^3 = \frac{1}{12}(2\ \text{cm})(6\ \text{cm})^3 = 36\ \text{cm}^4$$

$$A_2 = b_2 h_2 = (6\ \text{cm})(2\ \text{cm}) = 12\ \text{cm}^2$$

$$I_{G2} = \frac{1}{12} b_2 h_2^3 = \frac{1}{12}(6\ \text{cm})(2\ \text{cm})^3 = 4\ \text{cm}^4$$

$$A = A_1 + A_2 = 12\ \text{cm}^2 + 12\ \text{cm}^2 = 24\ \text{cm}^2$$

XX에 관한 1차모멘트평형으로부터

$$\begin{aligned}\eta_c &= \frac{1}{A}(A_1 \eta_1 + A_2 \eta_2) \\ &= \frac{1}{24\ \text{cm}^2}[(12\ \text{cm}^2)(5\ \text{cm}) + (12\ \text{cm}^2)(1\ \text{cm})] \\ &= 3\ \text{cm}\end{aligned}$$

그러므로

$$e_1 = 8\ \text{cm} - 3\ \text{cm} = 5\ \text{cm}, \quad e_2 = \eta_c = 3\ \text{cm}$$

관성모멘트는 이동법칙에 의하여

$$\begin{aligned}I_{zz} &= I_{G1} + (2\ \text{cm})^2 A_1 + I_{G2} + (2\ \text{m})^2 \text{A}_2 \\ &= 36\ \text{cm}^4 + (2\ \text{cm})^2(12\ \text{cm}^2) + 4\ \text{cm}^4 + (2\ \text{cm})^2(12\ \text{cm}^2) \\ &= 136\ \text{cm}^4\end{aligned}$$

반력과 굽힘모멘트;

$$\sum F_x = 0\ ; \quad R_{Ax} = 0$$

$$\sum F_y = 0\ ; \quad R_{Ay} + R_B - qL = 0$$

$$\sum M = 0\ ; \quad -\frac{L}{2} \times qL + L \times R_B = 0$$

제3식으로부터

$$R_B = \frac{qL}{2} = \frac{(200\ \text{N/cm})(80\ \text{cm})}{2} = 800\ \text{N}$$

제2식으로부터

$$R_{Ay} = -R_B + qL = \frac{qL}{2} = \frac{(200\ \text{N/cm})(80\ \text{cm})}{2} = 800\ \text{N}$$

x단면에서의 전단력과 굽힘모멘트;

$$V(x) = -(R_{Ay} - qx) = -\frac{qL}{2} + qx = -\frac{q}{2}(L - 2x)$$

$$M(x) = -\left[(-x)R_{Ay} + \left(-\frac{x}{2}\right)(-qx)\right] = \frac{qx}{2}(L - x)$$

최대굽힘모멘트; $dM(x)/dx=0$을 사용하면, 최대굽힘모멘트가 중앙단면($x=L/2$)에 발생하고 그 값은

$$M(L/2) = \frac{q}{2}\frac{L}{2}\left(L-\frac{L}{2}\right) = \frac{qL^2}{8}$$
$$= \frac{(200\ \mathrm{N/cm})(80\,\mathrm{cm})^2}{8} = 16\times10^4\ \mathrm{cm}^4$$

단면 상 하단에 발생하는 최대응력과 최소응력은 식 (6.5.9)로부터

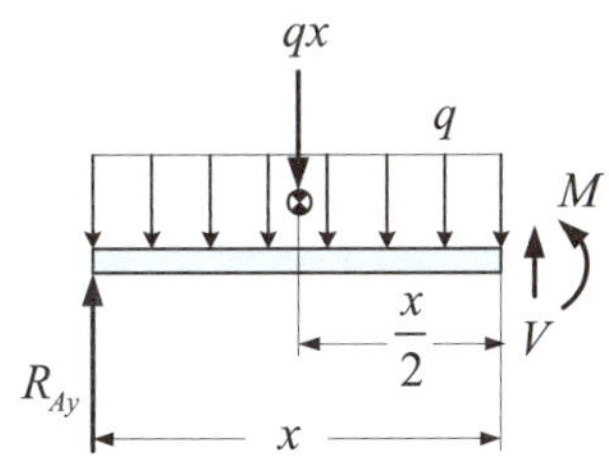

$$Z_1 = \frac{I_{zz}}{e_1} = \frac{136\ \mathrm{cm}^4}{5\ \mathrm{cm}} = 27.2\ \mathrm{cm}^3 \quad : \text{단면상단}$$

$$Z_2 = \frac{I_{zz}}{e_2} = \frac{136\ \mathrm{cm}^4}{3\ \mathrm{cm}} = 45.3\ \mathrm{cm}^3 \quad : \text{단면하단}$$

$$\min(\sigma) = \sigma_1(L/2) = -\frac{M(L/2)}{Z_1}$$
$$= -\frac{16\times10^4\,\mathrm{N\ cm}}{27.2\,\mathrm{cm}^3} = -5882\,\mathrm{N/cm}^2 \qquad \text{압축}$$

$$\max(\sigma) = \sigma_2(L/2) = \frac{M(L/2)}{Z_2}$$
$$= \frac{16\times10^4\,\mathrm{N\ cm}}{45.3\,\mathrm{cm}^3} = 3532\,\mathrm{N/cm}^2 \qquad \text{인장}$$

6.5.2 보의 전단응력

앞 절에서는 순수굽힘보에 발생하는 굽힘응력에 관해서 설명하였다. 순수굽힘보에서 발생하는 굽힘응력은 횡단면에 수직하게 생기는 수직응력뿐이고, 그 크기는 휨공식에 의하여 계산할 수가 있었다. 그러나 실제로 보에 작용하는 굽힘모멘트는 보에 가해지는 횡하중에 의하여 발생하므로 보에는 굽힘모멘트 $M(x)$와 함께 전단력 $V(x)$도 함께 발생한다. 그러므로 보가 굽어질 때에는 굽힘모멘트 $M(x)$에 의한 수직응력 σ_{xx} 이외에 횡단면에 평행하게 분포되는 전단력 $V(x)$에 의한 전단응력 τ가 함께 발생한다. 여러분들은 2.3절에서 전단응력 τ_{xy}가 발생하면 이와 수직한 방향의 공역전단응력 τ_{yx}가 반드시 발생하고 $\tau_{xy}=\tau_{yx}$의 관계가 성립한다는 것을 말하였다. 그러므로 보가 굽어질 때에도 전단력에 의하여 횡단면에 전단응력 τ_{xy}가 발생하게 되면 축방향(x방향)으로 공역전단응력 τ_{yx}가 발생한다.

축방향의 공역전단응력의 발생기구는 다음과 같이 생각하면 쉽게 알 수 있다. 그림 6.18(a)와 같이 높이 h, 폭 b인 직사각형단면 보를 두 개 포개어 단순지지대 위에 놓고서 하중 P를 가하여 보자. 두 보 사이에 마찰이 없으면 두 보의 휨이 각각 독립적으로 일어나

그림 6.18(b)와 같이 위쪽 보 아래면과 아래쪽 보 윗면 사이에 미끄럼이 일어나, 이들 두 면 사이에는 아무런 접선력이 작용하지 않을 것이다. 그러나 만약 두 봉 대신 높이가 $2h$ 인 한 개의 보를 생각하면 이 면(가상 면)에 미끄럼을 막을 수 있는 전단응력이 발생하게 된다(그림 c). 그러므로 높이가 $2h$ 인 한 개의 보가 높이 h 인 두 개의 보를 포개 놓은 것보다 훨씬 강하고 튼튼하다.

보에 발생하는 전단응력의 분포는 이미 알고 있는 수직응력 분포 σ 를 사용하여, 수직응력에 의한 힘과 전단응력에 의한 힘의 평형으로부터 구한다. 전단응력의 분포를 구하기 위하여 다음과 같은 가정을 둔다.

(ⅰ). 전단응력 τ_{xy} 의 방향은 전단력 V 의 방향과 일치한다.

(ⅱ). 전단응력 τ_{xy} 는 x, y만의 함수이다.

가정 (ⅱ)는 τ_{xy} 가 z 에 무관하고 τ_{xy} 의 크기는 보의 폭 $b(y)$에 걸쳐 일정하다는 의미이다. 좌표가 x 인 횡단면 mn 에 전단력 $V(x)$, 굽힘모멘트 $M(x)$ 가 작용한다고 가정하면, 이로부터 미소거리 dx 만큼 떨어진 횡단면 $m'n'$ 에는 전단력 $V(x) + dV(x)$, 굽힘모멘트 $M(x) + dM(x)$ 가 작용하게 될 것이다. 횡단면 mn 와 $m'n'$ 로 둘러싸인 부분

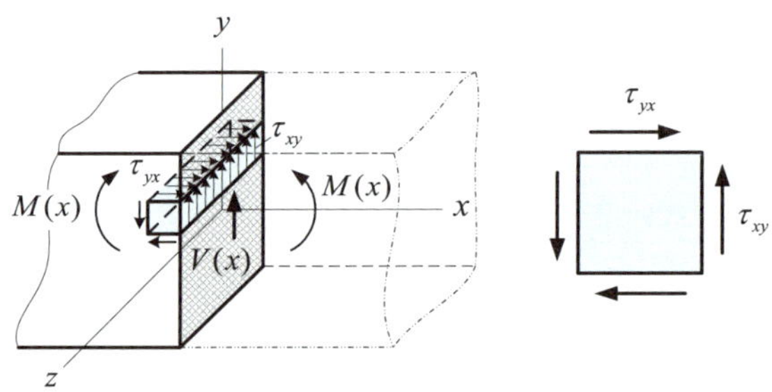

그림 6.17 직사각형 단면보에 발생하는 전단응력 발생기구

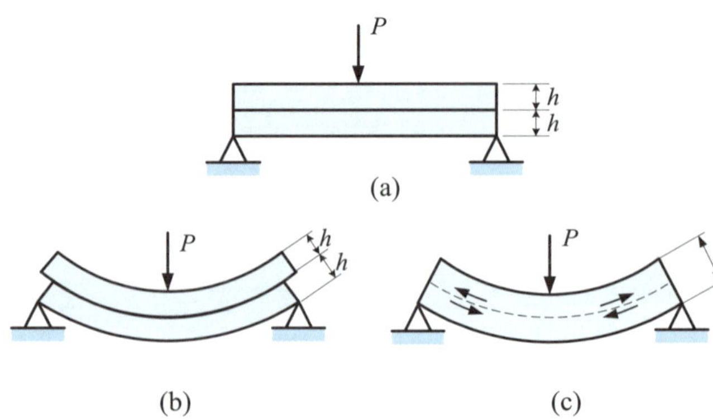

그림 6.18 보의 전단응력 발생 기구의 설명

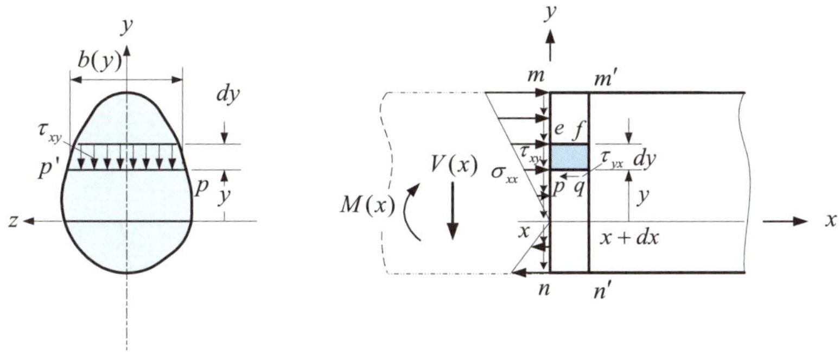

그림 6.19 보의 단면에 발생하는 응력

중에서 중립면으로부터 y 및 $y+dy$ 떨어지고, 중립면에 평행한 두 미소평면 pq, ef로 둘러싸인 미소직방체(微小直方體) $pqef$를 고립시켜, 이 체적소에 작용하는 힘의 평형을 생각하여 본다. 횡단면 mn상에서 중립축으로부터 y만큼 떨어진 면소 pe에 분포하는 전단응력을 τ_{xy}라 하면, 면소 pq에도 이와 크기가 같은 공역전단응력 τ_{yx}가 그림과 같은 방향으로 작용하게 된다(그림 6.19). 명백히 전단응력의 공역성으로부터 $\tau_{xy} = \tau_{yx}$이다.

이제 전단응력의 크기를 결정하는 문제이다. pq면에 발생하는 전단응력의 크기는 그림 6.20의 사선부위 $pqm'm$를 고립시켜, 이 요소에 x방향 힘에 평형조건을 적용하여 얻을 수 있다. 횡단면 mn, $m'n'$에서는 각각 $M(x)$, $M(x)+dM(x)$의 굽힘모멘트가 작용하게 되므로 각 단면의 중립축으로부터 η ($\eta > y$)만큼 떨어진 미소면적 $dA = b(\eta)d\eta$에 분포되는 굽힘응력은 각각

mn 면 쪽에 발생하는 굽힘응력 ;

$$\sigma_{xx}(x) = -\frac{M(x)}{I_{zz}}\eta$$

$m'n'$ 면 쪽에 발생하는 굽힘응력 ;

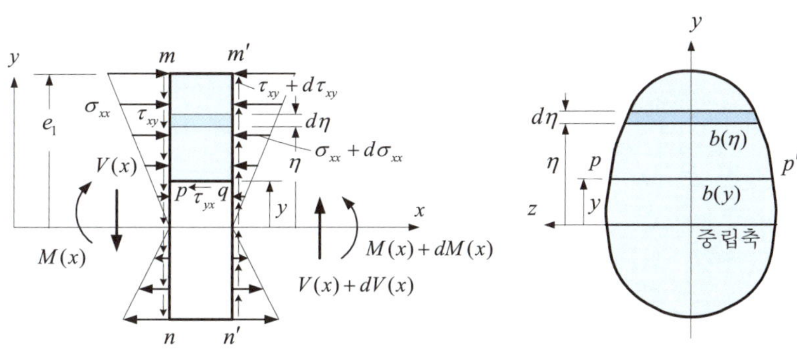

그림 6.20 보에 발생하는 전단응력 계산을 위한 자유물체도

$$\sigma_{xx}(x+dx) = \sigma_{xx}(x) + d\sigma_{xx} = -\frac{M(x)+dM(x)}{I_{zz}}\eta$$

와 같이 된다. 따라서 x의 양(+)방향을 힘의 양방향으로 택하면, pm면에 작용하는 x방향의 힘은[식 (6.5.4)를 고려]

$$F_{pm} = -\int_y^{e_1} \sigma_{xx}\, dA = \frac{M(x)}{I_{zz}}\int_y^{e_1} \eta\, b(\eta)\, d\eta \tag{6.5.16}$$

여기서 음의 부호를 부친 것은 양의 η에 대하여 σ_{xx}는 음의 값(압축응력)을 갖는 데 반해, F_{pm}가 양의 x방향을 향하기 때문이다.

같은 방법으로 qm'면에 작용하는 x방향의 힘은, 음의 x방향을 향하므로

$$F_{qm'} = \int_y^{e_1} (\sigma_{xx} + d\sigma_{xx})\, dA = -\frac{M(x)+dM(x)}{I_{zz}}\int_y^{e_1} \eta\, b(\eta)\, d\eta \tag{6.5.17}$$

이들 두 힘의 합은 pq면에 발생하는 전단응력에 의한 힘과 평형을 이루게 되어야 한다. pq면에 발생하는 전단응력에 의한 힘은

$$F_{pq} = -\tau_{yx}\, dA = -\tau_{yx}\, b(y)\, dx \tag{6.5.18}$$

여기서, 전단응력에 의한 힘에 음의 부호를 부친 것은, 보에 작용하는 전단력 $V(x)$, 굽힘모멘트 $M(x)$가 양의 방향으로 작용한다고 가정할 때, 가정 (i)을 따르기 위해서는 pq에 작용하는 전단응력이 음의 x방향을 향하기 때문이다. 그런데 pq에 작용하는 전단응력 τ_{yx}는 양의 전단응력이므로 F_{pq}를 음의 x방향으로 작용하는 힘으로 만들기 위해서는 앞에 음의 부호를 붙여야 한다.

힘의 평형조건;

$$-\tau_{yx} b(y)\, dx + \frac{M(x)}{I_{zz}}\int_y^{e_1} \eta b(\eta)\, d\eta - \frac{M(x)+dM(x)}{I_{zz}}\int_y^{e_1} \eta b(\eta)\, d\eta = 0$$

로부터

$$\tau_{yx} b(y)\, dx + \frac{dM(x)}{I_{zz}}\int_y^{e_1} \eta b(\eta)\, d\eta = 0$$

식 (6.3.1)의 $dM(x)/dx = -V(x)$을 고려하고 τ_{yx}에 관해서 풀면 굽힘에 의하여 발생하는 전단응력

$$\tau_{yx} = \tau_{xy} = \frac{V(x)}{I_{zz}\, b(y)}\int_y^{e_1} \eta b(\eta)\, d\eta = \frac{V(x)}{I_{zz}\, b(y)} Q \tag{6.5.19}$$

을 얻는다. 이 식을 전단공식(shear formula)이라 말한다. 여기서

$$Q = \int_{y}^{e_1} \eta b(\eta) d\eta = \int_{y}^{e_1} \eta dA \tag{6.5.20}$$

는 중립축으로부터 y만큼 떨어진 선분 pp'의 위쪽 부분에 있는 단면부위의 중립축에 관한 단면 1차모멘트이다.

직사각형단면 보

폭 b, 높이 h의 직사각형 단면의 중립측은 도심을 지나므로 $e_1 = h/2$이다. 따라서

$$Q = \int_{y}^{e_1} \eta dA = \int_{y}^{h/2} \eta b d\eta = b\frac{\eta^2}{2}\Big|_{y}^{h/2} = \frac{b}{2}\left[\left(\frac{h}{2}\right)^2 - y^2\right] \tag{6.5.20}$$

를 식 (6.5.19)에 대입하면

$$\tau_{xy} = \tau_{yx} = \frac{V(x)}{2I_{zz}}\left[\left(\frac{h}{2}\right)^2 - y^2\right] \tag{6.5.21}$$

최대전단응력은 $y = 0$ (중립축)에서 발생하고, 최대전단응력의 값은

$$\tau_{\max} = \frac{V(x)h^2}{8I_{zz}} \tag{6.5.22}$$

이다.

직사각형의 중립축에 관한 관성모멘트는

$$I_{zz} = \frac{bh^3}{12}$$

이므로, 이 관계를 식(6.5.21) 및 식 (6.5.22)에 대입하면

$$\tau_{xy} = \tau_{yx} = \frac{6V(x)}{bh^3}\left[\left(\frac{h}{2}\right)^2 - y^2\right] \tag{6.5.23}$$

$$\tau_{\max} = \frac{3V(x)}{2bh} = \frac{3}{2}\frac{V(x)}{A} \tag{6.5.24}$$

와 같이 표시할 수 있다.

원형단면 보

지름 $d\,(=2R)$의 원형단면 보의 전단응력은

$$I_{zz} = \frac{\pi d^4}{64} = \frac{\pi}{4}R^4$$

$$b(y) = 2\sqrt{R^2 - y^2} = \sqrt{d^2 - 4y^2}$$

또, 단면 1차모멘트는

$$Q = \int_y^R 2\eta\sqrt{R^2 - \eta^2}\, d\eta = \frac{2}{3}(R^2 - y^2)^{3/2}$$

식 (6.5.19)에 대입하면

$$\tau_{xy} = \tau_{yx} = \frac{4}{3\pi}\frac{V(x)}{R^2}\left[1 - \left(\frac{y}{R}\right)^2\right] \tag{6.5.25}$$

최대전단응력은 중심을 지나는 중립축상에서 발생하고, 그 크기는

$$\tau_{\max} = \frac{4}{3\pi}\frac{V(x)}{R^2} = \frac{4}{3}\frac{V(x)}{A} \tag{6.5.26}$$

이다.

예제 6.18 직사각형단면 보의 수직응력과 전단응력

길이 $L = 1\text{ m}$, 단면치수가 $b \times h = 25\text{ mm} \times 100\text{ mm}$ 인 보가 그림과 같이 단순지지 되어 있다. 하중강도가 $q = 30\text{ kN/m}$ 일 때 C 점에서의 수직응력과 전단응력을 구하여라.

[풀이]

주어진 조건:

$L = 1\text{ m}$,

$b \times h = 25\text{ mm} \times 100\text{ mm}$,

$q = 30\text{ kN/m}$

탐구사항:

B로부터 200 mm 지점, 보 하단으로부터 75 mm 지점의 수직 및 전단응력

탐구내용:

정역학적 평형으로부터 C점을 통과하는 단면의 전단력과 굽힘모멘트를 계산한다.

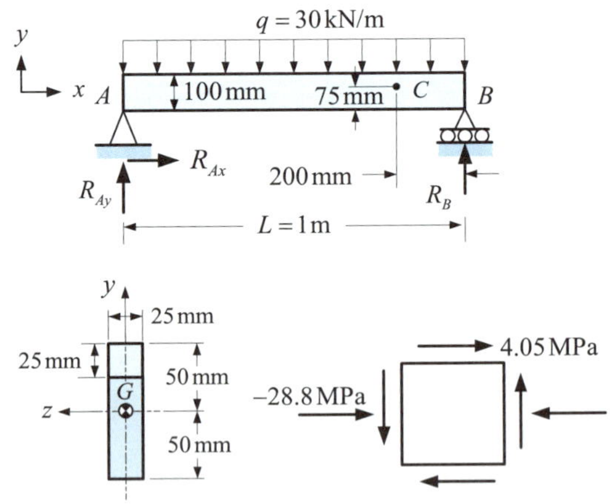

그림 E6.18

$$R_{Ax} = 0,$$

$$R_{Ay} = R_B = \frac{qL}{2}$$

$$= \frac{(30\text{ kN/m}) \times (1\text{ m})}{2} = 15\text{ kN}$$

전단력;

$$V(x) = -(R_{Ay} - qx) = -\frac{q}{2}(L - 2x)$$

$$V(C) = -\frac{30\,\text{kN/m}}{2}[1\,\text{m} - 2\times(0.8\,\text{m})] = 9\,\text{kN}$$

굽힘모멘트;

$$M(x) = -\left[(-x)R_{Ay} + \left(-\frac{x}{2}\right)(-qx)\right] = \frac{qx}{2}(L-x)$$

$$M(C) = \frac{30\,\text{kN/m}\times 0.8\,\text{m}}{2}(1\,\text{m} - 0.8\,\text{m}) = 2.4\,\text{kN m}$$

보 단면의 관성모멘트는

$$I_{zz} = \frac{bh^3}{12} = \frac{0.025\text{m}\times(0.1\,\text{m})^3}{12} = 2.083\times 10^{-6}\,\text{m}^4$$

$y = 25\,\text{mm}$ 에서의 굽힘응력(수직응력);

휨공식 식 (6.5.4)로부터

$$\sigma_{xx} = -\frac{M}{I_{zz}}y = -\frac{2.4\,\text{kN}}{2.083\times 10^{-6}\,\text{m}^4}\times 0.025\,\text{m}$$

$$= -28.8\times 10^3\,\text{kPa} = -28.8\,\text{MPa} \qquad \text{압축}$$

전단응력;

$$Q = \int_y^{e_1}\eta\, dA = \frac{b}{2}\left[\left(\frac{h}{2}\right)^2 - y^2\right]$$

$$= \frac{0.025\,\text{m}}{2}\left[\left(\frac{0.1\text{m}}{2}\right)^2 - (0.025\,\text{m})^2\right] = 2.344\times 10^{-5}\,\text{m}^3$$

$$\tau_{xy} = \tau_{yx} = \frac{V(x)}{I_{zz}b}Q$$

$$= \frac{9\,\text{kN}}{(2.083\times 10^{-6}\,\text{m}^4)(0.025\,\text{m})}\times(2.344\times 10^{-5}\,\text{m}^3) = 4.05\,\text{MPa}$$

전단력, 전단응력 모두 양의 값을 갖는다. 그러므로 가정 (i)을 따른다. 그리고 부호규약에 의하여 전단응력의 방향은 그림에 표시한 방향이다.

예제 6.19 집중하중을 받는 보의 응력

폭 $b = 90\,\text{mm}$, 높이 $h = 100\,\text{mm}$의 단순보 AB가 보의 양단으로부터 거리 $0.25\,\text{m}$ 떨어져 두 집중하중 P를 받는다. 이 보가 굽힘허용응력 $\sigma_a = 11\,\text{MPa}$, 전단허용응력 $\tau_a = 1.2\,\text{MPa}$

의 목재로 만들어졌다고 한다. 하중 P의 최대값(절대값)을 구하여라.

[풀이]

주어진 조건:

단면조건 $b = 90\,\text{mm}$,

$h = 100\,\text{mm}$

$a = 0.25\,\text{m}$

허용응력 $\sigma_a = 11\,\text{MPa}$,

$\tau_a = 1.2\,\text{MPa}$

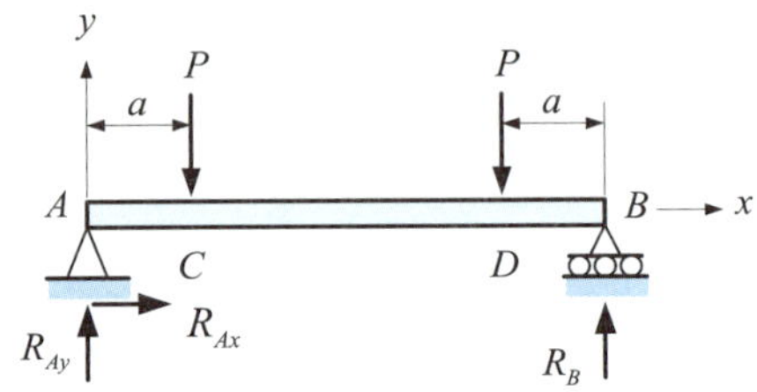

그림 E6.19

탐구내용::

하중 P의 최대값

탐구내용:

이 보는 C와 D에서 최대전단력(절대치)을 가지며, CD 사이에서 C와 D에서의 굽힘모멘트를 일정하게 유지하는 순수굽힘보이다.

그러므로 보의 최대 전단력과 굽힘모멘트를 갖는 점은 C 혹은 D이다. D점에서의 전단력과 굽힘모멘트를 구하면

$$R_{Ax} = 0, \qquad R_{Ay} = R_B = P$$

$$V_D = R_B = P$$

$$M_D = aR_B = Pa$$

최대 굽힘응력은 보의 상면이나 하면에서 발생하므로 단면계수와 단면적은

$$Z = \frac{I_{zz}}{e} = \frac{bh^3/12}{h/2} = \frac{bh^2}{6}$$

$$A = bh$$

이 보의 최대 수직응력은 식 (6.5.9)로부터

$$\sigma_{\max} = \sigma_a = \frac{M}{Z} = \frac{Pa}{bh^2/6} = \frac{6Pa}{bh^2}$$

로부터

$$P = \frac{\sigma_a bh^2}{6a}$$

$$= \frac{(11\times10^6\,\text{Pa})(0.09\text{m})(0.1\,\text{m})^2}{6\,(0.25\,\text{m})} = 6.6\times10^3\,\text{N} = 6.6\,\text{kN}$$

최대전단응력은 식 (6.5.24)로부터

$$\tau_{\max} = \tau_a = \frac{3}{2}\frac{V_D}{A} = \frac{3}{2}\frac{P}{bh} = \frac{3}{2}\frac{P}{bh}$$

$$P = \frac{2}{3}bh\tau_a$$

$$= \frac{2}{3}(0.09\,\mathrm{m})(0.1\,\mathrm{m})(1.2\times10^6\,\mathrm{Pa}) = 7.2\times10^3\,\mathrm{N} = 7.2\,\mathrm{kN}$$

만약 $P = 7.2\,\mathrm{kN}$ 으로 하면 수직응력이 허용응력 범위를 벗어나므로 $P = 6.6\,\mathrm{kN}$ 으로 설계하는 것이 타당하다.

6.5.3 복합단면 보의 전단응력

지금까지는 단일도형 단면의 대칭보의 응력을 해석하였으나 실제 구조물 부재에는 I형강(I beam ; 미국표준에서 S형), H형강(H beam ; 미국표준에서 W형), T형강(T beam ; 미국표준에서 tees), 찬넬(channel), 앵글(angles) 등이 사용된다. 이 부재들 중 대칭형단면은 장방(사각)형의 복합단면으로 모형화할 수 있으므로 6.5.2절에서 공부한 장방형 단면보 이론을 적용하여 해석할 수 있다. 이 절에서는 대칭형 단면에 한정하여 플랜지가 붙은 보(이 보는 I 형강 혹은 H 형강의 모형으로 사용된다)를 예로 하여 문제를 해석하는 방법에 관해서 기술하고자 한다. 물론 복합단면에는 비대칭단면이 될 수도 있으나 이것은 이 책의 정도를 넘으므로 생략하기로 한다.

그림 6.21은 I형강 혹은 H형강을 모형화 한 단면이다. 이러한 단면을 갖는 보의 임의 단면에서 전단력 $V(x)$와 굽힘모멘트 $M(x)$가 작용한다는 가정에서 문제를 해석해나가기로 한다.

이 단면의 폭 $b(y)$는

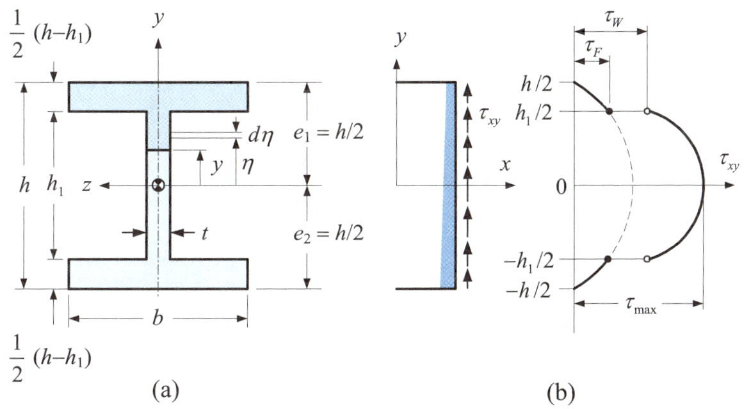

그림 6.21 플랜지를 갖는 I형 단면. (a) 단면의 기하학, (b) 전단응력분포

$$b(y) = t \qquad \left(-\frac{h_1}{2} < y < \frac{h_1}{2}\right)$$

$$b(y) = b \qquad \left(\frac{h_1}{2} \leqq y \leqq \frac{h}{2}, \quad -\frac{h}{2} \leqq y \leqq -\frac{h_1}{2}\right)$$

이다.

단면 1차모멘트 식 (6.5.20)의 값은

$-h_1/2 < y < h_1/2$에서

$$\begin{aligned} Q_1 &= \int_y^{e_1} \eta b(\eta)\, d\eta = \int_y^{h_1/2} \eta b(\eta)\, d\eta + \int_{h_1/2}^{h/2} \eta b(\eta)\, d\eta \\ &= t\int_y^{h_1/2} \eta\, d\eta + b\int_{h_1/2}^{h/2} \eta\, d\eta \\ &= \frac{t}{2}\left[\left(\frac{h_1}{2}\right)^2 - y^2\right] + \frac{b}{2}\left[\left(\frac{h}{2}\right)^2 - \left(\frac{h_1}{2}\right)^2\right] \end{aligned} \tag{6.5.27}$$

$h_1/2 \leqq y \leqq h/2, \quad -h/2 \leqq y \leqq -h_1/2$ 에서

$$\begin{aligned} Q_2 &= \int_y^{e_1} \eta b(\eta)\, d\eta = \int_y^{h/2} \eta b(\eta)\, d\eta = b\int_y^{h/2} \eta\, d\eta \\ &= \frac{b}{2}\left[\left(\frac{h}{2}\right)^2 - y^2\right] \end{aligned} \tag{6.5.28}$$

따라서 중립축에 관한 단면 관성모멘트를 I_{zz}라하면 전단응력은 식 (6.5.19)에 이들 값을 대입하면

y 가 웨브(web)내에 위치 ; $-h_1/2 < y < h_1/2$

$$\tau_{xy} = \tau_{yx} = \frac{V(x)}{I_{zz}t}\left[\frac{b}{8}(h^2 - h_1^2) + \frac{t}{2}\left(\frac{h_1^2}{4} - y^2\right)\right] \tag{6.5.29}$$

y 가 플랜지(flange)내에 위치 ; $h_1/2 \leqq y \leqq h/2, \quad -h/2 \leqq y \leqq -h_1/2$

$$\tau_{xy} = \tau_{yx} = \frac{V(x)}{2I_{zz}}\left(\frac{h^2}{4} - y^2\right)] \tag{6.5.30}$$

을 얻는다. 여기서

$$I_{zz} = \frac{th_1^3}{12} + 2\left[\frac{b[(h-h_1)/2]^3}{12} + \frac{b}{2}(h-h_1)\left(\frac{b_1}{2} + \frac{h-h_1}{4}\right)^2\right]$$

정리하면

$$I_{zz} = \frac{1}{12}(bh^3 - bh_1^3 + th_1^3) \tag{6.5.31}$$

이다.

전단응력의 최대값은 중립축($y=0$)에서 발생하므로 식 (6.5.29)로부터

$$\tau_{\max} = \frac{V(x)}{8I_{zz}t}\left[b(h^2-h_1^2)+th_1^2\right] \tag{6.5.32}$$

와 같이 표시된다. 또 $y=\pm h_1/2$ (플랜지와 웨브의 연결부위)에서 전단응력은 불연속이 되고, 플랜지 외측표면($y=\pm h_2/2$)에서 $\tau_{xy}=\tau_{yx}=0$ 이 된다. 그리고 연결부위에서 웨브 외측($y=\pm h_1/2$) 전단응력은 식 (6.5.29)로부터

$$\tau_W = \frac{V(x)b}{8I_{zz}t}(h^2-h_1^2) \tag{6.5.33}$$

연결부 플랜지의 전단응력은 식 (6.5.30)으로부터

$$\tau_F = \frac{V(x)}{8I_{zz}}(h^2-h_1^2) \tag{6.5.34}$$

와 같이 된다.

예제 6.20 T 자형 단면보의 최대전단응력

그림과 같은 T 자형 단면을 갖는 보의 웨브에 생기는 최대전단응력을 구하여라. 단, $b=100$ mm, $t=24$ mm, $h=200$ mm, $h_1=176$ mm 그리고 $V=45$ kN 이다.

[풀이]

주어진 조건:

단면의 기하학 $b=100$ mm, $t=24$ mm,

$h=200$ mm, $h_1=176$ mm

전단력 $V=45$ kN

탐구사항:

웨브의 최대전단응력

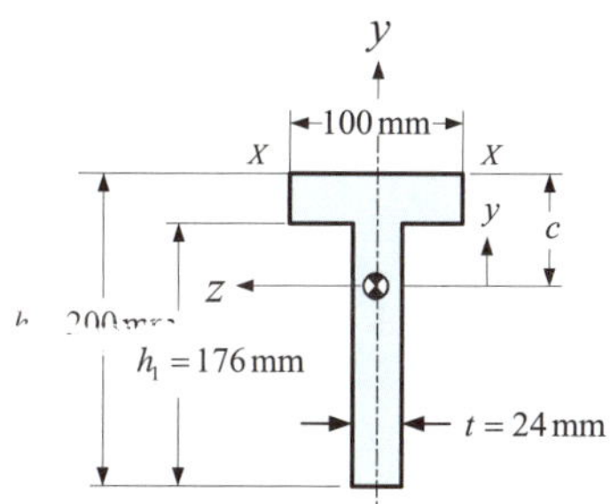

그림 E6.18

탐구내용:

도심 위치 ; $X-X$에 관한 면적 1차모멘트

$$A_1 = (24\text{ mm})(100\text{ mm}) = 2400\text{ mm}^2$$

$$A_2 = (24\text{ mm})(176\text{ mm}) = 4224\text{ mm}^2$$

$$A = A_1 + A_2 = 2400\text{ mm}^2 + 4224\text{ mm}^2 = 6624\text{ mm}^2$$

$$c = \frac{1}{6624\text{ mm}^2}\left[(2400\text{ mm}^2)(24\text{ mm}/2) + (4224\text{ mm}^2)(24\text{ mm}+176\text{ mm}/2)\right]$$

$$= 75.77\text{ mm}$$

중심축에 관한 단면의 관성모멘트 ; 각 도형의 도심을 지나는 관성모멘트를 구한 다음 평행축 정리를 적용한다.

$$I_{zz} = I_{G1} + (75.77\text{ mm} - 12\text{mm})^2 A_1 + I_{G2} + (24\text{ mm} + 176\text{mm}/2 - 75.77\text{mm})^2 A_2$$

$$= \frac{100\text{ mm}\times(24\text{mm})^3}{12} + (63.77\text{ mm})^2(100\text{ mm}\times 24\text{mm})$$

$$+ \frac{24\text{ mm}\times(176\text{mm})^3}{12} + (36.23\text{ mm})^2(24\text{ mm}\times 176\text{mm}) = 2.632\times 10^7\text{mm}^4$$

다음, 중립축에 관한 1차모멘트(중립축 위 부분이나 아래 부분의 1차모멘트는 같으므로 어느 쪽을 택하여도 좋다)

$$Q = (24\text{ mm})(75.77\text{mm} - 24\text{mm})(51.77\text{mm}/2)$$

$$+ (24\text{ mm}\times 100\text{mm})(51.77\text{mm} + 12\text{mm}) = 1.85210\times 10^5\text{ mm}^3$$

전단공식 식 (6.5.19)에 대입하면

$$\tau_{max} = \frac{VQ}{I_{zz}t} = \frac{(45\text{kN})(1.85210\times 10^5\text{ mm}^3)}{(2.632\times 10^7\text{ mm}^4)(24\text{mm})} = 1.319\times 10^{-2}\text{kN/mm}^2$$

$$= 13.19\,MPa$$

을 얻는다.

제6장 보의 굽힘과 응력

연습문제

6A.1 다음 그림은 수직응력과 전단응력, 굽힘모멘트의 방향을 나타낸 그림이다. 그림 중 양의 응력과 굽힘모멘트를 옳게 표현한 것은?

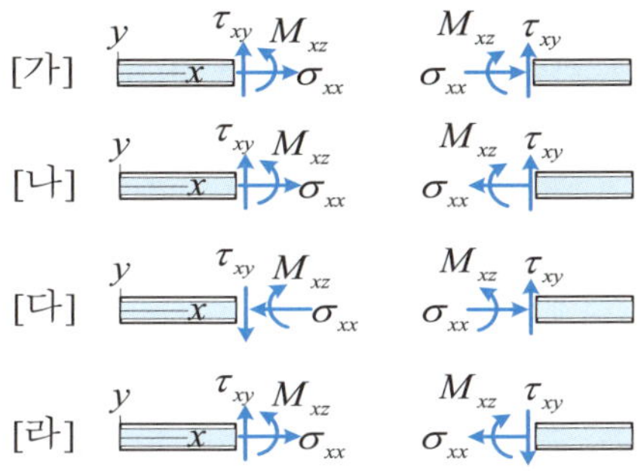

그림 6A.1

6A.2 다음 그림은 비틀림모멘트와 굽힘모멘트의 방향을 나타낸 그림이다. 그림 중 양의 내력을 옳게 표현한 것은?

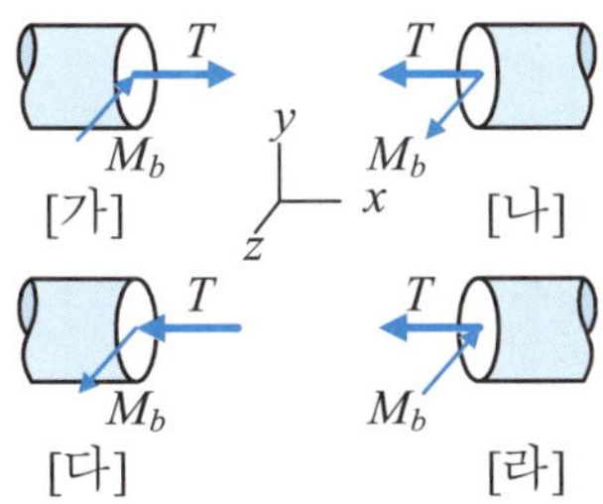

그림 6A.2

6A.3 다음은 응력의 표시규정에 관련된 사항을 열거한 것이다. 맞지 않는 것은?

[가] 응력 표시에서 제1첨자는 작용하는 면, 제2첨자는 작용하는 방향을 나타낸다.

[나] 면은 면에 수직한 좌표방향으로 정의하고, 외향벡터가 양의 좌표방향일 때 양, 음의 방향일 때 음의 면으로 정한다.

[다] 응력의 부호는 응력의 작용방향이 양의 좌표방향일 때 양, 음의 좌표방향일 때 음으로 정한다.

[라] 응력의 부호는 작용하는 면과 작용방향의 부호가 동부호일 때 양, 이부호일 때 음의 응력으로 정한다.

6A.4 다음은 변형률에 관련된 사항을 열거한 것이다. 해당되지 않는 것은?

[가] 응력에 대응해서 발생한다.

[나] 변형률 표시에서 제1첨자는 변형하는 면, 제2첨자는 변형하는 방향을 나타낸다.

[다] 양의 응력에 기인하는 변형률은 양, 음의 응력에 기인하는 변형률은 음이다.

[라] 수직변형률은 단위길이 당 길이의 변형, 전단변형률은 직교 교각의 각변형을 나타낸다.

6A.5 보의 평형조건만으로 반력을 구할 수 없는 보는?

[가] 외팔보 [나] 단순보

[다] 내다지보 [라] 양단 고정지지보

6A.6 외팔보에서 자유단에 집중하중 P가 작용할 때 다음 중 틀린 것은?

[가] 고정단에서 굽힘모멘트가 최대이다.

[나] 보의 전 길이에서 전단력은 P이다.

[다] 최대 굽힘모멘트 자유단에서 발생한다.

[라] 최대처짐의 위치는 자유단이다.

6A.7 그림과 같은 보에서 지지점 B가 4N까지의 반력을 지지할 수 있다. 하중 8N은 A점에서 몇 m까지 이동할 수 있는가?

[가] 5

[나] 8

[다] 12

[라] 16

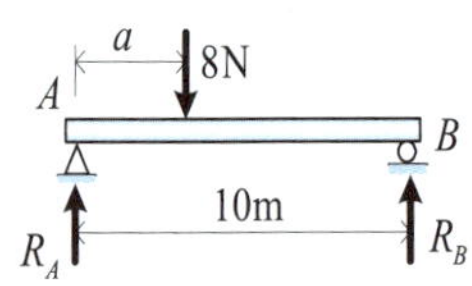

그림 문6A.7

6A.8 그림과 같은 내다지보 AC에 집중하중이 50kN과 60kN이 작용하고 있을 때 B점에서 반력은?

[가] 90kN

[나] 70kN

[다] 50kN

[라] 20kN

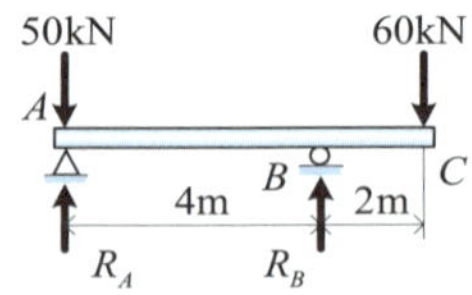

그림 문6A.8

6A.9 그림과 같은 내다지보에서 B점의 반력은 몇 N인가?

[가] 100

[나] 200]

[다] 250

[라] 300

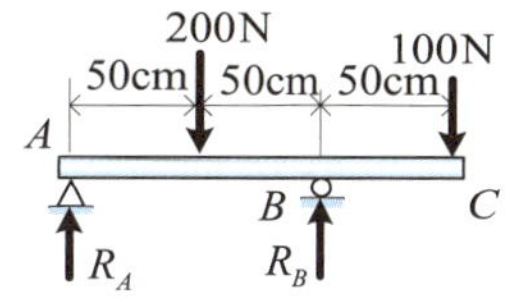

그림 문6A.9

6A.10 외팔보에서 지점반력은 몇 N인가?

[가] $R_A = 5$

[나] $R_A = 7.23$

[다] $R_A = 8.5$

[라] $R_A = 8.66$

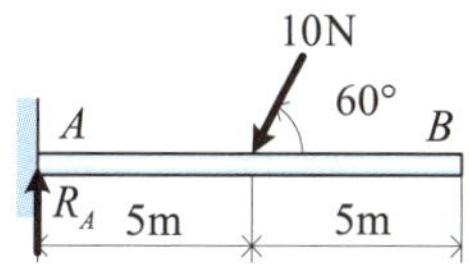

그림 문6A.10

6A.11 길이 7 m의 돌출보의 좌단에서 3 m 위치에 집중하중 $P = 30$ kN, 우단의 2 m에는 균일분포하중 $w = 10$ kN/m가 작용할 때 지점 A와 B에서의 반력 R_A, R_B를 구한 kN의 값으로 옳은 것은?

[가] $R_A = 8$, $R_B = 42$

[나] $R_A = 42$, $R_B = 8$

[다] $R_A = 41.4$ $R_B = 8.6$

[라] $R_A = 8.6$, $R_B = 41.4$

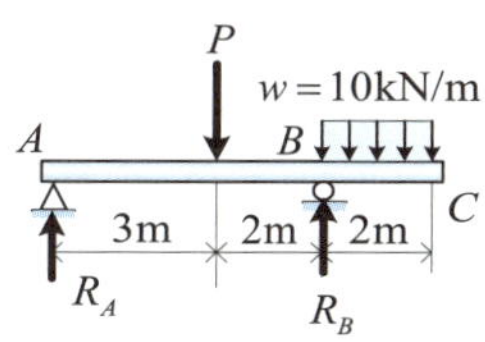

그림 문6A.11

6A.12 다음 그림과 같은 삼각형 분포하중이 작용하고 있을 때, 이 단순보의 반력 $R_A = R_B$는 다음 중 어느 것인가?

[가] $wL/2$ N

[나] $wL/3$ N

[다] $wL/4$ N

[라] $wL/6$ N

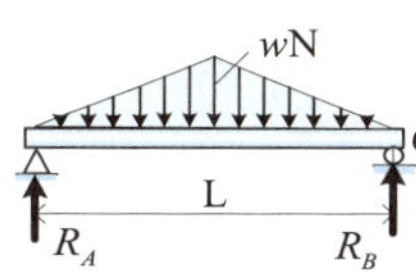

그림 문6A.12

6A.13 일단(A점)이 힌지(hinge)된 강성체의 막대가 강선에 의하여 수평으로 지지되고 있다. B점에 $P = 5$N을 작용시킬 때 이 강선에 유발되는 장력(s)은?

[가] 12.5 N

[나] 20 N

[다] 25 N

[라] 30 N

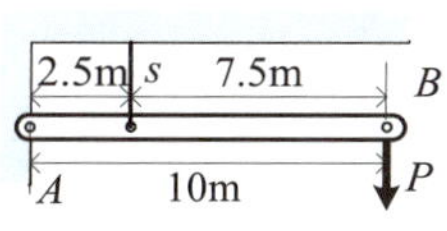

그림 문6A.13

6A.14 그림과 같은 보의 지점반력 R_A는 얼마인가?

[가] 50 N

[나] 60 N

[다] 70 N

[라] 80 N

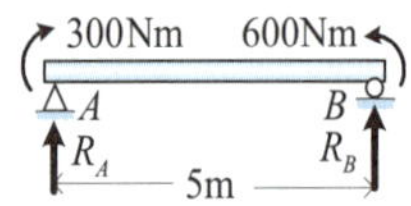

그림 문6A.14

6A.15 그림과 같은 단순보에서 A 점의 반력은 몇 N인가?

[가] 8.4 N

[나] 10.4 N

[다] 12 N

[라] 14 N

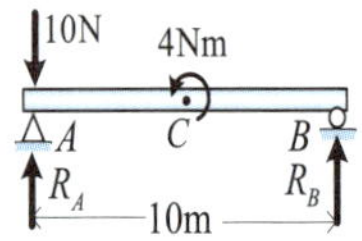

그림 문6A.15

6A.16 그림과 같은 보의 반력 R_B를 구하여라.

[가] 167 N

[나] 383.3 N

[다] 3833 N

[라] 4000 N

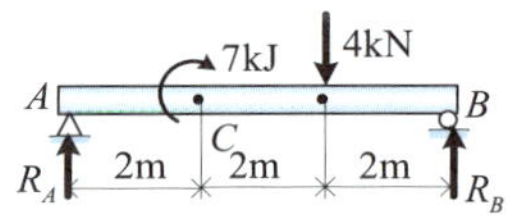

그림 문6A.16

6A.17 그림과 같은 단순지지보에서 $L = 6\,\text{m}$, $a = 4\,\text{m}$, $b = 2\,\text{m}$, $c = 40\,\text{cm}$, $P = 6\,\text{kN}$일 때, A점의 반력은?

[가] $R_A = 4400\,\text{N}$

[나] $R_A = 4000\,\text{N}$

[다] $R_A = 2000\,\text{N}$

[라] $R_A = 1600\,\text{N}$

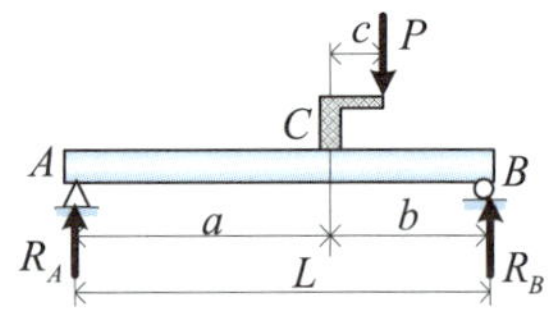

그림 문6A.17

6A.18 그림과 같은 보에서 $R_B = 30\,\text{N}$이 될 때 거리 x는 얼마인가?

[가] 4 m

[나] 6 m

[다] 8 m

[라] 10 m

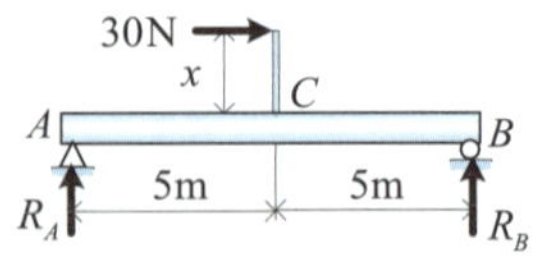

그림 문6A.18

6A.19 그림과 같은 T형 구조물이 수평력 2kN을 받고 있을 때 B점의 반력 R_B는 얼마인가?

[가] 2kN

[나] 4kN

[다] 6kN

[라] 5kN

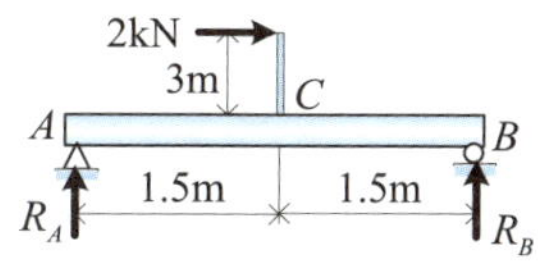

그림 문6A.19

6A.20 그림과 같은 외팔보의 지점반력은?

[가] $R_A = \frac{wL}{3}$, $M_A = -\frac{wL^2}{6}$

[나] $R_A = \frac{wL}{6}$, $M_A = -\frac{wL^2}{3}$

[다] $R_A = \frac{wL}{2}$, $M_A = \frac{wL^2}{6}$

[라] $R_A = \frac{wL}{2}$, $M_A = \frac{wL^2}{3}$

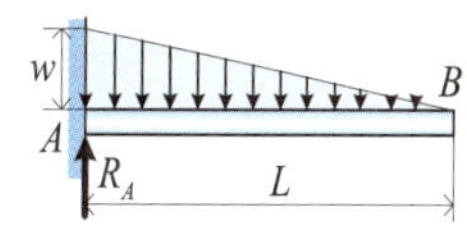

그림 문6A.20

6A.21 스팬 $L = 5\text{m}$의 단순보 양단에 M_0의 우력을 가하여 중앙단면에 $\delta = 78\text{mm}$의 처짐과, 롤러지지대 B가 4mm의 이동이 생겼다. 이 때 보의 곡률반경은?

[가] $\rho = 20\text{m}$

[나] $\rho = 35.84\text{m}$

[다] $\rho = 40.04\text{m}$

[라] $\rho = 45.54\text{m}$

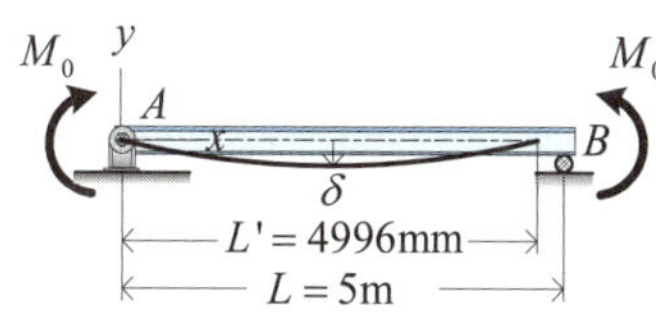

그림 문6A.21

6A.22 문 7A.1 단순보의 곡률을 구하여라.

[가] 0.05rad/m [나] 0.028rad/m

[다] 0.025rad/m [라] 0.022rad/m

6A.23 다음은 순수굽힘을 설명한 글이다. 옳은 설명은?

[가] 전단력과 굽힘모멘트가 전 스팬에 걸쳐 일정하게 작용하는 보

[나] 전단력은 작용하지 않고 일정한 굽힘모멘트만이 작용하는 보

[다] 전단력의 유무에 관계없이 굽힘모멘트가 일정하게 작용하는 보

[라] 굽힘모멘트가 선형적으로 변하는 보

6A.24 보 축에 평행한 모든 섬유소가 동심원을 그리면서 굽어지는 보는?

[가] 순수굽힘 보

[나] 불균등굽힘 보

[다] 합성 보

[라] 샌드위치 보

6A.25 굽힘모멘트에 의해 발생되는 굽힘응력 σ_{xx}의 값을 표현한 식 중 잘못된 식을 다음 중 골라라. 여기서 κ는 곡률, ρ는 곡률반경, E는 탄성계수, I_z는 중립축에 관한 단면 관성모멘트, M_b는 굽힘모멘트이다.

[가] $\sigma_{xx} = -\dfrac{Ey}{\rho}$ [나] $\sigma_{xx} = -E\kappa y$

[다] $\sigma_{xx} = -\dfrac{M_b y}{I_z}$ [라] $\sigma_{xx} = -\dfrac{M_b y}{EI_z}$

6A.26 다음 보 중에서 순수굽힘과 관계가 없는 보는?

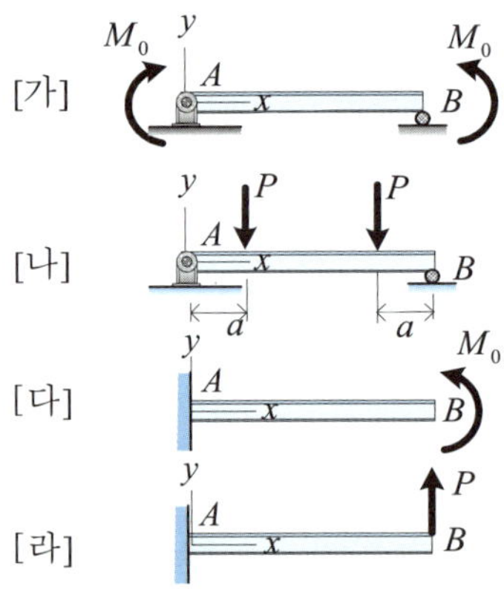

그림 문7A-6

6A.27 그림과 같이 우력을 받는 보의 단면에 발생하는 응력에 관해서 옳게 표현된 것은?

[가] 중립면에서 굽힘응력, 변형률 모두 0이 된다.

[나] 중립면이서 응력과 변형률이 최대가 된다.

[다] 중립면 위에서 압축응력, 아래에서 인장응력이 분포한다.

[라] 중립면에서 전단응력이 최대가 된다.

그림 문6A.27

6A.28 한 단면에 발생하는 최대굽힘응력을 설명하는 말 중 가장 합리적인 것은?

[가] 중립면에 발생하는 굽힘응력은 최대응력이다.

[나] 단면 상연에서 발생하는 굽힘응력은 최대, 하연에서 발생하는 응력은 최소응력이다.

[다] 단면 상 하연에 발생하는 굽힘응력 중 양의 응력은 최대, 음의 응력은 최소응력이다.

[라] 단면 상, 하연에 발생하는 굽힘응력 중 절대값이 큰 응력이 최대응력이다.

6A.29 보 단면에 전달되는 전단응력은 전단공식

$$\tau = VQ/I_z b$$

를 사용하여 계산한다. 전단응력에 관한 다음 설명 중 맞지 않는 것은?

[가] 전단응력은 중립면에서 최대가 되고 전단력 V의 방향이다.

[나] Q가 $y>0$에서 양, $y<0$에서 음의 값을 가지므로 중립면 위에서는 V의 방향, 아래에서는 반대방향을 향한다.

[다] 단면 상연과 하연에 발생하는 전단응력은 0.

[라] 중립면에 평행한 면에 발생하는 응력 τ_{yx}는 τ_{xy}의 공액응력이므로 같다.

6A.30 지름 d인 원형단면을 갖는 스팬 L인 외팔보 자유단에 집중하중 P를 가한다. 최대굽힘응력의 값은?

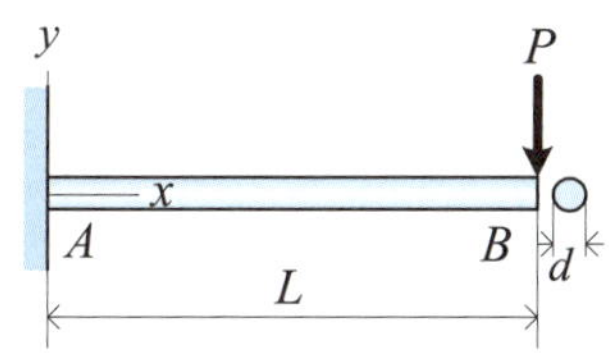

그림 문6A.30

[가] $\dfrac{16PL}{\pi d^2}$

[나] $\dfrac{16PL}{\pi d^3}$

[다] $\dfrac{32PL}{\pi d^2}$

[라] $\dfrac{32PL}{\pi d^3}$

6A.31 $b\times h$의 직사각형 단면, 스팬 L의 외팔보 자유단에 그림과 같은 방향으로 우력 M_0가 가해진다. 최대굽힘응력의 값은?

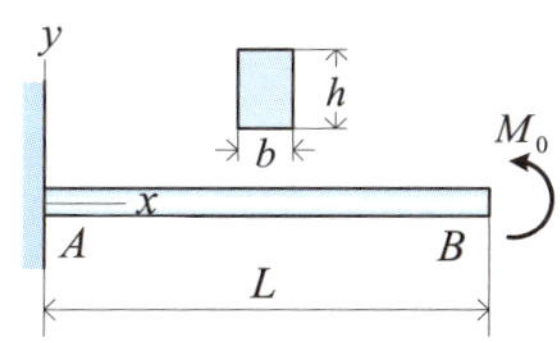

그림 문6A.31

[가] $\dfrac{12M_0}{bh^2}$

[나] $\dfrac{12M_0}{bh^3}$

[다] $\dfrac{6M_0}{bh^2}$

[라] $\dfrac{6M_0}{bh^3}$

6A.32 스팬 $L = 2\,\text{m}$, 단면 $b \times h = 100 \times 150\,\text{mm}$의 외팔보에 그림과 같은 하중이 작용한다. 고정단 A로부터 $0.5\,\text{m}$ 위치의 단면에서 중립면으로부터 $25\,\text{mm}$ 상부에 위치한 점에 전달되는 굽힘응력은?

[가] $9.6\,\text{MPa}$

[나] $-9.6\,\text{MPa}$

[다] $8.5\,\text{MPa}$

[라] $-8.5\,\text{MPa}$

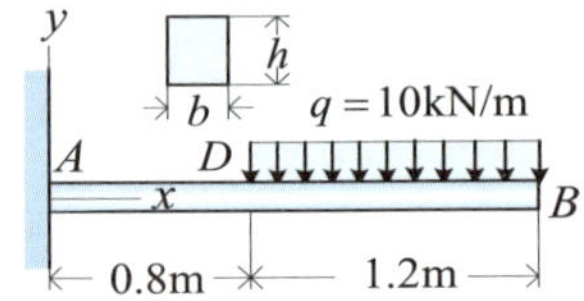

그림 문6A.32

6A.33 $b \times h = 20 \times 30\,\text{mm}$, 스팬 $L = 2\,\text{m}$의 외팔보 자유단에 하중 P를 가한다. 외팔보는 목재로 만들었고, 재료의 허용응력이 $12\,\text{MPa}$이라 할 때 허용할 수 있는 최대 하중 P를 구하여라.

[가] $12\,\text{N}$　[나] $18\,\text{N}$　[다] $20\,\text{N}$　[라] $23\,\text{N}$

6A.34 스팬 $4\,\text{m}$의 단순보에 $2\,\text{kN/m}$의 등분포하중을 가한다. 단면은 $b:h = 2:3$인 구형단면이라 한다. 재료의 허용응력이 $70\,\text{MPa}$일 때 단면의 치수를 구하여라.

[가] $b:h = 54:81$

[나[$b:h = 48:72$

[다] $b:h = 35:52.5$

[라] $b:h = 24:36$

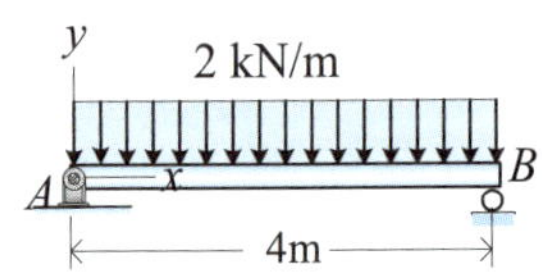

그림 문6A.34

[심화문제]

반력의 계산

6F.1 그림에서 하중 $P = 100\,\text{kN}$이 작용할 경우 반력 R_{Ax}, R_{Ay}, R_B를 구하여라.

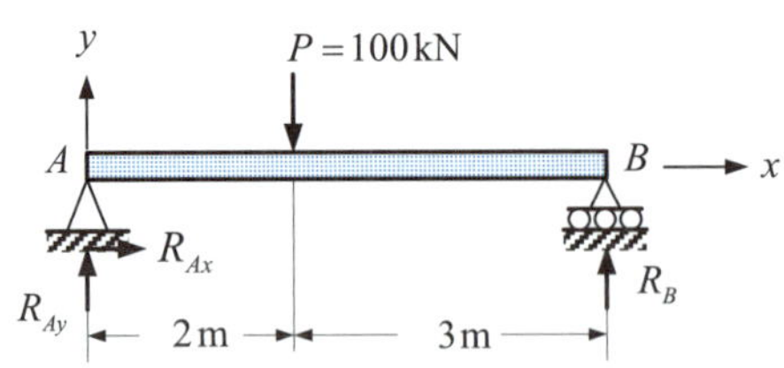

그림 문6F.1

6F.2 그림과 같은 집중하중을 받는 단순지지보에 대하여 반력을 구하여라.

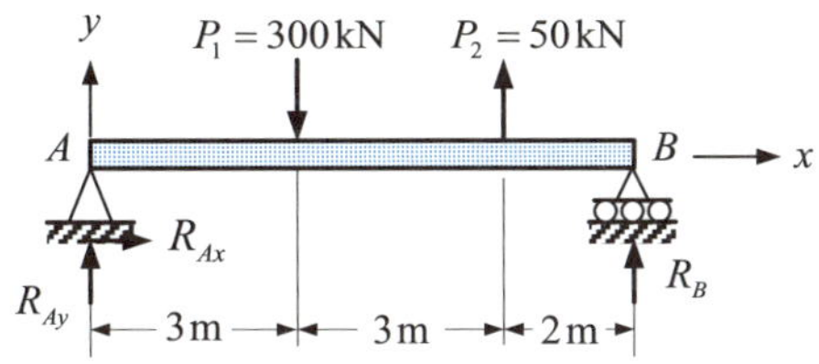

그림 문6F.2

6F.3 그림과 같이 $q = w$ kN/m 의 분포하중이 b 구간에 걸쳐 받는 단순지지보의 반력을 구하여라.

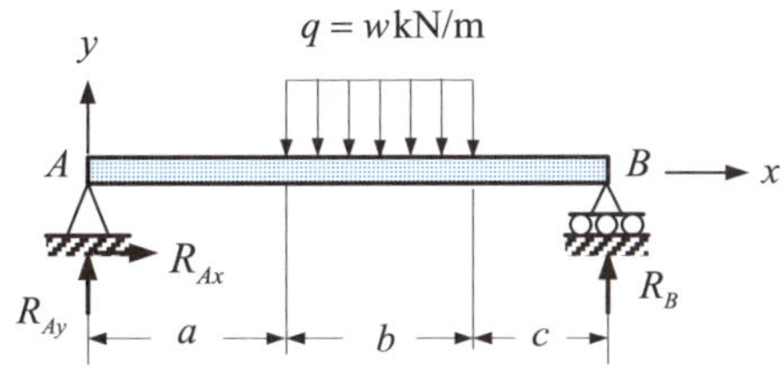

그림 문6F.3

6F.4 그림과 같은 삼각형분포하중을 받는 단순지지보의 반력을 구하여라.

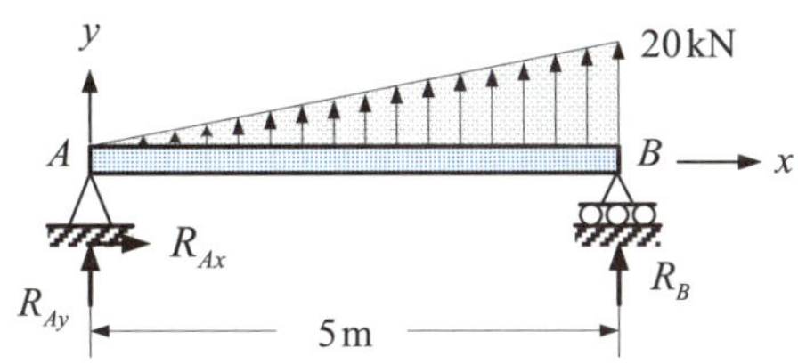

그림 문6F.4

6F.5 외팔보에 그림과 같이 자유단에 $P = 200\,\text{kN}$ 의 집중하중이 작용한다. 반력 R_{Bx}, R_{By} 와 반력 모멘트 M_B 를 구하여라.

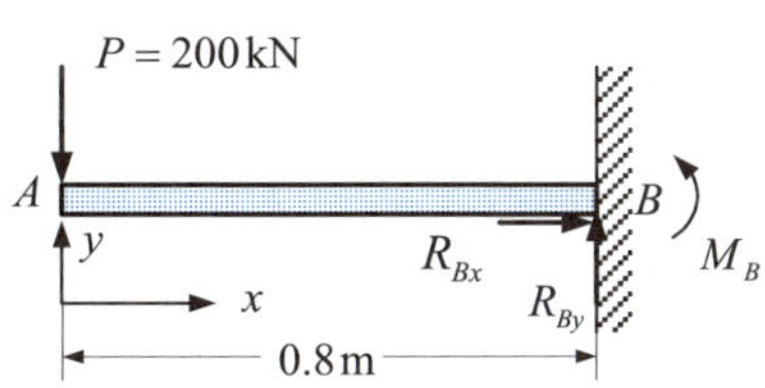

그림 문6F.5

6F.6 그림과 같이 모멘트가 작용하는 보에 걸리는 반력 R_{Ax}, R_{Ay}, R_B을 구하여라.

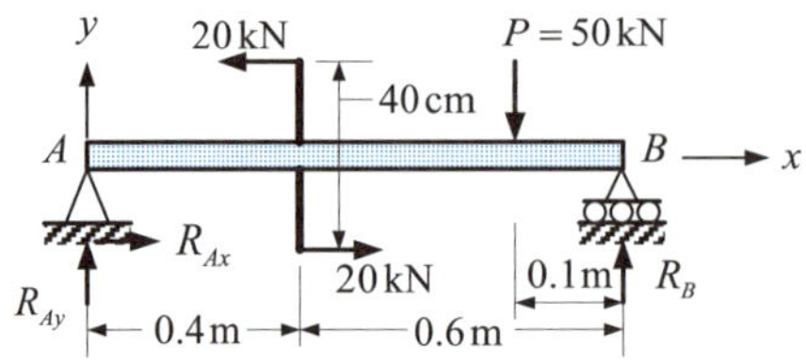

그림 문6F.6

6F.7 그림과 같은 돌출보에서 반력 R_{Ax}, R_{Ay}, R_B을 구하여라.

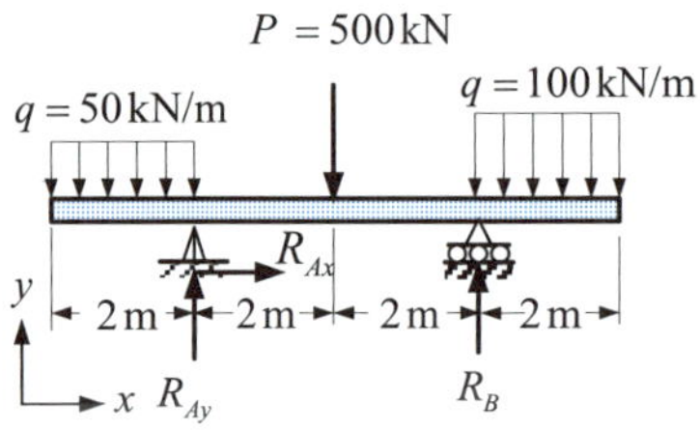

그림 문6F.7

전단력과 굽힘모멘트

6F.8 한 단순보가 그림과 같은 하중을 받고 있다. 중앙단면에서의 전단력과 굽힘모멘트를 구하여라.

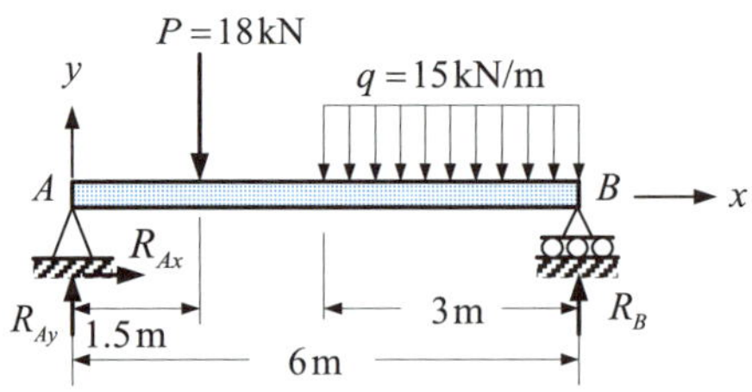

그림 문6F.8

6F.9 한 외팔보가 그림과 같은 하중상태에 있다. 고정단면 A 로부터 0.5 m 떨어진 지점에서 전단력과 굽힘모멘트를 계산하여라.

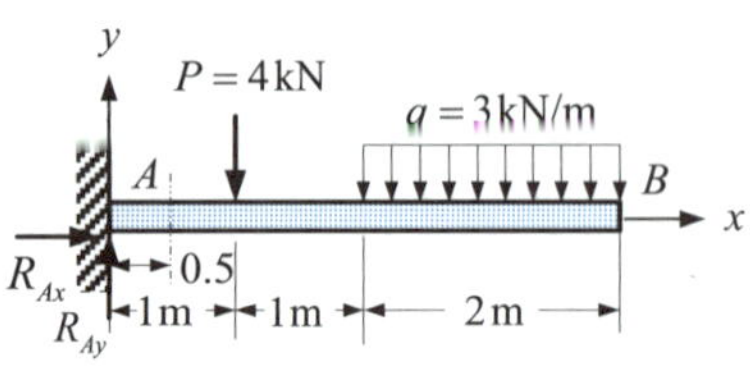

그림 문6F.9

6F.10 그림과 같은 단순지지보의 중점에서의 전단력과 굽힘모멘트를 구하여라.

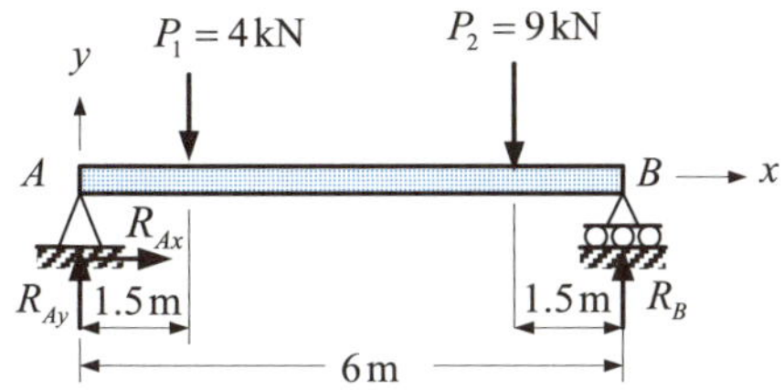

그림 문6F.10

6F.11 그림과 같은 돌출보에서 A로부터 5m 떨어진 지점의 전단응력과 굽힘모멘트를 구하여라.

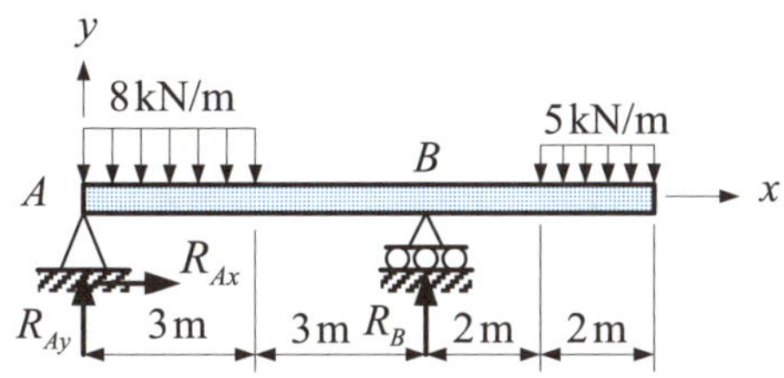

그림 문6F.11

6F.12 그림과 같이 한 보가 A와 B에서 단순지지되어 있고, 돌출단에 $P = 9\,kN$의 집중하중, A단에서 $M_0 = 4\,kN\,m$ 의 모멘트가 작용한다. A로부터 2m 떨어진 지점의 전단력과 굽힘모멘트를 구하여라.

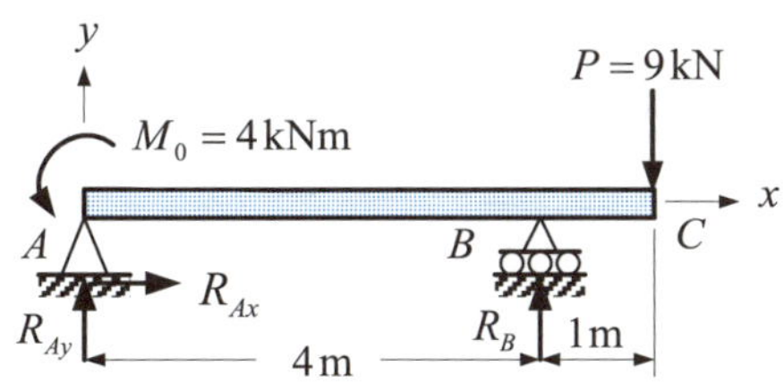

그림 문6F.12

전단력 및 굽힘모멘트선도

6F.13 그림과 같은 단순보에서 전단력 및 굽힘모멘트선도를 그려라

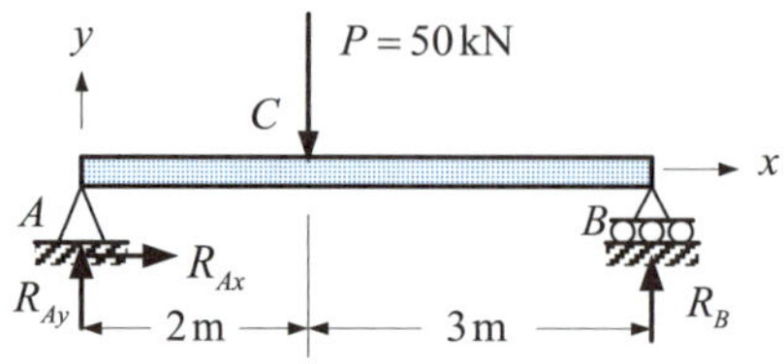

그림 문6F.13

6F.14 한 돌출보가 그림과 같은 하중을 받고 있다. 전단력 및 굽힘모멘트선도를 작성하여라.

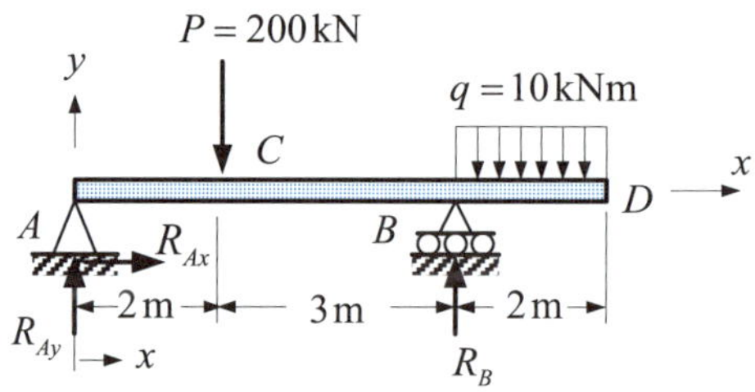

그림 문6F.14

6F.15 그림과 같은 하중상태에 있는 외팔보의 전단력 및 굽힘모멘트선도를 작성하여라.

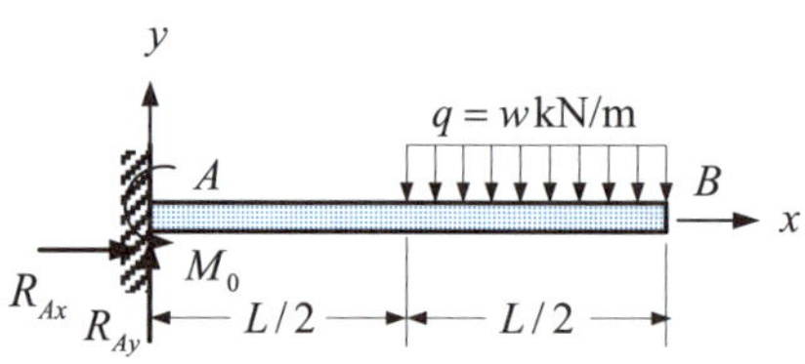

그림 문6F.15

6F.16 외팔보에 그림과 같은 하중이 걸린다. 전단력 및 굽힘모멘트선도를 구하여라.

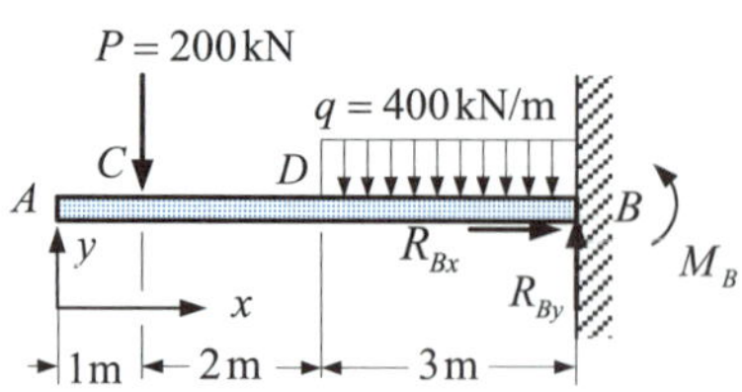

그림 문6F.16

6F.17 그림과 같은 돌출보가 그림과 같은 하중을 받고 있다. 전단력 및 굽힘모멘트 선도를 구하여라.

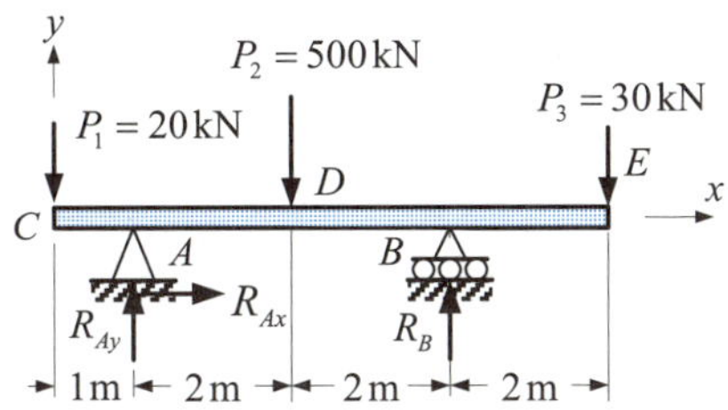

그림 문6F.17

보의 굽힘응력과 변형율

6F.18 $b \times h = 10\,\text{cm} \times 15\,\text{cm}$ 의 장방형단면을 갖는 스팬 $4\,\text{m}$ 의 단순지지보 중앙에 $P = 200\,\text{kN}$ 의 하중이 걸릴 때 발생하는 최대응력을 구하여라.

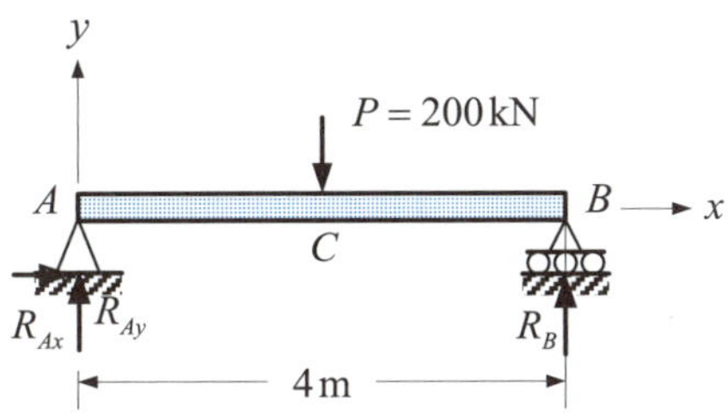

그림 문6F.18

6F.19 $b \times h = 140\,\text{mm} \times 240\,\text{mm}$ 의 장방형단면을 갖는 스팬 $3.5\,\text{m}$ 의 단순지지보 중앙에 $q = 6.4\,\text{kN/m}$ 의 등분포하중이 걸릴 때 발생하는 최대응력을 구하여라.

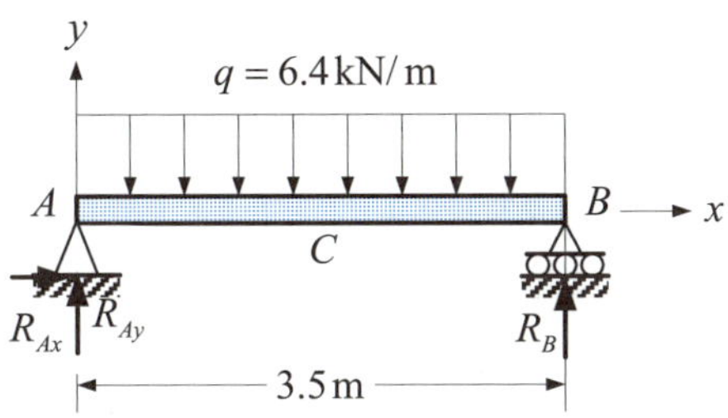

그림 문6F.19

6F.20 그림과 같은 단면을 갖는 돌출보에 그림과 같은 하중이 걸린다. 하중강도는 $q = 115\,\text{kN/m}$ 이고 단면의 단면계수는 $Z = 6.78 \times 10^{-3}\,\text{m}^3$이다. 최대 굽힘모멘트와 최대 굽힘응력을 구하여라.

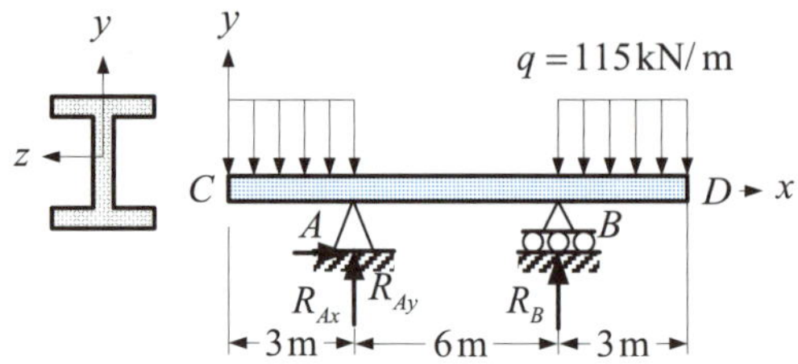

그림 문6F.20

6F.21 지름 d의 강선을 반지름 R인 원통 위에서 구부린다. 이 강선내의 최대 굽힘응력 $\sigma_{\max}$ 와 굽힘모멘트를 계산하여라. 단 $E = 200\,\text{GPa}$, $d = 4\,\text{mm}$, $r = 0.5\,\text{m}$ 이다.

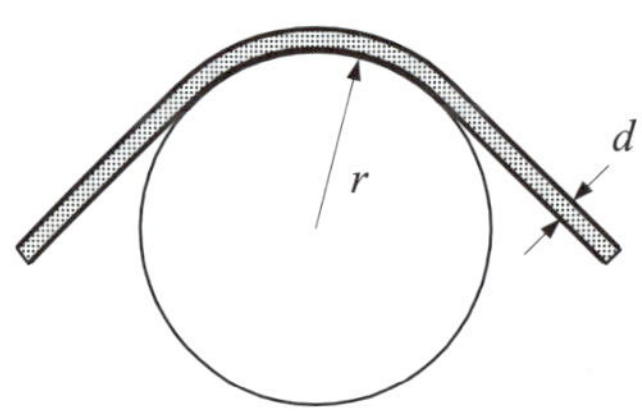

그림 문6F.21

6F.22 스팬 $L = 2\,\text{m}$, 단면 $b \times h = 50\,\text{mm} \times 150\,\text{mm}$의 단순보에 강도 $q = 60\,\text{kN/m}$ 의 등분포하중이 작용한다. (a) q에 의하여 야기되는 최대 굽힘응력, (b) $c = 500\,\text{mm}$, $d = 25\,\text{mm}$ 되는 점 C에 작용하는 응력을 구하여라.

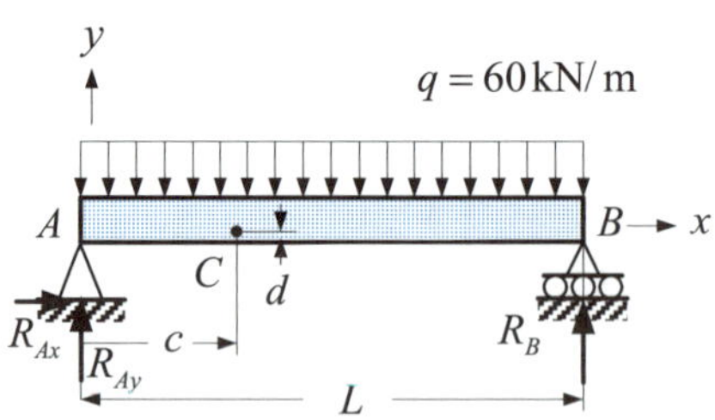

그림 문6F.22

보의 전단응력

6F.23 단면이 $b \times h = 200\,\text{mm} \times 250\,\text{mm}$, 길이 $L = 2\,\text{m}$ 의 단순지지보에 $q = 26\,\text{kN/m}$ 의 등분포하중이 걸린다. 최대 단응력응과 최대 굽힘응력을 구하여라.

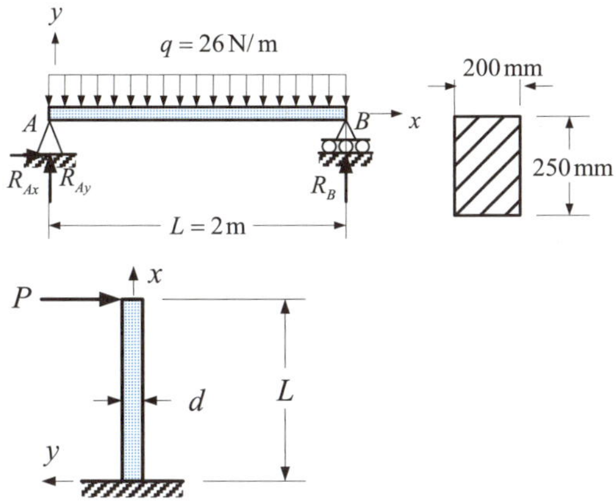

그림 문6F.23

6F.24 그림과 같이 길이 $L = 2\,\text{m}$ 의 원형 기둥 상단에 집중하중 $P = 2.5\,\text{kN}$ 을 받는다. 기둥의 지름을 $d = 150\,\text{mm}$ 라 할 때 최대 전단응력과 굽힘응력을 구하여라.

6F.25 길이 $L = 400\,\text{mm}$, 단면 $b = 12\,\text{mm}$, $h = 50\,\text{mm}$ 의 단순지지보가 $q = 45\,\text{kN/m}$ 의 하중을 받치고 있다. 최대전단력이 작용하는 단면에서 상단으로부터 5 mm, 10 mm, 15 mm, 20 mm, 25 mm 위치에서의 전단응력을 계산하고 식을 검철하여라.

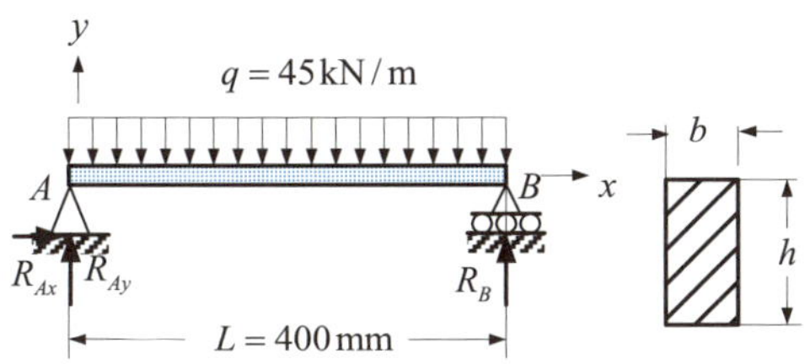

그림 문6F.25

6F.26 길이 $L = 2\text{m}$, 단면 $b = 150\text{mm}$, $h = 200\text{m}$의 목제 외팔보 끝단에 그림과 같이 $P = 15\text{kN}$의 집중하중을 받는다. 단면 상단으로부터 25mm, 50mm 75mm 및 100mm 위치에서의 전단응력을 구하고 점철하여라.

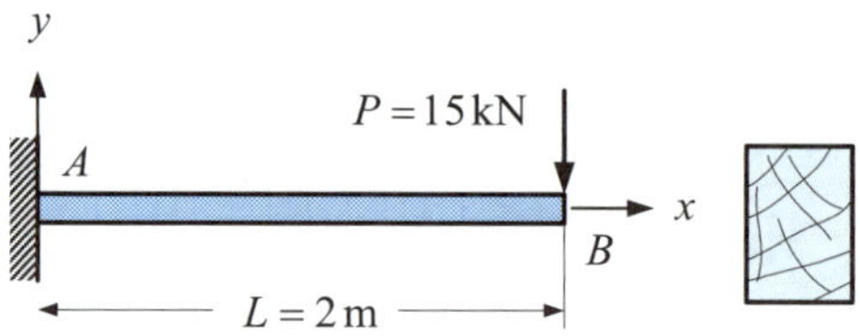

그림 문6F.26

6F.27 단면적이 동일한 지름 d의 원형단면과 $h = 2b$인 장방형단면 단순지지보에 동일 집중하중을 중앙에 작용시켰다. 발생하는 최대 전단응력비를 구하여라.

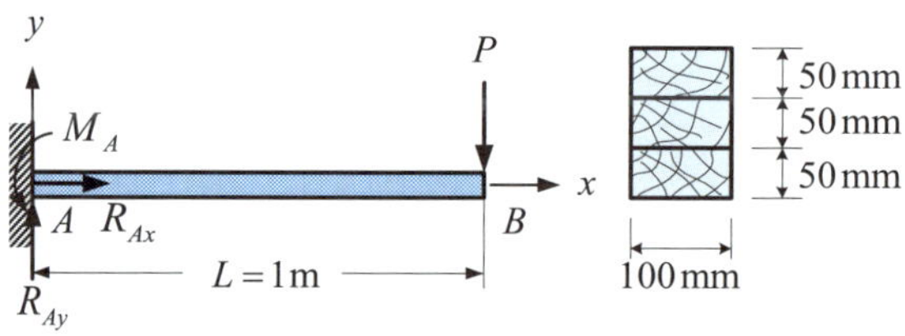

그림 문6F.27

제 7 장 굽힘에 의한 보의 처짐

이 장에서는 굽힘모멘트를 전달하는 세장부재(細長部材)의 처짐에 관하여 공부하기로 한다. 실제의 설계문제 중에는 처짐을 반드시 고려해야 하는 문제들이 많이 있다. 예를 들면 천장크레인의 도리, 교량이나 육교의 상판설계 시 강도만을 중시하고 처짐을 고려하지 않는다면, 강도는 충분히 견딜 수 있으나, 경우에 따라서는 교번하중에 대하여 처짐으로 인한 진동으로 사용할 수 없게 될 수도 있다. 또 건축물의 구조설계에 있어서도 강도계산만을 치중하고 구조골격의 처짐에 대한 고려를 게을리 할 경우 흔히 나타나는 현상으로서, 상면의 진동은 물론, 벽과 상면사이의 균열을 발생케 할 수 있다. 정밀한 공차를 갖는 고속기계에 있어서, 과다한 처짐은 운동부품 사이에 상호방해가 생길 수 있다. 한편 판스프링과 같은 기계요소는 주로 그의 처짐을 기초로 하여 설계한다.

이와 같이 보의 처짐이론은 굽힘모멘트를 받는 부재의 설계에 반드시 고려해야 할 사항의 하나이다. 따라서 이 장에서는 세장 탄성부재의 미소변형에 관한 기초이론을 전개하여 보기로 한다. 우선 변형 전 반듯한 부재가 횡하중을 받고 굽으러질 때, 변형된 축선(軸線)을 지배하는 곡선의 방정식을 구하고, 이 방정식을 풀어 임의의 부재 위치에서 일어나는 처짐을 구해내는 방법에 관하여 설명하겠다.

7.1 처짐곡선의 방정식

세장부재의 처짐을 논한다는 것은, 변형전 x축에 일치하였던 부재의 축선 AB가 변형 후 어떠한 곡선으로 변하였는가를 찾아내는 일이다. 그림 7.1에 표시한 보는 지점 A가 고정되고, B단의 지점이 수평방향으로 자유로이 움직일 수 있는 단순지지보라 가정하자. 이 보는 집중하중 $P=W$를 받아 큰 처짐이 발생하였다면, B단은 왼쪽으로 약간 움직이어 B'로 이동되고, 변형 전 축선 AB 위에 위치했던 임의 점 Q는 연직방향으로 y만큼 변위를 한 외에도 수평방향으로 v만큼의 변위를 하게 될 것이다. 그러나 변형이 미소변형이라 가정하면 수평변위 v는 연직변위 y에 비하여 무시되고, Q의 처짐은 단지 y만의 변

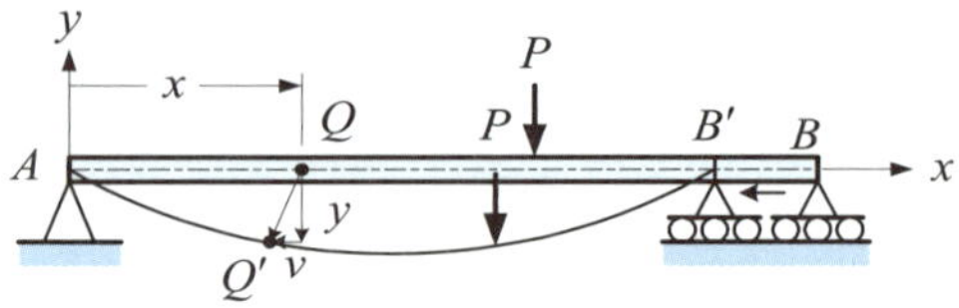

그림 7.1 보의 처짐곡선

위라고 생각할 수 있다. 이와 같이 축선 AB상의 모든 점에서 수평방향의 변위를 무시한 변형 후의 곡선 $AQ'B'$를 보의 처짐곡선(deflection curve)이라 말하고, 처짐곡선은 xy평면상에서 방정식 $y = f(x)$와 같이 x만의 함수로 표시할 수 있다.

우리는 제 6장 6.5절에서 보가 굽힘모멘트 M를 받을 때 모멘트에 의하여 변형되는 축선의 곡선(처짐곡선)이 만드는 곡율과 모멘트 사이의 관계, 즉 모멘트-곡율관계를 증명 없이 식 (6.5.6)으로 제시하였다. 다시 써 보면

$$\frac{d^2y}{dx^2} = \frac{M}{EI_{zz}} \tag{6.5.6}$$

이 미분방정식이 처짐곡선을 정의해 주는 기본방정식으로서 처짐곡선의 방정식(differential equations for the deflection of beam)이라 말한다. 그러므로 평형조건으로부터 굽힘모멘트가 x의 함수로 얻어지면, 이 방정식(5.5.6)에 대입하여 두 번 적분하고 처짐곡선이 외적 속박조건(경계조건)을 만족시킬 수 있게끔 적분상수를 구하면 처짐곡선 $y = f(x)$는 얻어진다.

이 과정을 등분포하중 $q(x)$를 받는 단순지지보의 처짐을 예로 하여 설명하겠다. $R_A = R_B = qL/2$이므로 x단면에 있어 굽힘모멘트는

$$V(x) = -\left(\frac{qL}{2} - qx\right) = -\frac{q}{2}(L - 2x)$$

$$M(x) = -\left[(-x)R_A + \left(-\frac{x}{2}\right)(-qx)\right] = \frac{qx}{2}(L - x) \tag{7.1.1}$$

이 모멘트의 값을 식 (5.5.6)에 대입하면

$$\frac{d^2y}{dx^2} = \frac{qx}{2EI_{zz}}(L - x) \tag{7.1.2}$$

이 식을 2회 적분하면

$$y = \frac{q}{2EI_{zz}}\int\left[\int(Lx - x^2)dx\right]dx + C_1x + C_2$$

적분을 수행하면

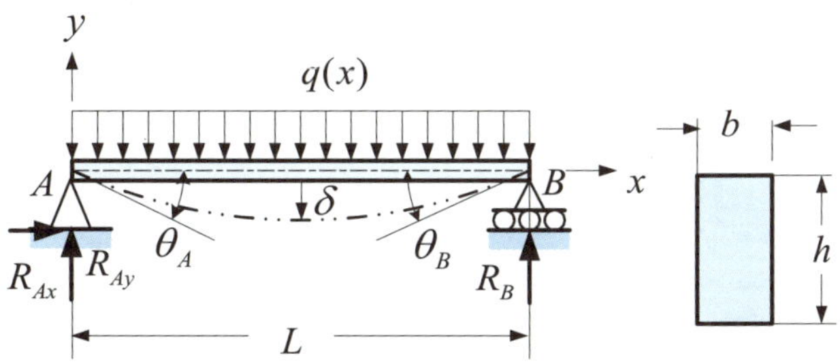

그림 7.2 등분포하중 단순지지보의 처짐곡선

$$y = \frac{qx^3}{24EI_{zz}}(2L - x) + C_1x + C_2 \tag{7.1.3}$$

여기서 C_1, C_2는 적분상수로서 경계조건

$$x = 0 \text{ 에서} \qquad y = 0$$
$$x = L \text{ 에서} \qquad y = 0$$

을 만족시켜야한다. 이 조건을 식 (7.1.3)에 대입하면

$$C_2 = 0 \tag{7.1.4}$$

$$0 = \frac{qL^3}{24EI_{zz}}(2L - L) + C_1L + C_2 \tag{7.1.5}$$

식 (7.1.4)와 식 (7.1.5)를 연립해서 풀면

$$C_1 = -\frac{qL^3}{24EI_{zz}}, \qquad C_2 = 0$$

이 값을 식 (7.1.3)에 대입하면 처짐곡선의 방정식 $y = f(x)$의 형을 얻는다.

$$y = -\frac{qx}{24EI_{zz}}(L^3 - 2Lx^2 + x^3) \tag{7.1.6}$$

최대처짐 δ는 $dy/dx = 0$을 만족시키는 점, 즉

$$\frac{dy}{dx} = -\frac{q}{24EI_{zz}}(L^3 - 6Lx^2 + 4x^3) = 0$$

의 해 $x = L/2$(중앙점)에서 발생한다. 이 값을 식 (7.1.6)에 대입하면 최대처짐 $\delta\ (= |y|_{\max})$는

$$\delta = \frac{5qL^4}{384EI_{zz}} \tag{7.1.7}$$

최대처짐각(회전각)은 보의 지점에서 발생한다. 좌단에서 $\theta_A \cong \tan\theta_A = dy/dx$ 이므로

$$\theta_A = \left.\frac{dy}{dx}\right|_{x=0} = -\frac{qL^3}{24EI_{zz}} \tag{7.1.8}$$

같은 방법으로 우단의 처짐각은

$$\theta_B = \left.\frac{dy}{dx}\right|_{x=L} = \frac{qL^3}{24EI_{zz}} \tag{7.1.9}$$

보와 하중이 중앙에서 대칭이므로 양단의 회전각은 절대치가 같다. 그러나 x축과 만드는 각, θ_A 및 θ_B는 반시계방향일 때 양, 시계방향일 때 음의 부호를 택한다. 이 경우 $q(x)$는 양의 값으로 계산하므로 A에서 θ_A는 음, B에서 θ_B는 양의 각이 된다.

예제 7.1 등분포하중 단순지지보의 처짐

다음 그림과 같이 $q = 50$ kN/m에 대하여 처짐과 회전각을 구하여라. 단, 단면은 $b \times h = 50$ mm $\times 75$ mm, $E = 70$ GPa이다.

[풀이]

주어진 조건:

길이 $L = 3$ m, $b \times h = 50$ mm$\times$75mm

하중 ; 분포하중

$q = 50$ kN/m

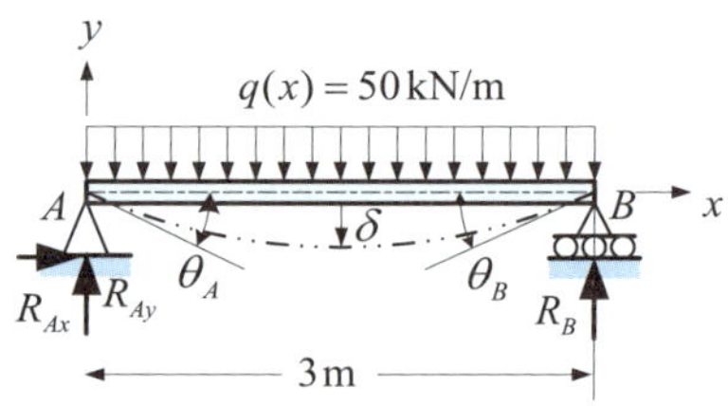

그림 E7.1

탐구사항:

각 하중조건에 대한 처짐곡선과 최대처짐, 회전각

탐구내용:

유도과정을 밟아 구할 수 있으나 이 문제는 식 (7.1.6)의 활용방법을 익히는 문제이므로, 식 (7.1.6)을 활용하여 계산한다.

$$y = -\frac{qx}{24EI_{zz}}(L^3 - 2Lx^2 + x^3) \tag{7.1.6}$$

에 수치를 대입한다.

$$I_{zz} = \frac{bh^3}{12} = \frac{0.050\text{ m}\times(0.075\text{m})^3}{12} = 1.758\times10^{-6}\text{ m}^4$$

$$y = -\frac{(50\text{ kN/m})\,x}{24(70\times10^9\text{ Pa})(1.758\times10^{-6}\text{m}^4)}(3^3 - 6x^2 + x^3)$$
$$= -16.93\times10^{-6}x(27 - 6x^2 + x^3)$$

최대 처짐

$$\delta = \frac{5qL^4}{384EI_{zz}} = \frac{5(50\text{kN/m})(3\text{m})^4}{384(70\times10^9\text{Pa})(1.758\times10^{-6}\text{m}^4)}$$
$$= 0.43\times10^{-3}\text{m} = 0.43\text{ mm}$$

회전각

$$\theta_A = -\frac{qL^3}{24EI_{zz}} = -\frac{(50\,\mathrm{kN/m})(3\,\mathrm{m})^3}{24(70\times10^9\,\mathrm{Pa})(1.758\times10^{-6}\,\mathrm{m}^4)}$$
$$= -0.547\times10^{-3}\,\mathrm{rad} = -0.057^\circ$$
$$\theta_B = \frac{qL^3}{24EI_{zz}} = -\frac{(50\,\mathrm{kN/m})(3\,\mathrm{m})^3}{24(70\times10^9\,\mathrm{Pa})(1.758\times10^{-6}\,\mathrm{m}^4)}$$
$$= 0.547\times10^{-3}\,\mathrm{rad} = 0.057^\circ$$

이다.

참고사항 – 처짐곡선 미분방정식

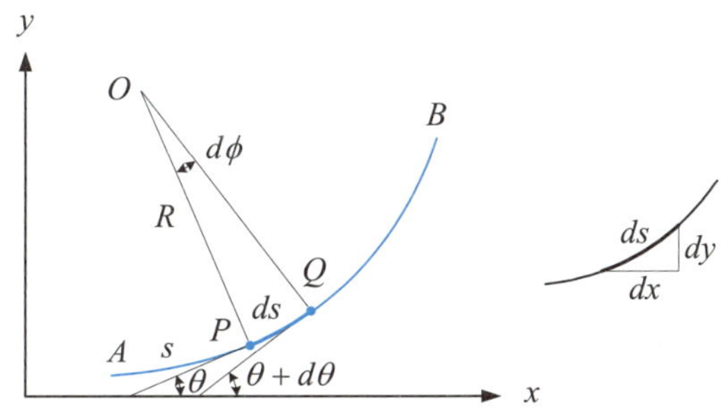

그림 P-1

그림 P-1에서 AB는 처짐곡선, 곡선상의 임의 점을 $P(x,y)$, A로부터 P까지 곡선을 따라 잰 거리를 s라 하면

$$ds = \sqrt{dx^2 + dy^2} = \sqrt{1+\left(\frac{dy}{dx}\right)^2}\,dx \tag{E.1}$$

이므로

$$s = \int_0^x \sqrt{1+\left(\frac{dy}{dx}\right)^2}\,dx \tag{E.2}$$

와 같이 된다는 것은 여러분들은 잘 알고 있을 줄 믿는다. 점 P에서 그은 접선이 x축과 만드는 각도를 θ라 하자. 여기서 θ의 부호는 반시계방향으로 회전할 때 양, 시계방향으로 회전할 때 음으로 정한다. 이와 같이 정의한 θ를 점P에서의 처짐각(angle of deflection)이라 말하고, s가 정해지면 일의(一意)적으로 정해진다. 그러므로 θ는 s의 1가함수로서 $\theta = \theta(s)$의 의미를 갖는다.

P로부터 곡선을 따라 x가 증가하는 방향으로 ds만큼 떨어진 점 $Q(x+dx,\ y+dy)$에서 그은 접선이 x축과 만드는 각도를 $\theta + d\theta$라 하면, 명백히 $\theta + d\theta > \theta$가 되어, 이 경우 처짐각 θ는 x, 즉, s와 함께 증가한다. s의 단위증가에 대하여 θ의 증가가 큰 곡선은 굽어진 정도가 큰 곡선이다. 그러므로 s의 증가에 대한 θ의 증가율

$$\kappa = \frac{1}{R} = \frac{d\theta}{ds} \tag{E.3}$$

을 평면곡선의 곡율, R을 곡율반경이라 정의한다.

이와 같이 곡율과 곡율반경을 정의하면 곡율의 부호도 정의할 필요가 생긴다. s는 x가 증가하는 방향으로 잰다. 그러므로 ds는 dx의 부호를 따른다. 그리고 s의 증가와 함께 θ가 증가하는 곡율을 양의 곡율, 반대로 s의 증가와 함께 θ가 감소하는 곡율을 음의 곡율로 정의한다. 그러므로

$$\frac{d\theta}{ds} > 0 \quad : \text{양의 곡율, } R > 0$$

$$\frac{d\theta}{ds} < 0 \quad : \text{음의 곡율, } R < 0$$

이다. 그림 P-2는 곡율의 부호를 표시한 그림이다.

식 (E.2)로부터

$$ds = Rd\theta$$

또 그림 P-1의 기하학으로부터

$$ds = Rd\phi$$

이 두 식을 비교하면

$$d\theta = d\phi \tag{E.4}$$

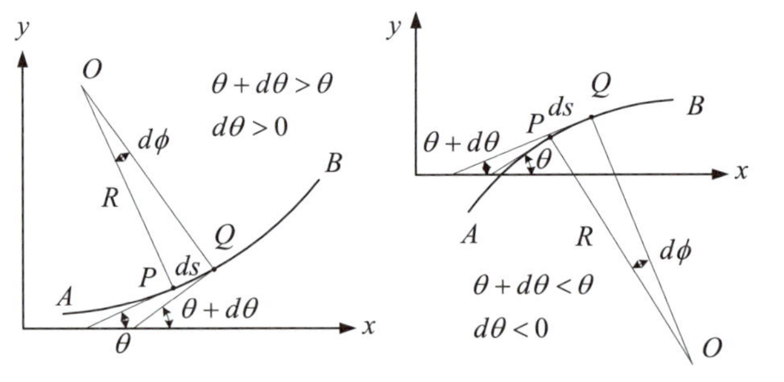

(a) 양의 곡율 (b) 음의 곡율

그림 P-2

의 관계를 얻는다. $d\phi$도 s의 증가와 더불어 반시계방향으로 변할 때 양, 시계방향으로 변할 때 음으로 정의한다. 그러므로 양의 곡율은 s의 증가와 함께 $d\phi$가 반시계방향으로, 음의 곡율은 시계방향으로 변한다. 또 곡율반경은 곡율의 부호를 따른다.

다음으로 우리가 할 일은 곡율과 처짐곡선 사이의 관계를 유도하는 것이다. 처짐곡선이 xy 평면상에서 $y = f(x)$와 같은 방정식으로 주어진다면, 곡선상의 임의 점에서 그은 접선이 x축과 만드는 각도 θ는

$$\tan\theta = \frac{dy}{dx}$$

를 만족시켜야 한다. 이 식의 양변을 s로 미분하면

$$\sec^2\theta \frac{d\theta}{ds} = \frac{d}{ds}\left(\frac{dy}{dx}\right) = \frac{d^2y}{dx^2}\frac{dx}{ds}$$

이 식에 식 (E.3)을 대입하고 정리하면

$$\frac{1}{R} = \frac{d^2y}{dx^2}\frac{dx/ds}{\sec^2\theta} \tag{E.5}$$

여러분들은 삼각함수에서

$$\sec^2\theta = 1 + \tan^2\theta = 1 + \left(\frac{dy}{dx}\right)^2$$

의 관계를 배워 알고 있을 것이다. 이 관계를 식 (E.5)에 대입하고 식 (E.1)을 고려하면 식 (6.5.1)의 관계를 얻는다.

$$\kappa = \frac{1}{R} = \frac{d\phi}{ds} = \frac{d^2y/dx^2}{[1 + (dy/dx)^2]^{3/2}} \tag{6.5.1}$$

미소변형에서는 $|dy/dx| \ll 1$ 이므로 식 (6.5.1)은

$$\kappa = \frac{1}{R} = \frac{d^2y}{dx^2} \tag{6.5.2}$$

와 같이 생각해도 무방하다.

이로서 증명 없이 제 6장 5절에서 제시한 식 (6.5.1)과 식 (6.5.2)의 의미가 명확해졌다. 이로부터 굽힘모멘트 $M(x)$와 곡율 d^2y/dx^2 사이의 관계

$$\frac{d^2y}{dx^2} = \frac{M(x)}{EI_{zz}} \tag{6.5.6}$$

을 얻는다.

7.2 균일단면 기본보의 처짐

이 절에서는 기본이 되는 몇 가지 균일단면 보의 처짐공식을 유도하여 본다.

7.2.1 집중하중을 받는 외팔보의 처짐

길이 L, 중립축(도심을 지나는 수평축)에 관한 단면 관성모멘트 I_{zz}, 탄성계수 E인 재료로 만들어진 외팔보가 그림과 같이 $x = a$에서 집중하중 P를 받을 때 발생하는 처짐을 해석하여 보기로 한다. 여기서 좌표축은 수평축(보의 축)을 x, 연직상방축을 y축으로 택하였다. 많은 재료역학 책은 연직하방을 y축으로 택하나, 이 책은 통상의 관습을 그대로 따르기로 한다.

그림 7.3에 표시한 바와 같이 외팔보의 고정단을 좌표 원점으로 설정하면 뿌리 A 점에 작용하는 반력 R_{Ax}, R_{Ay}는 힘의 평형조건

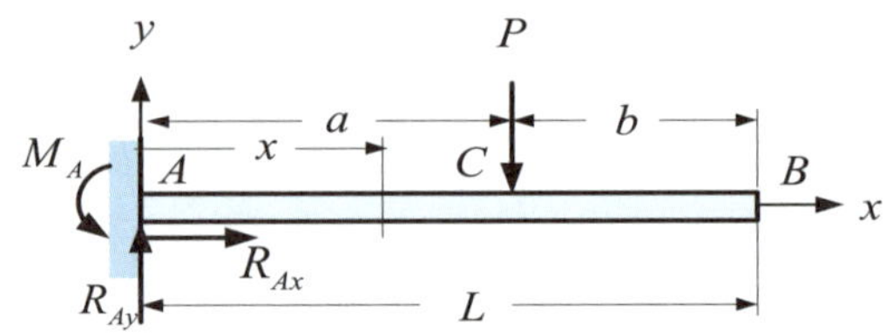

그림 7.3 집중하중을 받는 외팔보

$$\sum F = 0; \qquad R_{Ax} = 0, \quad R_{Ay} - P = 0$$

으로부터

$$R_{Ay} = P$$

반력모멘트는 모멘트평형

$$\sum M = 0; \qquad M_A - aP = 0$$

로부터

$$M_A = aP$$

가 얻어진다.

굽힘모멘트는

$$M(x) = -[M_A + (-x)R_{Ay}] = -P(a-x), \qquad (0 \leqq x \leqq a)$$

$$M(x) = -\{M_A + (-x)R_{Ay} - [-(x-a)]P\} = 0, \qquad (a \leqq x \leqq L)$$

처짐곡선의 방정식은 이 굽힘모멘트를 식 (5.5.6)에 대입하여 얻는다.

$$\begin{aligned} \frac{d^2y}{dx^2} &= -\frac{P}{EI_{zz}}(a-x), \quad (0 \leqq x \leqq a) \\ \frac{d^2y}{dx^2} &= 0, \qquad (a \leqq x \leqq L) \end{aligned} \tag{7.2.1}$$

이 방정식을 풀면

$$\begin{aligned} y &= -\frac{Px^2}{6EI_{zz}}(3a - x) + C_1x + C_2, \qquad (0 \leqq x \leqq a) \\ y &= C_3x + C_4, \qquad (a \leqq x \leqq L) \end{aligned} \tag{7.2.2}$$

적분상수 C_1, C_2, C_3, C_4는 경계조건과 보의 기하학적 적합조건으로부터 구할 수 있다.

$x = 0$ 에서

$$y = 0, \qquad \frac{dy}{dx} = 0$$

$x = a$에서

$$[y(a)]_{AC} = [y(a)]_{CB}$$

$$\left[\frac{dy(a)}{dx}\right]_{AC} = \left[\frac{dy(a)}{dx}\right]_{CB}$$

이들 조건을 식 (7.2.2)에 적용하면

$$C_1 = 0, \qquad C_2 = 0 \tag{7.2.3}$$

그리고

$$-\frac{Px^2}{6EI_{zz}}(3a - x)\bigg|_{x=a} = C_3 x + C_4\bigg|_{x=a}$$

$$-\frac{Px}{2EI_{zz}}(2a - x)\bigg|_{x=a} = C_3$$

로부터

$$C_3 = -\frac{Pa^2}{2EI_{zz}}, \qquad C_4 = \frac{Pa^3}{6EI_{zz}}$$

따라서, 이들 상수를 식 (7.2.2)에 대입하면 다음 처짐곡선을 얻는다.

$$\begin{aligned} y &= -\frac{Px^2}{6EI_{zz}}(3a - x) \qquad (0 \leqq x \leqq a) \\ y &= -\frac{Pa^2}{6EI_{zz}}(3x - a) \qquad (a \leqq x \leqq L) \end{aligned} \tag{7.2.4}$$

처짐각은 미소변형에 대하여 $\theta \cong \tan\theta = dy/dx$를 감안하면, 식 (7.2.4)의 x에 관한 미분으로부터 구할 수 있다.

$$\begin{aligned} \theta &= -\frac{Px}{2EI_{zz}}(2a - x) \qquad (0 \leqq x \leqq a) \\ \theta &= -\frac{Pa^2}{2EI_{zz}} \qquad (a \leqq x \leqq L) \end{aligned} \tag{7.2.5}$$

최대처짐은 $x = L$에서 발생하므로 식 (7.2.4)에 $x = L$을 대입하고 절대값을 취하면

$$\delta = \frac{Pa^2}{6EI_{zz}}(3L - a) \tag{7.2.6}$$

CB 사이에는 하중이 작용하지 않으므로 처짐각은 일정하고, 여기서의 처짐각이 최대처짐각이 된다.

$$\theta_{max} = -\frac{Pa^2}{2EI_{zz}} \tag{7.2.7}$$

예제 7.2 집중하중을 받는 외팔보의 처짐

길이 $L = 2.4\ \text{m}$, 단면 $b \times h = 100\ \text{mm} \times 125\ \text{mm}$의 외팔보에 $a = 2\ \text{m}$의 위치에 $P = 16\ \text{kN}$의 집중하중이 작용한다. (a) AC, CB간의 처짐곡선, (b) C점의 처짐과 처짐각, (c) B점의 처짐과 처짐각을 구하여라. 단, 재료의 탄성계수는 $E = 200\ \text{GPa}$이다.

[풀이]

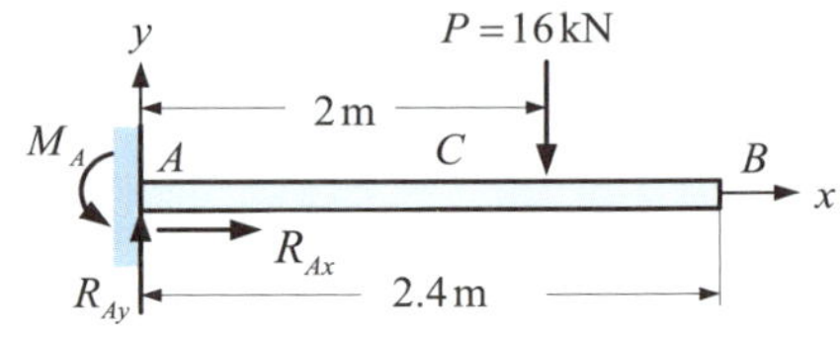

그림 E7.2

주어진 조건:

$L = 2.4\ \text{m}$, $b \times h = 100\ \text{mm} \times 125\ \text{mm}$,

$a = 2\ \text{m}$, $P = 16\ \text{kN}$, $E = 200\ \text{GPa}$

탐구사항:

(a) AC, CB간의 처짐곡선

(b) C점의 처짐과 처짐각, (c) B점의 처짐과 처짐각

탐구내용:

$$I_{zz} = \frac{bh^3}{12} = \frac{(0.1\ \text{m})(0.125\ \text{m})^3}{12} = 1.628 \times 10^{-5}\ \text{m}^4$$

(a) 처짐곡선

AC간

$$\begin{aligned} y &= -\frac{Px^2}{6EI_{zz}}(3a - x) \\ &= -\frac{(16\ \text{kN})\,x^2}{6(200 \times 10^6\ \text{kPa})(1.628 \times 10^{-5}\text{m}^4)}(3 \times 2\ \text{m} - x) \\ &= -(8.19 \times 10^{-4}\ \text{m}^{-2})x^2(6\ \text{m} - x) \end{aligned} \tag{E.1}$$

CB간

$$\begin{aligned} y &= -\frac{Pa^2}{6EI_{zz}}(3x - a) \\ &= -\frac{(16\ \text{kN})(2\ \text{m})^2}{6(200 \times 10^6\ \text{kPa})(1.628 \times 10^{-5}\text{m}^4)}(3x - 2\ \text{m}) \\ &= -(0.00328)(3x - 2\text{m}) \end{aligned} \tag{E.2}$$

(b) C점의 처짐과 처짐각

처짐 ($x = a = 2\ \text{m}$)

$$\begin{aligned} y_C &= -(8.19 \times 10^{-4}\ \text{m}^{-2})(2\text{m})^2(6\text{m} - 2\text{m}) \\ &= -0.013\ \text{m} = -13\ \text{mm} \end{aligned}$$

처짐각

$$\begin{aligned} \theta_C &= -\frac{Pa^2}{2EI_{zz}} = -\frac{(16\ \text{kN})(2\ \text{m})^2}{2\ (200 \times 10^6\ \text{kPa})(1.628 \times 10^{-5}\ \text{m}^4)} \\ &= -0.0098\ \text{rad} = -0.56^\circ \end{aligned}$$

(c) B점의 처짐과 처짐각

처짐 ($x = 2.4\text{ m}$)

$$y_B = -\frac{Pa^2}{6EI_{zz}}(3L - a)$$

$$= -\frac{(16\text{ kN})(2\text{ m})^2}{6(200\times10^6\text{ kPa})(1.628\times10^{-5}\text{m}^4)}(3\times2.4\text{ m} - 2\text{ m})$$

$$= -0.0170\text{ m} = -17\text{ mm}$$

처짐각

$$\theta_B = -\frac{Pa^2}{2EI_{zz}} = -\frac{(16\text{kN})(2\text{m})^2}{2(200\times10^6\text{kPa})(1.628\times10^{-5}\text{m}^4)}$$

$$= -0.0098\text{rad} = -0.56^\circ$$

7.2.2 2개의 집중하중을 받는 외팔보

길이 L, 중립축에 관한 관성모멘트 I_{zz}의 외팔보가 $x = a$, $x = b$에서 각각 집중하중 P_1, P_2를 받는 외팔보의 처짐에 관하여 공부한다.

반력; 힘의 평형

$$\sum F_x = 0 \ ; \ R_{Ax} = 0$$

$$\sum F_y = 0 \ ; \ R_{Ay} - P_1 - P_2 = 0$$

로부터

$$R_{Ay} = (P_1 + P_2)$$

반력모멘트; 모멘트평형

$$\sum M_A = 0 \ ; \quad M_A - aP_1 - bP_2 = 0$$

로부터

$$M_A = (aP_1 + bP_2)$$

각 구간에 대한 굽힘모멘트는

$$M(x) = -[M_A + (-x)R_{Ay}] = -(aP_1 + bP_2) - (P_1 + P_2)x$$

$$= -P_1(a - x) - P_2(b - x), \qquad (0 \leqq x \leqq a)$$

$$M(x) = -\{M_A + (-x)R_{Ay} - [-(x - a)]P_1\}$$

$$= -(aP_1 + bP_2) + (P_1 + P_2)x - (x - a)P_1$$

$$= -P_2(b - x), \qquad (a \leqq x \leqq b)$$

$$M(x) = 0 \qquad (b \leqq x \leqq L)$$

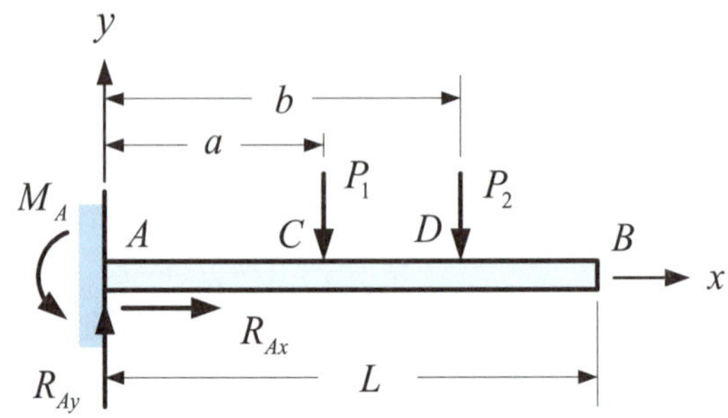

그림 7.4 2개의 집중하중을 받는 외팔보

처짐곡선의 방정식 식 (5.5.6)에 적용하면

$$\begin{aligned} \frac{d^2y}{dx^2} &= -\frac{1}{EI_{zz}}[P_1(a-x)+P_2(b-x)], && (0\leqq x\leqq a) \\ \frac{d^2y}{dx^2} &= -\frac{P_2}{EI_{zz}}(b-x) && (a\leqq x\leqq b) \\ \frac{d^2y}{dx^2} &= 0 && (b\leqq x\leqq L) \end{aligned} \tag{7.2.8}$$

이 미분방정식을 풀면

$$y = -\frac{x^2}{6EI_{zz}}[P_1(3a-x)+P_2(3b-x)]+C_1x+C_2, (0\leqq x\leqq a) \tag{7.2.9a}$$

$$y = -\frac{P_2x^2}{6EI_{zz}}(3b-x)+C_3x+C_4, \qquad (a\leqq x\leqq b) \tag{7.2.9b}$$

$$y = C_5x+C_6, \qquad (b\leqq x\leqq L) \tag{7.2.9c}$$

적분상수는 다음 경계조건과 적합조건으로부터 구한다.

$x=0$ 에서; $\quad y=0, \ \dfrac{dy}{dx}=0$

$$C_1=0, \qquad C_2=0 \tag{7.2.10}$$

$x=a$ 에서; $\quad [y(a)]_{AC}=[y(a)]_{CD}$

$$-\frac{a^2}{6EI_{zz}}[2P_1a+P_2(3b-a)] = -\frac{P_2a^2}{6EI_{zz}}(3b-a)+C_3a+C_4 \tag{7.2.11}$$

$x=a$ 에서; $\quad \left[\dfrac{dy(a)}{dx}\right]_{AC}=\left[\dfrac{dy(a)}{dx}\right]_{CD}$

$$-\frac{a}{2EI_{zz}}[P_1a+P_2(2b-a)] = -\frac{P_2}{2EI_{zz}}(2ab-a^2)+C_3 \tag{7.2.12}$$

$x=b$ 에서; $\quad [y(b)]_{CD}=[y(b)]_{DB}$

$$-\frac{1}{6EI_{zz}}[a^2(3b-a)P_1+2b^3P_2] = bC_5+C_6 \tag{7.2.13}$$

$x = b$ 에서;
$$\left[\frac{dy(b)}{dx}\right]_{CD} = \left[\frac{dy(b)}{dx}\right]_{DB}$$
$$-\frac{1}{2EI_{zz}}\left(a^2P_1 + b^2P_2\right) = C_5 \tag{7.2.14}$$

식 (7.2.10)으로부터 식 (7.2.14)까지의 식을 연립해서 적분상수를 구한 다음 식 (7.2.9)에 대입하면 처짐곡선과 처짐각의 방정식을 얻는다.

식 (7.2.12)와 식 (7.2.11)로부터

$$C_3 = -\frac{P_1a^2}{2EI_{zz}}, \qquad C_4 = \frac{P_1a^3}{6EI_{zz}}$$

같은 방법으로, 식 (7.2.13)과 식 (7.2.14)를 연립하면

$$C_5 = -\frac{1}{2EI_{zz}}\left(a^2P_1 + b^2P_2\right), \qquad C_6 = \frac{1}{6EI_{zz}}\left(a_3P_1 + b^3P_2\right)$$

이들 값을 식 (7.2.9)에 대입하면 다음과 같은 처짐을 구할 수 있다.

$$\begin{aligned} y &= -\frac{x^2}{6EI_{zz}}\left[P_1(3a-x) + P_2(3b-x)\right], && (0 \leqq x \leqq a) \\ y &= -\frac{1}{6EI_{zz}}\left[a^2(3x-a)P_1 + x^2(3b-x)P_2\right], && (a \leqq x \leqq b) \\ y &= -\frac{1}{6EI_{zz}}\left[a^2(3x-a)P_1 + b^2(3x-b)P_2\right], && (b \leqq x \leqq L) \end{aligned} \tag{7.2.15}$$

처짐각은 식 (7.2.15)로 주어지는 처짐곡선을 미분하여 얻는다.

$$\begin{aligned} \theta(x) &= -\frac{x}{2EI_{zz}}\left[P_1(2a-x) + P_2(2b-x)\right], && (0 \leqq x \leqq a) \\ \theta(x) &= -\frac{1}{2EI_{zz}}\left[a^2P_1 + x(2b-x)P_2\right], && (a \leqq x \leqq b) \\ \theta(x) &= -\frac{1}{2EI_{zz}}\left(a^2P_1 + b^2P_2\right), && (b \leqq x \leqq L) \end{aligned} \tag{7.2.16}$$

7.2.3 등분포하중을 받는 외팔보의 처짐

길이 L, 중립축(도심을 지나는 수평축)에 관한 단면 관성모멘트 I_{zz}, 탄성계수 E인 재료로 만들어진 외팔보가 그림과 같이 q의 등분포하중을 받을 때 발생하는 처짐을 해석하여 보기로 한다. 여기서도 좌표축은 수평축을 x, 연직상방축을 y축으로 택하였다.

반력과 반력모멘트를 구하기 위하여 전체 보를 계로 하여 여기에 힘과 모멘트평형을 세운다.

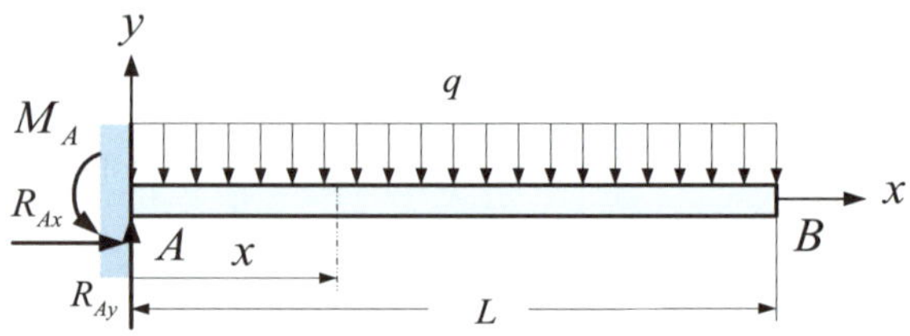

그림 7.5 등분포하중을 받는 외팔보의 처짐

힘의 평형:

$$\sum F_x = 0; \qquad R_{Ax} = 0$$

$$\sum F_y = 0; \qquad R_{Ay} - qL = 0$$

으로부터

$$R_{Ay} = qL$$

모멘트평형:

$$\sum M_A = 0; \qquad M_A - qL \times (L/2) = 0$$

으로부터

$$M_A = \frac{qL^2}{2}$$

x단면의 전단력

$$V(x) = -(R_{Ay} - qx) = -q(L - x)$$

x단면의 굽힘모멘트

$$M(x) = -\left[M_A + (-x)R_{Ay} - \left(-\frac{x}{2}\right)(qx)\right]$$

$$= -\frac{qL^2}{2} + qLx - \frac{qx^2}{2} = -\frac{q}{2}(L - x)^2$$

을 얻는다. 따라서 식 (5.5.6)에 대입하면 처짐곡선 미분방정식

$$\frac{d^2y}{dx^2} = \frac{M(x)}{EI_{zz}} = -\frac{q}{2EI_{zz}}(L - x)^2$$

을 얻는다. 이 식을 적분하면

$$y = -\frac{q}{24EI_{zz}}(6L^2x^2 - 4Lx^3 + x^4) + C_1x + C_2 \tag{7.2.17}$$

여기서 적분상수 C_1, C_2는 식 (7.2.17)이 충족시켜야 할 조건; $x=0$에서 처짐, 처짐각 모두가 0이라는 조건으로부터 구한다. 즉

$$x = 0 \text{ 에서 } \; y = 0 \quad ; \quad C_2 = 0$$

$$x = 0 \text{ 에서 } \; dy/dx = 0 \quad ; \quad C_1 = 0$$

이 값을 식 (7.2.17)에 대입하면 처짐곡선과 처짐각은 다음과 같이 얻어진다.

$$y = -\frac{q x^2}{24 E I_{zz}}(6L^2 - 4Lx + x^2)$$
$$\theta(x) = -\frac{q x}{6 E I_{zz}}(3L^2 - 3Lx + x^2) \tag{7.2.18}$$

최대 처짐은 $x = L$에서 발생한다. 식 (7.2.18)로부터

$$\delta = \frac{q L^4}{8 E I_{zz}} \tag{7.2.19}$$

자유단 B에서 회전이 최대 처짐각이 된다. 그러므로 최대처짐각은 식 (7.2.18)의 제2식에 $x = L$을 대입하여 얻는다.

$$\theta_{\max} = -\frac{q L^3}{6 E I_{zz}} \tag{7.2.20}$$

예제 7.3 등분포하중 외팔보의 처짐

길이 $L = 2.4$ m, 단면 $b \times h = 100$ mm$\times$125 mm의 외팔보에 $q = 6.8$ kN/m 의 등분포하중이 작용한다. (a) 처짐곡선과 처짐각, (b) B점의 처짐과 처짐각을 구하여라. 단, 재료의 탄성계수는 $E = 200$ GPa 이다.

[풀이]

주어진 조건:

$L = 2.4$ m, $b \times h = 100$ mm$\times$125 mm

$q = 6.8$ kN/m , $E = 200$ GPa

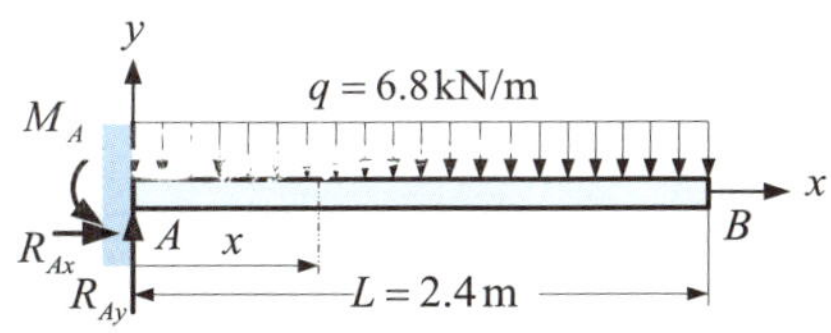

그림 E7.3

탐구사항:

(a) 처짐곡선, (b) B점의 처짐과 처짐각

탐구내용:

$$I_{zz} = \frac{bh^3}{12} = \frac{(0.1\text{ m})(0.125\text{ m})^3}{12} = 1.628\times10^{-5}\text{ m}^4$$

(a) 처짐곡선과 처짐각

$$\begin{aligned} y &= -\frac{q x^2}{24 E I_{zz}}(6L^2 - 4Lx + x^2) \\ &= -\frac{(6.8\text{ kN/m})x^2}{24(200\times10^6\text{ kPa})(1.628\times10^{-5}\text{m}^4)}[6(2.4\text{ m})^2 - 4(2.4\text{ m})x + x^2] \\ &= -(8.702\times10^{-5}\text{ m}^{-3})x^2(34.56 - 9.6x + x^2) \end{aligned}$$

처짐각

$$\theta = -\frac{qx}{6EI_{zz}}(3L^2 - 3Lx + x^2)$$

$$= -\frac{(6.8\,\text{kN/m})x}{6(200\times10^6\,\text{kPa})(1.628\times10^{-5}\,\text{m}^4)}[3(2.4\text{m})^2 - 3(2.4\text{m})x + x^2]$$

$$= -(3.481\times10^{-4}\text{m}^{-3})x(17.28 - 7.2x + x^2)$$

(b) 최대처짐

$$\delta = \frac{qL^4}{8EI_{zz}} = \frac{(6.8\,\text{kN/m})(2.4\,\text{m})^4}{8(200\times10^6\,\text{kPa})(1.628\times10^{-5}\,\text{m}^4)}$$

$$= 0.00866\,\text{m} = 8.66\,\text{mm}$$

혹은

$$\delta = (8.702\times10^{-5}\text{m}^{-3})L^2(34.56 - 9.6L + L^2)$$

$$= (8.702\times10^{-5}\text{m}^{-3})(2.4\text{m})^2[34.56 - 9.6(2.4\,\text{m}) + (2.4\,\text{m})^2]$$

$$= 8.66\times10^{-3}\text{m} = 8.66\,\text{mm}$$

최대처짐각

$$\theta_{max} = -\frac{qL^3}{6EI_{zz}} = -\frac{(6.8\,\text{kN/m})(2.4\,\text{m})^3}{6(200\times10^6\,\text{kPa})(1.628\times10^{-5}\text{m}^4)}$$

$$= -0.0048\,\text{rad} = -0.28^\circ$$

혹은

$$\theta_{max} = -(3.481\times10^{-4}\text{m}^{-3})(2.4\,\text{m})[17.28 - 7.2(2.4\text{m}) + (2.4\text{m})^2]$$

$$= -0.0048\,\text{rad} = -0.28^\circ$$

7.2.4 부분 등분포하중을 받는 외팔보의 처짐

길이 L, 관성모멘트 I_{zz}의 외팔보가 $a \leqq x \leqq b$ 사이에서 q의 등분포하중을 받을 때 처짐곡선과 처짐각을 생각하여 보기로 한다.

첫 번째, 전체 계를 활용하여 힘과 모멘트의 평형관계로부터 반력을 구한다.

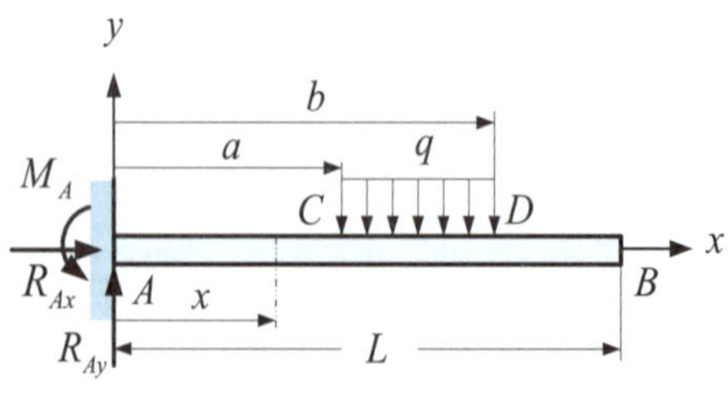

그림 7.6 부분 등분포하중을 받는 외팔보의 처짐

힘의 평형:

$$\sum F_x = 0; \qquad R_{Ax} = 0$$

$$\sum F_y = 0; \qquad R_{Ay} - q(b-a) = 0\ , \qquad R_{Ay} = q(b-a)$$

모멘트평형:

$$\sum M_A = 0; \quad M_A - q(b-a)\frac{a+b}{2} = 0\ , \quad M_A = \frac{q}{2}(b^2-a^2)$$

각 구간별 굽힘모멘트

AC 사이의 굽힘모멘트

$$M(x) = -[M_A + (-x)R_{Ay}] = -\frac{q}{2}(b^2-a^2) + q(b-a)x, \ (0 \leqq x \leqq a)$$

CD 사이의 굽힘모멘트

$$\begin{aligned} M(x) &= -\left[M_A + (-x)R_{Ay} - q(x-a)\left(-\frac{x-a}{2}\right)\right] \\ &= -\frac{q}{2}(b-x)^2 \qquad (a \leqq x \leqq b) \end{aligned}$$

DB 사이의 굽힘모멘트

$$M(x) = 0$$

따라서 각 구간에 대한 처짐곡선의 방정식은 다음과 같이 쓸 수 있다.

$$\frac{d^2y}{dx^2} = \frac{1}{EI_{zz}}\left[-\frac{q}{2}(b^2-a^2) + q(b-a)x\right], \quad (0 \leqq x \leqq a) \tag{7.2.21a}$$

$$\frac{d^2y}{dx^2} = -\frac{q}{2EI_{zz}}(b-x)^2, \qquad (a \leqq x \leqq b) \tag{7.2.21b}$$

$$\frac{d^2y}{dx^2} = 0 \qquad (b \leqq x \leqq L) \tag{7.2.21c}$$

이들 방정식을 풀면

$$y = -\frac{q(b-a)x^2}{12EI_{zz}}[3(a+b) - 2x] + C_1x + C_2 \tag{7.2.22a}$$

$$y = -\frac{q}{24EI_{zz}}(x^4 - 4bx^3 + 6b^2x^2) + C_3x + C_4 \tag{7.2.22b}$$

$$y = C_5x + C_6 \tag{7.2.22c}$$

경계조건과 적합조건은

$x = 0$ 에서; $\qquad y = 0, \quad \dfrac{dy}{dx} = 0$

$$C_1 = 0\ , \qquad C_2 = 0 \tag{7.2.23}$$

$x = a$ 에서; $\qquad [y(a)]_{AC} = [y(a)]_{CD}$

$$-\frac{q(b-a)a^2}{12EI_{zz}}(a+3b)$$

$$= -\frac{qa^2}{24EI_{zz}}(a^2-4ab+6b^2)+C_3a+C_4 \tag{7.2.24}$$

$x=a$ 에서; $\left[\frac{dy(a)}{dx}\right]_{AC}=\left[\frac{dy(a)}{dx}\right]_{CD}$

$$-\frac{q(b-a)ab}{2EI_{zz}} = -\frac{qa}{2EI_{zz}}(3a^2-ab+b^2)+C_3 \tag{7.2.25}$$

$x=b$ 에서; $[y(b)]_{CD}=[y(b)]_{DB}$

$$-\frac{qb^4}{8EI_{zz}}+C_3b+C_4=bC_5+C_6 \tag{7.2.26}$$

$x=b$ 에서; $\left[\frac{dy(b)}{dx}\right]_{CD}=\left[\frac{dy(b)}{dx}\right]_{DB}$

$$-\frac{qb^3}{6EI_{zz}}+C_3=C_5 \tag{7.2.27}$$

이들 식으로부터 적분상수를 구하여 식 (7.2.22)에 대입하면 처짐곡선의 방정식은 다음 식으로 표시할 수 있다.

$$\begin{aligned} y &= -\frac{q(b-a)x^2}{12EI_{zz}}[3(a+b)-2x], && (0 \leqq x \leqq a) \\ y &= -\frac{q}{24EI_{zz}}(x^4-4bx^3+6b^2x^2-4a^3x+a^4), && (a \leqq x \leqq b) \\ y &= -\frac{q(b-a)}{24EI_{zz}}[4(a^2+ab+b^2)x-(a+b)(a^2+b^2)], && (b \leqq x \leqq L) \end{aligned} \tag{7.2.28}$$

처짐각은 정의로부터 식 (7.2.31)을 미분하여 얻는다.

$$\begin{aligned} \theta(x) &= -\frac{q(b-a)x}{2EI_{zz}}(a+b-x), && (0 \leqq x \leqq a) \\ \theta(x) &= -\frac{q}{6EI_{zz}}(x^3-3bx^2+3b^2x-a^3), && (a \leqq x \leqq b) \\ \theta(x) &= -\frac{q(b-a)}{6EI_{zz}}(a^2+ab+b^2), && (b \leqq x \leqq L) \end{aligned} \tag{7.2.29}$$

최대처짐과 처짐각은 자유단 B에서 발생하므로, 식 (7.2.28)과 식 (7.2.29)의 제3식으로부터 얻을 수 있다.

최대처짐

$$\delta = \frac{q(b-a)}{24EI_{zz}}[4(a^2+ab+b^2)L-(a+b)(a^2+b^2)] \tag{7.2.30}$$

최대처짐각

$$\theta_{max} = -\frac{q(b-a)}{6EI_{zz}}(a^2 + ab + b^2), \tag{7.2.31}$$

예제 7.4 부분 등분포하중 외팔보

길이 $L = 2.4$ m, 단면 $b \times h = 100$ mm$\times 125$ mm의 외팔보에서 1.5 m $\leqq x \leqq 2$ m 사이에 $q = 30$ kN/m 의 등분포하중이 작용한다. (a) 처짐곡선과 처짐각, (b) B점의 처짐과 처짐각을 구하여라. 단, 재료의 탄성계수는 $E = 200$ GPa 이다.

[풀이]

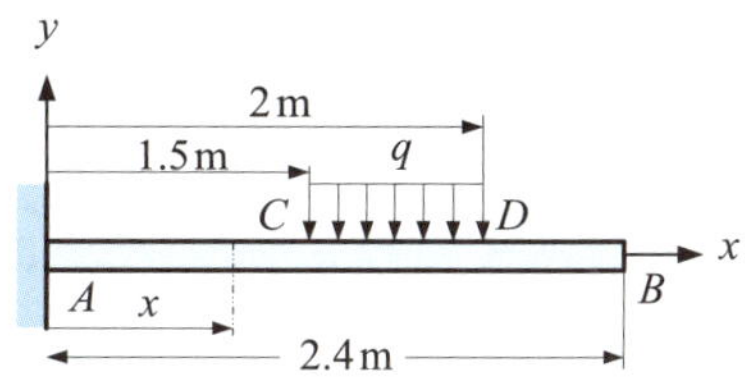

그림 E7.4

주어진 조건:

$L = 2.4$ m, $b \times h = 100$ mm$\times 125$ mm

1.5 m $\leqq x \leqq 2$ m 사이에 $q = 30$ kN/m ,

$E = 200$ GPa

탐구사항:

(a) 처짐곡선과 처짐각, (b) B점의 처짐과 처짐각

탐구내용:

$$I_{zz} = \frac{bh^3}{12} = \frac{(0.1\,\text{m})(0.125\,\text{m})^3}{12} = 1.628 \times 10^{-5}\,\text{m}^4$$

(a) 처짐곡선과 회전각

AC간

$$y = -\frac{(30\,\text{kN/m})(2\text{m} - 1.5\text{m})x^2}{12(200 \times 10^6\text{kPa})(1.628 \times 10^{-5}\text{m}^4)}[3(1.5\text{m} + 2\text{m}) - 2x]$$

$$= -(3.839 \times 10^{-4}\text{m}^{-2})x^2(10.5 - 2x)$$

$$\theta = \frac{dy}{dx} = -\frac{(30\,\text{kN/m})(2\text{m} - 1.5\text{m})x}{2(200 \times 10^6\text{kPa})(1.628 \times 10^{-5}\text{m}^4)}(1.5\,\text{m} + 2\,\text{m} - x)$$

$$= -(0.0023\,\text{m}^{-2})x(3.5 - x)$$

CD간

$$y = -\frac{(30\,\text{kN/m})}{24(200 \times 10^6\text{kPa})(1.628 \times 10^{-5}\text{m}^4)}(x^4 - 4 \times 2x^3 + 6 \times 2^2x^2 - 4 \times 1.5^3x + 1.5^4)$$

$$= -(3.839 \times 10^{-4}\text{m}^{-2})(x^4 - 8x^3 + 24x^2 - 13.5x + 5.06)$$

$$\theta = \frac{dy}{dx} = -\frac{(30\,\text{kN/m})}{6(200 \times 10^6\text{kPa})(1.628 \times 10^{-5}\text{m}^4)}(x^3 - 3 \times 2x^2 + 3 \times 2^2x - 1.5^3)$$

$$= -(0.001536\,\text{m}^{-2})(x^3 - 6x^2 + 12x - 3.375)$$

DB간

$$y = -\frac{(30\text{kN/m})(2\text{m}-1.5\text{m})}{24(200\times10^{6}\text{kPa})(1.628\times10^{-5}\text{m}^4)}[4(1.5^2+1.5\times2+2^2)x-(1.5+2)(1.5^2+2^2)]$$

$$= -(1.920\times10^{-4}\text{m}^{-2})(37x-21.875)$$

$$\theta = \frac{dy}{dx} = -\frac{(30\text{kN/m})(2\text{m}-1.5\text{m})}{6(200\times10^{6}\text{kPa})(1.628\times10^{-5}\text{m}^4)}(1.5^2+1.5\times2+2^2)$$

$$= -0.0071\,\text{rad}$$

(b) 최대처짐

$x = 2.4\text{m}$ 에서 발생

$$\delta = (1.920\times10^{-4}\text{m}^{-2})(37\times2.4\text{m}-21.875) = 0.0128\,\text{m} = 12.8\,\text{m}$$

최재처짐각

$$\theta_{\max} = -\frac{(30\text{kN/m})(2\text{m}-1.5\text{m})}{6(200\times10^{6}\text{kPa})(1.628\times10^{-5}\text{m}^4)}(1.5^2+1.5\times2+2^2)$$

$$= -0.0071\,\text{rad} = -0.41^\circ$$

7.2.5 자유단에 모멘트 M_0가 작용하는 외팔보

길이 L, 중립축에 관한 관성모멘트 I_{zz}인 외팔보의 자유단에 모멘트 M_0가 작용하는 경우, 보의 처짐과 처짐각(회전각)을 구하여 본다.

고정단에 발생하는 반력모멘트 M_A는 모멘트평형

$$\sum M = 0; \qquad M_A + M_0 = 0$$

으로부터

$$M_A = -M_0$$

를 얻는다. 그러므로 x단면의 굽힘모멘트

$$\Sigma M_A = 0, \quad M + M_A = 0, \quad M = -M_A = M_0$$

를 처짐곡선방정식에 적용하면

$$\frac{d^2y}{dx^2} = \frac{M_0}{EI_{zz}}$$

이 방정식을 적분하면

$$y = \frac{M_0}{2EI_{zz}}x^2 + C_1x + C_2 \tag{7.2.32}$$

이 곡선이 만족시켜야 하는 조건으로부터

$x = 0$ 에서; $\quad y = 0, \qquad C_2 = 0$

$x = 0$ 에서; $\quad \dfrac{dy}{dx} = 0, \qquad C_1 = 0$

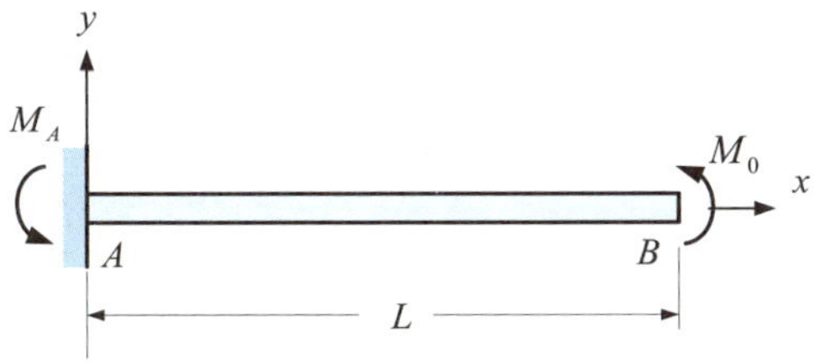

그림 7.7 자유단에 모멘트 M_0을 받는 외팔보의 처짐

식 (7.2.35)에 이 결과를 대입하면 다음 처짐곡선과 처짐각을 얻는다.

처짐곡선

$$y = \frac{M_0}{2EI_{zz}} x^2 \tag{7.2.33}$$

처짐각

$$\theta(x) = \frac{dy}{dx} = \frac{M_0}{EI_{zz}} x \tag{7.2.34}$$

최대 처짐과 처짐각은 자유단에서 발생하므로 식 (7.2.33)과 식 (7.2.34)에 $x = L$을 대입하면 얻을 수 있다.

$$\delta = \frac{M_0}{2EI_{zz}} L^2 \tag{7.2.35}$$

$$\theta_{max} = \frac{M_0}{EI_{zz}} L \tag{7.2.36}$$

예제 7.5 모멘트를 받는 외팔보의 처짐

길이 $L = 2.4$ m, 단면 $b \times h = 100$ mm$\times$125 mm의 외팔보의 자유단에 그림과 같이 $M_0 = 32$ kN m의 모멘트가 작용한다. (a) 처짐곡선과 처짐각, (b) B점의 처짐과 처짐각을 구하여라. 단, 재료의 탄성계수는 $E = 200$ GPa이다.

[풀이]

주어진 조건:

$L = 2.4$ m, $b \times h = 100$ mm$\times$125 mm

$M_0 = 32$ kN m, $E = 200$ GPa

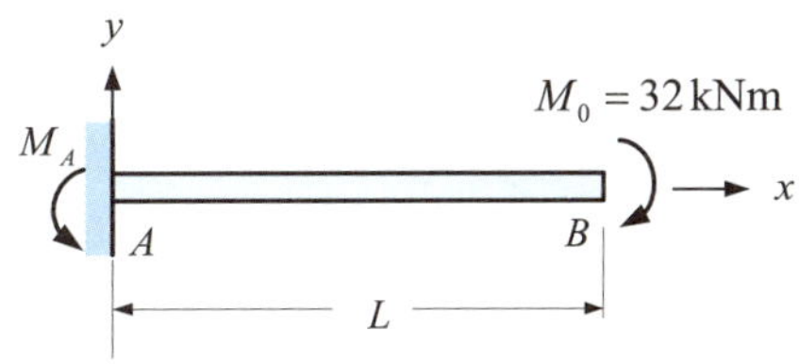

그림 E7.5

탐구사항:

(a) 처짐곡선과 회전각, (b) B점의 처짐과 처짐각

탐구내용:

$$I_{zz} = \frac{bh^3}{12} = \frac{(0.1\ \mathrm{m})(0.125\,\mathrm{m})^3}{12} = 1.628 \times 10^{-5}\ \mathrm{m}^4$$

(a) 처짐곡선과 처짐각;

식 (7.2.33)과 식 (7.2.34)로부(M_0이 음의 방향을 하므로)

$$y = -\frac{M_0}{2EI_{zz}}x^2 = -\frac{32\ \mathrm{kN\ m}}{2\,(200 \times 10^6\,\mathrm{kPa})(1.628 \times 10^{-5}\,\mathrm{m}^4)}x^2$$

$$= -(0.00491\,\mathrm{m}^{-2})x^2$$

$$\frac{dy}{dx} = -\frac{M_0}{EI_{zz}}x = -\frac{32\ \mathrm{kN\ m}}{(200 \times 10^6\,\mathrm{kPa})(1.628 \times 10^{-5}\,\mathrm{m}^4)}x$$

$$= -(0.00983\,\mathrm{m}^{-2})x$$

(b) 최대 처짐과 처짐각;

$$\delta = \frac{M_0}{2EI_{zz}}L^2 = \frac{(32\ \mathrm{kN\ m})}{2\,(200 \times 10^6\,\mathrm{kPa})(1.628 \times 10^{-5}\,\mathrm{m}^4)}(2.4\,\mathrm{m})^2$$

$$= (0.00491\,\mathrm{m}^{-2})(2.4\,\mathrm{m})^2 = 0.0283\,\mathrm{m} = 28.3\,\mathrm{mm}$$

$$\theta_{max} = \frac{M_0}{EI_{zz}}L = -\frac{32\ \mathrm{kN\ m}}{(200 \times 10^6\,\mathrm{kPa})(1.628 \times 10^{-5}\,\mathrm{m}^4)}(2.4\,\mathrm{m})$$

$$= -(0.00983\,\mathrm{m}^{-2})(2.4\ \mathrm{m}) = -0.0236\ \mathrm{rad} = -1.35^\circ$$

7.2.6 집중하중을 받는 단순지지보의 처짐

길이 L, 중립축에 관한 관성모멘트 I_{zz}인 단순지지보가 $x = a$에서 집중하중 P를 받는 경우, 이 보의 처짐에 관한 해석도 같은 방법으로 얻어낼 수 있다.

지점반력 R_{Ax}, R_{Ay}와 R_B는 힘과 모멘트의 평형관계로부터 구한다.

$$\sum F_x = 0\,, \qquad R_{Ax} = 0$$

$$\sum F_y = 0\,, \qquad R_{Ay} + R_B - P = 0$$

$$\sum M_A = 0\,, \qquad -Pa + R_B L = 0$$

로부터

$$R_B = \frac{a}{L}P$$

$$R_{Ay} = -R_B + P = P\left(1 - \frac{a}{L}\right)$$

을 얻는다.

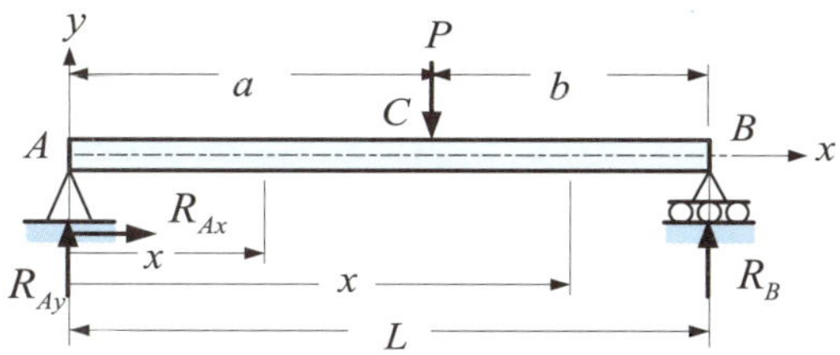

그림 7.8 집중하중을 받는 양단 단순지지보

x 단면의 굽힘모멘트 $M(x)$는

$$M(x) = -(-x)R_{Ay} = \frac{P(L-a)}{L}x = \frac{Pb}{L}x \qquad (0 \leqq x \leqq a)$$

$$M(x) = -\{(-x)R_{Ay} - [-(x-a)]P\}$$

$$= \frac{P(L-a)}{L}x - P(x-a) = \frac{Pa}{L}(L-x) \qquad (a \leqq x \leqq L)$$

따라서 처짐곡선의 방정식은

$$\frac{d^2y}{dx^2} = \frac{P(L-a)}{EI_{zz}L}x \qquad (0 \leqq x \leqq a) \tag{7.2.37a}$$

$$\frac{d^2y}{dx^2} = \frac{P}{EI_{zz}L}[(L-a)x - L(x-a)] \qquad (a \leqq x \leqq L) \tag{7.2.37b}$$

이 방정식을 풀면

$$y = \frac{P(L-a)}{6EI_{zz}L}x^3 + C_1x + C_2, \qquad (0 \leqq x \leqq a)$$

$$y = \frac{P}{6EI_{zz}L}[(L-a)x^3 - L(x-a)^3] + C_3x + C_4, \qquad (a \leqq x \leqq L) \tag{7.2.38}$$

식 (7.2.38)이 만족시켜야 할 조건은

$x = 0$에서; $y = 0$

$$C_2 = 0 \tag{7.2.39}$$

$x = a$에서; $[y(a)]_{AC} = [y(a)]_{CB}$

$$\frac{P(L-a)}{6EI_{zz}L}a^3 + C_1a = \frac{P}{6EI_{zz}L}[(L-a)a^3] + C_3a + C_4 \tag{7.2.40}$$

$x = a$에서; $[y'(a)]_{AC} = [y'(a)]_{CB}$

$$\frac{P(L-a)}{2EI_{zz}L}a^2 + C_1 = \frac{P}{2EI_{zz}L}[(L-a)a^2] + C_3 \tag{7.2.41}$$

$x = L$에서; $y = 0$

$$\frac{P(L-a)}{6EI_{zz}}[L^2-(L-a)^2]+LC_3+C_4=0 \tag{7.2.42}$$

식 (7.2.41)로부터

$$C_1=C_3$$

식 (7.2.40)으로부터

$$C_4=0$$

이들 값을 식 (7.2.42)에 적용하면

$$C_1=C_3=-\frac{P(L-a)}{6EI_{zz}L}[L^2-(L-a)^2]$$

이므로 이들 적분상수를 식 (7.2.38)에 대입하면 처짐곡선은 다음과 같이 얻어진다.

$$\begin{aligned} y&=-\frac{P(L-a)x}{6EI_{zz}L}[L^2-(L-a)^2-x^2] \qquad (0\leqq x\leqq a)\\ y&=-\frac{P(L-a)x}{6EI_{zz}L}[L^2-(L-a)^2-x^2]\\ &\qquad -\frac{P(x-a)^3}{6EI_{zz}} \qquad (a\leqq x\leqq L)\end{aligned} \tag{7.2.43}$$

처짐각은

$$\begin{aligned} \theta(x)&=-\frac{P(L-a)}{6EI_{zz}L}[L^2-(L-a)^2-3x^2] \qquad (0\leqq x\leqq a)\\ \theta(x)&=-\frac{P(L-a)}{6EI_{zz}L}[L^2-(L-a)^2-3x^2]\\ &\qquad -\frac{P(x-a)^2}{2EI_{zz}} \qquad (a\leqq x\leqq L)\end{aligned} \tag{7.2.44}$$

보의 양단에서 발생하는 처짐각은 식 (7.2.44)에 각각 $x=0$, $x=L$을 대입하여 얻는다.

$$\begin{aligned} \theta_A&=\frac{dy(0)}{dx}=-\frac{Pa}{6EI_{zz}L}(L-a)(2L-a)\\ \theta_B&=\frac{dy(L)}{dx}=\frac{Pa}{6EI_{zz}L}(L^2-a^2)\end{aligned} \tag{7.2.45}$$

최대처짐은 처짐곡선의 미분을 0으로 만드는 임계점, 즉, 처짐각을 0으로 만드는 점에서 발생한다. $a\geqq b$일 경우는 식 (7.2.44) 제1식을, $a<b$일 경우에는 제2식을 0으로 만든 점이다.

$a\geqq b$의 경우

$$x=\sqrt{\frac{L^2-(L-a)^2}{3}}=\sqrt{\frac{a(2L-a)}{3}} \tag{7.2.46}$$

을 식 (7.2.43) 제1식에 대입하고 양의 값을 취하면

$$\delta = \frac{P(L-a)}{9\sqrt{3}\,EI_{zz}L}\left[L^2 - (L-a)^2\right]^{3/2} \tag{7.2.47}$$

$a < b$의 경우

$$x = L - \sqrt{\frac{L^2 - (L-b)^2}{3}} \tag{7.2.48}$$

에서 발생하고 최대처짐은

$$\delta = \frac{P(L-b)}{9\sqrt{3}\,EI_{zz}L}\left[L^2 - (L-b)^2\right]^{3/2} \tag{7.2.49}$$

와 같이 된다.

예제 7.6 집중하중을 받는 단순지지보의 처짐

길이 $L = 2.4\text{ m}$, 단면 $b\times h = 100\text{ mm}\times 125\text{ mm}$의 단순지지보에 $a = 2\text{ m}$의 위치에 $P = 16\text{ kN}$의 집중하중이 작용한다. (a) AC, CB간의 처짐곡선, (b) 양단의 처짐각 (c) C점의 처짐과 처짐각, (d) 최대처짐점과 처짐을 구하여라. 단, 재료의 탄성계수는 $E = 200\text{ GPa}$이다.

[풀이]

주어진 조건:

$L = 2.4\text{ m}$, $b\times h = 100\text{ mm}\times 125\text{ mm}$

$a = 2\text{ m}$에 $P = 16\text{ kN}$, $E = 200\text{ GPa}$

탐구사항:

(a) AC, CB간의 처짐곡선,

(b) 양단의 처짐각

(c) C점의 처짐과 처짐각, (d) 최대 처짐점과 처짐

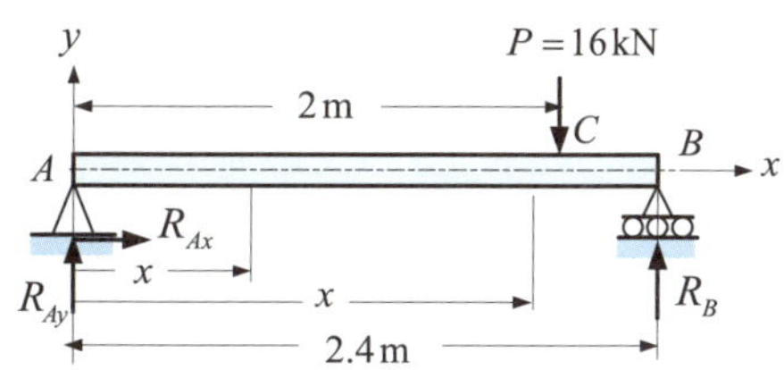

그림 E7.6

탐구내용:

$$I_{zz} = \frac{bh^3}{12} = \frac{(0.1\text{ m})(0.125\text{ m})^3}{12} = 1.628\times10^{-5}\text{ m}^4$$

(a)

$$y = -\frac{(16\text{ kN})(2.4\text{ m} - 2\text{m})x}{6(200\times10^{-6}\text{ kPa})(1.628\times10^{-5}\text{m}^4)(2.4\text{m})}\left[(2.4\text{ m})^2 - (0.4\text{ m})^2 - x^2\right]$$

$$= -(1.365\times10^{-4}\text{ m}^{-2})x(5.6\text{ m}^2 - x^2) \qquad (0 \leqq x \leqq a)$$

$$y = -\frac{(16\text{ kN})(2.4\text{ m} - 2\text{m})x}{6(200\times10^{6}\text{ kPa})(1.628\times10^{-5}\text{m}^4)(2.4\text{m})}\left[(2.4\text{ m})^2 - (0.4\text{ m})^2 - x^2\right]$$

$$- \frac{(16\text{ kN})\,(x-2)^3}{6(200\times10^{6}\text{ kPa})(1.628\times10^{-5}\text{m}^4)}$$

$$= -(1.365\times10^{-4}\text{ m}^{-2})x(36 - x^2) - (8.19\times10^{-4}\text{ m}^{-2})(x-2)^3, \quad (a \leqq x \leqq L)$$

(b)

$$\theta_A = -\frac{(16\,\text{kN})(2\,\text{m})}{6(200\times10^6\,\text{kPa})(1.628\times10^{-5}\,\text{m}^4)(2.4\,\text{m})}(2.4-2)(2\times2.4-2)$$

$$= -0.0007644\,\text{rad} = -0.044^\circ$$

$$\theta_B = \frac{(16\,\text{kN})(2\,\text{m})}{6(200\times10^6\,\text{kPa})(1.628\times10^{-5}\,\text{m}^4)(2.4\,\text{m})}(2.4^2-2^2)$$

$$= 0.0018\,\text{rad} = 0.10^\circ$$

(c)

$$y = -\frac{(16\,\text{kN})(2.4-2)(2\,\text{m})}{6(200\times10^6\,\text{kPa})(1.628\times10^{-5}\,\text{m}^4)(2.4\,\text{m})}\left[2.4^2-0.4^2-2^2\right]$$

$$= -4.37\times10^{-4}\,\text{m} = -0.437\,\text{mm}$$

$$\theta_C = -\frac{(16\,\text{kN})(2.4-2)}{6(200\times10^6\,\text{m}^4)(1.628\times10^{-5}\,\text{m}^4)(2.4\,\text{m})}\left[2.4^2-0.4^2-3\times2^2\right]$$

$$= 0.00087\,\text{rad} = 0.05^\circ$$

(d)

$$x = \sqrt{\frac{(2\text{m})(2\times2.4-2)}{3}} = 1.37\,\text{m}$$

$$\delta = \frac{(16\,\text{kN})(2.4-2)}{9\sqrt{3}\,(200\times10^6\,\text{kPa})(1.628\,\text{m}^4)(2.4\,\text{m})}\left[2.4^2-0.4^2\right]^{3/2}$$

$$= 0.000696\,\text{m} = 0.7\,\text{mm}$$

7.2.7 양단에서 모멘트 M_L, M_R를 받는 단순지지보의 처짐

길이 L, 중립축에 관한 관성모멘트 I_{zz}인 양단 단순지지보가 한쪽(좌측) 단에서 모멘트 M_L, 타단에서 모멘트 M_R을 받는 경우, 발생하는 처짐에 관해서 공부하여 보기로 한다.

지점의 반력 R_{Ax}, R_{Ay}와 R_B를 힘의 평형과 모멘트평형으로부터 구한다.

$$\sum F_x = 0; \qquad R_{Ax} = 0$$

$$\sum F_y = 0; \qquad R_{Ay} + R_B = 0$$

$$\sum M_A = 0; \qquad M_L + M_R + LR_B = 0$$

로부터

$$R_B = -\frac{M_L + M_R}{L} \qquad R_{Ay} = \frac{M_L + M_R}{L} \tag{7.2.50}$$

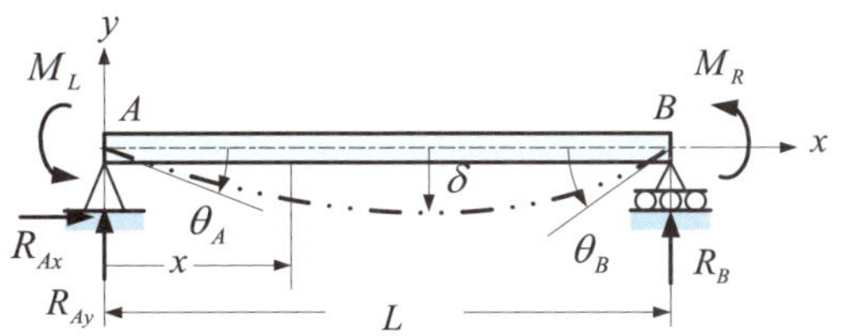

그림 7.9 우력을 받는 양단지지보

x단면의 굽힘모멘트는

$$M(x) = -M_L + R_{Ay} \times x = -M_L + \frac{M_L + M_R}{L} x$$

처짐곡선의 미분방정식은

$$EI_{zz} \frac{d^2y}{dx^2} = -M_L + \frac{M_L + M_R}{L} x$$

방정식을 적분하면

$$EI_{zz} \frac{dy}{dx} = -M_L x + \frac{M_L + M_R}{2L} x^2 + C_1$$

$$EI_{zz} y = -\frac{M_L}{2} x^2 + \frac{M_L + M_R}{6L} x^3 + C_1 x + C_2 \tag{7.2.51}$$

처짐곡선이 만족해야 할 경계조건

$x = 0$ 에서; $\quad y = 0$

$x = L$ 에서; $\quad y = 0$

을 적용하면

$$C_1 = \frac{2M_L - M_R}{6} L, \qquad C_2 = 0$$

이들 적분상수를 식 (7.2.51)에 대입하면 처짐곡선은

$$y = \frac{x}{6EI_{zz}L}\left[(M_L + M_R)x^2 - 3LM_L x + L^2(2M_L - M_R)\right] \tag{7.2.52}$$

처짐각은 식 (7.2.52)를 미분하면

$$\theta(x) = \frac{1}{6EI_{zz}L}\left[3(M_L + M_R)x^2 - 6LM_L x + L^2(2M_L - M_R)\right] \tag{7.2.53}$$

중앙단면의 처짐은 $x = L/2$을 대입하면

$$y_{\text{mid}} = -\frac{L^2}{16EI_{zz}}(M_L - M_R) \tag{7.2.54}$$

와 같이 얻어진다.

최대처짐은 $\theta = 0$ 이 되는 위치

$$x = \frac{3LM_L \pm \sqrt{9L^2M_L^2 - 3L^2(2M_L^2 + M_LM_R - M_R^2)}}{3(M_L + M_R)} \tag{7.2.56}$$

에서 발생하고, 최대처짐은 식 (7.2.52)에 식 (7.2.55)를 대입해서 얻는다.

양단 지점의 처짐각은 식 (7.2.53)에 각각 $x = 0$, $x = L$ 을 대입하면 구해진다.

$$\theta_A = \frac{(2M_L - M_R)L}{6EI_{zz}}, \qquad \theta_B = \frac{(2M_R - M_L)L}{6EI_{zz}} \tag{7.2.56}$$

예제 7.7 모멘트를 받는 단순지지보의 처짐

길이 $L = 2.4$ m, 단면 $b \times h = 100$ mm× 125 mm의 단순지지보의 끝단 B에 $M_0 = 34$ kN m의 모멘트가 작용한다. (a) 반력, (b) 처짐곡선의 방정식, (c) 양단 지지부의 처짐각, (d) 최대처짐을 구하여라. 단, 재료의 탄성계수는 $E = 200$ GPa 이다.

[풀이]

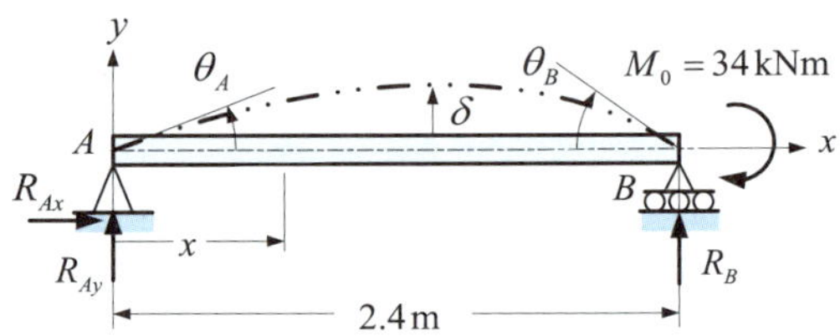

그림 E7.7

주어진 조건:

$L = 2.4$ m,

$b \times h = 100$ mm× 125 mm

$M_0 = 34$ kN m에, $E = 200$ GPa

탐구사항:

(a) 반력, (b) 처짐곡선,

(c) 양단의 처짐각, (d) 최대 처짐

탐구내용:

$$I_{zz} = \frac{bh^3}{12} = \frac{(0.1\ \text{m})(0.125\,\text{m})^3}{12} = 1.628 \times 10^{-5}\ \text{m}^4$$

(a) 반력

이 경우는 $M_L = 0$, $M_R = -M_0$ 이므로, 식 (7.2.50)에서

$$R_{Ay} = -\frac{M_0}{L}, \qquad R_B = \frac{M_0}{L}$$

수치를 대입하면

$$R_{Ay} = -\frac{34\ \text{kN m}}{2.4\ \text{m}} = -14.17\ \text{kN},$$

$$R_B = \frac{34\ \text{kN m}}{2.4\ \text{m}} = 14.17\ \text{kN},$$

(b) 처짐곡선; 식 (7.2.52)에 $M_L = 0$, $M_R = -M_0$을 대입하면

$$y = \frac{M_0 Lx}{6EI_{zz}} = \frac{(34\ \text{kN m})(2.4\ \text{m})\,x}{6\,(200\times 10^6\ \text{m}^4)(1.628\times 10^{-5}\text{m}^4)}\left(1 - \frac{x^2}{2.4^2}\right)$$

$$= (0.00418\ \text{m}^{-2})\,x\left(1 - \frac{x^2}{5.76}\right)$$

(c) 양단 처짐각

$$\theta_A = \frac{(2M_L - M_R)L}{67EI_{zz}} = \frac{M_0 L}{6EI_{zz}}$$

$$= \frac{(34\,\text{kN m})(2.4\text{M})}{6\,(200\times 10^6\text{kPa})(1.628\times 10^{-5}\text{m}^4)} = 0.00418\,\text{rad} = 0.24^\circ$$

$$\theta_B = \frac{(2M_R - M_L)L}{6EI_{zz}} = -\frac{M_0 L}{EI_{zz}}$$

$$-\frac{(34\,\text{kN m})(2.4\text{M})}{3\,(200\times 10^6\text{kPa})(1.628\times 10^{-5}\text{m}^4)} = -0.00835\,\text{rad} = -0.48^\circ$$

(d) 최대처짐; 식 (7.2.55)에 $M_L = 0$, $M_R = M_0$을 대입하면 최대처짐은

$$x = \frac{L}{\sqrt{3}}$$

에서 발생하고, 최대처짐은

$$\delta = \frac{M_0 Lx}{6EI_{zz}}\left(1 - \frac{x^2}{L^2}\right)\Bigg|_{x = L/\sqrt{3}} = \frac{M_0 L^2}{9\sqrt{3}\,EI_{zz}}$$

$$= \frac{(34\,\text{kN m})(2.4\ \text{m})^2}{9\sqrt{3}\,(200\times 10^6\text{kPa})(1.628\times 10^{-5}\text{mm}^4)} = 0.00386\,\text{m} = 3.86\,\text{mm}$$

7.3 중첩원리

보의 처짐에 관한 중첩원리(重疊原理 : principle of superposition)는 처짐을 지배하는 처짐곡선의 방정식

$$\frac{d^2y}{dx^2} = \frac{M(x)}{EI_{zz}} \tag{5.5.6}$$

이 선형미분방정식이라는 사실에 기초한 원리이다. 다시 말해서 y_1, y_2가 식 (5.5.6)의 해이면 $y = y_1 + y_2$도 해가 된다는 선형방정식의 특성을 응용한 것이다. 그러므로 만일 한 보가 몇 가지 종류의 하중에 의하여 변형되는 경우, 그 변형은 각 하중에 의한 변형을 대수적 합이 된다는 의미이다.

예를 들면 그림 7.10과 같이 한 외팔보 자유단에 하중 P가, $0 \leq x \leq a$에 등분포하중

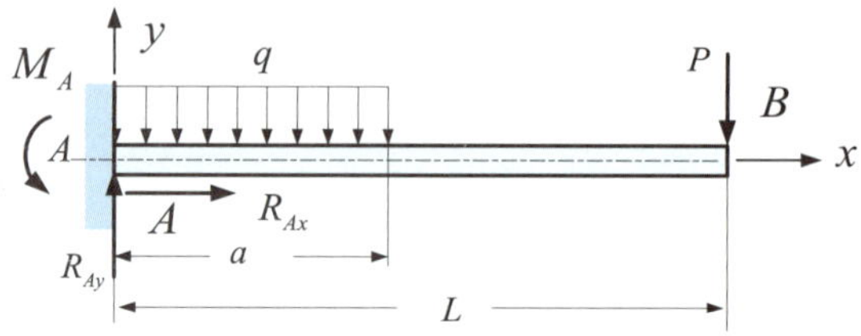

그림 7.10 분포하중과 집중하중의 중첩

q가 작용하는 경우, 이들 하중에 의한 외팔보의 처짐 y는 P에 의한 처짐 y_1과 q에 의한 처짐 y_2의 대수합

$$y = y_1 + y_2 \tag{7.3.1}$$

로 주어진다는 것이 중첩의 원리이다. 이 중첩의 원리는 다음절에 기술할 부정정문제에 있어서 특히 중요하다.

다음은 그림 7.10에 표시한 외팔보의 처짐을 중첩원리를 이용하여 구하여보기로 한다. 자유단에 작용하는 집중하중 P에 의한 처짐은 7.2.1절에서 공부한 식 (7.2.4)에 a 대신 L로 치환하면 얻어진다. 즉 자유단 집중하중보에 대한 식 (6.5.6)의 해는

$$y_1 = \frac{Px^2}{6EI_{zz}}(3L - x) \tag{7.3.2}$$

또 $0 \leqq x \leqq a$에 작용하는 분포하중 q에 대한 식 (6.5.6)의 해는 7.2.4절에서 공부한 식 (7.2.28) 제2식과 제3식에서 $a \rightarrow 0$, $b \rightarrow a$로 치환하면 된다.

$$\begin{aligned} y_2 &= -\frac{q}{24EI_{zz}}(x^4 - 4ax^3 + 6a^2x^2), \qquad (0 \leqq x \leqq a) \\ y_2 &= -\frac{qa^3}{24EI_{zz}}(4x - a), \qquad (a \leqq x \leqq L) \end{aligned} \tag{7.3.3}$$

따라서 두 하중이 중첩되어 나타나는 처짐은 식 (7.3.2)와 식 (7.3.3)의 대수합으로 주어진다.

$$\begin{aligned} y &= -\frac{Px^2}{6EI_{zz}}(3L - x) - \frac{q}{24EI_{zz}}(x^4 - 4ax^3 + 6a^2x^2), \quad (0 \leqq x \leqq a) \\ y &= -\frac{Px^2}{6EI_{zz}}(3L - x) - \frac{qa^3}{24EI_{zz}}(4x - a), \qquad (a \leqq x \leqq L) \end{aligned} \tag{7.3.3}$$

자유단 B의 처짐은 식 (7.3.3)의 제2식에 $x = L$을 대입하면 얻어진다.

$$\delta = -\frac{PL^3}{3EI_{zz}} - \frac{qa^3}{24EI_{zz}}(4L - a) \tag{7.3.4}$$

처짐각도 같은 원리에 의하여 해석할 수 있다. 자유단에 집중하중을 받는 외팔보의 처짐각은 식 (7.2.5)의 제1식에서 a 대신 L로 치환하면 얻어진다.

$$\theta_1 = -\frac{Px}{2EI_{zz}}(2L - x) \tag{7.3.5}$$

분포하중에 대한 처짐각은 식 (7.2.32)의 제2식과 제3식에서 $a \to 0$, $b \to a$로 치환하면 된다.

$$\begin{aligned} \theta_2 &= -\frac{q}{6EI_{zz}}(x^3 - 3ax^2 + 3a^2x), \qquad (0 \le x \le a) \\ \theta_2 &= -\frac{qa^3}{6EI_{zz}}, \qquad (a \le x \le L) \end{aligned} \tag{7.3.5}$$

따라서 보의 처짐각은 중첩의 원리에 의하여

$$\begin{aligned} \theta &= -\frac{Px}{2EI_{zz}}(2L - x) - \frac{q}{6EI_{zz}}(x^3 - 3ax^2 + 3a^2x), \quad (0 \le x \le a) \\ \theta &= -\frac{Px}{2EI_{zz}}(2L - x) - \frac{qa^3}{6EI_{zz}}, \qquad (a \le x \le L) \end{aligned} \tag{7.3.6}$$

와 같이 표시된다.

중첩법은 보에 작용하는 하중들이 이미 해석되어 있는 하중상태로 분해될 수 있을 때 매우 유용하다. 그러므로 우리는 가능한 기본하중에 대하여 이미 해석하여 표로 만들어 놓고 이를 활용한다. 7.2절에 기술한 몇 가지 예도 이 목적을 위하여 기본하중에 대한 처짐을 수록한 것이다. 이 책의 끝 부록에 중요한 기본하중에 대한 처짐과 처짐각을 수록하여 놓았다.

중첩법은 분포하중의 처짐을 해석할 때에도 응용할 수 있다. 이 경우에는 하중을 그림 7.11과 같이 미분요소 qdx로 나누어, 이 각각의 미분요소를 집중하중으로 간주하고, 이들 집중하중에 의한 처짐을 중첩시켜 전체 하중에 대한 처짐을 얻는다.

한 예로서 단순지지보의 반이 그림 7.11과 같이 등분포하중이 작용할 때, 이 보의 중앙점에 발생하는 처짐을 생각하여 본다. 지금 하중 P가 $a(< L/2)$에 작용할 때 중앙점의 처짐은 식 (7.2.46) 제2식의 x에 $L/2$을 대입하면 얻는다. 그 결과는

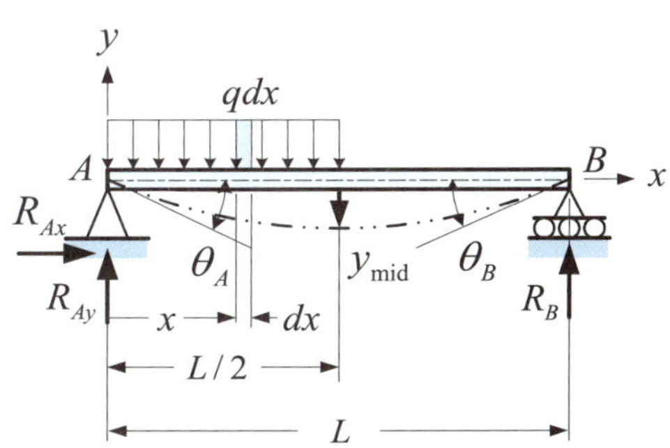

그림 7.11 분포하중의 중첩

$$y = -\frac{Pa}{48EI_{zz}}(3L^2 - 4a^2) \tag{7.3.7}$$

와 같이 된다. 그러므로 x에 미소하중 qdx가 작용할 때에는 이 하중에 의한 중앙점의 처짐은, P 대신 qdx를, a 대신에 x를 대입하면 된다.

$$dy = -\frac{(qdx)\,x}{48EI_{zz}}(3L^2 - 4x^2) \tag{7.3.8}$$

전체 하중에 의한 처짐은 모든 미소하중 qdx에 의한 처짐을 보태면 얻어지므로, 다음 적분으로 표시할 수 있다.

$$y_{\text{mid}} = -\int_0^{L/2} \frac{qx}{48EI_{zz}}(3L^2 - 4x^2)dx \tag{7.3.9}$$

이 적분을 수행하면 q가 상수이므로 중앙단면의 처짐을 얻는다.

$$y_{\text{mid}} = -\frac{5qL^4}{768EI_{zz}} \tag{7.3.10}$$

지점 A의 처짐각도 같은 방법으로 구할 수 있다. 미분 하중요소 qdx에 의한 A점의 처짐각은 식 (7.2.48) 제1식에 $a \to x$, $P \to qdx$로 치환하면 주어진다. 즉

$$d\theta_{Ai} = -\frac{(qdx)\,x}{6EI_{zz}L}(L-x)(2L-x)$$

그러므로 전체 하중에 의한 처짐각은 각 하중요소에 의한 처짐각을 중첩시키면 얻을 수 있다.

$$\theta_A = -\int_0^{L/2} \frac{qx}{6EI_{zz}L}(L-x)(2L-x)\,dx = -\frac{3qL^3}{128EI_{zz}} \tag{7.3.11}$$

B점의 처짐각도 같은 방법으로 식 (7.2.48) 제2식에 $a \to x$, $P \to qdx$을 대입한 식

$$d\theta_{Bi} = \frac{(qdx)\,x}{6EI_{zz}L}(L^2 - x^2)$$

을 적분하면 얻는다.

$$\theta_B = \int_0^{L/2} \frac{qx}{6EI_{zz}L}(L^2 - x^2)\,dx = \frac{7qL^3}{384EI_{zz}} \tag{7.3.12}$$

예제 7.8 중첩의 원리에 의한 외팔보 처짐의 계산

외팔보의 우측 절반에 등분포하중 q가 작용한다. 자유단 B에서의 처짐과 처짐각을 구하여라.

[풀이]

주어진 조건:

$L,\ E,\ I_{zz},\ q$

탐구사항:

자유단의 처짐과 처짐각을 중첩법으로 계산

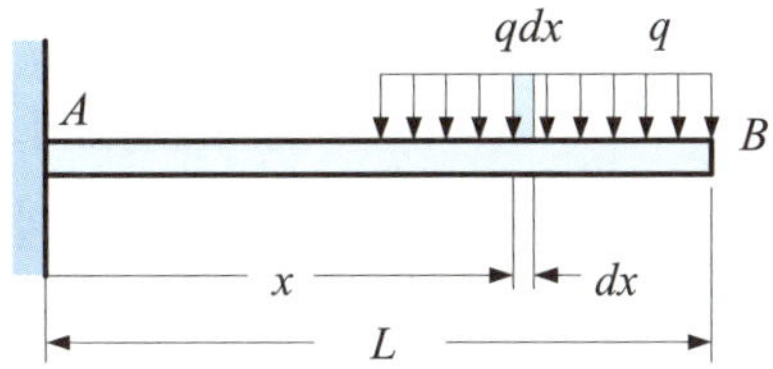

그림 E7.8

탐구내용:

미소 하중요소 qdx에 의한 자유단 B의 처짐과 처짐각은, 7.2.1절에서 공부한 식 (7.2.4)와 식 (7.2.5)의 제2식에 $x \to L,\ a \to x$을 대입하면 얻어진다.

$$dy_i = -\frac{qdx\,x^2}{6EI_{zz}}(3L - x), \qquad d\theta_{Bi} = -\frac{qdx\,x^2}{2EI_{zz}}$$

따라서

$$\delta_B = -\int_{L/2}^{L} \frac{qx^2}{6EI_{zz}}(3L - x)\,dx = -\frac{41qL^4}{384EI_{zz}}$$

$$\theta_B = -\int_{L/2}^{L} \frac{qx^2}{2EI_{zz}}\,dx = -\frac{7qL^3}{48EI_{zz}}$$

7.4 에너지법 – Castigliano의 정리

제5장에서 비틀림변형에 대한 변형에너지에 관해서 참고사항으로 간단히 기술하였었다. 여러분들은 탄성체에 가하는 힘을 dP만큼 증가시켜 dP 방향으로 δ의 변위가 생겼다면 이 dP에 의하여 탄성체에 한 일

$$dW = dP\,\delta \tag{7.4.1}$$

는 변형에너지로 탄성체에 저장된다는 것을 잘 알고 있을 것으로 믿는다. 이 저장되는 변형에너지를 dU로 표기하면

$$dU = dW = \delta\,dP \tag{7.4.2}$$

와 같이 쓸 수 있다. 여기서 δ는 하중 P방향의 변위(처짐)라는 것에 유의해 주기 바란다.

반대로 탄성체 내에 저장되어 있는 변형에너지 U를 알고 있다면, 임의 P_i방향으로의 변위(처짐) δ_i를 얻으려면 식 (7.4.2)로부터

$$\delta_i = \frac{dU}{dP_i} \tag{7.4.3}$$

를 구하면 얻을 수 있다. 이 관계를 일반화한 정리로서 Castigliano의 정리가 있다. 이 정리는 최초로 제창한 이탈리아의 기사 Alberto Castigliano(1847-1884)의 업적을 기리기 위하여 그분의 이름을 따서 정리로 만들었다.

다음에 Castigliano의 처짐정리를 증명 없이 결과만을 소개하겠다.

처짐 – Castigliano의 정리 (deflections by Castigliano's theorem)

한 탄성구조물이 n 개의 하중 $P_1, P_2, \cdots, P_n$ 을 받아 U의 변형에너지를 저장하고 있다면, 임의의 한 하중 P_j의 작용점에서 발생하는 P_j 방향의 처짐 δ_j는 변형에너지 U를 P_j에 관한 편미분 한 것과 같다. 이를 식으로 표현하면 다음과 같다.

$$\delta_j = \frac{\partial U}{\partial P_j} \tag{7.4.4}$$

한 세장(細長) 탄성축의 축심을 x축이라 하고, 이 축이 인장력 $F(x)$, 비틀림모멘트 $M_t(x)$, 굽힘모멘트 $M(x)$를 받을 때 이 축에 저장되는 변형에너지는 다음과 같이 주어진다.

인장 변형에너지

$$U = \frac{1}{2} \int_L \frac{F^2}{AE}\, dx \tag{7.4.5}$$

비틀림 변형에너지

$$U = \frac{1}{2} \int_L \frac{{M_t}^2}{GI_P}\, dx \tag{7.4.6}$$

굽힘 변형에너지

$$U = \frac{1}{2} \int_L \frac{M^2}{EI_{zz}}\, dx \tag{7.4.7}$$

여기서 $U =$ 변형에너지 [N m = Joule] $F =$ 인장(압축)력 [N]
$M_t =$ 비틀림모멘트 [N m] $M =$ 굽힘모멘트 [N m]
$A =$ 단면적 [m^2] $L =$ 전체 길이 [m]
$G =$ 전단탄성계수 [N/m^2 = Pa] $I_{zz} =$ 단면 관성모멘트 [m^4]
$I_P =$ 단면 극관성모멘트 [m^4]
$E =$ 탄성계수(Young 계수) [N/m^2 = Pa]

이다.

처짐을 구하고자 하는 지점에 하중이 작용하지 않는 경우

여기서 한가지 유의해 둘 일은 처짐을 구하고자 하는 지점 x_j에 하중이 원하는 처짐 방향에 일치하는 하중이 작용해야 만이 Castigliano 정리의 적용이 가능하다는 것이다. 지점 x_j에 하중이 작용하지 않거나, 구하고자 하는 처짐방향에 일치하는 하중이 작용하지 않는 경우에는 다음과 같은 과정을 밟아 Castigliano 정리를 적용한다.

1. 지점 x_j에 구하고자 하는 처짐 방향에 일치하는 가상하중(假想荷重 : fictitioua load) Q_j를 작용시킨다.
3. 가상하중 Q_j를 실제하중에 포함시켜 변형에너지 U를 계산한다.
4. Q_j를 포함하는 변형에너지 U에 대하여 Castigliano 정리를 그대로 적용한다.

$$\delta_j = \frac{\partial U}{\partial Q_j}$$

5. 실제 x_j의 처짐은 4단계에서 구한 처짐에 $Q_j = 0$으로 놓는다. 즉,

$$\delta_j = \left(\frac{\partial U}{\partial Q_j}\right)_{Q_j = 0} \tag{7.4.8}$$

이와 같은 수순을 밟아 Castigliano 정리를 적용하면, 주어진 실제 하중조건에 대한 x_j에서 하중방향의 처짐을 구할 수 있다.

보에서 처짐각의 방향은 보에 가해주는 모멘트의 방향(모멘트의 방향으로 나사를 회전시켰을 때 나사의 진행방향)이므로, 모멘트가 가해지는 점에서 처짐각을 구하고자 할 때도 Castigliano 정리를 그대로 적용하면 얻어진다.

$$\theta_j = \frac{\partial U}{\partial M_j} \tag{7.4.9}$$

만일 그 점에 모멘트가 작용하지 않는 경우에는, 그 점에 가상의 모멘트 M_j가 작용한다고 가정하고 Castigliano 정리를 적용한 후 $M_j = 0$으로 놓으면 얻어진다.

$$\theta_j = \left(\frac{\partial U}{\partial M_j}\right)_{M_J = 0} \tag{7.4.10}$$

예제 7.9 집중하중과 모멘트를 받는 외팔보의 Castiglino 정리 응용

굽힘계수가 EI_{zz}인 한 외팔보가 그림과 같이 A점에서 고정되어 있고 자유단 B에서 집중하중 P와 모멘트 M_0을 받는다. 이들 하중에 의한 점 B에서의 처짐과 처짐각을 Castigliano의 처짐정리를 사용하여 구하여라.

[풀이]

주어진 조건:

EI_{zz}, 하중조건 집중하중 P, 모멘트 M_0

탐구사항:

Castigliano의 처짐정리를 사용한 자유단 처짐과 처짐각

탐구내용:

Castigliano의 처짐정리를 적용하기 위하여 굽힘모멘트를 구한다. 이를 위하여 반력 R_A와 M_A를 구해야한다.

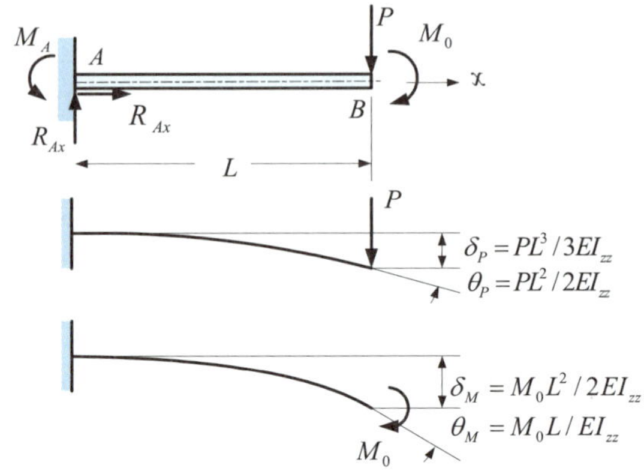

그림 E7.13

평형관계

$$\sum F_x = 0\ ; \qquad R_{Ax} = 0$$

$$\sum F_y = 0\ ; \qquad R_{Ay} - P = 0$$

$$\sum M_A = 0\ ; \qquad M_A - PL - M_0 = 0$$

로부터

$$R_{Ay} = P, \qquad M_A = (PL + M_0)$$

굽힘모멘트

$$\begin{aligned} M(x) &= -[M_A + R_A(-x)] = R_{Ay}x - PL - M_0 \\ &= P(x - L) - M_0 \end{aligned}$$

변형에너지

$$\begin{aligned} U &= \frac{1}{2}\int_0^L \frac{M^2}{EI_{zz}}\,dx \\ &= \frac{1}{2}\int_0^L \frac{[P(x-L) - M_0]^2}{EI_{zz}}\,dx \end{aligned}$$

처짐;

$$\delta_B = \frac{\partial U}{\partial P} = \frac{1}{EI_{zz}}\int_0^L [P(x-L) - M_0](x-L)\,dx$$

$t = (x - L)$라고 놓으면 $dx = dt$, $x = 0$은 $t = -L$, $x = L$은 $t = 0$이므로

$$\begin{aligned} \delta_B &= \frac{1}{EI_{zz}}\int_{-L}^{0} [Pt^2 - M_0 t]dt \\ &= \frac{1}{EI_{zz}}\left[\frac{P}{3}t^3 - \frac{M_0}{2}t^2\right]_{-L}^{0} = \frac{PL^3}{3EI_{zz}} + \frac{M_0L^2}{2EI_{zz}} \end{aligned}$$

처짐각;

$$\theta_B = \frac{\partial U}{\partial M_0} = \frac{1}{EI_{zz}} \int_0^L [P(x-L) - M_0](-1)dx$$

같은 방법으로 적분을 수행하면

$$\theta_B = -\frac{1}{EI_{zz}} \left[\frac{P}{2} t^2 - M_0 t \right]_{-L}^{0} = \frac{PL^2}{2EI_{zz}} + \frac{M_0 L}{EI_{zz}}$$

의 관계를 얻는다. 여기서 M_0가 음의 방향으로 작용되었으므로 처짐각 θ_B는 음의 값이다.

예제 7.10 집중하중과 분포하중을 받는 외팔보의 Castiglino 정리 응용

외팔보 AB가 강도 q의 등분포하중과 자유단에 집중하중 P를 받는다. Castigliano의 정리를 사용하여 자유단의 처짐과 처짐각을 구하는 식을 유도하고, $L = 2\,\text{m}$, $q = 4\,\text{kN/m}$, $P = 6\,\text{kN}$ 그리고 $EI_{zz} = 5\,\text{MPa}$일 때 자유단 A의 처짐과 처짐각을 구하여라.

[풀이]

주어진 조건:

$L = 2\,\text{m}$, $q = 4\,\text{kN/m}$, $P = 6\,\text{kN}$

그리고 $EI_{zz} = 5\,\text{MPa}$

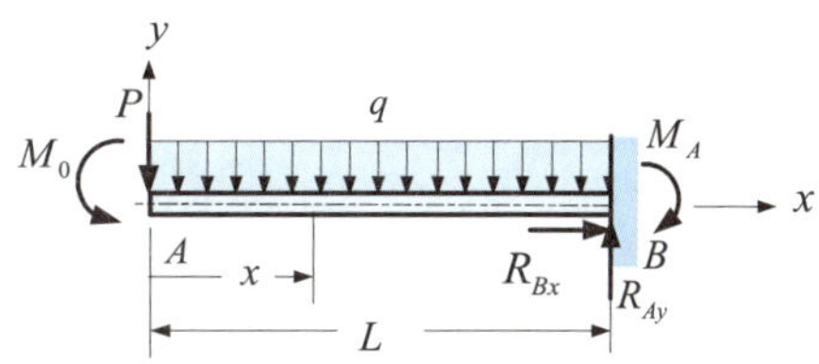

그림 E7.14

탐구사항:

자유단의 처짐, 처짐각에 관한 식의 유도와 수치계산

탐구내용:

처짐각을 구하기 위해서는 자유단에 모멘트가 작용한다고 가정해야 한다. 자유단에 M_0의 모멘트가 작용한다고 가정한다.

굽힘모멘트

$$M(x) = -\left[M_0 - P(-x) - qx\left(-\frac{x}{2}\right)\right] = -M_0 - Px - \frac{qx^2}{2}$$

변형에너지는

$$U = \frac{1}{2EI_{zz}} \int_0^L M^2 dx = \frac{1}{2EI_{zz}} \int_0^L \left(-M_0 - Px - \frac{qx^2}{2}\right)^2 dx$$

자유단은 하중 P의 작용점이므로 자유단의 처짐 δ_A는 Castigliano의 처짐정리로부터

$$\delta_A = \frac{\partial U}{\partial P} = \frac{1}{2EI_{zz}} \int_0^L \frac{\partial M^2}{\partial P} dx$$

$$\frac{\partial M^2}{\partial P} = 2\left(M_0 + Px + \frac{q}{2}x^2\right)(x)$$

이므로

$$\delta_A = \frac{\partial U}{\partial P} = \frac{1}{EI_{zz}} \int_0^L x \left(M_0 + Px + \frac{q}{2} x^2 \right) dx$$
$$= \frac{1}{EI_{zz}} \left(\frac{M_0 L^2}{2} + \frac{PL^3}{3} + \frac{qL^4}{8} \right)$$

모멘트 M_0은 처짐각을 구하기 위하여 가정한 가상의 모멘트이므로 $M_0 = 0$으로 놓는다.

$$\delta_A = \frac{L^3}{24EI_{zz}} (8P + 3qL)$$

자유단의 처짐각은 M_0에 관해서 편미분하면

$$\theta_A = \frac{\partial U}{\partial M_0} = \frac{1}{2EI_{zz}} \int_0^L \frac{\partial M^2}{\partial M_0} dx$$

$$\frac{\partial M^2}{\partial M_0} = 2\left(M_0 + Px + \frac{q}{2} x^2 \right)(1)$$

$$\theta_A = \frac{\partial U}{\partial P} = \frac{1}{EI_{zz}} \int_0^L \left(M_0 + Px + \frac{q}{2} x^2 \right) dx$$
$$= \frac{1}{EI_{zz}} \left(M_0 L + \frac{PL^2}{2} + \frac{qL^3}{6} \right)$$

같은 이유에서 $M_0 = 0$으로 놓으면

$$\theta_A = \frac{L^2}{6EI_{zz}} (3P + qL)$$

수치계산

$$\delta_A = \frac{(2\,\text{m})^3}{24(5 \times 10^3\,\text{kN}/\text{m}^2)} [8(6\,\text{kN}) + 3(4\,\text{kN}/\text{m})(2\,\text{m})]$$
$$= 4.80 \times 10^{-3}\,\text{m} = 4.80\,\text{mm}$$

처짐각

$$\theta_A = \frac{(2\,\text{m})^2}{6(5 \times 10^3\,\text{kN m}^2)} [3(6\,\text{kN}) + (4\,\text{kN}/\text{m})(2\,\text{m})]$$
$$= 3.467 \times 10^{-3}\,\text{rad} = 0.2^\circ$$

예제 7.11 외팔보의 자유단 처짐과 중앙점의 처짐각

길이 L의 외팔보에 하중강도 q의 등분포하중이 작용하고 있다. 자유단의 처짐과 중앙 지점에서의 처짐각을 구하여라.

[풀이]

주어진 조건:

길이 L, 하중강도 q, 굽힘강성 EI_{zz}

탐구사항:

자유단의 처짐, 중앙단면의 처짐각

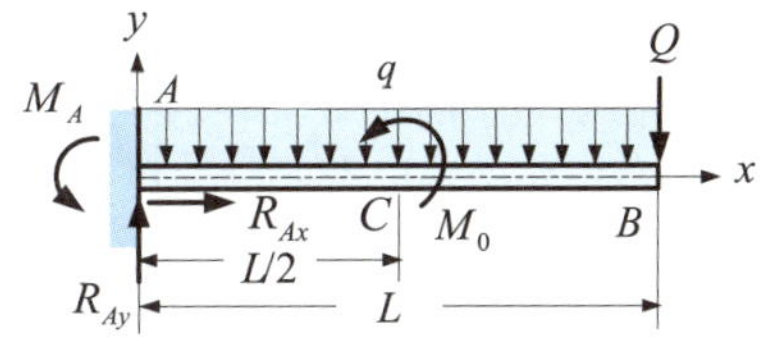

그림 E7.15

탐구내용:

자유단의 처짐을 구하기 위하여 자유단에 가상하중 Q를 작용시킨다.

$$\sum F_y = 0 \ ; \qquad R_{Ay} - qL - Q = 0$$

$$R_{Ay} = qL + Q$$

$$\sum M_A = 0, \ ; \qquad M_A - \frac{qL^2}{2} - QL = 0$$

$$M_A = \frac{qL^2}{2} + QL$$

굽힘모멘트는

$$M = -\left[M_A + R_{Ay}(-x) - qx\left(-\frac{x}{2}\right)\right]$$

$$= -\frac{qL^2}{2} - Q(L-x) + qLx - \frac{qx^2}{2}$$

그러므로 처짐 δ_B는

$$\delta_B = \frac{\partial U}{\partial Q} = \frac{1}{EI_{zz}}\int_0^L M\frac{\partial M}{\partial Q}dx$$

$$= \frac{1}{EI_{zz}}\int_0^L\left[-\frac{qL^2}{2} - Q(L-x) + qLx - \frac{qx^2}{2}\right][-(L-x)]dx$$

적분을 수행하면

$$\delta_B = \frac{L^3}{24EI_{zz}}(8Q + 3qL)$$

$Q=0$으로 놓으면 자유단의 처짐을 얻는다.

$$\delta_B = \frac{qL^4}{8EIzz}$$

중앙 지점의 처짐각을 구하기 위하여 중앙 지점에 가상 모멘트 M_0을 작용시킨다.

$$\sum F_y = 0 \ ; \qquad R_{Ay} - qL = 0 \qquad R_{Ay} = qL$$

$$\sum M_A = 0 \ ; \qquad M_A - \frac{qL^2}{2} + M_0 = 0$$

$$M_A = \frac{qL^2}{2} - M_0$$

굽힘모멘트는

$$M = -\left[M_A + R_A(-x) - qx\left(-\frac{x}{2}\right)\right]$$
$$= -\frac{qL^2}{2} + M_0 + qLx - \frac{qx^2}{2} \qquad (0 \leqq x \leqq L/2)$$
$$M = -\left[M_A + R_A(-x) - qx\left(-\frac{x}{2}\right) + M_0\right]$$
$$= -\frac{qL^2}{2} + qLx - \frac{qx^2}{2} \qquad (L/2 \leqq x \leqq L)$$

그러므로 처짐각 θ_C는

$$\theta_C = \frac{\partial U}{\partial M_0} = \frac{1}{EI_{zz}}\int_0^L M\frac{\partial M}{\partial M_0}dx$$
$$= \frac{1}{EI_{zz}}\int_0^{L/2}\left(-\frac{qL^2}{2} + M_0 + qLx - \frac{qx^2}{2}\right)(1)\,dx$$

적분을 수행하면

$$\theta_C = \frac{1}{EI_{zz}}\left[-\frac{qL^2}{2}x + M_0x + \frac{qL}{2}x^2 - \frac{q}{6}x^3\right]_0^{L/2}$$
$$= -\frac{7qL^3}{48EI_{zz}} + \frac{M_0L}{2EI_{zz}}$$

따라서 중앙지점의 처짐각은 $M_0 = 0$으로 놓아

$$\theta_C = -\frac{7qL^3}{48EI_{zz}}$$

을 얻는다. 여기서 음의 값은 가상모멘트 M_0의 방향과 반대방향으로 처짐각이 발생한다는 것을 의미한다.

예제 7.12 구조물에의 응용

같은 재료, 같은 단면적 A를 갖는 두 세장부재가 그림과 같은 구조를 하고 있다. 점 B에서 발생하는 수평처짐과 수직처짐을 구하여라.

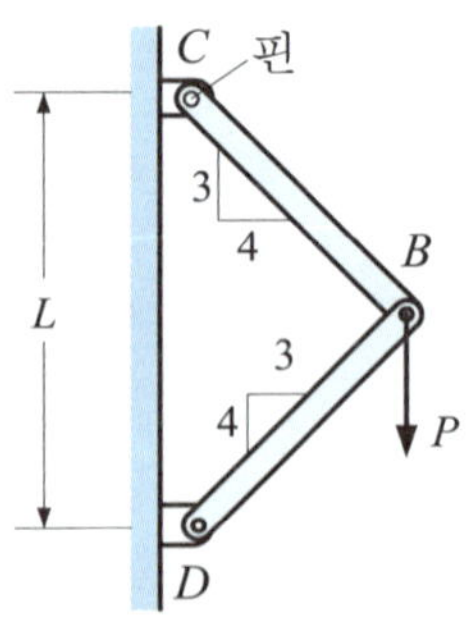

그림 E7.16a

[풀이]

주어진 조건:

재료의 탄성계수 E, 부재 단면적 A, 두 연결핀 사이 거리 L

하중 P, 부재 경사 3 : 4

탐구사항:

B점에 발생하는 수평 및 연직처짐

탐구내용:

수평 처짐을 구하기 위하여 수평방향의 가상하중 Q를 B점에 부가시킨다.

Castigliano 정리는

$$\delta_H = \frac{\partial U}{\partial Q}, \qquad \delta_V = \frac{\partial U}{\partial P}$$

부재의 변형에너지는 식 (7.4.5)로부터

$$U = \frac{1}{2}\int_l \left(\frac{F_{BC}^2}{EA} + \frac{F_{BD}^2}{EA} \right) dx$$

여기서 F_{BC}, F_{BD}는 각각 부재 BC, BD에 발생하는 내력을 나타낸다. 그림에서 F_{BC}, F_{BD}는 모두 인장으로 가정하였다.

이러한 가정하에서 힘의 평형은

$\cos\alpha = \sin\beta = 4/5$, $\sin\alpha = \cos\beta = 3/5$ 이므로

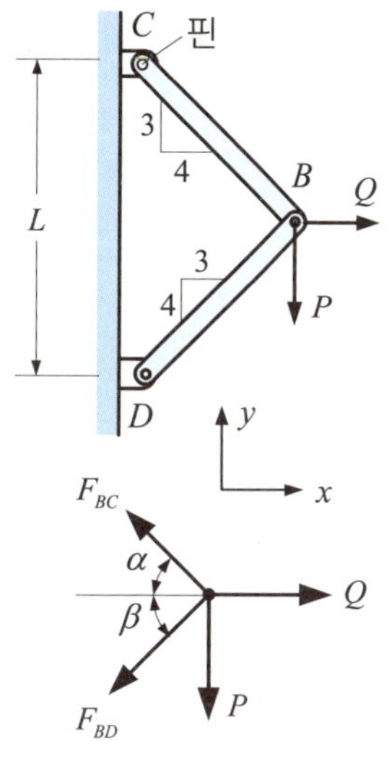

그림 E7.16b

$$-0.8F_{BC} - 0.6F_{BD} + Q = 0$$

$$0.6F_{BC} - 0.8F_{BD} - P = 0$$

이 식으로부터

$$F_{BC} = 0.6P + 0.8Q$$

$$F_{BD} = -0.8P + 0.6Q$$

$$\begin{aligned}
\delta_H &= \frac{1}{EA}\int_l \left(F_{BC}\frac{\partial F_{BC}}{\partial Q} + F_{BD}\frac{\partial F_{BD}}{\partial Q} \right) dx \\
&= \frac{1}{EA}\int_l (0.8\,F_{BC} + 0.6\,F_{BD})\,dx \\
&= \frac{0.8}{EA}(F_{BC} \times L_{BC}) + \frac{0.6}{EA}(F_{BD} \times L_{BD})
\end{aligned}$$

$$L_{BC} = 0.6L, \qquad L_{BD} = 0.8L$$

$$\delta_H = \frac{0.8}{EA}(0.6P + 0.8Q)(0.6L) + \frac{0.6}{EA}(-0.8P + 0.6Q)(0.8L)$$

가상하중 $Q = 0$으로 놓고 정리하면

$$\delta_H = -0.096\frac{PL}{AE}$$

같은 방법으로

$$\delta_V = \frac{\partial U}{\partial P} = \frac{1}{EA}\int_l \left(F_{BC}\frac{\partial F_{BC}}{\partial P} + F_{BD}\frac{\partial F_{BD}}{\partial P}\right) dx$$

$$= \frac{1}{EA}\int_l (0.6\,F_{BC} - 0.8\,F_{BD})\,dx$$

$$= \frac{0.6}{EA}(F_{BC}\times L_{BC}) + \frac{0.8}{EA}(F_{BD}\times L_{BD})$$

L_{BC}, L_{BD}의 값을 대입하고 정리하면

$$\delta_V = \frac{0.6}{EA}(0.6\,P + 0.8\,Q)(0.6L) - \frac{0.8}{EA}(-0.8\,P + 0.6\,Q)(0.8L)$$

$Q = 0$으로 놓고 정리하면

$$\delta_V = 0.728\,\frac{PL}{EA}$$

제7장 굽힘에 의한 보의 처짐

연습문제

7A.1 길이가 L이고 단면이 $b \times h$인 직사각형단면의 단순보에서 중앙에 집중하중 P가 작용할 때 최대처짐에 대한 설명 중 틀린 것은?

[가] 하중에 정비례한다.

[나] 길이의 세제곱에 정비례한다.

[다] 폭 b에 정비례한다.

[라] 탄성계수에 반비례한다.

7A.2 그림과 같이 단면 20cm × 30 cm, 길이 6 m 의 목재로 만들어진 보의 중앙에 20 kN 의 집중하중이 작용할 때 최대처짐 δ_{max}를 구하여라. 단 E = 10 GPa이다.

[가] 8 mm

[나] 6 mm

[다] 2 cm

[라] 1 cm

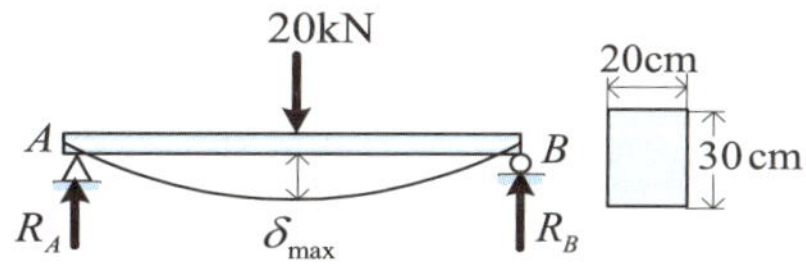

그림 문7A.2

7A.3 다음과 같은 외팔보의 자유단에 집중하중 P가 작용하고 있다. 보 자유단의 처짐은 다음 중 어느 식으로 주어지는가?

[가] $\frac{PL^3}{EI_z}$

[나] $\frac{PL^3}{2EI_z}$

[다] $\frac{PL^3}{3EI_z}$

[라] $\frac{PL^3}{6EI_z}$

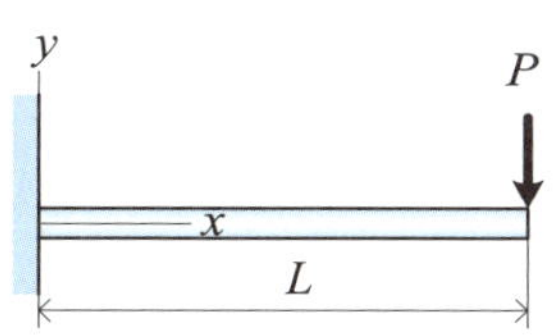

그림 문7A.3

7A.4 길이 2 m 의 단순보의 중앙에 집중하중을 작용시켜 최대처짐이 0.2 cm 로 제한하려면 하중은 얼마로 해야 하겠는가? 단 단면은 원형이며 직경 d = 10 cm 이고, 탄성계수 E = 205 GPa 이다.

[가] 12.1 kN [나] 121 kN

[다] 121×10^2 kN [라] 121×10^3 kN

7A.5 그림과 같이 길이가 L인 외팔보의 한 중앙에 집중하중 P가 작용할 때, 자유단에 생기는 최대처짐을 나타낸 식은? 단, 보의 자중은 무시하고 보의 탄성계수 E, 보 단면의 관성모멘트를 I로 표기한다.

[가] $\dfrac{PL^3}{48EI}$

[나] $\dfrac{5PL^3}{48EI}$

[다] $\dfrac{7PL^3}{48EI}$

[라] $\dfrac{13PL^3}{48EI}$

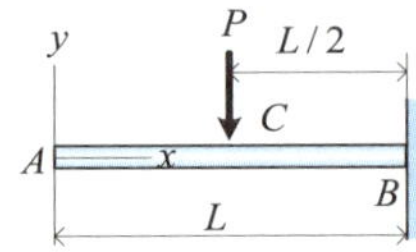

그림 문7A.5

7A.6 단순보의 전장에 걸쳐 등분포하중이 작용할 경우 다음 중 틀린 것은 어느 것인가?

[가] 처짐은 하중강도 q의 크기에 비례한다.

[나] 처짐은 보 높이의 4승에 반비례한다.

[다] 처짐은 보 단면 2차모멘트에 반비례한다.

[라] 처짐은 길이 L의 4승에 비례한다.

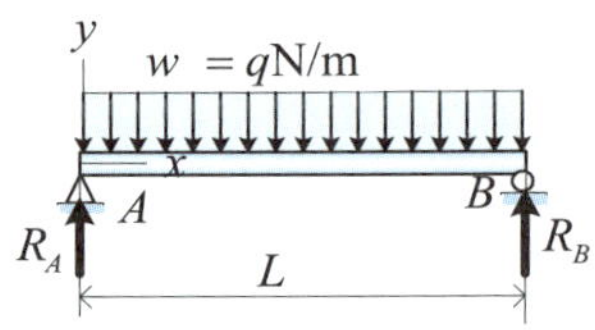

7A.7 하중밀도 w를 탄성곡선의 미계수로 나타낸 것은?

[가] $-EI\dfrac{dy}{dx}$ [나] $EI\dfrac{d^2y}{dx^2}$

[다] $-EI\dfrac{d^3y}{dx^3}$ [라] $EI\dfrac{d^4y}{dx^4}$

7A.8 등분포하중을 받고 있는 길이 3 m인 단순보의 최대처짐을 1 cm로 제한하려면 하중을 몇 kN/m로 해야 하는가? 단, 보의 단면은 한 변의 길이가 10 cm의 정사각형이며 재료의 $E = 205\,\text{GPa}$이다.

[가] 16.8 [나] 16.2

[다] 17.6 [라] 18.5

7A.9 그림과 같은 단순보에서 최대처짐에 대한 설명 중 틀린 것은?

[가] 단면 높이의 제곱에 반비례한다.

[나] L의 삼승에 비례한다

[다] 하중에 정비례한다.

[라] 보의 나비에 반비례한다.

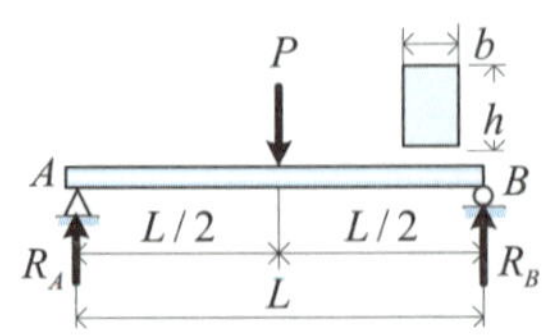

7A.10 하중밀도다 $w=q$인 그림과 같은 외팔보에서 최대처짐은?

[가] $\delta = \dfrac{qL^4}{24EI_z}$　　[나] $\delta = \dfrac{qL^4}{8EI_z}$

[다] $\delta = -\dfrac{qL^4}{24EI_z}$　　[라] $\delta = -\dfrac{qL^4}{8EI_z}$

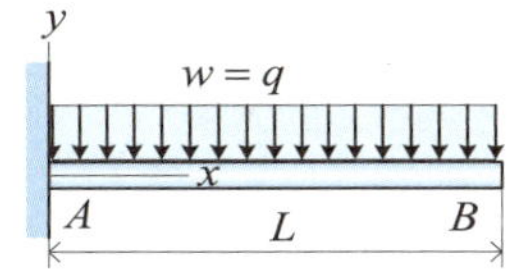

그림 문7A.10

7A.11 스팬 L의 외팔보에 밀도 q의 등분포하중이 작용할 때 처짐 방정식은

$$y = -\frac{qx^2}{24EI_z}(6L^2 - 4Lx + x^2)$$

이다. 스팬 $2L$의 외팔보에 그림과 같이 q의 분포하중이 작용한다. C점의 기울기는?

[가] $\alpha_C = -\dfrac{qL^3}{6EI_z}$

[나] $\alpha_C = \dfrac{qL^3}{6EI_z}$

[다] $\alpha_C = -\dfrac{qL^3}{24EI_z}$

[라] $\alpha_C = \dfrac{qL^3}{24EI_z}$

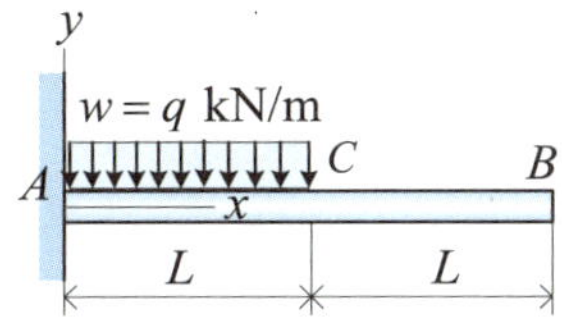

그림 문7A.11

7A.12 문 7A.11에서 자유단 B점의 처짐을 나타내는 식은?

[가] $\delta = \dfrac{qL^4}{24EI_z}$　　[나] $\delta = \dfrac{qL^4}{8EI_z}$

[다] $\delta = -\dfrac{7qL^4}{24EI_z}$　　[라] $\delta = -\dfrac{7qL^4}{8EI_z}$

7A.13 스팬 L의 외팔보에서 $x = L/2$ 지점에 M_0의 우력을 가한다. 구간 CB에서 탄성곡선의 방정식을 세운다. 다음 중 맞는 방정식은?

[가] $EI_z\dfrac{d^2y}{dx} = -M_0(L-x)$

[나] $EI_z\dfrac{d^2y}{dx} = M_0(L-x)$

[다] $EI_z\dfrac{d^2y}{dx} = -M_0$

[라[$EI_z\dfrac{d^2y}{dx} = M_0$

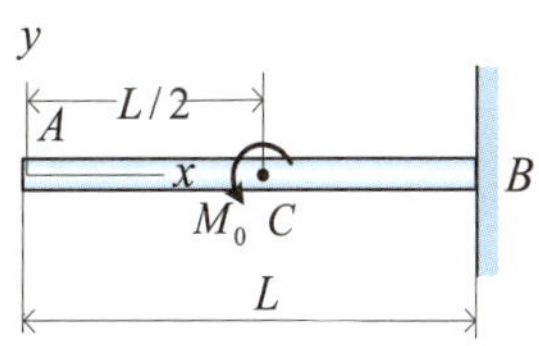

그림 문7A.13

7A.14 문 7A.13과 같은 하중을 받는 외팔보의 처짐을 구하기 위하여 탄성곡선의 방정식을 적분한 후, 적분상수를 구하기 위하여 경계조건을 적용한다. 이 문제에 적합한 경계조건은?

[가] $x = 0$에서 $\dfrac{dy}{dx} = 0,\ y = 0$

[나] $x = L/2$에서 $\dfrac{dy}{dx} = 0,\ y = 0$

[다] $x = L$에서 $\dfrac{dy}{dx} = 0,\ y = 0$

[라] $x = L/2$에서 $\dfrac{dy}{dx} = M_0,\ y = 0$

7A.15 문 7A.13과 같은 하중을 받는 외팔보에서 기울기를 나타내는 식 중 옳은 식은?

[가] $\dfrac{dy}{dx} = \dfrac{M_0}{EI_z}(L-x)$ [나] $\dfrac{dy}{dx} = -\dfrac{M_0 x}{2EI_z}(L-x)$

[다] $\dfrac{dy}{dx} = -\dfrac{M_0}{EI_z}(L-x)$ [라] $\dfrac{dy}{dx} = \dfrac{M_0}{2EI_z}(L-x)$

7A.16 문 7A.13와 같은 하중을 받는 외팔보에서 $x \geqq L/2$에 대하여 탄성곡선의 방정식은

$$y = -\frac{M_0}{2EI_z}(L-x)^2 \qquad x \geqq L/2$$

이다. 자유단 A의 처짐과 기울기는?

[가] $\delta_B = -\dfrac{3M_0L^2}{8EI_z},\ \alpha_B = \dfrac{M_0L}{2EI_z}$ [나] $\delta_B = -\dfrac{3M_0L^2}{8EI_z},\ \alpha_B = -\dfrac{M_0L}{2EI_z}$

[다] $\delta_B = -\dfrac{M_0L^2}{8EI_z},\ \alpha_B = \dfrac{M_0L}{EI_z}$ [라] $\delta_B = -\dfrac{5M_0L^2}{8EI_z},\ \alpha_B = \dfrac{M_0L}{2EI_z}$

[심화문제]

7F.1 하중강도가 q인 등분포하중을 받는 단순지지보의 처짐곡선은 다음과 같이 주어졌다. 굽힘모멘트, 전단력을 구하여라.

$$y = -\frac{qx}{24EI_{zz}}(L^3 - 2Lx^2 + x^3)$$

7F.2 굽힘곡선이 다음과 같이 주어진다. 이 보에 분포되는 하중강도를 구하여라.

$$y = -\frac{q_0 x}{360 L EI_{zz}}(7L^4 - 10L^2x^2 + 3x^4)$$

7F.3 단순지지보의 처짐곡선이 다음과 같이 주어진다. 이 보에 작용하는 하중강도를 구하여라.

$$y = -\frac{q_0 L^4}{\pi^4 EI_{zz}} \sin\frac{\pi x}{L}$$

균일단면보의 처짐(정정문제)

7F.4 단순지지보에 강도 $q = 6\,\mathrm{kN/m}$ 의 등분포하중이 작용한다. 보의 단면이 $30\times 40\,\mathrm{cm}$ 인 목재보라 할 때 최대기울기 $\theta_{\max}$ 와 최대처짐 δ를 구하여라. 단, 목재의 탄성계수는 $E = 10\,\mathrm{GPa}$, 길이는 $4\,\mathrm{m}$ 이다.

7F.5 폭 $165\,\mathrm{mm}$, 높이 $305\,\mathrm{mm}$, 선밀도 $54\,\mathrm{kg/m}$ 의 각봉을 길이$L = 4.5\,\mathrm{m}$ 로 양단에서 단순지지한다. 이 보에 $q = 26\,\mathrm{kN/m}$ 의 등분포하중이 작용될 때 최대처짐을 계산하여라. 단 $E = 200\,\mathrm{GPa}$ 이다.

7F.6 $305\times 165\times 54\,\mathrm{kg}$의 국제보규격의 $I_{zz} = 11686\,\mathrm{cm}^4$ 이다(부록 참조). 이 보 재료로 문제 **7F.4**의 단순지지보를 만들었다면 최대처짐과 좌측단의 처짐각은 얼마가 되겠는가?

7F.7 길이 $3\,\mathrm{m}$, 지름 $d = 20\,\mathrm{cm}$ 의 외팔보 자유단에 $P = 20\,\mathrm{kN}$ 의 집중하중이 작용한다. 최대 처짐각과 최대 처짐을 계산하여라. 단, $E = 200\,\mathrm{GPa}$ 이다.

7F.8 길이 $L = 2\mathrm{m}$, 단면 $b\times h = 125\,\mathrm{mm}\times 175\,\mathrm{mm}$의 외팔보에 $x = 1.2\,\mathrm{m}$에 하중 $P = 160\,\mathrm{kN}$ 이 작용한다. (a) 중앙점의 처짐과 처짐각, (b) 자유단의 처짐과 처짐각을 구하여라. 단, $E = 200\,\mathrm{GPa}$ 이다.

7F.9 그림과 같이 $L = 3\,\text{m}$ 의 외팔보의 우측 반에 $q = 20\,\text{kN/m}$ 의 등분포하중이 작용한다. 보의 굽힘강성이 $EI_{zz} = 100\,\text{MN m}^2$ 이다. 자유단의 처짐과 처짐각을 구하여라.

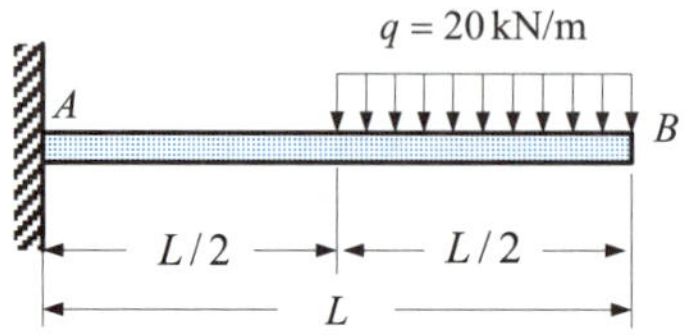

그림 문5.18

적분에 의한 처짐공식 유도

7F.10 그림 문7F.10에 표시한 단순보 AB는 집중하중 P와 모멘트 M_0 을 지지하고 있다. 처짐곡선의 방정식, 처짐각을 구하여라.

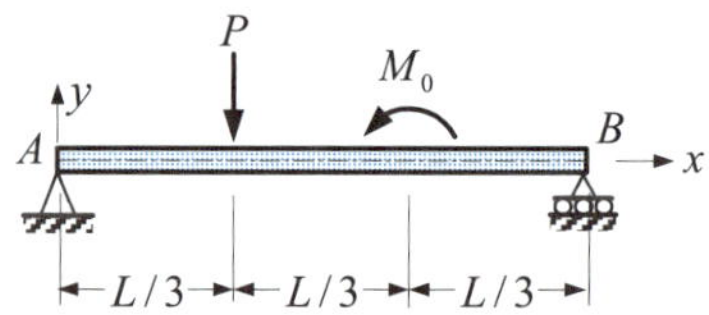

그림 문7F.10

7F.11 길이 L 의 외팔보 자유단에 집중하중 P가 작용한다. 처짐곡선을 유도하고 자유단에서의 처짐과 처짐각을 구하여라.

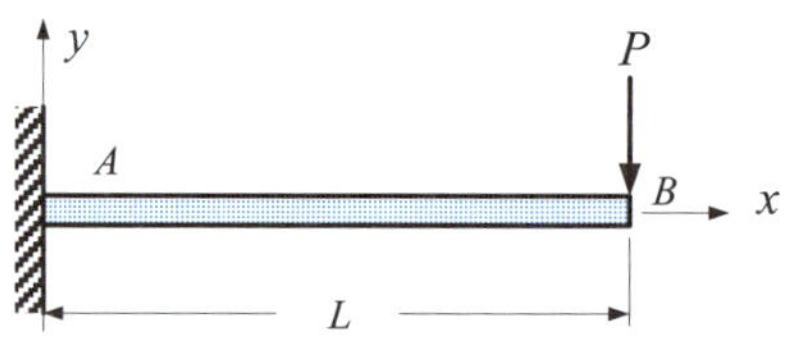

그림 문7F.11

중첩원리

7F.12 그림 문7F.12와 같이 등분점에서 두 개의 집중하중을 받는 외팔보의 자유단의 처짐을 구하여라.

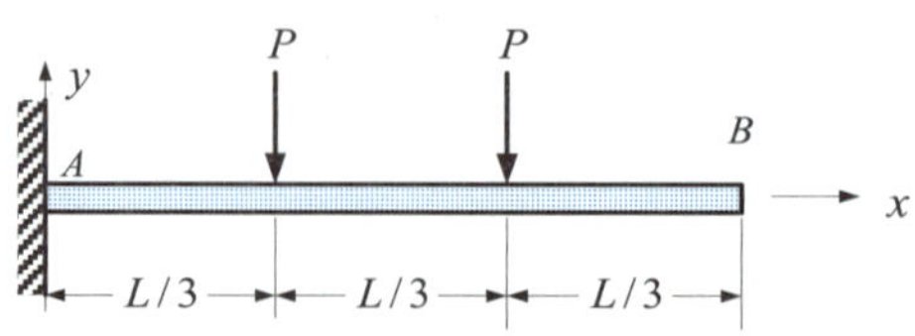

그림 문7F.12

7F.13 그림 문7F.13과 같이 등분점에서 같은 힘의 크기 P가 작용하는 단순지지보의 중앙단면 처짐을 계산하여라.

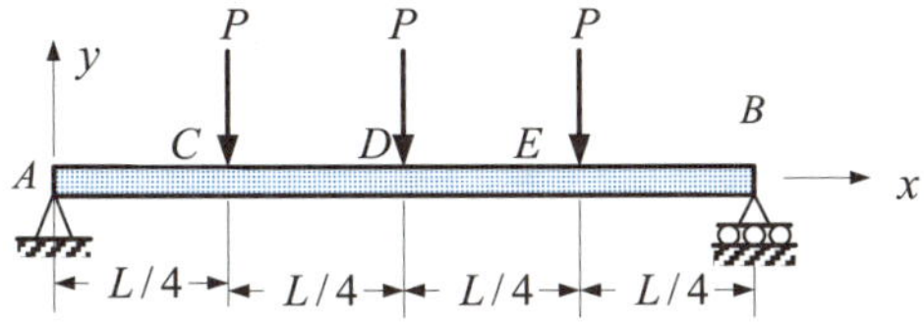

그림 문7F.13

7F.14 중간 $L/3$에 등분포하중 q가 작용하는 외팔보의 자유단 B의 처짐과 처짐각을 계산하여라.

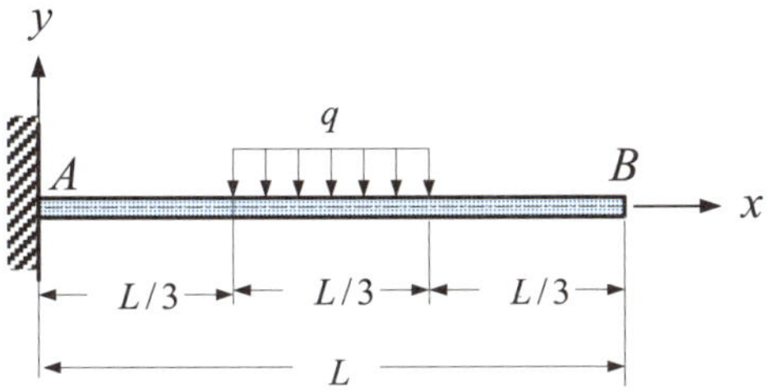

그림 문7F.14

7F.15 돌출보 $ABCD$가 그림과 같이 2개의 집중하중 P와 Q를 받고 있다. (a) 점 D에서 처짐 y_D를 구하고, (b) y_D가 0이 되기 위한 힘의 비 P/Q를 구하여라.

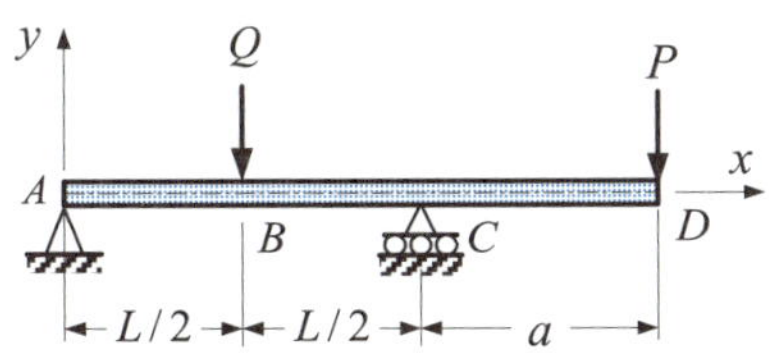

그림 문7F.15

에너지법

7F.16 길이 L, 굽힘강성 EI_{zz}의 단순지지보 AB의 중앙에 집중하중 P가 작용한다. 중앙단면 C의 처짐 y_C와 좌측 지지단의 처짐각 θ_A를 에너지법으로 구하여라.

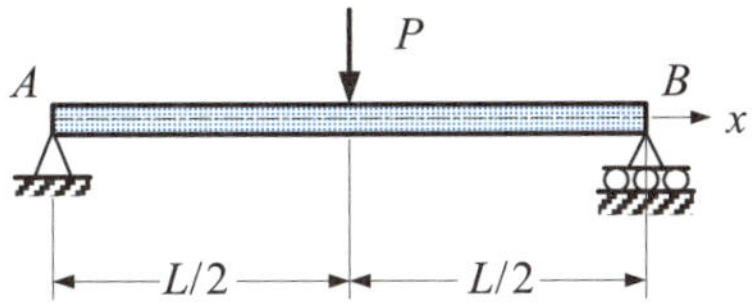

그림 문7F.16

7F.17 등분포하중 q를 받는 외팔보의 자유단 처짐과 처짐각을 구하여라.

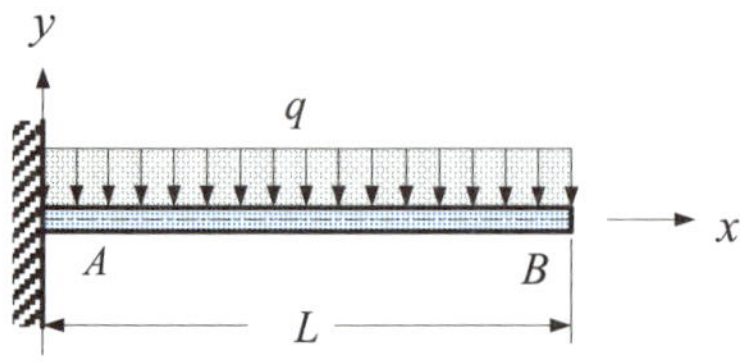

그림 문7F.17

7F.18 B단에서 고정된 외팔보 AB의 자유단 A를 경사진 강선 AC로 지지하고, A점에 연직하중 P를 가하였다. 인장선 AC의 단면적은 A_1, 탄성계수는 E_1이다. 이 인장선에 걸리는 힘 F를 구하여라.

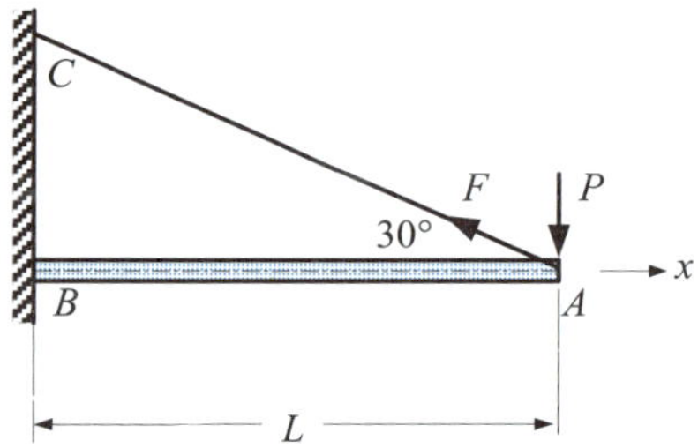

그림 문7F.18

7F.19 트러스 부재가 알루미늄 관으로 구성되어 있고, 단면적은 그림에 표시되어 있다. $E = 70\text{GPa}$일 때 P로 인한 점 C의 처짐을 구하여라.

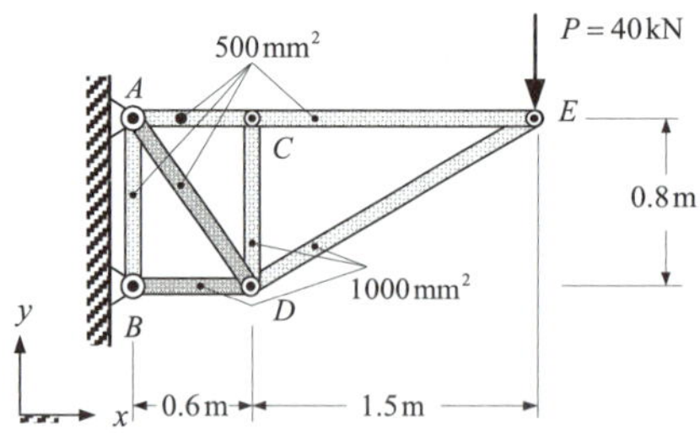

그림 문7F.19

제 8 장 기둥

지금까지는 구조물의 부재나 기계요소에 횡하중이 가해졌을 때 평형상태 하에서의 부재 거동(강도와 변형)을 다루어 왔다. 즉 탄성한계 내에서 부재에 분포되는 응력과, 이 응력으로 인한 변형을 평가할 수 있는 능력을 배양하여 왔다. 그러나 세장부재에는 횡하중 이외에 축하중을 받을 수 있다.

세장부재 중 우리가 흥미를 갖는 것은 압축 축하중을 받는 세장부재의 거동이다. 그리하여 이 장에서는 압축 축하중을 지지하는 균일단면의 세장부재에 발생하는 응력, 변형 및 안정성에 관해서 상세히 기술하기로 한다.

8.1 기둥의 안정과 좌굴

압축 축하중을 받는 구조용 세장부재를 기둥(column)이라 정의한다. 만일 세장부재에 인장력이 가해지면 부재는 신장만이 일어나, 처음에 약간 굽은 부재라 할지라도 반듯이 펴지게 되어 결국 안정한 상태를 그대로 유지하게 된다. 계가 평형상태에 있을 때 약간의 미소교란에 대하여 이 교란이 복원력(復元力 : restoring force)으로 작용해서 그대로 안정평형을 유지할 수 있는 평형을 안정평형(安定平衡 : stable equilibrium), 반대로 미소교란에 대하여 교란이 이원력(離元力 : upsetting force)으로 작용하여 계를 평형위치로부터 멀리 벗어나게끔 가속시키는 평형상태를 불안정평형(不安定平衡 : unstable equilibrium)이라 정의한다. 압축 축하중을 받는 기둥은 주의 깊게 만들어진 반듯한 기둥이라 할지라도 어느 하중을 넘어서면 불안정하게 되어, 급격히 굽어지는 현상이 발생한다. 이와 같이 기둥의 한계현상, 즉 기둥이 갑자기 굽어지는 현상을 기둥의 좌굴(座屈 : buckling)이라 말하고, 좌굴이 발생하는 축하중을 임계하중(臨界荷重 critical load), 혹은 좌굴하중(座屈荷重 : buckling load)이라 한다.

그림 8.1은 힌지된 기둥의 상단에 상수 k인 스프링을 가로질러 기둥을 안정화시킨 모

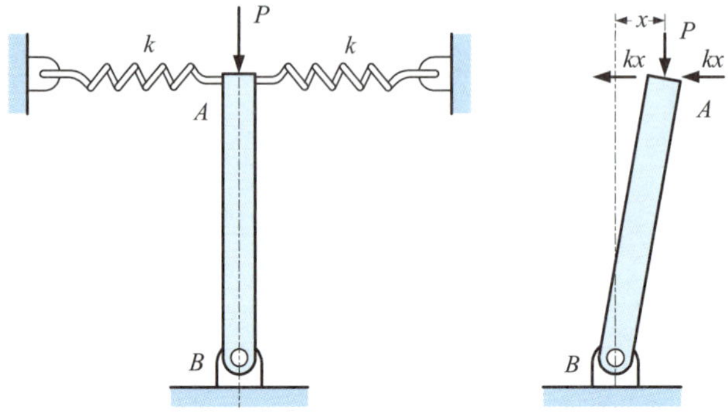

(a) (b)

그림 8.1 스프링에 의하여 안정화된 압축력을 받는 힌지 기둥

형이다. 이 때 가해진 압축 축하중은 거의 기둥 AB에 의하여 견디어진다. 스프링은 단지 AB를 연직으로 세우려는 복원력의 기능을 한다. 그림 (b)와 같이 교란에 의하여 x만큼의 미소변위를 하였다면 한 쌍의 스프링은 $2kx$의 힘을 A에 작용시켜 B에 관하여 복원력(모멘트) $2kLx$를 유발시킨다. 또 하중 P가 B에 관하여 기둥을 회전시키려는 모멘트는 Px이다. 미소 처짐 x에 대한 이 구조물의 안정성은 복원 회전력 $2kLx$와 기둥을 회전시키려는 모멘트 Px 중 어느 것이 더 크냐에 달려 있다. 즉

$$\begin{aligned} Px &< 2kLx \qquad (\text{안정}) \\ Px &> 2kLx \qquad (\text{불안정}) \end{aligned} \tag{8.1.1}$$

이와 같이 스프링은 작은 하중 P에 대하여는 이 지주를 안정하게 평형을 이루게 하나, 큰

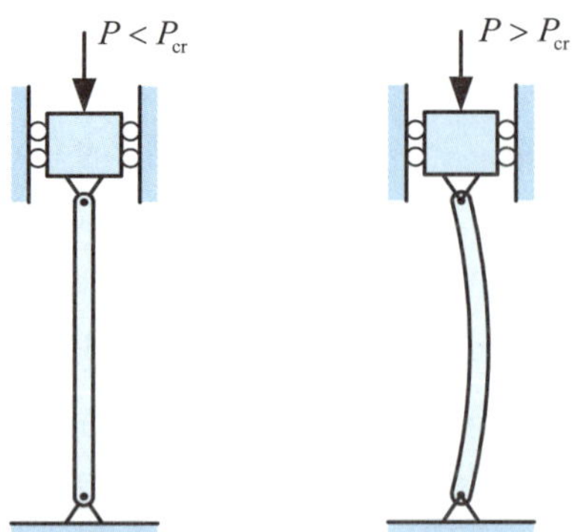

(a) (b)

그림 8.2 핀연결기둥의 좌굴. (a) $P < P_{cr}$ 에서 기둥은 직선을 유지, (b) $P > P_{cr}$에서 기둥은 갑자기 sin곡선으로 굽어진다.(좌굴)

하중에 대하여는 Px가 이원력으로 작용하여 지주를 전도시켜버린다. 다시 말해서 불안정하게 만든다. 그러므로 정의에 의하여 임계하중은

$$P_{cr} = 2kL \tag{8.1.2}$$

이다.

그림 8.2와 같은 양단에서 핀으로 연결된 기둥에 압축 축하중 P가 작용할 때, 하중 P가 어느 값 P_{cr}에 도달하기 전에는 기둥은 그대로 직선을 유지하나, P가 P_{cr}에 도달하면 갑자기 그림 (b)와 같이 sin 곡선을 그리며 굽어진다. 이 현상을 기둥의 좌굴이라 말하며, 이 때 P_{cr}을 좌굴하중이라 말한다. 이 좌굴하중에 관해서는 다음절에서 설명이 될 것이다.

8.2 좌굴의 예

이 절에서는 불안정현상에 대한 몇 가지 사례를 들어 간단히 설명함으로써, 독자로 하여금 좌굴문제를 정성적으로 깊이 이해하는 데 도움을 주고자 한다.

그림 8.3(a)는 두께가 얇고 폭이 깊은 단면을 갖는 외팔보 선단에 횡하중이 작용하는 경우를 그려 놓은 그림이다. 하중 P가 임계값 P_{cr}에 달할 때까지는 단면을 그대로 유지하면서, 앞 절에서 공부한 굽힘이론을 따라 처짐을 가지나, 임계값 P_{cr}을 넘어서면 평형이 불안정하게 되어, 우발적인 측면하중이라든가 진동과 같은 작은 교란에 대하여 보가 갑자기 비틀어지면서 굽어지는 현상이 발생한다.

그림 8.3(b)에는 압축하중을 받고 있는 유연한 장주(기둥)를 표시하여 놓았다. P의 작은 값에 대하여는 장주는 직선이 그대로 유지되고, 균일하게 압축된다. 만일 P가 임계값 P_{cr}보다 크게 되면 연직으로 서있는 장주의 상태가 불안정하게 되어, 작은 교란에 대하여 좌굴한다.

맥주캔과 같이 두께가 얇은 박판으로 만들어진 원통에 축방향으로 압축하중을 가할 때,

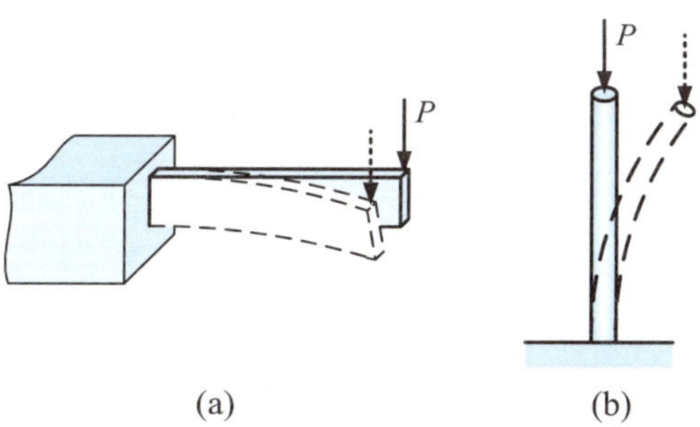

그림 8.3 두께가 얇은 외팔보와 장주의 좌굴. (a) 두께가 얇고 높이가 깊은 보의 비틀림-굽힘좌굴, (b) 압축하중에 의한 장주의 좌굴

P의 작은 값에 대하여 원통벽은 그대로 원통형상을 유지하면서 축방향으로 압축되나, P의 값이 좌굴하중을 넘으면 원통벽이 쭈그러지면서 좌굴된다.

얇은 두께의 원통이 비틀림모멘트를 받을 때에도 같은 현상이 발생한다. 모멘트가 어느 값 이하에서는 원통형상을 그대로 유지하면서 비틀어지나, 어느 값 이상이 되면 원통벽이 파형상(波形狀)으로 뒤틀리면서 갑작스런 변형으로 진행한다. 이 때 파형의 물마루는 원통축과 45°의 각을 이루는 나선(helix)을 따라 놓이게 된다.

장축이 비틀림모멘트를 받을 때에도 좌굴이 발생한다. 비틀림모멘트가 작은 경우에는, 축의 축선은 본래의 직선을 그대로 유지하면서 균일하게 비틀리나, 모멘트 T가 어떤 임계값보다 커지면 직선형상은 불안정하게 되어 작은 교란에 의하여 축은 나선형의 공간곡선 모양으로 굽어지면서 비틀린다.

구조물 부재의 좌굴은 이것 이외에 과도한 처짐에 의한 좌굴 등 많이 있을 수 있으나 일일이 전부 예를 든다는 것은 매우 어려운 일이다. 여러분들은 이 정도의 예로서 좌굴에 관한 정성적 개념을 이해하였으리라 믿고, 기둥의 좌굴조건을 살펴보기로 한다.

8.3 기둥의 좌굴하중

지금까지의 공부에서 여러분들은 좌굴의 물리적 개념과 현상을 이해하였고, 하중이 어떤 임계값에 미치지 못한 상태에서는 원래의 형상을 유지하나, 임계값을 넘어서면 좌굴이 발생한다는 것도 알았다. 이제 기둥을 설계하는 데 있어 우리가 알아야 할 사항은 기둥 양단 지지조건에 따른 임계하중(좌굴하중)의 크기이다. 이 문제는 고유치문제(固有値問題 : eigenvalue problem)이다. 이 문제는 이 책의 범주를 벗어나는 문제이므로 본문에서는 다루지 않고, 결과만을 익히는 방향으로 기술하기로 한다.

8.3.1 압축 축하중을 받는 기둥

기둥 중심선방향으로 압축 축하중을 받는 기둥의 좌굴문제는 스위스의 수학자 Leonhard Euler(1707～1783)가 자유단을 갖는 고정기둥에 처짐곡선방정식 식 (5.5.6)을 적용하여(참고사항 참조) 1744년 최초로 해석하였다. Euler의 해석에 의하여 얻어진 기둥의 좌굴하중에 관한 결과를 요약하면 다음과 같다.

$$P_{\mathrm{cr}} = n\frac{\pi^2 E I_{zz}}{L^2} \tag{8.3.1}$$

그림 8.4 비틀림 좌굴

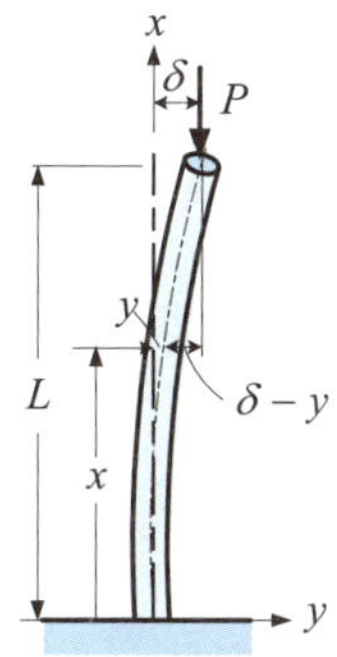

그림 8.5 자유단을 갖는 고정 기둥의 변형

여기서			
	P_{cr} =	임계하중 혹은 좌굴하중	[N]
	E =	탄성계수	[N/m^2 = Pa]
	I_{zz} =	중립축에 관한 단면관성모멘트	[m^4]
	L =	기둥 길이	[m]
	n =	고정계수	[−]

특히 식 (8.3.1)로 주어지는 좌굴하중을 Euler가 최초로 제창하였다는 의미에서 Euler의 좌굴하중(Euler's buckling load)이라 말한다.

고정계수(固定係數 : fixity coefficient)는 기둥 양단의 지지조건에 따라 결정되는 무차원계수로서 표 8.1에 소개하였다.

표 8.1 고정계수

1단 고정 타단 자유	양단 회전	1단 고정 타단 회전	양단 고정
$n = 1/4$	$n = 1$	$n = 2.046$	$n = 4$
 	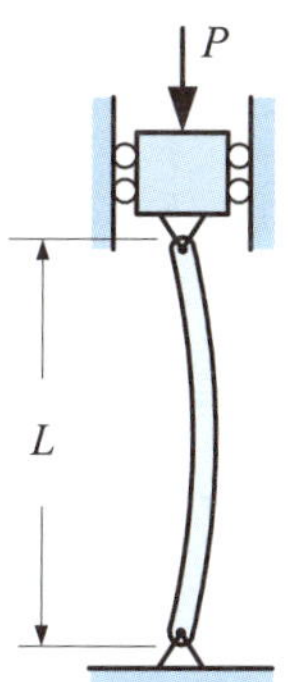 	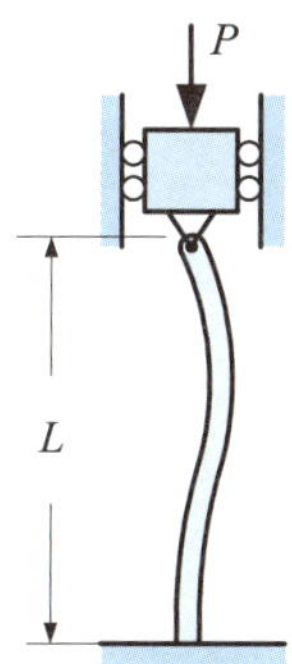 	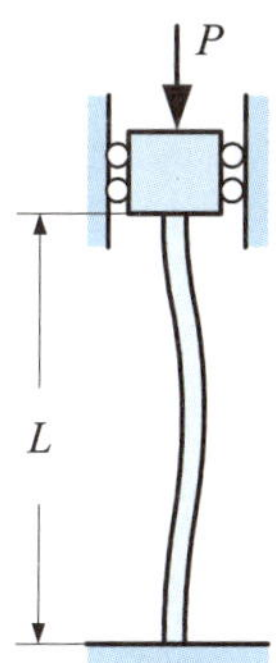

기둥에 가해지는 하중 P와 양단 지지조건이 주어지면 기둥의 안정, 불안정의 판단은 다음 수순을 밟아 행한다.

1. 기둥의 기하학과 지지조건으로부터 식 (8.3.1)을 사용하여 좌굴하중을 계산한다.
2. 좌굴하중 P_{cr}이 얻어지면 기둥의 안정성은 다음과 같이 판정한다.

   $P < P_{cr}$이면, 이 기둥은 곧은 상태이든 약간 굽은 상태이든 그대로 그 형태를 유지하면서 안정된 평형상태에 있다. 그러므로 미소 교란이 있다 하더라도 그대로 안정평형을 유지한다.

   $P = P_{cr}$이면, 이 기둥은 곧은 형태이든 약간 굽은 형태이든 중립평형 상태에서 그대로 평형을 이룬다. 역시 미소교란에 대하여 안정하다. 그러나 이 상태는 임계상태이므로 교란의 강도가 어느 한계를 넘으면 불안정 영역으로 천이된다.

   $P > P_{cr}$이면, 기하학적으로 곧은 기둥은 그대로 직선형태를 유지하나, 이 평형은 불안정평형이다. 그러므로 직선상태를 그대로 유지하다가도 미소교란이 생기면 기둥은 즉시 좌굴을 일으킨다.

좌굴하중 P_{cr}을 기둥의 단면적 A로 나눈 것을 Euler의 좌굴응력(座屈應力 : Euler's buckling stress)이라 말하고, 다음과 같이 표시한다.

$$\sigma_{cr} = \frac{P_{cr}}{A} = n\frac{\pi^2 EI_{zz}}{AL^2} \tag{8.3.2}$$

여기에 단면 회전반경(斷面回轉半徑 : radius of gyration of area)

$$k = \sqrt{\frac{I_{zz}}{A}} \tag{8.3.3}$$

을 도입하면 좌굴응력은

$$\sigma_{cr} = n\frac{\pi^2 EI_{zz}}{AL^2} = n\frac{\pi^2 E}{(L/k)^2} = \frac{\pi^2 E}{\left(\dfrac{L}{\sqrt{n}\,k}\right)^2} \tag{8.3.4}$$

와 같이도 쓸 수 있다. 여기서 L/k을 세장비(細長比 : slenderness ratio), $L/\sqrt{n}\,k$을 상당세장비(相當細長比 : equivalent slenderness ratio)라 말한다. 상당세장비는 동일 좌굴하중을 부여하는 양단회전 기둥으로 환산한 세장비이다.

$$\text{세장비} \qquad \lambda = \frac{L}{k} \tag{8.3.5}$$

$$\text{상당세장비} \qquad \lambda_e = \frac{L}{\sqrt{n}\,k} \tag{8.3.6}$$

좌굴하중을 다음과 같이도 표시할 수 있다.

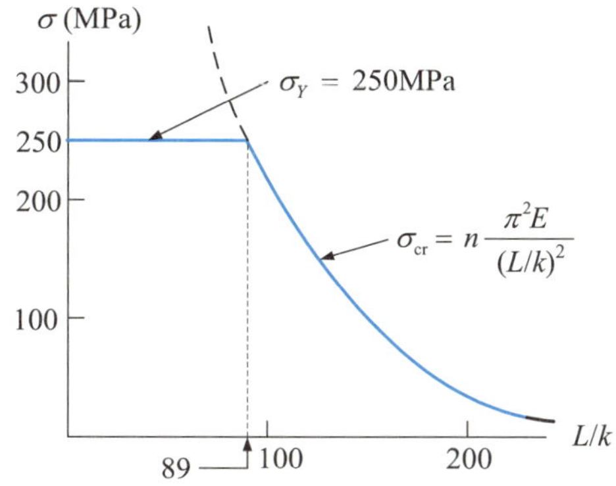

그림 8.6 세장비 대 좌굴하중 선도($E = 200\,\text{GPa}\,\sigma_Y = 250\,\text{MPa}$)

$$P_{cr} = n\frac{\pi^2 E I_{zz}}{L^2} = n\frac{\pi^2 EA}{\lambda^2} = \frac{\pi^2 EI_{zz}}{(L/\sqrt{n}\,)^2} = \frac{\pi^2 EI_{zz}}{L_B^2} \tag{8.3.7}$$

여기서

$$L_B = \frac{L}{\sqrt{n}} \tag{8.3.8}$$

를 좌굴길이(buckling length)라 하고, 동일 좌굴하중을 부여하는 양단회전 기둥의 길이에 해당한다.

식 (8.3.4)에 의하면 좌굴응력은 재료의 탄성계수 E에 비례하고 기둥의 세장비의 제곱에 반비례한다. 그러므로 세장비가 적은 짧은 기둥에 대해서는 Euler의 좌굴응력이 급격히 커져, 재료의 항복강도를 넘어서기 때문에 이 식으로 계산한 응력보다 낮은 응력에서 소성이나 취성에 의한 비탄성좌굴(非彈性座屈 : inelastic buckling)을 일으킨다. 그림 8.6은 $E = 200\,\text{GPa}$, 항복강도 $\sigma_Y = 250\,\text{MPa}$의 구조용 강에 대한 $\sigma_{cr} \sim L/k$ 선도를 예시한 그림이다. 그림에서 세장비가 89 이하에서는 식 (8.3.2)로 계산한 Euler 좌굴강도가 항복강도보다 높아져 기둥이 압축으로 인한 좌굴 이전에 비탄성적으로 되어, 비탄성좌굴을 한다. 표 7-2는 세장비의 한계값이다. 주어진 문제의 세장비가 표에 주어진 값보다 작으면 Euler 공식의 사용은 의미를 상실한다.

지금까지의 논리는 기둥이 기하학적으로 직선이라는 가정을 둔 이론이다. 그러나 실제 기둥은 좌굴에 미치는 많은 인자를 내포한다. 완전한 직선이 아니라던가, 재료에 결함이 있다던가 하는 등의 요인을 내포한다. 그러므로 실제 기둥에서는 항복강도 이하에서 좌굴이 발생할 수도 있다. 보다 상세한 설계수순에 관해서는 다음 절에서 설명하기로 한다.

표 8.2 세장비의 한계값

재 료	주 철	연 철	여 강	경 강	목 재
세장비	70	115	102	95	56

참고사항(Euler 공식)

1단 고정 타단 자유단을 갖는 기둥의 좌굴하중을 구하여 본다.
그림 8.5를 참조하면 x 단면의 굽힘모멘트는

$$M = P(\delta - y)$$

이므로 기둥의 처짐곡선의 미분방정식은

$$EI_{zz}\frac{d^2y}{dx^2} = P(\delta - y)$$

이 방정식을 정리하면

$$\frac{d^2y}{dx^2} + \alpha^2 y = \alpha^2\delta \qquad \text{여기서} \quad \alpha^2 = \frac{P}{EI_{zz}}$$

이 방정식의 해는

$$y = C_1 \sin\alpha x + C_2 \cos\alpha x + \delta \tag{E.1}$$

적분상수 C_1, C_2는 경계조건

$$x = 0\text{에서} \qquad y = 0 \qquad ; \ C_2 = -\delta$$

$$x = 0\text{에서} \qquad \frac{dy}{dx} = 0 \quad ; \quad C_1 = 0$$

이 값을 식 (E.1)에 대입하면 해는

$$y = \delta(1 - \cos\alpha x)$$

이 해는 기둥 자유단 $x = L$ 에서 $y = \delta$ 의 적합조건을 충족시켜야 하므로

$$\cos\alpha L = 0 \tag{E.2}$$

식 (E.2)가 성립할 조건은

$$\alpha L = \frac{\pi}{2} + m\pi = \frac{\pi + 2m\pi}{2} \qquad m = 0.\ 1,\ 2,\ \ldots$$

이다. 좌굴 과정에서 제일 먼저 일어나는 형상은 $m = 0$에 대응하는 곡선이다. 이 곡선을 제1모드(first mode)라 한다. 제1모드에 대하여

$$\alpha = \frac{\pi}{2L}, \quad \text{혹은} \quad \sqrt{\frac{P}{EI_{zz}}} = \frac{\pi}{2L} \tag{E.3}$$

식 (E.3)으로 주어지는 α를 고유치(eigenvalue), $\cos(\pi x/2L)$을 고유함수 (eigenfunction)라 말한다.
식 (E.3)은 좌굴조건을 의미하므로 좌굴하중은 이 식을 변형하여

$$P_{cr} = \frac{1}{4}\frac{\pi^2 EI_{zz}}{L^2} \tag{E.4}$$

을 얻는다. 여기서 계수 1/4은 지지조건에 따라 변하는 계수이다. 이 계수를 고정계수라 말하고, 모든 지지조건에 적용할 수 있는 식을 만들기 위하여 n으로 표기하고 Euler의 좌굴하중을

$$P_{cr} = n\frac{\pi^2 EI_{zz}}{L^2} \tag{8.3.1}$$

로 대표한다.

예제 8.1 Euler의 좌굴하중

하단 고정, 상단 자유단을 갖는 주철제 기둥이 있다. 이 기둥의 길이는 5 m, 단면 지름은 15 cm 이다. 이 기둥의 좌굴하중, 좌굴응력, 상당세장비, 좌굴길이를 구하여라. 단, 탄성계수는 $E = 70$ GPa 이다.

[풀이]

주어진 조건:

$L = 5$ m, $d = 15$ cm, $E = 70$ GPa

탐구사항:

Euler의 좌굴하중, 좌굴응력, 상당세장비, 좌굴길이

탐구내용:

주철의 경우 $\lambda > 70$ 이어야 하므로

$$k = \sqrt{\frac{I_{zz}}{A}} = \sqrt{\frac{\pi d^4/64}{\pi d^2/4}} = \frac{d}{4} = \frac{0.15\,\text{m}}{4} = 0.0375\,\text{m}$$

$$\lambda = \frac{L}{k} = \frac{5\,\text{m}}{0.0375\,\text{m}} = 133 > 70$$

Euler 공식의 적용이 가능하다.

좌굴하중;

표 7-2로부터 고정계수 $n = 1/4$ 를 적용하면

$$P_{\text{cr}} = n\frac{\pi^2 EA}{\lambda^2} = \frac{1}{4}\frac{\pi^2(70\times10^9\,\text{Pa})(\pi/4)(0.15\,\text{m})^2}{133^2}$$

$$= 1.725\times10^5\,\text{N} = 172.5\,\text{kN}$$

좌굴응력

$$\sigma_{\text{cr}} = \frac{P_{\text{cr}}}{A} = \frac{172.5\,\text{kN}}{(\pi/4)(0.15\text{m})^2} = 9.76\,\text{MPa}$$

상당세장비

$$\lambda_e = \frac{L}{\sqrt{n}\,k} = \frac{\lambda}{\sqrt{n}} = \frac{133}{\sqrt{1/4}} = 266$$

좌굴길이

$$L_B = \frac{L}{\sqrt{n}} = \frac{5\,\text{m}}{\sqrt{1/4}} = 10\,\text{m}$$

예제 8.2 Euler의 좌굴공식

$a \times b = 18\ \text{cm} \times 16\ \text{cm}$ 의 사각형단면을 갖는 길이 3 m의 나무기둥이 1단 고정 타단 회전지지를 한다. 안전율을 $S = 5$ 로 할 때 가할 수 있는 안전하중은 최대 얼마인가? 단 $E = 11\ \text{GPa}$ 이다.

[풀이]

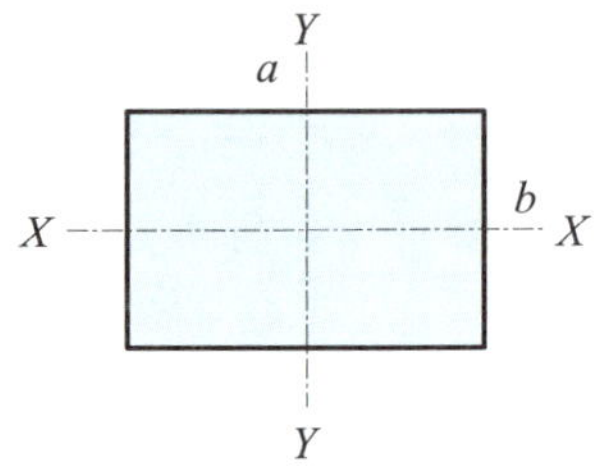

그림 E8.2

주어진 조건:

변의 길이 $a \times b = 18\ \text{cm} \times 16\ \text{cm}$,

기둥의 길이 $L = 3\ \text{m}$, 안전율 $S = 5$

$E = 11\ \text{GPa}$

탐구사항:

최대 안정하중

탐구내용:

$$I_{XX} = \frac{ab^3}{12} = \frac{(0.18\,\text{m})(0.16\,\text{m})^3}{12} = 6.144 \times 10^{-5}\,\text{m}^4$$

$$I_{YY} = \frac{ba^3}{12} = \frac{(0.16\,\text{m})(0.18\,\text{m})^3}{12} = 7.776 \times 10^{-5}\,\text{m}^4$$

$I_{YY} > I_{XX}$ 이므로, I_{XX}를 기준으로 설계한다.

$$A = 0.18\,\text{m} \times 0.16\,\text{m} = 0.0288\,\text{m}^2$$

$$k = \sqrt{\frac{I_{XX}}{A}} = \sqrt{\frac{6.144 \times 10^{-5}\,\text{m}^4}{0.0288\,\text{m}^2}} = 0.0462\,\text{m}$$

$$\lambda = \frac{L}{k} = \frac{3\ \text{m}}{0.0462\,\text{m}} = 64.96 > 60$$

Euler 공식의 적용이 가능하다. 식 (8.3.7)로부터

$$P_{\text{cr}} = n\frac{\pi^2 EA}{\lambda^2} = 2.046\frac{\pi^2(11 \times 10^9\,\text{Pa})(0.0288\,\text{m}^2)}{64.96^2}$$

$$= 1.516 \times 10^6\ \text{N} = 1516\ \text{kN}$$

안정하중

$$P = \frac{P_{\text{cr}}}{S} = \frac{1516\,\text{kN}}{5} = 303\,\text{kN}$$

예제 8.3 기둥 단면의 결정

길이 2 m이고 양단이 핀으로 연결된 정사각형 단면의 목재기둥이 있다. $E = 12.5\,\text{GPa}$, 나무결에 평행한 허용압축응력 $\sigma_a = 12\,\text{MPa}$, Euler의 좌굴하중을 계산할 때 안전계수 2.5를 사용하여 이 기둥이 하중 100 kN과 200 kN을 각각 안전하게 지지하기 위한 기둥단면의 치수를 결정하여라.

[풀이]

주어진 조건:

$L = 2\,\text{m}$, $E = 12.5\,\text{GPa}$, 허용압축응력 $\sigma_a = 12\,\text{MPa}$, 안전계수 2.5

하중 100 kN과 200 kN

탐구사항:

하중 100 kN과 200 kN에 대한 단면치수

탐구내용:

(a) 하중 100 kN 에 대하여:

안전계수가 2.5 이므로 하중100 kN 에 대한 좌굴하중은

$$P_{cr} = 2.5 \times 100\text{ kN} = 250\text{ kN}$$

Euler 공식으로부터, $n = 1$ 이므로

$$I_{zz} = \frac{P_{cr} L^2}{\pi^2 E} = \frac{(250\,\text{kN})(2\,\text{m})^2}{\pi^2 (12.5 \times 10^6\,\text{kPa})} = 8.106 \times 10^{-6}\,\text{m}^4$$

한 변의 길이가 a 인 정사각형단면에 대하여 $I_{zz} = a^4/12$ 이므로

$$\frac{a^4}{12} = 8.106 \times 10^{-6}\,\text{m}^4$$

로부터

$$a = 0.0993\,\text{m} = 100\,\text{mm}$$

회전반경은

$$k = \sqrt{\frac{8.106 \times 10^{-6}\,\text{m}^4}{(0.100\text{m})^2}} = 0.0285\,\text{m}$$

세장비검토

$$\lambda = \frac{L}{k} = \frac{2\text{m}}{0.0285\,\text{m}} = 70 > 56$$

Ruler공식 사용이 가능하다.

이 기둥의 수직응력을 검사해보면

$$\sigma = \frac{P}{A} = \frac{100\,\text{kN}}{(0.100\text{m})^2} = 10\,\text{MPa} < 12\,\text{MPa}$$

이므로 안정하다.

(b) 하중 200 kN 에 대하여

$$P_{cr} = 2.5 \times 200 \text{ kN} = 500 \text{ kN}$$

을 대입하면

$$I_{zz} = \frac{P_{cr} L^2}{\pi^2 E} = \frac{(500 \text{ kN})(2 \text{ m})^2}{\pi^2 (12.5 \times 10^6 \text{ kPa})} = 16.21 \times 10^{-6} \text{ m}^4$$

$$\frac{a^4}{12} = 16.21 \times 10^{-6} \text{ m}^4$$

$$a = 118.1 \text{ mm}$$

이 기둥의 수직응력은

$$\sigma = \frac{P}{A} = \frac{200 \text{ kN}}{(0.1181 \text{ m})^2} = 14.34 \text{ MPa} > 12 \text{ MPa}$$

허용응력보다 크므로 구한 치수로는 하중을 안정하게 지지할 수 없다. 그러므로 단면은 허용응력을 기준하여 다시 결정하여야한다.

$$A = \frac{P}{\sigma_a} = \frac{200 \text{ kN}}{12 \times 10^3 \text{ kPa}} = 0.01667 \text{ m}^2$$

$$a = \sqrt{0.01667 \text{ m}^2} = 0.129 \text{ m} = 129 \text{ mm}$$

예제 8.4 4각형단면 기둥의 단면 결정

길이 L이고 사각형 단면을 하는 기둥이 하단에서 고정, 상단에서 변이 긴 면에 따라 그림과 같이 속박되어 있다. (a) 좌굴에 대하여 가장 효과적인 단면의 두 변의 비 b/a를 결정하여라. (b) $L = 500$ mm, $E = 70$ GPa, $P = 20$ kN 이고 안전계수 $S = 2.5$로 할 때 가장 효과적인 단면을 설계하여라.

[풀이]

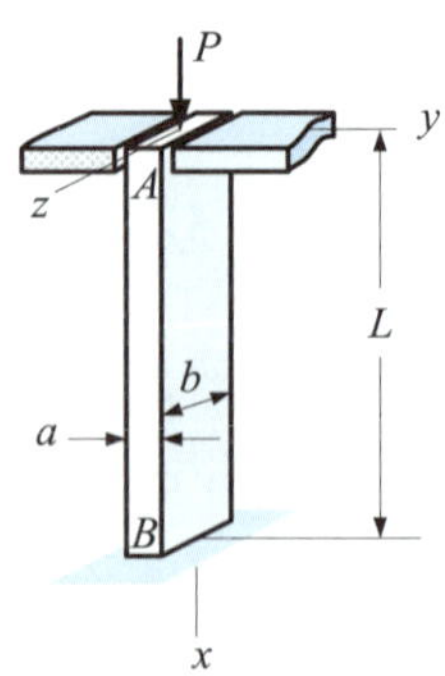

그림 E8.4

주어진 조건:

$L = 500$ mm, $E = 70$ GPa, $P = 20$ kN, $S = 2.5$

탐구사항:

가장 효과적인 단면 b/a의 계산

탐구내용:

$x-y$ 평면에서의 좌굴:

1단 고정, 타단 회전으로 생각할 수 있으므로

$$n = 2.046$$

회전반경

$$I_{zz} = \frac{ba^3}{12}, \quad A = ab$$

로부터

$$k_z = \sqrt{\frac{I_{zz}}{A}} = \sqrt{\frac{ba^3/12}{ab}} = \frac{a}{\sqrt{12}}$$

세장비

$$\lambda_z = \frac{L}{k_z} = \frac{\sqrt{12}\,L}{a}$$

좌굴하중은

$$P_{\mathrm{cr\,z}} = n\frac{\pi^2 EA}{\lambda_z^2} = 2.046\frac{\pi^2 EA}{12L^2/a^2} \tag{E.1}$$

$x-z$ 평면에서의 좌굴: 1단 고정, 타단 자유단으로 생각할 수 있으므로 $n = 1/4$
회전반경

$$I_{yy} = \frac{ab^3}{12}, \quad A = ab$$

로부터

$$k_y = \sqrt{\frac{I_{yy}}{A}} = \sqrt{\frac{ab^3/12}{ab}} = \frac{b}{\sqrt{12}}$$

세장비

$$\lambda_y = \frac{L}{k_y} = \frac{\sqrt{12}\,L}{b}$$

좌굴하중은

$$P_{\mathrm{cr\,y}} = n\frac{\pi^2 EA}{\lambda_z^2} = \frac{1}{4}\frac{\pi^2 EA}{12L^2/b^2} \tag{E.2}$$

(a) 가장 효과적인 단면이 되려면 $x-y$ 면이나, $x-z$ 에서 같은 좌굴하중을 가져야 한다.

$$2.046\frac{\pi^2 EA}{12L^2/a^2} = \frac{1}{4}\frac{\pi^2 EA}{12L^2/b^2}$$

$$2.046\,a^2 = 0.25\,b^2, \quad b/a = 2.86$$

이 문제는 상당세장비가 같게끔 설계하는 문제로 귀착한다.

$$\frac{L}{\sqrt{n_z}\,k_z} = \frac{L}{\sqrt{n_y}\,k_y}, \quad \frac{L}{\sqrt{2.046}\,(a/12)} = \frac{L}{\sqrt{1/4}\,(b/12)}$$

$$\frac{b}{a} = \frac{\sqrt{2.046}}{\sqrt{1/4}} = 2.86$$

(b) 안전계수가 $S = 2.5$ 이므로

$$P_{cr} = SP = (2.5)(20\,\text{kN}) = 50\,\text{kN}$$

$b = 2.86a$, $A = ab = 2.86a^2$ 을 식 (E.1)에 대입하면

$$50\,\text{kN} = 2.046\frac{\pi^2 EA}{12L^2/a^2} = 2.046\frac{\pi^2(70\times10^6\,\text{kPa})(2.86a^2)}{12(0.5\,\text{m})^2/a^2}$$

이 방정식을 풀면

$$a = 13.9\,\text{mm}, \quad b = 2.86\times13.9\,\text{mm} = 39.8\,\text{mm}$$

8.3.2 편심 축하중을 받는 기둥(Secant 공식)

지금까지는 기둥이 기하학적으로 완전한 직선모양을 하고, 하중의 작용선이 완전히 축심과 일치한다는 가정에서 이상적인 기둥만을 다루어 왔다. 이러한 기둥은 좌굴하중 이하에서는 미소교란이 가해지더라도 그대로 직선상을 유지하면서 안정평형을 이루나, 좌굴하중을 넘어서면 비록 직선상을 유지한다 하더라도 외부교란에 대하여 평형을 유지하지 못하고 급격한 변형, 즉 좌굴이 일어난다는 것도 아울러 말하였다.

실제 기둥은 기하학적으로 완전한 직선일 수 없다. 그리고 하중도 완전히 축심과 일치하지 않고 어떤 편심을 갖고 작용하는 것이 일반적이다. 그러므로 이러한 기둥을 설계할 때에는 안정평형상태에서 직선을 유지할 수 있는 한계하중을 찾는 것이 아니고, 응력이 허용응력을 초과하지 않는 범위내에서, 최대 처짐 $y_{\max}$가 허용할 수 있는 한계 내의 하중조건을 찾는 일이다.

지금 기둥에 축하중 P가 축심과 e의 편심을 가지고 작용한다고 가정하면, 이러한 하중이 주는 효과는 축심에 P의 축하중과 $M_0 = Pe$의 모멘트가 동시에 작용하는 기둥으로 유추시킬 수 있다. 그러므로 기둥에 발생하는 압축응력은 축하중 P에 의한 P/A와 굽힘에 의한 굽힘응력 $M_{\max}/Z$(제5장 참조)의 합이다.

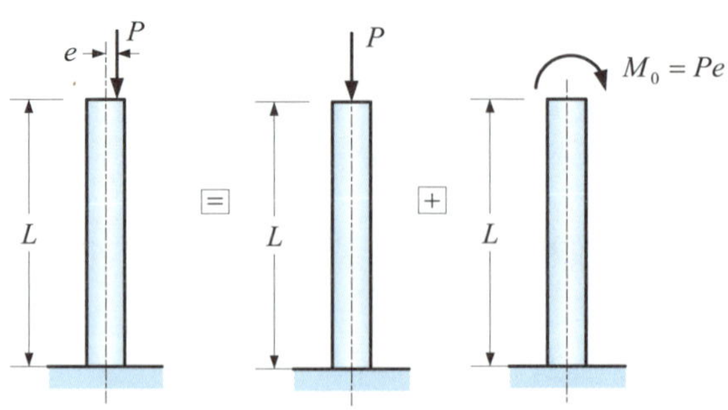

그림 8.7 편심하중을 받는 기둥에 발생하는 응력은 축하중의 압축응력과 굽힘에 의한 굽힘응력을 합한 것이다.

$$\sigma_{\max} = \frac{P}{A} + \frac{M_{\max}}{Z} \tag{8.3.9}$$

여기서 A는 기둥의 단면적, $Z = I_{zz}/c$는 단면계수, c는 중립면(도심축)으로부터 압축응력이 발생하는 부위(굽힘에 의하여 오목해지는 쪽)의 표면까지의 거리이다. 또 탄성방정식을 풀면 최대처짐은 양단회전기둥에 대하여

$$y_{\max} = e\left[\sec\left(\sqrt{\frac{P}{EI_{zz}}}\frac{L}{2}\right) - 1\right] \tag{8.3.10}$$

또 최대 굽힘모멘트는

$$\begin{aligned} M_{\max} &= Py_{\max} + M_0 = P(y_{\max} + e) \\ &= Pe\sec\left(\sqrt{\frac{P}{EI_{zz}}}\frac{L}{2}\right) \end{aligned} \tag{8.3.11}$$

이 관계를 식 (8.3.9)에 대입하고, $Z = I_{zz}/c$, $I_{zz}/A = k^2$을 고려하면 최대압축응력은 양단회전기둥에 대하여

$$\sigma_{\max} = \frac{P}{A}\left[1 + \frac{ce}{k^2}\sec\left(\sqrt{\frac{P}{EI_{zz}}}\frac{L}{2}\right)\right] \tag{8.3.12}$$

와 같이 표시된다.

좌굴이 발생하면 $y_{\max} \to \infty$ 이므로 식 (8.3.10)으로부터

$$\sec\left(\sqrt{\frac{P}{EI_{zz}}}\frac{L}{2}\right) \to \infty \quad ; \quad \sqrt{\frac{P}{EI_{zz}}}\frac{L}{2} = \frac{\pi}{2}$$

이어야 한다. 또 이 때의 하중이 좌굴하중이므로 양단회전기둥에 대하여

$$P_{cr} = \frac{\pi^2 EI_{zz}}{L^2} \tag{8.3.13}$$

와 같이 주어진다.

식 (8.3.10), 식 (8.3.12) 및 식 (8.3.13)은 모두 양단회전 기둥에 대하여 유도한 식이다. 그러므로 양단 지지조건에 따라 이 식들을 조정해야 할 필요가 있다. 이것은 기둥 길이 대신 상당길이

$$L_e = \frac{L}{\sqrt{n}} \tag{8.3.14}$$

를 사용하여 해결할 수 있다. 식 (8.3.12)를 다시 써 보면

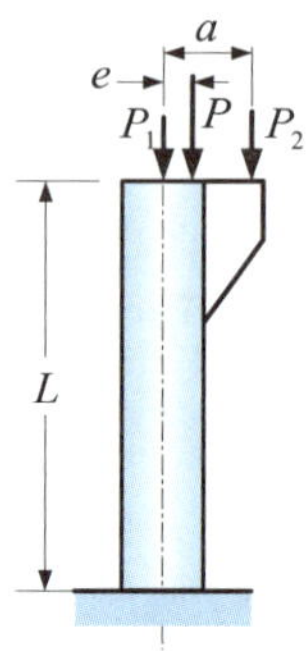

그림 8.8 두 힘 P_1과 P_2가 작용하는 경우 합력 P_1+P_2가 정역학적 압심에 작용하는 문제로 등가시킨다.

$$\sigma_{max} = \frac{P}{A}\left[1 + \frac{ce}{k^2}\sec\left(\sqrt{\frac{P}{EI_{zz}}}\frac{L_e}{2}\right)\right] \tag{8.3.15}$$

와 같이 된다. 이 식을 편심 축하중을 받는 기둥에 대한 시컨트공식(secant formula)이라 알려져 있다. 여기서 ce/k^2을 편심비(偏心比 : eccentricity ratio)라 한다.

만일 그림 8.8과 같이 기둥에 두 하중 P_1과 P_2가 작용하면 정력학적 압심 e의 위치에 합력 $P=P_1+P_2$가 작용하는 문제로 등가시켜 시컨트공식을 사용하여 계산한다. 예를 들면 중심축에 하중 P_1, 중심축으로부터 a의 위치에 하중 P_2가 작용하면 정역학적 압심

$$e = \frac{aP_2}{P_1+P_2} \tag{8.3.16}$$

에 합력

$$P = P_1 + P_2 \tag{8.3.17}$$

이 작용하는 문제로 등가 시킬 수 있다.

예제 8.5 편심 하중을 받는 기둥

길이 2.5 m, 지름 100 mm, 내경 90 mm의 두 기둥 A, B가 있다. 기둥 A는 축하중을, 기둥 B는 $e=18$ mm의 편심하중을 받는다. (a) 안전계수 $S=2$로 하고 기둥 A의 허용 중심축하중과 이에 대응하는 수직응력을 구하여라. (b) (a)에서 얻은 축하중을 기둥 B에 가한다면 기둥 상단의 수평처짐과 기둥의 최대수직응력을 구하여라. 단, $E=200$ GPa이다.

[풀이]

주어진 조건:

$L=2.5$ m, $d=100$ mm, $d_i=90$ mm, $e=18$ mm

$E = 200\,\text{GPa}$, $S = 2$

탐구사항:

(a) A의 허용중심축하중과 이에 대응하는 수직응력

(b) 기둥 B의 상단의 수평처짐과 기둥의 최대수직응력

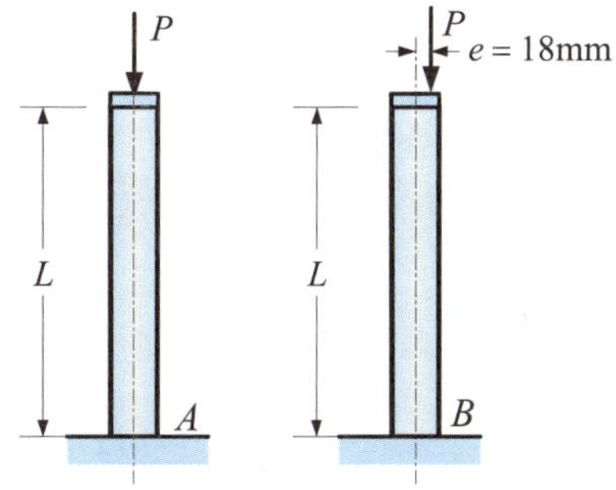

그림 E8.5

탐구내용:

(a) 축하중

$$A = \frac{\pi}{4}[(0.1\,\text{m})^2 - (0.09\,\text{m})^2] = 1.492\times10^{-3}\,\text{m}^2$$

$$I_{zz} = \frac{\pi[(0.1\,\text{m})^4 - (0.09\,\text{m})^4]}{64} = 1.688\times10^{-6}\,\text{m}^4$$

상당길이

$$L_e = \frac{L}{\sqrt{n}} = \frac{2.5\,\text{m}}{\sqrt{1/4}} = 5\,\text{m}$$

임계하중; Euler 공식으로부터

$$P_{\text{cr}} = \frac{\pi^2 EI_{zz}}{L_e^2} = \frac{\pi^2(200\times10^6\,\text{kPa})(1.688\times10^{-6}\,\text{m}^4)}{(5\,\text{m})^2}$$
$$= 133.3\,\text{kN}$$

허용하중

$$P = \frac{P_{\text{cr}}}{S} = \frac{133.3\,\text{kN}}{2} = 66.65\,\text{kN}$$

수직응력

$$\sigma = \frac{P}{A} = \frac{66.65\,\text{kN}}{1.492\times10^{-3}\,\text{m}^2} = 44.67\,\text{MPa}$$

(b) 편심하중

식 (8.3.10)으로부터

$$y_{\max} = (18\,\text{mm})\left[\sec\left(\sqrt{\frac{66.65\,\text{kN}}{(200\times10^6\,\text{kPa})(1.688\times10^{-6}\text{m}^4)}}\times\frac{5\,\text{m}}{2}\right) - 1\right]$$
$$= 22.5\,\text{mm}$$

최대수직응력은 식 (8.3.15)로부터

$$k^2 = \frac{I_{zz}}{A} = \frac{1.688\times10^{-6}\,\text{m}^4}{1.492\times10^{-3}\,\text{m}^2} = 1.131\times10^{-3}\,\text{m}^2$$

$$c = \frac{d}{2} = \frac{0.1\,\text{m}}{2} = 0.05\,\text{m}$$

$$\sigma_{max} = \frac{P}{A}\left[1 + \frac{ce}{k^2}\sec\left(\sqrt{\frac{P}{EI_{zz}}}\ \frac{L_e}{2}\right)\right]$$

$$= \frac{66.65\,\text{kN}}{1.492\times10^{-3}\,\text{m}}\left[1 + \frac{(0.05\,\text{m})(0.018\,\text{m})}{1.131\times10^{-3}\,\text{m}^2}\right.$$

$$\left.\times\sec\left(\sqrt{\frac{66.65\,\text{kN}}{(200\times10^6\,\text{kPa})(1.688\times10^{-6}\,\text{m}^4)}}\times\frac{5\,\text{m}}{2}\right)\right]$$

$$= 124.7\,\text{MPa}$$

예제 8.6 두 힘이 작용하는 기둥

하단은 고정, 상단은 자유인 기둥이 중심하중 $P_1 = 1400\,\text{kN}$, 중심축으로부터 340 mm 편심 위치에 하중 $P_2 = 180\,\text{kN}$ 을 받고 있다. 좌굴은 $1-1$ 방향으로 일어난다. (a) 이 기둥에 발생하는 최대압축응력을 구하여라. (b) 이 강재의 항복강도를 $\sigma_Y = 290\,\text{MPa}$ 일 때 이 기둥의 초기 항복에 대한 안전계수를 구하여라.

단, 이 단면의 $A = 212.4\,\text{cm}^2$, $I_{11} = 29914\,\text{cm}^4$, $Z_1 = 2070\,\text{cm}^3$, $k_1 = 11.9\,\text{cm}$, $c = 145\,\text{mm}$ 이다.

[풀이]

주어진 조건:

$P_1 = 1400\,\text{kN}$, $P_2 = 180\,\text{kN}$, $a = 340\,\text{mm}$

$A = 212.4\,\text{cm}^2$, $I_{11} = 29914\,\text{cm}^4$, $Z_1 = 2070\,\text{cm}^3$

$k_1 = 11.9\,\text{cm}$, $c = 145\,\text{mm}$

$\sigma_Y = 290\,\text{MPa}$

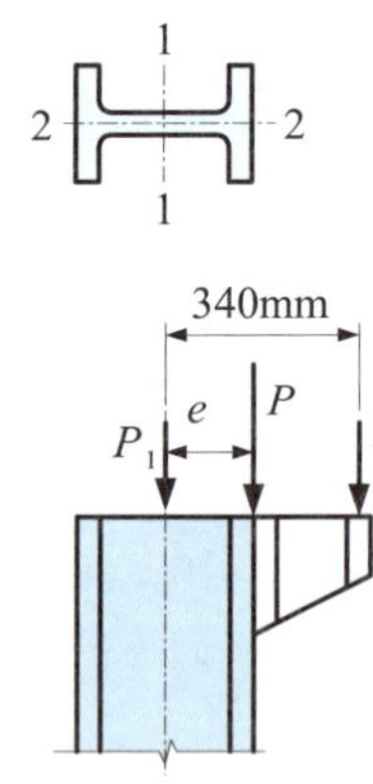

그림 E8.6

탐구사항:

(a) 최대압축응력

(b) 일차항복에 대한 안전계수

탐구내용:

(a) 이 문제는 등가 편심거리

$$e = \frac{aP_2}{P_1 + P_2} = \frac{(340\,\text{mm})\times(180\,\text{kN})}{1400\,\text{kN} + 180\,\text{kN}} = 38.7\,\text{mm}$$

에 합력 $P = 1400\,\text{kN} + 180\,\text{kN} = 1580\,\text{kN}$ 이 작용하는 문제로 등가 시킬 수 있다. 상당길이는

$$L_e = \frac{L}{\sqrt{n}} = \frac{8\,\text{m}}{\sqrt{1/4}} = 16\,\text{m}$$

시컨드공식을 사용하여 최대응력을 구하면

$$\sigma_{max} = \frac{P}{A}\left[1 + \frac{ce}{k^2}\sec\left(\sqrt{\frac{P}{EI_{zz}}}\frac{L_e}{2}\right)\right]$$

$$= \frac{1580\,\text{kN}}{212.4\times10^{-4}\text{m}}\left[1 + \frac{(0.145\text{m})(0.0387\text{m})}{(0.119\text{m})^2}\right.$$

$$\left.\times\sec\left(\sqrt{\frac{1580\,\text{kN}}{(200\times10^6\text{kPa})(299.14\times10^{-6}\text{m}^4)}}\times\frac{16\text{m}}{2}\right)\right]$$

$$= 184.6\,\text{MPa}$$

(b) 이 최대응력을 항복응력 $\sigma_Y = 290\,\text{MPa}$로 만드는 하중 P를 구하는 문제이다. 그러므로 시컨트공식의 σ_{max}에 σ_Y를 대입하여 이를 성립시키는 P를 구하는 문제로 귀착된다. 그러나 대입해서 얻어지는 방정식이 간단한 대수방정식이 아니고, 초월함수를 포함하는 비선형 방정식이므로 시행오차법으로 축차계산을 하여야 얻는다.

$$\frac{P_{cr}}{212.4\times10^{-4}\text{m}}\left[1 + \frac{(0.145\text{m})(0.0387\text{m})}{(0.119\text{m})^2}\right.$$

$$\left.\times\sec\left(\sqrt{\frac{P_{cr}}{(200\times10^6\text{kPa})(299.14\times10^{-6}\text{m}^4)}}\times\frac{16\text{m}}{2}\right)\right]$$

$$= 290\times10^3\,\text{kPa}$$

을 풀면

$$P_{cr} = 1837\,\text{kN},\quad 3964\,\text{kN}\ \ldots$$

을 얻으나 $P_{cr} = 1837\,\text{kN}$에서 초기좌굴이 발생한다. 또 실제 하중은 $P = 1580\text{kN}$이므로 안전율은

$$S = \frac{1837\,\text{kN}}{1580\,\text{kN}} = 1.16$$

이다.

8.4 기둥의 설계

지금까지 Euler공식을 사용하여 기둥의 임계하중(좌굴하중)을 결정하였고, 시컨트공식을 사용하여 편심하중을 받는 기둥의 변형과 응력을 구해보았다. 그런데 Euler공식은 세장비가 큰 장주(長柱)에는 비교적 잘 만족을 하나, 세장비가 적은 중간주(中間柱)와 단주(短柱)에는 많은 문제점을 야기시킨다. 그리하여 이 절에서는 중간주와 단주에 대하여 사용할 수 있는 실험식을 소개하기로 한다.

8.4.1 중심 축하중을 받는 기둥의 설계

단주나 중간주에 대한 설계기준은 사실상 여러 가지 실험결과를 반영하는 실험식에 의존한

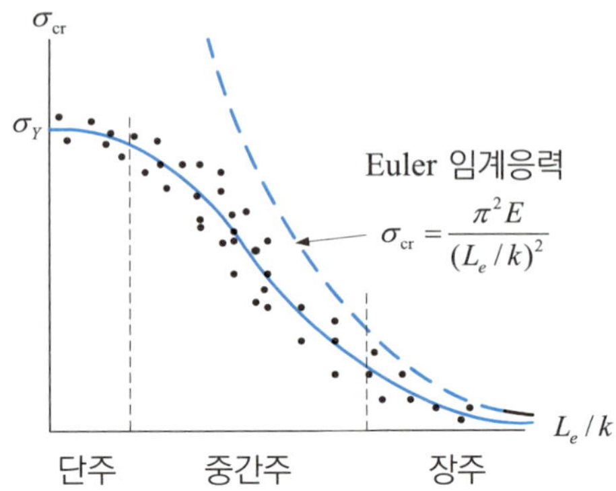

그림 8.9 강재에 대한 좌굴시험 예

다. 지난 수세기 동안 강재(鋼材) 기둥에 축하중을 가하여 좌굴하중을 측정한 결과를 상당세장비에 대한 선도로 점철하여 사용하던가, 이를 수식화하여 사용하여 왔다. 그 중 대표적인 것이 선형 및 포물선형 식과 Gordon Rankine식이다. 포물선형 실험식의 대표적인 식으로는 Johnson식이 있다.

그림 8.9는 강재에 대한 상당세장비 L_e/k에 대한 좌굴응력(임계응력)을 측정하여 선도로 표시한 그림이다. 그림에서 파괴양상은 세 가지의 형태로 구분됨을 알 수 있다. 하나는 Euler공식으로 파괴를 예측할 수 있는 장주역(長柱域), 파괴가 단지 재료의 항복강도(연성재료)나 압축파괴강도(취성재료)로 야기되는 단주역(短柱域), 그 사이에 파괴가 탄성계수 E에 의존하는 중간주역(中間柱域)이다. 단주의 경우는 대략 $\sigma_{cr} \simeq \sigma_Y$로 예측할 수 있다. 그러나 중간주에서의 기둥파괴는 극히 복잡한 형상으로 나타나, 많은 시험자료를 광범위하게 분석하여 시험공식으로 만들어 사용한다.

그림 8.9에서 장주의 좌굴하중은 Euler공식이 만족할 만한 해답을 주나, 중간주나 단주에서는 적용할 수 없다는 것을 말해준다. 그림 8.10은 단주와 중간주에 일반적으로 사용되고 있는 전형적인 경험식들의 유형을 그려 비교한 그림이다. 어느 공식도 모든 재료에, 또 모든 세장비에 적용될 수는 없다. 그러므로 각 재료에 제한된 적용범위에서 적용할 수 있는 식들을 개발하여 사용한다. 여기서는 강재 기둥의 설계 수순만을 소개하는 데 그치겠다.

좌굴강도

중심축에 일치하여 압축하중을 받는 강 기둥의 좌굴설계에 가장 널리 사용되는 공식은 미국 강 구조협회(The American Institute of Steel Construction ; 약해서 AISC)의 AISC 강구조편람(Manual of Steel Construction, 8th ed., AISC, New York, 1980)에서 추천하는 포물선형의 Johnson공식이다. 그리하여 우리나라에서도 단주와 중간주에 Johnson공식을, 장주에는 Euler공식을 일반적으로 사용하여 좌굴하중과 허용응력을 예측하고 있다. 여기서

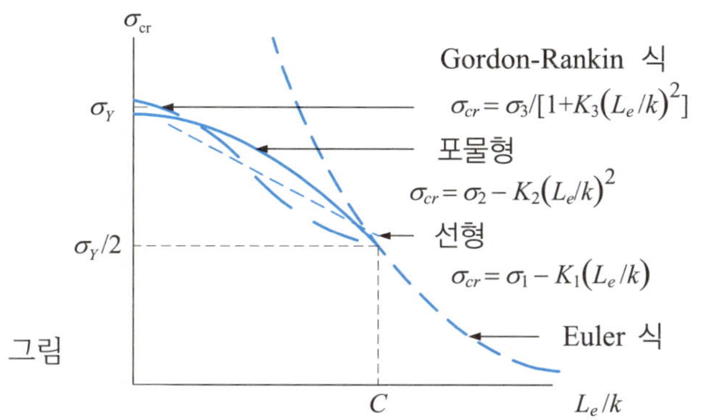

그림 8.10 좌굴강도의 적용범위와 단주 및 중간주에 적용되는 좌굴강도식

는 그 결과와 설계수순만을 요약하여 설명한다.

Johnson은 기둥의 좌굴하중을 Euler공식으로 계산할 수 있는 한계 값을 항복강도 σ_Y(취성재료는 압축파괴강도)의 1/2로 가정하고, 좌굴하중이 $\sigma_Y/2$ 보다 작은 값을 가질 경우 Euler 공식으로 좌굴하중을 계산할 수 있다고 제창하였다. 이를 기준으로 하여 $P_{cr} = \sigma_Y/2$ 가 되는 상당세장비

$$C = \sqrt{\frac{2\pi^2 E}{\sigma_Y}} \tag{8.4.1}$$

를 계산하여, 다음과 같이 좌굴강도를 구하였다.

$$L_e/k \leq C \text{ 에서} \quad : \quad \sigma_{cr} = \sigma_Y\left[1 - \frac{1}{2}\left(\frac{L_e/k}{C}\right)^2\right] \tag{8.4.2}$$

$$L_e/k > C \text{ 에서} \quad : \quad \sigma_{cr} = \frac{\pi^2 E}{(L_e/k)^2} \tag{8.4.3}$$

허용응력

허용응력은 식 (8.4.2)와 식 (8.4.3)으로부터 얻은 좌굴강도를 안전계수로 나누어 얻는다. AISC규격에서는 Euler공식의 사용한도를 $L_e/k = 200$ 으로 정하고, 안전율과 허용응력을 다음과 같이 추장하고 있다.

$C \leq L_e/k \leq 200$에서 (장주)

$$S = 1.92$$

$$\sigma_a = \frac{\sigma_{cr}}{S} = \frac{\pi^2 E}{1.92(L_e/k)^2} = \frac{12\pi^2 E}{23(L_e/k)^2} \tag{8.4.4}$$

$L_e/k < C$ 에서 (단주 및 중간주)

$$S = \frac{5}{3} + \frac{3}{8}\frac{L_e/k}{C} - \frac{1}{8}\left(\frac{L_e/k}{C}\right)^3$$

$$\sigma_a = \frac{\sigma_{cr}}{S} = \frac{\sigma_Y}{S}\left[1 - \frac{1}{2}\left(\frac{L_e/k}{C}\right)^2\right] \tag{8.4.5}$$

축하중을 받는 기둥설계 수순을 요약하면 다음과 같다.

1) 주어진 재료에 대한 항복강도 σ_Y 를 식 (8.4.1)에 대입하여 C를 계산한다.

2) $L_e/k \geq C$일 경우에는 식 (8.4.4)로부터 허용응력 σ_a를 결정한다. 만일 $L_e/k < C$이면, 식 (8.4.5)로부터 계산한다.

여기서
σ_a = 허용응력 [Pa]
σ_Y = 항복응력 [Pa]
S = 안전계수 [–]
L_e = 상당길이 = $L/\sqrt{n}$ [m]
k = 회전반경 = $\sqrt{I_{zz}/A}$ [m]
E = 탄성계수 [Pa]

이다.

강 이외 다른 재료에 대한 설계수순은 각 재료협회에서 발간한 편람에 준해서 설계한다. 예를 들면 알루미늄기둥의 설계는 알루미늄협회에서 발간한 알루미늄구조편람(Specification for Aluminum Structure, Aluminum Association, Inc., Washington, D. C., 1976), 목재구조물의 설계는 미국 목재건설협회애서 발간한 목재구조 설계편람(National Design Specification for Wood Construction)에 준해서 설계한다. 이 책에서는 그 내용은 다루지 않기로 한다. 필요한 사람은 수준 높은 다른 재료역학 책이나, 편람을 참고해 주기 바란다.

예제 8.7 강 구조물의 기둥설계

압연강재 $S\ 100 \times 11.5$ 로 된 양단회전 압축부재 AB가 축하중 $P = 60\,\text{kN}$ 을 안전하게 지지하려면 길이 L을 얼마로 하면 좋은가? 단, $\sigma_Y = 290\,\text{MPa}$, $E = 200\,\text{GPa}$, $S\ 100 \times 11.5$ 의 단면은 $A = 2452\,\text{mm}^2$, $k_y = 14.75\,\text{mm}$, $k_z = 41.6\,\text{mm}$ 이다.

[풀이]

주어진 조건:

$P = 60\text{ kN}$, $\sigma_Y = 290\text{ MPa}$, $E = 200\text{ GPa}$, $A = 2452\text{ mm}^2$

$k_y = 14.75\text{ mm}$, $k_z = 41.6\text{ mm}$

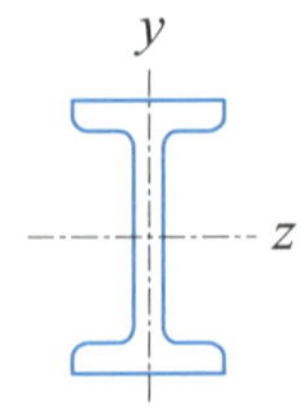

그림 E8.7

탐구사항:

양단회전 기둥의 길이

탐구내용:

60 kN 의 축하중을 안전하게 지지하려면 소요되는 허용축응력은

$$\sigma_a = \frac{P}{A} = \frac{60\text{ kN}}{1452 \times 10^{-6}\text{m}^2} = 4.13 \times 10^4 \text{ kPa}$$

주어진 항복강도에 대하여

$$C = \sqrt{\frac{2\pi^2 E}{\sigma_Y}} = \sqrt{\frac{2\pi^2 (200 \times 10^6 \text{ kPa})}{290 \times 10^3 \text{kPa}}} = 116.68$$

두 회전반경 중 작은 것을 택하고, $L_e/k_y \geqq C$라고 가정하면, 식 (8.4.4)에 의하여

$$\sigma_a = 4.13 \times 10^4 \text{ kPa} = \frac{12\pi^2 E}{23(L_e/k_y)^2} = \frac{12\pi^2 (200 \times 10^6 \text{ kPa})}{23(L_e/k_y)^2}$$

로부터

$$\frac{L_e}{k_y} = 157.9$$

$L_e/k_y \geqq C$라는 가정이 맞는다. 따라서

$$L_e = 157.9\, k_y = 157.9 \times 14.57\text{ mm} = 2.3\text{ m}$$

양단 회전이므로 $n = 1$을 고려하면

$$L = L_e = 2.3\text{ m}$$

8.4.2 편심하중을 받는 기둥의 설계

편심하중을 받는 기둥의 설계는, 기둥 안에 발생하는 최대 압축하중이, 8.4.1에서 기술한 축중심에 하중을 받을 때의 허용응력 σ_a를 넘지 않게 설계한다. 설계방법으로는 허용응력법과 상호작용법(相互作用法 : interaction method)이 있다.

허용응력법

축하중 P가 기둥 중심축과 e의 편심을 이루면서 가해질 때 발생하는 최대 압축응력은 압축응력 P/A와 모멘트 $M_0 = Pe$에 의한 굽힘응력 $M_0 c/I_{zz}$의 합으로 나타난다. 즉

$$\sigma_{\max} = \sigma_{centric} + \sigma_{bending} = \frac{P}{A} + \frac{M_0 c}{I_{zz}} \tag{8.4.6}$$

여기서 c = 압축축의 중립면으로부터 표면까지 거리

I_{zz} = 중립면에 관한 단면 2차모멘트

이다. 그리고 최대압축응력 $\sigma_{\max}$는 재료의 허용응력 σ_a을 초과하지 말아야한다.

$$\sigma_{\max} \leqq \sigma_a \tag{8.4.7}$$

허용응력법은 단면에 발생하는 최대응력이 좌굴 허용응력을 넘지 않게 설계하는 방법이다.

$$\frac{P}{A} + \frac{M_0 c}{I_{zz}} \leqq \sigma_a \tag{8.4.8}$$

여기서 좌굴 허용응력 σ_a는 8.4.1절에서 제시한 식 (8.4.4)와 식 (8.4.5)으로부터 구한다.

예제 8.8 편심하중을 받는 기둥의 설계

한 변이 125 mm 의 정사각형단면을 갖는 강재기둥에 편심 50 mm 의 편심으로 하중 P가 가해진다. 기둥은 한 쪽 고정단, 타단 자유단의 기둥이다. 안전하게 지지할 수 있는 최대하중 P를 구하여라. 단, 기둥의 길이 3 m, 재료의 $E = 200\,\text{GPa}$, 재료의 항복강도 $\sigma_Y = 290\,\text{MPa}$, 재료의 허용응력 $\sigma_{\text{all}} = 110\,\text{MPa}$이다.

[풀이]

주어진 조건:

변의 길이 $a = 125\,\text{mm}$, $e = 50\,\text{mm}$, $L = 3\,\text{m}$, $E = 200\,\text{GPa}$

$\sigma_Y = 290\,\text{MPa}$, $\sigma_{\text{all}} = 110\,\text{MPa}$

탐구사항:

안전하게 지지할 수 있는 최대하중 P

탐구내용:

상당길이

$$L_e = \frac{L}{\sqrt{n}} = \frac{3\,\text{m}}{\sqrt{1/4}} = 6\,\text{m}$$

$$I_{zz} = \frac{a_4}{12} = \frac{(0.125\,\text{m})^4}{12} = 2.035 \times 10^{-5}\,\text{m}^4$$

$$k = \sqrt{\frac{I_{zz}}{A}} = \sqrt{\frac{2.035 \times 10^{-5}\,\text{m}^4}{(0.125\,\text{m})^2}} = 0.0361\,\text{m}$$

$$C = \sqrt{\frac{2\pi^2 E}{\sigma_Y}} = \sqrt{\frac{2\pi^2 (200 \times 10^6\,\text{kPa})}{290 \times 10^3\,\text{kPa}}} = 116.68$$

$$\frac{L_e}{k} = \frac{6\,\text{m}}{0.0361\,\text{m}} = 166$$

$L_e/k > C$이므로

$$\sigma_a = \frac{12\pi^2 E}{23(L_e/k_y)^2} = \frac{12\pi^2 (200 \times 10^6\,\text{kPa})}{23(116^2)} = 76.5\,\text{MPa}$$

따라서 식 (8.4.8)로부터

$$\frac{P}{(0.125\,\text{m})^2} + \frac{P(0.05\,\text{m})(0.0625\,\text{m})}{2.035 \times 10^{-5}\,\text{m}^4} \leq 76.5\,\text{MPa}$$

를 풀면

$$P \leq 0.352\,\text{MN} = 352\,\text{kN}$$

상호작용법

중심축과 일치하는 압축하중을 받는 기둥설계에서는, 좌굴의 가능성을 고려하기 때문에 식 (8.4.4)나 식 (8.4.5)로 예측되는 허용응력은 순수굽힘을 받는 기둥의 허용응력보다 항상 낮게 평가된다. 이로 인하여 편심하중을 받는 기둥을 허용응력법을 사용하여 설계하면 기둥은 지나치게 안전한 측에서 평가되고, 필요이상으로 투박해지는 경우가 생긴다. 그리하여 허용응력을, 축하중항에서는 허용압축응력, 모멘트항에서는 순수 굽힘허용응력을 사용하면 보다 경제적인 기둥설계가 가능하다. 허용응력법을 이와 같이 변형한 식을 상호작용공식이라 하고, 다음과 같이 표시한다.

$$\frac{P/A}{(\sigma_\text{a})_\text{centric}} + \frac{M_0 c/I_{zz}}{(\sigma_\text{a})_\text{bending}} \leq 1 \tag{8.4.9}$$

이 식에서 허용압축응력$(\sigma_\text{a})_\text{centric}$은 식 (8.4.4)나 식 (8.4.5)으로부터, 순수굽힘응력 $(\sigma_\text{a})_\text{bending}$은 재료의 항복강도를 적절한 안전계수로 나누어 사용한다.

예제 8.9 상호작용법

예제 8.8의 문제를 상호작용법을 사용하여 구하여라.

[풀이]

주어진 조건:

변의 길이 $a = 125\,\text{mm}$, $e = 50\,\text{mm}$, $L = 3\,\text{m}$, $E = 200\,\text{GPa}$

$\sigma_Y = 290\,\text{MPa}$, $\sigma_\text{all} = 110\,\text{MPa}$

탐구사항:

안전하게 지지할 수 있는 최대하중 P

탐구내용:

앞 예제에서 계산한 결과를 그대로 활용한다.

$$(\sigma_\text{a})_\text{centric} = 76.5\,\text{MPa}, (\sigma_\text{a})_\text{bending} = 110\,\text{MPa}$$

$$\frac{P/(0.125\,\text{m})^2}{76.5\times10^3\,\text{kPa}} + \frac{P(0.05\,\text{m})(0.0625\,\text{m})/2.035\times10^{-5}\,\text{m}^4}{110\times10^3\,\text{kPa}} \leq 1$$

을 풀면

$$P = 448\,\text{kN}$$

예제 8.10 허용응력법과 상호작용법의 비교

유효길이 $L_e = 4.5\,\mathrm{m}$ 인 $W\,310 \times 74$ 강재기둥이 안전하게 지지할 수 있는 최대하중 P를 허용응력법과 상호작용법을 사용하여 각각 구하여라.
$E = 200\,\mathrm{GPa}$, $\sigma_Y = 250\,\mathrm{MPa}$, $(\sigma_a)_{bending} = 150\,\mathrm{MPa}$, $W\,310 \times 74$ 의 단면은 $A = 9480\,\mathrm{mm}^2$, $k_x = 131.3\,\mathrm{mm}, k_y = 49.8\,\mathrm{mm}$, $Z_x = 1058 \times 10^3\,\mathrm{mm}^3$이다.

[풀이]

주어진 조건:

$L_e = 4.5\,\mathrm{m}$, $E = 200\,\mathrm{GPa}$, $\sigma_Y = 250\,\mathrm{MPa}$, $(\sigma_a)_{bending} = 150\,\mathrm{MPa}$

$A = 9480\,\mathrm{mm}^2$, $k_z = 131.3\,\mathrm{mm}, k_y = 49.8\,\mathrm{mm}$, $Z_z = 1058 \times 10^3\,\mathrm{mm}^3$

탐구사항:

최대하중 P를 허용응력법과 상호작용법으로 각각 계산

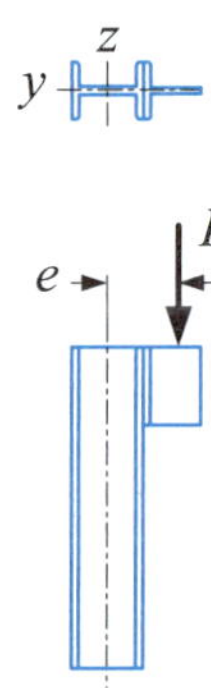

그림 E8.10

탐구내용:

(a) 허용응력법

$$C = \sqrt{\frac{2\pi^2 E}{\sigma_Y}} = \sqrt{\frac{2\pi^2(200 \times 10^6\,\mathrm{kPa})}{250 \times 10^3\,\mathrm{kPa}}} = 125.7$$

$$\frac{L_e}{k_y} = \frac{4.5\,\mathrm{m}}{49.8 \times 10^{-3}\,\mathrm{m}} = 90.36 < C$$

이므로

$$S = \frac{5}{3} + \frac{3}{8}\frac{L_e/k}{C} - \frac{1}{8}\left(\frac{L_e/k}{C}\right)^3$$

$$= \frac{5}{3} + \frac{3}{8}\frac{90.36}{125.7} - \frac{1}{8}\left(\frac{90.36}{125.7}\right)^3 = 1.89$$

$$\sigma_a = \frac{\sigma_Y}{S}\left[1 - \frac{1}{2}\left(\frac{L_e/k}{C}\right)^2\right]$$

$$= \frac{250\mathrm{MPa}}{1.89}\left[1 - \frac{1}{2}\left(\frac{90.36}{125.7}\right)^2\right] = 98.1\,\mathrm{MPa}$$

식 (8.4.9)에 이를 적용하면

$$\frac{P}{9.48 \times 10^{-3}\,\mathrm{m}^2} + \frac{P(0.200\,\mathrm{m})}{1.058 \times 10^{-3}\,\mathrm{m}^3} \leqq 98.1\,\mathrm{MPa}$$

$$P \leqq 0.3330\,\mathrm{MN} = 333.0\,\mathrm{kN}$$

(b) 상호작용법

$$(\sigma_a)_{centric} = 98.1\,\mathrm{MPa} \quad (\sigma_a)_{bending} = 150\,\mathrm{MPa}$$

식 (8.4.8)에 적용하면

$$\frac{P/A}{(\sigma_{\mathrm{a}})_{\mathrm{centric}}} + \frac{M_0 c/I_{zz}}{(\sigma_{\mathrm{a}})_{\mathrm{bending}}} \leqq 1$$

$$\frac{P/(9.48\times10^{-3}\,\mathrm{m}^2)}{98.1\,\mathrm{MPa}} + \frac{P(0.200\,\mathrm{m})/1.058\times10^{-3}\,\mathrm{m}^3}{150\,\mathrm{MPa}} \leqq 1$$

P 에 관해서 풀면

$$P = 0.428\,\mathrm{MN} = 428\,\mathrm{kN}$$

제8장 기둥

연습문제

8A.1 굽힘강성(flexural rigidity)이란?

[가] 부재가 굽을 때 단위곡률에 대한 굽힘응력

[나] 부재가 굽을 때 단위곡률에 대한 굽힘모멘트

[다] 부재가 굽을 때 단위곡률에 대한 축하중

[라] 부재가 굽을 때 단위곡률에 대한 곡률반경

8A.2 기둥에서 탄성력 EId^2y/dx^2은

[가] 복원력으로 작용한다.

[나] 이원력으로 작용한다.

[다] 관성력으로 작용한다.

[라] 소성력으로 작용한다.

8A.3 다음은 안정평형을 정의한 표현이다. 옳은 표현은?

[가] 정지상태에서 이루어지는 평형

[나] 교란에 대하여 탄성력이 발생하지 않는 평형

[다] 교란에 대하여 탄성력이 복원력으로 작용하는 평형

[라] 교란에 대하여 교란력도 이원력도 발생하지 않는 평형

8A.4 기둥이 좌굴하중보다 낮은 하중에 대하여 기둥에 나타나는 현상을 설명한 말이다. 옳은 표현은?

[가] 어떠한 교란에 대해서도 전혀 변형되지 않는다.

[나] 교란에 대하여 변형은 되지만 변형된 상태를 그대로 유지한다.

[다] 교란에 대하여 변형 후 서서히 원상태로 복원한다.

[라] 교란에 대하여 변형되는 순간 원상태로 복원한다.

8A.5 양단고정 기둥의 고정계수는?

[가] $n = 1$　　[나] $n = 2$

[다] $n = 2.04$　　[라] $n = 4$

8A.6 다음 식 중에서 회전반경을 옳게 표현한 식은? 여기서 n; 고정계수, I; 관성모멘트, A; 단면적, L; 기둥 길이, c; 중립축으로부터 외각 표면거리이다.

[가] $L/\sqrt{n}$ [나] $\sqrt{I/A}$

[다] $\sqrt{A/I}$ [라] I/c

8A.7 다음 식 중에서 유효길이계수를 옳게 표현한 식은? 여기서 n; 고정계수이다.

[가] $K=1/\sqrt{n}$ [나] $K=\sqrt{n}$

[다] $K=1/n$ [라] $K=1/n^2$

8A.8 다음 식 중에서 상당길이(좌굴길이)를 옳게 표현한 식은? 여기서 n; 고정계수, L; 기둥 길이이다.

[가] $L_e=\sqrt{n}\,L$ [나] $L_e=L/\sqrt{n}$

[다] $L_e=nL$ [라] $L_e=L/n$

8A.9 일단 고정, 타단 회전 보의 유효길이계수의 값은?

[가] 1 [나] 0.5 [다] 2 [라] 0.7

8A.10 다음 설명은 시컨트공식에 관해서 설명한 말이다. 해당되지 않는 말은?

[가] 시컨트공식은 양단회전 기둥에 편심하중이 가해질 때 중앙단면에 전달되는 수직응력을 나타내는 식이다.

[나] 시컨트공식은 양단회전 기둥이 편심하중을 받을 때 중앙단면에 전달되는 최대수직응력, 상당길이(좌굴길이)를 사용하면 편심하중을 받는 일단고정 타단자유 기둥의 고정단에 전달되는 수직응력도 계산할 수 있다.

[다] 시컨트공식은 양단회전기둥을 모형으로 얻은 식이지만, 상당길이를 사용하면 다른 모든 지지 기둥에 적용이 가능하다.

[라] 양단회전, 일단고정 타단자유 기둥이 편심하중을 받을 때 좌굴하중은 시컨트공식으로 주어지는 최대응력을 항복응력으로 만드는 하중이다.

8A.11 다음은 임계세장비를 설명한 말이다. 적합하지 않은 말은?

[가] 임계세장비는 오일러의 좌굴공식을 사용하여 좌굴하중을 계산할 수 있는 한계세장비이다.

[나] 오일러의 좌굴응력이 그 재료의 항복응력과 같아지는 세장비이다.

[다] 오일러의 좌굴응력이 그 재료의 항복응력의 반과 같아지는 세장비이다

[라] 임계세장비는 장주와 중간주의 경계를 나타내는 세장비이다.

8A.12 $a = 150\,\text{mm}$, $b = 100\,\text{mm}$의 직4각형 단면의 기둥에서 $x-x$축에 관한회전반경?

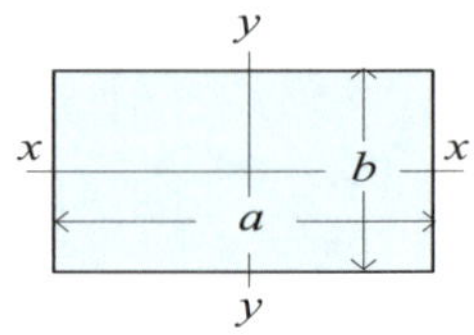

[가] $r = 43.3\,\text{mm}$

[나] $r = 35.2\,\text{mm}$

[다] $r = 28.9\,\text{mm}$

[라] $r = 25\,\text{mm}$

8A.13 단면 $a = 150\,\text{mm}$, $b = 100\,\text{mm}$, 길이 $L = 5\,\text{m}$의 기둥에서 최대세장비는?

[가] $\lambda = 0.173$ [나] $\lambda = 173$

[다] $\lambda = 0.183$ [라] $\lambda = 183$

8A.14 단면이 $a \times b = 200 \times 150\,\text{mm}$, 길이 $L = 3\,\text{m}$의 일단고정 타단자유 기둥의 좌굴특성과 동일한 양단회전 기둥의 세장비는 얼마인가?

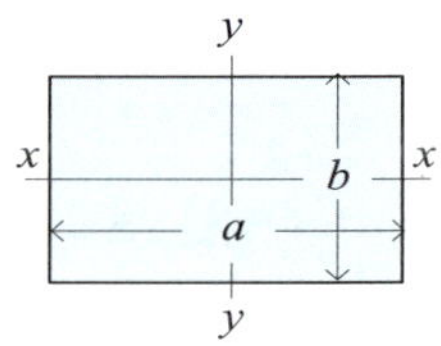

[가] $\lambda_e = 138.57$

[나] $\lambda_e = 132.35$

[다] $\lambda_e = 125.38$

[라] $\lambda_e = 104.0$

8A.15 문10A.14의 일단고정 타단자유 기둥과 좌굴특성이 동일한 양단회전 기둥의 길이는 얼마인가?

[가] $L = 6\,\text{m}$ [나] $L = 2\,\text{m}$

[다] $L = 1.5\,\text{m}$ [라] $L = 0.75\,\text{m}$

8A.16 $d = 200\,\text{mm}$, 길이 $L = 5\,\text{m}$인 원형단면 기둥이 양단고정되어 있다. 이 기둥의 상당세장비와 상당길이는?

[가] $\lambda_e = 100$, $L_e = 5\,\text{m}$ [나] $\lambda_e = 50$, $L_e = 5\,\text{m}$

[다] $\lambda_e = 50$, $L_e = 2.5\,\text{m}$ [라] $\lambda_e = 100$, $L_e = 10\,\text{m}$

8A.17 장주에서 길이가 같고 단면적이 같은 다음 기둥들 중에서 가장 큰 하중을 받을 수 있는 기둥은 어느 것인가?

[가] 일단고정 타단자유 [나] 양단회전

[다] 일단회전 타단고정 [라] 양단고정

8A.18 탄성계수 $E = 200\text{GPa}$, 항복강도 $\sigma_Y = 340\,\text{MPa}$인 강제 장주에 대하여 오일러공식을 적용할 수 있는 최소한계의 세장비는 다음 중 어느 것인가? 단 n은 기둥의 고정계수이다.

[가] $70.2\sqrt{n}$　　[나] $76.2\sqrt{n}$

[다] $107.8\sqrt{n}$　　[라] $110.2\sqrt{n}$

8A.19 탄성계수 $E = 200\,\text{GPa}$, 항복점 $\sigma_Y = 250$인 MPa인 재료로 만들은 일단고정 타단회전 기둥에서 오일러의 좌굴공식을 적용할 수 있는 최소 세장비(임계세장비)는?

[가] $\lambda = 89$　　[나] $\lambda = 179$

[다] $\lambda = 44.5$　　[라] $\lambda = 127$

[심화문제]

기둥의 평형- 임계하중

8F.1 그림과 같은 스프링 - 봉계의 임계하중 P_{cr}를 구하여라. 여기서 α는 와형스프링의 스프링상수, k는 선형스프링의 스프링상수이다.

그림 문8F.1

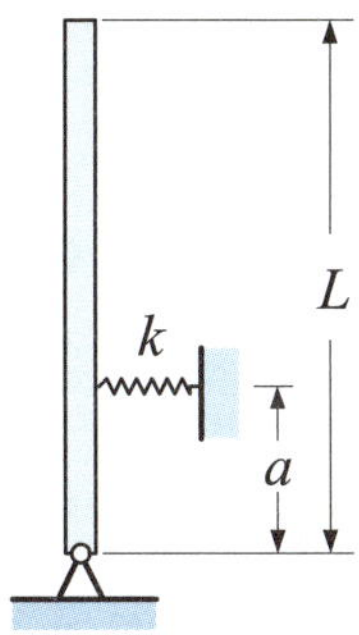

그림 문8F.2

8F.2 그림과 같은 스프링 - 봉계의 임계하중P_{cr}를 구하여라.

8F.3 그림과 같은 스프링 - 봉계의 임계하중P_{cr}를 구하여라.

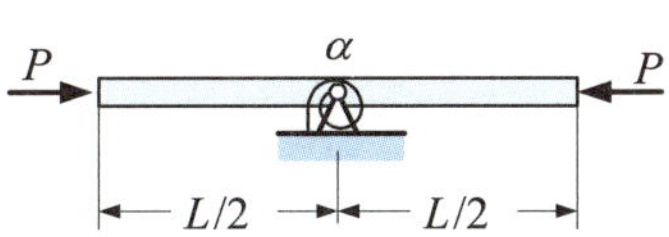

그림 문8F.3

8F.4 그림 문8F.4와 같은 스프링 - 봉계의 임계하중 P_{cr}를 구하여라.

8F.5 그림 문8F.5와 같은 스프링 - 봉계의 임계하중 P_{cr}를 구하여라.

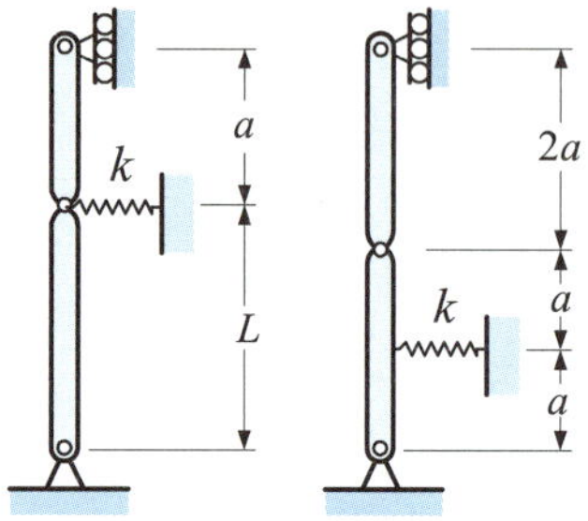

그림 문8F.4 그림 문8F.5

장주의 좌굴하중(Euler 공식)

8F.6 압연강 W형 W250×58을 양단회전기둥으로 설계하는 경우 임계하중 P_{cr}을 구하여라. 기둥 길이는 $L = 6\,\text{m}$, $E = 200\,\text{GPa}$ 이다. 형강의 단면은

$I_{zz} = 87 \times 10^{-6}\,\text{mm}^4$ $I_{yy} = 18.73 \times 10^{-6}\,\text{mm}^4$

$Z_z = 690 \times 10^{-3}\,\text{mm}^3$ $Z_y = 184.5 \times 10^{-3}\,\text{mm}^3$

$k_z = 108.5\,\text{mm}$ $k_y = 50.3\,\text{mm}$

$A = 7420\,\text{mm}$

8F.7 압연강 W형 W150×29.8을 양단회전기둥으로 설계하는 경우 임계하중 P_{cr}을 구하여라. 기둥 길이는 $L = 4.5\,\text{m}$, $E = 200\,\text{GPa}$ 이다. 형강의 단면은

$I_{zz} = 17.23 \times 10^{-6}\,\text{mm}^4$ $I_{yy} = 5.54 \times 10^{-6}\,\text{mm}^4$

$Z_z = 219 \times 10^{-3}\,\text{mm}^3$ $Z_y = 72.4 \times 10^{-3}\,\text{mm}^3$

$k_z = 67.6\,\text{mm}$ $k_y = 38.1\,\text{mm}$

$A = 3790\,\text{mm}$

8F.8 양단회전기둥에 좌굴에 대한 안전계수 $S = 2.5$ 의 축하중 $P = 825\,\text{kN}$ 을 가한다. 이 기둥이 안전하게 지지되려면 단면의 관성모멘트는 최소 얼마의 형강을 택하면 좋은가? 단, 길이는 $L = 4.5\,\text{m}$, $E = 200\,\text{GPa}$ 이다.

8F.9 지름 $d = 50\,\text{mm}$, 길이 $L = 2\,\text{m}$ 의 알루미늄관($E = 73\,\text{GPa}$)로 만들어진 지주에 $P = 15\,\text{kN}$ 의 축하중을 가할 때 안정하다. 이 하중이 좌굴에 대한 안전계수 $S = 2$ 로 한 하중이라고 가정하면 파이프의 두께는 얼마로 하면 좋은가?

8F.10 지름 $d = 140\,\text{mm}$, 길이 $L = 6.5\,\text{m}$ 의 강관($E= 200\,\text{GPa}$)로 만들어진 지주에 $P = 135\,\text{kN}$ 의 축하중을 가할 때 안정하다. 이 하중이 좌굴에 대한 안전계수 $S = 2$ 로 한 하중이라고 가정하면 파이프의 두께는 얼마로 하면 좋은가?

편심하중

8F.11 단면이 $50\,\text{mm} \times 50\,\text{mm}$, 길이 $2\,\text{m}$ 의 강봉($E=200\,\text{GPa}$)이 양단 회전지지 되어있다. (a) 하중이 중심축에 작용할 때 좌굴응력을 구하여라. (b) 만일 $P=36\,\text{kN}$ 이 $e = 25\,\text{mm}$ 의 편심을 갖고 작용할 때 최대응력을 구라여라.

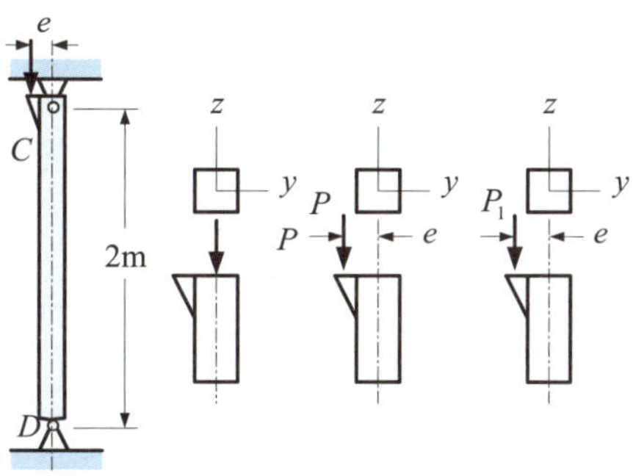

그림 문8F.11

8F.12 단면이 $40\,\text{mm} \times 40\,\text{mm}$, 길이 $1.5\,\text{m}$ 의 강봉($E=200\,\text{GPa}$)이 양단 회전지지 되어있다. (a) 하중이 중심축에 작용할 때 좌굴응력을 구하여라. (b) 만일 $P=10\,\text{kN}$ 이 $e = 20\,\text{mm}$ 의 편심을 갖고 작용할 때 최대응력을 구라여라. (c) 최대 굽힘응력이 $\sigma_{max} = 60\,\text{MPa}$ 이 되기 위한 하중 P_1 을 구하여라.

8F.13 양단 핀 지지 기둥이 길이 $L = 1.5\,\text{m}$, 외경 $d_2 = 56\,\text{mm}$, 내경 $d_1 = 50\,\text{mm}$ 의 파이프($E = 200\,\text{GPa}$)로 되어있다. 이 기둥의 벽 중앙($e = 26.5\,\text{mm}$)에 하중 P를 가한다. (a) $P = 9\,\text{kN}$ 에 대하여 최대응력을 구하여라. (b) 좌굴에 대한 안전계수를 $S = 2$ 로 할 때 허용하중 P_a 는 얼마인가? 단 항복강도는 $\sigma_Y = 290\,\text{MPa}$ 이다.

8F.14 양단 핀 지지 기둥이 길이 $L = 2.5\,\mathrm{m}$, 외경 $d_2 = 70\,\mathrm{mm}$, 내경 $d_1 = 60\,\mathrm{mm}$의 파이프 ($E = 210\,\mathrm{GPa}$)로 되어있다. 이 기둥의 벽 중앙($e = 32.5\,\mathrm{mm}$)에 하중 P를 가한다. (a) $P = 10\,\mathrm{kN}$에 대하여 최대응력을 구하여라. (b) 좌굴에 대한 안전계수를 $S = 2$로 할 때 허용하중 P_a는 얼마인가? 단 항복강도는 $\sigma_Y = 250\,\mathrm{MPa}$이다.

8F.15 길이 $L = 3.5\,\mathrm{m}$, 내경 $d_1 = 75\,\mathrm{mm}$, 외경 $d_2 = 90\,\mathrm{mm}$의 강관($E = 200\,\mathrm{GPa}$) 기둥의 하단은 고정, 상단은 회전지지되어 있다. 하중 P가 편심하중으로 작용하고, $ce/k^2 = 0.25$이다. (a) $P = 45\,\mathrm{kN}$으로 작용할 때 $\sigma_{\max}$를 구하여라. (b) 좌굴에 대한 안전율이 $S = 2.5$라 할 때 허용하중 P_a를 구하여라. $\sigma_Y = 250\,\mathrm{MPa}$이다.

기둥의 설계

8F.16 그림 문8F.16과 같은 단면을 하는 기둥이 양단 힌지 지지되어 있다. 다음 길이에 대하여 허용 축하중 P_a를 구하여라. (a) $L = 2\,\mathrm{m}$, (b) $L = 4\,\mathrm{m}$, (c) $L = 6\,\mathrm{m}$, (d) $L = 8\,\mathrm{m}$. 단 $E = 200\,\mathrm{GPa}$, $\sigma_Y = 250\,\mathrm{MPa}$이다.

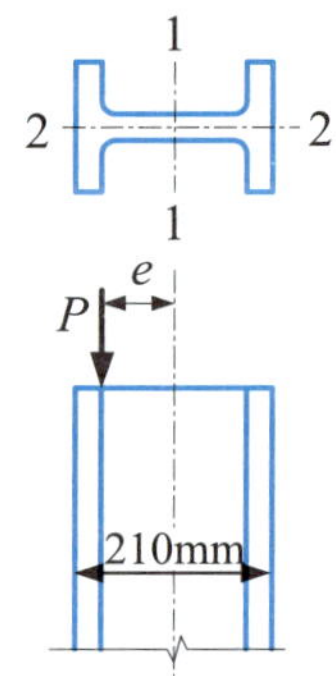

$A = 75.8\,\mathrm{cm}^2$
$I_{11} = 6088\,\mathrm{cm}^4$
$Z_1 = 581\,\mathrm{cm}^3$
$k_1 = 8.96\,\mathrm{cm}$
$I_{22} = 2041\,\mathrm{cm}^4$
$Z_2 = 199\,\mathrm{cm}^3$
$k_2 = 5.19\,\mathrm{cm}$

그림 8F.16, 17, 18

8F.17 그림 문8F.16과 같은 단면을 하는 기둥이 하단에서 고정, 상단에서 힌지되어 있다. 다음 길이에 대하여 허용 축하중 P_a를 구하여라. (a) $L = 3\,\mathrm{m}$, (b) $L = 5\,\mathrm{m}$, (c) $L = 7\mathrm{m}$, (d) $L = 9\,\mathrm{m}$. 단 $E = 200\,\mathrm{GPa}$, $\sigma_Y = 250\,\mathrm{MPa}$이다.

8F.18 그림 문8F.16과 같은 단면을 하는 기둥이 양단고정되어 있다. 다음 길이에 대하여 허용 축하중 P_a를 구하여라. (a) $L = 6\,\mathrm{m}$, (b) $L = 10\,\mathrm{m}$, (c) $LL = 14\mathrm{m}$. 단 $E = 200\,\mathrm{GPa}$, $\sigma_Y = 350\,\mathrm{MPa}$이다.

8F.19 외경 $114\,\mathrm{mm}$, 벽두께 $6\,\mathrm{mm}$의 강관($E = 200\,\mathrm{GPa}$)이 양단 힌지되어 있다. 다음 길이에 대하여 허용 축하중을 구하여라. (a) $L = 2\mathrm{m}$, (b) $L = 4\mathrm{m}$, (c) $L = 6\,\mathrm{m}$, (d) $L = 8\mathrm{m}$, 단 항복강도는 $\sigma_Y = 250\,\mathrm{MPa}$이다.

8F.20 외경 $140\,\mathrm{mm}$, 벽두께 $7\,\mathrm{mm}$의 강관($E = 200\,\mathrm{GPa}$)이 하단 고정, 상단 힌지되어 있다. 다음 길이에 대하여 허용 축하중을 구하여라. (a) $L = 2\mathrm{m}$, (b) $L = 4\mathrm{m}$, (c) $L = 6\,\mathrm{m}$, (d) $L = 8\mathrm{m}$, 단 항복강도는 $\sigma_Y = 250\,\mathrm{MPa}$이다.

Introduction to **MECHANICS** of **MATERIALS**

연습문제 정답 & 해설

제1장 기본개념과 정의

종합정리 기초문제 해답

문제	풀 이	답
1A.1	$\mathrm{n} = \dfrac{4\mathrm{i}+3\mathrm{j}}{\sqrt{4^2+3^2}} = \dfrac{1}{5}(4\mathrm{i}+3\mathrm{j})$	[나]
1A.2	$\mathrm{n} = \cos 30°\mathrm{i} + \cos 60°\mathrm{j} = \dfrac{1}{2}(\sqrt{3}\,\mathrm{i}+\mathrm{j})$ $\quad \mathrm{P} = P\mathrm{n} = 6(\sqrt{3}\,\mathrm{i}+\mathrm{j})$	[다]
1A.3	면에 수직한 방향의 방향여현은 $(\cos 30°, \cos 60°)$이므로 단위벡터는 $\mathrm{n} = \cos 30°\mathrm{i} + \cos 60°\mathrm{j}$ 따라서 면적벡터는 $\mathrm{A} = A\mathrm{n} = A(\cos 30°\mathrm{i} + \cos 60°\mathrm{j})$	[가]
1A.4	$\mathrm{P} = 3\mathrm{i}+7\mathrm{j}+5\mathrm{k} \quad \mathrm{n} = \dfrac{\mathrm{P}}{\lvert\mathrm{P}\rvert} = \dfrac{3\mathrm{i}+7\mathrm{j}+5\mathrm{k}}{\sqrt{3^2+7^2+5^2}} = \dfrac{1}{9.11}(3\mathrm{i}+7\mathrm{j}+5\mathrm{k})$	[나]
1A.5	$\mathrm{n} = l\,\mathrm{i} + m\,\mathrm{j} + n\,\mathrm{k} = \dfrac{1}{9.11}(3\mathrm{i}+7\mathrm{j}+5\mathrm{k})$ $l = \dfrac{3}{9.11} = 0.329 \quad m = \dfrac{7}{9.11} = 0.768 \quad n = \dfrac{5}{9.11} = 0.549$	[다]
1A.6	$\mathrm{n} = \cos\alpha\mathrm{i} + \cos\beta\,\mathrm{j} + \cos\gamma\,\mathrm{k}) = \dfrac{1}{9.11}(3\mathrm{i}+7\mathrm{j}+5\mathrm{k})$ $\alpha = \cos^{-1}\left(\dfrac{3}{9.11}\right) = 70.77° \quad \beta = \cos^{-1}\left(\dfrac{7}{9.11}\right) = 39.79° \quad \gamma = \cos^{-1}\left(\dfrac{5}{9.11}\right) = 56.71°$	[라]
1A.7	$\sum \mathrm{F} = \mathrm{R}_A + \mathrm{R}_B - 30\mathrm{j} - 20\mathrm{j} = 0$로부터 $R_{Ax}\mathrm{i} + R_{Ay}\mathrm{j} + R_B\mathrm{j} - 30\mathrm{j} - 20\mathrm{j} = 0$ $R_{Ax} = 0, \quad R_{Ay} + R_B - 30 - 20 = 0$ $\sum \mathrm{M} = (1.2\mathrm{i})\times(-30\mathrm{j}) + (2.4\mathrm{i})\times R_B\,\mathrm{j}$ $+ (3.4\mathrm{i})\times(-20\mathrm{j}) = (2.4R_B - 36 - 68)\mathrm{k} = 0$로부터 $2.4R_B - 104 = 0$	[다]
1A.8	자유물체도에서 절단면이 양의 면일 때 면에 전달되는 내력 F와 M을 양의 방향으로 표현하고 양의 좌표방향으로 계산한다. 식 1A.12로부터 $R_{Ay} = 6.67\mathrm{kN} \quad R_B = 43.33\mathrm{kN}$ $\mathrm{F} + \mathrm{R}_A - 30\mathrm{j} = 0; \ \mathrm{F} = (-R_{Ay} + 30)\mathrm{j}$ $F_{xx} = 0, \ F_{xy} = -R_{Ay} + 30\mathrm{kN} = 23.33\mathrm{kN}$ $\mathrm{M} + (1.2\mathrm{i})\times(-30\mathrm{j}) + (1.8\mathrm{i})\times\mathrm{F} = 0$ $\mathrm{M} = (36 - 1.8\times 23.33)\mathrm{k}, \quad M_{xz} = -6.0\mathrm{kNm}$	[가]
1A.9	절단면이 음의 면일 때 면에 전달되는 내력 F와 M을 좌표의 음의 방향으로 표현하고 음의 좌표방향으로 계산한다. $R_{Ay} = 6.67\mathrm{kN} \quad R_B = 43.33\mathrm{kN}$ $-\mathrm{F} + \mathrm{R}_B - 20\mathrm{j} = 0; \ \mathrm{F} = (R_B - 20)\mathrm{j} = 0$ $F_{xx} = 0 \ F_{xy} = 43.33 - 20\mathrm{kN} = 23.33\mathrm{kN}$ $-\mathrm{M} + (0.6\mathrm{i})\times\mathrm{R}_B + (1.6\mathrm{i})\times(-20\mathrm{j}) = 0$ $\mathrm{M} = (0.6\times 43.33 - 1.6\times 20)\mathrm{k} = 0, \ M_{xz} = -6.0\mathrm{kNm}$	[다]

문제	풀 이	답
1A.10	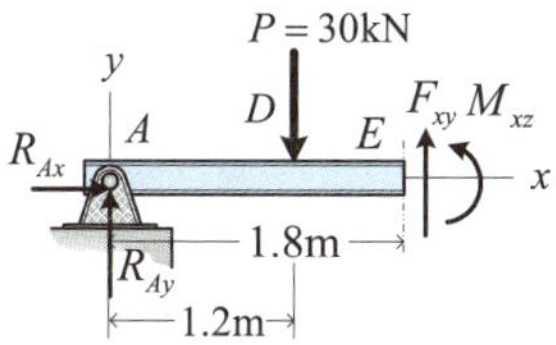 절단면이 양의 x면이므로, 절단면에 발생하는 내력 F_{xy}, M_{xz}를 모두 양의 방향을 향하게끔 자유물체도에 표시한다. $\sum F_y = R_{Ay} - 30 + F_{xy} = 0$ $\sum (M_z)_A = -1.2\times 30 + M_{xz} + 1.8F_{xy} = 0$	[가]
1A.11	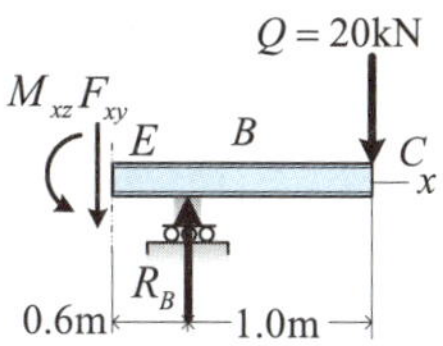 절단면이 음의 x면이므로, 절단면에 발생하는 내력 F_{xy}, M_{xz}를 모두 음의 방향을 향하게끔 자유물체도에 표시한다. $\sum F_y = -F_{xy} + R_B - 20 = 0$ $\sum (M_z)_E = -M_{xz} + 0.6R_B - 1.6\times 20 = 0$	[라]
1A.12	$\mathbf{r} = L\mathbf{i} \quad \mathbf{P} = P(\cos\theta\mathbf{i} + \sin\theta\mathbf{j})$ $\mathbf{R} + \mathbf{P} = 0 \quad \mathbf{M}_R - M_0\mathbf{k} + \mathbf{r}\times\mathbf{P} = 0$ $\mathbf{R} = -P(\cos\theta\mathbf{i} + \sin\theta\mathbf{j}) \quad \mathbf{M}_R = M_0\mathbf{k} - LP\sin\theta\mathbf{k}$ $R_{Ax} = -P\cos\theta,\ R_{Ay} = -P\sin\theta,\ M_R = M_0 - PL\sin\theta$ 별해(성분별로 계산) $\sum F_x = R_{Ax} + P\cos\theta = 0$ $\sum F_y = R_{Ay} + P\sin\theta = 0$ $\sum (M_z)_A = M_R - M_0 + LP\sin\theta = 0$	[가]
1A.13	정역학적 평형 $\sum F_x = R_{Ax} = 0$ $\sum F_y = R_{Ay} + P - P = 0$ $\sum (M_z)_A = M_{RA} + \frac{L}{2}P - LP = 0$ $R_{Ax} = 0,\ R_{Ay} = 0,\ M_{RA} = \frac{PL}{2}$	[다]
1A.14	$\sum F_x = R_{Ax} = 0$ $\sum F_y = R_{Ay} - P = 0$ $\sum (M_z)_A = -M_{RA} - M_0 - LP = 0$ $R_{Ax} = 0,\ R_{Ay} = P,$ $M_{RA} = -(M_0 + PL)$	[라]

종합정리 심화문제 해답

문제	해답
1F.1	$c = 2393.13\,\mathrm{N},\ \theta = 92.25^\circ$
1F.2	$F = 51.4\mathrm{kN},\ \theta = 82.35^\circ$
1F.3	$F_{1x'} = 15.32\mathrm{kN},\ F_{1y'} = -12.86\mathrm{kN},\ F_{3x'} = -27.2\mathrm{kN},\ F_{3y'} = -12.68\mathrm{kN})$
1F.4	$M = 360.0\ \mathrm{N\ m}$, 양의 z 방향
1F.5	없음
1F.6	$[F] = [MLT^{-2}],\quad [\mathrm{kg\,m/s^2}]$
1F.7	$[J] = [ML^2]$, $\mathrm{kg\,m^2}$
1F.8	$[K] = [L^3M^{-1}T^{-2}]$

문제	해답
1F.9	$[Q] = [L^3 T^{-1}]$
1F.10	$R = 111.36, \quad \theta = -21^\circ$
1F.11	$b = 666.26\,\mathrm{N},\ \theta = 66.9^\circ$
1F.12	$R = 328.4\,\mathrm{N},\ \theta = -63^\circ$
1F.13	$R = 68.4\,\mathrm{N},\ \theta = 210^\circ$
1F.14	없음
1F.15	(a) $F_H = 125\mathrm{N}$ $F_V = 216.5\,\mathrm{N}$ (b) $F_P = 197\,\mathrm{N},\ F_N = 154\,\mathrm{N})$
1F.16	$T_{AB} = 125.6\,\mathrm{N},\ \mathrm{T_{AC}} = 120.0\,\mathrm{N}$
1F.17	$F = 728.1\mathrm{N} > F' = 431.64\,\mathrm{N}$ 이므로 블록은 경사면을 따라 상승
1F.18	$F_{AC} = -22633\,\mathrm{N},\ F_{BC} = 11316.5\,\mathrm{N}$
1F.19	$T = 176.8\,\mathrm{N},\ F_C = 265.8\,\mathrm{N}$
1F.20	$R_A = 579.4\,\mathrm{N},\ R_B = 420.6\,\mathrm{N}$
1F.21	$R_A = 9.7\,\mathrm{kN},\ R_B = 11.3\,\mathrm{kN}$
1F.22	$R_H = -0.77\,\mathrm{kN},\ R_V = 5.9\,\mathrm{kN},\ R_B = 4.9\,\mathrm{kN}$
1F.23	$R_A = 5615\,\mathrm{N},\ R_B = 11060\,\mathrm{N}$
1F.24	$F_{AB} = 200\mathrm{kN}$ $F_{BE} = -141.4\mathrm{kN},\ F_{DE} = -100\mathrm{kN},\ F_{BC} = 100\mathrm{kN}$ $F_{BD} = 100\mathrm{kN},\ F_{CD} = -141.4\mathrm{kN}$

제2장 1축응력과 변형율

종합정리 기초문제 해답

문제	풀 이	답
2A.1	면의 부호와 작용방향의 부호가 일치할 때 양의 내력으로 정한다. 면에 수직하게 그은 외향벡터의 향이 좌표의 양의 방향을 향할 때 양의 면으로 정한다.	[다]
2A.2	양의 x면(수직벡터가 양의 x방향)에 양의 방향, 음의 x면에 음의 방향으로 작용	[라]
2A.3	내력과 응력은 면과 방향의 부호가 같을 때 양이다.	[나]
2A.4	전단변형률은 지교선소의 교각이 예각으로 변할 때 양, 둔각으로 변할 때 음으로 정한다.	[라]
2A.5	응력의 부호는 설정된 좌표축에 대한 방향을 제시한다. 수직응력에서 $-250\,\mathrm{kPa}$은 압축응력, $120\mathrm{kPa}$은 인장응력이고, 응력강도는 압축응력 $-250\,\mathrm{kPa}$이 더 크다.	[나]

문제	풀 이	답
2A.6	양의 γ_{xy}는 $x\,y$축의 교각이 예각으로 변형된 변형각이다.	[나]
2A.7	$\tau = \dfrac{P}{A_p} = \dfrac{P}{\pi dt} = \dfrac{30\,\text{kN}}{(\pi 0.03)\times 0.018} = 17.68\,\text{MPa}$	[라]
2A.8	$P = \tau A_p = \tau(\pi dt) = \pi(380\times 10^3\,\text{kPa})(0.03\,\text{m})(0.008\,\text{m}) = 286.5\,\text{kN}$	[다]
2A.9	$\dfrac{d_1}{d_2} = \dfrac{3}{2}$ $\sigma_1 = \dfrac{P}{(\pi/4)d_1^2}$ $\sigma_2 = \dfrac{P}{(\pi/4)d_2^2}$, $\dfrac{\sigma_1}{\sigma_2} = \dfrac{P/(\pi/4)d_1^2}{P/(\pi/4)d_2^2} = \dfrac{d_2^2}{d_1^2} = \left(\dfrac{2}{3}\right)^2 = \dfrac{4}{9}$	[다]
2A.10	$\sigma = \dfrac{P}{A} = \dfrac{200\,\text{kN}}{(\pi/4)\,[(0.4+2t)^2 - 0.4^2]} = 6000\,\text{kPa}$ 로부터 $t = \dfrac{1}{2}\left[\sqrt{\dfrac{200}{(\pi/4)(6000)} + 0.4^2} - 0.4\right] = 0.025\,\text{m} = 2.5\,\text{cm}$	[다]
2A.11	$\dfrac{P}{2} = \tau_a A = (60\,\text{MPa})\left(\dfrac{\pi}{4}\times 0.03^2\right) = 42.41\,\text{kN}$, $P = 2\times 42.41\,\text{kN} = 84.82\,\text{kN}$	[가]
2A.12	$\sigma = \dfrac{P}{A} = \dfrac{10\,\text{kN}}{\pi/4\times 0.02^2} = 31.8\times 10^3\,\text{kPa} = 31.8\,\text{MPa}$	[나]
2A.13	연성재료의 항복점 유무는 재료에 따르나, 취성재료는 항복점이 명시적으로 나타나지 않는다.	[나]
2A.14	하중을 제거할 때 원상태로 회귀하는 한계응력은 탄성한계이다.	[라]
2A.15	소성변형은 항복점 이전의 응력에서부터 발생한다. 항복은 하중증가에 비하여 변형이 가속되는 현상이다.	[다]
2A.16	재 하중에서는 GS를 따라 탄성변형을 한 다음, SF 곡선을 따라 소성변형을 한다..	[나]
2A.17	P/A는 수직응력의 정의	[라]
2A.18	$\lambda = PL/AE$	[라]
2A.19	$P = k\lambda$; $k =$강성도, $P = (AE/L)\lambda$ $k = AE/L$	[나]
2A.20	$\lambda = fP$; $f =$유연도, $\lambda = (L/AE)P$ $f = L/AE$	[가]
2A.21	$\nu = -\epsilon_t/\epsilon$	[라]
2A.22	$\sigma = \dfrac{P}{A} = \dfrac{70\,\text{kN}}{(\pi/4)\,(0.020\,\text{m})^2} = 222.8\times 10^3\,\text{kPa}$ $S = \dfrac{370\,\text{MPa}}{222.8\,\text{MPa}} = 1.66$	[다]
2A.23	$\epsilon_A = -2\nu\epsilon$	[나]
2A.24	$\epsilon_V = \epsilon(1-2\nu)$	[다]
2A.25	$E = 2G(1+\nu) = 2G\left(1+\dfrac{1}{m}\right)$	[가]
2A.26	탄성한계 내에서 응력과 변형률은 비례한다.	[라]
2A.27	$E = \dfrac{\sigma}{\epsilon} = \dfrac{P/A}{\lambda/L} = \dfrac{L}{\lambda}\dfrac{P}{(\pi/4)d^2} = \dfrac{4PL}{\pi\lambda d^2}$ 수치를 대입한다. $E = = \dfrac{4(4\,\text{kN})(12\,\text{m})}{\pi(29\times 10^{-3}\,\text{m})(0.003\text{m})^2} = 234\times 10^6\,\text{kPa} = 234\,\text{GPa}$	[다]

문제	풀 이	답
2A.28	$G=\dfrac{\tau_{yx}}{\gamma_{yx}}=\dfrac{F_{yx}/ab}{\lambda/t}=\dfrac{F_{yx}\,t}{\lambda ab}=\dfrac{(12\,\text{kN})(0.05\,\text{m})}{(0.008\,\text{m})(0.15\times0.25)}=2000\,\text{kPa}=2\,\text{MPa}$	[가]
2A.29	$P=A\sigma=AE\epsilon=AE(-\epsilon_t/\nu)=-\dfrac{AE}{\nu}\dfrac{d'-d}{d}$ $=-\dfrac{[(\pi/4)d^2](70\times10^6\,\text{kPa})]}{0.33}\dfrac{(-0.45\times10^{-6}\,\text{m})}{d}$ $=-\dfrac{\pi(0.006)(70\times10^6\,\text{kPa})}{4\times0.33}(-0.45\times10^{-6}\,\text{m})=0.45\,\text{kN}$	[다]
2A.30	$G=\dfrac{\tau}{\gamma}=\dfrac{(P/2)/ab}{\lambda/t}=\dfrac{Pt}{2\lambda ab}=\dfrac{(16\,\text{kN})(9)}{2(4)(0.16\times0.080)}=1406\,\text{kPa}\fallingdotseq1.4\,\text{MPa}$	[라]
2A.31	$\epsilon_t=\dfrac{d'-d}{d}=-\nu\epsilon \quad d'-d=-\nu\epsilon d=-\dfrac{\nu\sigma d}{E}=-\dfrac{\nu Pd}{EA}=-\dfrac{Pd}{mEA}$	[라]
2A.32	$\sigma_u=\dfrac{35\,\text{kN}}{(\pi/4)(0.1^2-0.04^2)}=5.31\times10^3\,\text{kPa} \qquad S=\dfrac{\sigma_u}{\sigma_a}=\dfrac{5.31\times10^3\,\text{kPa}}{540\,\text{kPa}}=9.8$	[라]
2A.33	$\sigma_u=\dfrac{300\,\text{kN}}{0.06\,\text{m}\times0.1\,\text{m}}=50000\,\text{kPa}=50\,\text{MPa} \qquad S=\dfrac{\sigma_u}{\sigma_a}=\dfrac{50\,\text{MPa}}{10\,\text{MPa}}=5$	[나]
2A.34	$\epsilon=\dfrac{\sigma}{E}=\dfrac{P}{AE},\ d'-d=-\nu\epsilon d=-\dfrac{\nu Pd}{AE},$ $d'=d-\dfrac{\nu Pd}{AE}=3-\dfrac{(0.3)(30\,\text{kN})(3\,\text{cm})}{[(\pi/4)\times3^2](200\times10^2\,\text{kN/cm}^2)}$ $d'=2.9998\,\text{cm} \qquad \Delta A=\dfrac{\pi}{4}(3^2-2.9998^2)=0.00094\,\text{cm}^2$	[라]
2A.35	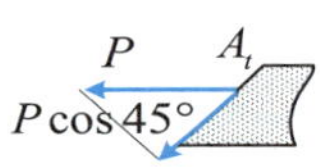 $A_t=\dfrac{0.04\times0.04}{\cos45°}=0.0016\sqrt{2}\,\text{cm}^2,\ P_t=P\cos45°=\dfrac{P}{\sqrt{2}}$ $\tau_a=30\times10^3\,\text{kPa}=\dfrac{P/\sqrt{2}}{0.0016\sqrt{2}},$ $P=(30\times10^3\,\text{kPa})(0.0032)=96\,\text{kN}$	[다]
2A.36	$\sigma_s=\sigma_c=\dfrac{P}{A}=E_s\epsilon_s=E_c\epsilon_c,\quad \dfrac{E_c}{E_s}=\dfrac{\epsilon_s}{\epsilon_c}=\dfrac{8}{15};\quad E_s:E_c=15:8$	[가]
2A.37	열응력은 양단 변위가 속박될 때 나타난다.	[나]

종합정리 심화문제 해답

문제	해답
2F.1	(a) $\sigma_{AB}=102\,\text{MPa},\ \sigma_{BC}=-63.7\,\text{MPa}$, (b) $\delta_B=-0.223\,\text{mm}$ (c) $\delta_A=0.032\,\text{mm}$
2F.2	(a) $P=38.89\,\text{kN}$ (b) $\delta_B=-0.02\,\text{mm}$
2F.3	(a) $\delta_C=2.948\,\text{mm}$, (b) $\delta_D=4.118\,\text{mm}$
2F.4	(a) $\delta_B=0.78\,\text{mm}$, (b) $\delta_D=5.71\,\text{mm}$
2F.5	$\sigma_A=150\,\text{MPa},\ \sigma_B=75\,\text{MPa},\ \sigma_C=75\,\text{MPa}$

문제	해답
2F.6	$R_{Ax}=0$, $R_{Ay}=27392\,\mathrm{N}$, $R_D=35217\,\mathrm{N}$, $R_B=117391\,\mathrm{N}$, $\sigma_{CD}=117.39\,\mathrm{MPa}$ $\sigma_{BE}=234.78\,\mathrm{MPa}$
2F.7	$\nu=0.3$, $\epsilon_a=2.50\times10^{-4}$ $\epsilon_v=1.668\times10^{-4}$
2F.8	$d-d'=5.093\times10^{-6}\,\mathrm{m}$, $\Delta v/L=8.005\times10^{-4}\,\mathrm{cm^3/cm})$
2F.9	$\Delta v/v=0.00034$ $v'=6.25\times10^5\,\mathrm{mm^3}$
2F.10	$d'=4.00019\,\mathrm{cm}$
2F.11	(a) $\delta=-1.173\,\mathrm{mm}$, (b) $d'-d=0.048\,\mathrm{mm}$, (c) $t'-t=0.0022\,\mathrm{mm}$
2F.12	$L=308\,\mathrm{mm}$
2F.13	$\tau_b=5.926\,\mathrm{MPa}$
2F.14	$\tau_b=159\,\mathrm{MPa}$
2F.15	$d=16\,\mathrm{mm}$
2F.16	$d=14\,\mathrm{mm}$, $H=5.7\,\mathrm{mm}$
2F.17	$\tau=31.8\,\mathrm{MPa}$, $G=76.9\,\mathrm{GPa}$
2F.18	$\gamma=0.0025$, $\epsilon_{AD}=\gamma/2$, $\epsilon_{BC}=-\gamma/2$
2F.19	$S=9.8$
2F.20	$S=7.3$
2F.21	$d=71\,\mathrm{mm}$
2F.22	$t=18\,\mathrm{mm}$
2F.23	$P=11.973\,\mathrm{kN}$
2F.24	$S=1.80$
2F.25	$d=22.9\,\mathrm{mm}$
2F.26	$A=2.71\,\mathrm{cm^2}$
2F.27	자중 무시 $P=29.217\,\mathrm{kN}$, 자중 고려 $P=28.975\,\mathrm{kN}$
2F.28	$A=2.17\,\mathrm{cm^2}$, $\delta=4.61\,\mathrm{mm}$
2F.29	$\delta=0.606\,\mathrm{mm}$
2F.30	$\sigma=-97.5\,\mathrm{MPa}$
2F.31	$\sigma=36\,\mathrm{MPa}$
2F.32	$\sigma=63.8\,\mathrm{MPa}$, $P=0.5\,\mathrm{MN}$

제3장 좌표축과 응력

종합정리 기초문제 해답

문제	풀 이	답
3A.1	면의 부호와 작용방향의 부호가 일치할 때 양의 내력으로 정한다. 면에 수직하게 그은 외향벡터의 향이 좌표의 양의 방향을 향할 때 양의 면으로 정한다.	[다]
3A.2	양의 x면(수직벡터가 양의 x방향)에 양의 방향, 음의 x면에 음의 방향으로 작용	[라]
3A.3	내력과 응력은 면과 방향의 부호가 같을 때 양이다.	[나]
3A.4	응력의 대칭성이 성립해야만 외력과 내력이 평형을 이룬다.	[라]
3A.5	σ_{xx}, σ_{yy}, σ_{zz}, τ_{xy}, τ_{yx}, τ_{yz}, τ_{zy}, τ_{zx}, τ_{xz} 9개의 성분을 갖는다.	[가]
3A.6		[라]
3A.7		[다]
3A.8		[가]
3A.9	전단응력이 작용하지 않는 면에 발생하는 수직응력을 주응력이라 한다. 주응력은 극치의 응력이다.	[라]
3A.10		[라]
3A.11		[라]
3A.12		[라]
3A.13		[라]
3A.14		[가]
3A.15		[다]
3A.16		[나]
3A.17	전단변형률 γ_{xy}는 전단응력 τ_{xy}에만 의존하고 다른 응력에는 영향을 받지 않는다.	[다]
3A.18		[가]
3A.19		[나]
3A.20		[가]
3A.21		[다]
3A.22	$\sigma_{x'x'} = \sigma_{xx}\cos^2\theta = (10)\cos^2 30° = 7.5\text{MPa}$	[라]

종합정리 심화문제 해답

문제	해답
3F.1	$\sigma_{y'y'} = 1.76\text{MPa}$, $\tau_{x'y'} = -2.71\text{MPa}$
3F.2	$\sigma_{y'y'} = 4.7\text{MPa}$, $\tau_{x'y'} = 2.71\text{MPa}$

문제	해답
3F.3	$\sigma_{x'x'} = 17.9\text{MPa},\ \sigma_{y'y'} = 11.9\text{MPa},\ \tau_{x'y'} = \tau_{y'x'} = -10.34\text{MPa}$
3F.4	$\sigma_{x'x'} = -17.9\text{MPa},\ \sigma_{y'y'} = -11.9\text{MPa},\ \tau_{x'y'} = \tau_{y'x'} = 10.34\text{MPa}$)
3F.5	$P = -85.3\text{kN}$; 압축, $\sigma_{x'x'} = -50.9\text{MPa}$
3F.6	$\sigma_{x'x'} = 35\text{MPa},\ \tau_{x'y'} = -8.66\text{MPa}$
3F.7	$\sigma_n = \sigma_{y'y'} = 16.82\text{MPa},\ \tau_{x'y'} = \tau_{y'x'} = -15\text{MPa}$
3F.8	없음
3F.9	$\sigma_{xx} = -10\text{MPa},\ \tau_{\max} = -5\text{MPa}$
3F.10	$\sigma_{xx} = 8.2\text{MPa}$
3F.11	$p = 0.6\text{MPa}$
3F.12	(a) $\sigma = -0.68\text{MPa},\ \tau = 20.4\text{MPa}$, (b) $\sigma = 17.86\text{MPa},\ \tau = 50.31\text{MPa}$ (c) $\sigma = -61.96\text{MPa},\ \tau = 21.96\text{MPa}$, (d) $\sigma = -1.96\text{MPa},\ \tau = -12.68\text{MPa}$)
3F.13	$\sigma = 2.42\text{MPa},\ \tau = 3.48\text{ MPa}$
3F.14	$\sigma_{x'x'} = 109.54\text{MPa},\ \sigma_{y'y'} = 10.46\text{MPa},\ \tau_{x'y'} = -39.3\text{MPa}$)
3F.15	(a) $\theta_p = 14.04^\circ,\ \theta_p = 104.04^\circ,\ \sigma_{\max} = 40\text{MPa},\ \sigma_{\min} = -28\text{MPa}$ (b) $\theta_p = 18.4^\circ,\ \theta_p = 108.4^\circ,\ \sigma_{\max} = 88\text{MPa},\ \sigma_{\min} = 8\text{MPa}$ (c) $\theta_p = -37.03^\circ,\ \theta_p = 52.98^\circ,\ \sigma_{\max} = -27.2\text{MPa},\ \sigma_{\min} = -172.8\text{MPa}$ (d) $\theta_p = -30.96^\circ,\ \theta_p = 59.04^\circ,\ \sigma_{\max} = 130\text{MPa},\ \sigma_{\min} = -210\text{MPa}$)
3F.16	(a) $\theta_s = -30.97^\circ,\ \tau_{\max} = 34\text{MPa},\ \sigma_{av} = 6\text{MPa}$ (b) $\theta_s = -26.57^\circ,\ \tau_{\min} = -40\text{MPa},\ \sigma_{av} = 48\text{MPa}$ (c) $\theta_s = 27.5^\circ,\ \tau_{\max} = 72.8\text{MPa},\ \sigma_{av} = -100\text{MPa}$ (d) $\theta_s = 14.04^\circ,\ \tau_{\max} = -170\text{MPa},\ \sigma_{av} = -40\text{MPa}$)
3F.17	(a) $\theta_p = 14.04^\circ, \sigma_{\max} = 40\text{MPa},\ \sigma_{\min} = -28\,MPa,\ \theta_s = -30.97^\circ,\ \tau_{\max} = 34\text{MPa}$ (b) $\theta_p = 18.44^\circ, \sigma_{\min} = 8\text{MPa},\ \sigma_{\max} = 88\,MPa,\ \theta_s = -26.6^\circ,\ \tau_{\min} = -40\text{MPa}$ (c) $\theta_p = -37.1^\circ, \sigma_{\min} = 172.8\text{MPa}, \sigma_{\max} = -27.2\,MPa,\ \theta_s = 7.97^\circ,\ \tau_{\max} = 72.8\text{MPa}$ (d) $\theta_p = -31^\circ, \sigma_{\max} = 130\text{MPa},\ \sigma_{\min} = -210\,MPa,\ \theta_s = 14.04^\circ,\ \tau_{\min} = -170\text{MPa}$
3F.18	$\sigma_{x'x'} = 55.82\text{MPa},\ \sigma_{y'y'} = -125.8\text{MPa},\ \tau_{x'y'} = -24.0\text{MPa}$ 주응력: $\theta_p = 12.6^\circ;\ \sigma_{\max} = 58.94\text{MPa},\ \theta_p = 102.6^\circ;\ \sigma_{\min} = -128.94\text{MPa}$ 주전단응력: $\theta_s = -32.4^\circ;\ \tau_{\max} = 93.94\text{MPa}$)
3F.19	(a) $\gamma_{xy} = 0.0175$, (b) $\gamma_{xy} = 0.0209$
3F.20	(a) $\epsilon_{x'x'} = -540\mu,\ \epsilon_{y'y'} = 240\mu,\ \gamma_{x'y'} = 450\mu$ (b) $\epsilon_{x'x'} = -335\mu,\ \epsilon_{y'y'} = -25\mu,\ \gamma_{x'y'} = -237\mu$ (c) $\epsilon_{x'x'} = 92\mu,\ \epsilon_{y'y'} = 708\mu,\ \gamma_{x'y'} = 568\mu$ (d) $\epsilon_{x'x'} = -523\mu,\ \epsilon_{y'y'} = 243\mu,\ \gamma_{x'y'} = -663\mu$)

제4장 기본개념과 정의

종합정리 기초문제 해답

문제	풀이	답
4A.1	$I_x = \frac{\pi}{64}(d_o^4 - d_i^4)$, 평행축정리에 의하여 $I_X = I_x + d^2 A = \frac{\pi}{64}(d_o^4 - d_i^4) + \left(\frac{d_o}{2}\right)^2 \times \frac{\pi}{4}(d_o^2 - d_i^2)$ $= \frac{\pi}{64}(d_o^2 - d_i^2)(5d_o^2 + d_i^2)$	[라]
4A.2	$I_C = \frac{bh^3}{12} \quad A = bh\ ;\ k_x = \sqrt{\frac{I_x}{A}} = \sqrt{\frac{bh^3/12}{bh}} = \frac{h}{2\sqrt{3}}$	[다]
4A.3	$I_X = \frac{bh^3}{12} + \left(\frac{h}{2}\right)^2 bh = \frac{bh^3}{3}\ ;\ k_X = \sqrt{\frac{I_X}{A}} = \sqrt{\frac{bh^3/3}{bh}} = \frac{h}{\sqrt{3}}$	[라]
4A.4	$y_C = \frac{95(70\times 10)+55(10\times 70)+10(70\times 20)}{(70\times 10)+(10\times 70)+(70\times 20)} = 42.5\,\text{mm}$	[다]
4A.5	평행축정리 $I_{XX} = I_{xx} + d^2 A$	[나]
4A.6	$I_{XX} = I_{xx} + d^2 A,\quad k_X^2 = \frac{I_{XX}}{A} = \frac{I_{xx}+d^2 A}{A} = k_x^2 + d^2$	[나]
4A.7	$A = (20\times 20\,\text{cm}^2) - \frac{\pi}{4}(10\,\text{cm})^2 = 321.46\text{cm}^2$ $\bar{x} = \frac{1}{321.46}\left(10\times 400 - \frac{\pi}{4}\times 10^2\times 15\right) = 8.78\,\text{cm}$	[다]
4A.8	$A = \pi R^2 - \frac{\pi}{4}R^2 = \frac{3\pi R^2}{4}\ ;$ $\bar{x} = \frac{1}{3\pi R^2/4}\left(\pi R^2\times R - \frac{\pi}{4}\times R^2\times 3R/2\right) = \frac{5R}{6}$	[가]
4A.9	$I_x = \frac{\pi}{64}(0.8^4) - \frac{\pi}{64}(0.4^4) = 0.01885\,\text{m}^4$ $I_y = \frac{\pi}{64}(0.8^4) + \frac{\pi}{4}(0.8^2)\times 0.4^2 - \left[\frac{\pi}{64}(0.4^4) + \frac{\pi}{4}(0.4^2)\times 0.2^2\right]$ $= 0.09425\,\text{m}^4$	[나]
4A.10	$Z_x = \frac{I_{xx}}{e} = \frac{0.01885}{0.4} = 0.0471\,\text{m}^3$	[나]
4A.11	회전반경은 도심축에 관한 관성모멘트를 단면적으로 나눈 값의 평방근이다.	[라]
4A.12	대칭축은 항상 주축이 되지만, 비대칭 단면의 주축은 대칭축이 아닐 수 있다.	[가]

문제	풀 이	답
4A.13	도심은 단면의 1차모멘트가 0이 되는 축이다.	[다]
4A.14	상승모멘트를 0으로 만드는 축을 단면주축이라 한다.	[다]

종합정리 심화문제 해답

문제	해답
4F.1	$Q_x = \int_{25}^{85} ybdy + \int_{0}^{25} yady = 50\int_{25}^{85} ydy + 100\int_{0}^{25} ydy$ $= 50\frac{y^2}{2}\Big\vert_{25}^{85} + \frac{100y^2}{2}\Big\vert_{0}^{25} = 196250\,\text{mm}^3$ $y_C = \frac{Q_x}{A} = \frac{196250}{50\times60+100\times25} = 35.68\text{mm}$
4F.2	$Q_x = 5\times(100\times10) + 80\times(140\times10) = 117000\,\text{mm}^3$ $Q_y = 50\times(100\times10) + 5\times(140\times10) = 57000\,\text{mm}^3$ $A_1 = 100\times10 = 1000\,\text{mm}^2$ $A_2 = 140\times10 = 1400\,\text{mm}^2$ $A = A_1 + A_2 = 1000 + 1400 = 2400\,\text{mm}^2$ $x_C = \frac{Q_x}{A} = \frac{117000}{2400} = 48.75\,\text{mm}$ $y_C = \frac{Q_y}{A} = \frac{57000}{2400} = 23.75\,\text{mm}$
4F.3	$A = a^2 - (a-2t)^2 - \left(\frac{a}{2} - t\right)t = \frac{1}{2}(7at - 6t^2)$ $Q_y = \frac{a}{2}\times a^2 - \frac{a}{2}(a-2t)^2 - \left(a - \frac{t}{2}\right)\left(\frac{a}{2} - t\right)t$ $= \frac{1}{4}(6a^2t - 3at^2 - 2t^3)$ $x_C = \frac{Q_y}{A} = \frac{(1/4)(6a^2t - 3at^2 - 2t^3)}{(1/2)(7at - 6t^2)}$ $= \frac{6a^2 - 3at - 2t^2}{2(7a - 6t)} = \frac{2(3a+t)(a-t) + at}{2(7a-6t)}$ $x_C = \frac{2(3\times50 + 10)(50-10) + (50\times10)}{2(7\times50 - 60\times10)}$ $= 22.93\text{mm}$ $Q_x = \frac{a}{2}\times a^2 - \frac{a}{2}(a-2t)^2 - \left[t + \frac{1}{2}\left(\frac{a}{2} - t\right)\right]\left(\frac{a}{2} - t\right)t$ $= \frac{t}{8}\left[4(2a-t)^2 - a^2\right]$ $y_C = \frac{(1/8)\left[4(2a-t)^2 - a^2\right]}{(1/2)(7a-6t)} = \frac{4(2a-t)^2 - a^2}{4(7a-6t)}$ $y_C = \frac{4(2\times100 - 10)^2 - 50^2}{4(7\times50 - 6\times10)} = 25.78\,\text{mm}$

<table>
<tr><th>문제</th><th>해답</th></tr>
<tr><td>4F.4</td><td>

$$Q_x = (h-t/2)bt + \frac{h}{2}(h-2t)t + \frac{t}{2}at$$
$$= \frac{t}{2}\left[(a-b)t + 2h(b-t) + h^2\right]$$
$$A = t\left[b + a + (h-2t)\right]$$
$$y_C = \frac{Q_x}{A} = \frac{(t/2)\left[(a-b)t + 2h(b-t) + h^2\right]}{t\left[b+a+(h-2t)\right]}$$
$$= \frac{\left[(a-b)t + 2h(b-t) + h^2\right]}{2(b+a+h-2t)}$$
$$y_C = \frac{(150-100)\times 10 + 2\times 150(100-10) + 150^2}{2(150+100+150-2\times 10)}$$
$$= 65.79\,\text{mm}$$

</td></tr>
<tr><td>4F.5</td><td>

$$b(y) = k_1 y + k_2$$
$y=0;\ b(y)=b,\ y=h;\ b(y)=0$를 대입
$$b(y) = \frac{b}{h}(h-y)$$
단면 1차모멘트
$$Q = \int_A y\,dA = \int_0^h y\,b(y)\,dy = \frac{b}{h}\int_0^h y(h-y)\,dy = \frac{b}{h}\left(\frac{hy^2}{2} - \frac{y^3}{3}\right)_0^h = \frac{bh^2}{6}$$
도심; $y_C = \dfrac{Q}{A} = \dfrac{bh^2/6}{bh/2} = \dfrac{h}{3}$

x축에 관한 관성모멘트
$$I_x = \int_A y^2 dA = \frac{b}{h}\int_0^h y^2(h-y)\,dy$$
$$= \frac{b}{h}\left(\frac{hy^3}{3} - \frac{y^4}{4}\right)_0^h = \frac{bh^3}{12}$$
X축에 관한 관성모멘트; 평행축정리를 활용한다.
$$I_x = I_X + y_C^2 A$$
$$I_X = I_x - y_C^2 A = \frac{bh^3}{12} - \left(\frac{h}{3}\right)^2\left(\frac{bh}{2}\right) = \frac{bh^3}{36}$$

</td></tr>
<tr><td>4F.6</td><td>

$$b(y) = k_1 y + k_2$$
$y=0;\ b(y)=b,\ y=h;\ b(y)=a$를 대입
$$b(y) = b - \frac{b-a}{h}y$$
단면 1차모멘트
$$Q = \int_A y\,dA = \int_0^h y\,b(y)\,dy = \int_0^h y\left(b - \frac{b-a}{h}y\right)dy$$
$$= \left[\frac{by^2}{2} - \frac{(b-a)y^3}{3h}\right]_0^h = \frac{h^2}{6}(b+2a)$$
도심; $y_C = \dfrac{Q}{A} = \dfrac{h^2(b+2a)/6}{(a+b)h/2} = \dfrac{h(2a+b)}{3(a+b)}$

x축에 관한 관성모멘트
$$I_x = \int_A y^2 dA = \int_0^h y^2\left(b - \frac{b-a}{h}y\right)dy$$
$$= \left[\frac{by^3}{3} - \frac{b-a}{4h}y^4\right]_0^h = \frac{h^3}{12}(3a+b)$$

</td></tr>
</table>

<table>
<tr><th>문제</th><th>해답</th></tr>
<tr><td>4F.7</td><td>문 4F.1에서
$$b(y) = \frac{b}{h}(h-y)$$
dy요소의 Y축에 관한 관성모멘트;$dI_Y = b(y)^3\,dy/12$
$$I_Y = \int dI_Y = \int_0^h \frac{b(y)^3}{12}dy = \frac{b^3}{12h^3}\int_0^h (h-y)^3 dy$$
$h-y=t$로 놓으면
$$dy = -dt,\ y=0;\ t=h \quad y=h;\ t=0$$
따라서
$$I_Y = \frac{b^3}{12h^3}\int_0^h t^3 dt = \frac{b^3}{12h^3}\left[\frac{t^4}{4}\right]_0^h = \frac{b^3 h}{48}$$
별해
문 4F.1의 결과 $I_x = bh^3/12$를 $\triangle ADB$에 적용하면
$$I_{AD} = \frac{h(b/2)^3}{12} = \frac{hb^3}{96}$$
$\triangle ADB$와 $\triangle AOD$가 대칭이므로 Y축에 관한 관성모멘트는
$$I_Y = 2I_{AD} = 2\times\frac{hb^3}{96} = \frac{b^3 h}{48}$$</td></tr>
<tr><td>4F.8</td><td>$$x = a\cos\theta \quad y = a\sin\theta$$
$$dA = 2xdy = 2a\cos\theta\,(ad\theta\cos\theta) = 2a^2\cos^2\theta\,d\theta$$
$$I_x = \int_A y^2 dA = 2\int_0^{\pi/2} a^2\sin^2\theta(2a^2\cos^2\theta\,d\theta)$$
$$= 4a^4\int_0^{\pi/2}\cos^2\theta\sin^2\theta\,d\theta = 4a^4\int_0^{\pi/2}\frac{1}{4}\sin^2 2\theta\,d\theta$$
$\cos4\theta = \cos^2 2\theta - \sin^2 2\theta = 1-2\sin^2 2\theta$로부터
$$I_x = \frac{a^4}{2}\int_0^{\pi/2}(1-\cos4\theta)\,d\theta = \frac{a^4}{2}\left[\theta - \frac{\sin4\theta}{4}\right]_0^{\pi/2}$$
$$= \frac{\pi a^4}{4} = \frac{\pi d^4}{64}$$
단면계수
$$Z = \frac{I_x}{e} = \frac{\pi a^4/4}{a} = \frac{\pi a^3}{4} = \frac{\pi d^3}{32}$$
별해
예제 4.8로부터
$$I_P = \frac{\pi d^4}{32}$$
또 $I_P = I_x + I_y = 2I_x$, 따라서
$$I_x = \frac{I_P}{2} = \frac{\pi d^4/32}{2} = \frac{\pi d^4}{64}$$</td></tr>
<tr><td>4F.9</td><td>$$I_{xy} = \int_A xy dA = \iint xy\,dx\,dy$$
$$= \int_{-h/2}^{h/2} y\left[\int_{-b/2}^{b/2} x\,dx\right]dy = \int_{-h/2}^{h/2} y\left[\frac{x^2}{2}\right]_{-b/2}^{b/2} dy$$
$$= \int_{-h/2}^{h/2} y[0]\,dy = 0$$
축대칭단면의 상승모멘트는 0이다.</td></tr>
</table>

문제	해답
4F.9 (계속)	$I_{XY} = I_{xy} + d_x d_y dA = 0 + \left(\frac{b}{2}\right)\left(\frac{h}{2}\right)(bh) = \frac{b^2h^2}{4}$ 또 예제 4.5의 결과를 활용하면 $I_x = \frac{bh^3}{12} \quad I_y = \frac{hb^3}{12}$ 평행축정리에 의하여 $I_X = I_x + d_y^2 A = \frac{bh^3}{12} + \left(\frac{h}{2}\right)^2 (bh) = \frac{bh^3}{3}$ $I_Y = I_y + d_x^2 A = \frac{hb^3}{12} + \left(\frac{b}{2}\right)^2 (bh) = \frac{hb^3}{3}$
4F.10	$I_x = \int_t^{t+h} y^2 b dy + \int_0^t y^2 a dy$ $= \frac{by^3}{3}\Big\vert_t^{t+h} + a\frac{y^3}{3}\Big\vert_0^t = \frac{b}{3}[(t+h)^3 - t^3] + \frac{a}{3}[t^3 - 0]$ $= \frac{bh^3}{3} + \frac{at^3}{3} + bth(h+t)$ 평행축정리 $I_x = \frac{bh^3}{12} + (t+h/2)^2 bh + \frac{at^3}{12} + (t/2)^2 ah$ $= \frac{bh^3}{3} + \frac{at^3}{3} + bth(h+t)$ $I_x = \frac{50\times60^3}{3} + \frac{100\times25^3}{3} + (50\times60\times25)(60+25)$ $= 10496\,\mathrm{mm}^4$
4F.11	$y_C = \frac{1}{A}\left[\int_0^b ytdy + \int_0^t y(a-t)dy\right]$ $= \frac{1}{A}\left[\frac{ty^2}{2}\Big\vert_0^b + \frac{(a-t)y^2}{2}\Big\vert_0^t\right]$ $= \frac{tb^2 + (a-t)t^2}{2[(a+b)t - t^2]} = \frac{b^2 - t^2 + at}{2(a+b-t)}$ $x_C = \frac{1}{A}\left[\int_0^a xtdx + \int_0^t x(b-t)dy\right]$ $= \frac{1}{A}\left[\frac{tx^2}{2}\Big\vert_0^a + \frac{(b-t)x^2}{2}\Big\vert_0^t\right]$ $= \frac{ta^2 + (b-t)t^2}{2[(a+b)t - t^2]} = \frac{a^2 - t^2 + bt}{2[a+b-t]}$ $I_x = \int_0^b y^2 tdy + \int_0^t y^2 (a-t)dy$ $= \frac{t}{3}y^3\Big\vert_0^b + \frac{(a-t)}{3}y^3\Big\vert_0^t = \frac{b^3t}{3} + \frac{(a-t)t^3}{3}$ 평행축 정리의 활용 $I_x = \frac{tb^3}{12} + \left(\frac{b}{2}\right)^2 bt + \frac{(a-t)t^3}{12} + \left(\frac{t}{2}\right)^2 (a-t)t$ $= \frac{b^3t}{3} + \frac{(a-t)t^3}{3}$

문제	해답
4F.12	$x_C = \frac{1}{A}\left[2\int_0^a xtdx + \int_0^t x(h-2t)dx\right] = \frac{1}{A}\left[tx^2 \mid_0^a + \frac{(h-2t)x^2}{2}\Big\vert_0^t\right] = \frac{t}{2}[2a^2 + (h-2t)t]$ $A = 2(a-t)t + ht$ $x_C = \frac{t[2a^2 + (h-2t)t]}{2[2(a-t)t + ht]} = \frac{2(a^2-t^2) + ht}{2[2(a-t) + h]}$ $x_C = \frac{2(100^2 - 10^2) + 150\times 10}{2[2(100-10) + 150]} = 32.27\,\mathrm{mm}$ $I_x = \frac{ah^3}{12} - \frac{(a-t)(h-2t)^3}{12} + (h/2)^2[ah - (a-t)(h-2t)]$ $= \frac{100\times 150^3}{12} - \frac{(100-10)(150-2\times 10)^3}{12} + (150/2)^2[100\times 150 - (100-10)(150-2\times 10)]$ $= 30.21\times 10^6\,\mathrm{mm}^4$ $I_y = 2\times\left[\frac{ta^3}{12} + (a/2)^2 ta\right] + \frac{(h-2t)t^3}{12} + (t/2)^2(h-2t)t$ $= 2\times\left[\frac{10\times 100^3}{12} + (100/2)^2\times 10\times 100\right] + \frac{(150-2\times 10)10^3}{12} + (10/2)^2(150-2\times 10)\times 10$ $= 6.71\times 10^6\,\mathrm{mm}^4$ $A = ah - (a-t)(h-2t) = 100\times 150 - (100-10)(150-2\times 10) = 3300\,\mathrm{mm}^2$ $I_X = I_x - (h/2)^2 A = 6.71\times 10^6 - (32.27)^2\times 3300 = 11.6475\times 10^6\,\mathrm{mm}^4$ $I_Y = I_y - x_C^2 A = 30.21\times 10^6 - (150/2)^2\times 3300 = 3.2735\times 10^6\,\mathrm{mm}^4$
4F.13	$I_{xy} = \int xydA = \iint xydxdy = \int_0^h y\left[\int_0^b xdx\right]dy$ $= \int_0^h y\left[\frac{b^2}{2}\right]dy = \frac{b^2}{2}\left[\frac{y^2}{2}\right]_0^h = \frac{b^2h^2}{4}$ 를 L형 앵글에 적용하고, 평행축정리를 활용하면 $I_{xy} = 2\times\frac{200^2\times 30^2}{4} - \frac{30^3\times 30^3}{4} = 1.77975\times 10^7\mathrm{mm}^4$ 문 4F.9의 결과를 활용한다. $I_x = \frac{30\times 200^3}{3} + \frac{(200-30)\times 30^3}{3} = 8.153\times 10^7\mathrm{mm}^4$ $I_y = \frac{30\times 200^3}{3} + \frac{(200-30)\times 30^3}{3} = 8.153\times 10^7\mathrm{mm}^4$ 주각 $\tan 2\theta_P = -\frac{I_{xy}}{(I_x - I_y)/2} = -\frac{1.77975}{8.153-8.153)/2} = -\infty$ $2\theta_P = -90°\qquad \theta_P = -45°$ $I_{\max,\min} = \frac{I_x + I_y}{2} \pm \sqrt{\left(\frac{I_x - I_y}{2}\right)^2 + I_{xy}^2}$ $I_{\max,\min} = \frac{8.153 + 8.153}{2}\times 10^7 \pm \sqrt{\left(\frac{8.153-8.153}{2}\right)^2 + 1.77975^2\times 10^7}$ $= (8.153 \pm 1.77975)\times 10^7\,\mathrm{mm}^4$ $I_{\max} = 9.32275\times 10^7\mathrm{mm}^4$ $I_{\min} = 6.37325\times 10^7\mathrm{mm}^4$

제5장 비틀림

종합정리 기초문제 해답

문제	풀이	답
5A.1	$\tau_{\max} = \dfrac{T_r a}{I_P} \quad I_P = \dfrac{\pi d^4}{32}$ $\tau_{\max} = \dfrac{T_r R}{I_P} = \dfrac{32T_r R}{\pi d^4} = \dfrac{16T_r}{\pi d^3}$ $d = \left(\dfrac{16T_r}{\pi\tau_{\max}}\right)^{1/3} = \left[\dfrac{16(0.5\,\mathrm{kN\,m})}{\pi(6\times10^3\,\mathrm{kPa})}\right]^{1/3} = 0.075\mathrm{m} = 75\mathrm{mm}$	[다]
5A.2	$\tau_{\max} = \dfrac{16T_r}{\pi d^3} = \dfrac{16(294)}{\pi(0.03^3)} = 55.46\times10^6\,\mathrm{Pa} = 55.46\,\mathrm{MPa}$	[라]
5A.3	$\phi = 10° = 10\times\dfrac{\pi}{180} = \dfrac{\pi}{18}\mathrm{rad},$ $\tau_{\max} = \dfrac{Gd}{2L}\phi = \dfrac{(80\mathrm{GPa})(0.01)}{2(1.5)}\times\dfrac{\pi}{18} = 0.0465\mathrm{GPa} = 46.5\,\mathrm{MPa}$	[나]
5A.4	중공축에 대한 전단응력 $\tau_{\max} = \dfrac{T_r d_0}{2I_P} = \dfrac{T_r}{\pi d_0^3(1-k^4)}$ 중실축에서 발생하는 전단응력 $\tau_{\max} = \dfrac{T_r d}{2I_P} = \dfrac{T_r}{\pi d^3}$ 같은 T_r에서 발생하는 $\tau_{\max}$도 같아야 한다. $\dfrac{T_r}{\pi d^3} = \dfrac{T_r}{\pi d_0^3(1-k^4)}$ $d = d_0(1-k^4)^{1/3} = (100)(1-0.5^4)^{1/3}$ $= 97.9\mathrm{mm} = 9.8\mathrm{cm}$	[다]
5A.5	$\phi(L) = \dfrac{T_r L}{GI_P} = \dfrac{32T_r L}{\pi Gd^4};\ T_r = \dfrac{\pi Gd^4\phi(L)}{32L} = \dfrac{P}{\omega} = \dfrac{P}{\pi N/30} = \dfrac{30P}{\pi N}$ 로부터 $P = \dfrac{\pi^2 Gd^4 N}{960L}\phi(L) = \dfrac{\pi^2(80\times10^6\,\mathrm{kPa})(0.06^4)(300\mathrm{rpm})}{960(1)}(0.2\times\pi/180) = 11.16\mathrm{kW}$	[다]
5A.6	$\tau_{\max} = \dfrac{T_r a}{I_P} = \dfrac{32T_r a}{\pi d^4} = \dfrac{16T_r}{\pi d^3} = \dfrac{16}{\pi d^3}\dfrac{30P}{\pi N}$ $d = \left(\dfrac{480P}{\pi^2\tau_{\max}N}\right)^{1/3} = \left[\dfrac{480(150\times0.7355\mathrm{kW})}{\pi^2(12\times10^3\,\mathrm{kPa})(80)}\right]^{1/3} = 0.177\mathrm{m} = 17.7\mathrm{cm}$	[가]
5A.7	$\tau_{\max} = \dfrac{T_r a}{I_P} = \dfrac{32T_r a}{\pi d^4(1-k^4)} = \dfrac{16T_r}{\pi d^3(1-k^4)} = \dfrac{16}{\pi d^3(1-k^4)}\dfrac{30P}{\pi N} = \dfrac{480P}{\pi^2 d^3 N(1-k^4)}$ $P = \dfrac{\pi^2 d^3 N\tau_{\max}(1-k^4)}{480} = \pi^2(0.1^3)(120)(20\times10^3\,\mathrm{kPa})[1-(6.4/10) = \dfrac{41.07\mathrm{kW}}{0.7355}$ $= 55.87\mathrm{ps}$	[다]
5A.8	$\tau_{\max} = \dfrac{T_r R}{I_P} = \dfrac{32T_r R}{\pi d^4} = \dfrac{16T_r}{\pi d^3} = \dfrac{16}{\pi d^3}\dfrac{30P}{\pi N} = \dfrac{480P}{\pi^2 d^3 N}$ $P = \dfrac{\pi^2 d^3 N\tau_{\max}}{480} = \dfrac{\pi^2(0.02^3)(1800\mathrm{rpm})(200\times10^3\,\mathrm{kPa})}{480} = 59.2\mathrm{kW} = \dfrac{59.2\mathrm{kW}}{0.7355}$ $= 80.57\,\mathrm{ps}$	[다]

문제	풀 이	답
5A.9	$T_r = \frac{P}{\omega} = \frac{P}{\pi N/30} = \frac{30P}{\pi N}$ $P = \frac{\pi N T_r}{30} = \frac{\pi(100\,\text{rpm})\times 0.4(80-40\text{kN})}{30} = 167.55\,\text{kW} = \frac{167.55\,\text{kW}}{0.7355} = 227.8\,\text{ps}$	[다]
5A.10	[가] $T = \frac{P}{\omega} = \frac{P}{\pi N/30} = \frac{30P}{\pi N} = \frac{30\,(100\text{hp}\times 0.7457\text{kW/ps})}{\pi\times 3500} = 0.203\,\text{kNm} = 203\,\text{Nm}$ [나] $T = \frac{30P}{\pi N} = \frac{30\,(100\text{kW})}{\pi\times 1500} = 0.637\,\text{kNm} = 637\,\text{Nm}$ [다] $T = \frac{30P}{\pi N} = \frac{30\,(5\text{hp}\times 0.7457\text{kW/ps})}{\pi\times 100} = 0.356\,\text{kNm} = 356\,\text{Nm}$ [라] $T = \frac{30P}{\pi N} = \frac{30\,(100\text{kW})}{\pi\times 3000} = 0.318\,\text{kNm} = 318\,\text{Nm}$	[나]
5A.11	$\tau_{max} = \frac{T_r a}{I_P} = \frac{32T_r a}{\pi d^4} = \frac{16T_r}{\pi d^3} = \frac{16}{\pi d^3}\frac{30P}{\pi N}$ $d = \left(\frac{480P}{\pi^2\tau_{max}N}\right)^{1/3} = \left[\frac{480\,(200\times 0.7457\text{kW})}{\pi^2\,(49\times 10^3\,\text{kPa})(2000)}\right]^{1/3} = 0.0420\,\text{m} = 4.2\,\text{cm}$	[가]
5A.12	$\tau_{max} = \frac{480P}{\pi^2 d^3 N} = \frac{480P}{\pi^2 d_1^3 N_1}$, $\tau_{max} = \frac{480P}{\pi^2 d^3 N} = \frac{480P}{\pi^2 d_2^3 N_2}$ 제의에 의하여 $\frac{480P}{\pi^2 d_1^3 N_1} = \frac{480P}{\pi^2 d_2^3 N_2}$; $\frac{d_2}{d_1} = \left(\frac{N_1}{N_2}\right)^{1/3} = \left(\frac{N_1}{N_1/8}\right)^{1/3} = (8)^{1/3} = 2$	[다]
5A.13	$\phi_1 = \frac{T_{r1}L_1}{GI_{P1}} = \frac{32T_{r1}L}{\pi Gd^4}$, $\phi_2 = \frac{T_{r2}L_2}{GI_{P2}} = \frac{32T_{r2}(2L)}{\pi G(2d)^4}$ 제의에 의하여 $\frac{32T_{r1}L}{\pi Gd^4} = \frac{32T_{r2}(2L)}{\pi G(2d)^4}$; $\frac{T_{r1}}{T_{r2}} = \frac{d^4(2L)}{(2d)^4 L} = \frac{2}{16} = \frac{1}{8}$	[나]
5A.14	$\phi = \frac{T_r L}{GI_P}$ 이므로 비틀림강성 GI_P가 클수록 비틀기가 어렵다.	[다]
5A.15	$T_r = \frac{P}{\omega} = \frac{P}{\pi N/30} = \frac{30P}{\pi N}$; $T_r = \frac{30(10\text{kW})}{\pi(500\,\text{pm})} = 0.19\,\text{kNm} = 0.19\,\text{kJ}$	[라]
5A.16	$\tau_{max} = \frac{T_r a}{I_P} = \frac{32T_r a}{\pi d^4} = \frac{16T_r}{\pi d^3} = \frac{16}{\pi d^3}\frac{30P}{\pi N} = \frac{480P}{\pi^2 d^3 N} = \frac{480(50\text{kW})}{\pi^2(0.1^3)(250)} = 9.73\,\text{MPa}$	[가]
5A.17	$\tau_{max} = \frac{T_r a}{I_P} = \frac{32T_r a}{\pi d^4} = \frac{16T_r}{\pi d^3} = \frac{16}{\pi d^3}\frac{30P}{\pi N} = \frac{480P}{\pi^2 d^3 N}$ $P = \frac{\pi^2 d^3 N\tau_a}{480\times 0.7355} = \frac{\pi^2(0.1\text{m})^3(200\text{rpm})(30\times 10^3\,\text{kPa})}{480\times 0.7355} = = 167.8\,\text{ps}$	[라]
5A.18	$\phi = \frac{T_r L}{GI_P} = \frac{32T_r L}{\pi Gd^4} = \frac{32(0.8\text{kNm})(12\,\text{m})}{\pi(83\times 10^6)(0.088)^4} = 0.0196\times\frac{180}{\pi} = 1.12°$	[나]

종합정리 심화문제 해답

문제	해답
5F.1	$L = 1.2\text{m}$
5F.2	$L = 5.03\,\text{m}$
5F.3	$\gamma_{\max} = 0.000909,\ \tau_{\max} = 23.6\,\text{MPa}$
5F.4	$T = 25.79\,\text{N m},\ \phi = 4.03^\circ$
5F.5	$\tau_{\max} = 35.04\,\text{MPa},\ G = 28.9\,\text{GPa}$
5F.6	(a) $100k^2\,\%$ (b) $100k^4\,\%$
5F.7	(a) $\tau_{\max} = 33\,\text{MPa}$, (b) $\phi = 0.85^\circ$
5F.8	(a) $(\tau_{\max})_{BC} = 66.0\,\text{MPa}$, (b) $\phi = 2.44^\circ$
5F.9	$T = 246.6\ \text{N m}$
5F.10	$d = 81.3\,\text{mm}$
5F.11	최대인장응력 $\sigma_{\text{I}} = \tau_{\max} = 48.892\,\text{MPa}$, 최대압축응력 $\sigma_{\text{II}} = -\tau_{\max} = -48.892\,\text{MPa}$, 최대전단응력 $\tau_{\max} = 48.892\,\text{MPa}$)
5F.12	$\sigma_{\max} = \sigma_{\theta'\theta'} = 42\,\text{MPa},\ T = 7731.4\,\text{N m}$
5F.13	$\sigma_{z'z'} = -30.87\,\text{MPa},\ \tau_{z'\theta'} = -17.83\,\text{MPa}$
5F.14	$\sigma_{\max} = 60\,\text{MPa},\ T = 23474.8\ \text{N m}$
5F.15	$\gamma_{\max} = 0.00226,\ \epsilon_{\max} = 0.00113$
5F.16	$T = 981.7\,\text{N m},\ P = 5140\ \text{kW}$
5F.17	$P = 26.67\,\text{kW}$
5F.18	$d = 79.1\ \text{mm}$
5F.19	$d = 61.3\ \text{mm}$
5F.20	$d_1 = 1.221d$
5F.21	$(\tau_{\max})_1 = \dfrac{16R_1}{\pi d_1^3}\left(1 + \dfrac{d_1}{4R_1}\right)\dfrac{R_2^{\,3}/d_2^4}{R_1^{\,3}/d_1^4 + R_2^{\,3}/d_2^4}P$ $(\tau_{\max})_2 = \dfrac{16R_2}{\pi d_2^3}\left(1 + \dfrac{d_2}{4R_2}\right)\dfrac{R_1^{\,3}/d_1^4}{R_1^{\,3}/d_1^4 + R_2^{\,3}/d_2^4}P$
5F.22	$\dfrac{b}{a} = 8\dfrac{n_B}{n_A}\left(\dfrac{d_A}{d_B}\right)^3$

제6장 보의 굽힘과 응력

종합정리 기초문제 해답

문제	풀 이	답
6A.1	응력은 당위면적당 내력의 크기이므로 내력의 부호규정을 따른다.	[라]
6A.2	내력은 면과 방향의 부호가 일치할 때 양이다.	[라]
6A.3	작용하는 면과 작용방향 동부호일 때 양, 이부호일 때 음으로 정한가. 단면의 부호는 외향벡터가 향하는 좌표의 부호를 따른다.	[다]
6A.4	변형률은 응력으로 인하여 나타나는 변형이다. 수직변형률; 인장일 때 양, 수축일 때 음이다. 전단변형률; 지교선소의 교각이 예각으로 변할 때 양, 둔각으로 변할 때 음이다.	[나]
6A.5	양단고정보 : 미지력; 양단 반력과 반력 모멘트, 미지력 4개에 대하여 식은 2개	[라]
6A.6	자유단에서 굽힘모멘트는 0이다.	[다]
6A.7	$\sum(M_z)_A = -8a + 10R_B = 0$로부터 $a = \frac{10}{8}(4\text{N}) = 5\text{m}$	[가]
6A.8	$\sum(M_z)_A = 4R_B - (6\text{m})(60\text{kN}) = 0$으로부터 $R_B = \frac{(6\text{m})(60\text{kN})}{4} = 90\text{kN}$	[가]
6A.9	$\sum(M_z)_A = 100R_B - (50\text{cm})(200\text{N}) - (150\text{cm})(100\text{N}) = 0$ $R_B = \frac{(50\text{cm})(200\text{N}) + (150\text{cm})(100\text{N})}{100} = 250\text{N}$	[다
6A.10	$\sum F_y = R_A - (10\text{N})\sin 60° = 0$으로부터 $R_A = (10\text{N})\sin 60° = 8.66\text{N}$	[라]
6A.11	$\sum F_y = R_A + R_B - 30\text{kN} - (2\text{m})(10\text{kN/m}) = 0$ $\sum(M_z)_A = 5R_B - (3\text{m})(30\text{kN}) - (6\text{m})(20\text{kN}) = 0$ 을 연립해서 풀면 $R_A = 8\text{kN}$ $R_B = 42\text{kN}$	[가]
6A.12	$\sum F_y = R_A + R_B - \frac{wL}{2} = 0$ $\sum(M_z)_A = R_BL - \left(L/2 \times \frac{wL}{2}\right) = 0$ 을 풀면 $R_A = \frac{wL}{4}$ $R_B = \frac{wL}{4}$	[다]
6A.13	$2.5s = (10\text{m})(5\text{N})$ $s = \frac{(10\text{m})(5\text{N})}{2.5} = 20\text{N}$	[나]
6A.14	$\sum F_y = R_A + R_B = 0$ $\sum(M_z)_A = 5R_B - 300\text{Nm} + 600\text{Nm} = 0$ 두 식을 연립1하면 $R_A = 60\text{N}$ $R_B = -60\text{Nm}$	[나]
6A.15	$\sum F_y = R_A + R_B - 10\text{N} = 0$ $\sum(M_z)_B = -10R_A + (10\text{m})(10\text{N}) + 4\text{Nm} = 0$ 이 두 식을 풀면; $R_A = 10.4\text{N}$ $R_B = -0.4\text{N}$	[나]

문제	풀 이	답
6A.16	$\sum F_y = R_A + R_B - 10\,\mathrm{N} = 0$ $\sum (M_z)_A = 6R_B - 4\times 4\,\mathrm{kNm} - 7\,\mathrm{kNm} = 0 \qquad R_B = 3.833\,\mathrm{kN}$	[다]
6A.17	$\sum F_y = R_A + R_B - P = 0 \qquad \sum (M_z)_A = R_B L - aP - cP = 0$ 이 식을 풀면 ; $R_B = 4.4\,\mathrm{kN} \quad R_A = 1.6\,\mathrm{kN}$	[라]
6A.18	$\sum (M_z)_A = 10R_B - 30x = 0\ ; \quad x = \dfrac{10R_B}{30} = \dfrac{10\times 30}{30} = 10\,\mathrm{m}$	[라]
6A.19	$\sum (M_z)_A = 3R_B - (3\mathrm{m})(2\,\mathrm{kN}) = 0\ ; \qquad R_B = 2\,\mathrm{kN}$	[가]
6A.20	$\sum F_y = R_A - \dfrac{wL}{2} = 0 \qquad \sum (M_z)_A = M_A - \dfrac{L}{3}\left(\dfrac{wL}{2}\right) = 0$ 로부터; $M_A = \dfrac{wL^2}{6} \qquad R_A = \dfrac{wL}{2}$	[다]
6A.21	$\rho\alpha = \dfrac{L}{2} = 2.5$ $\triangle ODB$로부터 $OB^2 = OD^2 + DB^2$ $\rho^2 = 2.498^2 + (\rho - \delta)^2$ $\rho = \dfrac{\delta^2 + 2.498^2}{2\delta} = \dfrac{0.078^2 + 2.498^2}{2(0.078)} = 40.04\,\mathrm{m}$ $\alpha = \dfrac{2.5}{\rho} = \dfrac{2.5}{40.04} = 0.06244\,\mathrm{rad} = 3.578°$ 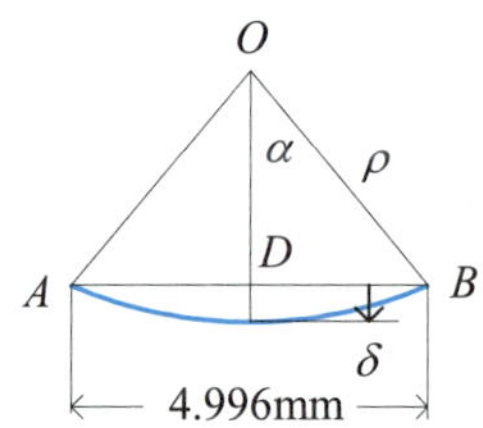	[다]
6A.22	$\kappa = \dfrac{d\alpha}{ds} = \dfrac{0.06244}{L/2} = \dfrac{0.06244}{2.5} = 0.025\,\mathrm{rad/m}$ 혹은 $\kappa = \dfrac{1}{\rho} = \dfrac{1}{40.04} = 0.025\,\mathrm{rad/m}$	[다]
6A.23	굽힘응력만이 일정하게 분포되는 보	[나]
6A.24	순수굽힘보는 축선에 평행한 모든 섬유소가 동심원을 그린다.	[가]
6A.25	$-Ey/\rho$, $-E\kappa y$, $-M_b y/I_z$는 모두 굽힘응력의 표현이다.	[라]
6A.26	[라]는 일정 전단력 보이다.	[라]
6A.27	[가]는 중립면의 정의이다.	[가]
6A.28	응력을 강도 면에서 다룰 때 부호는 방향을 제시할 뿐, 강도에는 아무런 의미가 없다.	[라]
6A.29	단면1차모멘트 Q는 중립면 상 하 모두 양의 값으로 계산한다.	[나]
6A.30		

문제	풀 이	답
6A.31	$M_{b\max} = M_0$ 단면 상연에서 ; $Z = \frac{I_z}{e} = \frac{bh^3/12}{h/2} = \frac{bh^2}{6}$ 단면 하연에서 ; $Z = \frac{I_z}{e} = \frac{bh^3/12}{-h/2} = -\frac{bh^2}{6}$ 상연에서 $\sigma_{\max} = -\frac{M_{b\max}}{Z} = -\frac{(M_0)}{bh^2/6} = -\frac{6M_0}{bh^2}$ [C] 하연에서 $\sigma_{\max} = -\frac{M_{b\max}}{Z} = -\frac{(M_0)}{-bh^2/6} = \frac{6M_0}{bh^2}$ [T]	[다]
6A.32	A로부터 0.5m 되는 위치에 전달되는 굽힘모멘트 $M_b = -(0.3+1.2/2)(1.2\times10) = -10.8\text{kNm}$ $I_z = \frac{bh^3}{12} = \frac{(0.1)(0.15^3)}{12} = 2.8125\times10^{-5}\text{m}^4$ $\sigma_x = -\frac{M_b y}{I_z} = -\frac{(-10.8)(0.025)}{2.8125\times10^{-5}}$ $= 9.6\times10^3\text{kPa} = 9.6\text{MPa}$	[가]
6A.33	최대굽힘모멘트는 고정단에서 $M_{b\max} = -PL = -2P$ 단면계수 ; $Z = \frac{I_z}{e} = \frac{bh^2}{6}$ $\sigma_{\max} = \sigma_a = -\frac{M_{b\max}}{Z} = -\frac{-PL}{bh^2/6} = \frac{6PL}{bh^2}$ $P = \frac{\sigma_a bh^2}{6L} = \frac{(12\times10^3\text{kPa})(0.02)(0.03^2)}{6(2)}$ $= 1.8\times10^{-2}\text{kN} = 18\text{N}$	[나]
6A.34	최대굽힘모멘트는 중앙단면에서 발생 $R_A = R_B = \frac{qL}{2}$ $M_{b\max} = -\left[-R_A\times\frac{L}{2} + \frac{qL}{2}\times\frac{L}{4}\right]$ $= \frac{qL^2}{4} - \frac{qL^2}{8} = \frac{qL^2}{8}$ 소요단면계수 ; $Z = \frac{M_{b\max}}{\sigma_a} = \frac{qL^2}{8\sigma_a} = \frac{bh^2}{6}$ $bh^2 = 3qL^2/4\sigma_a$	[가]

종합정리 심화문제 해답

문제	해답
6F.1	$R_{Ay} = 60\,\text{kN}$, $R_B = 40\,\text{kN}$
6F.2	$R_{Ay} = 175\,\text{kN}$, $R_B = 75\,\text{kN}$
6F.3	$R_{Ay} = \dfrac{wb(b/2+c)}{a+b+c}$, $R_B = \dfrac{wb(a+b/2)}{a+b+c}$
6F.4	$R_{Ay} = -16.7\,\text{kN}$, $R_B = -33.3\,\text{kN}$
6F.5	$R_{By} = 200\,\text{kN}$, $M_B = -160\,\text{kN m}$
6F.6	$R_{Ay} = 13\,\text{kN}$, $R_B = 37\,\text{kN}$
6F.7	$R_{Ay} = 200\,\text{kN}$, $R_B = 600\,\text{kN}$
6F.8	$V = 6.75\,\text{kN}$, $M = 47.25\,\text{kN m}$
6F.9	$V = -10\,\text{kN}$, $M = -17\,\text{kN m}$
6F.10	$V = -1.25\,\text{kN}$, $M = 9.75\,\text{kN m}$
6F.11	$V = 11\,\text{kN}$, $M = -19\,\text{kN m}$
6F.12	$V = 1.25\,\text{kN}$, $M = 6.5\,\text{kN m}$
6F.13	AC간 $V_x = -30\,\text{kN}$, $M_x = 30x$, CB간 $V_x = 20\,\text{kN}$, $M_x = -20x + 100$
6F.14	전단력선도 AC; $V_x = -116$, CB; $V_x = 84$, BD; $V_x = 10x - 70$ 굽힘모멘트선도 AC; $M_x = 116x$.CB; $M_x = -84x + 400$, BD; $M_x = -5x^2 + 70x - 245$)
6F.15	$x \leqq L/2$; $V_x = -wL/2$, $M_x = -(wL/8)(3L - 4x)$ $x > L/2$; $V_x = w(x - L)$, $M_x = -(w/2)(x - L)^2$)
6F.16	전단력도 AC; $V_x = 0$, CD; $V_x = 200$, DB; $V_x = 400x - 1000$ 굽힘모멘트선도 AC; $M_x = 0$, CD; $M_x = -200(x-1)$, DB; $M_x = -200[(x-3)^2 + x - 1]$)
6F.17	전단력 CA; $V_x = 20$, AD; $V_x = -240$, DB; $V_x = 260$, BE; $V_x = -30$ 굽힘모멘트 CA; $M_x = -20x$, AD; $M_x = 240x - 260$, DB; $M_x = -260x + 1240$, BE; $M_x = 30(x-7)$
6F.18	$\sigma_{max} = 533.25\,\text{MPa}$
6F.19	$\sigma_{max} = 7.29\,\text{MPa}$
6F.20	$\sigma_{max} = 76.32\,\text{kPa}$
6F.21	$\sigma_{max} = 796.8\,\text{MPa}$, $M_{max} = 5.01\,\text{N m}$
6F.22	(a) $\sigma_{max} = 160\,\text{MPa}$, (b) $\sigma_C = 80\,\text{MPa}$,
6F.23	$\tau_{max} = 780\,\text{kPa}$, $\sigma_{max} = 6.24\,MPa$

문제	해답
6F.24	$\tau_{max} = -188.6\,\text{kPa}$, $\sigma_{max} = 15.1\,\text{MPa}$
6F.25	$\tau_{max} = 22.5\,\text{MPa}$
6F.26	$\tau_{max} = -0.75\,\text{MPa}$
6F.27	$\tau_{cir}/\tau_{sq} = 0.889$

제7장 굽힘에 의한 보의 처짐

종합정리 기초문제 해답

문제	풀 이	답
7A.1	$\delta = -\dfrac{PL^3}{48EI_z} = -\dfrac{PL^3}{48E(bh^3/12)} = -\dfrac{PL^3}{4Ebh^3}$ b에 반비례한다.	[다]
7A.2	$EI\dfrac{d^2y}{dx^2} = \dfrac{P}{2}x$, $EI\dfrac{dy}{dx} = \dfrac{Px^2}{4} + C_1$, $x = L/2$에서 $dy/dx = 0 \rightarrow C_1 = -\dfrac{PL^2}{16}$ $EI\dfrac{dy}{dx} = \dfrac{P}{16}(4x^2 - L^2)$: $EIy = \dfrac{Px}{48}(4x^2 - 3L^2) + C_2$, $x = 0$에서 $y = 0 \rightarrow C_2 = 0$ $EIy = \dfrac{Px}{48}(4x^2 - 3L^2)$: $x = L/2$에서 최대; $\delta_{max} = -\dfrac{PL^3}{48EI_z}$; $I_z = \dfrac{bh^3}{12} = 4.5\times10^{-4}\,\text{m}^4$ $\delta_{max} = -\dfrac{PL^3}{48EI_z} = -\dfrac{(20\text{kN})(6\text{m})^3}{48(10\times10^6\,\text{kPa})(4.5\times10^{-4}\,\text{m}^4)} = -2\times10^{-2}\,\text{m} = -20\,\text{mm}$	[다]
7A.3	$EI\dfrac{d^2y}{dx^2} = -P(L-x)$, $EI\dfrac{dy}{dx} = -\dfrac{Px}{2}(2L-x) + C_1$; $x = 0$에서 $dy/dx = 0 \rightarrow C_1 = 0$ $EI\dfrac{dy}{dx} = -\dfrac{Px}{2}(2L-x)$: $EIy = -\dfrac{Px^2}{6}(3L-x) + C_2$; $x = 0$에서 $y = 0 \rightarrow C_2 = 0$ $EIy = -\dfrac{Px^2}{6}(3L-x)$: $x = L$에서 $\delta_{max} = -PL^3/3EI_z$	[다]
7A.4	문9A.2 : $\delta_{max} = -\dfrac{PL^3}{48EI_z}$, $P = -\dfrac{48EI_z\delta_{max}}{L^3}$, $I_z = \dfrac{\pi d^4}{64} = \dfrac{\pi(0.1\text{m})^4}{64} = 4.909\times10^{-6}\,\text{m}^4$ $P = -\dfrac{48EI_z\delta_{max}}{L^3} = -\dfrac{48(205\times10^6\,\text{kPa})(4.909\times10^{-6}\,\text{m}^4)(-0.002\text{m})}{2^3} = 12.1\,\text{kN}$	[가]

문제	풀 이	답
7A.5	문9A.3의 결과 : $\delta_1 = -\dfrac{P(L/2)^2}{6EI_z}[3(L/2)-(L/2)] = -\dfrac{PL^3}{24EI_z}$, C점의 회전각; $\dfrac{dy}{dx} = -\dfrac{Px}{2EI}(2L-x)$; $\alpha_C = -\dfrac{P(L/2)}{2EI_z}[2(L/2)-L/2] = -\dfrac{PL^2}{8EI_z}$, $\delta_{CA} = \alpha_C(L/2) = -\dfrac{PL^2}{8EI_z}(L/2) = -\dfrac{PL^3}{16EI_z}$ A 의 처짐; $\delta = \delta_1 + \delta_2 = -\dfrac{PL^3}{24EI_z} - \dfrac{PL^3}{16EI_z} = -\dfrac{5PL^3}{48EI_z}$ 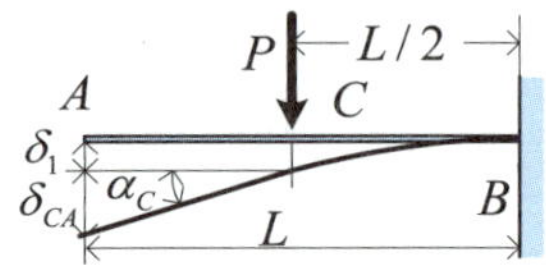 	[나]
7A.6	$R_A = R_B = \dfrac{qL}{2}$, $EI_z\dfrac{d^2y}{dx^2} = -\dfrac{q}{2}(x^2-Lx)$, $EI_z\dfrac{dy}{dx} = -\dfrac{qx^2}{12}(2x-3L)+C_1$; $x = L/2$에서 $dy/dx = 0 \rightarrow C_1 = -\dfrac{qL^3}{12}$, $\dfrac{dy}{dx} = -\dfrac{q}{24EI_z}(L^3-6Lx^2+4x^3)$ $y = -\dfrac{q}{24EI_z}(L^3x-2Lx^3+x^4)+C_2$, $x=0$에서 $y=0 \rightarrow C_2 = 0$ $y = -\dfrac{qx}{24EI_z}(L^3-2Lx^2+x^3)$: $\delta_{max} = -\dfrac{5qL^4}{384EI_z} = -\dfrac{5qL^4}{32Ebh^3}$ (부록 표E.2-1)	[나]
7A.7		[라]
7A.8	$\delta = -\dfrac{5wL^4}{384EI_z}$; $w = -\dfrac{384EI_z\delta}{5L^4}$, $I_z = \dfrac{0.1^4}{12} = 8.333\times10^{-6}\,\mathrm{m}^4$; $\delta = -0.01$, $E = 205\times10^6$ $w = -\dfrac{384(205\times10^6)(8.333\times10^{-6})(-0.01)}{5\times3^4} = 16.2\,\mathrm{kN/m}$ (문9A.6 혹은 부록 표E.2-1)	[나]
7A.9	문9A.2 혹은 표 E.2-4오부터 $\delta_{max} = -\dfrac{PL^3}{48EI_z} = -\dfrac{PL^3}{48E(bh^3/12)} = -\dfrac{PL^3}{4Ebh^3}$	[가]
7A.10	$EI\dfrac{d^2y}{dx^2} = -\dfrac{q}{2}(L-x)^2$, $EI\dfrac{dy}{dx} = -\dfrac{q}{6}(3L^2x-3Lx^2+x^3)+C_1$, $x=0$에서 $dy/dx = 0 \rightarrow C_1 = 0$ $\dfrac{dy}{dx} = -\dfrac{qx}{6EI}(3L^2-3Lx+x^2)$ $y = -\dfrac{qx^2}{24EI}(6L^2-4Lx+x^2)+C_2$ $x=0$에서 $y=0 \rightarrow C_2 = 0$ $y = -\dfrac{qx^2}{24EI}(6L^2-4Lx+x^2)$ $\delta_{max} = -\dfrac{qL^2}{24EI}(6L^2-4LL+L^2) = -\dfrac{qL^4}{8EI}$	[라]
7A.11	$y = -\dfrac{qx^2}{24EI_z}(6L^2-4Lx+x^2)$, $\dfrac{dy}{dx} = -\dfrac{qx}{6EI_z}(3L^2-3Lx+x^2)$ $\alpha_C = -\dfrac{qL}{6EI_z}[3L^2-3L(L)+(L)^2] = -\dfrac{qL^3}{6EI_z}$	[가]
7A.12	문9A.11을 참조하여 $\delta_{C1} = -\dfrac{qL^2}{24EI_z}[6L^2-4L(L)+(L)^2] = -\dfrac{qL^4}{8EI_z}$, $\delta_D = -\dfrac{qL^4}{8EI_z}+\alpha_C L = -\dfrac{7qL^4}{24EI_z}$	[다]
7A.13	$EI_z\dfrac{d^2y}{dx^2} = M_b = -M_0$	[다]
7A.14		[다]

문제	풀이	답
7A.15	$EI_z \dfrac{d^2y}{dx^2} = M_b = -M_0,\ EI_z \dfrac{dy}{dx} = -M_0 \int dx + C_1 = -M_0 x + C_1,$ $EI_z y = -\dfrac{M_0}{2}x^2 + C_1 x + C_2$ 경계조건; $x = L$에서 $dy/dx = 0,\ y = 0;\ \dfrac{dy}{dx} = \dfrac{M_0}{EI_z}(L-x),\quad y = -\dfrac{M_0}{2EI_z}(L-x)^2$	[가]
7A.16	$y = -\dfrac{M_0}{2EI_z}(L-x)^2,\qquad \delta_C = -\dfrac{M_0}{2EI_z}[L-(L/2)]^2 = -\dfrac{M_0L^2}{8EI_z}$ $\dfrac{dy}{dx} = \dfrac{M_0}{EI_z}(L-x),\qquad \alpha_C = \dfrac{M_0}{EI_z}[L-(L/2)] = \dfrac{M_0L}{2EI_z},$ $\delta_B = \delta_C - \alpha_C(L/2) = -\dfrac{M_0L^2}{8EI_z} - \dfrac{M_0L^2}{4EI_z} = -\dfrac{3M_0L^2}{8EI_z},\quad \alpha_B = \alpha_C = \dfrac{M_0L}{2EI_z}$	[가]

종합정리 심화문제 해답

문제	해답
7F.1	$V = (q/2)(2x-L),\ M = -(q/2)x(x-L)$
7F.2	$q = -q_0x/L$
7F.3	$q = q_0\sin\pi x/L$
7F.4	$\delta = 1.25\,\text{mm},\ \theta_{\max} = \theta_B = 0.057^\circ$
7F.5	$\delta = 1.8\,\text{mm}$
7F.6	$\delta = 6.05\,\text{mm}\ \ \theta_A = -0.25^\circ$
7F.7	$\delta = 11.5\,\text{mm},\ \theta_{\max} = -0.33^\circ$
7F.8	(a) $y = -6.2\,\text{mm},\ \theta = -0.57^\circ$, (b) $y = -16.5\,\text{mm},\ \theta = -0.59^\circ$)
7F.9	$\delta = 1.73\,\text{mm},\ \theta_B = -0.045^\circ$
7F.10	$EI_{zz}\dfrac{dy}{dx} = \dfrac{1}{6L}(2PL-3M_0)x^2 + \dfrac{L}{81}(54M_0-5PL)$ $+u(x-L/3)\dfrac{P(x-L/3)^2}{2} - u(x-2L/3)M_0x$ $EI_{zz}y = \dfrac{1}{18L}(2PL-3M_0)x^3 + \dfrac{1}{81}(54M_0L-5PL^2)x$ $-u(x-L/3)\dfrac{P(x-L/3)^3}{6} - u(x-2L/3)M_0\dfrac{x^2}{2})$
7F.11	$y = -\dfrac{Px^2}{6EI_{zz}}(3L-x),\ y_B = -\dfrac{PL^3}{3EI_{zz}},\ \theta_B = -\dfrac{PL^2}{2EI_{zz}}$
7F.12	$y_B = -2PL^3/9EI_{zz}$
7F.13	$y_c = -19PL^3/384EI_{zz}$

문제	해답
7F.14	$y_B = -\dfrac{23qL^4}{648EI_{zz}}$, $\theta_B = -\dfrac{7qL^3}{162EI_{zz}}$
7F.15	$y_D = \dfrac{QL^2a}{16EI_{zz}} - \dfrac{Pa^2}{3EI_{zz}}(a+L)$, $\dfrac{P}{Q} = \dfrac{3L^2}{16a(a+L)}$
7F.16	$\delta_C = PL^3/48EI_{zz}$, $\theta_A = -PL^2/16EI_{zz}$
7F.17	$\delta_B = qL^4/8EI_{zz}$, $\theta_A = -qL^3/6EI_{zz}$
7F.18	$F = \dfrac{2P}{1+8\sqrt{3}EI_{zz}/A_1E_1L^2}$
7F.19	$y_C = -2.46\,\mathrm{mm}$

제8장 기둥

종합정리 기초문제 해답

문제	풀이	답
8A.1	EI_z는 굽힘강성(剛性; flexural rigidity)으로서 굽힘의 난이도를 나타내는 물성 값이다. $EI = M_b/(d^2y/dx^2)$러부터 단위 곡률당 굽힘모멘트이다.	[나]
8A.2	굽힘모멘트 M_b에 대항해서 복원력으로 작용하는 탄성모멘트	[가]
8A.3		[다]
8A.4		[라]
8A.5		[라]
8A.6		[나]
8A.7		[가]
8A.8		[나]
8A.9		[라]
8A.10	일단고정 타단자유기둥에 대해서는 시컨트공식에 상당길이를 사용하여 최대처짐, 최대응력을 계산할 수 있다. 그러나 일단고정 타단회전기둥, 양단고정기둥에는 시컨트공식을 적용할 수가 없다.	[다]
8A.11		[나]
8A.12	$I_x = \dfrac{ab^3}{12} = \dfrac{(150)(100)^3}{12} = 12.5\times10^6\,\mathrm{mm}^4$, $A = ab = (150)(100) = 15\times10^3\,\mathrm{mm}^2$ $r = \sqrt{\dfrac{I_x}{A}} = \sqrt{\dfrac{12.5\times10^6}{15\times10^3}} = 28.9\,\mathrm{mm}$	[다]

문제	풀 이	답
8A.13	단면의 최소 회전반경은 문 9A.12로부터 $r_x = 28.9\text{mm}$이므로 최대 세장비는 $\lambda_x = \frac{L}{r_x} = \frac{5\text{m}}{28.9\times10^{-3}\text{m}} = 173$	
8A.14	최소회전반경; $I_x = \frac{ab^3}{12} = \frac{(200)(150)^3}{12} = 56.25\times10^6\text{mm}^4$, $A = 150\times200 = 30\times10^3\text{mm}^2$ $r = \sqrt{\frac{I_{xx}}{A}} = \sqrt{\frac{56.25\times10^6}{30\times10^3}} = 43.3\text{mm}$ 일단고정 타단자유 기둥의 유효길이계수 $K=2$이므로 상당길이는 $L_e = KL = 2\times3\text{m} = 6\text{m}$ 따라서 상당세장비는 $\lambda_e = \frac{L_e}{r_x} = \frac{6\text{m}}{43.3\times10^{-3}\text{m}} = 138.57$	[가]
8A.15	$L_e = \frac{L}{\sqrt{n}} = \frac{3}{\sqrt{1/4}} = 6\text{m}$, 또는 $L_e = KL = 2\times3 = 6\text{m}$	[가]
8A.16	$A = \frac{\pi(0.2)^2}{4} = 0.0314\text{m}^2$, $I = \frac{\pi d^4}{64} = \frac{\pi(0.2\text{m})^4}{64} = 7.854\times10^{-5}\text{m}^4$, $r = \sqrt{\frac{I}{A}} = \sqrt{\frac{7.854\times10^{-5}}{0.0314}} = 0.05\text{m}$ 상당길이 $L_e = KL = \frac{1}{\sqrt{4}}L = 0.5L = 2.5\text{m}$, $\lambda_e = \frac{L_e}{r} = \frac{2.5}{0.05} = 50$	[다]
8A.17	$P_{cr} = n\pi^2 EI/L^2$에서 최대고정계수는 양단고정기둥 $n=4$이다.	[라]
8A.18	$\sigma_{cr} = n\frac{\pi^2 EI_z}{AL^2} = n\frac{\pi^2 Er^2}{L^2}$로부터 $\lambda^2 = \left(\frac{L}{r}\right)^2 = n\frac{\pi^2 E}{\sigma_{cr}}$; $\lambda = \sqrt{n\frac{\pi^2(200\times10^3\text{MPa})}{340\text{MPa}/2}} = 107.8\sqrt{n}$	[다]
8A.19	$\lambda^2 = \left(\frac{L}{r}\right)^2 = n\frac{\pi^2 E}{\sigma_{cr}}$, $\lambda = \pi\sqrt{n\frac{E}{\sigma_{cr}}} = \pi\sqrt{2.04\frac{200\times10^6\text{kPa}}{250\times10^3\text{kPa}/2}} = 179$	[나]

종합정리 심화문제 해답

문제	해답
8F.1	$P_{cr} = \alpha/L + kL$
8F.2	$P_{cr} = ka^2/L$
8F.3	$P_{cr} = \alpha/L$
8F.4	$P_{cr} = akL/(a+L)$
8F.5	$P_{cr} = ak/4$
8F.6	$P_{cr} = 1027.5\text{ kN}$

문제	해답
8F.7	$P_{cr} = 450\,\mathrm{kN}$
8F.8	$I = 21.16 \times 10^{-6}\,\mathrm{m}^4$
8F.9	$t = 4.45\,\mathrm{mm}$
8F.10	$t = 6.12\,\mathrm{mm}$
8F.11	(a) $\sigma_{cr} = 102.6\,\mathrm{MPa}$, (b)$\sigma_{cr} = 66.3\,\mathrm{MPa}$
8F.12	(a) $\sigma_{cr} = 117\,\mathrm{MPa}$, (b) $\sigma_{cr} = 26.4\,\mathrm{MPa}$, (c) $P_1 = 21.4\,\mathrm{kN}$
8F.13	(a) $\sigma_{max} = 58.86\,\mathrm{MPa}$ (b) $P_a = 18.5\,\mathrm{kN}$
8F.14	(a) $\sigma_{max} = 32.37\,\mathrm{MPa}$ (b) $P_a = 28.6\,\mathrm{kN}$
8F.15	(a) $\sigma_{max} = 29.6\,\mathrm{MPa}$ (b) $P_a = 119.6\,\mathrm{kN}$
8F.16	(a)$P_a = 1020\,\mathrm{kN}$, (b) $P_a = 823\,\mathrm{kN}$, (c)$P_a = 750\,\mathrm{kN}$, (d) $P_a = 328.7\,\mathrm{kN}$
8F.17	(a)$P_a = 1009.2\,\mathrm{kN}$, (b) $P_a = 874.5\,\mathrm{kN}$, (c)$P_a = 716.5\,\mathrm{kN}$, (d) $P_a = 527.8\,\mathrm{kN}$
8F.18	(a)$P_a = 1221.8\,\mathrm{kN}$, (b) $P_a = 817.9\,\mathrm{kN}$, (c)$P_a = 429\,\mathrm{kN}$)
8F.19	(a) $P_a = 256.9\,\mathrm{kM}$, (b) $P_a = 174\,\mathrm{kN}$, (c) $P_a = 85\,\mathrm{kN}$, (d) $P_a = 48\mathrm{kN}$)
8F.20	(a) $P_a = 406.2\,\mathrm{kM}$, (b) $P_a = 343.6\,\mathrm{kN}$, (c) $P_a = 289.9\,\mathrm{kN}$, (d) $P_a = 204.6\mathrm{kN}$)

부록

부록 A 주요 수학공식

D · 1 2차방정식의 근과 계수의 관계

근의 공식

i) $$ax^2 + bx + c = 0$$

$$x = \frac{-b \pm \sqrt{b^2 - 4ac}}{2a}$$

ii) $$ax^2 + 2bx + c = 0$$

$$x = \frac{-b \pm \sqrt{b^2 - ac}}{a}$$

근과 계수와의 관계

2차방정식 $ax^2 + bx + c = 0$의 두 근을 α, β라 하면

$$\alpha + \beta = -\frac{b}{a} \qquad \alpha\beta = \frac{c}{a}$$

$$ax^2 + bx + c = a(x - \alpha)(x - \beta)$$

와 같이 인수분해된다.

D · 2 인수분해 공식 관계

$$(a \pm b)^2 = a^2 \pm 2ab + b^2$$

$$(a + b)(a - b) = a^2 - b^2$$

$$(x + b)(x + b) = x^2 + (a + b)x + ab$$

$$(ax + b)(cx + d) = acx^2 + (bc + ad)x + bd$$

$$(a + b + c)^2 = a^2 + b^2 + c^2 + 2ab + 2bc + 2ca$$

$$(a \pm b)^3 = a^3 \pm 3a^2b + 3ab^2 \pm b^3$$

$$(a \pm b)(a^2 \mp ab + b^2) = a^3 \pm b^3$$

$$(a + b + c)(a^2 + b^2 + c^2 - ab - bc - ca) = a^3 + b^3 + c^3 - 3abc$$

D · 3 지수법칙

$$a^m \times a^n = a^{m+n} \qquad \frac{a^m}{a^n} = a^{m-n}$$

$$(a^m)^n = a^{mn} \qquad (a \cdot b)^m = a^m b^m$$

$$\left(\frac{b}{a}\right)^m = \frac{b^m}{a^m} \quad (a \neq 0) \qquad a^0 = 1 \quad (a \neq 0)$$

$$a^{-m} = \frac{1}{a^m} \qquad a^{\frac{1}{n}} = \sqrt[n]{a}$$

D · 4 대수

$$x = a^y \quad \longleftrightarrow \quad y = \log_a x$$

$$x = e^y \quad \longleftrightarrow \quad y = \log_e x = \ln x$$

$$\log_e x = \ln x = 2.3\log_{10} x$$

$$\log_{10} x = 0.4343\log_e x = 0.4343\ln x$$

$$(1+x)^{x}_{x\to\infty} = e \qquad \log_a 1 = 0 \qquad \log_a a = 1$$

$$\log_a xy = \log_a x + \log_a y$$

$$\log_a \frac{x}{y} = \log_a x - \log_a y$$

$$\log_a x^n = n\log_a x$$

$$\log_a x = \frac{\log_b x}{\log_b a}$$

D · 5 삼각함수

호도(radian)

$$1\,\text{rad} = 57°17'\,45''$$

$$\pi\,\text{rad} = 180°$$

$$[\theta\,\text{rad}] = \frac{180}{\pi}\,[\theta°]$$

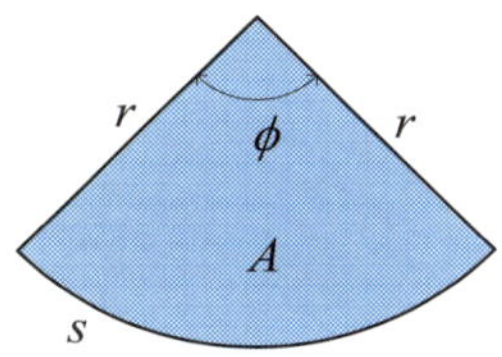

그림 A.1

부채꼴의 길이(s)와 면적(A)

$$s = r\phi \quad (\phi : \text{rad})$$

$$A = \frac{1}{2}r^2\phi = \frac{1}{2}rs \quad (\phi : \text{rad})$$

삼각함수의 정의

$$\sin\phi = \frac{b}{c} \qquad \cos\phi = \frac{a}{c} \qquad \tan\phi = \frac{b}{a}$$

$$\cot\phi = \frac{a}{b} \qquad \sec\phi = \frac{c}{a} \qquad \text{cosec}\phi = \frac{c}{b}$$

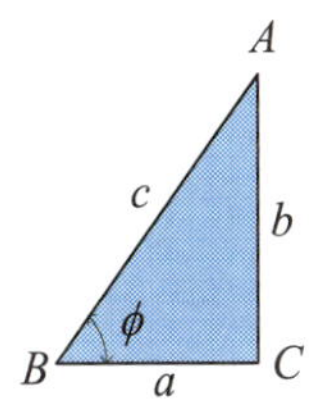

그림 A.2

삼각함수의 상호관계

$$\sin\phi = \frac{1}{\text{cosec}\phi} \qquad \cos\phi = \frac{1}{\sec\phi} \qquad \tan\phi = \frac{1}{\cot\phi}$$

$$\frac{\sin\phi}{\cos\phi} = \tan\phi \qquad \frac{\cos\phi}{\sin\phi} = \cot\phi$$

$$\sin^2\phi + \cos^2\phi = 1$$

$$1 + \tan^2\phi = \sec^2\phi$$

$$1 + \cot^2\phi = \text{cosec}^2\phi$$

sine 및 cosine 법칙

sin 법칙; R은 외접원의 반지름

$$\frac{a}{\sin A} = \frac{b}{\sin B} = \frac{c}{\sin C} = 2R$$

cosine 제1법칙

$$a = b\cos C + c\cos B$$

$$b = c\cos A + a\cos C$$

$$c = a\cos B + b\cos A$$

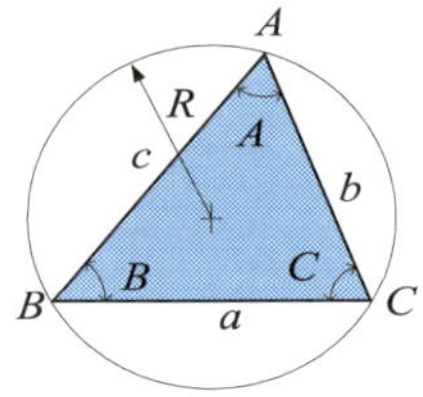

그림 A.3

cosine 제2법칙

$$a^2 = b^2 + c^2 - 2bc\cos A$$

$$b^2 = a^2 + c^2 - 2ac\cos B$$

$$c^2 = a^2 + b^2 - 2ab\cos C$$

삼각형의 면적

$$S = \frac{1}{2}ab\sin C = \frac{1}{2}bc\sin A = \frac{1}{2}ca\sin B$$

$$S = \sqrt{s(s-a)(s-b)(s-c)}$$

여기서 $s = \frac{1}{2}(a+b+c)$

삼각함수의 가법정리

$$\sin(\alpha \pm \beta) = \sin\alpha\cos\beta \pm \cos\alpha\sin\beta$$

$$\cos(\alpha \pm \beta) = \cos\alpha\cos\beta \mp \sin\alpha\sin\beta$$

$$\tan(\alpha \pm \beta) = \frac{\tan\alpha \pm \tan\beta}{1 \mp \tan\alpha\tan\beta}$$

배각 및 반각공식

배각의 공식

$$\sin 2\phi = 2\sin\phi\cos\phi$$

$$\cos 2\phi = \cos^2\phi - \sin^2\phi = 2\cos^2\phi - 1 = 1 - 2\sin^2\phi$$

$$\tan 2\phi = \frac{2\tan\phi}{1 - \tan^2\phi}$$

3배각의 공식

$$\sin 3\phi = 3\sin\phi - 4\sin^3\phi$$

$$\cos 3\phi = 4\cos^3\phi - 3\cos\phi$$

반각의 공식

$$\sin^2\frac{\phi}{2} = \frac{1 - \cos\phi}{2}$$

$$\cos^2\frac{\phi}{2} = \frac{1 + \cos\phi}{2}$$

$$\tan^2\frac{\phi}{2} = \frac{1 - \cos\phi}{1 + \cos\phi}$$

삼각함수의 급수표시

$$\sin x = x - \frac{x^3}{3!} + \frac{x^5}{5!} - \frac{x^7}{7!} + \cdots$$

$$\cos x = 1 - \frac{x^2}{2!} + \frac{x^4}{4!} - \frac{x^6}{6!} + \cdots$$

$$\tan x = x + \frac{x^3}{3} + \frac{2x^5}{15} + \frac{17x^7}{315} + \frac{62x^9}{2835} + \cdots$$

A · 6 미분공식

$$y = x^n \qquad \frac{dy}{dx} = nx^{n-1}$$

$$y = u + v \qquad \frac{dy}{dx} = \frac{du}{dx} + \frac{dv}{dx}$$

$$y = uv \qquad \frac{dy}{dx} = u\frac{dv}{dx} + v\frac{du}{dx}$$

$$y = \sin x \qquad \frac{dy}{dx} = \cos x$$

$$y = \cos x \qquad \frac{dy}{dx} = -\sin x$$

$$y = \tan x \qquad \frac{dy}{dx} = \sec^2 x$$

A · 7 적분공식

$$\int x^m dx = \frac{x^{m+1}}{m+1} + C$$

$$\int \frac{dx}{x} = C\ln x$$

$$\int \sin x\, dx = -\cos x + C$$

$$\int \cos x\, dx = \sin x + C$$

$$\int \tan x\, dx = -C\ln\cos x = C\ln\sec x$$

$$\int \sqrt{a^2 - x^2}\, dx = \frac{1}{2}\left[x\sqrt{a^2 - x^2} + a^2\sin^{-1}\frac{x}{|a|}\right] + C$$

A · 8 미분방정식

$$\frac{dy}{dx} = a \qquad y = \int a\,dx + C = ax + C$$

$$\frac{dy}{dx} = ax \qquad y = \int ax\,dx + C = \frac{a}{2}x^2 + C$$

$$\frac{d^2y}{dx^2} = a \qquad y = \frac{1}{2}ax^2 + C_1x + C_2$$

$$\frac{dy}{dx} = ay \qquad y = Ce^{ax}$$

$$\frac{d^2y}{dx^2} = -n^2y \qquad y = A\sin nx + B\cos nx$$

A · 9 행렬연산

$$\mathrm{A} = \begin{bmatrix} a_{11} & a_{12} \\ a_{21} & a_{22} \end{bmatrix} \qquad \mathrm{A}^{\mathrm{T}} = \begin{bmatrix} a_{11} & a_{21} \\ a_{12} & a_{22} \end{bmatrix}$$

$$\mathrm{AB} = \begin{bmatrix} a_{11} & a_{12} \\ a_{21} & a_{22} \end{bmatrix} \begin{bmatrix} b_{11} & b_{12} \\ b_{21} & b_{22} \end{bmatrix} = \begin{bmatrix} a_{11}b_{11} + a_{12}b_{21} & a_{11}b_{12} + a_{12}b_{22} \\ a_{21}b_{11} + a_{22}b_{21} & a_{21}b_{12} + a_{22}b_{22} \end{bmatrix}$$

부록 B 단위 환산

표 B·1 단위 환산계수

단위	환산단위	환산계수
길이		
ft	m	0.3048
in	m	0.0254
mile (U.S statute)	m	1.609×10^3
mile (U.S nautical)	m	1.852×10^3
yard	m	0.9144
질량		
g	kg	1.00×10^{-3}
lb_m (pound mass)	kg	0.4536
slug	kg	1.4594×10^1
면적		
ft^2	m^2	9.2903×10^{-2}
in^2	m^2	6.4516×10^{-4}
$mile^2$ (U.S statute)	m^2	2.5900×10^6
$yard^2$	m^2	8.3613×10^{-1}
체적		
ballel(석유; 42 galons)	m^3	1.2335×10^{-3}
ft^3	m^3	2.8317×10^{-2}
gallon (U.S liquid)	m^3	3.7854×10^{-3}
in^3	m^3	1.6387×10^{-5}
L	m^3	1.00×10^{-3}
ounce (U.S fluid)	m^3	2.9574×10^{-5}
teaspoon	m^3	4.9289×10^{-6}
$yard^3$	m^3	7.6455×10^{-1}
속도		
ft/s	m/s	3.048×10^{-1}
in/s	m/s	2.54×10^{-2}
knot (international)	m/s	5.1444×10^{-1}
mile/s (U.S statute)	m/s	1.6093×10^3

표 B·1 단위 환산계수(계속)

단위	환산단위	환산계수
가속도		
ft/s^2	m/s^2	3.048×10^{-1}
in/s^2	m/s^2	2.54×10^{-2}
힘		
lb (pound)	N (Newton)	4.4482
밀도		
g/cm^3	kg/m^3	1.00×10^3
lb_m/in^3	kg/m^3	2.7680×10^4
lb_m/ft^3	kg/m^3	1.6018×10^1
$slug/in^3$	kg/m^3	8.9130×10^5
$siug/ft^3$	kg/m^3	5.1538×10^2
압력 및 응력		
기압	N/m^2 (Pa)	1.0133×10^5
bar	N/m^2 (Pa)	1.00×10^5
cm Hg (0℃)	N/m^2 (Pa)	1.3332×10^3
cm Aq (centimeter of Aqua· 4℃	N/m^2 (Pa)	9.8064×10^1
$dyne/cm^2$	N/m^2 (Pa)	1.00×10^{-1}
foot of water (39.2°F)	N/m^2 (Pa)	2.9890×10^3
in of mercury (60°F)	N/m^2 (Pa)	3.3769×10^3
in of water (39.2°F)	N/m^2 (Pa)	2.4908×10^2
in of water (60°F)	N/m^2 (Pa)	2.4884×10^2
lb/ft^2	N/m^2 (Pa)	4.7880×10^1
lb/in^2 (psi)	N/m^2 (Pa)	6.8948×10^3
torr (0℃)	N/m^2 (Pa)	1.3332×10^2
온도		
℃ (Celsius)	K (Kelvin)	$t_K = t_C + 273.15$
°F (Fahrenheit)	K (Kelvin)	$t_K = (5/9)(t_F + 459.67)$
°F (Fahrenheit)	℃ (Celsius)	$t_C = (5/9)(t_F - 32)$
R (Rankine)	K (Kelvin)	$t_K = (5/9)\ t_R$

표 B·1 단위 환산계수(계속)

단위	환산단위	환산계수
에너지		
Btu (British thermal unit)	joule	1.0544×10^3
cal (calorie; thermochemical)	joule	4.184
ft·lb	joule	1.3558
kcal (kilocalorie; thermochemical)	joule	4.184×10^3
kWh (kilowatt hour)	joule	3.60×10^6
Wh (Watt hour)	joule	3.60×10^3
에너지 속(energy/area·times)		
$Btu/ft^2\,s$	W/m^2	1.1349×10^4
$cal/cm^2\,min$	W/m^2	6.9733×10^2
W/cm^2	W/m^2	1.00×10^4
동력		
Btu/s	W (Watt)	1.0544×10^3
ft lb/s	W (Watt)	1.3558
hp (horsepower)	W (Watt)	7.4570×10^2
cal/min	W (Watt)	6.9733×10^1
점성계수		
cp (centipoise)	$N\,s/m^2$	1.000×10^{-3}
$lb_m/ft\,s$	$N\,s/m^2$	1.4882
$lb_f\,s/ft^2$	$N\,s/m^2$	4.7880×10^1
slug/ft s	$N\,s/m^2$	4.7880×10^1
동점성계수		
cst (centistoke)	m^2/s	1.00×10^{-6}
st (stoke)	m^2/s	1.00×10^{-4}
ft^2/s	m^2/s	9.2903×10^{-2}
시간		
일(day)	s	8.64×10^4
시(hour)	s	3.60×10^3
분(minute)	s	6.0×10^1
월(month)	s	2.628×10^6
년(year)	s	3.1536×10^7

부록 C 평면도형의 성질

표 C·1 도형의 도심과 관성모멘트

기호 : $A=$ 면적

$\bar{x}, \bar{y}$ = 도심 C까지의 거리

I_{xx}, I_{yy} = x, y축에 관한 관성모멘트

I_{xy} $=x, y$축에 관한 관성상승모멘트

$I_p = I_{xx} + I_{yy}$ = 극관성모멘트

I_{BB} = $B-B$축에 관한 관성모멘트

---

1. 직4각형(원점 ; 도심)

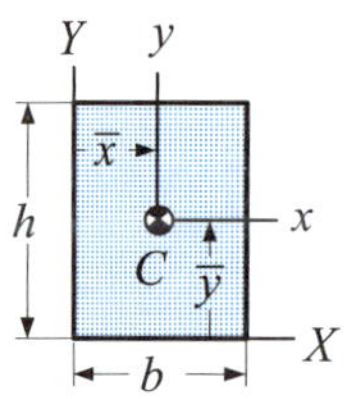

직사각형

$$A = bh \qquad \bar{x} = \frac{b}{2} \qquad \bar{y} = \frac{h}{2}$$

$$I_{xx} = \frac{bh^3}{12} \qquad I_{yy} = \frac{hb^3}{12}$$

$$I_{xy} = 0 \qquad I_p = \frac{bh}{12}(h^2 + b^2)$$

---

2. 직4각형(원점 ; 모서리)

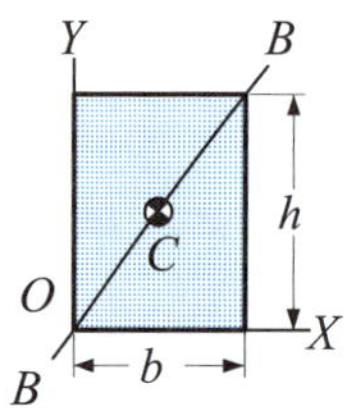

직사각형

$$I_{XX} = \frac{bh^3}{3} \qquad I_{YY} = \frac{hb^3}{3} \qquad I_{XY} = \frac{b^2h^2}{4}$$

$$I_p = \frac{bh}{3}(h^2 + b^2) \qquad I_{BB} = \frac{b^3h^3}{6(b^2 + h^2)}$$

---

3. 삼각형(좌표원점 ; 도심)

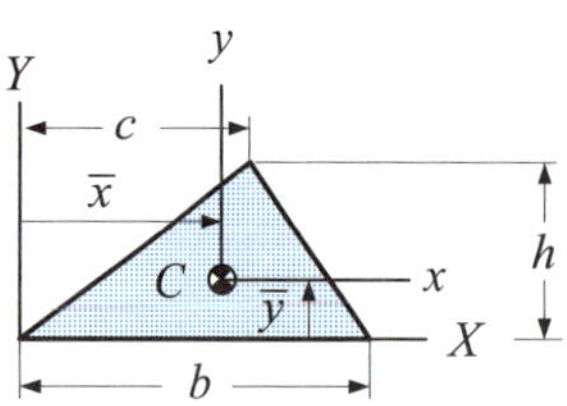

삼각형

$$A = \frac{bh}{2} \qquad \bar{x} = \frac{b+c}{3} \qquad \bar{y} = \frac{h}{3}$$

$$I_{xx} = \frac{bh^3}{36} \qquad I_{yy} = \frac{bh}{36}(b^2 - bc + c^2)$$

$$I_{xy} = \frac{bh^2}{72} \qquad I_p = \frac{bh}{36}(h^2 + b^2 - bc + c^2)$$

---

4. 삼각형(좌표원점 ; 꼭지점)

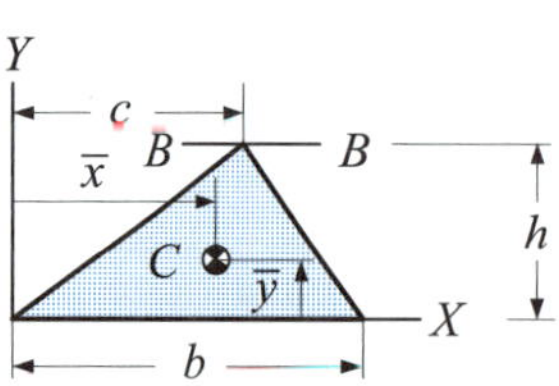

삼각형

$$I_{XX} = \frac{bh^3}{12} \qquad I_{YY} = \frac{bh}{12}(b^2 + bc + c^2)$$

$$I_{XY} = \frac{bh^2}{24}(b + 2c) \qquad I_{BB} = \frac{bh^3}{4}$$

표 C·1 도형의 도심과 관성모멘트(계속)

5. 정삼각형(좌표원점 ; 도심)

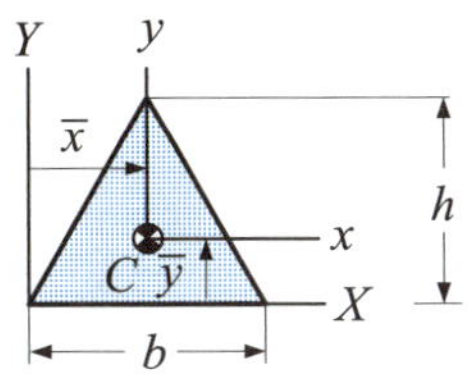

정삼각형

$$A=\frac{bh}{2}\qquad \bar{x}=\frac{b}{2}\qquad \bar{y}=\frac{h}{3}$$

$$I_{xx}=\frac{bh^3}{36}\qquad I_{yy}=\frac{hb^3}{48}\qquad I_{xy}=0$$

$$I_p=\frac{bh}{144}(4h^2+3b^2)\qquad I_{XX}=\frac{bh^3}{12}\qquad (주:h=\sqrt{3}\,b/2)$$

6. 직각삼각형(좌표원점 ; 도심)

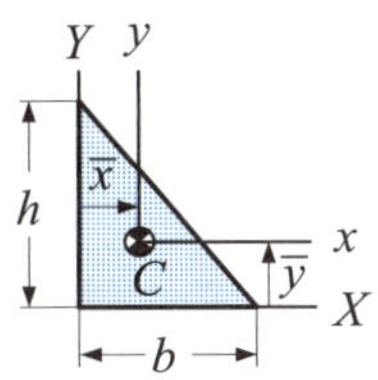

직각삼각형

$$A=\frac{bh}{2}\qquad \bar{x}=\frac{b}{3}\qquad \bar{y}=\frac{h}{3}$$

$$I_{xx}=\frac{bh^3}{36}\qquad I_{yy}=\frac{hb^3}{48}\qquad I_{xy}=-\frac{b^2h^2}{72}$$

$$I_p=\frac{bh}{36}(h^2+b^2)\qquad I_{XX}=\frac{bh^3}{12}$$

7. 직각사각형(좌표원점 ; 꼭지점)

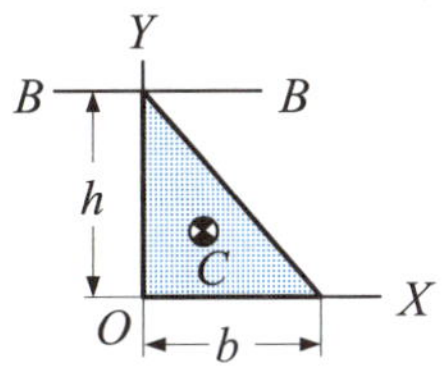

직각삼각형

$$I_{XX}=\frac{bh^3}{12}\qquad I_{YY}=\frac{hb^3}{12}\qquad I_{XY}=\frac{b^2h^2}{24}$$

$$I_p=\frac{bh}{12}(h^2+b^2)\qquad I_{BB}=\frac{bh^3}{4}$$

8. 사다리꼴(좌표원점 ; 꼭지점)

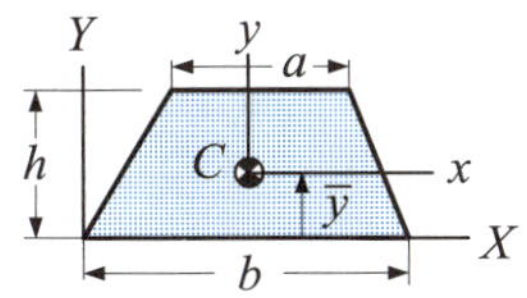

사다리꼴

$$A=\frac{h(a+b)}{2}\qquad \bar{y}=\frac{h(2a+b)}{3(a+b)}$$

$$I_{xx}=\frac{h^3(a^2+4ab+b^2)}{36(a+b)}\qquad I_{XX}=\frac{h^3(3a+b)}{12}$$

9. 원(좌표원점 ; 중심)

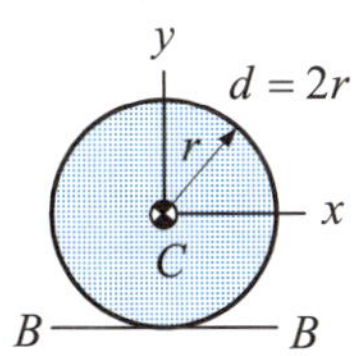

원

$$A=\pi r^2=\frac{\pi d^2}{4}\qquad I_{xx}=I_{yy}=\frac{\pi d^4}{64}\qquad I_{xy}=0$$

$$I_p=\frac{\pi r^4}{2}=\frac{\pi d^4}{32}\qquad I_{BB}=\frac{5\pi r^4}{4}=\frac{5\pi d^4}{64}$$

10 . 원환(좌표원점 ; 중심)

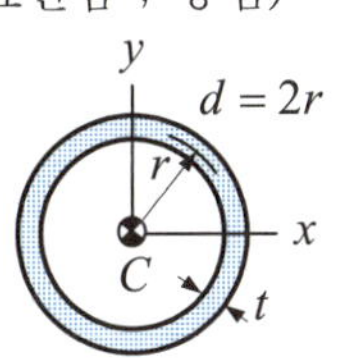

원환 : t가 작을 때의 근사공식

$$A=2\pi rt=\pi dt\qquad I_{xx}=I_{yy}=\pi r^3t=\frac{\pi d^3t}{8}$$

$$I_{xy}=0\qquad I_p=2\pi r^3t=\frac{\pi d^3t}{4}$$

▌표 C·1 도형의 도심과 관성모멘트(계속)

11. 반원(좌표원점 ; 도심)

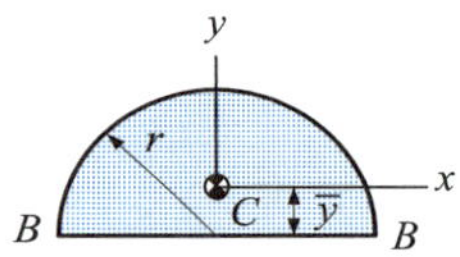

반원

$$A=\frac{\pi r^2}{2} \qquad \bar{y}=\frac{4r}{3\pi}$$

$$I_{xx}=\frac{(9\pi^2-64)r^4}{72\pi}\approx 0.1098r^4 \qquad I_{yy}=\frac{\pi r^4}{8}$$

$$I_{xy}=0 \qquad I_{BB}=\frac{\pi r^4}{8}$$

12. 4분원(좌표원점 ; 원 중심)

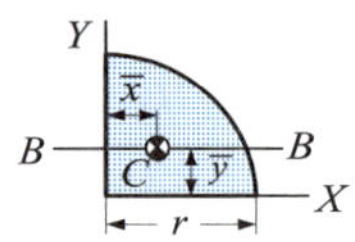

사분원

$$A=\frac{\pi r^2}{4} \qquad \bar{x}=\bar{y}=\frac{4r}{3\pi}$$

$$I_{XX}=\frac{\pi r^4}{16} \qquad I_{XY}=\frac{r^4}{8}$$

$$I_{BB}=\frac{(9\pi^2-64)r^4}{144\pi}\approx 0.05488r^4$$

13. 4분원형 의삼각형(좌표원점 ; 모퉁이)

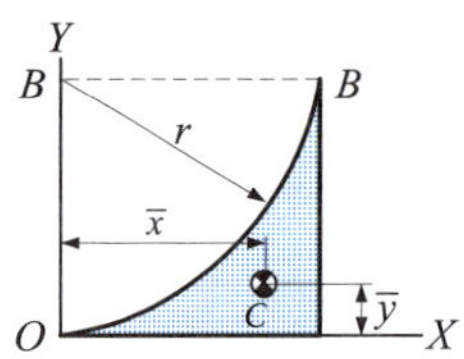

4분원형 의삼각형

$$A=\left(1-\frac{\pi}{4}\right)r^2$$

$$\bar{x}=\frac{2r}{3(4-\pi)}\approx 0.7766r \qquad \bar{y}=\frac{(10-3\pi)r}{3(4-\pi)}\approx 0.2234r$$

$$I_{XX}=\left(1-\frac{5\pi}{16}\right)r^4\approx 0.01825r^4$$

$$I_{YY}=I_{BB}=\left(\frac{1}{3}-\frac{\pi}{16}\right)r^4\approx 0.1370r^4$$

14. 부채꼴 형(좌표원점 ; 원 중심)

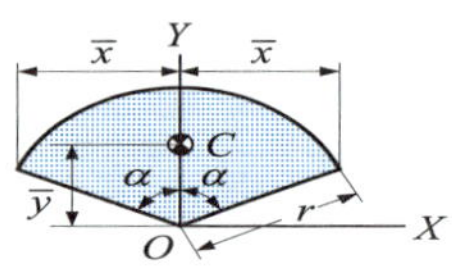

부채꼴 형 : α =angle in radian$\left(\alpha\le\frac{\pi}{2}\right)$

$$A=\alpha r^2 \qquad \bar{x}=r\sin\alpha \qquad \bar{y}=\frac{2r\sin\alpha}{3\alpha}$$

$$I_{XX}=\frac{r^4}{4}(\alpha+\sin\alpha\cos\alpha) \qquad I_{YY}=\frac{r^4}{4}(\alpha-\sin\alpha\cos\alpha)$$

$$I_{XY}=0 \qquad I_p=\frac{\alpha r^4}{2}$$

15. 궁형(좌표원점 ; 원 중심)

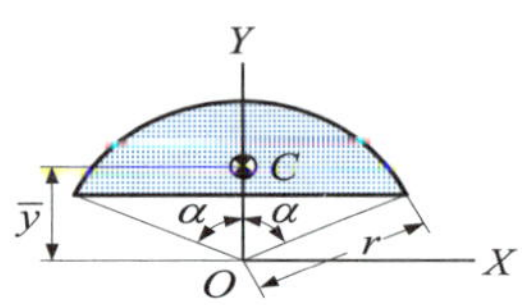

궁형 : α= angle in radian$\left(\alpha\le\frac{\pi}{2}\right)$

$$A=r^2(\alpha-\sin\alpha\cos\alpha) \qquad \bar{y}=\frac{2r}{3}\left(\frac{\sin^3\alpha}{\alpha-\sin\alpha\cos\alpha}\right)$$

$$I_{XX}=\frac{r^4}{4}(\alpha-\sin\alpha\cos\alpha+2\sin^3\alpha\cos\alpha)$$

$$I_{YY}=\frac{r^4}{12}(3\alpha-3\sin\alpha\cos\alpha-2\sin^3\alpha\cos\alpha) \qquad I_{XY}=0$$

▮ 표 C·1 도형의 도심과 관성모멘트(계속)

16. 핵이 제거된 원(좌표원점 ; 원 중심)

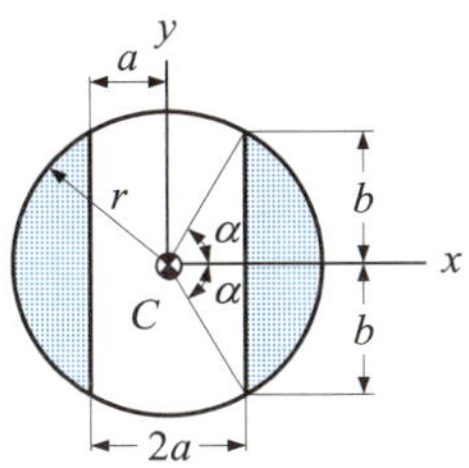

핵이 제거된 원 : α = angle in radian$\left(\alpha \le \frac{\pi}{2}\right)$

$$\alpha = \arccos\frac{a}{r} \qquad b = \sqrt{r^2 - a^2} \qquad A = 2r^2\left(\alpha - \frac{ab}{r^2}\right)$$

$$I_{xx} = \frac{r^4}{6}\left(3\alpha - \frac{3ab}{r^2} - \frac{2ab^3}{r^4}\right)$$

$$I_{yy} = \frac{r^4}{2}\left(\alpha - \frac{ab}{r^2} - \frac{2ab^3}{r^4}\right) \qquad I_{xy} = 0$$

17. 타원(좌표원점 ; 타원 중심)

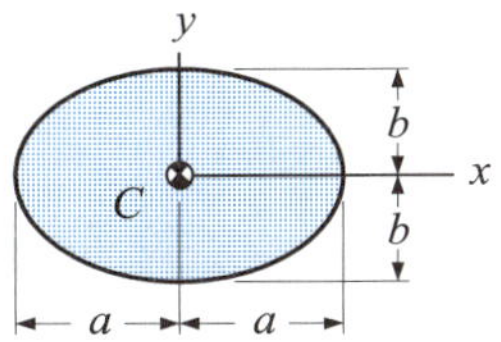

타원

$$A = \pi ab \qquad I_{xx} = \frac{\pi ab^3}{4} \qquad I_{yy} = \frac{\pi ba^3}{4}$$

$$I_{xy} = 0 \qquad I_p = \frac{\pi ab}{4}(b^2 + a^2)$$

Circumference $\approx \pi[1.5(a+b) - \sqrt{ab}]$

18. 포물선(좌포원점 ; 모서리)

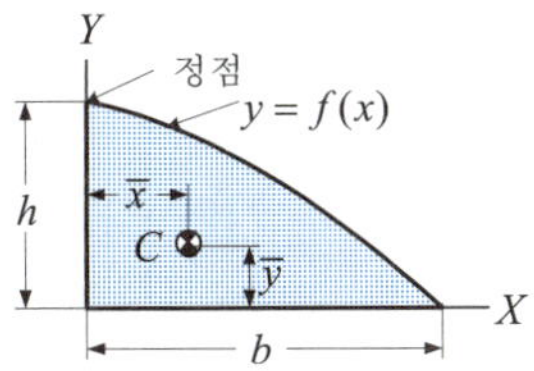

포물선

$$y = f(x) = h\left(1 - \frac{x^2}{b^2}\right)$$

$$A = \frac{2bh}{3} \qquad \bar{x} = \frac{3b}{8} \qquad \bar{y} = \frac{2h}{5}$$

$$I_{XX} = \frac{16bh^3}{15} \qquad I_{YY} = \frac{2bh^3}{15} \qquad I_{XY} = \frac{b^2h^2}{12}$$

19. 포물선형 의삼각형(좌표원점 ; 정점)

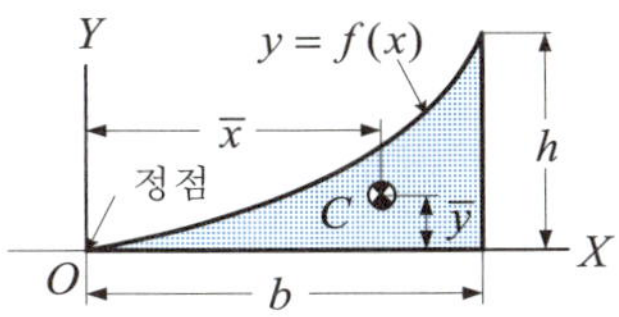

포물선형 의삼각형

$$y = f(x) = \frac{hx^2}{b^2}$$

$$A = \frac{bh}{3} \qquad \bar{x} = \frac{3b}{4} \qquad \bar{y} = \frac{3h}{10}$$

$$I_{XX} = \frac{bh^3}{21} \qquad I_{YY} = \frac{hb^3}{5} \qquad I_{XY} = \frac{b^2h^2}{12}$$

20. n차 반궁형(좌표원점 ; 모서리)

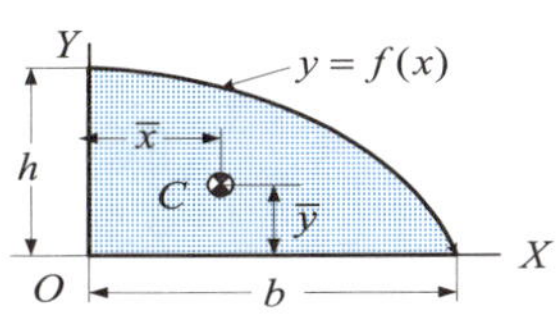

n차 반궁형

$$y = f(x) = h\left(\frac{1 - x^n}{b^n}\right) \qquad n > 0$$

$$A = bh\left(\frac{n}{n+1}\right) \qquad \bar{x} = \frac{b(n+1)}{2(n+2)} \qquad \bar{y} = \frac{hn}{2n+1}$$

$$I_{XX} = \frac{2bh^3n^3}{(n+1)(2n+1)(3n+1)}$$

$$I_{YY} = \frac{bh^3n}{3(n+3)} \qquad I_{XY} = \frac{b^2h^2n^2}{4(n+1)(n+2)}$$

▌표 C·1 도형의 도심과 관성모멘트(계속)

21. n차 아치형(좌표원점 ; 정점)

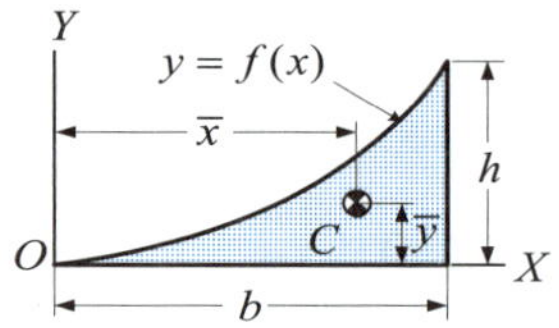

n차 아치형

$$y = f(x) = \frac{hx^2}{b^n} \qquad n > 0$$

$$A = \frac{bh}{n+1} \qquad \bar{x} = \frac{b(n+1)}{n+2} \qquad \bar{y} = \frac{h(n+1)}{2(2n+1)}$$

$$I_{XX} = \frac{bh^3}{3(3n+1)} \qquad I_{YY} = \frac{bh^3}{n+3} \qquad I_{XY} = \frac{b^2h^2}{4(n+1)}$$

22. sine 곡선(좌표원점 ; 도심)

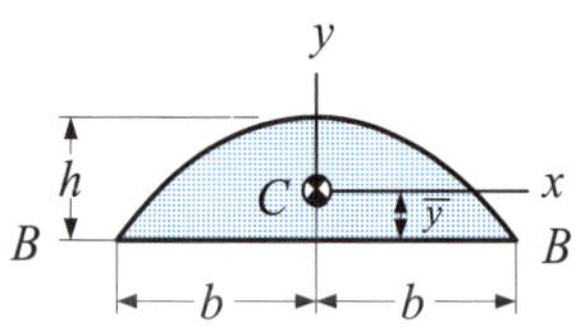

sine 곡선

$$A = \frac{4bh}{\pi} \qquad \bar{y} = \frac{\pi h}{8}$$

$$I_{xx} = \left(\frac{8}{9\pi} - \frac{5\pi}{16}\right)bh^3 \approx 0.08659bh^3$$

$$I_{yy} = \left(\frac{4}{\pi} - \frac{32}{\pi^3}\right)hb^3 \approx 0.2412hb^3$$

$$I_{xy} = 0 \qquad I_{BB} = \frac{8bh^3}{9\pi}$$

부록 D 공업재료의 기계적 성질

표 D·1 공업재료의 기계적성질

재료	밀도 kg/m^3	극한강도			항복강도		탄성계수		팽창계수 10^{-6}/℃	연성 성장률 (%)
		인장 MPa	압축 MPa	전단 MPa	인장 MPa	전단 MPa	종탄성 GPa	전단 GPa		
강(鋼):										
構造用鋼(ASTM-A36)	7860	400	…	…	250	145	200	79	11.7	23
高强度低合金 (ASTM-A242)	7860	480	…	…	345	210	200	79	11.7	21
담금질, 담금합금 (ASTM-A514)	7860	825	…	…	690	380	200	79	1.17	18
스테인레스(302)										
冷間壓延	7920	860	…	…	520	…	190	73	11.3	12
加熱冷却	7920	620	…	…	275	152	190	73	11.3	50
주철(鑄鐵):										
灰色, 4.5% C, ASTM A-48	7200	170	650	240	…	…	70	28	12.1	0.5
可鍛, ASTM A-47	7300	340	620	330	230	…	165	64	12.1	10
알루미늄:										
合金 1100-H 14 (99% Al)	2710	110	…	70	95	55	70	26	23.6	20
合金 2014-T 6 (4.4% CU)	2800	480	…	290	410	220	72	27	23.0	13
合金 6061-T 6 (1% Mg)	2710	290	…	185	255	140	69	26	23.6	17
황동(65% Cu, 35% Zn):										
冷間壓延	8470	540	…	300	435	250	105	39	20	8
加熱冷却	8470	330	…	220	105	65	105	39	20	62
인청동(燐靑銅):										
冷間壓延 (510)	8860	560	…	…	520	275	110	41	17.8	10
스프링 템퍼 (524)	8780	840	…	…	…	…	110		18.4	4
마그네슘合金 (8.5% Al):	1800	380	…	165	275	…	45	…	26	7
티타늄合金 (6% Al, 4% V):	4460	900	…	…	825	…	114	…	9.5	10
모넬合金 400 (Ni-Cu):										
冷間壓延	8830	675	…	…	580	345	180	…	13.9	22
加熱冷却	8830	550	…	…	220	125	180	…	13.9	46
木材, 공기중 건조:										
다글러스 전나무	525	…	50	7.5	…	…	12.5	…	3.0	…
東部 전나무	440	…	37	6.9	…	…	9	…	~	…
南部松	610	…	50	9.2	…	…	11	…	4.5	…
콘크리트 :										
中間强度	2320	…	28	…	…	…	25	…	10	…
高强度	2320	…	40	…	…	…	30	…	10	…
나이론	1100	55	…	…	…	…	2	…	81	50
폴리스티렌	1050	48	90	55	…	…	3	…	72	4
고 무	910	14	…	…	…	…	…	…	165	600
네오프린, 合成樹脂	1250	24	…	…	…	…	…	…	…	500
花崗岩	2770	20	240	35	…	…	70	…	7	…
유리, (98% 珪素)	2190	…	50	…	…	…	65	28	80	…

부록 E 보의 처짐곡선과 처짐각

표 E·1 외팔보의 처짐곡선과 처짐각

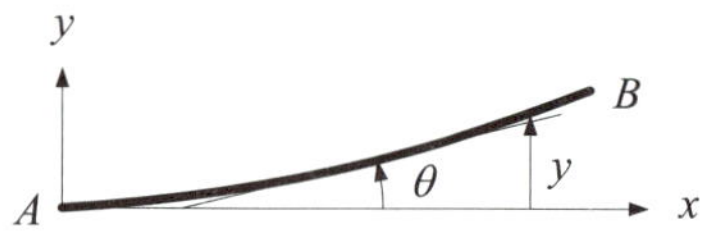	y = y 방향의 처짐 : $y > 0$; 양의 y 방향 $\theta = \frac{dy}{dx}$ = 처짐곡선의 회전각 ; $\theta > 0$: 반시계 방향 $\theta_A = \frac{dy(0)}{dx}$ = 좌측단의 처짐각 $\theta_B = \frac{dy(L)}{dx}$ = 우측단의 처짐각 δ = 최대처짐 P = 집중하중 q = 분포하중 강도
1. 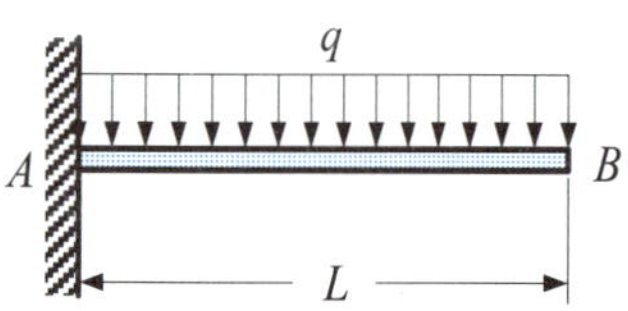	$y = -\frac{qx^2}{24EI_{zz}}(6L^2 - 4Lx + x^2)$ $\frac{dy}{dx} = -\frac{qx}{6EI_{zz}}(3L^2 - 3Lx + x^2)$ $y_B = \delta = -\frac{qL^4}{8EI_{zz}}$ $\quad \theta_B = -\frac{qL^3}{6EI_{zz}}$
2. 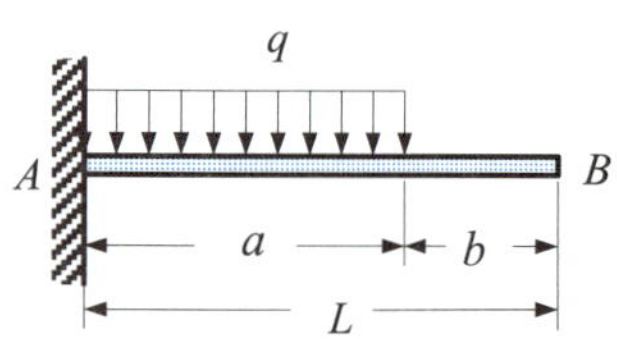	$y = -\frac{qx^2}{24EI_{zz}}(x^2 - 4ax + 6a^2)$ $\quad (0 \leqq x \leqq a)$ $y = -\frac{qa^3}{24EI_{zz}}[4x - a)]$ $\quad (a \leqq x \leqq L)$ $\frac{dy}{dx} = -\frac{qx}{6EI_{zz}}(x^2 - 3ax + 3a^2)$ $\quad (0 \leqq x \leqq a)$ $\frac{dy}{dx} = -\frac{qa^3}{6EI_{zz}}$ $\quad (a \leqq x \leqq L)$ $y_B = \delta = -\frac{qa^3}{24EI_{zz}}(4L - a)$ $\quad \theta_B = -\frac{qa^3}{6EI_{zz}}$
3. 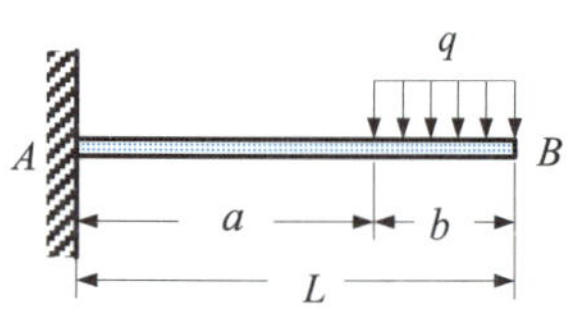	$y = -\frac{qbx^2}{12EI_{zz}}[3(a+L) - 2x]$ $\quad (0 \leqq x \leqq a)$ $y = -\frac{q}{24EI_{zz}}(x^4 - 4Lx^3 + 6L^2x^2 - 4a^3x + a^4)$ $\quad (a \leqq x \leqq L)$ $\frac{dy}{dx} = -\frac{qbx}{2EI_{zz}}(a + L - x)$ $\quad (0 \leqq x \leqq a)$ $\frac{dy}{dx} = -\frac{q}{6EI_{zz}}(x^3 - 3Lx^2 + 3L^2x - a^3)$ $\quad (a \leqq x \leqq b)$ $y_B = \delta = -\frac{q}{24EI_{zz}}(3L^4 - 4a^3L + a^4)$ $\quad \theta_B = -\frac{q}{6EI_{zz}}(L^3 - a^3)$

4.

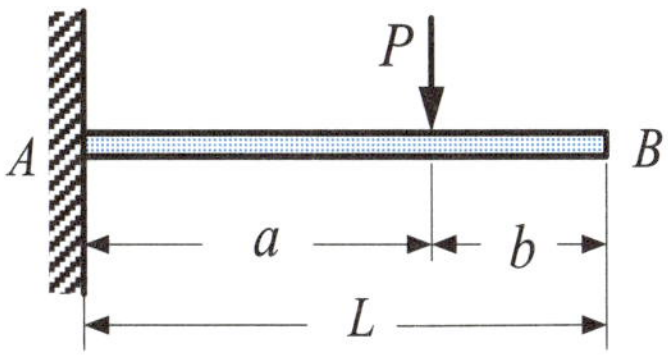

$$y = -\frac{Px^2}{6EI_{zz}}(3a - x) \qquad (0 \leqq x \leqq a)$$

$$y = -\frac{Pa^2}{6EI_{zz}}(3x - a) \qquad (a \leqq x \leqq L)$$

$$\frac{dy}{dx} = -\frac{Px}{2EI_{zz}}(2a - x) \qquad (0 \leqq x \leqq a)$$

$$\frac{dy}{dx} = -\frac{Pa^2}{2EI_{zz}} \qquad (a \leqq x \leqq L)$$

$$y_B = \delta = -\frac{Pa^2}{6EI_{zz}}(3L - a) \qquad \theta_B = -\frac{Pa^2}{2EI_{zz}}$$

5.

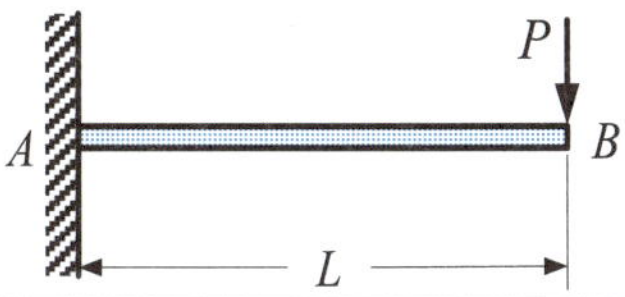

$$y = -\frac{Px^2}{6EI_{zz}}(3L - x) \qquad \frac{dy}{dx} = -\frac{Px}{2EI_{zz}}(2L - x)$$

$$y_B = \delta = -\frac{PL^3}{3EI_{zz}} \qquad \theta_B = -\frac{PL^2}{2EI_{zz}}$$

6.

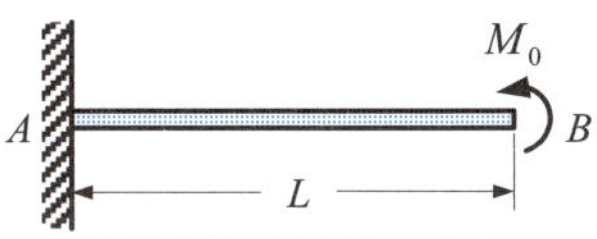

$$y = \frac{M_0}{2EI_{zz}}x^2 \qquad \frac{dy}{dx} = \frac{M_0}{EI_{zz}}x$$

$$y_B = \delta = \frac{M_0L^2}{2EI_{zz}} \qquad \theta_B = \theta_{\max} = \frac{M_0L}{EI_{zz}}$$

7.

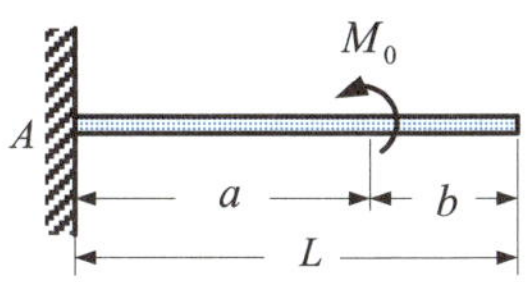

$$y = \frac{M_0}{2EI_{zz}}x^2 \qquad \frac{dy}{dx} = \frac{M_0x}{EI_{zz}} \qquad (0 \leqq x \leqq a)$$

$$y = \frac{M_0a}{2EI_{zz}}(2x - a) \qquad \frac{dy}{dx} = \frac{M_0a}{EI_{zz}} \qquad (a \leqq x \leqq L)$$

$$y_B = \frac{M_0a}{2EI_{zz}}(2L - a) \qquad \theta_B = \frac{M_0a}{EI_{zz}}$$

8.

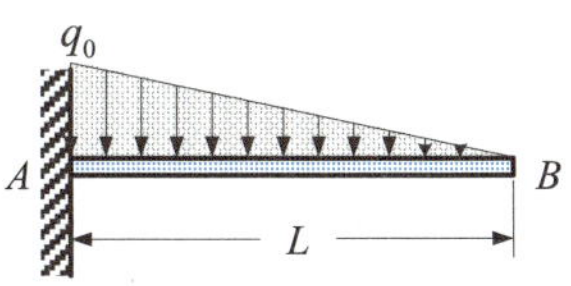

$$y = -\frac{q_0x^2}{120LEI_{zz}}\left[10L^3 - x\left(10L^2 - 5Lx + x^2\right)\right]$$

$$\frac{dy}{dx} = -\frac{q_0x}{24LEI_{zz}}\left[4L^3 - x\left(6L^2 - 4Lx + x^2\right)\right]$$

$$y_B = -\frac{q_0L^4}{30EI_{zz}} \qquad \theta_B = -\frac{q_0L^3}{24EI_{zz}}$$

9.

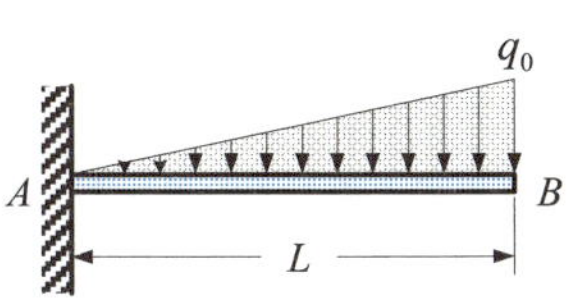

$$y = -\frac{q_0x^2}{120LEI_{zz}}(20L^3 - 10L^2x + x^3)$$

$$\frac{dy}{dx} = -\frac{q_0x}{24LEI_{zz}}(8L^3 - 6L^2x + x^3)$$

$$y_B = -\frac{11q_0L^4}{120EI_{zz}} \qquad \theta_B = -\frac{q_0L^3}{8EI_{zz}}$$

10.

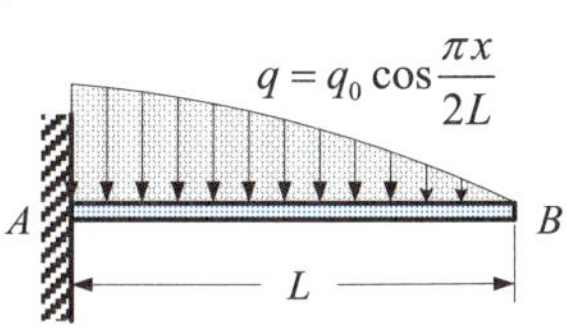

$$y = -\frac{q_0L}{3\pi^4EI_{zz}}\left(48L^3\cos\frac{\pi x}{2L} - 48L^3 + 3\pi^3Lx^2 - \pi^3x^3\right)$$

$$\frac{dy}{dx} = -\frac{q_0L}{\pi^3EI_{zz}}\left(2\pi^2Lx - \pi^2x^2 - 8L^2\sin\frac{\pi x}{2L}\right)$$

$$y_B = \delta = -\frac{2q_0L^4}{3\pi^4EI_{zz}}(\pi^3 - 24), \qquad \theta_B = -\frac{q_0L^3}{\pi^3EI_{zz}}(\pi^2 - 8)$$

표 E·2 단순지지보의 처짐곡선과 처짐각

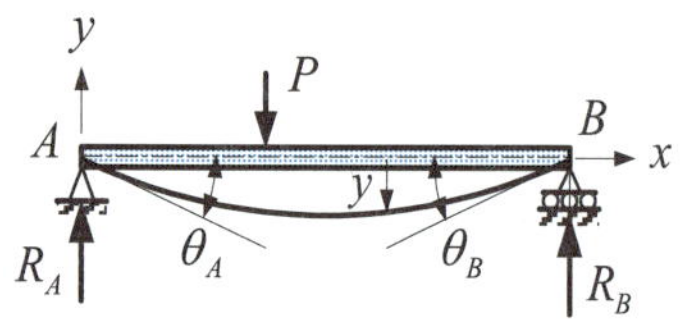

$y = y$ 방향의 처짐 : $y > 0$: 양의 y방향

$\theta = \dfrac{dy}{dx}$ = 처짐곡선의 처짐각 ; $\theta > 0$: 반시계 방향

$\theta_A = \dfrac{dy(0)}{dx}$ = 좌측단의 처짐각

$\theta_B = \dfrac{dy(L)}{dx}$ = 우측단의 처짐각

δ = 최대처짐

y_c = 중앙단면의 처짐

P = 집중하중 ; $P > 0$

q = 분포하중 강도 ; $q > 0$

x_I = 최대처짐점의 x 좌표

1.

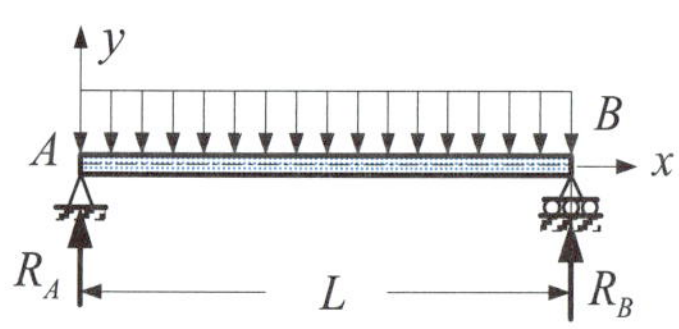

$$y = -\frac{qx}{24EI_{zz}}(L^3 - 2Lx^2 + x^3)$$

$$\frac{dy}{dx} = -\frac{q}{24EI_{zz}}(L^3 - 6Lx^2 + 4x^3)$$

$$\delta = y_{\text{center}} = -\frac{5qL^4}{384EI_{zz}}$$

$$\theta_A = -\frac{qL^3}{24EI_{zz}} \qquad \theta_B = \frac{qL^3}{24EI_{zz}}$$

2.

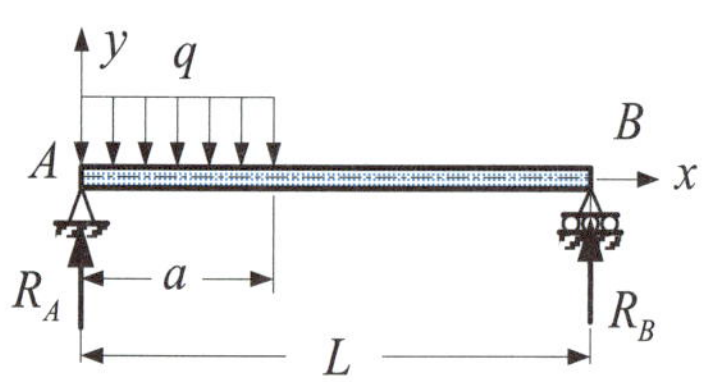

$$y = -\frac{qx}{24LEI_{zz}}(a^4 - 4a^3L + 4a^2L^2 + 2a^2x^2 - 4aLx^2 + Lx^3) \qquad (0 \leqq x \leqq L/2)$$

$$y = -\frac{qa^2}{24LEI_{zz}}(-a^2L + 4L^2x + a^2x - 6Lx^2 + 2x^3) \qquad (L/2 \leqq x \leqq L)$$

$$\frac{dy}{dx} = -\frac{q}{24LEI_{zz}}(a^4 - 4a^3L + 4a^2L^2 + 6a^2x^2 - 12aLx^2 + 4Lx^3) \qquad (0 \leqq x \leqq L/2)$$

$$y = -\frac{qa^2}{24LEI_{zz}}(4L^2 + a^2 - 12Lx + 6x^2) \qquad (L/2 \leqq x \leqq L)$$

$$\theta_A = -\frac{qa^2}{24LEI_{zz}}(2L - a)^2 \qquad \theta_B = \frac{qa^2}{24LEI_{zz}}(2L^2 - a^2)$$

3.

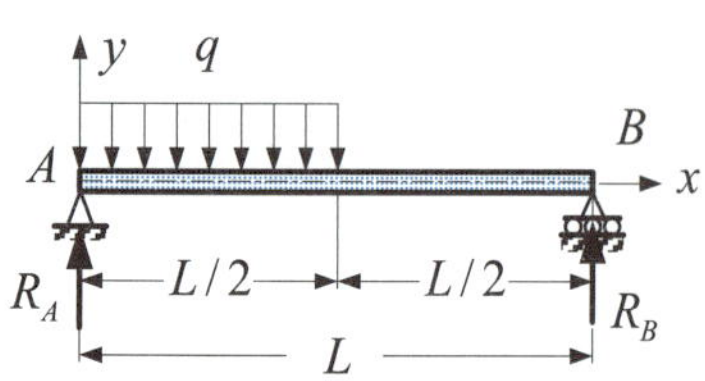

$$y = -\frac{qx}{384EI_{zz}}(9L^3 - 24Lx^2 + 16x^2) \qquad (0 \leqq x \leqq L/2)$$

$$y = -\frac{qL}{384EI_{zz}}(8x^3 - 24Lx^2 + 17L^2x - L^3) \qquad (L/2 \leqq x \leqq L)$$

$$\frac{dy}{dx} = -\frac{q}{384EI_{zz}}(9L^3 - 72Lx^2 + 64x^3) \qquad (0 \leqq x \leqq L/2)$$

$$\frac{dy}{dx} = -\frac{qL}{384EI_{zz}}(24x^2 - 48Lx^2 + 17L^2) \qquad (L/2 \leqq x \leqq L)$$

$$\delta_c = -\frac{5qL^4}{768EI_{zz}} \qquad \theta_A = -\frac{3qL^3}{128EI_{zz}} \qquad \theta_B = \frac{7qL^3}{384EI_{zz}}$$

4.

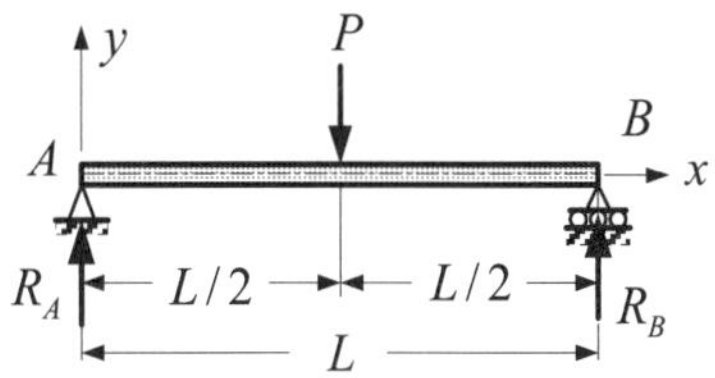

$$y = -\frac{Px}{48EI_{zz}}(3L^2 - 4x^2) \qquad (0 \leqq x \leqq a)$$

$$y = -\frac{P}{48EI_{zz}}[(3L^2 - 4x^2)x + (2x - L)^3] \qquad (a \leqq x \leqq L)$$

$$\frac{dy}{dx} = -\frac{P}{16EI_{zz}}(L^2 - 4x^2) \qquad (0 \leqq x \leqq a$$

$$\frac{dy}{dx} = -\frac{P}{16EI_{zz}}[L^2 - 4x^2 + 2(2x - L)^2] \qquad (a \leqq x \leqq L)$$

$$y_c = \delta = -\frac{PL^3}{48EI_{zz}} \qquad \theta_A = \frac{-PL^2}{16EI_{zz}} \qquad \theta_B = \frac{PL^2}{16EI_{zz}}$$

5.

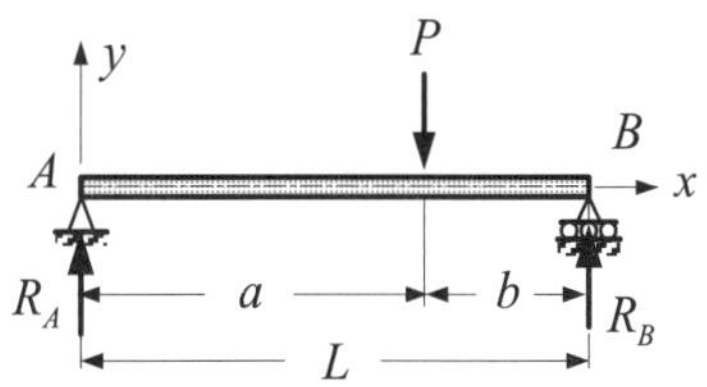

$$y = -\frac{P(L-a)x}{6EI_{zz}L}[L^2 - (L-a)^2 - x^2] \qquad (0 \leqq x \leqq a)$$

$$y = -\frac{P(L-a)x}{6EI_{zz}L}[L^2 - (L-a)^2 - x^2] - \frac{P(x-a)^3}{6EI_{zz}} \qquad (a \leqq x \leqq L)$$

$$\frac{dy}{dx} = -\frac{P(L-a)}{6LEI_{zz}}[L^2 - (L-a)^2 - 3x^2] \qquad (0 \leqq x \leqq a)$$

$$\frac{dy}{dx} = -\frac{P(L-a)}{6LEI_{zz}}[L^2 - (L-a)^2 - 3x^2] - \frac{P(x-a)^2}{2EI_{zz}} \qquad (a \leqq x \leqq L)$$

$$\theta_A = -\frac{Pa}{6LEI_{zz}}(L-a)(2L-a), \quad \theta_B = \frac{Pa}{6LEI_{zz}}(L^2 - a^2)$$

$a \geqq b$의 경우

$$x_I = \sqrt{\frac{a(2L-a)}{3}}, \quad \delta = -\frac{P(L-a)}{9\sqrt{3}\,LEI_{zz}}[L^2 - (L-a)^2]^{3/2}$$

$a < b$의 경우

$$x_I = L - \sqrt{\frac{L^2 - (L-b)^2}{3}}, \quad \delta = -\frac{P(L-b)}{9\sqrt{3}\,LEI_{zz}}[L^2 - (L-b)^2]$$

6.

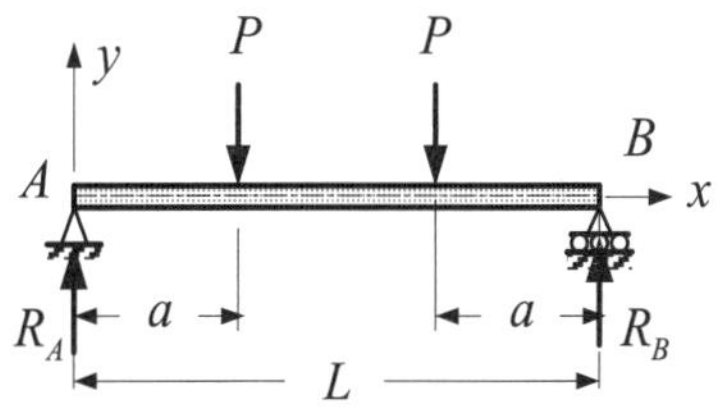

$$y = -\frac{Px}{6EI_{zz}}(3aL - 3a^2 - x^2) \qquad (0 \leqq x \leqq a)$$

$$y = -\frac{Pa}{6EI_{zz}}(3Lx - 3x^2 - a^2) \qquad (a \leqq x \leqq L-a)$$

$$\frac{dy}{dx} = -\frac{P}{2EI_{zz}}(aL - a^2 - x^2) \qquad (0 \leqq x \leqq a)$$

$$\frac{dy}{dx} = -\frac{Pa}{2EI_{zz}}(L - 2x) \qquad (a \leqq x \leqq L-a)$$

$$\theta_A = -\frac{Pa(L-a)}{2EI_{zz}}, \qquad \theta_B = \frac{Pa(L-a)}{2EI_{zz}}$$

$$\delta = y_c = -\frac{Pa}{24EI_{zz}}(3L^2 - 4a^2)$$

7.

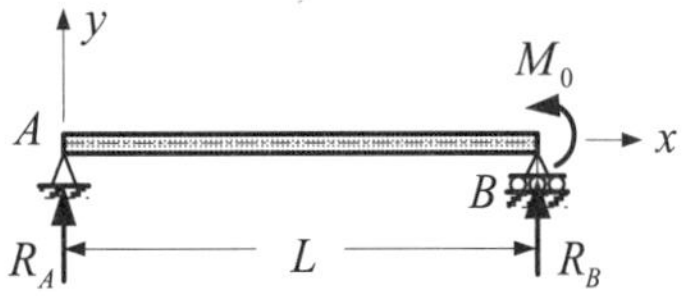

$$y = \frac{M_0 x}{6LEI_{zz}}(x^2 - L^2) \qquad \frac{dy}{dx} = \frac{M_0}{6LEI_{zz}}(3x^2 - L^2)$$

$$\theta_A = -\frac{M_0 L}{6EI_{zz}}, \qquad \theta_B = \frac{M_0 L}{3EI_{zz}}$$

$$x_I = \frac{L}{\sqrt{3}}, \qquad \delta = -\frac{\sqrt{3}\,M_0 L^2}{27EI_{zz}}$$

8.

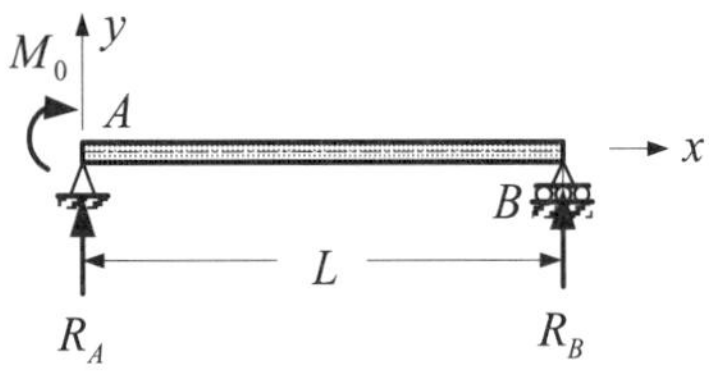

$$y = -\frac{M_0 x}{6LEI_{zz}}(2L^2 - 3Lx + x^2)$$

$$\frac{dy}{dx} = -\frac{M_0}{6LEI_{zz}}(2L^2 - 6Lx + 3x^2)$$

$$\theta_A = -\frac{M_0 L}{3EI_{zz}}, \qquad \theta_B = \frac{M_0 L}{6EI_{zz}}$$

$$x_I = L\left(1 - \frac{1}{\sqrt{3}}\right), \qquad \delta = -\frac{M_0 L^2}{9\sqrt{3}\,EI_{zz}}$$

9.

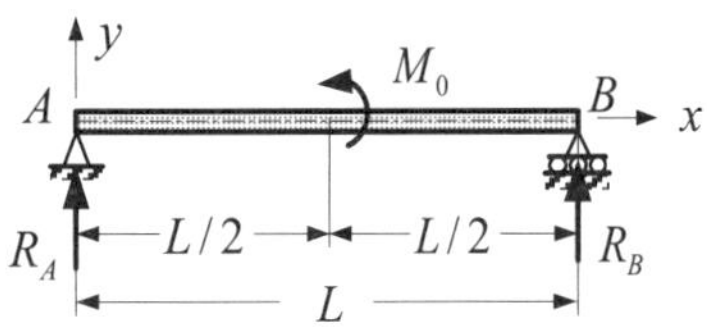

$$y = \frac{M_0 x}{24LEI_{zz}}(4x^2 - L^2) \qquad (0 \leqq x \leqq L/2)$$

$$y = \frac{M_0 x}{24LEI_{zz}}(4x^2 - L^2) - \frac{M_0}{2EI_{zz}}\left(x - \frac{L}{2}\right)^2 \qquad (L/2 \leqq x \leqq L)$$

$$\frac{dy}{dx} = \frac{M_0}{24LEI_{zz}}(12x^2 - L^2) \qquad (0 \leqq x \leqq L/2)$$

$$\frac{dy}{dx} = \frac{M_0}{24LEI_{zz}}(12x^2 - L^2) - \frac{M_0}{EI_{zz}}\left(x - \frac{L}{2}\right) \qquad (0 \leqq x \leqq L/2)$$

$$\theta_A = -\frac{M_0 L}{24EI_{zz}} \qquad \theta_B = -\frac{M_0 L}{24EI_{zz}}$$

$$y_c = 0$$

10.

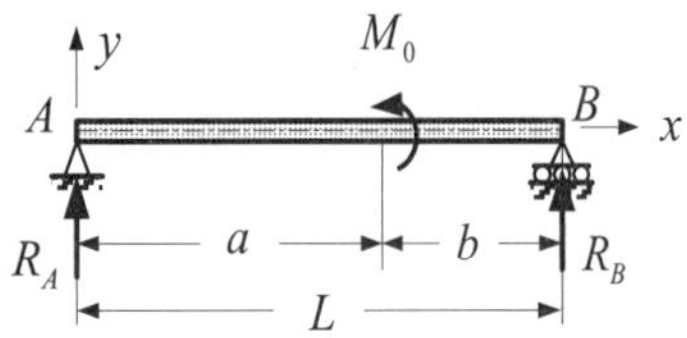

$$y = \frac{M_0 x}{6LEI_{zz}}(x^2 + 2L^2 + 3a^2 - 6aL) \qquad (0 \leqq x \leqq a)$$

$$y = \frac{M_0 x}{6LEI_{zz}}[x(x^2 + 2L^2 + 3a^2 - 6aL) - 3L(x - a)^2]$$

$$(a \leqq x \leqq L) \qquad \frac{dy}{dx} = \frac{M_0}{6LEI_{zz}}[3(x^2 + a^2) + 2L^2 - 6aL] \qquad (0 \leqq x \leqq a)$$

$$\frac{dy}{dx} = \frac{M_0}{6LEI_{zz}}[3(x^2 + a^2) + 2L^2 - 6aL - 6L(x - a)] \qquad (a \leqq x \leqq L)$$

$$\theta_A = \frac{M_0}{6LEI_{zz}}(3a^2 + 2L^2 - 6aL), \qquad \theta_B = \frac{M_0}{6LEI_{zz}}(3a^2 - L^2)$$

11.

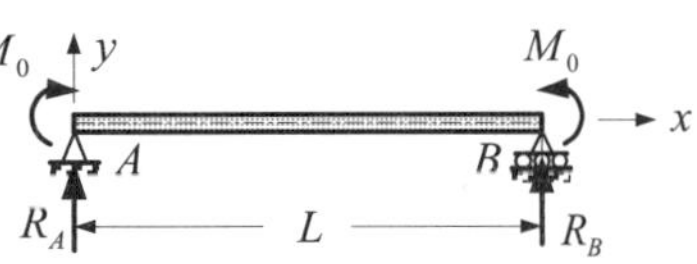

$$y = \frac{M_0 x}{2EI_{zz}}(x - L) \qquad \frac{dy}{dx} = \frac{M_0}{2EI_{zz}}(2x - L)$$

$$\theta_A = -\frac{M_0 L}{2EI_{zz}}, \qquad \theta_B = \frac{M_0 L}{2EI_{zz}}$$

$$\delta = y_c = -\frac{M_0 L^2}{8EI_{zz}}$$

12.

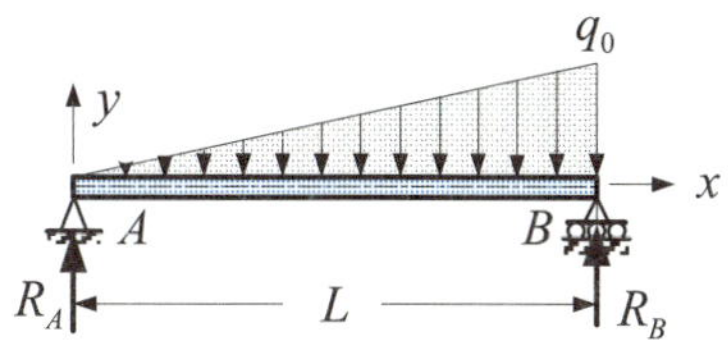

$$y = -\frac{q_0 x}{360LEI_{zz}}(7L^4 - 10L^2x^2 + 3x^4)$$

$$\frac{dy}{dx} = -\frac{q_0}{360LEI_{zz}}(7L^4 - 30L^2x^2 + 15x^4)$$

$$y_c = -\frac{5q_0L^4}{768EI_{zz}}, \qquad \theta_A = -\frac{7q_0L^3}{360EI_{zz}}, \qquad \theta_B = \frac{q_0L^3}{45EI_{zz}}$$

$$x_I = 0.5193L, \qquad \delta = -0.00652\frac{q_0L^4}{EI_{zz}}$$

13.

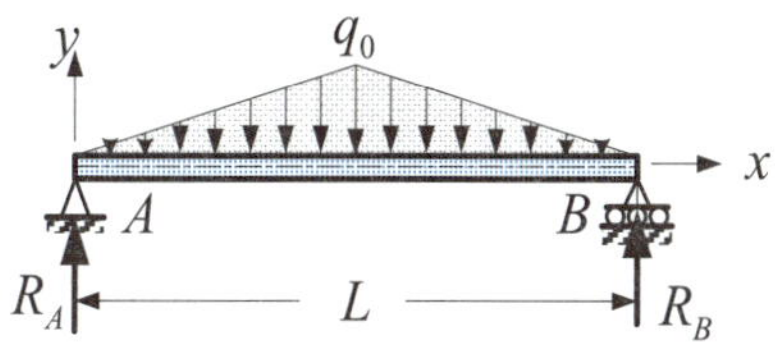

$$y = -\frac{q_0 x}{960LEI_{zz}}(5L^2 - 4x^2)^2 \qquad (0 \leqq x \leqq L/2)$$

$$y = -\frac{q_0}{960LEI_{zz}}[x(5L^2-4x^2)^2 - (2x-L)^5] \qquad (L/2 \leqq x \leqq L)$$

$$\frac{dy}{dx} = -\frac{q_0}{192LEI_{zz}}(5L^2 - 4x^2)(L^2 - 4x^2) \qquad (0 \leqq x \leqq L/2)$$

$$\frac{dy}{dx} = -\frac{q_0}{192LEI_{zz}}[(5L^2 - 4x^2)(L^2 - 4x^2) - 2(2x - L)^4] \qquad (L/2 \leqq x \leqq L)$$

$$\theta_A = -\frac{5q_0L^3}{192EI_{zz}}, \qquad \theta_B = \frac{5q_0L^3}{192EI_{zz}}, \qquad \delta = y_c = -\frac{q_0L^4}{120EI_{zz}}$$

14.

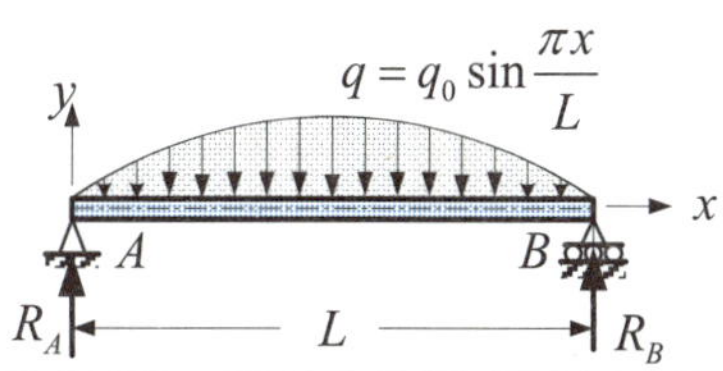

$$y = -\frac{q_0L^4}{\pi^4 EI_{zz}}\sin\frac{\pi x}{L}$$

$$\frac{dy}{dx} = -\frac{q_0L^3}{\pi^3 EI_{zz}}\cos\frac{\pi x}{L}$$

$$\delta = y_c = -\frac{q_0L^4}{\pi^4 EI_{zz}}, \qquad \theta_A = -\frac{q_0L^3}{\pi^3 EI_{zz}}, \qquad \theta_B = \frac{q_0L^3}{\pi^3 EI_{zz}}$$

15.

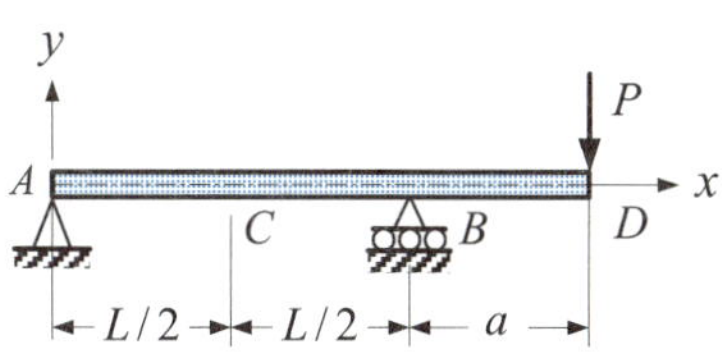

$$y = -\frac{aPx}{6LEI_{zz}}(x^2 - L^2) \qquad (0 \leqq x \leqq L)$$

$$y = -\frac{aPx}{6LEI_{zz}}(x^2 - L^2) + \frac{(a+L)P}{6LEI_{zz}}(x-L)^3$$

$(0 \leqq x \leqq L)$

$$\frac{dy}{dx} = -\frac{aP}{6LEI_{zz}}(3x^2 - L^2) \qquad (0 \leqq x \leqq L)$$

$$\frac{dy}{dx} = -\frac{aP}{6LEI_{zz}}(3x^2 - L^2) + \frac{(a+L)P}{2LEI_{zz}}(x-L)^2 \qquad (0 \leqq x \leqq L)$$

$$\theta_A = \frac{aPL}{6EI_{zz}} \qquad \theta_B = -\frac{aPL}{3EI_{zz}}$$

$$y_D = -\frac{a^2(a+L)P}{3EI_{zz}} \qquad y_C = \frac{aPL^2}{16EI_{zz}}$$

부록 F 형강 규격

표 F·1 한국표준 I 단면

2차모멘트 $I = ak^2$

2차반지름 $k = \sqrt{I/a}$

단면계수 $Z = I/e$

(a = 단면적)

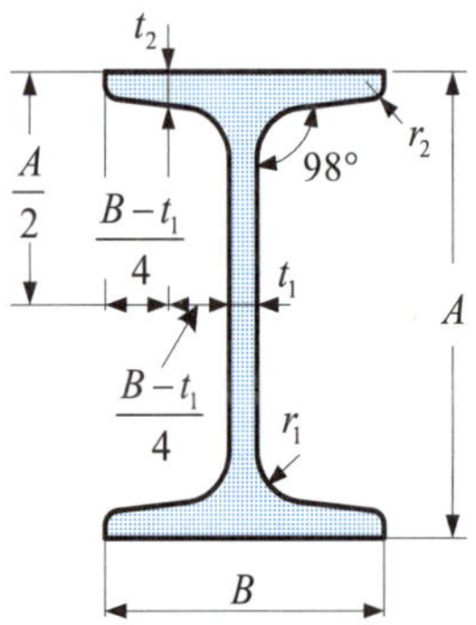

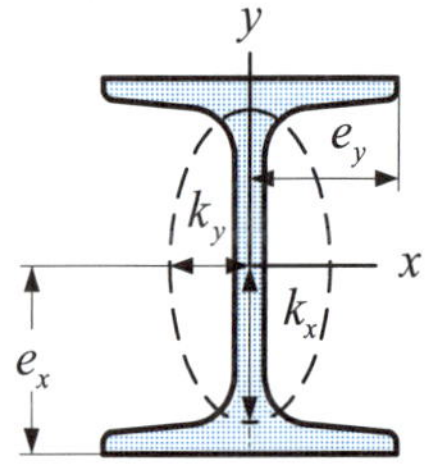

치 수 (mm)					단면적 (mm²)	중량 (kg/m)	2차 모멘트 (cm⁴)		회전반경 (cm)		단면계수 (cm³)	
$A \times B$	t_1	t_2	r_1	r_2			I_{xx}	I_{yy}	k_x	k_y	Z_x	Z_y
75×75	5	8	7	3.5	1518	11.9	146	48.3	3.10	1.78	38.9	12.9
100×75	5	8	7	3.5	1643	12.9	283	48.3	4.15	1.72	56.5	12.9
150×75	5.5	9.5	9	4.5	2183	17.1	820	59.1	6.13	1.65	109	15.8
180×100	6	10	10	5	3006	23.6	1670	141	7.46	2.17	186	28.2
200×100	7	10	10	5	3306	26.0	2180	142	8.11	2.07	218	28.4
200×150	9	16	15	7.5	6416	50.4	4490	771	8.37	3.47	449	103
230×100	7.5	11.5	11	5.5	3908	30.7	3350	168	9.25	2.07	291	33.5
250×125	7.5	12.5	12	6	4879	38.3	5190	345	10.3	2.66	415	55.2
300×150	8	13	12	6	6158	48.3	9500	600	12.4	3.12	633	80.0
350×150	12	24	25	12.5	1110	87.2	22500	1230	14.2	3.33	1280	164
400×150	10	18	17	8.5	9173	72.0	24000	887	16.2	3.11	1200	118
450×175	11	20	19	9.5	11680	91.7	39200	1550	18.3	3.64	1740	177
500×190	15	30	32	16	18470	145.0	31200	3120	20.2	4.11	3030	328
600×190	13	25	25	12.5	16940	133.0	98200	2540	24.1	3.87	3270	390
600×190	16	35	38	19	22450	176.0	130000	3700	24.0	4.06	4330	276

표 F·2 한국표준 부등변 L 단면

2차모멘트 $I = ak^2$

회전반경 $k = \sqrt{I/a}$

단면계수 $Z = I/e$

(a = 단면적)

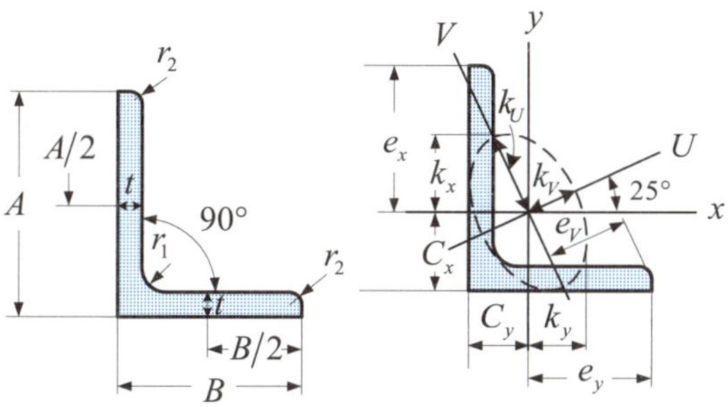

치 수 (mm)				단면적 (mm²)	중량 (kg)	중심위치 (cm)		2차 모멘트 (cm⁴)		회전반경 (cm)		단면계수 (cm³)	
$A \times B$	t	r_1	r_2			C_x	C_y	I_{xx}	I_{yy}	k_x	k_y	Z_x	Z_y
40×20	3	5	2	174,7	1.37	1.41	0.44	2.81	0.47	1.27	0.52	1.09	0.30
50×35	4	6.5	3	329.2	2.58	1.58	0.85	8.08	3.25	1.57	0.99	2.36	1.23
60×50	5	6.5	3	530.2	4.16	1.79	1.30	18.5	11.7	1.87	1.48	5.40	3.16
65×50	7	6.5	4.5	756.4	5.94	2.07	1.33	30.6	15.6	2.01	1.44	6.90	4.25
70×60	8	8.5	6	976.1	7.66	2.14	1.65	44.4	29.8	2.13	1.75	9.13	6.85
75×50	10	8.5	6	1150	9.03	2.58	1.35	61.4	21.4	2.31	1.36	12.5	5.85
75×65	10	8.5	6	1300	10.2	2.34	1.85	67.3	46.5	2.27	1.89	13.0	9.99
80×60	10	8.5	6	1300	10.2	2.62	1.63	78.7	37.4	2.46	1.70	14.6	8.55
80×70	9	8.5	6	1269	9.96	2.43	1.93	75.8	53.8	2.44	2.06	13.6	10.6
90×60	6	8.5	4	872.7	6.85	2.88	1.40	71.5	25.6	2.86	1.71	11.7	5.57
90×75	9	8.5	6	1404	11.0	2.75	2.01	109	68.1	2.78	2.20	17.4	12.4
90×80	10	10	7	1600	12.6	2.71	2.21	121	89.1	2.74	2.36	19.1	15.4
100×65	9	10	7	1404	11.0	3.31	1.59	138	45.6	3.14	1.80	20.6	9.28
100×75	10	10	7	1650	13.0	3.18	1.94	159	76.1	3.11	2.15	23.3	13.7
125×90	10	10	7	2050	16.1	3.95	2.22	318	138	3.94	2.59	37.2	20.4
150×90	9	12	6	2094	16.4	4.96	2.00	484	133	4.81	2.52	43.2	19.0
150×100	12	12	8.5	2856	22.4	4.88	2.41	624	229	5.08	2.15	63.4	36.2

표 F·3 한국표준 등변 L 단면

2차모멘트 $I = ak^2$
회전반경 $k = \sqrt{I/a}$
단면계수 $Z = I/e$
(a =단면적)

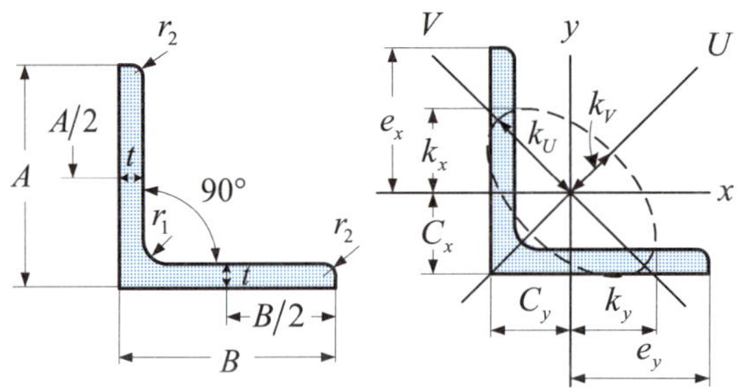

치 수 (mm)				단면적 (mm²)	중량 (kg/m)	중심위치 (cm)	2차모멘트 (cm⁴)	회전반경 (cm)			단면계수 (cm³)
$A \times B$	t	r_1	r_2			$C_x = C_y$	$I_{xx} = I_{yy}$	$k_x = k_y$	k_U	k_V	$Z_x = Z_y$
20×20	3	4	2	112.7	0.885	0.60	0.39	0.59	0.74	0.38	0.28
25×25	3	4	2	142.7	1.12	0.72	0.80	0.75	0.94	0.48	0.45
30×30	3	4	2	172.7	1.36	0.85	1.42	0.91	1.14	0.58	0.66
35×35	5	4.5	3	323.5	2.56	1.04	3.53	1.04	1.31	0.67	1.44
40×40	5	4.5	3	375.5	2.95	1.17	5.42	1.20	1.51	0.77	1.91
45×45	6	6.5	4.5	504.4	3.96	1.32	9.00	1.34	1.68	0.86	0.83
50×50	6	6.5	4.5	564.4	4.43	1.44	12.6	1.50	1.88	0.96	3.55
60×60	5	6.5	3	580.2	4.55	1.66	19.6	1.84	2.32	1.18	4.52
65×65	6	8.5	4	752.7	5.91	1.81	29.4	1.98	2.49	1.27	6.27
70×70	6	8.5	4	812.7	6.38	1.94	37.1	2.14	2.69	1.37	7.33
75×75	9	8.5	6	1269	9.96	2.17	64.4	2.25	2.84	1.45	12.1
80×80	9	8.5	6	1359	10.7	2.30	79.2	2.41	3.04	1.55	13.9
90×90	7	10	5	1222	9.59	2.46	93.0	2.76	3.48	1.77	14.2
100×100	10	10	7	1900	14.9	2.83	175	3.03	3.83	1.95	24.4
150×150	15	14	10	4274	33.6	4.24	888	4.56	5.75	2.92	82.6
200×200	20	17	12	7600	59.7	5.67	2820	6.09	7.68	3.90	197

표 F·4 한국표준 등변 U 단면

2차모멘트 $I = ak^2$
회전반경 $k = \sqrt{I/a}$
단면계수 $Z = I/e$
(a = 단면적)

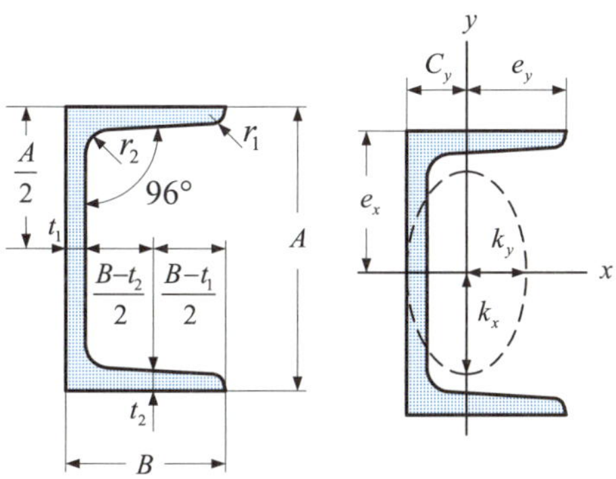

치수 (mm)					단면적 (mm^2)	중량 (kg)	중심위치 (cm)		2차 모멘트 (cm^4)		회전반경 (cm)		단면계수 (cm^3)	
$A \times B$	t_1	t_2	r_1	r_2			C_x	C_y	I_{xx}	I_{yy}	k_x	k_y	Z_x	Z_y
75×40	5	7	8	4	881.8	6.92	0	1.27	75.9	12.4	2.93	1.19	20.2	4.54
100×50	5	7.5	8	4	1192	9.36	0	1.55	189	26.9	3.98	1.50	37.8	7.82
125×65	6	8	8	4	1711	13.4	0	1.94	425	65.5	4.99	1.96	68.0	14.4
150×75	9	12.5	15	7.5	3059	24.0	0	2.31	1050	147	5.86	2.19	140	28.3
180×75	7	10.5	11	5.5	2720	21.4	0	2.15	1380	137	7.13	2.24	154	25.5
200×70	7	10	11	5.5	2692	21.1	0	1.85	1620	113	7.77	2.04	162	21.8
200×80	7.5	11	12	6	3133	24.6	0	2.24	1950	177	7.89	2.38	195	30.8
200×90	8	13.5	14	7	3865	30.3	0	2.77	2490	286	8.03	2.72	249	45.9
250×90	11	14.5	17	8.5	5117	40.2	0	2.39	4690	342	9.57	2.58	375	51.7
300×90	10	15.5	19	9.5	5574	43.8	0	2.33	7400	373	11.5	2.59	494	56.0
380×100	13	16.5	18	9	7896	62.0	0	2.29	15900	584	14.1	2.72	822	75.8

표 F·5 한국표준 등변 U 단면

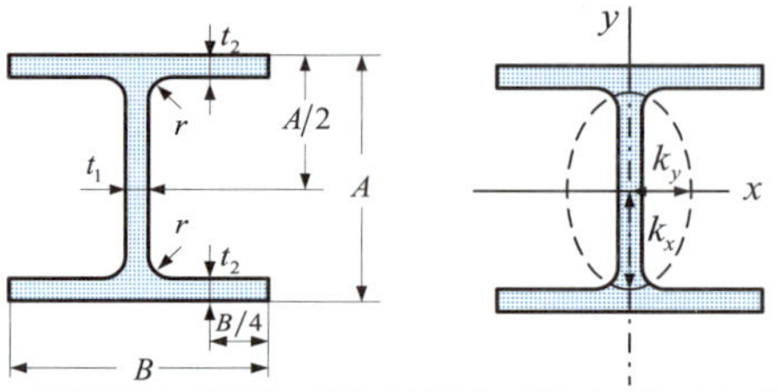

2차모멘트 $I = ak^2$

회전반경 $k = \sqrt{I/a}$

단면계수 $Z = I/e$

(a = 단면적)

호칭치수	치수 (mm)				단면적	중량	2차 모멘트(cm^4)		회전반경(cm)		단면계수(cm^3)	
	$A \times B$	t_1	t_2	r	(mm^2)	(kg)	I_{xx}	I_{yy}	k_x	k_y	Z_x	Z_y
100×50	100×50	4	6	7	994	7.80	163	12.6	4.05	1.13	32.6	5.04
100×100	100×100	6	8	10	2190	17.2	383	134	4.18	2.47	76.5	26.7
100×100	100×100	7	7	8	1885	14.8	339	117	4.24	2.49	67.8	23.4
125×60	125×60	4.5	6.5	8	1339	10.5	343	23.6	5.06	1.33	54.9	7.86
125×125	125×125	5	7	8	2360	18.5	683	228	5.38	3.11	109	36.5
125×125	125×125	6.5	9	10	3031	23.8	847	293	5.29	3.11	136	47.0
150×75	150×75	5	7	8	1785	14.0	666	49.5	6.11	1.66	88.8	13.2
150×100	148×100	6	9	11	2684	21.1	1020	151	6.17	2.37	138	30.1
150×150	150×150	7	10	11	4014	31.5	1640	563	6.39	3.75	219	75.1
175×90	175×90	5	8	9	2304	18.1	1210	97.5	7.26	2.06	139	21.7
175×175	175×175	7.5	11	12	5121	40.2	2880	984	7.50	4.38	330	112
200×100	200×100	5.5	8	11	2716	21.3	1840	134	8.24	2.22	184	26.8
200×150	194×150	6	9	13	3901	30.6	2690	507	8.30	3.61	277	67.6
200×200	200×200	8	12	13	6353	49.9	4720	1600	8.62	5.02	472	160
250×125	250×125	6	9	12	3766	29.6	4050	294	10.4	2.79	324	47.0
250×250	250×250	9	14	16	9218	72.4	10800	3650	10.8	6.29	867	292
300×150	300×150	6.5	9	13	4678	36.7	7210	508	12.4	3.29	481	67.7
300×200	294×200	8	12	18	7238	56.8	11300	1600	12.5	4.71	771	160
300×300	300×300	10	15	18	11980	94.0	20400	6750	13.1	7.41	1360	450
350×175	350×175	7	11	14	6314	49.6	13600	984	14.7	3.95	775	112
350×250	340×250	9	14	20	10150	79.7	21700	3650	14.6	6.00	1280	292
350×350	350×350	12	19	20	17390	136	40300	13600	15.2	8.84	2300	776
400×200	400×200	8	13	16	8412	66.0	23700	1740	16.8	4.54	1190	174
400×300	390×360	10	16	22	13600	107	38700	7210	16.9	7.28	1980	481
400×400	400×400	13	21	22	21870	172	66600	22400	17.5	10.1	3330	1120
450×200	450×200	9	14	18	9676	76.0	33500	1870	18.6	4.40	1490	187
450×300	440×300	11	18	24	15740	124	56100	8110	18.9	7.18	2550	541
500×200	500×200	10	16	20	11420	89.7	47800	2140	20.5	4.33	1910	214
500×300	488×300	11	18	26	16350	128	71000	8110	20.8	7.04	2910	541
600×200	600×200	11	17	22	13440	106	77600	2280	24.0	4.12	2590	228
600×300	588×300	12	20	28	19250	151	118000	9020	24.8	6.85	4020	601
600×300	594×302	14	23	28	22240	175	137000	10600	24.9	6.90	4620	701
700×300	700×300	13	24	28	23550	185	201000	10800	29.3	6.78	5760	722
700×300	708×302	15	28	28	27360	215	237000	12900	29.4	6.86	6700	853
800×300	800×300	14	26	28	26740	210	292000	11700	33.0	6.62	7290	782
800×300	808×302	16	30	28	30760	241	339000	13800	33.2	6.70	8400	915
900×300	900×300	16	28	28	30980	243	411000	12600	36.4	6.39	9140	843
900×300	912×302	18	34	28	36400	286	498000	15700	37.0	6.56	10900	1040

표 F·6 한국표준 원형단면

지름 D (mm)	단면적 (cm^2)	단위중량 (kg/m)	지름 D (mm)	단면적 (cm^2)	단위중량 (kg/m)	지름 D (mm)	단면적 (cm^2)	단위중량 (kg/m)
6	0.2827	0.222	30	7.069	5.55	68	36.32	28.5
7	0.3848	0.302	32	8.042	6.31	70	38.48	30.2
8	0.5027	0.395	33	8.553	6.71	75	44.18	34.7
9	0.6362	0.499	36	10.18	7.99	80	50.27	39.5
10	0.7854	0.617	38	11.34	8.99	85	56.75	44.5
11	0.9513	0.746	39	11.95	9.38	90	63.62	49.9
12	1.131	0.888	40	12.57	9.86	95	70.88	55.6
13	1.327	1.04	42	13.85	10.9	100	78.54	61.7
14	1.539	1.21	45	15.90	12.5	110	95.08	74.6
16	2.011	1.58	46	16.62	13.0	120	113.1	88.8
18	2.545	2.00	48	18.10	14.2	130	132.7	104
19	2.835	2.23	50	19.64	15.4	140	153.9	121
20	3.142	2.47	52	21.24	16.7	150	176.7	139
22	3.801	2.98	55	23.76	18.7	160	201.1	158
24	4.524	3055	56	24.63	19.3	180	254.5	200
25	4.909	3.85	60	28.27	22.2	200	314.2	247
27	5.726	4.49	64	32.17	25.3			
28	6.158	4.83	65	33.18	26.0			

찾아보기

Introduction to MECHANICS of MATERIALS

재료역학

2021년 3월 5일

저　자 | 김귀섭, 고병갑 공저
발 행 자 | 김천수
판　형 | 190mm × 245mm
발 행 처 | 大英社

주　소 | 서울특별시 강동구 천호대로 1193
등　록 | 제9-204호
전　화 | 02-393-0417~8
E-mail | dypub@naver.com
편집·디자인 (주)우일미디어디지텍

ISBN 978-89-7163-357-1 93560
정가 23,000원